KB077844

地盤力工學 I

지반역공학
Geomechanics & Engineering

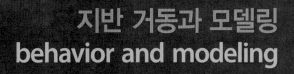

지반 거동과 모델링
behavior and modeling

신 종 호

대학 때 처음 접한 '**土質力學**'이라는 용어가 양주동선생님의 '**몇 어찌(幾何)**' 만큼이나 생경하게 느껴졌음을 잊을 수 없다. 도대체 '**質**'과 '**力學**'의 어색한 조합이라니… 그 어색함의 일부라도 해소가 된 것은 '**Soil Mechanics**'가 중국에서는 '**土力學**'이란 사실을 발견하고 나서였다. 토질(**土質**)의 '**質**'이 일본식 표현이란 것을.

그 후 토질역학과 지반공학이 담고 있는 역학체계의 혼란스러움 속에서 그 정체성을 나름 정의하게 된 것은 '**Geomechanics & Engineering**'이란 표현을 접하고 부터다. 이야말로 이 학문의 속성을 가장 잘 표현한 제목이란 생각이 들었다. 기존의 표현으로는 도저히 이 제목을 우리말로 옮길 수 없었기에 '모방' 보다 '창작'이라는 위안 끝에 '**지반역공학(地盤力工學)**'이란 새로운 작명을 하게 되었다. 이 또한 누군가에게 또 다른 생경함을 주리라는 송구함이 없지 않았지만 ….

토질역학과 지반공학은 고체역학, 유체역학 등 여러 분야 학문의 이론, 실험, 경험을 한데 뭉뚱그린 학문이다. 얼핏 보면 이렇다 할 독자적인 체계가 없어 혼란스럽다. 많은 부분이 경험의 산물이지만 그 경험을 지식으로 엮어낸 것이 바로 역학의 융합적 적용이라는 사실을 인지하면, 지반공학의 본질을 조금은 더 이해할 수 있을 것 같다. 하지만 기존의 토질역학이나 지반공학이 대부분 주제(subject)별 전개방식을 택하고 있어 역학에서 공학으로 전개되는 **방법론(methodology)**을 어디에서도 체계적으로 다루지 않는 아쉬움이 있다. 학습체계는 지반엔지니어의 창의적 아이디어와 문제해결능력을 발휘하게 하는 **분석의 틀(framework)**을 제공하는 것이므로 부단히 개선해갈 필요가 있고, 이에 따라 기존 교과과정의 주제별 방식과 달리 방법론적 전개방식은 지반공학전공자의 지식의 체계화에 기여할 부분이 있을 것이란 생각에 이 책을 구상하게 되었다.

이 책은 **토질역학 이후 무엇을 배우고 가르칠 것인가**에 대한 고민에서 출발하였다. 현재의 학부커리큘럼과 개별주제의 지반공학 전문도서(혹은 논문)는 전이구간이 없이 고도의 역학체계로 넘어가는 문제가 있다. 또한 지난 수십 년간 교육과정은 큰 변화가 없었지만 산업환경은 너무도 큰 변화를 겪어 왔다. 이러한 교과과정의 문제와 산업수요와의 괴리에 대한 체험도 본 저술의 모티브가 되었다. 1980년대 이후 상업용 수치해석도구에 접근이 용이해지면서 많은 엔지니어들이 '**Computational Geotechnics**'에 대한 체계적인 학습 없이 상업용 프로그램을 마주하거나, 많은 지반공학영역을 타분야 전문가에게 의지하는 상황을 맞았다. 수치해석 패키지의 과용과 출력물의 현란함은 역학의 본질과 외형을 크게 전도시켜왔고, 이러한 상황을 많은 선배 지반전문가들이 우려해왔다. 새로운 것을 수용하지 못하는 거부감도 문제지만 더 큰 문제는 오류를 야기할 수 있는 '맹목적인 수용'이 아닐 수 없다.

책을 쓰고 자료를 모으는 중에도 환경은 계속 변화하였다. 그간 **학문의 추격자**로서 우리의 노력을 기울여왔지만 이제 해외시장에 나가 **지반공학 선도자**의 일원이 되어 지반공학의 원류국가의 외국엔지니어와 소통하고 발주자를 설득하여야 한다.

이러한 상황변화에 대처하려면 **역학의 펀더멘털에 기반한 기술적 소통**을 이뤄낼 수 있어야 한다. 지반공학이 아무리 경험의 학문일지라도 역학적 펀더멘털이 부실하다면 경험을 이론으로 정리해낼 수 없다. 한편, 컴퓨터의 발달로 비선형해석과 신뢰도해석이 수월해지면서 지반문제의 불확실성을 정량적으로 다루는 추세가 보편화되어 왔다. 앞으로도 지반공학 문제의 해결은 **'Computational Method'**의 활용과 확률과 통계학적 지식에 기반한 **'신뢰도해석'**으로 불확실성의 합리적인 저감을 지향하게 될 것이다.

이 책을 착수한 것은 늦깎이 유학 중이던 1996년이었다. 어느 정도 알 만큼은 안다고 생각했던 자만이 여지없이 깨지고, 이후 맨땅에 집을 짓듯 지반공학의 체계를 다시 세워나가면서 **'기회가 있을 때마다 들척이고, 문제에 부딪칠 때마다 늘 곁에 두고 찾게 되는 전공서'**를 찾아왔다. **'왜?'**에 대한 답변과 역학이 공학으로 자연스럽게 연결되는 **'역학적 흐름이 있는 책'**을. 이후 약 20년의 세월 동안, 책 쓰는 일에 집중할 수 없는 사정도 있었지만 머릿속의 구상이 깔끔하게 정리되지 않아 생각을 거듭하였고, 마침내 이 책의 독자를 **'토질역학의 기초소양을 갖춘, 지반전문가를 지향하는 者'**로 한정한 후에야 많은 것을 버릴 수 있었다. **'무엇이 필요하고 어떻게 정리할 것인지?'**에 대한 고민은 지난 30년간 엔지니어와 기술행정가로서 여러 프로젝트에 직간접으로 참여한 경험이 많은 도움이 되었다. 이 책이 지반공학 전공자들이 역학적 펀더멘탈의 체계화는 물론, 이론, 수치해석, 모형시험 등의 지반공학 설계도구를 더욱 유용하게 활용할 수 있게 하고, 기술소통 능력 증진에 기여하기를 희망한다.

돌이켜 보건대 그간의 삶에서 이 책의 저술에 몰두한 시간이 내겐 가장 생산적이었고, 소중하며, 보람되었다. 이 책 내용의 일부가 된 그간의 여러 연구, 특히 연구재단(2012R1A2A1A01002 326)의 연구지원에 감사드린다. 책을 쓰는 동안 인내로 함께해준 나의 가족, 그리고 새로운 시도의 교과목에 대한 실험을 성실히 받아들이고 열의로 도와준 함께했던 학생들, 그리고 격려와 가감 없는 평가로 이끌어준 후배와 동료, 그리고 선배들께 심심한 감사를 표하고 싶다. 특히 이 책을 처음부터 끝까지 수차례 읽어 주었고, 강의를 해가며 냉정한 비판으로 도전의식과 영감을 일깨워준 KAIST의 학우 李仁模 學兄께 특별한 감사를 표한다. 아무리 고쳐 써도 만족되지 않는 아쉬움 속에서 출판하게 되었다. 앞으로 독자제현께 많은 지도와 편달을 구하며 지속보완해갈 것이다.

지반역공학 **著者**, 신종호

지반역공학(Geomechanics & Engineering)

역학(mechanics)이란 물체의 정적 및 동적 거동을 연구하는 학문(the study of the statics and dynamics of bodies)이며, 공학(engineering)은 역학이나 과학을 설계나 건설에 적용(the application of science and/or mechanics to the design, building and use of machines, constructions etc.)하는 응용학문이다. 전통적인 역학체계에서 보면 토질역학은 고체역학이나 유체역학에 기반을 둔 응용학문이므로 역학보다 공학에 더 가깝다고 생각할 수 있다. 고체와 유체 기체로 구성되는 지반재료의 다상적 특성과 공간 변동성에 따른 불확실성은 여러 역학체계의 융합적 접근을 필요로 한다.

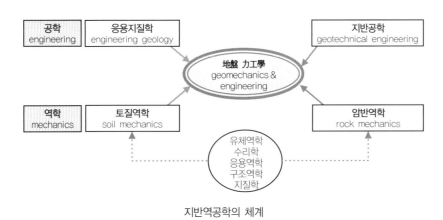

지반역공학의 체계

'**지반역공학**(**地盤力工學, Geomechanics & Engineering**)'은 이러한 학문분야의 특성을 고려하여 역학에서 공학으로 매끄러운 흐름을 지향하며, 이를 위해 다음과 같은 새로운 시도를 하였다.

첫째는 **책의 편제와 용어**이다. 대부분의 토질역학이나 지반 공학책은 주제별로 전개된다. 이 책은 기존의 토질역학이나 지반공학에서 다루는 주제를 고려하되, 역학적 펀더멘털의 함양과 방법론적 접근을 중시하였다. 학문영역의 구분 없이 역학과 공학을 한 체계로 다루는 '**역공학**' 개념을 도입하였고, 모호한 지반개념을 구분하기 위해 '**흙 지반**(**soil formation**)'과 '**암 지반**(**rock mass**)' 용어를 도입하였다.

둘째는 **지반과 암반을 함께** 다룬다. 이는 다양한 지반문제에서 경계구분이 의미가 없는 경우가 많다는 데서 고려된 것이다. 많은 경우, 구조물이 상부는 흙 지반, 하부는 암 지반에 걸쳐 계획되는 경우가 많다(예, 터널). 따라서 지반문제의 체계적 접근을 위해 흙 지반과 암 지반을 함께 다루는 것이 바람직하다. 또한 '구조물-지반' 및 '구조-수리 상호작용'과 같은 실제 지반 거동문제를 포함하였다.

셋째는 실무에서 중요시되는 **지반 모델링과 수치해석을 중점적**으로 다루었고, 지층모델링과 지반불확실성에 대처하는 설계법, 통계확률적 물성평가와 관찰법 등도 심도 있게 다룬다.

지반역공학의 범위와 구성

　'**지반역공학**'은 체계적인 역학을 기초로 설계해석을 위한 공학서이다. 산업에서 요구하는 기술이 점점 더 고도화하고 불확실성을 반영하려는 노력을 해온 점을 감안하였다. 개념과 이론에 충실하되 원리적 이해를 돕고, 지식의 체계적 축적을 목표로 역학의 기본이론을 다룬다. 특히 실무에서 수치해석이 지반거동 예측의 핵심도구가 되고 있음을 감안하여 **지반 모델링과 수치해석에 많은 분량을 할애하였다.**

　지반역공학은 두 권으로 구성되었다. **제1권은 지반의 거동 메커니즘과 수학적 모델링**을 다루는 지반역학(geomechanics)이며, **제2권은 지반문제의 해석과 설계**를 다루는 지반공학(geoengineering)이다. 이 책은 토질역학의 기초 개념과 이의 이해를 기반으로 **지반공학 전문가(Geotechnical Specialists)를 위한 체계서를 지향**한다.

　제1권에서는 지반의 거동특성과 이에 대한 수학적 모델링을 다루었다. 제2권에서는 제1권에서 다룬 이론에 기초하여 설계원리와 설계해석법을 다룬다. 제1권이 지반역공학에 대한 전반적이고 체계적인 이해가 목적이라면, 제2권은 이를 실제문제, 즉 설계에 적용하는 방법론을 다룬다.

　제1권은 지반공학도 혹은 지반전문가로서 지반문제에 대하여 'Why'와 'How'에 대한 탐구, 그리고 '기술적 소통(engineering communication)' 능력의 배양을 목표로 기술하였다. **1장**에서는 지반역공학의 문제, 범위 및 체계를 전반적으로 고찰하고, **2장**에서는 지반역공학의 전개수단과 표현기법을 다룬다. **3장**은 초기조건을 포함한 현재 지반의 상태정의, **4장**은 실제 지반의 거동특성을 다루며, 지반거동의 핵심요소들을 고찰한다. **5장**은 4장에서 고찰한 지반거동의 수학적 모델링, 즉 구성방정식을 심도 있게 다룬다. **6장**은 지반의 요소거동을 (4장과 5장에서 다룬 내용을 토대로) 지반 시스템으로 확장하는 지배방정식을 다룸으로써 지반역학의 체계를 완성한다.

　제2권은 제1권의 이론을 토대로 지반문제를 푸는 도구에 대한 이해와 활용을 다룬다. 따라서 제2권의 주요내용은 지반거동의 공학적 해법이다. **1장**에서는 신뢰도해석을 포함한 지반설계법의 원리와 설계해석체계 전반을 다룬다. 지반설계능력 향상, 그리고 지반설계의 Feedback과 관련되는 지반연구와 법(法)지반공학에 대하여도 살펴본다. 이후 **2장**부터 **6장**까지는 지반해석법인 이론해석법, 수치해석법, 모형시험법 및 관찰법 등 지반설계해석의 각 설계해석도구를 장별로 심도 있게 다룬다. 이 책에서 다루는 지반해석도구는 이론해석(**2장**), 수치해석(**3장**), 모형실험(**4장**), 지반리스크해석과 관찰법(**5장**)이다. 이 중에서도 현재 실무에서 가장 흔하게 사용되는 수치해석에 많은 비중을 두었다. 마지막인 **6장**에서는 지층모델링과 지반 파라미터 평가법을 다룬다. 지반파라미터의 평가는 각 코드(code)의 규정에 따른 확률 통계적 기법을 포함한다. 또한 지반물성의 분포 범위를 제시하여 지반물성에 대한 전문가로서의 물리적 감각 습득에 도움을 주고자 하였다.

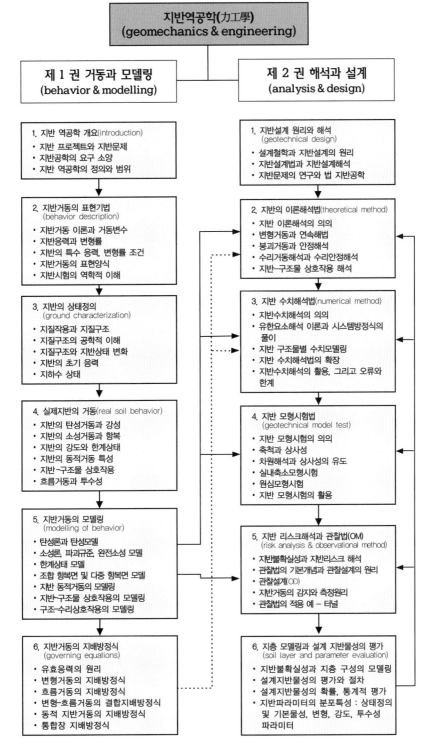

지반역공학(力工學)
(geomechanics & engineering)

제 1 권 거동과 모델링
(behavior & modelling)

제 2 권 해석과 설계
(analysis & design)

1. 지반 역공학 개요(introduction)
- 지반 프로젝트와 지반문제
- 지반공학의 요구 소양
- 지반 역공학의 정의와 범위

2. 지반거동의 표현기법
   (behavior description)
- 지반거동 이론과 거동변수
- 지반응력과 변형률
- 지반의 특수 응력, 변형률 조건
- 지반거동의 표현양식
- 지반시험의 역학적 이해

3. 지반의 상태정의
   (ground characterization)
- 지질작용과 지질구조
- 지질구조의 공학적 이해
- 지질구조와 지반상태 변화
- 지반의 초기 응력
- 지하수 상태

4. 실제지반의 거동(real soil behavior)
- 지반의 탄성거동과 강성
- 지반의 소성거동과 항복
- 지반의 강도와 한계상태
- 지반의 동적거동 특성
- 지반-구조물 상호작용
- 흐름거동과 투수성

5. 지반거동의 모델링
   (modelling of behavior)
- 탄성론과 탄성모델
- 소성론, 파괴규준 완전소성 모델
- 한계상태 모델
- 조합 항복면 및 다중 항복면 모델
- 지반 동적거동의 모델링
- 지반-구조물 상호작용의 모델링
- 구조-수리상호작용의 모델링

6. 지반거동의 지배방정식
   (governing equations)
- 유효응력의 원리
- 변형거동의 지배방정식
- 흐름거동의 지배방정식
- 변형-흐름거동의 결합지배방정식
- 동적 지반거동의 지배방정식
- 통합장 지배방정식

1. 지반설계 원리와 해석
   (geotechnical design)
- 설계철학과 지반설계의 원리
- 지반설계법과 지반설계해석
- 지반문제의 연구와 법 지반공학

2. 지반의 이론해석법(theoretical method)
- 지반 이론해석의 의의
- 변형거동과 연속해법
- 붕괴거동과 안정해석
- 수리거동해석과 수리안정해석
- 지반-구조물 상호작용 해석

3. 지반 수치해석법(numerical method)
- 지반수치해석의 의의
- 유한요소해석 이론과 시스템방정식의
  풀이
- 지반 구조물별 수치모델링
- 지반 수치해석법의 확장
- 지반수치해석의 활용, 그리고 오류와
  한계

4. 지반 모형시험법
   (geotechnical model test)
- 지반 모형시험의 의의
- 축척과 상사성
- 차원해석과 상사성의 유도
- 실내축소모형시험
- 원심모형시험
- 지반 모형시험의 활용

5. 지반 리스크해석과 관찰법(OM)
   (risk analysis & observational method)
- 지반불확실성과 지반리스크 해석
- 관찰법의 기본개념과 관찰설계의 원리
- 관찰설계(OD)
- 지반거동의 감지와 측정원리
- 관찰법의 적용 예 - 터널

6. 지층 모델링과 설계 지반물성의 평가
   (soil layer and parameter evaluation)
- 지반불확실성과 지층 구성의 모델링
- 설계지반물성의 평가와 절차
- 설계지반물성의 확률, 통계적 평가
- 지반파라미터의 분포특성 : 상태정의
  및 기본물성, 변형, 강도, 투수성
  파라미터

지반역공학의 체계와 구성

단위와 그리스 기호

- 길이(length) : m(SI unit)

  1 m = 1.0936 yd = 3.281 ft = 39.7 in

  1 yd = 0.9144 m ; 1 ft = 0.3048 m ; 1 in = 0.0254 m

- 힘(force) : N

  1 N = 0.2248 lb = 0.00011 ton = 100 dyne = 0.102 kgf = 0.00022 kip

  1 kgf = 2.205 lb = 9.807 N

  1 tonne (metric) = 1,000 kgf = 2205 lb = 1.102 tons = 9.807 kN

  1 lbf = 0.4536 kgf

- 응력(stress) : 1 Pa = 1 N/m^2

  1 Pa = 1 N/m^2 = 0.001 kPa = 0.000001 MPa

  1 kPa = 0.01 bar = 0.0102 kgf/cm^2 = 20.89 lb/ft^2 = 0.145 lb/in^2

  1 lb/ft^2 = 0.04787 kPa

  1 kg/m^2 = 0.2048 lb/ft^2

  1 psi(lb/in^2)= 6.895 kPa = 0.07038 kgf/cm^2

- 단위중량(unit weight)

  1 kN/m^3 = 6.366 lb/ft^3

  1 lb/ft^3 = 0.1571 kN/m^3

- 대기압(p_a) : 1 atm = 101.3 kPa = 1 kg/cm^2 , 1 bar =100 kPa
- 물의 단위중량 : 1 g/cm^3 = 1 Mg/m^3 = 62.4 lb/ft^3 = 9.807 kN/m^3

- Greek Symbols

A α alpha [a]	B β beta, vita [v]	Γ γ gamma [g]	Δ δ delta [ð,d]	E ε epsilon [e]	Z ζ zeta [z]	H η eta [ay]	Θ θ theta [th]
I ι iota [i]	K κ kappa [k]	Λ λ lambda [l]	M μ mu [m]	N ν nu [n]	Ξ ξ xi (크사이) [ks]	O o omicron [o]	Π π pi (파이) [p, ㅃ]
Pρ rho [r]	Σ σ ς sigma [s]	T τ tau [t]	Υ υ upsilon [i]	Φ φ phi (파이) [f, ㅍ]	X χ xhi (카이) [ch, ㅋ]	Ψ ψ psi (프사이) [ps]	Ω ω omega [o]

Chapter 01

지반 역공학 개요

지반 역공학 개요

다윈(Charles R. Darwin, 1809~1882)은 흙의 침식과 암석의 풍화 사이의 균형덕분에 '**지구의 얇은 담요**'인 흙이 유지된다는 지반의 안정원리를 발견하였다(David R Montgomery, 2007; 그림 1.1). 화강암이 풍화되면 주로 모래가 되고, 현무암이 풍화되면 주로 점토가 되며, 석회암이 녹아서 씻겨 내려가면 동굴이 만들어진다는 정성적 사실과 다시 땅위로 노출된 암반도 결국 분해된다는 지질학적 순환 메커니즘에서 지반이 '**생명과 무생명 사이의 역동적인 인터페이스**'임을 인지한 것이다.

유사 이래로 흙(지반)은 생명의 원천으로 노래되어 왔다. 하지만 흙(지반)은 마치 공기와 같이 무한정한 자연자원으로 인식되어 문명을 뒤받치는 경작지와 기반이었음에도 불구하고 적절한 보전관리가 이루어지지 못했다. **문명사적으로나 인류사적으로 지반(토양)의 침식이 문명의 기초를 흔들어 왔다**는 사실은 명멸했던 도시의 역사가 증명해 주고 있다.

토양의 침식이 문명의 소멸을 초래했다면, **지반공학은 문명의 실질적 기초(foundation)로서 문명과 함께 번성하였다**. 문명사의 이슈와 족적이 아직까지 남아있는 많은 지반구조물에서 발견된다(그림 1.2). 지반재료로 축조된 인류의 문명은 바벨탑과 피라미드를 통해 인간 욕망의 한계를 일깨웠고 피사사탑으로 과학적 치밀성과 윤리성을 시험하였다.

그림 1.1 'The erosion of civilization' (문명의 침식)
(문명이 앗아간 지구의 살갗, David R Montgomery, 2007)

1.1 지반(地盤) – 지구의 살갗

　최근 이상기후에 따른 집중폭우와 이에 따른 토석류(debris flow)로 지반침식이 급증하면서 '**지구의 살갗 보호**' 문제가 대두되고 있다. 장구한 세월의 지질작용 속에서 홍수와 침식으로 행성 '지구'의 껍질이 벗겨지고 있는 것이다. 고대 중국 우왕(禹王)은 "**강을 지키려거든 산을 지켜라**"라고 하였다. 흙(지반)이 보전해야 할 대상으로 인식되기 시작한 것이다. 이제 '**지구의 살갗을 보호하는 일**'도 지반공학의 영역으로 다가왔다. 문명의 지속을 위하여 토양과 토질이 지반으로 공존해야 할 이유가 여기에 있다.

　산업화에 따른 도시화가 끊임없이 공간제약을 극복할 대안을 요구함에 따라 인류는 생활공간을 넓고 높게 확대하여 왔다. 약120년 전 런던에 지하철이 등장한 이래, 이제 도시공간의 확장은 더 이상 지상의 문제로만 남아 있지 않다. 연약지반과 취약환경이 더 이상 공간제약 요인이 되지 않는다. 지반을 적극적 공학대상으로 인식하게 된 결과이다. 불과 20~30년 전까지만 해도 지반은 선택의 문제였다. 적합하지 않으면 피하면 그만이었다.

　현대사회는 좀 더 차원 높은 환경과 건강하고 지속 가능한 공간을 요구한다. 단순한 공간의 확장을 넘어서 자연과 조화된 공간을 원한다. **지반재료는 천연 건축소재**이다. 아프리카 흰개미(termites)는 흙으로 자기 몸길이의 수백 배에 이르는 개미탑을 짓는다. 이 개미탑은 자연환기라는 첨단건축기술을 포함하고 있다(그림 1.3). 이제 점점 더 많은 사람들이 친환경 생활을 위해 지불할 의사를 표출하고 있다. 이를 구현하는 일에 지반전문가의 역할이 요구되고 있다. 바야흐로 자연을 교사로 자연에서 배울 때다.

그림 1.2 문명과 구조물

그림 1.3 자연계의 공간 확장(after Hansell et al., 1999)

'**자연이 인류에게 이로울 때 자연으로서 의의가 있다**'는 말이 있다. 개발논리의 미화처럼 들리기도 하지만, 역설적으로 자연과 함께하여야만 살아남을 수 있다는 긴 호흡의 메시지로도 읽힌다. 지반전문가의 사명은 우리 시대가 요구하는 친환경, 지속가능한 지반 목적물을 경제적으로 구현해 내는 것이다.

이제, 지반의 기능이 미흡하면 다른 재료를 이식하거나(치환), 그라우트를 주입하여 역학적 기능을 증대시킬 수도 있다. '지구의 살갗'을 성형하는 다양하고도 적극적인 기술이 얼마든지 가능해졌다. 토지 취득비와 기술의 경합에서도 지반기술의 경제적 우월성이 입증되고 있다.

장구한 지질시대를 거쳐 문명이 시작된 지 수 십 세기가 지났다. 우주의 순환작용을 거역할 수는 없을지라도 미래를 준비하여, 지속성(sustainability)을 확보하려는 노력이 지반공학의 부단한 발전을 촉구할 것이다.

1.2 지반 프로젝트와 지반문제

지반 프로젝트

공공분야(국가)에서 제공하는 **사회기반시설(infrastructures)을 포함한 모든 구조물이나 시설은 어떠한 형태로든 지표 또는 지하의 지반과 관련된다.** 심지어 선박도 정박용 앵커리지(anchorage)가 필요하며 비행기도 활주로(runway)가 필요하다. 도시의 확장은 지반공학의 발달에 크게 기여하였다. 확장의 한계에 부딪힌 도시공간의 제약은 섬세한 지반공학 기술을 요구하는 지하공간 개발을 촉진하였다.

다음은 대표적 지반 프로젝트를 예시한 것이다.

- 기초 : 얕은 기초(footings), 깊은 기초(pile foundations)
- 토류 구조물(흙막이) : 버팀벽, 옹벽, 흙막이, 라이닝, 록 볼트, 앵커, 네일(nails)
- 지반구조물 : 사력댐(earth & rockfill dams), 절성토 도로, 제방(embankments)
- 지반환경구조물 : 매립지, 방사성 폐기물(radioactive wastes) 처리시설, 지하오염물의 관리
- 위해성(hazardous)지반 대책 및 자연 보존 : 사면(slopes) 안정, 토석류(debris flow) 대책
- 지반굴착 기계 및 장비 : 장비의 설계와 개발(e.g. TBM)
- 지하구조물 : 수직구(shafts), 터널, 지열발전소(geothermal powerplants), 비축기지, 저장고 등 지하 대공간(caverns)
- 부지조성 : 연약지반 개량
- 지상 교통기반시설 : 도로, 교량 기초, 활주로, 철도 노반

지반문제

지반에 구조물을 건설하거나 지반을 구조물로 이용하고자 하는 경우, 지반은 구조물의 수명기간(life time) 동안에 예상되는 설계 하중에 대하여 코드(code)에 규정된 저항력을 갖추어야 하며, 변형이나 그

밖의 거동으로 인하여 구조물의 기능 저하가 없어야 한다. 지반설계 측면에서 전자를 **안정성(safety) 확보**라 하며, 후자를 **사용성(serviceability) 확보**라 한다. **지반문제란 안정성과 사용성을 저해하는 문제**를 말하며, 이를 기술적·경제적으로 해소하는 학문이 지반공학이다. 지반문제를 안정성 문제와 사용성 문제로 구분, 예시하면 다음과 같다.

- 안정성(safety) 문제
  - 역학적 안정성 문제 : 정적 안정문제 – 사면활동, 지지력 파괴, 토압 붕괴
    동적 안정문제 – 액상화(liquefaction), 지반–구조물의 상호작용(지진파괴)
  - 수리적 안정성 문제 : 부력 파괴, 내부 침식(internal erosion), 파이핑(piping), 융기(heaving), 퀵 샌드(quick sand), 수압 할렬(hydraulic fracturing)
- 사용성(serviceability) 문제
  - 변위문제 : 과대 변형(침하), 균열
  - 수리적 열화 : 누수, 과대수압, 유량손실
  - 지반환경 문제 : 오염 지하수 이동
  - 동적 거동문제 : 소음 및 진동
  - 환경 화학적 문제 : 화학적 침투, 부식, 열화
  - 기타 : 내구성(durability), 목적물에 따른 성능조건(functional requirements)

그림 1.4는 대표적 지반문제를 예시한 것이다. 지반공학은 '지반 관련 구조물을 안전하게 건설하여 사용 중에 문제가 없도록 하는 기술' 이다. 하지만, 대상문제의 경계조건이 복잡하고, 하중의 불균등, 매질의 3성상(性相), 물성의 공간적 변화 등의 특성은 지반공학의 융합 역학적 접근을 요구한다.

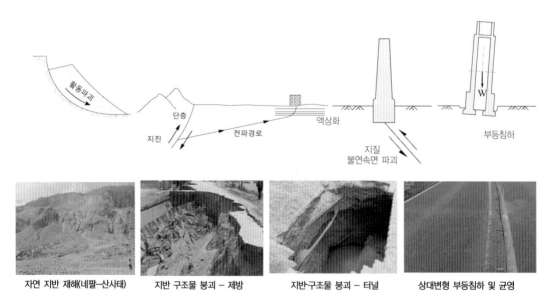

그림 1.4 지반문제의 예

1.3 지반설계와 지반공학의 요구 소양

지반문제에 대한 해를 구하여 목적물로 구현해가는 과정을 지반설계(geotechnical design)라 한다. 지반재료의 비균질성과 이방성 특성, 경계조건의 불확실성 등 때문에 지반문제에 대한 해를 유일하게 (unique) 정하기가 용이하지 않다. 따라서 안정성과 사용성을 확보하는 최소 조건을 설정하여 '**해 (solutions)**'의 수준을 관리하는데 이를 **설계 요구조건(design requirements)**이라 한다. 설계요구조건은 구조물마다 다양하게 설정될 수 있으며 일반적으로 목적물에 대한 조건과 주변시설에 대한 조건으로 구분할 수 있다. 복잡한 도심 프로젝트의 경우 **목적물보다 주변 영향에 대한 설계요구조건이 더 까다롭고 비용소요도 많은 경우가 허다**하다. 그림 1.5는 설계의 관련 요소를 설계 절차 순으로 기술한 것이다.

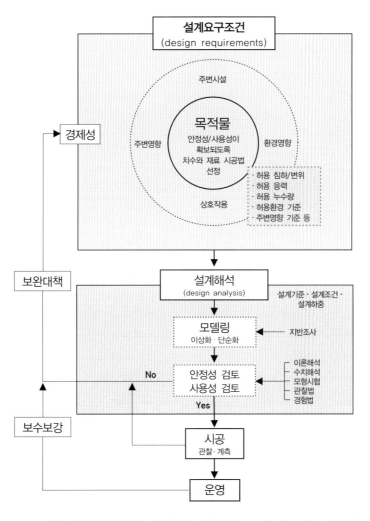

그림 1.5 설계요구조건, 설계해석, 지반설계(geotechnical design)의 절차

'설계(design)'란 설계요구조건을 경제적으로 만족해 가는 과정이며, 설계요구조건의 만족 여부를 검토하는 과정을 '설계해석(design analysis)'이라 한다. 전통적으로 직관과 경험이 지반공학의 가장 기본적인 도구였다. 역학의 발달과 함께 고체역학의 탄성이론과 한계이론의 채용으로 이론해석 도구를 갖게 되고, 이후 컴퓨터 발달과 함께 수치해석법 등 다양한 해석도구를 활용할 수 있게 되었다. 설계해석에는 이론적(수학적) 접근, 실험적 접근(시료시험, 모형시험), 조사와 관찰(계측), 경험법 등이 사용된다.

지반설계는 지반자체의 불확실성, 목적물에 대한 요구조건의 수용, 주변 영향의 저감 등을 경제적으로 고려하기 위해 적절한 공학적 접근(해석)방법을 사용해야 한다. 지반해석은 조사와 실험, 역학이 경험으로 정제된 지식을 요하는데, 영국 임페리얼 대학(Imperial College, London)의 Burland(1987)는 그림 1.6의 **토질역학 삼각형(soil mechanics triangle) 개념**을 도입하여 이를 설명하였다. 지반공학은 현장조사, 지반거동, 설계해석이 균형을 이루고 이들 지식이 경험으로 종합되고 체계화되어야 한다.

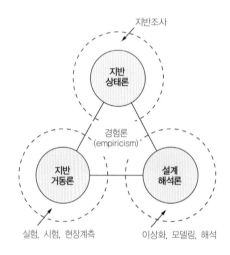

그림 1.6 지반역학 삼각형(soil mechanics triangle, after Burland, 1987)

지반거동 파악은 실험과 현장계측으로 이루어지며, 지반해석은 요소거동의 모델링 그리고 해석과정을 포함한다. 경험은 이론과 해석의 현장 적용성을 판단하는 핵심요소이다. 지반공학이 경험의 학문이라는 사실은 역사적으로 발생했던 붕괴사고들을 조사하고 분석하면서 이론과 예측능력이 한 단계씩 진보한 사실에서 확인할 수 있다. 계산상으로는 안전했던 사면이 붕괴된 사고를 규명하면서 비로소 잔류강도(Skempton, 1997)에 대한 개념정리가 이루어진 사실이 그 한 예이다. 지반공학에서 '**실패로부터 배운다**'라는 말은 '**경험은 아무리 강조해도 지나치지 않다**'는 말로 이해할 수 있다.

통섭(通涉)의 공학

지반공학의 학문적 스펙트럼은 그 폭이 매우 넓다. 따라서 지반공학은 최근 강조되고 있는 분야 간 통섭(consilience) 또는 학제 간 융합이 필연적으로 요구되는 학문 분야라 할 수 있다. 지반공학의 기본 이론들은 매우 다양한 분야의 역학 원리를 채용한다. 지반의 상태는 지질학, 역학적으로 변형거동은 연속체역학, 흐름거동은 유체역학 및 수리학에 기반을 두고 있다. 또한 같은 지반재료라도 흙 지반과 암 지반의 성상이 완전히 다르므로 공학적 접근체계도 크게 다르다. 지반 역공학에 필요한 관련 학문을 열거하면 다음과 같다.

- 지질학 및 응용지질학
- 고체역학 : 연속체역학, 탄성론, 탄소성론
- 지하수 수리학(유체역학)
- 입자역학
- 강체이론
- 광물학 및 점토화학

응용지질학과의 관계

지반공학(geotechnical engineering)은 토목공학의 한 영역이며, 응용지질학은 지질학의 한 갈래이다. 모든 토목구조물이 지반에 접하므로 이들 두 영역은 근본적으로 연계되어 있다. 두 영역의 공통 영역을 '**지반기술(geotechnics)**'이라 한다. 그림 1.7은 이를 개념적으로 도시한 것이다.

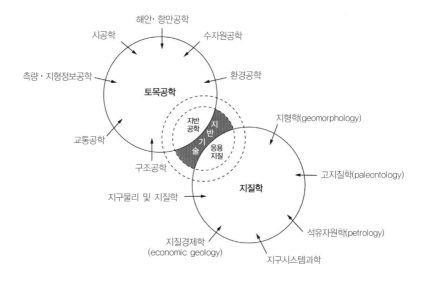

그림 1.7 토목공학–지반공학–지반기술

지질상태(구조)는 광역적 정보로서 구조물의 입지평가에 매우 중요한 요소이다. 지반여건이 불리하면 지반 공학적 대응이 가능하지만, 지반문제의 스케일에 따라 천문학적 비용이 소요될 수 있으므로 이런 경우 사업에 적합한 부지라 할 수 없다. 취약지반(difficult ground conditions)을 포함하는 프로젝트의 경우 지반공학적 설계가 사업의 기술적, 경제적 타당성을 지배하는 예도 많다.

응용지질학에 대한 소양은 지반 공학적 소양 못지않게 중요하다. 지질구조와 지형특성을 잘 이용하면 붕괴에 안정하거나 경제적인 설계가 가능하다. 그림 1.8은 불연속면을 내포하는 층상지반의 절취문제를 예시한 것이다. 불연속면의 방향이 절토사면 경사와 일치하는 경우 붕괴위험이 높다. 붕괴사고 예방을 위해 비우호적 조건을 피하거나 대응설계에 따른 최소비용설계를 추구하여야 한다.

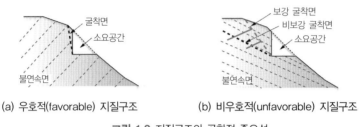

(a) 우호적(favorable) 지질구조   (b) 비우호적(unfavorable) 지질구조

그림 1.8 지질구조의 공학적 중요성

암반공학과의 관계

지반은 일반적으로 지표로부터 흙 지반이 수 미터 또는 수십 미터로 분포하고, 그 아래로 암반이 나타난다. 대부분의 지반공사 현장은 구조물이 흙과 암반에 걸쳐 위치하게 되는 경우가 많다. 특히 도심의 지중에 건설되는 터널의 경우 상부는 토사, 하부는 암반인 경우가 많고(그림 1.9), 사면이나 기초도 흙 지반과 암 지반에 걸쳐있는 경우가 많다. 이 두 재료의 거동은 크게 다르나, 한 시스템 내에 위치하므로 각 재료의 개별거동과 조합거동을 모두 이해해야 한다. 이것이 지반과 암반을 함께 다뤄야 할 이유이다.

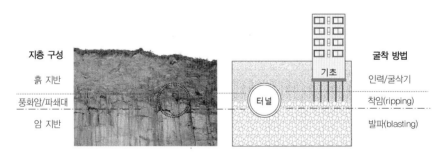

그림 1.9 건설사업과 지반성상의 예

일반적으로 **흙 지반의 거동은 연속 응력장에 지배**(stress controlled)되는 연속체역학으로 다룰 수 있으나, **암 지반은 지질구조에 지배**되는(geological structure controlled) 불연속체 역학으로 다루어야 하는 경우가 많다. 대부분 이 두 지반재료의 경계는 엄격하게 정의되지 않는다. 공학적 지배거동은 구조물과 불연속면 규모(또는 입자(블록의 크기))의 상대적 크기에 의해 결정된다.

통섭(consilience)과 데드존(dead zones)

지반공학의 통섭적 측면은 지반공학자의 요구소양이 다양하고, 전문가적 종합지식이 필요함을 의미한다. 지반설계의 대부분이 독립된 지반공학영역이라기보다는 프로젝트의 일부를 구성하게 된다. 일례로 교량프로젝트에서 교각기초를 담당하거나 고층빌딩의 기초설계 시 지반공학전문가의 역할이 그것이다. 프로젝트의 일부분을 담당하지만 관련범위가 넓고 다양하여, 요구되는 지식의 스펙트럼도 매우 넓다. 따라서 지반공학문제가 포함된 경우 지반전문가를 활용하지 않고, 타 분야 전문가가 코드에서 정하는 기준대로 기계적인 설계를 할 경우, 많은 문제가 간과될 수 있다. 통섭은 지반문제 해결에 필요한 지식의 문제이며, 동시에 프로젝트가 내포하는 다양한 분야와의 긴밀한 교류와 협조도 포함한다. 지반공학적 통섭적 노력이 적절히 이루어지지 못할 경우, 이른바 간과하게 되는 영역인 '**데드존(dead zones)**'이 발생하게 된다.

그림 1.10 (a)와 같은 상황을 가정하자. 우수관거는 도로하부에 건설되었고 도로표면수의 처리를 위해 특정위치의 토피가 낮게 조성되어 있었다. 공교롭게도 이 위치는 다른 우수관거가 접속되는 위치이다. 이상강우로 유출수로의 설계수위가 갑자기 높아져 우수관거내에 수미터의 수두에 해당하는 수압이 발생되었다. 이로 인해 그림 1.10 (b)와 같이 역류가 발생하고 파이핑 세굴이 일어나 제내지 측 도로하부의 관거가 유실되고, 사면붕괴가 일어나 주거지로 홍수가 유입하여 많은 재산피해와 인명손실을 야기하였다고 가정하자.

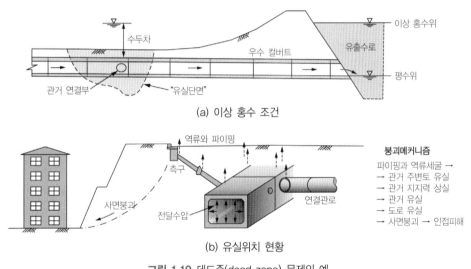

(a) 이상 홍수 조건

(b) 유실위치 현황

그림 1.10 데드존(dead zone) 문제의 예

이 문제가 어느 영역의 문제인가를 메커니즘 관점으로 살펴보자. 지반문제는 물과 연결되므로 수리적 연관범위가 매우 크다. 또한 구조물을 지지하므로 구조물의 상태와 조건과도 관련된다. 즉, 이상강우에 따른 먼 거리의 홍수위가 역류와 수압을 야기하여 파이핑을 초래하고, 수압으로 인한 유출수가 관로연결부의 틈새로 빠져나가면서 입자를 유실시킨다. 관거 주변지반이 유실되면 관거는 지지력을 상실하면 더 이상 그 위치에 남아 있지 못하게 된다.

설계 당시 이 사안은 도로 혹은 관거 부설 프로젝트로서 아마도 지반전문가를 참여시킬 만큼의 중요성도 필요성도 느끼지 못했을 것이다. 하지만, 재산과 인명의 손실이라는 사고의 발생은 수로, 우수관거, 도로 설계체계의 적정성을 재구성하게 한다. 문제의 원인이 된 수리상황은 수문분야에서 전달되었어야 할 정보이다. 우수 관거의 구조적 연결은 구조분야의 관심사항이고, 그리고 도로 표면수 처리구조, 포장의 박락 등은 도로분야의 관심사항이다. 그리고 관거 지지력 상실의 핵심요인인 역류수압에 의한 파이핑은 지반공학관점에서 중요하게 다루어야 할 내용이다. **통섭이 아니면, 데드존이며, 데드존은 사고를 부른다.**

Chapter 02

지반거동의 표현

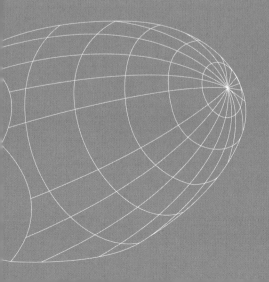

지반거동의 표현

지반의 역학적 상태와 거동에 대한 공학적 의사소통은 무엇으로 어떤 방법으로 할 것인가? 지반의 상태와 거동을 기술하기 위해서는 적절한 소통도구를 도입하여야 한다. 이 장에서는 지반역공학에서 다루는 거동변수를 정의하고, 지반공학에서 선호하는 거동변수의 수학적 표현방식과 물리적 의미를 살펴본다.

거동(擧動, behavior)이란 환경변화에 대한 반응(response)이다. 지반의 상태와 거동을 모델링하기 위해서는 이를 표현하기 위한 적절한 거동변수를 도입해야 한다. 거동변수는 물리적 의미를 내포하되, 표현이 단순할수록 좋다. 일반적으로 대표적 역학 거동변수는 응력과 변형률이다. 지반역학에는, 강재나 콘크리트 같은 구조재료와 달리, 지반재료만의 독특한 거동을 표현하기 위해 선호되는 응력과 변형률의 표현방법이 있다. 거동변수의 명확한 정의와 합의된 표현양식은 기술적 의사소통과 새로운 이론전개를 위한 기반지식이 되므로 이에 대한 체계적이고 정확한 이해가 중요하다.

지반재료는 과거의 **응력이력(stress history)**에 따라 향후의 거동이 달라진다. 이러한 특성 때문에 다른 재료역학에서 거의 다루지 않는 **응력경로(stress paths)**가 중요한 의미를 갖는다. 지반의 실제 응력은 3차원적으로 변화하나, 실험실에서 다루는 응력상태나 응력경로는 매우 단순하다. 지반거동의 이론적 조사와 공학적 특성에 대한 정의는 주로 시험결과를 통해 이루어지므로 지반시험법의 응력(변형률) 상태와 응력경로를 이해하는 것이 필요하다. 이 장에서 다룰 **지반 공학적 표현기법과 용어는 지반공학 전반에 대한 체계적 이해에 필수적**이며, 특히 이 책에서 앞으로 다룰 지반거동이론의 전개에 중요한 도구이다. 이 장에서 다룰 주요 내용은 다음과 같다.

- 지반거동 이론의 기초와 거동의 정의 변수
- 지반응력과 변형률 파라미터 : 응력상태, 응력의 분할, 주응력, 불변량
- 지반의 특수응력, 변형률 조건
- 지반거동의 표현기법 : 응력공간, 응력좌표계, 응력경로
- 지반시료시험의 역학적 이해 : 지반시험법의 응력(변형률)상태와 응력경로

2.1 지반거동 이론의 기초

2.1.1 지반의 거동변수

지반거동은 힘의 작용, 흐름 변화, 온도 변화, 지구물리학적(geophysical) 변화 등의 환경변화에 의해 비롯된다. 이 밖에도 화학적 작용(점토)이나, 식생(vegetation)과 관련한 생물학적 작용도 지반거동에 영향을 미칠 수 있다. 지반거동의 원인적 유형은 다음과 같이 구분할 수 있다.

- 역학적 거동(mechanical behavior) : 변위(힘), 변형률(응력)
- 수리적 거동(hydraulic behavior) : 수압, 유량, 동수경사, 수두
- 열역학적 거동(thermal behavior) : 열 전도
- 지구 물리적 거동(geophysical behavior) : 중력, 자기, 지진파, 전기 비저항
- 기타 생물학적 및 화학적 작용요인

위 지반거동은 개별적 또는 복합적으로 나타날 수 있다. 지반의 지배적인 거동은 역학적 거동과 수리 거동이다. **역학이란 힘과 거동의 관계를 규명하는 학문**이므로 거동표현의 일차적 변수는 힘과 변위이며, 이를 연속체 역학(continuum mechanics) 기반의 정량적 변수로 다루기 위해 응력과 변형률 개념을 도입한다. 지하수의 흐름이나 수압은 내부 침식(e.g. 파이핑), 유효응력의 변화 등 수리-역학적 상호작용의 요인이므로 중요한 지반거동변수로 다룬다. 수리거동은 수압 대신 수두, 동수경사 등을 거동변수로 다룰 수 있다. 지반공사 현장에서는 수리거동과 역학거동이 상호작용을 일으켜 지반의 불안정성을 야기하는 경우가 많다. 그림 2.1은 건설 프로젝트와 관련하여 지반의 역학거동과 수리거동의 복합 상호작용이 일어날 수 있는 경우를 예시한 것이다.

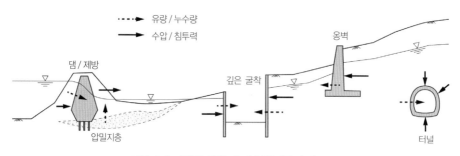

그림 2.1 지반의 역학-수리 복합거동의 예

2.1.2 지반거동이론의 기본가정

지반재료는 질적으로 다양하고 불규칙한 크기의 입자로 구성되어 있어 비균질 및 이방성 특성을 나타낸다. 지반의 이러한 특성을 있는 그대로 수학적으로 다루는 것은 거의 불가능하다. 따라서 지반거동의

이론적 고찰을 위해서는 재료의 이상화(idealization)와 기하학적 단순화(simplification)가 불가피하다.

대부분의 역학이론은 **균질(homogeneous), 등방(isotropic)으로 가정한 매질을 전제**로 한다. 실제 지반의 구성성분은 공간적으로 변화하며, 물성도 방향에 따라 달라진다. 그림 2.2 (a)와 같이 **공학적 성질이 매 위치마다 변화하는 특성을 비균질성**(non-homogeneity)이라 하며, 그림 2.2 (b)와 같이 **어떤 한 점에서 방향에 따라(e.g. 수직, 수평) 성질이 다르게 나타나는 특성을 이방성(anisotropy)**이라 한다.

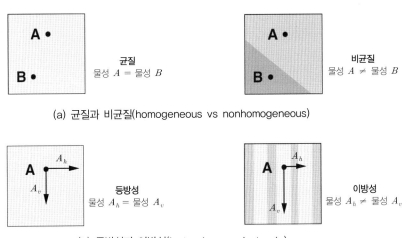

(a) 균질과 비균질(homogeneous vs nonhomogeneous)

(b) 등방성과 이방성(isotropic vs anisotropic)

그림 2.2 물성의 균질성과 방향성

비균질 문제는 정량화가 어려우므로 일반적으로 확률적 개념으로 다룬다. 이방성 특성은 이방성의 정도에 따라 수학적 고려도 가능하다. 그림 2.3에 불연속면의 분포를 기준으로 2축 및 3축 직교 이방성 문제를 예시하였다. **퇴적지층은 대표적인 2축 직교이방성[transverse(cross) isotropy] 문제**에 해당한다. 이방성의 정도가 커질수록 지반거동을 표현하는 데 요구되는 물성(material parameters)의 수가 크게 증가한다.

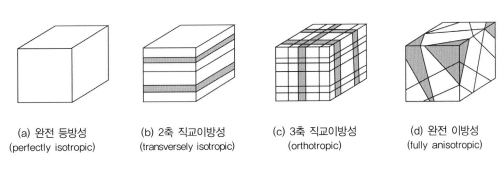

(a) 완전 등방성
(perfectly isotropic)

(b) 2축 직교이방성
(transversely isotropic)

(c) 3축 직교이방성
(orthotropic)

(d) 완전 이방성
(fully anisotropic)

그림 2.3 이방성의 유형 예시

지반은 본질적으로 비균질·이방성 재료이다. 그러나 지반거동을 수학적으로 표현하기 위해 상황에 따라 지반이 연속적이고 균질하며, 등방 및 선형 거동한다고 가정한다. 그림 2.4는 실제지반의 특성과 이상화한 지반재료의 개념을 보인 것이다.

- 불연속(discontinuos)
- 비균질(inhomogeneous)
- 이방성(anisotropic)
- 비선형탄성(nonlinear elastic)

(a) 실제 지반재료(풍화 화강암)

- 연속(continuous)
- 균질(homogeneous)
- 등방성(isotropic)
- 선형탄성(linear elastic)

(b) 이상화한 지반재료

그림 2.4 실제 지반재료와 이상화

2.1.3 지반거동 변수의 표현

일반적으로 거동 변수는 가장 보편적이고, 이해가 쉬운 수학적 표현을 사용하는 것이 좋다. 스칼라량은 크기만을 갖는 물리량으로 방향성이 없는 하나의 숫자로 주어진다(온도, 시간, 질량, 물성 등). 반면에 벡터는 크기와 방향을 갖는 물리량으로 3차원 공간에서 x, y, z의 3개의 변수로 정의할 수 있다(힘, 속도, 가속도 등). 텐서(2차)는 크기와 방향 그리고 작용면까지 고려되는 물리량으로 3차원 공간에서 6개의 성분변수로 정의할 수 있다. **텐서를 이용하면 물리적 공간을 관념적인 공간개념으로까지 확대**할 수 있다. 연속체역학에서는 식의 단순함과 일반성 때문에 텐서 표기(tensorial notation) 방식을 선호하여 왔다.

벡터의 성분 표시 기법은 이론에 대한 물리적 이해를 용이하게 해준다. 반면 행렬(매트릭스) 표기는 컴퓨터 프로그래밍에 매우 유용하다. 이 책에서는 좌표 변수(x, y, z)를 주로 이용하지만, 3차원 공간의 물리량을 표현하는 경우 텐서(tensor)와 행렬(matrix) 표현을 편의에 따라 병용한다. 표 2.1은 지반의 거동 물리량에 따른 표현방법을 예시 한 것이다.

표 2.1 지반거동 변수의 표현

텐서표기(tensorial notation)	행렬표기(matrix notation)	물리량 예시
영차(zero order) 텐서, A	스칼라(schalar) : A	수압, 물성
일차(first order) 텐서, A_j	벡터(vector) : 열 $\{A\}$, 행 $\{A\}^\top$	힘, 변위
텐서(second order 이상), A_{ij}	행렬(matrix) : $[A]$	응력, 변형률

지반공학에서 주로 다루게 되는 공학수학의 범위는 행렬식을 포함한 대수학, 미적분 그리고 시험결과를 처리하기 위한 데이터 프로세싱이다. 이 책에 사용된 미분표현의 정의는 응력함수 $\sigma'(x, y, z)$에 대하여 다음과 같이 정의한다('′'은 유효응력을 의미하며, 2.2.1절에서 설명한다).

NB : 벡터(vector)와 텐서(tensor)

벡터(Gibb type vector)는 크기와 방향을 갖는 물리량으로서 좌표계와 독립된 개념이다. 시각적 표현이 용이하므로 도해적 방법을 사용할 때 유용하다. 텐서(tensor)는 좌표계와 연관되는 물리량으로서 추상적이며 정형화된 대수학이다. 다차원 공간의 변수 정의를 위해 도입된 개념으로 식의 표현이 매우 단순해진다. 따라서 텐서는 시각화가 어려운 다차원 물리량을 다룰 때 유용하다. 벡터는 텐서의 특정한 경우로서 1차 텐서(first order tensor)라 할 수 있다. 텐서의 차수가 커지면 물리적 개념을 설명하기 어렵다. 일반적으로 변형률과 응력을 벡터라 부르지만, 엄격히 말하면 벡터가 아니라 2차 텐서(second order tensor)에 해당된다.

- ∂ : 편미분 연산자, e.g. $\dfrac{\partial \sigma'}{\partial x}$

- d : 전미분 연산자, e.g. $d\sigma' = \dfrac{\partial \sigma'}{\partial x} + \dfrac{\partial \sigma'}{\partial y} + \dfrac{\partial \sigma'}{\partial z}$

- 미분 연산자, $\nabla = \left\{ \dfrac{\partial}{\partial x}, \ \dfrac{\partial}{\partial y}, \ \dfrac{\partial}{\partial z} \right\}$, $\nabla^2 = \left\{ \dfrac{\partial^2}{\partial x^2}, \ \dfrac{\partial^2}{\partial y^2}, \ \dfrac{\partial^2}{\partial z^2} \right\}$

거동을 일반화하기 위해서는 3차원 공간을 이용한다. 차원의 공간적 표시는 $(x, \ y, \ x)$, $(x_1, \ x_2, \ x_3)$, $(x_i, \ i = 1, \ 2 \ \text{및} \ 3)$ 등으로 하였다. 이 책에 나오는 주요 표현의 이해를 돕기 위하여 간단한 예제를 수록하였다.

예제 평균유효응력은 $p' = \dfrac{1}{3}(\sigma_{xx}' + \sigma_{yy}' + \sigma_{zz}')$로 정의된다. $\partial p' / \partial \sigma'$를 구해보자.

풀이 $\left\{ \dfrac{\partial p'}{\partial \sigma'} \right\} = \dfrac{1}{3} \left\{ \dfrac{\partial p'}{\partial \sigma_{xx}'}, \ \dfrac{\partial p'}{\partial \sigma_{yy}'}, \ \dfrac{\partial p'}{\partial \sigma_{zz}'}, \ \dfrac{\partial p'}{\partial \sigma_{xy}}, \ \dfrac{\partial p'}{\partial \sigma_{yz}}, \ \dfrac{\partial p'}{\partial \sigma_{xz}} \right\}^T = \{1, \ 1, \ 1, \ 0, \ 0, \ 0\}^T$

예제 재료거동에서 탄성과 소성의 경계를 구분하는 응력함수를 항복함수($F(\sigma')$)라 한다. 탄소성 구성행렬에는 항복함수 $F(\sigma')$ 및 소성 포텐셜 함수 $Q(\sigma')$의 미분식이 나타난다. 미분, $\{\partial F / \partial \sigma'\}$, $\{\partial Q / \partial \sigma'\}$을 전개해보자.

풀이 $\left\{ \dfrac{\partial F}{\partial \sigma'} \right\} = \left\{ \dfrac{\partial F}{\partial \sigma_{xx}'}, \ \dfrac{\partial F}{\partial \sigma_{yy}'}, \ \dfrac{\partial F}{\partial \sigma_{zz}'}, \ \dfrac{\partial F}{\partial \sigma_{xy}}, \ \dfrac{\partial F}{\partial \sigma_{yz}}, \ \dfrac{\partial F}{\partial \sigma_{xz}} \right\}^T$

$\left\{ \dfrac{\partial Q}{\partial \sigma'} \right\} = \left\{ \dfrac{\partial Q}{\partial \sigma_{xx}'}, \ \dfrac{\partial Q}{\partial \sigma_{yy}'}, \ \dfrac{\partial Q}{\partial \sigma_{zz}'}, \ \dfrac{\partial Q}{\partial \sigma_{xy}}, \ \dfrac{\partial Q}{\partial \sigma_{yz}}, \ \dfrac{\partial Q}{\partial \sigma_{xz}} \right\}^T$

예제 항복함수는 일치성 조건, $dF = \{\partial F / \partial \sigma'\} d\sigma' = 0$을 만족해야 한다. 아래 항복함수(e.g. Mohr-Coulomb)에 대하여 F의 미분 $\partial F / \partial \sigma'$함수를 구하고, $I_1 = \sigma_{xx}' + \sigma_{yy}' + \sigma_{zz}'$일 때, $\partial I_1 / \partial \sigma'$ 성분을 구해보자.

$F = f(I_1, \ (J_{2D})^{1/2}, \ \theta)$

풀이 항복함수의 미분은

$$\frac{\partial F}{\partial \sigma'} = \frac{\partial F}{\partial I_1}\frac{\partial I_1}{\partial \sigma'} + \frac{\partial F}{\partial (J_{2D})^{1/2}}\frac{\partial (J_{2D})^{1/2}}{\partial \sigma'} + \frac{\partial F}{\partial \theta}\frac{\partial \theta}{\partial \sigma'}$$ 이다.

$\{\sigma'\}^T = [\sigma_{xx}', \ \sigma_{yy}', \ \sigma_{zz}', \ \sigma_{xy}, \ \sigma_{yz}, \ \sigma_{zx}]$ 이므로

$$\frac{\partial I_1}{\partial \sigma'} = \left\{\frac{\partial I_1}{\partial \sigma_{xx}'}, \ \frac{\partial I_1}{\partial \sigma_{yy}'}, \ \frac{\partial I_1}{\partial \sigma_{zz}'}, \ \frac{\partial I_1}{\partial \sigma_{xy}}, \ \frac{\partial I_1}{\partial \sigma_{yz}}, \ \frac{\partial I_1}{\partial \sigma_{zx}}\right\} = \{1, \ 1, \ 1, \ 0, \ 0, \ 0\}$$ 이다.

행렬

행렬(matrix)표현은 수치해석 이론 전개와 프로그래밍에 유용하다.

$$\text{행렬, } A(m \times n) = \begin{bmatrix} a_{11} \cdots a_{1n} \\ \vdots \quad a_{ij} \quad \vdots \\ a_{m1} \cdots a_{mn} \end{bmatrix}$$

- 대칭행렬(symmetric matrix) : $a_{ij} = a_{ji}$. 여기서 $i = 1, \ \cdots, \ n, \quad j = 1, \ \cdots, \ m$
- 경사 대칭행렬(skew symmetric matrix) : $a_{jk} = -a_{kj}$
- 행렬의 변환(transpose) : 행렬 $A(m \times n) = [a_{ij}]$의 변환행렬, $A^T(n \times m) = [b_{ij}]$, $a_{ij} = b_{ij}$
- 행렬의 곱셈 : $A(m \times n) \cdot B(n \times p) = C(m \times p)$, 행렬 C의 성분 $c_{ij} = \sum_{k=1}^{n} a_{ik}b_{kj}$

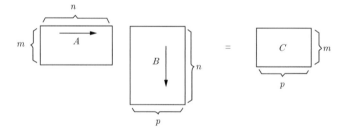

- 대칭 정사각형 행렬(symmetric square matrix)인 경우 : $A = A^T$ 및 $A^T = -A$

행렬식

행렬식(determinant)은 다음과 같이 정의한다

$$D = \det \begin{vmatrix} a_{11} \cdots a_{1n} \\ \cdot \quad \cdots \quad \cdot \\ a_{m1} \cdots a_{mn} \end{vmatrix} = a_{i1}C_{i1} + a_{i2}C_{i2} + \cdots + a_{ik}C_{ik} + \cdots + a_{in}C_{in} \tag{2.1}$$

$$C_{ik} = (-1)^{i+k}M_{ik}$$

여기서 C_{ik}는 a_{ik}의 여인수(cofactor)라 하며, M_{ik}는 i열과 k행을 제외한 나머지 성분을 의미한다.

- 2차 행렬식(second order) : $D = \det \begin{vmatrix} a_{11} & a_{12} \\ a_{21} & a_{22} \end{vmatrix} = a_{11}a_{22} - a_{12}a_{21}$

- 3차 행렬식(third order) : $D = \det \begin{vmatrix} a_{11} & a_{12} & a_{13} \\ a_{21} & a_{22} & a_{23} \\ a_{31} & a_{32} & a_{33} \end{vmatrix} = a_{11} \begin{vmatrix} a_{22} & a_{23} \\ a_{32} & a_{33} \end{vmatrix} - a_{12} \begin{vmatrix} a_{21} & a_{23} \\ a_{31} & a_{33} \end{vmatrix} + a_{13} \begin{vmatrix} a_{21} & a_{22} \\ a_{31} & a_{32} \end{vmatrix}$

역행렬

$A(m \times n) = [a_{ij}]$에 대하여 $[A][A]^{-1} = [I]$인 경우 $[A]^{-1}$는 $[A]$의 역행렬(inverse matrix)이다. $[I]$는 값이 1인 대각선 행렬이다.

$$A^{-1} = \frac{1}{\det A} \begin{bmatrix} C_{11} & \cdots & C_{1n} \\ \cdot & \cdots & \cdot \\ C_{m1} & \cdots & C_{mn} \end{bmatrix} \tag{2.2}$$

여기서 C_{jk}는 a_{jk}의 여인수(cofactor)이다.

예제 연립방정식 $2a_1 + 5a_2 = b_1$와 $a_1 + 3a_2 = b_2$의 풀이 과정을 통해 역행렬 관계를 살펴보자.

풀이 위 연립방정식을 행렬로 표시하면 다음과 같다.

$$\begin{bmatrix} 2 & 5 \\ 1 & 3 \end{bmatrix} \begin{Bmatrix} a_1 \\ a_2 \end{Bmatrix} = \begin{Bmatrix} b_1 \\ b_2 \end{Bmatrix}$$

위 식을 b_1, b_2를 구하는 방정식으로 바꿔 쓰면 $a_1 = 3b_1 - 5b_2$, 그리고 $a_2 = -b_1 + 2b_2$이다.

$$\begin{bmatrix} 3 & -5 \\ -1 & 2 \end{bmatrix} \begin{Bmatrix} b_1 \\ b_2 \end{Bmatrix} = \begin{Bmatrix} a_1 \\ a_2 \end{Bmatrix}$$

앞 식의 행렬을 $[M]$이라 하면 $[M]\{a\} = \{b\}$이다. 따라서 $\{a\} = [M]^{-1}\{b\}$이다. 위 방정식의 두 계수 행렬을 곱하면 대각선 값만 1인 $[I]$ 행렬이 되므로 위 두 행렬은 역행렬 관계에 있다.

예제 지반거동의 선형탄성지배 방정식은 $\{F\} = [K]\{\Delta\}$로 나타난다. 주어진 힘 $\{F\}$와 강성행렬 $[K]$를 이용하여 변위 $\{\Delta\}$를 구하는 문제로서, $\{\Delta\} = [K]^{-1}\{F\}$이다. 이는 강성행렬 $[K]$의 역행렬을 구하는 과정을 포함한다. $[K_{ij}]$가 2x2인 경우 $[K]$의 역행렬을 구해보자.

풀이 $[K] = \begin{bmatrix} k_{11} & k_{12} \\ k_{21} & k_{22} \end{bmatrix}$이면, $[K]$의 역행렬 $[K]^{-1} = \frac{1}{\det|K|}[C]$

$\det|K| = \det \begin{vmatrix} k_{11} & k_{12} \\ k_{21} & k_{22} \end{vmatrix} = k_{11}k_{22} - k_{12}k_{21}$이며, $[C] = \begin{bmatrix} k_{22} & -k_{12} \\ -k_{21} & k_{11} \end{bmatrix}$

따라서 역행렬은 $[K]^{-1} = \frac{1}{k_{11}k_{22} - k_{12}k_{21}} \begin{bmatrix} k_{22} & -k_{12} \\ -k_{21} & k_{11} \end{bmatrix}$

2.2 지반응력과 응력 파라미터

지반역학은 응용역학의 한 갈래로서 전통적인 연속체(고체) 역학의 응력-변형률 개념에 기초를 두고 있다. 하지만 지반은 연속적인 고체와 달리 입자, 간극수, 공기의 3상 구조이며, 이 중 **지반입자를 통해서 전달되는 응력만이 고체역학의 원리가 적용된다. 이 응력이 유효응력(effective stress)이다.**

이 장에서 다루는 모든 응력은 지반변형과 관련되므로 특별히 명시하지 않은 경우라도 유효응력으로 본다. 일반적으로 유효응력은 응력기호 (σ)에 프라임(prime, $'$)을 하여, σ'로 표시한다.

2.2.1 응력의 기본 개념

물체에 힘이 작용할 때, 임의 단면(A)에 대하여 단위면적당 작용하는 힘을 **평균단면력**이라 한다. 그림 2.5에서 보는 것과 같이 임의 단면 A에 작용하는 힘을 F라 하고, 이 단면에 수직한 벡터를 $\vec{n}$이라 하면, 이 단면에 작용하는 힘 F는 단면에 수직한(단위 벡터 $\vec{n}$에 평행한) 법선성분 F_σ와 단면에 평행한 전단성분 F_τ로 분할할 수 있다. 단면 A에 작용하는 **평균단면력**은 다음과 같다.

- 평균 법선(normal) 단면력 $= \dfrac{F_\sigma}{A}$

- 평균 전단(shear) 단면력 $= \dfrac{F_\tau}{A}$

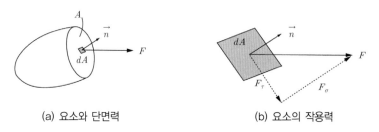

(a) 요소와 단면력   (b) 요소의 작용력

그림 2.5 단면력과 요소의 작용력

평균단면력은 단면의 평균값 개념에 불과하다. 이 물리량을 **수학적으로 다루기 위해, 한 점(point)에서의 단면력, 즉 점 응력(stress at a point) 개념**을 도입할 필요가 있다. 점 응력은 어떤 주어진 평면에서 단면적 A를 충분히 작게(infinitesimally) 취함으로써 정의할 수 있다(그림 2.5 b).

- 법선응력(normal stress), $\sigma' = \lim\limits_{dA \to 0} \dfrac{F_\sigma}{dA}$

- 전단응력(shear stress), $\tau = \lim\limits_{dA \to 0} \dfrac{F_\tau}{dA}$

응력의 크기는 dA가 위치하는 평면, 그리고 dA의 좌표계를 어떻게 설정하는가에 따라 달라진다. 응력은 벡터와 같이 크기와 방향을 가지나, 작용면에 따라 달라지는 물리량이다.

응력의 표현

3차원 공간의 응력, σ_{ij}에서 앞의 첨자 i는 **응력이 작용하는 면에 수직인 축 방향**을, 뒤 첨자 j는 작용(축) 방향을 나타낸다. 따라서 첨자가 $i = j$이면 수직(법선)응력(normal stress 또는 direct stress), $i \neq j$이면 전단응력(shear stress)이다(전단응력은 수압영향을 받지 않아 전응력과 유효응력이 같다. 따라서 프라임(′)을 붙이지 않는다). 응력을 표기하는 방식이 책마다 다르므로 표기에 유의할 필요가 있다. 응력 표현의 예는 다음과 같다.

- 응력함수: $\sigma'(x, \ y, \ z)$, $\sigma'(1, \ 2, \ 3)$, $\sigma'(x_1, \ x_2, \ x_3)$
- 법선응력: $\sigma_{xx}' = \sigma_x' = \sigma_{11}'$, $\sigma_{yy}' = \sigma_y' = \sigma_{22}'$, $\sigma_{zz}' = \sigma_z' = \sigma_{33}'$
- 전단응력: $\sigma_{xy} = \tau_{xy} = \sigma_{12}$, $\sigma_{yz} = \tau_{yz} = \sigma_{23}$, $\sigma_{zx} = \tau_{zx} = \sigma_{31}$

응력 $\{\sigma'\}$은 다음과 같이 벡터의 형태로 표기한다. 정확히 말해 2차 응력 텐서를 열 행렬(column matrix)로 표기한 것이다.

$$\{\sigma'\} = \begin{bmatrix} \sigma_{xx}', \ \sigma_{yy}', \ \sigma_{zz}', \ \tau_{xy}, \ \tau_{yz}, \ \tau_{zx} \end{bmatrix}^T \tag{2.3}$$

이 책에서는 좌표계와 연관되는 경우 첨자 표현을 사용하며, 3차원 응력방정식을 표현하는 경우 수식의 간편화를 위해 주로 텐서 표기를 사용한다.

NB : 응력의 텐서표기(tensorial notation)

이 책에서는 x, y, z 직교좌표계인 데카르트(Catesian) 좌표계를 주로 사용한다. 그러나 표현의 단순성 때문에 텐서 표기(tensorial notation)도 병용한다. 텐서를 사용하면 몇 줄에 걸쳐 쓸 수식을 단 한 줄로 표기할 수 있다. 예를 들어 응력의 6성분을 다음과 같이 표현할 수 있다.

$$\sigma_{ij}'(i, \ j = 1, \ 2, \ 3)$$

응력의 대칭관계는 $\sigma_{ij}' = \sigma_{ji}'$로 표현한다. 텐서의 성분을 나타내기 위해 다음과 같이 인덱스 표현기법을 사용하기도 한다.

$$\{\sigma_{ij}'\} = \begin{bmatrix} \sigma_{11}' & \sigma_{12} & \sigma_{13} \\ \sigma_{21} & \sigma_{22}' & \sigma_{23} \\ \sigma_{31} & \sigma_{32} & \sigma_{33}' \end{bmatrix}$$

변형률 $\{\epsilon_{ij}\}$도 응력에 상응하게 텐서로 나타낼 수 있다.

수압

물은 비압축성 유체로서 압축에는 매우 강한 저항을 나타내지만 인장과 전단에 저항하지 못한다. 수압 (pore water pressure)은 고체응력과 달리 등방(isotropic)이며 침투성(penetrating)을 갖는다. 지반 내 간극 수압은 등방압(isotropic pressure)으로서 입자 간 거동에는 영향을 미치지 않지만 각 성분이 강성에 상응하는 하중을 분담하며, 시간 의존 거동을 야기하는 요인이 된다.

NB : 응력(stress)과 압력(pressure)-유(액)체와 고체의 내부력 전달 메커니즘은 크게 다르다. 대부분의 고체는 인장과 압축에 다 저항하는데, 이 경우의 물체 내부력을 응력(stress)이라 한다. 반면에 유체는 인장에 저항하지 못하고 압축에만 저항할 수 있는데, 이때 유체의 압축력을 압력(pressure)이라 한다. 유체인 지하수 내부응력을 '간극수압', 고체인 지중 입자응력을 '지반응력'이라 표현하는 것도 여기에서 비롯된 것이다. 유체는 전단력에도 저항하지 못하며, 따라서 유체의 인장강도와 전단강도는 통상 무시할 수 있다.

전응력과 유효응력

지반은 고체, 유체로 구성되어 하중 재하 시 상대강성이나 배수조건, 재하속도 등에 따라 지반입자체의 골격(구조, skeleton)과 간극수의 응력분담이 달라진다. 전체 응력(total stress) 중 지반입자체의 구조가 분담하는 응력을 유효응력(effective stresses)이라 하며 다음과 같이 정의한다.

$$\sigma' = \sigma - u_w \tag{2.4}$$

여기서, σ' =유효응력, σ =전응력, u_w =간극수압이다. 응력은 법선(직접) 응력이다. 위 식을 유효응력의 원리라 하며, 6장에서 구체적으로 살펴본다. 유효응력의 개념으로 정의한 지반물성을 유효응력 파라미터라 하며, 응력과 마찬가지로 탄성계수, E', 마찰(전단)저항각, ϕ' 등으로 표시한다.

간극수의 이동이 제약되는 환경에서 '물＋입자'의 혼합매질의 거동은 물의 압축성이 지배한다. 하지만 배수가 허용되는 경우 지반의 변형은 입자를 통해 전달되는 유효응력에 지배된다. 따라서 물과 지반을 혼합재료로 보는 비배수 문제를 제외하고 변형과 관련되는 응력-변형률 관계식에 나타나는 응력은 유효응력이다. 이 책에서 다루는 응력은 특별한 언급이 없는 경우 모두 유효응력으로 본다.

물은 전단응력에 저항하지 못한다. 따라서 간극수압은 전단응력에 영향을 미치지 않으며, 전단응력은 유효응력과 전응력이 같다.

$$\tau' = \tau \text{, 또는 } \sigma_{ij}' = \sigma_{ij} (i \neq j) \tag{2.5}$$

부호규약

거동변수를 정의하는데, 일정한 부호규약(sign convention)을 설정하는 것은 공학적 의사소통

(engineering communication) 시 매우 중요하다. 이 책의 응력에 대한 부호규약(sign convention)은 그림 2.6과 같다. 구조역학에서는 인장응력을 양으로 취하지만 지반역학의 경우 인장에 거의 저항하지 못하는 지반재료의 속성을 감안하여, 특별한 언급이 없는 한 압축응력을 양(+, compression positive)으로 한다. 전단응력은 요소 내부의 점에 대하여 반시계방향(counter clock wise) 모멘트를 발생시키는 경우 양(+)으로 한다.

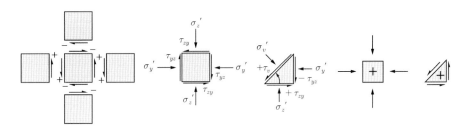

법선응력: 압축(+), 전단응력: 반시계방향(+)

그림 2.6 응력의 부호규약

2.2.2 요소의 응력상태

1차원 요소의 응력상태

1차원 요소의 점(point) 응력은 **그 점을 포함하는 요소의 단면응력, $\{\sigma'\} = \{\sigma_n', \tau\}$으로 정의**할 수 있다. 그림 2.7 (a)와 같이 1차원 요소가 축하중을 받을 때 축 방향으로만 변형이 일어나고, 변형이 일어나는 동안에 단면적의 변화가 없다고 가정하자. 한 점을 지나는 면은 무수히 많으므로 한 점의 응력상태는 면의 선택(즉, θ의 크기)에 따라 달라질 것이다. 임의 평면 θ에서 단면적 A가 충분히 작다면,

- 법선응력 , $\quad \sigma_n' = \dfrac{N\cos\theta}{A} = \dfrac{F}{A}\cos^2\theta$

- 전단응력 , $\quad \tau = \dfrac{T\cos\theta}{A} = \dfrac{F}{2A}\sin 2\theta,$

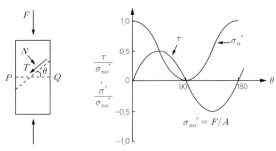

(a) 1차원 요소(단면적$=A$)   (b) 단면선택에 따른 응력변화

그림 2.7 1차원 요소의 응력상태

θ에 따른 응력의 변화를 그림 2.7 (b)에 보였다. 최대 수직응력은 $\theta = 0°$에서, 최대 전단응력은 $\theta = 45°$에서 발생한다.

예제 암석시료에 압축하중을 재하하면 포아슨효과(Poisson's effect)에 의해 단면변화가 발생한다. 단면변화를 고려한 진응력(true stress)과 공학응력(engineering stress)의 관계를 도출해보자.

풀이 단면변화를 고려하여 응력-변형률 관계를 도시하면 그림 2.8과 같이 나타난다.

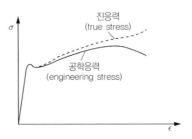

그림 2.8 진응력과 공학응력

소성상태에서 재료의 체적변화가 없다면, 공학응력, $\sigma_o' = \dfrac{P}{A_o}$

$A_o L_o = AL$이므로, 진응력 $\sigma' = \dfrac{P}{A} = \dfrac{P}{A_o} \dfrac{L}{L_o} = \sigma_o' \dfrac{L}{L_o}$

$\epsilon_o = \dfrac{L_o - L}{L_o}$ 이므로, $\dfrac{L}{L_o} = 1 - \epsilon_o$

따라서 $\sigma' = \sigma_o'(1 - \epsilon_o)$이다. 즉, 1에서 공학변형률을 뺀 값에 공학응력을 곱한 값이 진응력이다.

2차원 요소의 응력상태

2차원 요소의 점 응력상태(biaxial stress state)는 **그 점을 포함하는 임의의 미소 사각형 요소에 작용하는 응력**으로 정의한다. 평면 x-z의 미소요소와 그에 작용하는 힘을 그림 2.9와 같이 생각해보자.

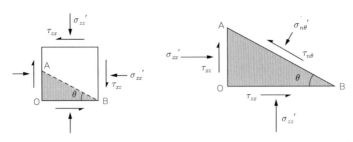

(a) 2차원 요소의 점응력(point stresses)   (b) 2차원 요소 내 임의 평면응력

그림 2.9 2차원 요소의 응력상태

평면요소에 작용하는 응력은 2개의 법선응력($\sigma_{xx}{}'$, $\sigma_{zz}{}'$)과 2개의 전단응력(τ_{zx}, τ_{xz}), 총 4개의 응력성분으로 구성된다. 전단응력은 대칭이므로 ($\tau_{zx} = \tau_{xz}$) 2차원 응력상태는 다음의 3성분으로 정의된다.

$$\{\sigma'\} = \left[\sigma_{xx}{}',\ \sigma_{zz}{}',\ \tau_{zx}\right] \tag{2.6}$$

2차원 요소의 임의 평면에 대한 응력을 살펴보자. 그림 2.9 (b)에서 θ만큼 기울어진 평면의 응력을 각각 $\sigma_{n\theta}{}'$, $\tau_{n\theta}$라 하면 그 평면에 수직한 방향 및 평행한 방향에 대한 힘의 평형조건으로부터 $\sigma_{n\theta}{}'$, $\tau_{n\theta}$를 다음과 같이 얻을 수 있다.

$$\sigma_{n\theta}{}' = \sigma_{zz}{}'\cos^2\theta + \sigma_{xx}{}'\sin^2\theta + \tau_{zx}\sin2\theta \tag{2.7}$$

$$\tau_{n\theta} = \frac{1}{2}(\sigma_{xx}{}' - \sigma_{zz}{}')\sin2\theta + \tau_{zx}\cos2\theta \tag{2.8}$$

위 두 식과 $\sin^2\theta + \cos^2\theta = 1$ 관계를 이용하면

$$\left[\sigma_{n\theta}{}' - \frac{1}{2}(\sigma_{zz}{}' + \sigma_{xx}{}')\right]^2 + \tau_{n\theta}^2 = \left[\frac{1}{2}(\sigma_{zz}{}' - \sigma_{xx}{}')\right]^2 + \tau_{zx}^2 \tag{2.9}$$

여기서, $s = \frac{1}{2}(\sigma_{zz}{}' + \sigma_{xx}{}')$, $r^2 = \left[\frac{1}{2}(\sigma_{zz}{}' - \sigma_{xx}{}')\right]^2 + \tau_{zx}^2$ 라 놓으면 위 식은 다음과 같이 $\sigma' - \tau$ 좌표계에서 중심이 $(s,\ 0)$이고 반경이 r인 원의 방정식이 된다. 이 식을 Mohr의 응력원이라 한다(그림 2.10).

$$(\sigma_{n\theta}{}' - s)^2 + \tau_{n\theta}^2 = r^2 \tag{2.10}$$

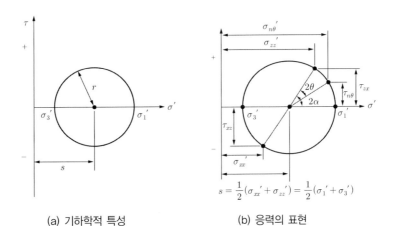

(a) 기하학적 특성   (b) 응력의 표현

그림 2.10 2차원 요소의 Mohr의 응력원 (α: 주응력면과 이루는 각)

Mohr 원을 이용하면 요소의 임의 단면에 대한 응력상태를 도해적으로 얻을 수 있다(이 방법은 철도공학자인 Culman(1866)에 의해 고안되었으며, Otto Mohr(1882)가 체계화하였다).

3차원 요소의 응력상태

3차원 공간에서 **한 점에서의 응력은 그 점을 포함하는 미소 입방체 요소(cubic element)에 작용하는 응력으로 정의**한다. 그림 2.11과 같이 입방체 요소에서 각 면당 한 개의 수직응력과 2개의 전단응력이 존재할 수 있으므로 3차원 입방체 요소는 총 9개 응력성분으로 점 응력(point stresses)을 정의할 수 있다.

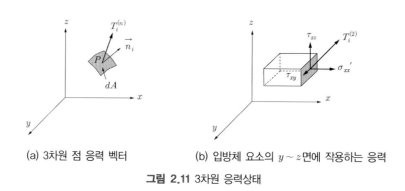

(a) 3차원 점 응력 벡터   (b) 입방체 요소의 $y \sim z$면에 작용하는 응력

그림 2.11 3차원 응력상태

그림 2.11 (a)에서 dF_i가 면적 dA에 작용하는 합력이면, 점 P의 응력 벡터(평균 단면력, traction) T_i^n는 다음과 같이 정의할 수 있다.

$$T_i^n = \lim_{dA \to 0} \frac{dF_i}{dA} = \sigma_{ni}'$$ (2.11)

점 P를 지나는 단위 벡터를 n_i라 하면 (n은 작용면 i는 작용 축), $A_i = An_i$. 일례로, y-축에 수직한 면의 단면 벡터 T_i^y는 해당 평면에 수직한 응력벡터 1개와 평행한 응력벡터 2개로 분할할 수 있다.

$$T_i^y = \left[\sigma_{yx}', \ \sigma_{yy}', \ \sigma_{yz}' \right] = \left[\tau_{yx}, \ \sigma_{yy}', \ \tau_{yz} \right]$$ (2.12)

여기서 T_i는 축의 선택에 따라 달라진다. 즉, $T = \left[T_x, \ T_y, \ T_z \right]^T$이다. 마찬가지로 y-축 및 z-축에 대한 응력 벡터(텐서)를 고려하면 입방체 요소(등방체 요소가 아닌 경우, 응력의 대칭성이 성립되지 않으므로 모든 응력성분을 다 표기해야 한다)의 응력은 다음과 같다.

$$\{\sigma'\} = \begin{Bmatrix} T_x \\ T_y \\ T_z \end{Bmatrix} = \begin{bmatrix} \sigma_{xx}' & \tau_{xy} & \tau_{xz} \\ \tau_{yx} & \sigma_{yy}' & \tau_{yz} \\ \tau_{zx} & \tau_{zy} & \sigma_{zz}' \end{bmatrix}$$ (2.13)

응력은 어떤 물체에 힘이 작용할 때 물체의 임의 단면에서 단위면적당 작용하는 힘으로서 가상적 물리량(fictitious quantities)이라 할 수 있다. 가상적이라 함은 개념적으로는 정의되나 그 실체를 물리적으로 파악하기 어렵다는 의미이다. 특히 지반의 경우 입자체(particulate media) 내부의 응력은 입자 간 접촉특성에 따라 달라지므로 직접 측정할 수 없고, 전파되는 양상도 확인하기 어렵다.

응력은 단위면적당 작용하는 힘으로 정의되지만 단위면적을 미소하게 취함으로써, 점(point) 물리량으로 다룬다(그림 2.12). 응력을 점 물리량으로 정의하면 연속성을 부여할 수 있으므로 수학적으로 다루기가 매우 편리하다. 하지만 일반적으로 힘은 어떤 영역에 걸쳐 작용하므로 자연계의 물질 구성 특성으로 볼 때 점 하중(point force) 상태는 실제로 발생할 수 없다. 따라서 응력은 가상의 물리량인 것이다.

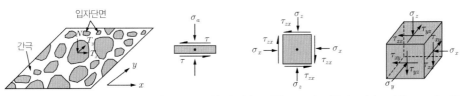

(a) 토체의 임의 단면   (b) 1차원 요소의 점응력   (c) 2차원 요소의 점응력   (d) 3차원 요소의 점응력

그림 2.12 지반 내 힘의 전달체계와 점응력 개념

점응력(point stress)을 이용하면 연속체를 통한 힘의 전파를 정량화할 수 있다. 응력의 크기와 방향, 그리고 공간적으로 변화하는 양태는 힘의 전파경로를 나타낸다. 그림 2.13은 터널 내부로 유입되는 지하수의 침투응력의 메커니즘을 보인 것이다. 응력벡터의 크기와 방향으로 침투력의 전파양상을 알 수 있다.

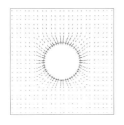   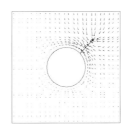

(a) 자유주면 배수 침투력   (b) 터널 배수공(pin-drain) 주변의 침투력

그림 2.13 터널 내부를 향한 침투 응력 예(Shin et. al., 2010)

3차원 점 응력성분은 총 9개이며, 첨자 2개가 같으면 법선응력, 서로 다른 경우는 전단응력이다. 전단응력의 대칭성을 고려하면($\tau_{xy} = \tau_{yx}$, $\tau_{yz} = \tau_{zy}$, $\tau_{zx} = \tau_{xz}$) 3차원 요소에 작용하는 9개 응력성분 중 $\sigma_{xx}{'}$, $\sigma_{yy}{'}$, $\sigma_{zz}{'}$, τ_{xy}, τ_{yz}, τ_{zx}의 6개 항만 서로 독립적이다. 그림 2.14는 지반심도증가를 (+)로 하는 지반응력좌표계의 예를 보인 것이다(기존 고체역학의 이론전개가 상향 z-축을 (+)로 하는 좌표계를 채용하고 있으나, 이 책에서는 지반심도를 고려, 하향 z-축을 (+)로 병행하여 채용하기도 한다).

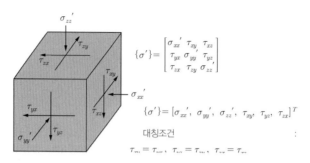

$$\{\sigma'\} = \begin{bmatrix} \sigma_{xx}' & \tau_{xy} & \tau_{xz} \\ \tau_{yx} & \sigma_{yy}' & \tau_{yz} \\ \tau_{zx} & \tau_{zy} & \sigma_{zz}' \end{bmatrix}$$

$$\{\sigma'\} = [\sigma_{xx}',\ \sigma_{yy}',\ \sigma_{zz}',\ \tau_{xy},\ \tau_{yz},\ \tau_{zx}]^T$$

대칭조건 :

$$\tau_{xy} = \tau_{yx},\ \tau_{yz} = \tau_{zy},\ \tau_{zx} = \tau_{xz}$$

그림 2.14 3차원 요소의 응력상태

2.2.3 주응력과 응력불변량

주응력(principal stress)이란 전단력이 '0'으로 나타나는 면의 법선응력을 말한다. 1차원 응력상태의 경우, 전단력이 작용하지 않는 면은 $\theta = 0°$이고, 이때의 응력, $\sigma_p' = P/A$ 이 주응력이다.

2차원 요소의 주응력 상태

2.2.2절에서 살펴본 2차원 요소의 한 점에서의 응력은 평면의 선택에 따라 달라진다. 평면 요소의 임의 단면을 그림 2.15와 같이 택했을 때 면 AB에 수직한 단위 벡터를 $\vec{n}$ 이라 하면, AB면의 방향은 $\vec{n}$ 과 x, z-축이 이루는 각으로 나타낼 수 있다. 이를 방향여현(direction cosine)이라 한다.

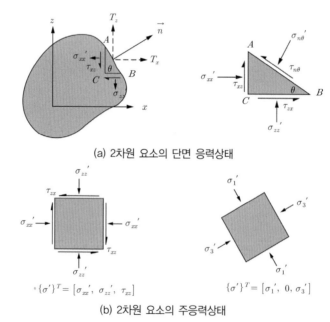

(a) 2차원 요소의 단면 응력상태

$$\{\sigma'\}^T = [\sigma_{xx}',\ \sigma_{zz}',\ \tau_{xz}]$$

$$\{\sigma'\}^T = [\sigma_1',\ 0,\ \sigma_3']$$

(b) 2차원 요소의 주응력상태

그림 2.15 2차원 요소의 응력상태

빗변 $AB = 1$이면, $BC = \cos\theta$, 그리고 $AC = \sin\theta = \cos(90 - \theta)$이므로

$$\cos\theta = \cos(n, \ x) = l$$

$$\sin\theta = \cos(90 - \theta) = \cos(n, \ z) = m$$

면 AB에 작용하는 힘 $T = \{T_x, \ T_z\}$라 하면

$$T_x = \sigma_{xx}{}'l + \tau_{xz}m$$

$$T_z = \tau_{zx}l + \sigma_{zz}{}'m$$

임의로 평면을 선택하다 보면 전단응력이 제로인 면이 선택될 수 있다. 이 면에 작용하는 수직
응력을 $\sigma_p{}'$라 하자. 그 면의 전단응력이 '0'이므로, $T_x{}' = \sigma_p{}'l$ 및 $T_z{}' = \sigma_p{}'m$이다. 이 평면에서 등치조
건, $\{T\} = \{T'\}$이 성립하므로

$$\{T\} - \{T'\} = \begin{bmatrix} (\sigma_{xx}{}' - \sigma_p{}') & \tau_{xz} \\ \tau_{zx} & (\sigma_{zz}{}' - \sigma_p{}') \end{bmatrix} \begin{Bmatrix} l \\ m \end{Bmatrix} = 0 \qquad (2.14)$$

이 식을 특성 방정식(characteristic equation)이라 하며, 방향여현(cosine)은 0이 아니므로 행렬식이
'0'이 되어야 한다. 위 행렬식의 방정식을 풀어 $\sigma_p{}'$를 구하면 다음과 같다.

$$\sigma_p{}' = \frac{\sigma_{xx}{}' + \sigma_{zz}{}'}{2} \pm \sqrt{\left(\frac{\sigma_{xx}{}' - \sigma_{zz}{}'}{2}\right)^2 + \tau_{xz}^2} \qquad (2.15)$$

2개의 $\sigma_p{}'$ 중 큰 값을 최대 주응력($\sigma_1{}'$), 작은 값을 최소 주응력($\sigma_3{}'$)이라 하며, 요소의 어떤 응력상태에
서도 같은 값이 계산되므로 이를 불변량(invariant)이라 한다.

$$\sigma_1{}' = \frac{\sigma_{xx}{}' + \sigma_{zz}{}'}{2} + \sqrt{\left(\frac{\sigma_{xx}{}' - \sigma_{zz}{}'}{2}\right)^2 + \tau_{xz}^2} \qquad (2.16)$$

$$\sigma_3{}' = \frac{\sigma_{xx}{}' + \sigma_{zz}{}'}{2} - \sqrt{\left(\frac{\sigma_{xx}{}' - \sigma_{zz}{}'}{2}\right)^2 + \tau_{xz}^2} \qquad (2.17)$$

전단응력이 작용하지 않는 평면은 $\theta_p = \dfrac{1}{2}\tan^{-1}\left(\dfrac{2\tau_{xz}}{\sigma_{xx}{}' - \sigma_{zz}{}'}\right)$이다. 그림 2.16은 2차원 응력상태를
Mohr 원으로 나타낸 것이다.

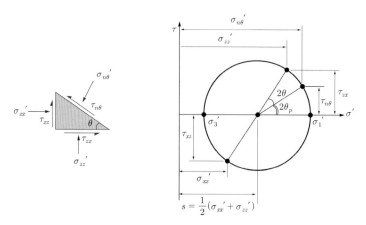

그림 2.16 주응력과 Mohr 원

NB : 평면변형률 조건의 경우, $\sigma_2{'}$는 책의 지면(紙面)에 수직한 방향이다.

3차원 요소의 주응력 상태

앞의 2차원 응력개념을 그림 2.17의 3차원 응력공간에 적용하면 3차원 응력상태의 주응력을 얻을 수 있다. 입방체 요소의 임의 단면을 그림 2.17 (a)와 같이 택했을 때 면 ABC에 수직한 단위 벡터를 $\vec{n}$이라 하면, 방향여현(direction cosine)은 $\cos(n,x)=l$; $\cos(n,y)=m$; $\cos(n,z)=n$ 이다.

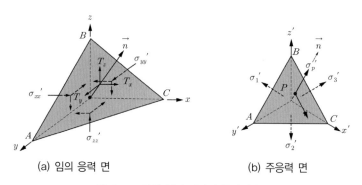

(a) 임의 응력 면   (b) 주응력 면

그림 2.17 3차원 임의 단면의 응력상태

면 ABC에 작용하는 힘 $T=\{T_x,\ T_y,\ T_z\}$라 하면

$$T_x = \sigma_{xx}{'}l + \tau_{xy}m + \tau_{xz}n$$

$$T_y = \tau_{xy}l + \sigma_{yy}{'}m + \tau_{yz}n$$

$$T_z = \tau_{xz} l + \tau_{yz} m + \sigma_{zz}{}' n$$

전단응력이 '0'인 면이 존재하고, 그 면의 수직응력이 $\sigma_p{}'$ 라면, 위 식은 다음과 같이 나타낼 수 있다.

$$T_x{}' = \sigma_p{}' l, \quad T_y{}' = \sigma_p{}' m \ \ \text{그리고} \ \ T_z{}' = \sigma_p{}' n$$

$\{T\} = \{T'\}$ 의 등치조건으로부터 다음의 특성방정식(characteristic equation)이 유도된다.

$$
\begin{aligned}
(\sigma_{xx}{}' - \sigma_p{}')l + \tau_{xy} m + \tau_{xz} n &= 0 \\
\tau_{xy} l + (\sigma_{yy}{}' - \sigma_p{}')m + \tau_{yz} n &= 0 \\
\tau_{xz} l + \tau_{yz} m + (\sigma_{zz}{}' - \sigma_p{}')n &= 0
\end{aligned}
\tag{2.18}
$$

방향여현은 0이 아니므로 다음이 성립한다.

$$
\begin{vmatrix}
(\sigma_{xx}{}' - \sigma_p{}') & \tau_{xy} & \tau_{xz} \\
\tau_{xy} & (\sigma_{yy}{}' - \sigma_p{}') & \tau_{yz} \\
\tau_{xz} & \tau_{yz} & (\sigma_{zz}{}' - \sigma_p{}')
\end{vmatrix} = 0
\tag{2.19}
$$

$$\sigma_p{}'^3 - I_1 \sigma_p{}'^2 + I_2 \sigma_p{}' - I_3 = 0 \tag{2.20}$$

여기서 I_1은 대각선 항의 합, I_2는 응력 행렬식(determinant)에서 두 열씩 발췌하여 곱한 행렬식의 합, 그리고 I_3는 응력 (3×3)행렬식의 값이다.

$$I_1 = \sigma_{xx}{}' + \sigma_{yy}{}' + \sigma_{zz}{}' \tag{2.21}$$

$$I_2 = \begin{vmatrix} \sigma_{yy}{}' & \tau_{yz} \\ \tau_{zy} & \sigma_{zz}{}' \end{vmatrix} + \begin{vmatrix} \sigma_{xx}{}' & \tau_{xz} \\ \tau_{zx} & \sigma_{zz}{}' \end{vmatrix} + \begin{vmatrix} \sigma_{xx}{}' & \tau_{xy} \\ \tau_{yx} & \sigma_{yy}{}' \end{vmatrix} = \sigma_{xx}{}' \sigma_{yy}{}' + \sigma_{yy}{}' \sigma_{zz}{}' + \sigma_{zz}{}' \sigma_{xx}{}' - \tau_{xy}^2 - \tau_{yz}^2 - \tau_{zx}^2 \tag{2.22}$$

$$I_3 = \begin{vmatrix} \sigma_{xx}{}' & \tau_{xy} & \tau_{xz} \\ \tau_{yx} & \sigma_{yy}{}' & \tau_{yz} \\ \tau_{zx} & \tau_{zy} & \sigma_{zz}{}' \end{vmatrix} = \sigma_{xx}{}' \begin{vmatrix} \sigma_{yy}{}' & \tau_{yz} \\ \tau_{zx} & \sigma_{zz}{}' \end{vmatrix} - \tau_{xy} \begin{vmatrix} \tau_{yx} & \tau_{yz} \\ \tau_{zx} & \sigma_{zz}{}' \end{vmatrix} + \tau_{xz} \begin{vmatrix} \tau_{yx} & \sigma_{yy}{}' \\ \tau_{zx} & \tau_{zy} \end{vmatrix}$$

$$= \sigma_{xx}{}' \sigma_{yy}{}' \sigma_{zz}{}' - \sigma_{xx}{}' \tau_{yz} \tau_{zy} + \tau_{xy} \tau_{zx} \tau_{yz} - \tau_{xy} \tau_{yx} \sigma_{zz}{}' + \tau_{xz} \tau_{yx} \tau_{zy} - \tau_{xz} \sigma_{yy}{}' \tau_{zx} \tag{2.23}$$

식 (2.20)을 만족하는 $\sigma_p{}'$ 의 세 근 $\sigma_1{}'$, $\sigma_2{}'$, $\sigma_3{}'$ 를 주응력이라 한다. $\sigma_1{}' > \sigma_2{}' > \sigma_3{}'$ 이며, 각각 최대 주응력($\sigma_1{}'$), 중간 주응력($\sigma_2{}'$), 최소 주응력($\sigma_3{}'$)이라 한다. **주응력은 요소의 어떤 단면의 응력상태에 대해서도 같은 값으로 산정되는 불변량(invariants)이다.** 이를 이용하면 3차원 응력상태를 단지 3개의 응력으로 표현할 수 있는 이점이 있다. 위 식을 텐서로 나타내면 $I_1 = \sigma_{ii}{}'$, $I_2 = (1/2)\sigma_{ij}{}' \sigma_{ij}{}'$, $I_3 = (1/3)\sigma_{ii}{}' \sigma_{jk}{}' \sigma_{ki}{}'$ 가 된다. I_2, I_3는 각각 **응력의 제곱 및 세제곱 단위**임을 유의할 필요가 있다.

$$\{\sigma'\}=\begin{bmatrix} \sigma_{xx}{}' & \tau_{xy} & \tau_{xz} \\ \tau_{yx} & \sigma_{yy}{}' & \tau_{yz} \\ \tau_{zx} & \tau_{zy} & \sigma_{zz}{}' \end{bmatrix} \Rightarrow \begin{bmatrix} \sigma_1{}' & 0 & 0 \\ 0 & \sigma_2{}' & 0 \\ 0 & 0 & \sigma_3{}' \end{bmatrix} \tag{2.24}$$

최대 주응력과 최소 주응력의 차이, $\sigma_1{}' - \sigma_3{}'$를 '**편차응력**'(deviator stress) 또는 '**응력편차**'(stress difference)라고 한다. 그림 2.18은 3차원 요소의 일반응력상태와 주응력상태를 비교한 것이다.

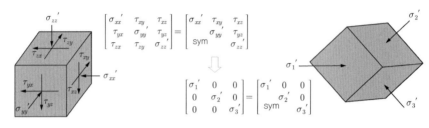

(a) 3차원 요소의 임의 응력상태   (b) 3차원 주응력 상태

그림 2.18 3차원 요소의 주응력 상태

3차원 요소 응력의 Mohr 원 표시

일반적인 3차원 응력상태는 Mohr 원으로 표기하기 어렵다. 특별한 경우에 대해서만 Mohr 원으로 나타낼 수 있으며 그림 2.19에 그 예를 보였다. 음영 부분은 가능한 응력상태의 범위를 나타낸 것이다.

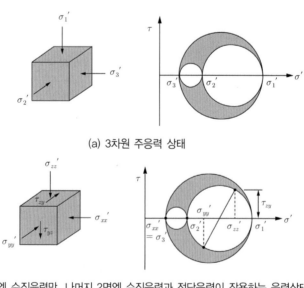

(a) 3차원 주응력 상태

(b) 1면엔 수직응력만, 나머지 2면엔 수직응력과 전단응력이 작용하는 응력상태

그림 2.19 Mohr 원 표기가 가능한 3차원 응력상태

응력불변량(stress invariants)

지반 내 한 점(요소)에 작용하는 응력은 좌표축을 어떻게 선택하느냐에 따라 그 값이 달라진다. $\{\sigma'\}$ 의 응력성분의 크기는 좌표계 의존적이다. 즉, $x,\ y,\ z$ 좌표계에서 응력은 좌표원점을 기준으로 회전한 새로운 좌표계 $x',\ y',\ z'$ 에서의 응력과 다르다. 하지만 특정 응력 또는 응력의 조합은 좌표축의 회전에 관계없이(요소의 응력상태와 무관하게) 일정한 값(불변값)을 갖는데 이를 **응력 불변량(stress invariant)** 이라 한다. 한 예로 좌표계가 바뀌어 점 응력성분의 크기가 달라지더라도 이로부터 산정한 주응력의 크기는 일정하므로 주응력은 불변량이다. 주응력을 조합한 물리량도 불변량이다.

지반역학에서 주로 사용하는 응력불변량은 크게 두 종류로 구분할 수 있다. 하나는 **주응력과 주응력의 조합형태**이고, 또 하나는 **편차응력**(2.2.4절 참조)**의 조합형태**이다. 편차응력은 물리적으로 전단거동과 관련되는 응력변수이다.

주응력의 조합응력은 불변량으로서 역학에서 매우 유용한 응력변수로 이용된다. 예로 $I_1,\ I_2,\ I_3$를 주응력을 이용하여 나타낸 것을 각각 J_1, J_2, J_3 이라 하면, 이는 다음과 같다.

$$J_1 = \sigma_1' + \sigma_2' + \sigma_3' = I_1 \tag{2.25}$$

$$J_2 = \sigma_1'\sigma_2' + \sigma_2'\sigma_3' + \sigma_3'\sigma_1' = I_2 \tag{2.26}$$

$$J_3 = \sigma_1'\sigma_2'\sigma_3' = I_3 \tag{2.27}$$

주응력이 불변량이므로 주응력으로 구성되는 $J_1,\ J_2,\ J_3$도 불변량이다. J는 I의 특별한 경우에 해당한다. I_1는 응력의 단위이며 I_2은 응력의 제곱, I_3은 응력의 세제곱 단위이다. I_1은 주응력 좌표계에서 원점과 공간대각선간 거리와 관련된다. **평균응력(mean stress, 정수압응력)**, p' 는 다음과 같이 정의한다.

$$p' = \frac{1}{3}(\sigma_{xx}' + \sigma_{yy}' + \sigma_{zz}') = I_1 \frac{1}{3} \tag{2.28}$$

p' 는 체적변화와 관련되는 응력 파라미터이며, I_1의 사용 빈도와 응력 파라미터로서의 대표성을 고려하여, 이 책에서는 첨자를 생략하고 $I = I_1$로 표기한다.

2.2.4 응력성분의 분할과 편차응력

응력요소의 평형조건을 고려하면 다음과 같은 응력의 대칭성이 성립한다.

$$\tau_{xy} = \tau_{yx},\ \tau_{xz} = \tau_{zx},\ \tau_{yz} = \tau_{zy} \ \text{또는} \ \tau_{ij} = \tau_{ji}(i \neq j) \tag{2.29}$$

따라서 실제 9개의 3차원 응력성분은 다음과 같이 6개의 성분으로 정의할 수 있다.

$$\{\sigma'\} = [\sigma_{xx}',\ \sigma_{yy}',\ \sigma_{zz}',\ \sigma_{xy},\ \sigma_{yz},\ \sigma_{zx}]^T = [\sigma_{xx}',\ \sigma_{yy}',\ \sigma_{zz}',\ \tau_{xy},\ \tau_{yz},\ \tau_{zx}]^T \tag{2.30}$$

응력성분의 분할

지반재료는 비교적 체적변화가 큰 거동특성을 나타낸다. 지반거동을 체적변화와 관련되는 법선응력과 형상(모양)변화를 발생시키는 전단응력으로 구분하여 다룰 수 있다면 응력성분을 재구성할 수 있다.

9개의 응력성분인 한 점의 3차원 응력상태를 편의상 체적변형을 발생시키기는 응력요소와 전단변형을 발생시키는 응력요소로 분할(decomposition)해보자. 전자를 평균응력(mean stress) 또는 정수압응력(hydrostatic stress)이라 하고 후자를 편차응력(deviatoric stress), 또는 응력편차(stress deviator)라한다.

$$\{\sigma'\} = [p'] + [\sigma_d'] = \begin{bmatrix} p' & 0 & 0 \\ 0 & p' & 0 \\ 0 & 0 & p' \end{bmatrix} + \begin{bmatrix} \sigma_{xx}' - p' & \tau_{xy} & \tau_{xz} \\ \tau_{yx} & \sigma_{yy}' - p' & \tau_{yz} \\ \tau_{zx} & \tau_{zy} & \sigma_{zz}' - p' \end{bmatrix} \tag{2.31}$$

여기서 $[p']$가 평균응력(mean stress, 또는 정수압응력), $[\sigma_d']$는 편차응력이다. 편차응력은 전단응력의 한 형태이다. 평균응력($p' = [\sigma_{xx}' + \sigma_{yy}' + \sigma_{zz}']/3$)은 물리적으로 x, y, z 좌표계에서 공간대각선 축 거리와 관련이 있다. 재료가 등방선형 거동을 한다면, $[p']$는 체적변형률과 $[\sigma_d']$는 전단변형률과 연관되며, 서로 독립적이다(서로 영향을 미치지 않는다). 그림 2.20은 응력분할을 도해적으로 나타낸 것이다.

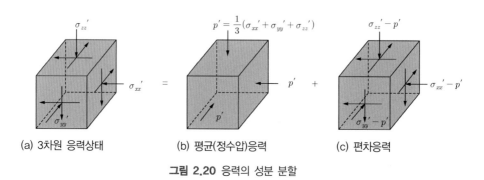

(a) 3차원 응력상태 (b) 평균(정수압)응력 (c) 편차응력

그림 2.20 응력의 성분 분할

NB : 이방성(anisotropy) 거동을 나타내는 지반인 경우에는 전단응력과 평균(정수압)응력이 서로 영향을 미쳐(coupling) 정수압 상태에서도 전단변형률이 발생하므로 응력을 분할할 수 없다.

편차응력(deviatoric stress)

편차응력도 편차주응력(principal deviatoric stress)을 정의할 수 있다. 편차응력을 s로 표현하면,

$$\{\sigma_d{}'\} = \begin{vmatrix} (\sigma_{xx}{}' - p') & \tau_{xy} & \tau_{xz} \\ \tau_{yx} & (\sigma_{yy}{}' - p') & \tau_{yz} \\ \tau_{zx} & \tau_{zy} & (\sigma{'}_{zz} - p') \end{vmatrix} = \begin{vmatrix} s_{11} & s_{12} & s_{13} \\ s_{21} & s_{22} & s_{23} \\ s_{31} & s_{32} & s_{33} \end{vmatrix} \tag{2.32}$$

위의 편차응력을 텐서로 다시 쓰면(n은 dummy 변수, $n = 1,2,3$)

$$s_{ij} = \sigma_{ij}{}' - \frac{1}{3}\sigma_{nn}{}'\delta_{ij} = \sigma_{ij}{}' - p'\delta_{ij} \tag{2.33}$$

여기서 $p' = \frac{1}{3}(\sigma_{xx}{}' + \sigma_{yy}{}' + \sigma_{zz}{}')$, δ_{ij}는 Kronecker delta($i = j$이면 $\delta_{ij} = 1$, $i \neq j$이면 $\delta_{ij} = 0$)이다.

편차주응력을 s_p라 하면, 앞에서와 마찬가지 방법으로 편차 응력에 대한 특성방정식은 다음과 같다.

$$\begin{vmatrix} (s_{11} - s_p) & s_{12} & s_{13} \\ s_{21} & (s_{22} - s_p) & s_{23} \\ s_{31} & s_{32} & (s_{33} - s_p) \end{vmatrix} = 0 \tag{2.34}$$

$$s_p^3 - J_{1D}s_p^2 - J_{2D}s_p - J_{3D} = 0 \tag{2.35}$$

이를 만족하는 s_p에 대한 3개의 근 s_1, s_2, s_3가 편차 주응력이며, J 파라미터는 다음과 같다.

$$J_{1D} = s_{11} + s_{22} + s_{33} = 0 \tag{2.36}$$

$$J_{2D} = -\begin{vmatrix} s_{22} & s_{23} \\ s_{32} & s_{33} \end{vmatrix} - \begin{vmatrix} s_{11} & s_{13} \\ s_{31} & s_{33} \end{vmatrix} - \begin{vmatrix} s_{11} & s_{12} \\ s_{21} & s_{22} \end{vmatrix} \tag{2.37}$$

$$= \frac{1}{6}\left[(\sigma_{xx}{}' - \sigma_{yy}{}')^2 + (\sigma_{yy}{}' - \sigma_{zz}{}')^2 + (\sigma_{zz}{}' - \sigma_{xx}{}')^2 \right] + \tau_{xy}^2 + \tau_{yz}^2 + \tau_{zx}^2$$

$$J_{3D} = \begin{vmatrix} s_{11} & s_{12} & s_{13} \\ s_{21} & s_{22} & s_{23} \\ s_{31} & s_{32} & s_{33} \end{vmatrix} = \begin{vmatrix} (\sigma_{xx}{}' - p') & \tau_{xy} & \tau_{xz} \\ \tau_{yx} & (\sigma_{yy}{}' - p') & \tau_{yz} \\ \tau_{zx} & \tau_{xy} & (\sigma_{zz}{}' - p') \end{vmatrix} \tag{2.38}$$

여기서 첨자 'D'는 편차(deviatoric)를 의미한다. J_{2D}, J_{3D}를 주응력을 이용하여 나타내면 다음과 같다. 이들 값도 모두 불변량이다.

$$J_{2D} = \frac{1}{6}\left[(\sigma_1{}' - \sigma_2{}')^2 + (\sigma_2{}' - \sigma_3{}')^2 + (\sigma_3{}' - \sigma_1{}')^2 \right] = I_2 - \frac{I_1^2}{6} \tag{2.39}$$

$$J_{3D} = s_1 s_2 s_3 = I_3 - \frac{2}{3}I_1 I_2 + \frac{2}{27}I_1^3 \tag{2.40}$$

여기서 $I_1 = \sigma_1{}' + \sigma_2{}' + \sigma_3{}'$, $I_2 = \sigma_1{}'\sigma_2{}' + \sigma_2{}'\sigma_3{}' + \sigma_3{}'\sigma_1{}'$, $I_3 = \sigma_1{}'\sigma_2{}'\sigma_3{}'$ 이다. J_{2D}는 주응력 편차항으로 구성되며, 물리적으로 **응력을 제곱한 물리량**이다. J_{3D}는 응력의 세제곱 물리량이다. J_{2D}는 주응력공간

에서, 공간대각선에서 당해 응력점까지의 이격거리, 즉 응력편차와 관련되는 물리량이다. 응력의 제곱
단위인 J_{2D}를 응력단위로 다루기 위해 편차응력(deviator stresses) 불변량 J를 다음과 같이 도입한다.

$$J = \sqrt{J_{2D}} = \frac{1}{\sqrt{6}} \sqrt{[(\sigma'_1 - \sigma'_2)^2 + (\sigma'_2 - \sigma'_3)^2 + (\sigma'_3 - \sigma'_1)^2]} \tag{2.41}$$

**불변량 I는 평균 유효응력(정수압 개념) 성분으로서 체적변화(volume change)와 관련되고, 편차 응력
성분 J는 형상의 변화(shape change), 즉 전단변형과 관련되는 응력성분이다.** I와 J는 응력의 지표로 매
우 흔하게 사용되는 불변량이다. I와 J의 물리적 의미를 그림 2.21에 예시하였다. 즉, 주응력 좌표계에서
I는 좌표 원점에서 응력점 P까지 공간대각선축의 거리(d), 그리고 J는 공간대각선에 수직한 방향으로
이격된 거리(r)와 관련된다.

$$d = \sqrt{3}\,p' = \frac{\sqrt{3}}{3} I \tag{2.42}$$

$$r = \sqrt{2}\,J \tag{2.43}$$

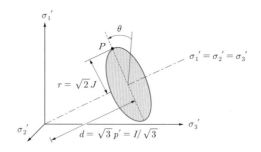

그림 2.21 주응력좌표계에서 응력 P의 $I-J$ 값의 물리적 의미

NB : 삼축시험과 응력-변형률 파라미터

삼축시험 응력상태를 응력파라미터로 정의해보자. 삼축응력시험의 응력 파라미터를 평균(mean) 유효
응력 p', 편차응력 q, 체적변형률 ϵ_v, 편차변형률 ϵ_q, $\sigma'_1 \geq \sigma'_2 = \sigma'_3$ 라 하면

$$p' = \frac{1}{3}(\sigma'_a + 2\sigma'_r) \quad , \quad q = \sigma'_a - \sigma'_r = \sqrt{3}\,J$$

삼축응력시험의 주응력과 (p', q, θ)의 관계, $\sigma'_i = p' - \frac{2}{3} q \sin\left\{\theta + \frac{2}{3}(i-2)\pi\right\} \quad i = 1,\ 2,\ 3$

Lode Angle, $\theta = \frac{1}{3} \sin^{-1}\left(\frac{27 J_{3D}}{2q^3}\right)$ 또는 $\theta = \tan^{-1}\left(\frac{2\sigma'_2 - \sigma'_1 - \sigma'_3}{\sqrt{3}\,(\sigma'_1 - \sigma'_3)}\right) = \tan^{-1}\left(\frac{\sigma'_r - \sigma'_a}{\sqrt{3}\,(\sigma'_a - \sigma'_r)}\right)$ (2.6절 참고)

삼축 압축시험은 $\theta = -30°$

삼축 인장시험은 $\theta = +30°$

2.3 지반변형률과 변형률 파라미터

물체가 외력을 받으면 이동하거나 내부에 응력이 발생함과 동시에 변형(deformation)을 일으킨다. 물체의 물리적 거동은 변위(displacement)와 변형(변상, deformation)으로 설명할 수 있다. **변위는 물체 내의 특정 점을 기준하여 변동전후를 연결한 거리 벡터**를 말한다. 변위는 크기와 방향을 갖는 벡터량이며, 지반공학에서 흔히 사용하는 침하(settlement)는 변위 벡터의 연직 성분이다. 변위는 강체거동과 변형거동으로 구분할 수 있다. **강체거동**(rigid body motion)은 물체의 이동, 회전과 같이 **모양을 변화시키지 않고, 응력도 유발하지 않는 거동**을 말한다. 반면에 물체의 형상이 변화되는 거동은 변형(변상)거동(straining)이라 한다(그림 2.22). 응력과 변형률을 야기하는 변형거동이 지반공학의 관심 대상이다.

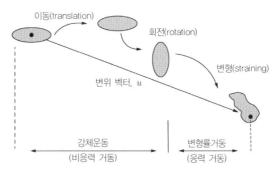

그림 2.22 변형과 변위의 개념

점 변형률(strains at a point)

변형률도 응력과 마찬가지로 점(point) 물리량으로 정의된다. 다만 이 경우는 면적개념이 아닌, 길이(Δx)에 대하여 $\Delta x \to 0$의 구간(totality)개념이다. 따라서 변형률은 요소의 구간(크기)선분의 평균변형률을 의미하고 점 응력에 대응한다. 응력과 변형률의 점적 개념은 유한요소 이론과 같은 수치해석을 다룰 때 중요하다.

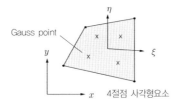

일례로 4절점 사각형요소에 대한 유한요소해석(FEM)의 경우 요소의 변형률은 위 그림의 가우스 포인트(Gauss points)에 대하여 점 변형률로 산정된다.

2.3.1 변형률의 기본 개념

원래 형상과 변형된 형상의 물리적 관계를 정의하기 위해 변형률 개념을 도입한다. 지반공학에서는 일반적으로 '**물체의 원래 크기(체적 또는 형상)에 대한 크기(체적 또는 형상)의 변화량**'으로 정의되는 Cauchy(1823)의 변형률 개념을 사용한다.

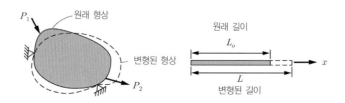

그림 2.23 물체의 변형과 1차원 요소

그림 2.23에서 1차원 요소가 길이에 따라 균등하게(uniform) 변형이 일어난 경우 Cauchy의 변형률은 다음과 같다.

$$\epsilon_o = \frac{L_o - L}{L_o} = 1 - \frac{L}{L_o} \tag{2.44}$$

NB : 변형률의 정의에는 이 밖에도 Green 변형률, $\epsilon_g = (L^2 - L_o^2)/2L_o^2$ 및 Almansi 변형률, $\epsilon_a = (L^2 - L_o^2)/2L^2$ 등이 있다.

직접변형률과 전단변형률

변형률은 응력에 대응하는 물리량이므로 응력과 마찬가지로 점(point) 변형률 개념이 성립한다. 법선 응력에 대응하는 변형률을 **직접변형률**(direct strain), **축변형률**(axial strain), 또는 **법선변형률**(normal strain)이라 하며 크기의 물리적 변화율을 나타낸다. 그림 2.24 (a)에서 법선변형률은 다음과 같다.

$$\epsilon_y = \lim_{\Delta y \to 0} \frac{\Delta v}{\Delta y} = \frac{dv}{dy} \tag{2.45}$$

형태(모양)의 변화는 각(角) 변화로 나타내며, 이를 전단변형률(shear strain)이라 한다. 전단변형률은 각 변형량으로 정의한다. 그림 2.24 (b)에서 $\Delta u' \approx \Delta u$로 놓으면 다음과 같다.

$$\gamma \approx \tan\gamma = \lim_{\Delta y \to 0} \frac{\Delta u'}{\Delta y} \approx \lim_{\Delta y \to 0} \frac{\Delta u}{\Delta y} = \frac{du}{dy} \tag{2.46}$$

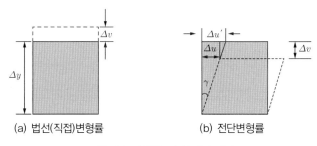

(a) 법선(직접)변형률   (b) 전단변형률

그림 2.24 변형률의 물리적 의미

2.3.2 요소의 변형률 상태

2차원 **평면요소**가 그림 2.25 (a)와 같이 변형하였다면 직접변형률은 정의에 따라 다음과 같이 나타난다.

$$\text{법선변형률} = \frac{\text{길이의 변화량}}{\text{본래의 길이}} = \frac{(dx + \frac{\partial u}{\partial x}dx) - dx}{dx} = \frac{\partial u}{\partial x} = \epsilon_{xx} \tag{2.47}$$

이것은 연속체의 경우, 변형의 미분값이 물리적으로 변형률에 해당함을 의미한다.

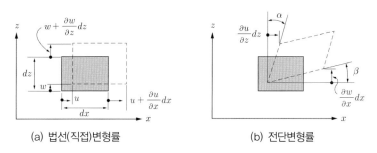

(a) 법선(직접)변형률   (b) 전단변형률

그림 2.25 2차원 요소의 변형률

전단변형률(shear strain)은 사각형 요소가 그림 2.25 (b)와 같이 마름모 형태로 변형이 일어난 경우에 대하여 정의할 수 있다. 변형각 α 와 β 가 충분히 작다면 $\alpha \approx \tan\alpha$, $\beta \approx \tan\beta$ 이다. 전단변형률은 변형각의 합으로서 다음과 같이 정의한다.

$$\text{전단변형률, } \gamma_{xz} = \alpha + \beta \approx \tan\alpha + \tan\beta = \frac{\partial u}{\partial z} + \frac{\partial w}{\partial x} \tag{2.48}$$

따라서 2차원 요소에 대한 변형률을 종합하면 다음과 같다.

$$\epsilon_{xx} = \frac{\partial u}{\partial x}, \ \epsilon_{zz} = \frac{\partial w}{\partial z}, \ \gamma_{xz} = \frac{\partial u}{\partial z} + \frac{\partial w}{\partial x} \tag{2.49}$$

변형률의 좌표변환

$x - z$ 좌표축의 변형률을 반시계 방향으로 θ 만큼 회전한 $x' - z'$ 축에 대하여 정의하면(2차 텐서의 축 회전 원리) 다음이 성립한다.

$$\epsilon_{xx}' = \epsilon_{xx}\cos^2\theta + \epsilon_{zz}\sin^2\theta + \gamma_{xz}\sin\theta\cos\theta \tag{2.50}$$

$$\epsilon_{zz}' = \epsilon_{xx}\sin^2\theta + \epsilon_{zz}\cos^2\theta + \gamma_{xz}\sin\theta\cos\theta \tag{2.51}$$

$$\gamma_{xz}' = 2\epsilon_{xx}\sin\theta\cos\theta - 2\epsilon_{zz}\sin\theta\cos\theta + \gamma_{xz}(\cos^2\theta - \sin^2\theta) \tag{2.52}$$

변형률의 3차원적 고찰

변형률은 응력에 대응하므로 3차원 응력에 상응하는 3차원 변형률은 다음과 같이 나타낼 수 있다.

$$\{\epsilon\} = \begin{bmatrix} \epsilon_{xx} & \epsilon_{xy} & \epsilon_{xz} \\ \epsilon_{yx} & \epsilon_{yy} & \epsilon_{yz} \\ \epsilon_{zx} & \epsilon_{zy} & \epsilon_{zz} \end{bmatrix} \tag{2.53}$$

3차원 변형률 성분은

$$\epsilon_{xx} = \frac{\partial u_x}{\partial x}, \qquad \epsilon_{yy} = \frac{\partial u_y}{\partial y}, \qquad \epsilon_{zz} = \frac{\partial u_z}{\partial z} \tag{2.54}$$

$$\epsilon_{xy} = \epsilon_{yx} = \frac{1}{2}\left(\frac{\partial u_x}{\partial y} + \frac{\partial u_y}{\partial x}\right) = \frac{1}{2}\gamma_{xy} \tag{2.55}$$

$$\epsilon_{xz} = \epsilon_{zx} = \frac{1}{2}\left(\frac{\partial u_x}{\partial z} + \frac{\partial u_z}{\partial x}\right) = \frac{1}{2}\gamma_{xz} \tag{2.56}$$

$$\epsilon_{yz} = \epsilon_{zy} = \frac{1}{2}\left(\frac{\partial u_y}{\partial z} + \frac{\partial u_z}{\partial y}\right) = \frac{1}{2}\gamma_{yz} \tag{2.57}$$

ϵ_{xx}, ϵ_{yy}, ϵ_{zz} 는 법선변형률(normal, direct, 또는 axial strain)이며, ϵ_{xy}, ϵ_{xz}, ϵ_{yz} 는 전단변형률(shear strain)이다.

식 (2.55)에서 $\epsilon_{xy} = \gamma_{xy}/2$ 관계임을 알 수 있다. γ_{xy} 를 공학적(물리적) 전단변형률(engineering shear strain)이라 한다. 변형률 행렬에서 γ_{xy} 대신 ϵ_{xy} 를 사용함으로써 좌표변환 시 수학적 적합성 유지가 가능하다. 이 관계를 고려하여 식 (2.53)을 다시 쓰면 다음과 같다.

$$\{\epsilon\} = \begin{bmatrix} \epsilon_{xx} & \epsilon_{xy} & \epsilon_{xz} \\ \epsilon_{yx} & \epsilon_{yy} & \epsilon_{yz} \\ \epsilon_{zx} & \epsilon_{zy} & \epsilon_{zz} \end{bmatrix} = \begin{bmatrix} \epsilon_{xx} & \dfrac{1}{2}\gamma_{xy} & \dfrac{1}{2}\gamma_{xz} \\[2mm] \dfrac{1}{2}\gamma_{yx} & \epsilon_{yy} & \dfrac{1}{2}\gamma_{yz} \\[2mm] \dfrac{1}{2}\gamma_{zx} & \dfrac{1}{2}\gamma_{zy} & \epsilon_{zz} \end{bmatrix} \tag{2.58}$$

변형률에 대한 앞의 정의는 변형률이 충분히 작은 경우만 성립하는 것임을 유의할 필요가 있다. 변형률의 대칭성 등을 고려하면 3차원 공간의 점 변형률(point strains)은 3차원 점 응력(point stresses)에 상응하는 다음의 6개 성분으로 정의된다.

$$\{\epsilon\} = \begin{bmatrix} \epsilon_{xx}, & \epsilon_{yy}, & \epsilon_{zz}, & \epsilon_{xy}, & \epsilon_{zy}, & \epsilon_{xz} \end{bmatrix}^T \tag{2.59}$$

주변형률(principal strain)

변형률은 응력에 대응하는 물리량이므로 응력에 상응하게 주변형률(principal strain) 및 변형률 불변량(strain invariant)의 도입이 가능하다. 2차원 요소의 경우, 주응력면의 각 축에 대한 방향여현(direction cosine)이 (l, m)이라면 응력과 마찬가지로 주변형률, ϵ_p는 다음의 특성방정식으로 구할 수 있다.

$$\begin{bmatrix} \epsilon_{xx} - \epsilon_p & \epsilon_{xz} \\ \epsilon_{zx} & \epsilon_{zz} - \epsilon_p \end{bmatrix} \begin{Bmatrix} l \\ m \end{Bmatrix} = 0 \tag{2.60}$$

방향여현은 '0'이 아니므로 위 식을 ϵ에 대하여 정리하면 다음이 성립한다.

$$\epsilon_p^2 - \epsilon_p(\epsilon_{xx} + \epsilon_{zz}) + \epsilon_{xx}\epsilon_{zz} - \epsilon_{xz}^2 = 0 \tag{2.61}$$

위 방정식의 해, ϵ_p는 다음과 같이 얻어진다.

$$\epsilon_{1,3} = \frac{1}{2}(\epsilon_{xx} + \epsilon_{zz}) \pm \sqrt{\frac{1}{4}(\epsilon_{xx} - \epsilon_{zz})^2 + \epsilon_{xz}^2} \tag{2.62}$$

위 식이 2차원 요소에 대한 주변형률이며 3차원 요소에 대한 주변형률 $\{\epsilon_1, \epsilon_2, \epsilon_3\}$도 마찬가지 방법으로 얻을 수 있다.

2.3.3 변형률의 분할과 편차변형률

변형률의 분할

변형률 성분도 응력성분과 상응한 방법으로 분할할 수 있다. 등방성 재료의 변형률은 물리적으로 부피변화와 관련되는 **체적변형률**(volumetric strain)과 형상(shape)의 변화와 관련되는 **편차변형률**

(deviatoric strain, 또는 전단변형률)로 분할할 수 있다. 이 경우 체적변형률과 전단변형률이 독립적이므로 각각 **평균유효응력 → 체적변형률**($[p'] \rightarrow [\epsilon_v]$), **편차응력 → 편차**(전단)**변형률**($[\sigma_d'] \rightarrow [\epsilon_d]$)에 대응된다. 따라서 변형률 성분은 다음과 같이 나타낼 수 있다.

$$\{\epsilon\} = \frac{1}{3} [\epsilon_v] + [\epsilon_d] \tag{2.63}$$

여기서 $[\epsilon_d]$는 편차(전단) 변형률이며, $[\epsilon_v]$은 체적변형률로서 평균응력(mean stress), 즉 정수압응력 (등방응력)에 대응하는 3축 방향에 대한 평균변형률이다. 편차변형률은 변형률에서 평균 체적변형률을 뺀 값이다.

식 (2.63)을 성분을 고려하여 다시 쓰면 다음과 같다.

$$\{\epsilon\} = \frac{1}{3} [\epsilon_v] + [\epsilon_d] = \frac{1}{3} \begin{bmatrix} \epsilon_v & 0 & 0 \\ 0 & \epsilon_v & 0 \\ 0 & 0 & \epsilon_v \end{bmatrix} + \begin{bmatrix} (\epsilon_{xx} - \epsilon_v/3) & \epsilon_{xy} & \epsilon_{xz} \\ \epsilon_{yx} & (\epsilon_{yy} - \epsilon_v/3) & \epsilon_{yz} \\ \epsilon_{zx} & \epsilon_{zy} & (\epsilon_{zz} - \epsilon_v/3) \end{bmatrix} \tag{2.64}$$

텐서로 표기하면 다음과 같다.

$$\epsilon_{ij} = (\epsilon_{ij} - \frac{1}{3} \epsilon_{kk} \delta_{ij}) + \frac{1}{3} \epsilon_{kk} \delta_{ij} \tag{2.65}$$

$$\{\epsilon_d\} = \epsilon_{ij} - \frac{1}{3} \epsilon_{kk} \delta_{ij} \tag{2.66}$$

$$\{\epsilon_v\} = \epsilon_{kk} \delta_{ij} \tag{2.67}$$

체적변형률(ϵ_v)은 원래체적(V_o)에 대한 체적변화량(ΔV)의 비로 정의한다. 그림 2.26은 평면요소의 전단 시 체적변화 특성을 보인 것이다. **비배수 전단에서는 변형이 일어나도 체적변화가 없으나 배수 전단의 경우 초기 조밀도(과압밀도)에 따라 압축 또는 팽창(dilation) 거동을 보인다.**

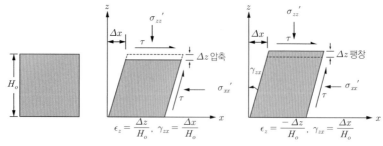

(a) 원래 요소   (b) 정규압밀토의 단순전단변형   (c) 과압밀토의 단순전단변형

그림 2.26 흙 지반 재료의 전단 시 체적변화 특성(압축:+)

그림 2.27의 3차원 요소의 변형을 통해 체적 변형률을 살펴보자. 원래체적은 $V_o = dx\ dy\ dz$. 체적변화량은, $\Delta V = (dx + \epsilon_{xx}dx)(dy + \epsilon_{yy}dy)(dz + \epsilon_{zz}dz) \approx (1 + \epsilon_{xx})(1 + \epsilon_{yy})(1 + \epsilon_{zz})dzdydz$ 이다.

따라서 체적변형률, ϵ_v 는

$$\epsilon_v = \frac{\Delta V}{V_o} = (1 + \epsilon_{xx})(1 + \epsilon_{yy})(1 + \epsilon_{zz}) - 1 = \epsilon_{xx} + \epsilon_{yy} + \epsilon_{zz} + \epsilon_{xx}\epsilon_{yy} + \epsilon_{xx}\epsilon_{zz} + \epsilon_{yy}\epsilon_{zz} + \epsilon_{xx}\epsilon_{yy}\epsilon_{zz} \quad (2.68)$$

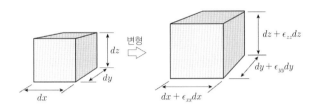

그림 2.27 입방체 요소의 체적변화

변형률이 충분히 작은 값이라면, 변형률의 곱으로 나타나는 네 번째 항 이상은 공학적 의미가 없을 정도로 작을 것이므로 무시할 수 있다. 따라서 체적변형률은

$$\epsilon_v \simeq \epsilon_{xx} + \epsilon_{yy} + \epsilon_{zz} \quad (2.69)$$

3차원 변형률이 주변형률 상태에 있다면 체적변형률(volumetric strain)은 다음과 같다.

$$\epsilon_v = \epsilon_1 + \epsilon_2 + \epsilon_3 \quad (2.70)$$

NB : 체적변형률은 모든 축 방향 변형률의 총합($\epsilon_v = \epsilon_1 + \epsilon_2 + \epsilon_3$)이나, 이에 대응하는 응력 파라미터 p' 는 축 방향 응력의 총합이 아니고 평균값이다. 즉, $p' = (\sigma_1' + \sigma_2' + \sigma_3')/3$이다($\epsilon_v$ 에 대응하는 파라미터는 I).

변형률 불변량

변형률 불변량도 응력 불변량과 상응하게 정의할 수 있다. 응력 불변량 $I = \sigma_1 + \sigma_2 + \sigma_3$에 대응하는 변형률 불변량은 ϵ_v 이다.

$$\epsilon_v = \epsilon_1 + \epsilon_2 + \epsilon_3 \quad (2.71)$$

반면 응력 불변량 $J = (\sqrt{(\sigma_1' - \sigma_2')^2 + (\sigma_2' - \sigma_3')^2 + (\sigma_3' - \sigma_1')^2})/\sqrt{6}$ 에 대응하는 '**편차변형률 불변량(E_d)**'은 다음과 같이 정의된다.

$$E_d = \frac{2}{\sqrt{6}} \sqrt{(\epsilon_1 - \epsilon_2)^2 + (\epsilon_2 - \epsilon_3)^2 + (\epsilon_3 - \epsilon_1)^2} \tag{2.72}$$

등방(isotropic)조건인 경우 어떤 응력 또는 변형률 상태도 체적과 전단, 2개의 파라미터로 거동을 나타낼 수 있다. 즉, 응력에 대하여 일반화된(generalized) 응력 좌표계 $I - J$ 공간을 도입하였듯이 변형률에 대해서도 이에 대응하는 변형률좌표계 $\epsilon_v - E_d$를 도입할 수 있다.

일반적으로 **금속재료는 등방압축(isotropic compression) 시 탄성거동을 하므로 체적변화가 거의 없어 ϵ_v를 무시할 만하다. 하지만 지반재료는 등방압축 하에서도 항복이 일어나므로 체적변형률, ϵ_v를 무시할 수 없다.**

응력 불변량의 보존 원리는 변형률에 대하여도 마찬가지이다. 증분체적 변형률(incremental volumetric strain), $\Delta \epsilon_v$는 $\Delta p'$ (또는 ΔI)에 대응되고, 증분 편차변형률(incremental deviatoric strain), ΔE_d는 ΔJ에 대응된다. 등방재료에서 J의 변화는 체적변화를 수반하지 않고, I의 변화는 편차변형률을 야기하지 않는다. 따라서 지반의 변형률 에너지는 불변량을 이용하여 다음과 같이 표현할 수 있다.

$$\Delta W = \{\sigma'\}^T \{\Delta \epsilon\} = p' \cdot \Delta \epsilon_v + J \cdot \Delta E_d \tag{2.73}$$

주응력으로 나타낼 경우, 변형률불변량은 다음과 같다.

$$\Delta \epsilon_v = \Delta \epsilon_1 + \Delta \epsilon_2 + \Delta \epsilon_3 \tag{2.74}$$

$$\Delta E_d = \frac{2}{\sqrt{6}} \sqrt{(\Delta \epsilon_1 - \Delta \epsilon_2)^2 + (\Delta \epsilon_2 - \Delta \epsilon_3)^2 + (\Delta \epsilon_3 - \Delta \epsilon_1)^2} \tag{2.75}$$

여기서 유념해야 할 것은 ΔE_d가 응력경로에 따라 달라지므로 다음과 같이 경로를 고려하여 구해야 한다는 것이다.

$$E_d = \int_\epsilon dE_d \tag{2.76}$$

NB : 재료의 거동을 정의하는 응력–변형률 관계를 구성방정식(constitutive equation)이라 하며, 불변량을 이용한 응력–변형률 관계는 다음의 형태로 나타난다. 여기서 $[D]$를 구성행렬이라 한다.

$$\begin{Bmatrix} \Delta p' \\ \Delta J \end{Bmatrix} = \begin{bmatrix} D_{vv} & D_{vd} \\ D_{dv} & D_{dd} \end{bmatrix} \begin{Bmatrix} \Delta \epsilon_v \\ \Delta E_d \end{Bmatrix} \tag{2.77}$$

등방 재료조건에서는 행렬 $[D]$의 대각선 항만 존재하며($D_{vd} = D_{dv} = 0$), 이는 전단거동과 체적변화거동이 서로 상관되지 않고 독립적으로 일어남을 의미한다. 이방성 조건에서는 체적거동과 전단거동의 결합(coupling, 상호영향을 미침)이 일어나므로 행렬 $[D]$의 모든 성분이 '0'이 아니다(구성방정식은 5장 참조).

예제 $i \neq j$인 경우에 대하여 $\epsilon_{ij}, \gamma_{ij}, \epsilon_d, E_d$의 물리적 의미를 비교해보자.

풀이 ϵ_{ij}는 변형률의 수학적 정의로서 변형률의 수학적 연산의 적합성을 유지시켜준다. 반면 γ_{ij}는 공학전단변형률로서 물리적으로 형상(각) 변화를 의미한다. 전단변형률의 경우($i \neq j$), ϵ_{ij}와 γ_{ij}의 관계는 다음과 같다.

$\epsilon_{ij} = \gamma_{ij}/2$

E_d는 응력 불변량 $J(=\sqrt{J_{2D}})$에 대응하는 변형률 불변량으로서 편차변형률이다.

$$E_d = \frac{2}{\sqrt{6}} \sqrt{(\epsilon_1 - \epsilon_2)^2 + (\epsilon_2 - \epsilon_3)^2 + (\epsilon_3 - \epsilon_1)^2}$$

$$J = \sqrt{J_{2D}} = \frac{1}{\sqrt{6}} \sqrt{[(\sigma_1' - \sigma_2')^2 + (\sigma_2' - \sigma_3')^2 + (\sigma_3' - \sigma_1')^2]}$$

2.3.4 변형률의 도해적 표현(Mohr 변형률 원)

응력과 마찬가지로 변형률도 Mohr 원을 이용하여 도해적(diagramatic)으로 나타낼 수 있다. 그림 2.28과 같이 $x-z$ 좌표계의 2차원 평면응력을 생각하면, ϵ_{xx}와 ϵ_{zz}는 법선 변형률, ϵ_{xz}와 ϵ_{zx}는 순수 전단변형률이다. 공학 전단변형률(총 전단변형률), $\gamma_{zx} = \epsilon_{xz} + \epsilon_{zx}$, $\epsilon_{xz} = \epsilon_{zx}$이므로 $\gamma_{zx} = 2\epsilon_{zx}$이다.

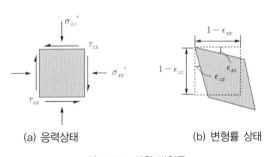

(a) 응력상태   (b) 변형률 상태

그림 2.28 2차원 변형률

그림 2.28 (a)의 응력상태에 의해 그림 2.28 (b)의 변형률이 야기되었다고 할 때, 그림 2.29와 같이 Mohr 응력원과 마찬가지 방법으로 Mohr 변형률 원을 그릴 수 있다.

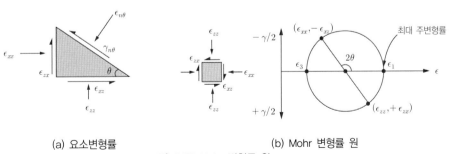

(a) 요소변형률   (b) Mohr 변형률 원

그림 2.29 Mohr 변형률 원

임의의 회전각 θ에 대하여 수직 및 전단변형률을 각각 $\epsilon_{n\theta}$, $\gamma_{n\theta}$라 하면

$$\epsilon_{n\theta} = \epsilon_{xx}\cos^2\theta + \epsilon_{zz}\sin^2\theta + \gamma_{xz}\sin\theta\cos\theta = \frac{\epsilon_{xx}+\epsilon_{zz}}{2} + \frac{\epsilon_{xx}-\epsilon_{zz}}{2}\cos2\theta + \frac{\gamma_{xz}}{2}\sin2\theta \tag{2.78}$$

$$\gamma_{n\theta} = (\epsilon_{zz}-\epsilon_{xx})\sin2\theta + \gamma_{xz}\cos2\theta \tag{2.79}$$

주변형률은 $\gamma_{n\theta}=0$이 되는 경우의 변형률이므로 다음과 같다.

$$\tan2\theta_p = \frac{\gamma_{xz}}{\epsilon_{xx}-\epsilon_{zz}} \tag{2.80}$$

$$\epsilon_p = \frac{\epsilon_{xx}+\epsilon_{zz}}{2} \pm \sqrt{\left(\frac{\epsilon_{xx}-\epsilon_{zz}}{2}\right)^2 + \left(\frac{\gamma_{xz}}{2}\right)^2} \tag{2.81}$$

예제 지반재료의 한 점에서의 변형률 상태가 $\epsilon_{xx}=510\times10^{-6}$, $\epsilon_{zz}=120\times10^{-6}$, $\gamma_{xz}=260\times10^{-6}$이다. Mohr 변형률 원을 이용하여 $\theta=30^o$를 표시하고, 주변형률, 그리고 최대 전단변형률을 구해보자.

풀이 Mohr 변형률원의 중심점 $(\epsilon_{zz}+\epsilon_{xx})/2$, 반경 $\sqrt{\{(\epsilon_{xx}-\epsilon_{zz})/2\}^2+(\gamma_{xz}/2)^2}$이다. Mohr 원이 그려지면 $\theta=30^o$ 회전한 면(A')의 변형률은 그림 2.30에서 도해적 또는 공식을 통해 구할 수 있다. 주변형률은 각각 $\epsilon_1=549\times10^{-6}$, $\epsilon_3=81\times10^{-6}$이다. $2\theta_p=\{\tan^{-1}(130/195)\}=33.7°$이다. 최대 전단변형률은 $\gamma_{\max}=\pm468\times10^{-6}$이다.

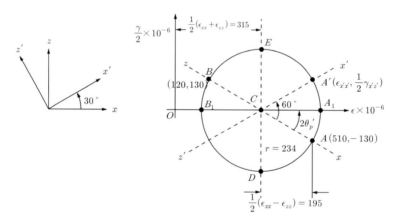

그림 2.30 Mohr 변형률 원 연습

전단 중에 체적이 증가하는 특성을 팽창(dilatancy, 다일러턴시)이라 하는데, 지반거동의 중요한 특징이다. **체적팽창거동(dilation, 다일레이션)**은 변형률을 이용하여, 다음과 같이 **팽창각(angle of dilatancy, dilation angle)**으로 정의한다.

$$\sin\psi = -\frac{\Delta\epsilon_v}{\Delta\gamma_{\max}} \approx \psi \ (\psi가\ 충분히\ 작은\ 경우) \tag{2.82}$$

위 식은 **평면변형 조건**에서 다음과 같이 나타난다.

$$\sin\psi \equiv -\frac{\Delta\epsilon_1 + \Delta\epsilon_3}{\Delta\epsilon_1 - \Delta\epsilon_3} \tag{2.83}$$

$\Delta\epsilon_v$는 체적변형률 변화량이고, $\Delta\gamma_{\max}$는 이때의 최대 전단변형률 변화량이다. 체적이 증가할 때 ψ가 양의 값을 갖도록 $(-)$를 부여하였다. 삼축조건인 경우 $\Delta\epsilon_v = \Delta\epsilon_1 + 2\Delta\epsilon_3$

예제 평면변형조건에 대하여 다일레이션의 정의를 증명하고, 일반화된 3차원 응력공간에서 이를 설명해 보자.

풀이 다일레이션은 '전단 중 발생하는 체적변화'이다. 이에 대한 물리적 정의가 $\psi = \sin^{-1}(-\Delta\epsilon_v/\Delta\gamma_{\max})$일 때, 평면변형조건에 대한 Mohr 원을 이용하여 팽창각을 정의해보자. 다일러턴시가 있는 경우 $|\Delta\epsilon_3| > |\Delta\epsilon_1|$이므로, 그림 2.31 (a)에서, $OB = AB - \Delta\epsilon_3 = -(\Delta\epsilon_3 + \Delta\epsilon_1)/2 = -\Delta\epsilon_v/2$, $AB = (\Delta\epsilon_3 - \Delta\epsilon_1)/2$ 이다. 따라서 Mohr 변형률원의 중심과 좌표원점의 거리는 $\Delta\epsilon_v/2$이다. Mohr 원의 반경은 $\Delta\gamma_{\max}/2$ 이므로 ψ는 $\angle ODB$가 된다.

$$\sin\psi = -\frac{\Delta\epsilon_v}{\Delta\gamma_{\max}} = -\frac{\Delta\epsilon_1 + \Delta\epsilon_3}{\Delta\epsilon_1 - \Delta\epsilon_3} \approx \psi$$

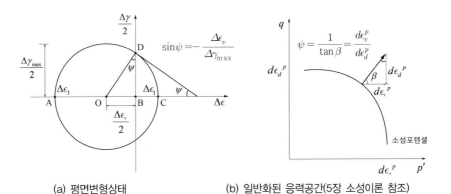

(a) 평면변형상태   (b) 일반화된 응력공간(5장 소성이론 참조)

그림 2.31 다일러턴시의 정의

소성론에서는 다일러턴시 거동을 일반화된(generalized) 3차원 응력공간에 대하여 정의하여야 하는 데(5장 5.5.3절 참조), 수직성조건을 이용하여 소성포텐셜함수와 소성변형률 벡터로 다일러턴시를 정의할 수 있다. 그림 2.31 (b)에 보인 바와 같이 다일레이션각을 $\psi = 1/\tan\beta = d\epsilon_v^p/d\epsilon_d^p$로 정의할 수 있다(파괴상태에서는 체적변화가 없어 $d\epsilon_v^p \approx 0$이므로, $\psi = 0$).

2.4 응력-변형률 관계의 기초

2.2절 및 2.3절에서 응력과 변형률을 개별적으로 다루었다. 하지만 이 두 물리량은 원인과 결과의 관계에 있다. **재료의 공학적 응력-변형률 관계를 구성방정식(constitutive equation)이라 하며, 4장에서 지반의 실제거동을 살펴 본 후, 이의 수학적 모델링 개념으로 5장에서 상세히 다룰 것이다. 여기서는 가장 단순한 형태인 선형탄성 응력-변형률 관계를 고찰한다.

2.4.1 응력-변형률 관계

가장 단순한 응력-변형률 관계로서 응력과 변형률이 선형 비례하는($\sigma_{xx}' \propto \epsilon_{xx}$) 1차원 문제를 생각해 보자. 비례상수를 E라 하면, 1차원 등방선형탄성재료의 응력-변형률 관계는 그림 2.32 (a)와 같이 나타난다.

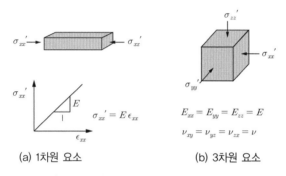

(a) 1차원 요소   (b) 3차원 요소

그림 2.32 등방 탄성재료의 응력-변형률 관계

응력과 변형률이 직선 비례하는 선형탄성(linear elastic) 관계식을 후크의 법칙(Hooke's law)이라 한다. 탄성재료에 대하여 축방향 변형률-응력 관계의 비례상수를 Young계수라 하며 다음과 같이 정의한다.

$$\frac{\sigma_{xx}'}{\epsilon_{xx}} = E_{xx} \tag{2.84}$$

실제 지반재료는 비균질하여 이방성 및 비선형 거동을 보이므로 지반거동을 등방 선형탄성으로 가정하는 경우, 이는 실제 지반거동을 지나치게 단순화한 것이다.

응력-변형률 관계의 일반화

응력-변형률 관계를 그림 2.32 (b)와 같이 3차원 응력공간으로 확장해보자. 3차원 응력 및 변형률 성분은 전단응력의 대칭성을 고려하면 다음과 같이 6개 응력 성분으로 나타낼 수 있다.

$$\{\sigma'\}=\begin{bmatrix} \sigma_{xx}', & \sigma_{yy}', & \sigma_{zz}', & \tau_{xy}, & \tau_{yz}, & \tau_{zx} \end{bmatrix}^T \tag{2.85}$$

$$\{\epsilon\}=\begin{bmatrix} \epsilon_{xx}, & \epsilon_{yy}, & \epsilon_{zz}, & \epsilon_{xy}, & \epsilon_{yz}, & \epsilon_{zx} \end{bmatrix}^T \tag{2.86}$$

위 두 변수가 원인과 결과의 관계에 있고, 선형탄성 거동을 한다면, $\{\sigma\}_{6\times1} = [D]_{6\times6}\{\epsilon\}_{6\times1}$ 이다. 여기서 **행렬 $[D]$는 응력-변형률 관계를 구성해주므로 이를 구성행렬(constitutive matrix)이라 한다.** 위 식은 **응력의 변화가 변형률의 변화를 야기한다**는 관점에서 증분형태로 표현하는 것이 보다 타당할 것이다.

$$\begin{Bmatrix} \Delta\sigma_{xx}' \\ \Delta\sigma_{yy}' \\ \Delta\sigma_{zz}' \\ \Delta\tau_{xy} \\ \Delta\tau_{yz} \\ \Delta\tau_{zx} \end{Bmatrix} = \begin{bmatrix} D_{11} & D_{12} & D_{13} & D_{14} & D_{15} & D_{16} \\ D_{21} & D_{22} & D_{23} & D_{24} & D_{25} & D_{26} \\ D_{31} & D_{32} & D_{33} & D_{34} & D_{35} & D_{36} \\ D_{41} & D_{42} & D_{43} & D_{44} & D_{45} & D_{46} \\ D_{51} & D_{52} & D_{53} & D_{54} & D_{55} & D_{56} \\ D_{61} & D_{62} & D_{63} & D_{64} & D_{65} & D_{66} \end{bmatrix} \cdot \begin{Bmatrix} \Delta\epsilon_{xx} \\ \Delta\epsilon_{yy} \\ \Delta\epsilon_{zz} \\ \Delta\epsilon_{xy} \\ \Delta\epsilon_{yz} \\ \Delta\epsilon_{zx} \end{Bmatrix} \tag{2.87}$$

2.4.2 등방 탄성조건

지반재료가 등방탄성(isotropic elastic)조건임을 가정하여 구성행렬 $[D]$를 결정해보자. 먼저 축변형률의 경우, 등방선형 탄성요소에 응력, $\Delta\sigma_{xx}$ 을 가하여 변형률, $\Delta\epsilon_{xx}$ 가 야기되었다면 그림 2.32 (a)와 같이 선형 관계를 나타내며, 이 관계의 기울기인 비례상수 E를 얻을 수 있다.

$$\Delta\epsilon_{xx} = \frac{1}{E}\Delta\sigma_{xx}' \tag{2.88}$$

NB : 특별한 언급이 없다면, 비구속 일축시험($\sigma_c' = 0$)에 대한 비례상수 E를 Young 계수로 본다.

그림 2.32 (b)의 3차원 요소의 경우 x 방향 변위는 단면축소에 따라 y, z 방향으로도 변형을 수반한다. 이를 **포아슨 효과(Poisson's effect)**라 한다. x 방향 변형률에 대한 y(또는 z) 방향 변형률의 비로 정의되는 포아슨비(Poisson's ratio), ν를 도입하면, $\Delta\epsilon_{xx}$로 인한 y, z 방향의 변형률은 ('−'는 인장을 고려)

$$\Delta\epsilon_{yy} = \Delta\epsilon_{zz} = -\nu\Delta\epsilon_{xx} = -\frac{\nu}{E}\Delta\sigma_{xx}' \tag{2.89}$$

식(2.88) 및 식(2.89)를 더하면, 3차원 요소에 대한 전체 응력-변형률 관계는 다음과 같다.

$$\epsilon_{xx} = \frac{1}{E}[\sigma_{xx}' - \nu(\sigma_{yy}' + \sigma_{zz}')] \tag{2.90}$$

$$\epsilon_{yy} = \frac{1}{E}[\sigma_{yy}' - \nu(\sigma_{xx}' + \sigma_{zz}')] \tag{2.91}$$

$$\epsilon_{zz} = \frac{1}{E}[\sigma_{zz}' - \nu(\sigma_{xx}' + \sigma_{yy}')]$$

전단변형률(shear strain)은 등방조건에서 축 방향 변형률과 독립적으로 일어나므로 전단응력만을 받고 있는 요소를 고려하여 전단응력-전단변형률 관계를 유도할 수 있다.

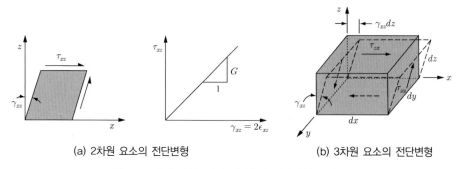

(a) 2차원 요소의 전단변형　　　　　(b) 3차원 요소의 전단변형

그림 2.33 등방 탄성조건의 전단응력–전단변형률 관계

x-z 평면의 2차원 탄성요소에 대한 $\tau \sim \gamma$ 관계는 그림 2.33 (a)와 같이 직선으로 나타난다.

$$\Delta\gamma_{xz} = 2\Delta\epsilon_{xz} = \frac{1}{G}\Delta\tau_{xz} \tag{2.92}$$

G를 전단탄성계수라 하며, 이를 그림 2.33 (b)에 보인 등방선형 탄성 재료의 3차원 요소에 적용하면, 각 방향의 변형률은 서로 독립적이므로 다음과 같은 응력-변형률 관계가 얻어진다.

$$\Delta\epsilon_{xy} = \frac{\Delta\tau_{xy}}{2G}, \quad \Delta\epsilon_{yz} = \frac{\Delta\tau_{yz}}{2G}, \quad \Delta\epsilon_{zx} = \frac{\Delta\tau_{zx}}{2G} \tag{2.93}$$

그림 2.33 (a)의 요소전단 상태는 순수전단 응력상태를 약 45° 회전한 것과 같다. E와 G의 관계는 전단 탄성 계수의 정의, 그리고 전단변형이 체적변형을 수반하지 않는다는 조건 및 변형의 기하학적 특성으로부터 다음과 같이 유도된다(유도과정은 5.2.2절의 Box 참조).

$$G = \frac{E}{2(1+\nu)} \tag{2.94}$$

따라서 전단변형률 식은 다음과 같이 표현된다.

$$\Delta\epsilon_{xy} = \frac{(1+\nu)}{E}\Delta\tau_{xy}, \ \ \Delta\epsilon_{yz} = \frac{(1+\nu)}{E}\Delta\tau_{yz}, \ \ \Delta\epsilon_{zx} = \frac{(1+\nu)}{E}\Delta\tau_{zx} \tag{2.95}$$

축 방향 및 전단응력-변형률 관계를 종합하면, 3차원 등방 선형탄성 응력-변형률 관계는 다음과 같다.

$$\begin{Bmatrix} \Delta\sigma_{xx}{}' \\ \Delta\sigma_{yy}{}' \\ \Delta\sigma_{zz}{}' \\ \Delta\tau_{xy} \\ \Delta\tau_{yz} \\ \Delta\tau_{zx} \end{Bmatrix} = \frac{E}{(1+\nu)(1-2\nu)} \begin{bmatrix} (1-\nu) & \nu & \nu & 0 & 0 & 0 \\ \nu & (1-\nu) & \nu & 0 & 0 & 0 \\ \nu & \nu & (1-\nu) & 0 & 0 & 0 \\ 0 & 0 & 0 & (1-2\nu)/2 & 0 & 0 \\ 0 & 0 & 0 & 0 & (1-2\nu)/2 & 0 \\ 0 & 0 & 0 & 0 & 0 & (1-2\nu)/2 \end{bmatrix} \begin{Bmatrix} \Delta\epsilon_{xx} \\ \Delta\epsilon_{yy} \\ \Delta\epsilon_{zz} \\ \Delta\gamma_{xy} \\ \Delta\gamma_{yz} \\ \Delta\gamma_{zx} \end{Bmatrix} \qquad (2.96)$$

2.4.3 실제 지반의 거동과 응력–변형률 관계

식(2.96)으로부터 물체의 응력-변형률 거동은 원인과 결과의 관계이며 지반 물성을 이용하여 이들 간 수학적 관계를 구성할 수 있다. 따라서 이를 구성모델 또는 구성방정식(constitutive equation)이라 한다. 여기서 물성은 실험을 통해 얻는다. 그림 2.34는 이 과정을 개념적으로 보인 것이다.

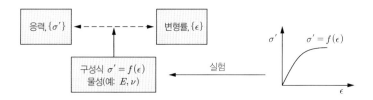

그림 2.34 응력–변형률 관계(구성식)의 개념

실제 지반의 응력-변형률거동은 그림 2.35의 실선과 같이 **현저한 비선형성을 나타낸다.** 이 절에서 다룬 선형탄성관계(AC)가 지반거동을 상당한 수준으로 단순화한 것임을 분명히 알 수 있다. 실제거동과 이의 모델링은 4장과 5장에서 구체적으로 다룰 것이다. 실제 지반거동에 대한 응력-변형률 관계를 수학적으로 나타내는 방법은 다양하며, 그 예는 다음과 같다.

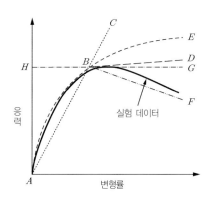

그림 2.35 응력–변형률 관계의 모사 예

- ABC : 응력–변형률관계를 선형(linear)으로 단순화(하중을 제거하면 원위치로 복원) - 선형 탄성 모델(linear elastic model)
- (A)BD : 항복 후에도 응력이 선형 증가 - 변형률 경화모델(strain hardening model)
- ABE : 전 구간 응력 – 변형률 관계를 비선형 함수로 정의 - e.g. 쌍곡선함수 모델(hyperbolic model)
- (A)BF : 항복 후에 응력이 감소하는 응력–변형률 관계 - 변형률 연화 모델(strain softening model)
- AHG : 변형률을 무시한 강체소성관계 – 강체소성 모델(rigid–plastic model)

응력-변형률 관계(모델)를 단순하게 가정할수록 실제거동과는 차이가 있다. 하지만 이 관계를 정의하는 데 필요한 입력 물성의 수가 적고, 수학적 단순하므로 모델의 선정은 경험에 기초한 공학적 판단이 중요하다. 그림 2.35에서 선형탄성 관계를 제외한 나머지 모델은 소성론으로 다루어야 한다(4, 5장 참조).

2.4.4 응력–변형률 관계와 강성의 정의

응력-변형률 관계곡선의 기울기를 강성(stiffness, elastic modulus)이라 한다. 강성은 지반재료 시험으로 결정하며 시험법의 구속조건이나 재하방법에 따라 정의와 크기가 달라진다. 따라서 지반 강성은 응력경로(시험법), 구속조건, 그리고 취득하는 기법에 따라 다양하게 정의할 수 있다. 이에 대한 구체적인 내용은 4장과 5장에서 다룬다.

탄성구간의 강성이 탄성계수이며, 응력-변형률 성분에 따라 일축압축, 구속, 전단, 체적 탄성계수 등이 있으며, **응력과 변형률이 선형관계라면** 그 정의는 다음과 같다.

- 일축압축 탄성계수(unconfined), 또는 영 계수(Young's modulus) : $E_a = \dfrac{\sigma_a{}'}{\epsilon_a}$ $(\epsilon_r \neq 0, \sigma_r{}' = 0)$
- 구속압축 탄성계수(constraint modulus) : $M = \dfrac{\sigma_a{}'}{\epsilon_a}$ $(\epsilon_r = 0, \sigma_r{}' \neq 0)$
- 체적압축 탄성계수(bulk modulus) : $K = \dfrac{p'}{\epsilon_v}$
- 전단 탄성계수(shear modulus) : $G = \dfrac{\tau}{\gamma}$

여기서 $\sigma_a{}'$, ϵ_a는 각각 축 방향응력 및 축변형률이다. $p' = (\sigma_1{}' + \sigma_2{}' + \sigma_3{}')/3$는 평균 유효응력, ϵ_r은 횡방향 변형률, ϵ_v는 체적 변형률이다.

접선탄성계수(tangent modulus)와 할선탄성계수(secant modulus). 실제 지반재료의 응력-변형률 관계는 비선형이므로 탄성계수도 변형률 또는 응력 준위에 따라 변화한다. 이 경우 탄성계수는 응력-변형률 관계의 기울기를 취하는 방법에 따라 달라지며, 그림 2.36과 같이 접선 탄성계수(tangent modulus)와 할선 탄성계수(secant modulus)로 정의할 수 있다.

- 접선(tangential) 탄성계수 : $E_t = \dfrac{d\sigma'}{d\epsilon}$ (그림 2.36의 점 P에 대하여)

- 할선(secant) 탄성계수 : $E_s = \dfrac{\Delta\sigma'}{\Delta\epsilon}$ (그림 2.36의 구간 원점 ~ P에 대하여)

(a) Young 계수(구속응력='0')　　(b) 체적 탄성계수　　(c) 전단 탄성계수

그림 2.36 탄성계수의 유형과 정의

응력–변형률 관계(구성 방정식)의 조사방법

단면적이 A인 재료 시료를 준비하여 하중 P를 단계적으로 가하는 일축시험을 실시한다고 가정하자. 재료거동의 원인과 결과를 응력과 변형률로 나타내면

- 원인의 하중 식 , 　$P = \sigma_a' A$ 　　　　　　　　　　　　　　　　　　　①
- 결과로 나타나는 변형률 식 , 　$\epsilon_a = \dfrac{\Delta L}{L}$ 　　　　　　　　　　　　②

위 식에서 P, A 및 L은 아는 변수이다. 모르는 값(미지수)은 σ_a, ϵ_a, ΔL 3개이다. 이 방정식을 풀기 위해서는 변수의 개수를 증가시키지 않는 하나의 추가적인 식이 필요하다. 추가식으로 $\epsilon_a - \sigma_a'$ 관계식을 도입할 수 있으며 이는 실험을 통하여 얻을 수 있다. 그림 2.37과 같이 일축압축시험을 수행하고 시험결과를 $\epsilon_a - \sigma_a'$ 관계 그래프로 정리하면 탄성재료의 경우 직선으로 나타난다. 따라서 응력–변형률 관계식은

$$\sigma_a' = E_a\epsilon_a 　　　　　　　　　　　　　　　　　③$$

여기서 E_a는 탄성계수로서 재료상수(Young's modulus, or modulus of elasticity)이다. 이제 ①, ② 및 ③의 3개 방정식이 마련되었으므로 임의 하중에 대하여 σ_a', ϵ_a, ΔL를 모두 파악할 수 있다.

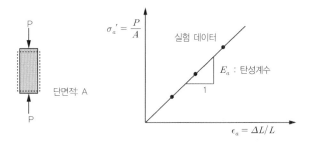

그림 2.37 일축압축시험 결과의 정리 예

2.5 지반의 특수 응력 및 변형률 상태

지반 거동을 3차원으로 다루려면 많은 노력이 소요된다. 실무에서는 3차원 거동문제를 2차원으로 단순화하여 다루는 경우가 많다. 하지만 단순화가 필요 없이 3차원 지반 거동문제를 2차원으로 다룰 수 있는 다음과 같은 특수한 응력 및 변형률 조건(special stress and strain conditions)이 있다.

- 평면변형률 조건(plane strain condition)
- 평면응력 조건(plane stress condition)
- 축대칭응력 조건(axi-symmetric condition)

위 조건의 문제들은 2차원의 2자유도(2DOF) 문제로 다룰 수 있다. 이때 **기하학적 조건뿐만 아니라 물성, 하중도 동일한 대칭조건을 만족하여야 한다.**

2.5.1 평면변형률 상태(plane strain condition)

옹벽과 같은 지반 문제는 동일한 단면이 충분히 길게 연속되는 경우가 많다. 만일 이 단면이 그림 2.38과 같이 x-z 평면상에 있다면, y-축을 따라 수직한 어떤 단면을 선택해도 단면 형상이 같을 것이다. 구조물에 작용하는 하중, 그리고 재료의 물성도 y-축을 따라 일정하다면 변형은 x-z 평면에서만 일어나며, 이에 수직한 방향(y-축)의 변위는 구속되었다고 볼 수 있다. 즉, 변위(u, v)는 x-z 평면에서만 일어나고, y-축 방향의 변위(w)는 '0'이다. 이 조건을 **평면변형률 상태**라 한다.

평면변형 조건은 일정한 단면이 y-방향으로 충분히 길게 연속되고, 하중과 재료물성이 y-방향으로 변하지 않는 경우로서 길이가 긴 댐, 연속사면, 연장이 긴 옹벽, 긴 기초 등이 여기에 속한다. 그림 2.38에 이를 예시하였다.

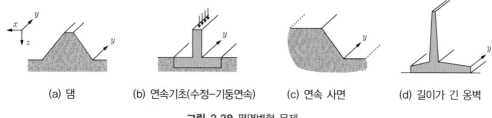

|(a) 댐|(b) 연속기초(수정–기둥연속)|(c) 연속 사면|(d) 길이가 긴 옹벽|

그림 2.38 평면변형 문제

많은 경우의 지반공학 문제를 2차원 평면변형 조건으로 가정한다. 이 경우 변위가 일어나는 면의$(x$-$z)$ 응력은 그면과 직각(y)이 되는 면에 작용하는 응력들과 독립적이므로 2자유도 문제가 된다. 따라서 평면변형 문제는 x-z 평면의 변형 문제와 y-축 방향의 응력을 구하는 문제로 나눠지며, 이 두 문제는 서로 독립적(uncoupled problem)이다.

평면변형 조건의 변형률 상태는 다음과 같이 나타낼 수 있다.

$$\epsilon_{yy} = \frac{\partial w}{\partial y} = 0, \quad \gamma_{zy} = \frac{\partial w}{\partial z} - \frac{\partial v}{\partial y} = 2\epsilon_{zy} = 0, \quad \gamma_{yx} = \frac{\partial w}{\partial x} - \frac{\partial u}{\partial y} = 2\epsilon_{yx} = 0 \tag{2.97}$$

따라서, 평면변형 조건에서 변형률 벡터는 $\{\epsilon\} = \{\epsilon_{xx}, \epsilon_{zz}, \gamma_{xz}\}^T$이며, $\gamma_{xz} = 2\epsilon_{xz}$이다.

$$\{\epsilon\} = \begin{bmatrix} \epsilon_{xx} & \epsilon_{xz} & 0 \\ \epsilon_{zx} & \epsilon_{zz} & 0 \\ 0 & 0 & 0 \end{bmatrix} \equiv \begin{bmatrix} \epsilon_{xx} & \gamma_{xz}/2 & 0 \\ \gamma_{zx}/2 & \epsilon_{zz} & 0 \\ 0 & 0 & 0 \end{bmatrix} \tag{2.98}$$

평면변형률 문제의 응력–변형률 관계

평면변형률조건은 변형이 평면에서만 일어나므로 $\Delta\epsilon_{yy} = \Delta\epsilon_{zy} = \Delta\epsilon_{yx} = 0$이다. 평면변형 조건의 구성행렬은 식 (2.96)에 이 조건을 고려하면 다음 2개의 식으로 나타낼 수 있다.

$$\begin{Bmatrix} \Delta\sigma_{xx}' \\ \Delta\sigma_{zz}' \\ \Delta\tau_{xz} \end{Bmatrix} = \frac{E}{(1+\nu)(1-2\nu)} \begin{bmatrix} (1-\nu) & \nu & 0 \\ \nu & (1-\nu) & 0 \\ 0 & 0 & \frac{(1-2\nu)}{2} \end{bmatrix} \begin{Bmatrix} \Delta\epsilon_{xx} \\ \Delta\epsilon_{zz} \\ \Delta\gamma_{xz} \end{Bmatrix} \tag{2.99}$$

$$\Delta\sigma_{yy}' = \nu(\Delta\sigma_{xx}' + \Delta\sigma_{zz}') \tag{2.100}$$

3차원 문제를 2차원 문제로 다루는 데 따른 단순성과 편의 때문에 실무에서는 엄격히 평면변형상태가 아닌데도 평면변형으로 가정하는 경우가 많다. 그림 2.39와 같이 길이가 충분히 긴 굴착의 경우, 중앙부의 단면(A-A)는 어느 정도 평면변형에 가까운 거동을 할 것으로 예상할 수 있다. 그러나 모서리(B-B)에 접근할수록 단부(斷部)영향으로 중앙(A-A)보다 더 작은 변형을 보인다. 따라서 단부 가까운 단면의 경우 평면변형조건은 성립되지 않는다.

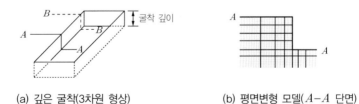

(a) 깊은 굴착(3차원 형상)　　　　　(b) 평면변형 모델(A-A 단면)

그림 2.39 평면변형 모델($x-x$단면은 모서리 영향으로 3차원 거동고려 필요)

예제 댐의 축방향 평면(종단면)을 평면변형률조건으로 가정하여 해석하였다. 이 해석결과의 문제점을 고찰하고 평면변형조건의 해석이 내포하는 의미를 설명해보자.

풀이 평면변형조건이 성립하기 위해서는 해석단면이 충분한 길이에 걸쳐 동일하고(그림 2.40 a), 또 해석단면에 수직한 방향의 변위가 '0'이며, 하중도 해석단면에 평행하고, 일정하여야 한다. 그러나 댐의 축방향 단면(종단면)은 동일단면이 충분히 연속되지 않고(그림 2.40 a), 이에 수직한 방향이 각각 상하류 사면이므로 사면의 변형을 '0'으로 가정하기 어렵다. 따라서 만일 댐의 종단면(A-A)을 평면변형 해석하였다면, 그 결과는 그림 2.40 (c)처럼 하천의 상당한 구간을 댐코아 재료로 매립한 경우에 대한 결과에 해당한다.

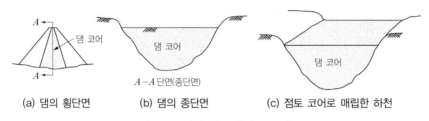

(a) 댐의 횡단면   (b) 댐의 종단면   (c) 점토 코어로 매립한 하천

그림 2.40 평면변형 모델의 오류 예

비대칭 단면으로서 자중 또는 수압에 의해 댐 축자체가 이동하므로 종단면 해석결과로부터 댐 거동에 대한 물리적 유사성에 대한 정성적인 부분 정보를 얻을 수는 있으나, 정량적 결과에는 의미를 부여하기 어렵다. 댐은 축을 따라 단면이 변화하고 하중상태도 변화하므로 실제거동은 3차원적이다. 따라서 댐의 종방향 거동의 정확한 평가를 위해서는 3차원 모델링이 필요하다.

2.5.2 평면 응력상태(plane stress condition)

평면 응력조건은 지반공학에서 자주 나타나는 응력상태는 아니다. 그림 2.41과 같이 얇은 막(膜, membrane)이 평면 인장상태에 있는 경우를 생각해보자. z-방향의 두께가 충분히 얇다면, 막은 x-y 평면상의 응력만이 작용하는 상태로 가정할 수 있다(in-plane effect 또는 membrane effect). 이 경우 응력상태는 다음과 같이 나타낼 수 있다.

$$\{\sigma\} = \begin{bmatrix} \sigma_{xx}' & \tau_{xy} & 0 \\ \tau_{yx} & \sigma_{yy}' & 0 \\ 0 & 0 & 0 \end{bmatrix} \tag{2.101}$$

$\sigma_{zz}' = 0$, 그리고 $\tau_{xz} = \tau_{yz} = \tau_{zx} = \tau_{zy} = 0$

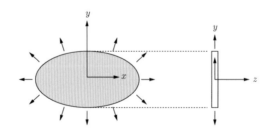

그림 2.41 평면 응력조건(북(drum)의 막(membrane) 거동)

터널, 2차원 문제인가, 3차원 문제인가?

굴착 중의 터널은 굴착면의 3차원 거동 때문에 평면변형 문제로 보기 어렵다. 만일 평면변형 문제로 가정하여 터널 굴착을 모사한다면 이는 **터널의 전체 길이를 동시에 굴착함을 의미**한다.

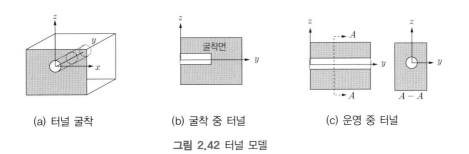

(a) 터널 굴착   (b) 굴착 중 터널   (c) 운영 중 터널

그림 2.42 터널 모델

굴착 중인 터널은 원칙적으로 3차원적으로 고려하는 것이 타당하다(그림 2.42 b). 하지만 3차원 모델은 많은 시간과 노력 그리고 컴퓨터 자원을 필요로 하므로 3차원 영향을 고려하는 2차원 모델링 기법을 주로 사용한다. 이 경우 굴착면의 '굴착 → 라이닝 설치' 효과를 고려하기 위하여 경험 파라미터를 도입하는 수치해석적 설정 (numerical manipulation)이 필요하다. 경험 파라미터는 많은 시공경험과 계측자료를 분석하여 얻거나 정밀 3차 원 해석 등을 통해 얻을 수 있다. 일례로 '굴착→라이닝 설치'의 터널 시공과정을 고려하기 위하여 하중분담률이 라고 하는 경험 파라미터를 도입하는데, 굴착면의 3차원적 거동을 2차원으로 모사할 수 있다(제2권 3장 참조).

반면에 운영 중인 터널(그림 2.42 c)의 문제는 2차원 모델링이 가능하다. 이 경우 지질조건, 작용영향(하중 등) 등이 같은 크기로 충분한 길이에 걸쳐 동일하여야 평면변형률 조건이 성립한다.

평면응력 문제의 응력−변형률 관계

평면 응력조건에 대한 구성식은 식 (2.101)을 이용하면 다음과 같이 독립된 2개의 식으로 나타난다.

$$\begin{Bmatrix} \Delta\sigma_{xx}' \\ \Delta\sigma_{yy}' \\ \Delta\tau_{xy} \end{Bmatrix} = \frac{E}{1-\nu^2} \begin{bmatrix} 1 & \nu & 0 \\ \nu & 1 & 0 \\ 0 & 0 & \dfrac{(1-\nu)}{2} \end{bmatrix} \begin{Bmatrix} \Delta\epsilon_{xx} \\ \Delta\epsilon_{yy} \\ \Delta\gamma_{xy} \end{Bmatrix} \tag{2.102}$$

$$\Delta\epsilon_{zz} = -\frac{\nu}{E}(\Delta\sigma_{xx}' + \Delta\sigma_{yy}') = -\frac{\nu}{1-\nu}(\Delta\epsilon_{xx} + \Delta\epsilon_{yy}) \tag{2.103}$$

2.5.3 축대칭 변형률 상태(axisymmetric strain condition)

지반공학에서 흔히 접하는 또 다른 2자유도 응력문제는 축대칭 문제이다. 그림 2.43의 축하중을 받는 원형 기초, 삼축압축시험의 시료, 단일 말뚝(single pile), 케이슨 등은 축대칭 문제로 다룰 수 있다. 이 경 우 물성 및 하중도 축대칭 조건을 만족해야 한다.

축대칭 문제는 보통 그림 2.43 (a)와 같은 원통형 좌표계(cylindrical coordinate system)를 이용하여 u (반경 방향), v(연직 방향), w(원주 방향)로 거동변수를 정의한다. 기하학적 형상, 하중, 재료특성이 모두 축 대칭일 경우 θ방향의 변위는 제로이며($\Delta w = 0$), r 및 z 방향의 변위는 θ와 무관하다. 따라서 축대칭 응력 조건에서는 단지 두 변위 성분 u, v로 거동을 정의할 수 있다. 축대칭 조건의 변형률은 다음과 같다.

$$\{\epsilon\}=\begin{bmatrix} \epsilon_{rr} & 0 & \epsilon_{rz} \\ 0 & 0 & 0 \\ \epsilon_{zr} & 0 & \epsilon_{zz} \end{bmatrix}=\begin{bmatrix} \epsilon_{rr} & 0 & \gamma_{rz}/2 \\ 0 & 0 & 0 \\ \gamma_{zr}/2 & 0 & \epsilon_{zz} \end{bmatrix} \tag{2.104}$$

$$\epsilon_{rr}=\frac{\partial u}{\partial r}, \quad \epsilon_{zz}=\frac{\partial v}{\partial z}, \quad \epsilon_{\theta\theta}=\frac{\partial u}{\partial r}, \quad \gamma_{rz}=\frac{\partial v}{\partial r}-\frac{\partial u}{\partial z}, \quad \gamma_{r\theta}=\gamma_{z\theta}=0 \tag{2.105}$$

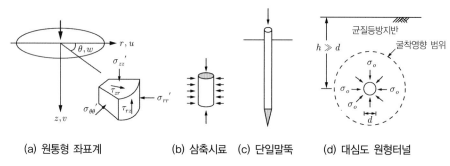

(a) 원통형 좌표계   (b) 삼축시료   (c) 단일말뚝   (d) 대심도 원형터널

그림 2.43 원통좌표계와 축대칭 문제 예

축대칭 변형률 문제의 응력–변형률 관계

좌표계(r, θ, z)에서 기하학적 형상, 하중, 재료특성이 모두 축 대칭일 경우, θ 방향의 변위는 제로이며, r 및 z(연직 방향) 방향의 변위는 θ와 무관하다. 즉, $\gamma_{r\theta}=\gamma_{z\theta}=0$이므로 구성식은 다음과 같다.

$$\begin{Bmatrix} \Delta\sigma_{rr}{}' \\ \Delta\sigma_{\theta\theta}{}' \\ \Delta\sigma_{zz}{}' \\ \Delta\tau_{r\theta} \end{Bmatrix}=\frac{E}{(1+\nu)(1-2\nu)}\begin{bmatrix} (1-\nu) & \nu & \nu & 0 \\ \nu & (1-\nu) & \nu & 0 \\ \nu & \nu & (1-\nu) & 0 \\ 0 & 0 & 0 & \dfrac{(1-2\nu)}{2} \end{bmatrix}\begin{Bmatrix} \Delta\epsilon_{rr} \\ \Delta\epsilon_{\theta\theta} \\ \Delta\epsilon_{zz} \\ \Delta\gamma_{r\theta} \end{Bmatrix} \tag{2.106}$$

예제 지반공학문제에서 평면변형 및 축대칭 문제로 고려할 수 있는 구조물을 조사해보자.

풀이 평면변형 및 축대칭조건을 적용하기 위해서는 기하학적 조건뿐 아니라, 물성 및 하중조건도 각각 평면변형상태 및 축대칭 조건을 만족해야 한다.
　① 평면변형 문제 예 : 긴 옹벽, 무한(infinite)사면, 댐의 횡단면, 운영 중 터널 등
　② 축대칭 문제 예 : 버킷기초(spud can), 원추형(쉘) 기초(conical shell), 수직 인발앵커 등

2.6 지반거동의 표현기법

지반거동을 표기하기 위하여 직교 좌표계와 함께 주응력 좌표계, 편차응력면, Π-평면 등 다양한 응력 공간이 사용되고 있다. **복잡한 지반거동을 가급적 적은 개수의 변수를 사용하여 표기하는 방식을 선호 하여 왔다.**

2.6.1 지반거동의 표현공간-직교좌표계와 극좌표계

지반거동을 표현하는 데 가장 흔하게 사용하는 응력공간은 직교 좌표계(Cartesian coordinate, 데카르 트의 Renatus Cartesius에서 유래)이다. 직교 좌표계는 개념이 직접 전달되는 편의성 때문에 널리 사용되 어 왔다. 3차원 응력상태를 직교 좌표계로 나타내면 그림 2.44 (a)와 같이, 총 9개의 성분으로 응력을 정 의할 수 있다. 전단응력의 대칭성($\tau_{xy} = \tau_{yx}$, $\tau_{yz} = \tau_{zy}$, $\tau_{zx} = \tau_{xz}$)을 고려하면, 실제 필요한 응력성분은 6개 이다.

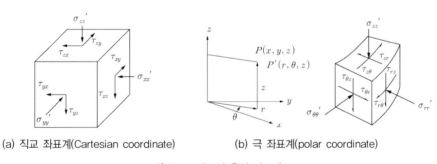

(a) 직교 좌표계(Cartesian coordinate) (b) 극 좌표계(polar coordinate)

그림 2.44 대표적 응력 좌표계

한편 터널과 같은 축대칭 문제의 응력상태를 표현하는 데는 극좌표계(그림 2.44 b) 또는 원통좌표계 가 유용하다. 직교좌표계와 마찬가지로 다음과 같이 9개의 응력성분으로 정의된다.

$$\{\sigma'\} = \begin{bmatrix} \sigma_{rr}' & \tau_{r\theta} & \tau_{rz} \\ \tau_{\theta r} & \sigma_{\theta\theta}' & \tau_{\theta z} \\ \tau_{zr} & \tau_{z\theta} & \sigma_{zz}' \end{bmatrix} \tag{2.107}$$

기하학적으로 직교 좌표계(x, y, z)와 극좌표계(r, θ, z)는 다음의 관계가 성립한다.

$$x = r\cos\theta, \ y = r\sin\theta, \ r^2 = x^2 + y^2, \ \theta = \tan^{-1}\left(\frac{y}{x}\right) \tag{2.108}$$

직교 또는 극좌표계의 응력상태는 주응력, Π-평면 응력, 편차응력면 응력 등으로 전환할 수 있다.

2.6.2 주응력 좌표계(principal stress coordinate)

그림 2.45와 같이 주응력을 축으로 나타낸 응력좌표계를 주응력 좌표계라한다. 3차원 직교 좌표계의 9개 응력성분은 주응력 좌표계에서 3개의 주응력 σ_1', σ_2', σ_3'로 나타낼 수 있다(그림 2.28참조). 주응력 좌표계에서 모든 주응력 축과 동일한 각을 이루는 축을 **공간대각선(space diagonal)** 또는 **정수압축** (hydrostatic pressure axis)이라 한다. 공간대각선의 단위 벡터는 $\vec{n} = 1/\sqrt{3}\ (1,\ 1,\ 1)$이다.

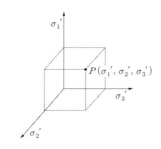

그림 2.45 주응력 좌표계

2.6.3 팔면체 응력면(octahedral plane)

주응력 좌표계에서 공간대각선(space diagonal)은 3차원 좌표계의 모든 사분면에서 존재하므로 8개 가 생길 수 있다. **원점에서 같은 거리에 위치하는 공간대각선에 수직한 평면**들은 그림 2.46에 보인 것과 같이 팔면체를 구성한다. 이를 팔면체 응력면이라 하고, 이 면의 식은 $\sigma_1' + \sigma_2' + \sigma_3' = c$이다. 여기서 c는 상수이다.

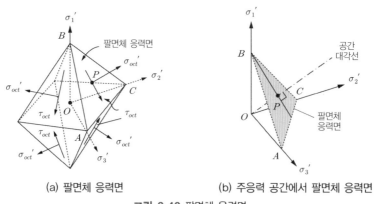

(a) 팔면체 응력면　　　　　(b) 주응력 공간에서 팔면체 응력면

그림 2.46 팔면체 응력면

주응력 공간의 응력을 팔면체 응력면에 투영하면 법선응력(σ_{oct}')과 전단응력(τ_{oct}), 2개의 응력요소로 나타나는데, 이를 팔면체 응력(octahedral plane stresses)이라 하며, 다음과 같이 표현된다.

$$\sigma_{oct}' = \frac{1}{3}(\sigma_1' + \sigma_2' + \sigma_3') = p' = \frac{1}{3} I \tag{2.109}$$

$$\tau_{oct} = \frac{1}{3}\sqrt{\left[(\sigma_1' - \sigma_2')^2 + (\sigma_2' - \sigma_3')^2 + (\sigma_3' - \sigma_1')^2\right]} = \sqrt{\frac{2}{3}} J \tag{2.110}$$

팔면체면에 작용하는 법선응력은 평균 주응력이다. 팔면체 응력은 모든 성분이 주응력으로 구성되므로 불변량이다.

2.6.4 Π−응력면

팔면체 응력면 중 모든 축이 양(陽, positive, +)인 사분면에 위치하는 면을 원점으로 이동시킨 평면을 Π-평면(σ_I', σ_{II}', σ_{III}')이라 한다(그림 2.47 a). Π-평면의 식은 팔면체 응력면의 방정식에서 $c' = 0$인 경우로서 $\sigma_1' + \sigma_2' + \sigma_3' = 0$이다.

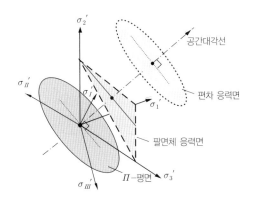

(a) 주응력면과 Π−평면

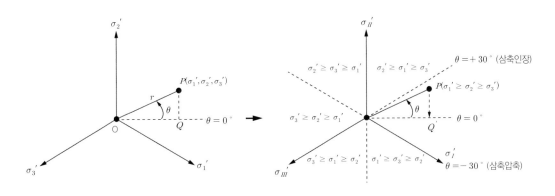

(b) Π−평면의 구역별 주응력의 상대적 크기(수평축을 $\theta = 0$로 두기 위해 σ_I', σ_{II}'축 선택)

그림 2.47 주응력의 Π−평면 투영(σ_I', σ_{II}', σ_{III}'는 σ_1', σ_2', σ_3'의 Π−평면 투영 값)

Π – 평면은 항복면과 같은 3차원 응력함수의 형상을 표시하거나 비교하는 데 유용하다. 따라서 실험 결과로 얻은 항복점을 Π-평면에 표시해야 하는 경우가 많다. Π-평면에서 주응력의 상대적 크기는 그림 2.47 (b)와 같이 매 $60°$ 마다 바뀐다. 따라서 응력은 6개 구역으로 구분되며 등방재료인 경우 각 응력구역의 거동은 대칭이다.

Π–평면 투영법

기하학적 투영원리를 적용하여 3차원 주응력 좌표계의 점 $P(\sigma_1{'}, \sigma_2{'}, \sigma_3{'})$을 Π-평면의 $P'(\sigma_I{'}, \sigma_{II}{'}, \sigma_{III}{'})$로 투영할 수 있다. P는 $\sigma_1{'} \geq \sigma_2{'} \geq \sigma_3{'}$ 인 구역($-30 \leq \theta \leq +30$)에 위치하고 있다고 가정한다. 공간대각선상의 응력은 Π-평면의 원점에 투영된다. 그림 2.48 (a)에서 보면 각 주응력은 공간대각선과 같은 각을 이루므로 공간대각선에서 각 축으로의 방향여현은 $\cos\alpha = 1/\sqrt{3}$ 이다($l^2 + m^2 + n^2 = 1$이므로). 삼각함수를 이용하면 $\sin\alpha = \sqrt{2/3}$ 이다.

$$\sigma_{p1}{'} = \sigma_1{'}\cos(90-\alpha) = \sigma_1{'}\sin\alpha = \sqrt{\frac{2}{3}}\,\sigma_1{'} \tag{2.111}$$

마찬가지로 $\sigma_{p2}{'} = \sqrt{2/3}\,\sigma_2{'}$, $\sigma_{p3}{'} = \sqrt{2/3}\,\sigma_3{'}$ 이다.

그림 2.48 (b)와 같이 Π-평면의 원점에서 시작하여 차례로 $\sigma_I{'}$ 축을 따라 $\sigma_{p1}{'}$, $\sigma_{II}{'}$ 축과 평행한 방향으로 $\sigma_{p2}{'}$, 그리고 $\sigma_{III}{'}$ 축 방향으로 $\sigma_{p3}{'}$ 만큼 이동하면 P점의 투영점인 P'에 도달할 수 있다.

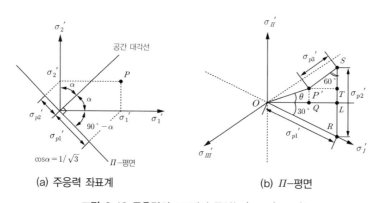

(a) 주응력 좌표계   (b) Π–평면

그림 2.48 주응력의 Π–평면 투영($\sigma_1{'} \geq \sigma_2{'} \geq \sigma_3{'}$)

결과적으로 Π-평면에서의 응력은 그림 2.48 (b)와 같이 원점에서의 거리($r = OP'$)와 기준선에서의 회전각(θ), 단 2개의 변수로 나타낼 수 있다.

r은 그림 2.48 (b)에서 $|OP'|^2 = |OQ|^2 + |P'Q|^2$이다.

$$|OQ| = OL - P'T = OR\cos30° - P'S\sin60° = (\sigma_{p1}' - \sigma_{p2}')\frac{\sqrt{3}}{2} = \frac{1}{\sqrt{2}}(\sigma_1' - \sigma_3')$$

$$|P'Q| = SR - RL - ST = \sigma_{p2}' - \sigma_{p1}'\sin30° - \sigma_{p3}'\cos60° = \frac{1}{\sqrt{6}}(2\sigma_2' - \sigma_1' - \sigma_3')$$

$$r = OP' = \frac{1}{\sqrt{3}}\sqrt{(\sigma_1' - \sigma_2')^2 + (\sigma_2' - \sigma_3')^2 + (\sigma_3' - \sigma_1')^2} = \sqrt{2}\,J$$

θ는 그림 2.46 (b)에서 $\sigma_1' \geq \sigma_2' \geq \sigma_3'$, $\left(-\dfrac{\pi}{6} \leq \theta \leq \dfrac{\pi}{6}\right)$인 경우

$$\theta = \tan^{-1}\left(\frac{P'Q}{OQ}\right) = \tan^{-1}\left[\frac{2\sigma_2' - \sigma_1' - \sigma_3'}{\sqrt{3}\,(\sigma_1' - \sigma_3')}\right] \tag{2.112}$$

로드 각(Lode's Angle)

θ는 1926년 Lode가 도입한 파라미터로서 Lode's Angle이라고 한다. Π-평면에서 주응력의 상대적 크기는 매 60도 마다 바뀌므로 **Π-평면에서 응력점의 상대적 위치를 나타내기 위하여 θ를 도입**하였다.

$\sigma_1' \geq \sigma_2' \geq \sigma_3'$ 및 $-\pi/6 \leq \theta \leq \pi/6$ 조건에서, 응력비(stress ratio), b를 다음과 같이 정의하면,

$$b = \frac{\sigma_{mid}' - \sigma_{min}'}{\sigma_{max}' - \sigma_{min}'} = \frac{\sigma_2' - \sigma_3'}{\sigma_1' - \sigma_3'} \tag{2.113}$$

b는 $0 \leq b \leq 1$ 범위로 변화한다(삼축압축 $b = 0$, 삼축인장 $b = 1$). b를 이용하여 θ를 다시 쓰면

$$\theta = \frac{1}{3}\cos^{-1}\left[\frac{(2-b)(1-2b)(1+b)}{2(b^2 - b + 1)^{3/2}}\right] = \tan^{-1}\left[\frac{(2b-1)}{\sqrt{3}}\right] \tag{2.114}$$

θ는 $-\pi/6 \leq \theta \leq \pi/6$ 범위이며(삼축압축 $\theta = -30$, 삼축인장 $\theta = +30$), 응력 불변량을 이용하면

$$\theta = \frac{1}{3}\cos^{-1}\left[\frac{3\sqrt{3}}{2}\frac{J_{3D}}{J_{2D}^{3/2}}\right] \tag{2.115}$$

2.6.5 편차응력 좌표계

편차응력면(deviatoric plane)은 공간대각선에 수직한 평면이다. 그림 2.49에 편차응력면을 보였다. 편차응력면의 중심은 공간대각선을 따라 움직인다. 편차응력면의 식은 팔면체 응력면과 같이 $\sigma_1' + \sigma_2' + \sigma_3' = c$이다($c$는 상수). 즉, 1 사분면의 팔면체 응력면이 원점에 위치하면 Π-응력면, 공간대각

선상을 이동하는 경우는 이를 편차응력면이라 한다. 편차응력면을 이용하면 공간대각선에 따른 원점 거리(d), 공간대각선에서 이격거리(r), 그리고 회전각(θ)의 3개 파라미터로 응력상태를 정의할 수 있다.

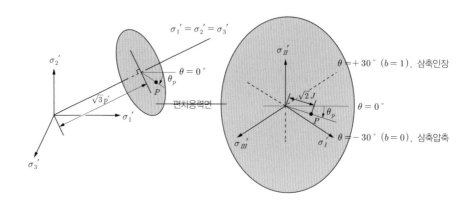

그림 2.49 편차응력면(deviatoric stress plane, $\sigma_I{}', \sigma_{II}{}'$축 방향에 유의)

편차응력면의 좌표계($d,\ r,\ \theta$)는 ($\sqrt{3}\,p'$, $\sqrt{2}\,J$, θ)이다.

- 응력점이 위치하는 편차응력면까지 원점에서 공간대각선 거리, $d = \sqrt{3}\,p' = \dfrac{1}{\sqrt{3}}I$

- 응력점까지 공간대각선에서 수직 거리, $r = \sqrt{2}\,J$

- 회전각, Lode's Angle(θ), $\theta = \tan^{-1}\left[\dfrac{2\sigma_2{}' - \sigma_1{}' - \sigma_3{}'}{\sqrt{3}\,(\sigma_1{}' - \sigma_3{}')}\right] = \tan^{-1}\left[\dfrac{(2b-1)}{\sqrt{3}}\right],\ \ (\sigma_1{}' \geq \sigma_2{}' \geq \sigma_3{}')$

$-\pi/6 \leq \theta \leq \pi/6$이며, $\theta = -30^o$는 삼축압축상태($\sigma_1{}' \geq \sigma_2{}' = \sigma_3{}'$), $\theta = +30^o$는 삼축인장상태($\sigma_1{}' = \sigma_2{}' \geq \sigma_3{}'$)를 나타낸다.

주응력과 편차응력항의 관계를 일반화하면 다음과 같다.

$$\begin{Bmatrix} \sigma_1{}' \\ \sigma_2{}' \\ \sigma_3{}' \end{Bmatrix} = p'\begin{Bmatrix} 1 \\ 1 \\ 1 \end{Bmatrix} + \frac{2}{\sqrt{3}}J\begin{Bmatrix} \sin\left(\theta + \dfrac{2}{3}\pi\right) \\ \sin(\theta) \\ \sin\left(\theta - \dfrac{2}{3}\pi\right) \end{Bmatrix} \quad (\sigma_1{}' \geq \sigma_2{}' \geq \sigma_3{}') \tag{2.116}$$

$\Pi-$평면은 원점을 지나는 편차응력면이므로 주응력 좌표계의 모든 좌표계가 양($+$)인 사분면의 팔면체 응력은 편차응력면에 포함된다. $p' = \sigma_{oct}{}'$, $J = \tau_{oct}(\sqrt{3}/\sqrt{2})$. 따라서 $d = \sqrt{3}\,\sigma_{oct}{}'$, $r = \sqrt{3}\,\tau_{oct}$.

A. 응력 불변량

$$p' = \frac{1}{3}(\sigma_{xx}' + \sigma_{yy}' + \sigma_{zz}') = \frac{1}{3}(\sigma_1' + \sigma_2' + \sigma_3')$$

$$I_1 = \sigma_{xx}' + \sigma_{yy}' + \sigma_{zz}' = \sigma_1' + \sigma_2' + \sigma_3' = 3p'$$

$$I_2 = \begin{vmatrix} \sigma_{yy}' & \tau_{yz} \\ \tau_{zy} & \sigma_{zz}' \end{vmatrix} + \begin{vmatrix} \sigma_{xx}' & \tau_{xz} \\ \tau_{zx} & \sigma_{zz}' \end{vmatrix} + \begin{vmatrix} \sigma_{xx}' & \tau_{xy} \\ \tau_{yx} & \sigma_{yy}' \end{vmatrix} = \sigma_{xx}'\sigma_{yy}' + \sigma_{yy}'\sigma_{zz}' + \sigma_{zz}'\sigma_{xx}' - \tau_{xy}^2 - \tau_{yz}^2 - \tau_{zx}^2$$

$$= \sigma_1'\sigma_2' + \sigma_2'\sigma_3' + \sigma_3'\sigma_1'$$

$$I_3 = \begin{vmatrix} \sigma_{xx}' & \tau_{xy} & \tau_{xz} \\ \tau_{yx} & \sigma_{yy}' & \tau_{yz} \\ \tau_{zx} & \tau_{zy} & \sigma_{zz}' \end{vmatrix} = \sigma_{xx}'\sigma_{yy}'\sigma_{zz}' - \sigma_{xx}'\tau_{zx}\tau_{yz} + \tau_{yx}\tau_{zy}\tau_{xz} - \tau_{yx}\tau_{xy}\tau_{zz} + \tau_{zx}\tau_{xy}\tau_{yz} - \tau_{zx}\sigma_{yy}'\tau_{xz} = \sigma_1'\sigma_2'\sigma_3'$$

B. 편차응력 불변량

$$J_{1D} = 0$$

$$J_{2D} = \frac{1}{6}[(\sigma_{xx}' - \sigma_{yy}')^2 + (\sigma_{yy}' - \sigma_{zz}')^2 + (\sigma_{zz}' - \sigma_{xx}')^2] + \tau_{xy}^2 + \tau_{yz}^2 + \tau_{zx}^2$$

$$= \frac{1}{6}[(\sigma_1' - \sigma_2')^2 + (\sigma_2' - \sigma_3')^2 + (\sigma_3' - \sigma_1')^2] = I_2 - \frac{1}{6}I_1^2$$

$$J_{3D} = I_3 - \frac{2}{3}I_1 I_2 + \frac{2}{27}I_1^3$$

C. 공학적 편의(응력 단위)를 위한 정의

$$I = I_1 = \sigma_1' + \sigma_2' + \sigma_3' = 3p'$$

$$J = \sqrt{J_{2D}} = \frac{1}{\sqrt{6}}\sqrt{[(\sigma_1' - \sigma_2')^2 + (\sigma_2' - \sigma_3')^2 + (\sigma_3' - \sigma_1')^2]}$$

D. 변형률 불변량(대응관계: $I \rightarrow \epsilon_v$, $J \rightarrow E_d$)

$$\epsilon_v = \epsilon_{xx} + \epsilon_{yy} + \epsilon_{zz} + \epsilon_{xx}\epsilon_{yy} + \epsilon_{xx}\epsilon_{zz} + \epsilon_{yy}\epsilon_{zz} + \epsilon_{xx}\epsilon_{yy}\epsilon_{zz} \epsilon_v = \epsilon_1 + \epsilon_2 + \epsilon_3$$

$$E_d = \frac{2}{\sqrt{6}}\sqrt{(\epsilon_1 - \epsilon_2)^2 + (\epsilon_2 - \epsilon_3)^2 + (\epsilon_3 - \epsilon_1)^2}$$

E. 편차응력면의 좌표계(d, r, θ)

$$d = \sqrt{3}\,p' = \frac{1}{\sqrt{3}}I$$

$$r = \sqrt{2}\,J$$

$$\theta = \tan^{-1}\left[\frac{2\sigma_2' - \sigma_1' - \sigma_3'}{\sqrt{3}(\sigma_1' - \sigma_3')}\right] = \frac{1}{3}\cos^{-1}\left[\frac{(2-b)(1-2b)(1+b)}{2(b^2 - b + 1)^{3/2}}\right], \quad b = \frac{\sigma_2' - \sigma_3'}{\sigma_1' - \sigma_3'}, \quad -\pi/6 \leq \theta \leq \pi/6$$

2.6.6 삼축시험 응력면

삼축응력상태는 $\sigma_r' = \sigma_2' = \sigma_3'$, 즉 중간 주응력과 최소 주응력이 같다. 수평지반의 지중응력 조건은 3축시험 응력상태와 유사하다. 주응력 축에서 $\sigma_2' = \sigma_3'$ 인 조건을 취하면 그림 2.50과 같이 σ_1' - $\sqrt{2}\,\sigma_3'$ 축의 응력면이 되는데, 이를 삼축시험 응력면(triaxial test stress plane)이라 한다.

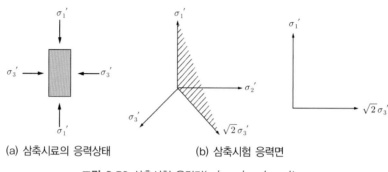

(a) 삼축시료의 응력상태   (b) 삼축시험 응력면

그림 2.50 삼축시험 응력면($\sigma_1' = \sigma_a'$, $\sigma_3' = \sigma_r'$)

2.6.7 $s' - t$ 및 $p' - q$ 응력공간

σ_1' - $\sqrt{2}\,\sigma_3'$ 의 삼축응력면은 삼축시험 결과를 표현하는 데 유용하나, 응력 파라미터 자체가 특별한 지반공학적 의미를 내포하는 것은 아니다. 따라서 실제 **삼축시험결과 표기는 삼축시험응력면보다는 체적 및 전단변형과 관련되는 s'-t 또는 p'-q 좌표계를 주로 사용한다.**

$s' - t$ 응력공간

MIT 토질역학 그룹은 삼축시험 결과를 표현하기 위해 평면변형률 개념을 기반으로 다음의 s', t 응력 파라미터를 도입하였다(Lambe and Whitman, 1969).

$$s' = \frac{1}{2}(\sigma_a' + \sigma_r') = \frac{1}{2}(\sigma_1' + \sigma_3') \tag{2.117}$$

$$t = \frac{1}{2}(\sigma_a' - \sigma_r') = \frac{1}{2}(\sigma_1' - \sigma_3') \tag{2.118}$$

먼저 **평면변형조건**에 대한 s', t 파라미터의 물리적 의미를 알아보자. 댐의 축방향을(단면에 수직한 방향, out-of-plane direction)을 그림 2.51 (a)와 같이 z-축이라 하면 $\sigma_1' \geq \sigma_2' \geq \sigma_3'$ 및 $d\epsilon_1 \geq d\epsilon_2(=0) \geq d\epsilon_3$ 이 된다. 이 경우 댐 축 방향인 z-방향응력은 x-y 평면응력과 독립적이다.

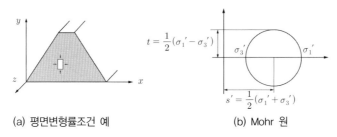

(a) 평면변형률조건 예   (b) Mohr 원

그림 2.51 평면변형률 조건의 예

이 경우 MIT 응력 파라미터는 각각 $s' = \dfrac{1}{2}(\sigma_1' + \sigma_3')$ 및 $t = \dfrac{1}{2}(\sigma_1' - \sigma_3') = \dfrac{1}{2}(\sigma_1 - \sigma_3)$로 표현된다.

여기서 $\begin{Bmatrix} \sigma_1' \\ \sigma_3' \end{Bmatrix} = \dfrac{\sigma_{xx}' + \sigma_{yy}'}{2} \pm \sqrt{(\dfrac{\sigma_{xx}' - \sigma_{yy}'}{2})^2 + \tau_{xy}^2}$ 이다.

s'는 전단면(plane of shearing)에서의 평균응력이며, 그림 2.51 (b)와 같이 Mohr 원의 중심을 나타낸다. t는 전단면에서 최대 전단응력이며 Mohr 원의 반경을 나타낸다. **평면변형률 조건($\sigma_a' \rightarrow \sigma_1'$; $\sigma_r' \rightarrow \sigma_3'$)에서는 s', t가 각각 체적변형률 ϵ_v 및 편차전단 변형률 ϵ_d와 관련**된다고 할 수 있다. 이 경우 $\epsilon_z = 0$이므로 축적된 일(work)은 $\delta W = s' \cdot \delta \epsilon_v + t \cdot \delta \epsilon_d$로 나타낼 수 있다.

하지만 이들 응력 파라미터는 중간 주응력(σ_2')을 고려하지 않으므로 3축응력조건에서는 정확하게 체적 및 전단 파라미터와 일치하지 않는다. 예를 들어 등방 탄성재료의 경우, 미소변형조건에서 $\Delta\sigma_{zz}' = \nu(\Delta\sigma_{xx}' + \Delta\sigma_{yy}') = 2\nu\Delta s'$이므로, ϵ_v와 체적응력 p'의 관계는 다음과 같이 나타난다.

$$p' = \frac{1}{3}(\sigma_1' + \sigma_2' + \sigma_3') = \frac{1}{3}(\sigma_1' + \nu\sigma_1' + \nu\sigma_3' + \sigma_3') = \frac{(1+\nu)}{3}(\sigma_1' + \sigma_3') = \frac{2(1+\nu)}{3}s' \tag{2.119}$$

p'는 s'와 약 10%의 차이가 난다($p' \le s'$). 삼축시험의 경우 $\sigma_2' = \sigma_3'$ 조건이므로, $p' = (\sigma_1' + 2\sigma_3')/3$이다. 즉, 삼축시험에서는 s'와 체적파라미터 p'가 일치하지 않는다.

$p' - q$ 응력공간

평면변형 상태거동을 s', t 파라미터를 이용하여 표현하는 데 무리가 없지만, s' 및 t 파라미터를 삼축 응력 시험조건에 사용하면 그 물리적 의미가 불분명해지는 문제가 있다. 이 경우 **전단 파라미터 t는 전단 변형률과 상관성을 가지나 s'는 체적변형률과 정확히 상관되지 않는다.** 이는 앞서 지적한대로 중간 주응력의 영향을 고려하지 않고 있기 때문이다. 따라서 s', t 변수로 응력경로로 나타내는 경우 그 물리적 의미를 정확히 표현하기 어렵다.

이를 개선하기 위하여, Cambridge 토질그룹은 삼축시험 응력에 대한 체적 및 전단변형률 파라미터 p', q를 다음과 같이 도입하였다. 시험법에 따른 주응력변화를 고려하기 위하여 σ_a', σ_r'로 나타내면,

$$p' = \frac{1}{3}(\sigma_a' + 2\sigma_r') = \frac{1}{3}I \qquad (2.120)$$

$$q = \frac{1}{\sqrt{2}}\sqrt{[(\sigma_a'-\sigma_r')^2 + (\sigma_r'-\sigma_r')^2 + (\sigma_r'-\sigma_a')^2]} = |\sigma_a'-\sigma_r'| = \sqrt{3}\,J \qquad (2.121)$$

여기서 p'는 체적변형률 ϵ_v와 연관되고, q는 편차전단 변형률 ϵ_d와 연관된다. 따라서 삼축시험 응력은 편차응력 공간에서 $d = \sqrt{3}\,p'$, $r = \sqrt{2}\,J = \sqrt{\frac{2}{3}}\,q$와 같이 정의된다. p', q 파라미터는 임의 응력상태에 대하여 $dW = p' \cdot d\epsilon_v + q \cdot d\epsilon_d$ 조건을 만족한다.

$s'-t$ 및 $p'-q$ 표기법 비교

삼축시험은 압축, 인장 등 재하방향에 따라 주응력의 회전으로 σ_1'과 σ_3'의 값이 정반대로 바뀐다. 이러한 표현상의 오류를 피하기 위해 σ_a'과 σ_r'의 값을 사용하였다. 그림 2.52는 $s'-t$ 및 $p'-q$ 두 응력공간의 좌표축을 예시한 것이다.

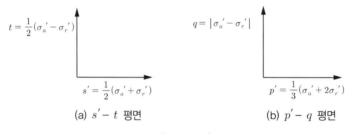

(a) $s'-t$ 평면   (b) $p'-q$ 평면

그림 2.52 $s'-t$ 및 $p'-q$ 공간(삼축시험)

응력상태에 따른 두 파라미터의 표기를 비교하면 표 2.2와 같다. 두 파라미터를 비교해보면 Cambridge 파라미터가 좀 더 분명한 물리적 의미를 내포하고 있음을 알 수 있다.

표 2.2 응력 파라미터의 비교

구분		체적 파라미터	전단 파라미터	비고
평면변형 상태	$s'-t$	$s' = \frac{1}{2}(\sigma_1' + \sigma_3')$	$t = \frac{1}{2}(\sigma_1' - \sigma_3')$	$p' = \frac{2(1+\nu)}{3}s'$
	$p'-q$	$p' = \frac{1}{3}(\sigma_1' + \sigma_2' + \sigma_3')$	$q = \sqrt{\frac{1}{6}[(\sigma_1'-\sigma_3')^2 + (\sigma_2'-\sigma_1')^2 + (\sigma_3'-\sigma_2')^2]}$	
삼축시험 응력상태	$s'-t$	$s' = \frac{1}{2}(\sigma_a' + \sigma_r')$	$t = \frac{1}{2}(\sigma_a' - \sigma_r')$	$s' = p' + \frac{1}{6}q$
	$p'-q$	$p' = \frac{1}{3}(\sigma_a' + 2\sigma_r')$	$q = \sigma_a' - \sigma_r'$	$t = \frac{1}{2}q$

$p' - J$ 및 $I - J$ 공간

$s' - t$ 및 $p' - q$ 공간은 2차원 평면변형 상태의 응력 또는 삼축시험 응력상태의 거동을 표기하는 데는 유용하지만 일반화된 3차원 응력공간을 표기하는 데는 적합하지 않다. 이 경우 3차원응력파라미터인 체적응력 불변량 p' 또는 I, 그리고 전단응력 불변량 J를 이용한 좌표계를 도입할 수 있다. 그림 2.53에 이를 보였다. 이러한 좌표계를 이용하면 앞으로 학습할 **항복함수나 소성포텐셜의 3차원 함수를 2차원 평면에 표시할 수 있어 매우 유용하다.**

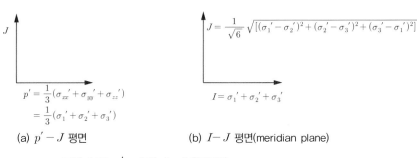

(a) $p' - J$ 평면　　　　　　(b) $I - J$ 평면(meridian plane)

그림 2.53 $p' - J$ 및 $I - J$ 응력공간

2.6.8 지반 응력이력(응력경로)의 표현

같은 하중이 주어지더라도 **과거에 받았던 응력이력에 따라 지반거동이 달라진다.** 즉, 지반재료의 과거 응력이력(stress history)은 이후 지반거동에 영향을 미친다. 응력이력을 표현하기 위해 응력경로(stress path) 개념을 사용한다.

응력경로를 표현하는 방법에는 Mohr 원, 불변량(invariants)인 I-J평면, p'-q 또는 s'-t 표기법 등이 있다. Mohr 원법은 연속적으로 변화하는 모든 응력상태를 Mohr 원으로 표시하여 그림 2.54와 같이 응력상태의 연속된 변화를 나타낸다. 이 방법은 여러 개의 Mohr 원이 겹쳐져 복잡해보인다. 그림 2.54에 보인 s'-t 좌표계는 Mohr 원 대신에 Mohr 원의 중심(s')과 최대 전단응력(t)으로 이루어지는 점들을 연결함으로써 응력상태의 변화를 나타낸다(Lambe & Whitman, 1960).

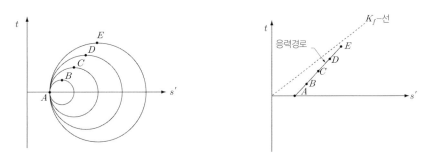

그림 2.54 Mohr 원을 이용한 응력경로

s'-t 좌표계에서 초기 응력상태를 연결한 선을 K_o-선이라 하며, 파괴상태 Mohr 원의 최대 전단응력점을 연결한 선을 K_f-선(線)이라 하여 응력경로의 한계를 나타낸다.

그림 2.55에 그 외의 다른 응력 파라미터들을 이용한 응력경로 표현법을 예시하였다.

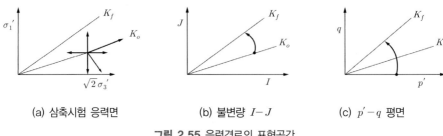

(a) 삼축시험 응력면   (b) 불변량 $I-J$ (c) $p'-q$ 평면

그림 2.55 응력경로의 표현공간

현장상황과 유사한 응력경로의 시험을 수행해야 거동해석에 부합하는 물성을 파악할 수 있으므로 응력경로의 파악은 실내시험법의 선택과 관련하여 중요하다. 그림 2.56은 지반문제에서 흔히 나타나는 응력경로의 예를 보인 것이다. A는 초기위치, AB는 재(제)하 응력경로이다.

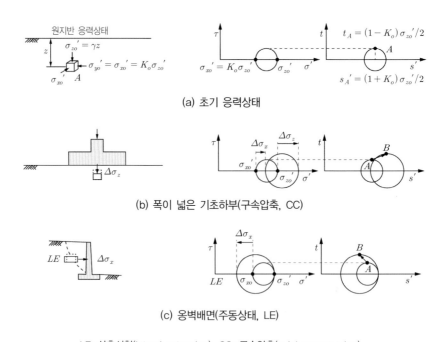

(a) 초기 응력상태

(b) 폭이 넓은 기초하부(구속압축, CC)

(c) 옹벽배면(주동상태, LE)

LE : 삼축시험(lateral extension), CC : 구속압축(axial compression)

그림 2.56 지반요소의 거동과 응력경로 예시(A : 초기위치, AB : 재(제)하) − 계속

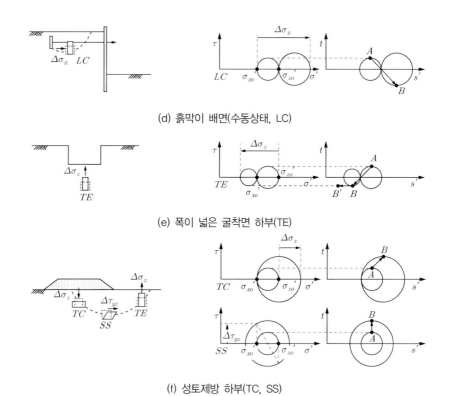

(d) 흙막이 배면(수동상태, LC)

(e) 폭이 넓은 굴착면 하부(TE)

(f) 성토제방 하부(TC, SS)

LE : 삼축시험(lateral extension), LC : 삼축시험(lateral compression), CC : 구속압축(confined compression)
TC : 삼축압축시험(triaxial compression), TE : 삼축인장시험(triaxial extension), SS : 단순전단(simple shear)

그림 2.56 지반요소의 거동과 응력경로 예시(실선 : 변형 후)

같은 지반 구조물에 대해서도 지반의 공간적 위치에 따라 응력경로가 달라진다. 그림 2.57에 이에 대한 예를 보였다.

응력경로 파라미터의 비교고찰 : $s'-t$ vs $p'-q$

응력경로를 표시하는 데는 적절한 응력 파라미터를 선정하는 것이 중요하다. 주로 주응력의 조합변수인 응력 불변량을 응력경로 파라미터로 사용한다. 지반공학에서 주로 사용하는 응력공간은 $s'-t$ 와 $p'-q$이다. 이 두 응력공간의 의미와 표현기법 그리고 물리적 의미와 상관관계를 잘 이해할 필요가 있다.

1960년대 MIT 토질역학그룹(Lambe & Whitman, 1960)이 제시한 $s'-t$ 파라미터와 Cambridge 토질역학그룹(Wood, 1983)이 제시한 $p'-q$ 파라미터가 대표적 응력 파라미터이다. 이 두 그룹이 제안한 응력파라미터는 한동안 이론적 타당성과 적용의 선호성 사이에 논란이 되었으나, **물리적 의미로 보면 Cambridge 표현이 타당하나, 편의성 측면에서 MIT 표현이 선호된다.**

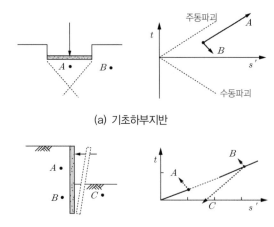

(a) 기초하부지반

(b) 흙막이 주변지반(A,B : 주동상태, C : 수동상태)

(c) 댐 성토지반(제방경사 1:2)

그림 2.57 구조물주변 위치에 따른 지반요소의 응력경로 예

s'-t 좌표계에서 응력경로의 물리적 의미를 구체적으로 살펴보자. $s' = (\sigma_1' + \sigma_3')/2$, $t = (\sigma_1' - \sigma_3')/2$ 이므로 이를 행렬식으로 다시 쓰면,

$$\begin{Bmatrix} s' \\ t \end{Bmatrix} = \frac{1}{2} \begin{bmatrix} 1 & 1 \\ 1 & -1 \end{bmatrix} \begin{Bmatrix} \sigma_1' \\ \sigma_3' \end{Bmatrix}, \text{ 또는 } \begin{Bmatrix} \sigma_1' \\ \sigma_3' \end{Bmatrix} = \begin{bmatrix} -1 & 1 \\ 1 & 1 \end{bmatrix} \begin{Bmatrix} s' \\ t \end{Bmatrix}$$

위 식을 자세히 고찰하면 σ_1'-σ_3' 좌표계와 s'-t 좌표계의 축 변환 관계로 연관 지을 수 있음을 알 수 있다. 위 식을 축 변환(coordinate transformation) 개념으로 다음과 같이 다시 쓸 수 있다.

$$\begin{Bmatrix} \dfrac{\sigma_1'}{\sqrt{2}} \\ \dfrac{\sigma_3'}{\sqrt{2}} \end{Bmatrix} = \begin{Bmatrix} \sigma_1^{t'} \\ \sigma_3^{t'} \end{Bmatrix} = \begin{bmatrix} \dfrac{-1}{\sqrt{2}} & \dfrac{1}{\sqrt{2}} \\ \dfrac{1}{\sqrt{2}} & \dfrac{1}{\sqrt{2}} \end{bmatrix} \begin{Bmatrix} s' \\ t \end{Bmatrix} \tag{2.122}$$

$\sigma_1^{t'} = \sigma_1' / \sqrt{2}$ 및 $\sigma_3^{t'} = \sigma_3' / \sqrt{2}$ 로 놓으면 σ_1'-σ_3' 좌표계는 좌표축 변환 행렬조건을 만족한다. 이 좌표계는 s'-t 좌표계에 대하여 시계방향으로 45˚ 회전한 경우에 해당한다. 그림 2.58은 두 응력좌표계의 관계를 보인 것이다.

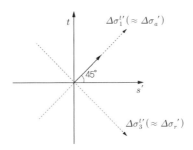

그림 2.58 $\sigma_1^{t\prime} - \sigma_3^{t\prime}$ 좌표계와 $s' - t$ 좌표계의 상관관계

그림 2.58로부터 $s' - t$ 공간에 표시된 어떤 응력경로도 $\sigma_1^{t\prime} - \sigma_3^{t\prime}$ 관점의 물리적 의미를 파악할 수 있다. 일례로 그림 2.58에 예시한 $t/s' = 1$인 응력경로는 $\Delta\sigma_3^{t\prime} = 0$, $\Delta\sigma_1^{t\prime}(+)$인 압축거동으로 이해할 수 있다. 그림 2.59는 $s' - t$ 좌표계의 대표적 실내시험에 대한 응력경로를 그림 2.58에 좌표계변환 개념에 근거하여 예시한 것이다. 여기서 $\Delta\sigma_1^{t\prime} \rightarrow \Delta\sigma_a^{\prime}$, $\Delta\sigma_3^{t\prime} \rightarrow \Delta\sigma_r^{\prime}$ 로 유추할 수 있다.

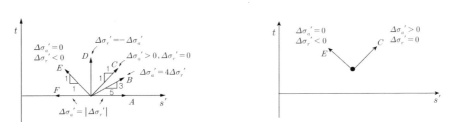

(a) $s' - t$ 좌표계(A : 등방압축, C : 삼축압축, D : 순수전단, E : 삼축인장, F : 등방팽창)

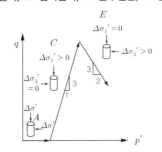

(b) $p' - q$ 좌표계(A : 등방압축, C : 삼축압축, E : 삼축압축)

그림 2.59 응력경로의 물리적 의미

앞에서 고찰했듯이 $s' - t$는 평면변형 시험결과를 나타낼 때 각각 체적 및 전단변형률과 연계되어 물리적 의미가 분명하다. 하지만 이 식을 이용하여 삼축시험 결과를 표시하면 중간 주응력의 크기를 무시하는 결과가 되어 s'가 체적변형률과 직접 연관되지 않는다. 그림 2.60에 배수삼축압축시험(CD)에 대한 두 응력경로 표기법을 비교하였다.

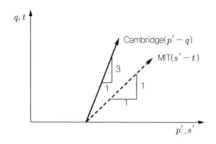

그림 2.60 배수삼축시험(CD)의 응력경로 비교

예제 삼축압축시험의 CD 시험과 UU 시험의 응력경로를 $s'-t$ 및 $p'-q$ 공간에 대하여 비교해보자.

풀이 **CD 시험의 유효응력경로**

① $s'-t$ 응력경로 : $\Delta\sigma_a'(+)$, $\Delta\sigma_r'=0$

$\Delta s'=(\Delta\sigma_a'+\Delta\sigma_r')/2=\Delta\sigma_a'/2$, 그리고 $\Delta t=(\Delta\sigma_a'-\Delta\sigma_r')/2=\Delta\sigma_a'/2$ → $\Delta t/\Delta s'=1$

② $p'-q$응력경로

$\Delta p'=\Delta\sigma_a'/3$, $\Delta q=\Delta\sigma_a'$ → $\Delta q/\Delta p'=3/1$

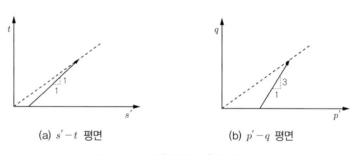

(a) $s'-t$ 평면   (b) $p'-q$ 평면

그림 2.61 CD 시험의 유효응력경로

UU 시험의 응력경로

① $s'-t$ 응력경로 : $\Delta\sigma_a'(+)$, $\Delta\sigma_r'=0$

$\Delta s'=(\Delta\sigma_a'+\Delta\sigma_r')/2=\Delta\sigma_a'/2$, 그리고 $\Delta t=(\Delta\sigma_a'-\Delta\sigma_r')/2=\Delta\sigma_a'/2$ → $\Delta t/\Delta s=1$

$\Delta u_w=B[\Delta\sigma_3+A(\Delta\sigma_1-\Delta\sigma_3)]$, A와 B는 Skempton의 간극수압계수
(포화토: $B=1.0$, 정규~약간 과압밀토 : $A=0.33\sim1.0$, 심한 과압밀토 : $A=0\sim0.25$)

$\Delta\sigma_3'=\Delta\sigma_r'=0$, $\Delta\sigma_1'=\Delta\sigma_a'$이므로, $\Delta u_w=A\Delta\sigma_1'=2A\Delta t$

$\Delta s'=\Delta s-\Delta u_w=\Delta\sigma_a'/2-2A\Delta t=\Delta t-2A\Delta t=(1-2A)\Delta t$

$\Delta t/\Delta s'=\dfrac{1}{1-2A}$, A는 상수가 아니므로 실제 시험결과는 곡선으로 나타난다.

② $p'-q$ 응력경로

$\Delta p'=\Delta\sigma_a'/3$, $\Delta q=\Delta\sigma_a$이므로 $\dfrac{\Delta q}{\Delta p'}=\dfrac{3\Delta\sigma_a'}{\Delta\sigma_a'}\equiv\dfrac{3\Delta\sigma_a'}{\Delta\sigma_a-\Delta u_w}=\dfrac{3}{1-(\Delta u_w/\Delta\sigma_a')}=\dfrac{3}{1-A}$

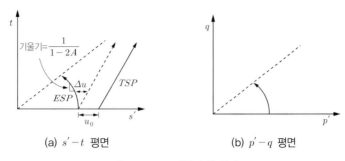

(a) $s' - t$ 평면   (b) $p' - q$ 평면

그림 2.62 UU 시험의 응력경로

예제 그림 2.57의 응력경로에 대하여 요소의 주응력 변화와 시료의 물리적 거동을 설명해보자.

풀이 ① 기초 하부, A : $\Delta\sigma_1'$ 증가, 수직 압축
　　　　　　　　B : $\Delta\sigma_3'$ 증가, 수직 인장(팽창)
　　② 흙막이주변, A, B : $\Delta\sigma_3'$ 감소, 수직 압축(수평 팽창)
　　　　　　　　C : $\Delta\sigma_1'$ 감소, 수직 인장(팽창)
　　③ 성토 하부, A : $\Delta\sigma_1'$ 증가, 수직압축
　　　　　　　　B, C : 단계 시공(각 성토단계)마다 '$\Delta\sigma_3'$ 감소 → $\Delta\sigma_1' = \Delta\sigma_3'$' 과정 반복
　　　　　　　　D, E : 단계 시공(각 성토단계)마다 '$\Delta\sigma_1'$ 감소 → $\Delta\sigma_1' = \Delta\sigma_3'$' 과정 반복

예제 초기응력상태 $\sigma_3' = 100\text{kPa}$인 시료를 배수시험으로 파괴하였다. 이때 파괴응력 $\sigma_{1f}' = 249.8\text{kPa}$에 대하여 MIT($s', t$) 및 Cambridge($p', q$) 응력공간에 응력경로를 표시해보자.

풀이 $\tau_f = (249.8 - 100)/2 = 74.7\text{kPa}$
　　① MIT 파라미터 : $s' = 100\text{kPa}$, $t = 0 = \text{kPa}$; $s_f' = 174.7\text{kPa}$, $t_f = 74.7\text{kPa}$
　　② Cambridge 파라미터 : $p_i' = 100\text{kPa}$, $q_i = 0\text{kPa}$; $p_f' = 149.8\text{kPa}$, $q_f = 149.8\text{kPa}$

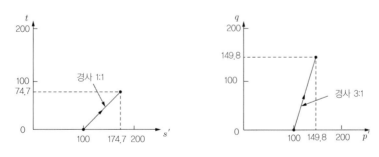

그림 2.63 $s' - t$ 및 $p' - q$ 공간의 응력경로 비교

　　Cambridge의 $\boldsymbol{p' - q}$ 좌표계는 각각 체적변형률 및 전단변형률에 대응된다. 그러나 삼축 응력상태는 통상 2개의 주응력 σ_1', σ_3'으로 나타내는 반면, p', q는 이 두 응력의 조합으로 표기되어 시료의 물리적 거동이 응력경로로부터 바로 파악되지 않는 문제가 있다. 그림 2.64는 주응력과 편차응력 관계를 보인 것이

다. $p' \rightarrow d$ 및 $q\,(\text{or } J) \rightarrow r$에 대응하므로 p', q를 각각 $p' = d/\sqrt{3}$, $q = r/\sqrt{2/3} = \sqrt{3}\,J$로 나타낼 수 있다.

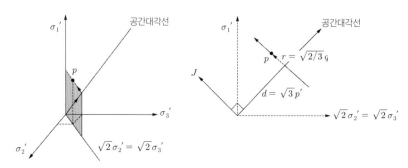

그림 2.64 $p' - q$ 관계의 의미(대각선–등방압밀 경로, 대각선 직각경로–전단)

Cambridge 표현의 문제점은 J 값이 항상 양(+)으로 나타난다는 것이다. 이를 물리적으로 구분하기 위해 지반공학의 일반적인 부호규약인 압축 $+q$, 그리고 인장을 $-q$로 표현한다. 그러나 일반 삼축응력조건은 이 값을 이용하여 나타내기 어렵다.

2.6.9 정규화(normalization)

정규화(normalization)란 서로 다른 조건에서 얻은 시험(해석)결과를 동일 조건으로 비교하고자 할 경우 물리적 차이나 영향요인을 소거하는 방법 중 하나이다. 그림 2.65는 서로 다른 구속응력으로 시험한 삼축시험의 편차응력-변형률 관계를 구속응력으로 정규화한 예를 보인 것이다.

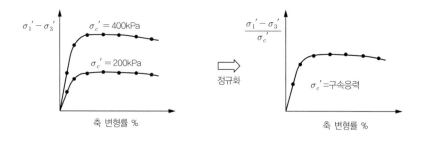

그림 2.65 점토의 삼축압축시험 정규화 거동 예(구속응력 $\sigma_c = 24\text{kPa}(0.24\text{kg/cm}^2)$

결과 변수를 무차원 또는 물리적 의미를 갖도록 정규화하면 '**일반화(generalization)**'의 의미가 부여될 수 있다. 정규화 기법은 여러 가지 영향을 내포하는 시험결과에서 특정 영향 요인(정규화 변수)을 배제하여 비교하고자 하는 경우 유용하다.

터널에 유입되는 유량(Q)과 라이닝 작용 수압(p)은 상호영향 관계에 있다. 터널 내로 흐름이 자유로우면 라이닝 작용수압은 '0'이고, 라이닝의 투수성이 작아 흐름이 완전히 차단되었다면 흐름(Q)은 '0', 수압(p)은 정수압(p_o) 상태가 된다. $p-Q$ 관계는 지반과 라이닝의 상대투수성에 의해 결정된다. 그림 2.66은 터널의 유입량과 라이닝 작용수압을 모사하기 위한 실험장치이다. 상대투수성에 따른 $p-Q$ 관계를 얻기 위해 저면의 투수계수를 변화시키는 시험을 실시하여 수압과 유량을 측정하였다.

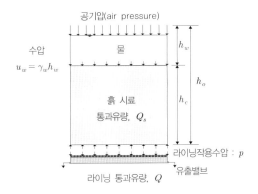

그림 2.66 터널라이닝 유입량-수압상호작용의 모사 실험

지반심도 및 동수경사를 달리한 시험을 수행한 결과 $p-Q$ 관계는 그림 2.67 (a)와 같이 나타났다. 이 데이터로는 대체적인 $p-Q$ 경향은 파악되나 일반화된 결론을 기술하기 어렵다.

시험결과의 일반화를 위해서는 시험조건의 차이를 극복해야 한다. 이를 위해 시험결과를 시험의 조건인자로 정규화하는 방안을 생각해볼 수 있다. 각기 다른 조건에서 얻은 수압과 유량을 정수압이나 자유유입량에 대한 비율로 표시하는 방법이 하나의 대안이 될 수 있다. 즉, 수압은 정수압(p_o)으로 유입량은 자유 유입량(Q_o)으로 정규화(p/p_o 및 Q/Q_o)하면 시험결과가 같은 조건의 물리량으로 정규화된다. 그림 2.67 (b)는 정규화한 후 한 개의 곡선으로 수렴한 결과를 보인 것이다. 정규화를 통해 좀 더 분명한 경향을 파악할 수 있고, 일반화된 결론을 도출할 수 있다.

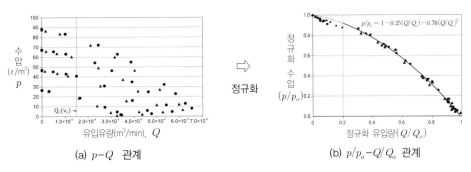

(a) $p-Q$ 관계

정규화

(b) $p/p_o-Q/Q_o$ 관계

그림 2.67 정규화의 예(터널 라이닝 작용 수압과 누수량의 관계(Joo and Shin, 2014)

2.7 지반시험의 역학적 이해

지반거동은 대부분 시험 장비의 응력공간을 통해서 이해하게 된다. 지반재료의 거동은 잘 준비된 시료와 역학적으로 규명된, 반복 가능한(repeatable) 시험을 통해 조사할 수 있다. 하지만, **지반시험 장비가 구현할 수 있는 응력경로나 실험실에서 재현할 수 있는 지반응력상태는 매우 제한적이다.** 특히 한 개의 시험장비로 원하는 응력상태를 모두 구현할 수 없으므로 **여러 시험 장비를 동원해야 거동의 일반화를 위한 정보가 모아질 수 있다.** 지반거동의 조사를 위한 대부분의 지반시험은 채취시료에 대한 실내시험이다. 현장시험은 원위치에 대한 시험이므로 응력상태나 경계조건을 임의로 제어하기 어렵다. 지반거동이나 물성은 시험의 응력경로(stress path)에 따라 달라지므로 각 지반시험이 내포하는 응력경로의 이해는 매우 중요하다. 즉, 실제 지반의 응력경로와 같은 응력경로의 시험법으로 물성을 구하여야 한다.

2.7.1 지반시험의 응력·변형률 상태

일반적으로 지반시험은 탄성론에 기초하여 실험실에서 기계적 구현이 가능한 단순한 응력 및 변형률 공간에 대하여 개발되어 왔다. 지반 시험법은 활용하는 응력 또는 변형률의 구속 및 재하조건을 기준으로 다음과 같이 구분할 수 있다.

- 일축변형률 상태 → 구속압축시험(압밀시험, confined compression, Oedometer tests)
- 일축응력 상태 → 일축압축시험(unconfined compression tests, uniaxial tests)
- 등방응력 상태 → 등방압축시험(isotropic compression tests)
- 평면변형률 상태 → 평면변형률 시험(plane strain tests)
- 원통형 시료의 삼축응력 상태 → 삼축시험(triaxial tests)
- 진삼축응력 상태 → 진삼축시험(true triaxial tests)
- 중공 원통시료의 삼축응력 상태 → 중공 원통 삼축시험(hollow cylinder triaxial tests)
- 전단면 고정전단 상태 → 직접전단시험(direct shear test)
- 원통시료의 단순전단 상태 → 단순전단시험(direct simple shear tests – cylindrical sample)
- 입방체 시료의 단순전단 상태 → 방향성 전단시험(directional shear test – cubic sample)
- 비틂전단 상태 → 비틂 전단시험(torsional shear tests)

일반적으로 복잡한 응력, 변형률 상태를 모사할 수 있는 시험일수록 현장조건을 더 잘 재현할 수 있다. 지반의 실제응력조건을 실험실에서 구현하기 위해서는 입방체시료에 대한 진삼축시험(true triaxial tests)이 가장 바람직할 것이다. 그러나 진삼축응력 상태를 기계적으로 제어하는 데 어려움이 있고, 또 실제 지반이 정지지중응력(geostatic) 상태에 있는 경우가 많으므로, $\sigma_2' = \sigma_3'$ 조건의 원통형 시료에 대한 삼축시험이 일반적으로 이용되고 있다.

엄격히 말해 **특정 지반 시험법으로 얻은 지반거동의 결과와 물성은 당해 시험법의 응력경로에 대하여**

만 성립하는 것이다. 따라서 거동의 일반화는 3차원 응력공간에 대한 다양한 응력경로를 포함해야 하므로 여러 지반 시험결과를 조합하여야 한다.

2.7.2 일축응력상태와 일축압축시험

일축응력상태(uniaxial state of stress)란 횡방향 구속 없이 시료에 가해지는 응력이 한 개의 축방향으로만 정의되는 경우를 말한다(그림 2.68). 이때 횡방향 변위를 구속하지 않으므로 포아슨효과로 인해 2자유도(2DOF) 문제가 된다. 일축응력상태의 축응력 $\sigma_a{}'$는 주응력이다. 즉, $\sigma_a{}' = \sigma_1{}'$이다.

$$\{\sigma\} = \begin{bmatrix} \sigma_a{}' & 0 & 0 \\ 0 & 0 & 0 \\ 0 & 0 & 0 \end{bmatrix} = \begin{bmatrix} \sigma_1{}' & 0 & 0 \\ 0 & 0 & 0 \\ 0 & 0 & 0 \end{bmatrix} \text{ 이에 상응하는 변형률은 } \{\epsilon\} = \begin{bmatrix} \epsilon_a & 0 & 0 \\ 0 & \epsilon_r & 0 \\ 0 & 0 & \epsilon_r \end{bmatrix} = \begin{bmatrix} \epsilon_1 & 0 & 0 \\ 0 & \epsilon_3 & 0 \\ 0 & 0 & \epsilon_3 \end{bmatrix} \tag{2.123}$$

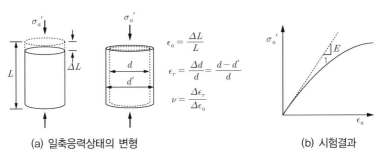

(a) 일축응력상태의 변형   (b) 시험결과

그림 2.68 일축응력상태, 시료의 변형과 결과정리

대표적 일축응력상태 시험은 **비구속 일축압축시험**(unconfined compression test)이다. 시료의 횡방향 변위를 구속하지 않고, 수직방향 응력만을 가한다. 지반에서 채취한 원통형 시료에 대하여 원주방향 구속이 없는 단순한 형태의 시험으로 수직, 수평의 2 방향 변위가 허용된다(2DOF). 원통형 시료를 사용하므로 시료준비(trimming)가 입방체 시료보다 용이하다. 지반시료의 비구속 일축압축시험, 암석의 일축압축시험(uniaxial test)이 여기에 해당된다.

일축압축시험의 응력경로는 s'-t 공간에서(그림 2.69 a),

$$s = \frac{1}{2}(\sigma_1{}' + \sigma_3{}') = \frac{1}{2}\Delta\sigma_a{}', \quad t = \frac{1}{2}(\sigma_1{}' - \sigma_3{}') = \frac{1}{2}\Delta\sigma_a{}' \tag{2.124}$$

p'-q 공간에서(그림 2.69 b),

$$p' = \frac{1}{3}(\sigma_1{}' + \sigma_2{}' + \sigma_3{}') = \frac{1}{3}\Delta\sigma_a{}' \tag{2.125}$$

$$q = \frac{1}{\sqrt{2}} \sqrt{(\sigma_1{'} - \sigma_2{'})^2 + (\sigma_2{'} - \sigma_3{'})^2 + (\sigma_3{'} - \sigma_1{'})^2} = \Delta\sigma_a{'} \tag{2.126}$$

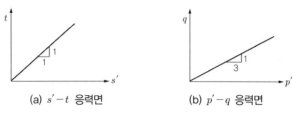

(a) $s' - t$ 응력면   (b) $p' - q$ 응력면

그림 2.69 일축압축 시험의 응력경로

일축압축 시험결과는 ϵ_a -$\sigma_a{'}$ 관계로 표시하는데, 이때 ϵ_a -$\sigma_a{'}$ 관계 곡선의 초기 직선부(탄성구간)의 기울기를 Young's Modulus(일축압축 탄성계수)라 할 수 있다(구속응력이 '0'인 조건). 수평변형률을 측정하면 포아슨비(Poisson's ratio)를 산정할 수 있다.

영계수(Young's modulus, 일축압축 탄성계수) $E_a = \dfrac{\Delta\sigma_a}{\Delta\epsilon_a}$

축변형률 $\epsilon_a = \dfrac{\Delta L}{L}$, 수평변형률 $\epsilon_r = \dfrac{\Delta d}{d}$

포아슨 비 $\nu = \dfrac{\epsilon_r}{\epsilon_a}$ 또는 $\dfrac{\Delta\epsilon_r}{\Delta\epsilon_a}$

예제 그림 2.70은 점토시료에 대한 일축압축 시험결과이다. 이 시료의 Young계수를 구해보자.

풀이 변형률 10%까지 탄성구간으로 가정하여, 할선영계수를 구하면 다음과 같다.

$$E_a = \frac{\Delta\sigma_a}{\Delta\epsilon_a} = \frac{55}{0.1} = 550\,\mathrm{kPa}$$

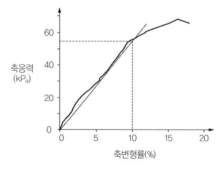

그림 2.70 일축압축시험의 축응력-변형률 관계 예(점토)

2.7.3 일축변형률 상태와 구속압축시험(압밀시험)

일축변형률 상태(state of uniaxial strain)는 시험 중 변형률이 정해진 한 개의 축방향(재하방향)으로만 일어나는 상태를 말한다. 수평변위가 구속되는 1자유도(SDOF) 문제이며, 변형률 텐서는 다음과 같다.

$$\{\epsilon\}=\begin{bmatrix} \epsilon_a & 0 & 0 \\ 0 & 0 & 0 \\ 0 & 0 & 0 \end{bmatrix}=\begin{bmatrix} \epsilon_1 & 0 & 0 \\ 0 & 0 & 0 \\ 0 & 0 & 0 \end{bmatrix},\ \text{이에 상응하는 응력상태는}\ \{\sigma\}=\begin{bmatrix} \sigma_a{}' & 0 & 0 \\ 0 & \sigma_r{}' & 0 \\ 0 & 0 & \sigma_r{}' \end{bmatrix}=\begin{bmatrix} \sigma_1{}' & 0 & 0 \\ 0 & \sigma_3{}' & 0 \\ 0 & 0 & \sigma_3{}' \end{bmatrix} \tag{2.127}$$

구속압축 시험은 횡방향 변위가 구속되어 축방향 변형만을 허용되므로(구속면에서 팽창이 억제되어) 횡방향 응력이 발생한다(실제 지반에서 심도가 충분히 깊은 경우, 수평변위가 구속된 것으로 가정할 수 있다).

횡방향 응력을 정지지중 수평응력이라 생각하면 **구속압축시험의 응력경로**는 다음과 같이 살펴볼 수 있다.

$\sigma_a{}'$ 재하 시 수평방향 응력 $\sigma_r{}' = K_o \sigma_a{}'$이므로, s'-t 공간에서,

$$s' = \frac{\Delta\sigma_a{}' + K_o\Delta\sigma_a{}'}{2} = \frac{1}{2}(1+K_o)\Delta\sigma_a{}' \tag{2.128}$$

$$t = \frac{\Delta\sigma_a{}' - K_o\Delta\sigma_a{}'}{2} = \frac{1}{2}(1-K_o)\Delta\sigma_a{}' \tag{2.129}$$

입상토지반의 경우 $K_o = 1 - \sin\phi'$이므로(Jaky, 1944),

$$\frac{\Delta t}{\Delta s'} = \frac{(1-K_o)}{(1+K_o)} = \frac{\sin\phi'}{2-\sin\phi'} \tag{2.130}$$

p'-q 공간에서,

$$p' = \frac{\Delta\sigma_a{}' + 2K_o\Delta\sigma_a{}'}{2} = \frac{1}{2}(1+2K_o)\Delta\sigma_a{}' \tag{2.131}$$

$$q = \frac{1}{\sqrt{2}}\sqrt{(\sigma_1{}'-\sigma_2{}')^2 + (\sigma_2{}'-\sigma_3{}')^2 + (\sigma_3{}'-\sigma_1{}')^2} = (1-K_o)\Delta\sigma_a{}' \tag{2.132}$$

$$\frac{\Delta q}{\Delta p'} = \frac{(1+2K_o)}{2(1-K_o)} = \frac{3-2\sin\phi'}{2\sin\phi'} \tag{2.133}$$

그림 2.71은 위의 응력경로를 도시한 것이다.

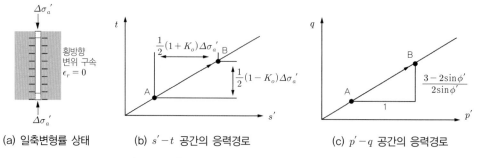

(a) 일축변형률 상태   (b) $s'-t$ 공간의 응력경로   (c) $p'-q$ 공간의 응력경로

그림 2.71 일축변형률 상태와 구속압축 시험의 응력경로

지반시험 중 대표적 일축변형률 상태의 **구속압축시험**은 일차원 압밀시험(one dimensional compression test, confined compression test, consolidation test, Oedometer test)이다. 횡방향을 구속한 상태($\epsilon_r = 0$)에서 수직응력을 가하므로 일축변형률 상태가 된다. 그림 2.72는 구속압축시험인 Oedometer Test를 나타낸 것이다.

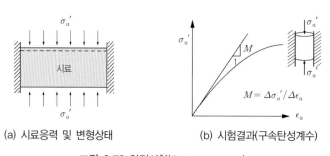

(a) 시료응력 및 변형상태   (b) 시험결과(구속탄성계수)

그림 2.72 압밀시험(Oedometer test)

구속압축 시험의 결과는 주로 ϵ_a -σ_a' 관계로 나타낸다. 이 곡선의 기울기를 구속탄성계수(constraint modulus), M이라 하며, $M = \Delta\sigma_a'/\Delta\epsilon_a$로 정의한다.

2.7.4 등방응력 상태와 등방압축시험

등방응력 상태(hydrostatic state of stress)란 입방체 요소에 대하여 그림 2.73과 같이 3축에 작용하는 응력의 크기가 모두 같은 응력상태이다. 즉, $\sigma_{xx}' = \sigma_{yy}' = \sigma_{zz}' = \sigma_o'$. 등방응력 상태의 응력 텐서와 이에 상응하는 변형률은 다음과 같다. 등방재료의 등방응력상태는 등방변형률 조건을 야기한다.

$$\{\sigma\} = \begin{bmatrix} \sigma_{xx}' & 0 & 0 \\ 0 & \sigma_{yy}' & 0 \\ 0 & 0 & \sigma_{zz}' \end{bmatrix} = \begin{bmatrix} \sigma_o' & 0 & 0 \\ 0 & \sigma_o' & 0 \\ 0 & 0 & \sigma_o' \end{bmatrix}, \quad \{\epsilon\} = \begin{bmatrix} \epsilon_{xx} & 0 & 0 \\ 0 & \epsilon_{yy} & 0 \\ 0 & 0 & \epsilon_{zz} \end{bmatrix} = \begin{bmatrix} \epsilon_o & 0 & 0 \\ 0 & \epsilon_o & 0 \\ 0 & 0 & \epsilon_o \end{bmatrix} \tag{2.134}$$

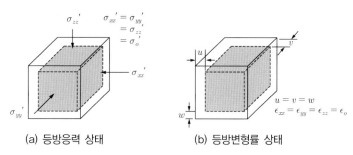

(a) 등방응력 상태　　(b) 등방변형률 상태

그림 2.73 등방응력 상태와 등방변형률 상태(등방재료)

　등방압축시험(isotropic pressure test)은 시험 중 등방응력상태가 유지되는 시험으로 정수압 시험 (hydrostatic compression, HC)이라고도 한다. 등방재료의 경우 등방응력 상태는 체적변화만 발생시키 므로 등방압축 시험은 체적변화 거동조사에 유용하다. 원통형 시료에서는 $\sigma_a{}' = \sigma_r{}'$ 조건으로 등방응력 상태를 구현할 수 있다. $\Delta\sigma_a{}' = \Delta\sigma_r{}' = \Delta\sigma'$ 이므로 삼축시험의 등방압축의 응력경로는 $s'\text{-}t$ 공간에서(그 림 2.74 a),

$$s' = \frac{\Delta\sigma_a{}' + \Delta\sigma_r{}'}{2} = \Delta\sigma' \tag{2.135}$$

$$t = \frac{\Delta\sigma_a{}' - \Delta\sigma_r{}'}{2} = 0 \tag{2.136}$$

$p'\text{-}q$ 공간에서(그림 2.74 b)

$$p' = \frac{\Delta\sigma_a{}' + 2\Delta\sigma_r{}'}{2} = \frac{3}{2}\Delta\sigma' \tag{2.137}$$

$$q = \frac{1}{\sqrt{2}}\sqrt{(\Delta\sigma_a{}' - \Delta\sigma_r{}')^2 + (\Delta\sigma_r{}' - \Delta\sigma_r{}')^2 + (\Delta\sigma_r{}' - \Delta\sigma_a{}')^2} = 0 \tag{2.138}$$

불변량 $I\text{-}J$ 공간에서(그림 2.74 c), $\sigma_1{}' = \sigma_2{}' = \sigma_3{}'$ 이므로 $\Delta I = \Delta p'$, $\Delta J = 0$

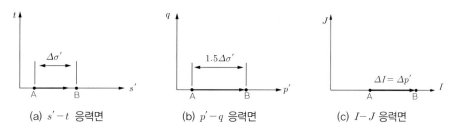

(a) $s'-t$ 응력면　　(b) $p'-q$ 응력면　　(c) $I-J$ 응력면

그림 2.74 등방압축시험의 응력경로

등방압축 시험결과는 주로 체적변형률(ϵ_v)-평균응력(p')의 관계로 표시한다(그림 2.75). 이 관계곡선의 기울기 $K = p'/\epsilon_v$ 또는 $K = \Delta p'/\Delta\epsilon_v$를 체적탄성계수(bulk modulus)라 한다.

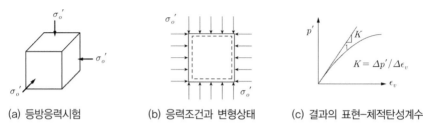

(a) 등방응력시험   (b) 응력조건과 변형상태   (c) 결과의 표현−체적탄성계수

그림 2.75 등방응력시험의 시료변형과 시험결과

평균유효응력, $p' = \sigma_o' = \dfrac{1}{3}(\sigma_{xx}' + \sigma_{yy}' + \sigma_{zz}')$

x−방향 변형률은

$$\epsilon_{xx} = \frac{1}{E}[\sigma_o' - \nu(\sigma_o' + \sigma_o')] = \frac{\sigma_o'(1-2\nu)}{E} = \frac{p'(1-2\nu)}{E}$$

등방 재료에 대하여 $\epsilon_{xx} = \epsilon_{yy} = \epsilon_{zz}$이므로, 체적 변형률, ϵ_v는

$$\epsilon_v = \epsilon_{xx} + \epsilon_{yy} + \epsilon_{zz} = \frac{3(1-2\nu)}{E}p' \text{ 또는, } p' = K\epsilon_v = \frac{E}{3(1-2\nu)}\epsilon_v \tag{2.139}$$

체적 탄성계수는,

$$K = \frac{E}{3(1-2\nu)} \tag{2.140}$$

2.7.5 평면변형률상태와 평면변형시험

입방체 시료에서 z-방향의 변형이 구속되었다면 변형은 x-y 평면에서만 일어난다. 따라서 평면변형률조건(plane strain condition)의 변형률 상태와 이 조건의 응력상태는 다음과 같다.

$$\{\epsilon\} = \begin{bmatrix} \epsilon_{xx} & \epsilon_{xy} & 0 \\ \epsilon_{yx} & \epsilon_{yy} & 0 \\ 0 & 0 & 0 \end{bmatrix}, \quad \{\sigma\} = \begin{bmatrix} \sigma_{xx}' & \tau_{xy} & 0 \\ \tau_{yx} & \sigma_{yy}' & 0 \\ 0 & 0 & \sigma_{zz}' \end{bmatrix} \approx \begin{bmatrix} \sigma_1' & 0 & 0 \\ 0 & \sigma_2' & 0 \\ 0 & 0 & \sigma_3' \end{bmatrix} \tag{2.141}$$

이 경우 시료의 구속단부(ends)의 마찰력(전단응력), $\tau_{xz} \approx 0$으로 가정한 것이다. 평면변형시험은 $\epsilon_v = \epsilon_1 + \epsilon_3$, $\epsilon_2 = 0$이다. $\epsilon_1 = (\Delta\sigma_1' - \nu\Delta\sigma_2' - \nu\Delta\sigma_3')/E$이고, $\epsilon_3 = (-\nu\Delta\sigma_1' - \nu\Delta\sigma_2' + \Delta\sigma_3')/E$이므로 **평면변형시험의 비배수 응력경로**($\nu = 0.5$, $\epsilon_v \approx 0$)는 다음조건을 이용하여 구할 수 있다.

$\epsilon_v \approx 0$ 및 $\epsilon_2 = 0$로부터, $\Delta\sigma_1' + \Delta\sigma_3' = 0$ 이므로

$$\frac{\Delta t}{\Delta s'} = \frac{(\Delta\sigma_1' - \Delta\sigma_3')/2}{(\Delta\sigma_1' + \Delta\sigma_3')/2} \tag{2.142}$$

평면변형시험의 응력경로는 그림 2.76과 같이 s'-t 공간에서 수직선(t-축에 평행)으로 나타난다.

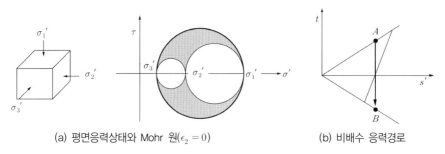

| (a) 평면응력상태와 Mohr 원($\epsilon_2 = 0$) | (b) 비배수 응력경로 |

그림 2.76 평면변형상태의 Mohr 원과 응력경로(2.1절 참조)

지반공학 문제는 2차원 평면변형조건으로 가정하여 해석하는 경우가 많다. 평면변형 조건에 부합하는 지반 파라미터를 제공하기 위해 그림 2.77과 같이 육면체 요소의 두 면을 구속하는 평면변형시험법 (plane strain test)이 도입되었다. 평면변형시험은 한 축(축2)의 변형을 구속하고, 다른 두 축(축1 및 3) 방향으로 재하한다. 하중을 재하하는 동안, 구속면에 전단력(마찰)이 작용하지 않는다면 **구속면의 법선응력은 중간주응력(σ_2')이 된다**. 평면변형시험은 시료준비도 용이하지 않고, 시험 중 시료와 장비간 마찰력 제어, 그리고 모서리의 응력집중 문제 등이 있어 이론적 타당성에도 불구하고 활용도는 높지는 않다.

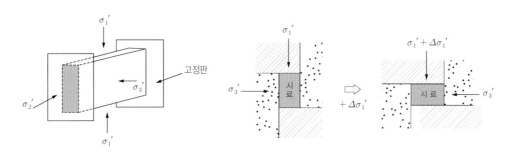

그림 2.77 평면변형시험의 재하 메커니즘

2.7.6 원통형 시료의 축대칭 응력상태와 삼축시험

실질적인 삼축응력상태는 $\sigma_1' \neq \sigma_2' \neq \sigma_3'$ 이나, 지반시험에서는 수평지표면을 갖는 반무한체(half space)의 지중응력 상태를 모사한 $\sigma_1' > \sigma_2' = \sigma_3'$ 조건의 삼축시험을 수행한다. 그림 2.78과 같이 지중의 지반

요소에 작용하는 횡방향 응력은 $\sigma_r{}' = \sigma_2{}' = \sigma_3{}'$로 가정할 수 있으므로 원통형 시료로 지반응력모사가 가능하다. 원통형 시료의 $\sigma_1{}' > \sigma_2{}' = \sigma_3{}'$ 조건은 축대칭 조건으로서 수직 및 수평변위가 허용되는 2자유도 (2DOF) 문제에 해당된다. 이 시험은 지반의 초기 응력상태를 재현할 수 있고, 이후 실제 지반에 가해지는 수직하중을 고려할 수 있다. 따라서 **지반이 기하학적으로 수평이 아니거나 심한 응력이방성 상태에 있지 않는 한 삼축시험의 축대칭 시료조건은 지반거동모사에 적절하다.**

(a) 실제 지반의 초기 응력상태   (b) 원통형 시료(삼축시험)의 응력상태

그림 2.78 수평지반의 정지지중 응력상태의 모사

삼축응력상태($\sigma_a{}' = \sigma_1{}'$, $\sigma_r{}' = \sigma_2{}' = \sigma_3{}'$)는 축대칭 조건이며, 등방재료인 경우 변형률도 시료 중심축에 대하여 축대칭이다(그림 2.79). 삼축시험 응력조건 및 이에 상응하는 변형률 상태는 다음과 같다.

$$\{\sigma\} = \begin{bmatrix} \sigma_a{}' & 0 & 0 \\ 0 & \sigma_r{}' & 0 \\ 0 & 0 & \sigma_r{}' \end{bmatrix} = \begin{bmatrix} \sigma_1{}' & 0 & 0 \\ 0 & \sigma_3{}' & 0 \\ 0 & 0 & \sigma_3{}' \end{bmatrix}, \quad \{\epsilon\} = \begin{bmatrix} \epsilon_a & 0 & 0 \\ 0 & \epsilon_r & 0 \\ 0 & 0 & \epsilon_r \end{bmatrix} = \begin{bmatrix} \epsilon_1 & 0 & 0 \\ 0 & \epsilon_3 & 0 \\ 0 & 0 & \epsilon_3 \end{bmatrix} \tag{2.143}$$

(a) 축대칭 응력상태   (b) 축대칭 변형률 상태   (c) 삼축응력면

그림 2.79 축대칭 삼축응력 상태

삼축응력시험은 1단계로 실제 지반의 초기 응력상태를 재현하고, 2단계로 건설 활동에 의해 지반이 겪게 되는 응력경로로 재하하여 거동을 파악하거나 물성을 얻는다. 축응력(axial stress, $\sigma_1{}'$)과 구속응력

(confining stress, σ_3')을 적절히 재하(또는 제하)함으로써 다양한 응력경로를 구현할 수 있다. 다만, 항상 $\sigma_2' = \sigma_3'$ 조건이므로 진정한 의미의 3축 응력경로를 구현하지는 못한다.

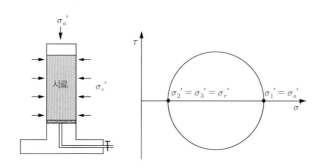

그림 2.80 삼축시험과 Mohr 원

삼축응력시험의 축 방향 응력은 재하형태에 따라 최대 또는 최소 주응력이 된다(그림 2.80). 시료표면에서 전단응력이 '0'이므로 σ_a', σ_r' 모두 주응력이다. 수직 또는 구속응력을 일정하게 두거나 두 응력의 비를 변화시키는 다양한 시험이 가능하다. 전통적인 삼축시험은 '삼축압축시험(conventional triaxial compression test)'을 칭하나, 지반의 초기 응력상태인 K_o-압밀조건을 구현할 수 있고, 인장시험도 가능하다. **하중재하속도와 간극수의 변화속도를 고려하여 배수 또는 비배수 조건을 설정**할 수 있어 간극수가 지반거동에 미치는 영향을 조사할 수 있다.

삼축시험을 이용한 응력경로 시험

삼축시험은 하나의 응력경로로 제한되는 다른 지반시험법에 비해 비교적 다양한 형태의 응력경로를 구현할 수 있다. 각 시험에 따른 응력경로를 삼축응력평면, I-J 평면 및 Π-평면에 도시하면 그림 2.81과 같다. 삼축시험은 시험응력경로에 따라 시험법의 명칭을 정하며(예, TC, RTC, RTE, CTC, CTE, HC, CTE, TE), 다음에 예시한 ①~⑥의 응력제어 방법이 흔히 사용되는 삼축시험의 재하방법이다.

① 표준 삼축압축시험(CTC, conventional triaxial compression tests)

시험조건 : $\Delta\sigma_1' = (+)$, $\Delta\sigma_2' = \Delta\sigma_3' = 0$, σ_2'와 σ_3'를 일정하게 두고, σ_1을 증가(+)시킨다. 응력경로는

- 삼축시험응력공간 ($\sigma_1' \sim \sqrt{2}\sigma_3'$)에서는 $\Delta\sigma_2' = \Delta\sigma_3' = 0$이므로 σ_1' 축과 일치한다.
- I-J 평면에서 응력경로, $\Delta I = \Delta\sigma_1'$, $\Delta J = \Delta\sigma_1'/\sqrt{3}$, 따라서 $\Delta J = \Delta I/\sqrt{3}$.
- Π-평면의 응력경로, $\theta = \tan^{-1}\left[\dfrac{(2b-1)}{\sqrt{3}}\right]$, 여기서 $b = \dfrac{\sigma_2' - \sigma_3'}{\sigma_1' - \sigma_3'}$.

$\sigma_2' = \sigma_3'$이므로 $b = 0$, $\theta = -30°$이다. $\Delta\sigma_2' = \Delta\sigma_3' = 0$이고, $\Delta\sigma_1'$은 증가(+)하므로 Π-평면에서의 응력

경로는 $\sigma_1{}'$ 축 상에 위치함을 알 수 있다.

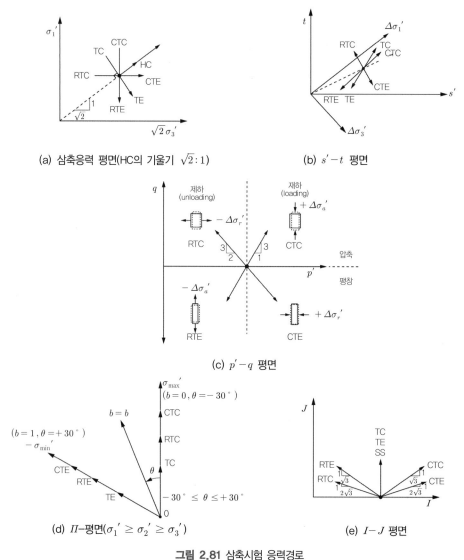

(a) 삼축응력 평면(HC의 기울기 $\sqrt{2}:1$)

(b) $s'-t$ 평면

(c) $p'-q$ 평면

(d) Π–평면($\sigma_1{}' \geq \sigma_2{}' \geq \sigma_3{}'$)

(e) $I-J$ 평면

그림 2.81 삼축시험 응력경로

② **표준 삼축인장시험(CTE**, conventional triaxial extension tests**)**

시험 조건: $\Delta\sigma_1{}' = 0$, $\Delta\sigma_2{}' = \Delta\sigma_3{}' = (+)$. $\sigma_1{}'$를 일정하게 두고, 구속응력 $\sigma_3{}'$을 증가시킨다. 응력경로는

- 삼축시험응력공간에서 $\Delta\sigma_1{}' = 0$이므로 $\sqrt{2}\,\sigma_3{}'$ 축을 따른다.

- $I-J$ 평면에서, $\Delta I = 2\Delta\sigma_2{}'$; $\Delta J = \Delta\sigma_2{}'/\sqrt{3}$, 따라서 $\Delta J = \Delta I/(2\sqrt{3})$

- 구속응력이 주응력이 되므로 $\sigma_1{}' = \sigma_r{}'$, $\sigma_2{}' = \sigma_3{}' = \sigma_a{}'$ 이다. Π–평면에서 $b = \dfrac{\sigma_r{}' - \sigma_r{}'}{\sigma_r{}' - \sigma_a{}'} = 0$, $\theta = +30°$

③ 수평응력 감소 삼축압축시험(RTC, reduced triaxial compression tests)

시험 조건 : $\Delta\sigma_1' = 0$, $\Delta\sigma_2' = \Delta\sigma_3' = (-)$, σ_1' 을 일정하게 유지하면서, 구속응력 σ_3' 을 감소시킨다.

- 삼축시험응력공간에서 $\sqrt{2}\,\sigma_3'$ 축과 평행한 $(-)$방향이다.
- $I - J$ 평면에서 $\Delta\sigma_2'(-)$, 즉 I 감소, $\Delta I = 2\Delta\sigma_2'$; $\Delta J = \Delta\sigma_2'/\sqrt{3}$
- Π-평면에서 $b = 0$, $\theta = -30\degree$ 응력경로는 σ_3' 축을 따르며, CTC와 같게 나타난다.

④ 축응력 감소 삼축인장시험(RTE, reduced triaxial extension tests)

시험 조건 : $\Delta\sigma_1' = (-)$, $\Delta\sigma_2' = \Delta\sigma_3' = 0$, σ_1' 감소(-), σ_2' 와 σ_3' 는 일정, 이 경우 σ_2', σ_3' 이 최대 주응력이 된다.

- 삼축시험 응력공간에서 σ_1 축과 평행하며, $(-)$방향이다.
- $I - J$ 평면에서 $\Delta J = -\Delta I/\sqrt{3}$
- Π-평면에서 $b = 1$, $\theta = +30\degree$

⑤ 삼축압축시험(TC, triaxial compression tests)

시험 조건 : $\Delta I = \Delta\sigma_1' + \Delta\sigma_2' + \Delta\sigma_3' = 0$이 되도록, $\Delta\sigma_1' = (+)$, $\Delta\sigma_2' = \Delta\sigma_3' = (-)$로 재하한다.
I_1이 일정한 값을 유지하면서, σ_1' 증가 σ_3' 을 감소시킨다.

- 삼축시험응력공간에서 $|\Delta\sigma_1(+)| = |2\Delta\sigma_3(-)|$
- $I - J$ 평면에서 $\Delta I = 0$, $\Delta J = \dfrac{\sqrt{3}}{2}\Delta\sigma_1'$
- Π-평면에서 $\theta = -30$, 응력경로는 σ_1' 축을 따른다(그림 2.76 c).

⑥ 삼축인장시험(TE, triaxial extension tests)

시험 조건 : $\Delta I = \Delta\sigma_1' + \Delta\sigma_2' + \Delta\sigma_3' = 0$이 되도록, $\Delta\sigma_1' = (-)$, $\Delta\sigma_2' = \Delta\sigma_3' = (+)$. I_1을 일정하게 유지하면서 σ_1' 은 감소, σ_3' 은 σ_1' 와 같은 크기로 증가시킨다.

- 삼축시험 응력공간에서 $|\Delta\sigma_1'(-)| = |2\Delta\sigma_3'(+)|$ 이므로 응력경로는 TC와 반대 방향이다.
- $I - J$ 평면에서 $\Delta I = 0$, $\Delta J = \dfrac{\sqrt{3}}{2}\Delta\sigma_1'$ 이므로 TC와 동일하다. Π-평면에서 $\theta = +30\degree$.

삼축시험은 지반시험법 중 가장 널리 사용되는 시험법이다. 용도가 다양하고 비교적 다양한 응력경로에 대한 거동을 조사할 기회를 제공한다. 하지만 응력상태를 Π-평면에 투사하면 응력경로가 서로 근접하거나 중첩된다. 일례로 **CTC와 TC의 응력경로가 삼축응력 평면과 I-J 평면에서는 구분되어 나타나나, Π-평면에서는 동일한 축에 나타난다. 마찬가지로 CTE와 TE의 응력경로는 삼축응력 평면과 I-J 평면에서는 구분되어 나타나나, Π-평면에서는 동일한 축에 위치한다.** 이는 주응력 조건($\sigma_2' = \sigma_3'$)에 따른 한계이다. 따라서 항복특성과 같은 일반화된 소성거동을 연구하는 경우, **삼축시험의 응력경로가 3차원 응력공간을 충분히 고려하지 못하므로 거동 등의 일반화에 주의가 필요하다**(제5장 소성론 참조). 삼축시험 결과를 $p'-q$ 관계로 정리하면 체적 및 전단거동을 고찰할 수 있다. 탄성계수를 비롯한 지반물성은 시험응력경로에 따라 다양하게 정의할 수 있다.

예제 삼축압축시험(TC, triaxial compression tests) 및 삼축인장시험(TE, triaxial extension tests)은 각각 $|\Delta\sigma_1'(+)|=|2\Delta\sigma_3'(-)|$ 및 $|\Delta\sigma_1'(-)|=|2\Delta\sigma_3'(+)|$ 의 조건으로 시험한다. 이 응력조건의 물리적 의미와 응력경로를 구해보자.

풀이 결론적으로 이 응력조건은 비배수 탄성조건을 모사하는 것이다. 흙 지반 시료가 탄성거동을 한다고 가정하면, 삼축시험이므로 $\epsilon_1=\epsilon_a$ 및 $\epsilon_3=\epsilon_2=\epsilon_r$, 또한 $\Delta\sigma_1'=\Delta\sigma_a'$ 이고 $\Delta\sigma_3'=\Delta\sigma_2'=\Delta\sigma_r'$ 이다. 탄성론에서

$$\epsilon_v=\epsilon_a+2\epsilon_r=\frac{1}{E}(1-2\nu)(\Delta\sigma_a'+2\Delta\sigma_r')$$

비배수전단(탄성)의 경우 $\epsilon_v\approx0$ 이다. $\nu\to0.5$ 이지만 정확히 0.5가 아니라면 다음이 성립한다.

$$\Delta\sigma_a'+2\Delta\sigma_r'=0$$

위 조건은 $\Delta\epsilon_v\approx0$ 인 비배수 탄성상태를 나타낸다. 이 경우 응력경로는 그림 2.82처럼 $s'-t$ 평면에서 기울기가 3인 직선으로 나타난다.

$$\frac{\Delta t}{\Delta s'}=\frac{(\Delta\sigma_a'-\Delta\sigma_r')/2}{(\Delta\sigma_a'+\Delta\sigma_r')/2}=\frac{3}{1}=3$$

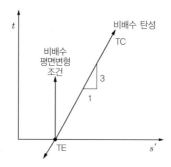

그림 2.82 비배수 탄성재료의 응력경로

반복삼축시험(cyclic triaxial test)

교번재하(alternating loads)를 통해 삼축시험으로 동적 반복하중에 의한 지반거동을 조사할 수 있다. 그림 2.83은 등방 및 이방 압밀 시료에 대하여 반복하중 시험의 Mohr 응력경로를 나타낸 것이다. 일정 구속응력상태(σ_c')에서 수직응력($\Delta\sigma_{fc}'$)의 재하(loading)-제하(unloading)를 반복한다.

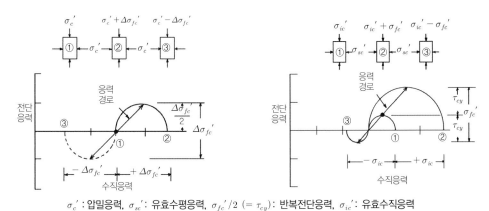

$\sigma_c{'}$: 압밀응력, $\sigma_{sc}{'}$: 유효수평응력, $\sigma_{fc}{'}/2\ (=\tau_{cy})$: 반복전단응력, $\sigma_{ic}{'}$: 유효수직응력

(a) 등방(isotropic)압밀시험   (b) 이방(anisotropic)압밀시험

그림 2.83 반복삼축시험의 Mohr 원

원통형 삼축시료 내 실제 응력분포

삼축응력 상태는 $\sigma_2{'}=\sigma_3{'}=\sigma_r{'}$ 이나, 재하판 단부 플레이트(거친 정도, 크기, 투수성), 시료를 싸고 있는 휨성 멤브레인, 필터 페이퍼의 특성 등에 의해 불균일 응력 및 변형이 발생한다. 시료의 축방향 변위 또한 시료축을 따라 일정치 않은 문제가 있다.

시료에 발생하는 응력 불균일의 가장 큰 원인은 단부 플레이트의 마찰 영향이다. 단부조건 영향에 대하여 탄성 이론을 이용한 많은 연구가 수행되었다. 그림 2.84는 단부의 횡방향 변위를 구속하지 않은 경우 탄성론에 의해 유도된 3축 시료의 단부응력의 이론해를 예시한 것이다. 지반재료의 소성특성으로 인해 실제 영향은 이보다 작을 수 있다.

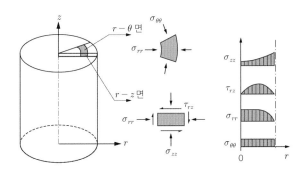

그림 2.84 삼축시료 단부에서의 응력분포

수치해석 등을 이용한 정밀해에 따르면 재료의 비선형 특성에 따라 영향 정도가 달라지며 취성재료 일수록 영향이 큰 것으로 나타났다. 이러한 지적은 삼축시험에서 시료나 시험 준비가 매우 중요하며, 시험결과를 평균 및 대표 개념으로 해석해야 함을 의미한다. 따라서 시험 수행 시 이러한 영향이 최소화되도록 유념하여야 한다.

2.7.7 입방체 시료의 삼축응력상태와 진삼축시험

원통형 시료의 삼축응력시험은 2방향 주응력의 제어가 가능하다. **삼축시험은 비교적 여러 응력경로를 표현할 수 있지만 중간 주응력을 제어할 수 없으므로 임의의 응력상태를 표현하는 데 한계가 있다.** 중간 주응력을 포함하는 3차원 응력상태를 모사하기 위해 진삼축시험법(true triaxial tests)이 고안되었다. $\sigma_1' \geq \sigma_2' \geq \sigma_3'$ 조건에서 진삼축 응력상태는 다음과 같다.

$$\{\sigma\} = \begin{bmatrix} \sigma_{xx}' & 0 & 0 \\ 0 & \sigma_{yy}' & 0 \\ 0 & 0 & \sigma_{zz}' \end{bmatrix} = \begin{bmatrix} \sigma_1' & 0 & 0 \\ 0 & \sigma_2' & 0 \\ 0 & 0 & \sigma_3' \end{bmatrix} \tag{2.144}$$

진삼축시험은 그림 2.85와 같이 입방체 시료를 사용하며, 강성, 연성 또는 이의 조합 경계면을 독립적으로 제어하여 시료면에 서로 다른 세 주응력을 재하한다. 이론적으로 σ_1', σ_2', σ_3' 및 ϵ_1, ϵ_2, ϵ_3를 독립적으로 제어할 수 있으므로 시료에 어떤 응력경로도 재현할 수 있는 이상적 시험법이다. 하지만 변형률 범위가 제한되고 **장비의 조작이 매우 복잡**하여 시료의 응력, 변형률 경계조건을 이론처럼 정교하게 재현하기 어려운 문제가 있다.

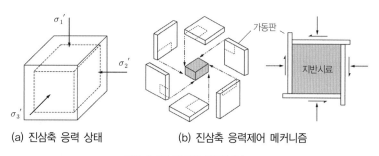

(a) 진삼축 응력 상태   (b) 진삼축 응력제어 메커니즘

그림 2.85 진삼축 응력시험

2.7.8 직접전단시험

직접전단시험(direct shear tests)은 시료에 전단력을 가하여 **미리 정해진 파괴면을 따라 전단**시키는 시험이다. 이 시험법은 가장 흔하게 사용하는 전단 시험법 중의 하나이지만, 응력상태에 의해 파괴면이 결정되는 것이 아니므로 지반의 일반적 전단거동 조사보다는 특정면에 대한 전단거동 조사에 적합하다.

(a) 재하조건   (b) 변형상태   (c) 응력경로

그림 2.86 직접전단시험

직접전단시험 vs 간접전단시험

직접전단은 시료를 구속한 상태에서 전단력 또는 비틂력을 가하여 정해진 면으로 전단파괴를 유도하는 시험을 말한다. 직접전단시험 그리고 링 전단시험이 여기에 해당한다. 이들 시험은 특정 면의 전단강도 조사에 유용하다.

반면에, 삼축시험과 같은 경우는 시료 내 발생하는 전단응력이 전단강도를 초과하는 면에서 전단파괴가 발생하는데, 이와 같이 파괴면이 정해지지 않은 전단파괴시험을 '간접전단시험'이라 할 수 있다. 다만, '간접전단'이라는 표현은 좀처럼 사용하지 않는다.

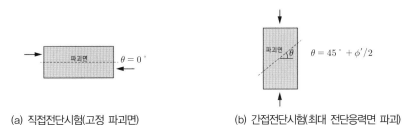

(a) 직접전단시험(고정 파괴면)　　　　　(b) 간접전단시험(최대 전단응력면 파괴)

그림 2.87 직접전단시험 vs 간접전단시험

직접전단 시 전단상자(shear box) 내 실제 전단면은 이론처럼 직선이 아니다. 시료의 변형은 특정 전단면이 아닌, 전단대(shear band)를 형성하면서 발생한다. 하지만 그림 2.88과 같이 수평전단면을 가정하여 평균 전단변형률($\gamma = \Delta s/h$)과 전단탄성계수($G = (\Delta \tau / \Delta s)\,h$)를 산정한다.

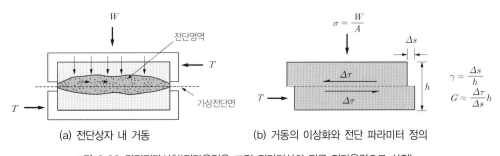

(a) 전단상자 내 거동　　　　　　(b) 거동의 이상화와 전단 파라미터 정의

그림 2.88 직접전단시험(전단응력은 고정 전단면상의 평균 전단응력으로 산정)

직접전단시험은 어떤 일정한 응력, 변형률 상태가 유지되는 시험이 아니다. 초기의 구속재하는 전단면에 위치하는 요소에 3차원 응력상태를 야기한다. 수직하중이 재하되면 전단상자의 상하면에서 최대 주응력이 작용한다(그림 2.89 a). 중간 및 최소 주응력은 전단상자의 측면에 작용할 것이다. 이 상태에서 전단하중을 가하면 요소에 전단응력이 발생하여 그림 2.89 (b)와 같이 주응력의 회전이 일어난다. 중간

주응력은 여전히 일정한 것으로 가정하는데, 이는 상자측면이 아주 매끄러운 경우에만 타당하다. **주응력의 회전은 파괴면의 방향을 변화시키며, 이에 따라 곡선파괴면 및 전단대(shear band)가 형성된다.**

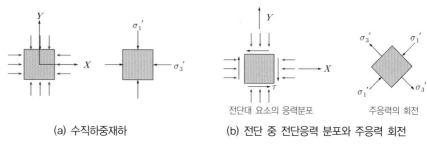

(a) 수직하중재하   (b) 전단 중 전단응력 분포와 주응력 회전

그림 2.89 직접전단 시험 시 전단파괴면에 위치하는 요소의 응력상태

직접전단 시험으로 얻은 응력-변형률 관계는 한 점에서의 응력상태 값이 아닌 시료 내 평균값이다. 이 시험은 매우 간단하며 **잔류강도 측정에 유용**하다. 하지만 배수조건 설정이 어렵고 시료 내 응력상태를 파악할 수 없는 단점이 있다.

직접전단 시험으로 최대 전단저항각(ϕ_p')을 얻기는 불가능하다. **대(大)변형 후의 잔류 전단저항각(ϕ_r')이 직접전단시험으로 얻을 수 있는 가장 이성적인(rational) 지반 파라미터이다.** 잔류상태에 도달하려면 상당한 변형률이 진전되어야 한다.

2.7.9 순수전단 변형률 상태와 단순전단시험

그림 2.90에 단순전단(direct simple shear) 상태, 순수전단(pure shear) 상태, 그리고 직접전단(direct shear) 상태를 비교하였다. 빗금부분은 시료 내에서 전단으로 교란되는 영역이다. **직접전단은 전단영역이 파괴면 주위에 집중되나 단순전단은 시료 전체 영역이 전단상태에 놓인다.** 단순전단시험은 흙의 이론적 전단거동조사에 유용하며, 반복하중 하의 지반거동 조사에도 많이 사용한다. 단순전단시험은 직접전단시험을 개선한 시험법이나 시료 중앙에서 그림 2.90 (b)와 같이 순수전단 상태가 발생하는 문제가 있어 완전한 단순전단 상태를 구현하기 어렵다.

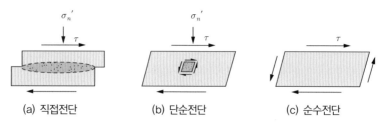

(a) 직접전단   (b) 단순전단   (c) 순수전단

그림 2.90 전단상태의 비교(음영 부분이 전단상태에 놓이는 영역)

그림 2.91은 순수전단 상태와 단순전단 상태의 변형 상태를 비교한 것이다.

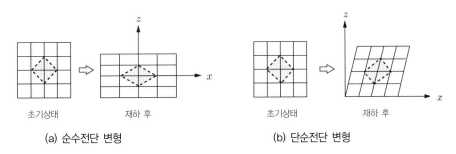

(a) 순수전단 변형   (b) 단순전단 변형

그림 2.91 순수전단 상태와 단순전단 상태의 변형

순수전단 응력상태

단순전단 시 시료 중앙에서 발생하는 순수전단 상태를 살펴보자. **'순수전단(pure shear) 상태'란 주응력이 제로인 상태에서 전단응력만 작용하는 응력상태이다.**

$$\{\sigma\}=\begin{bmatrix} 0 & \tau_{xy} & 0 \\ \tau_{yx} & 0 & 0 \\ 0 & 0 & 0 \end{bmatrix} \qquad (2.145)$$

순수전단 상태는 그림 2.92 (a)와 같이 평면변형조건에서 등방선형 거동의 요소에 같은 크기의 응력을 한 방향으로는 압축, 이에 직교하는 방향으로 인장을 가할 때 이 요소의 45° 평면에서 발생한다. 만일 요소의 축을 45° 회전하여 x'-y' 축이라 하면 이때의 응력성분은 그림 2.92 (b)와 같이 표시할 수 있다.

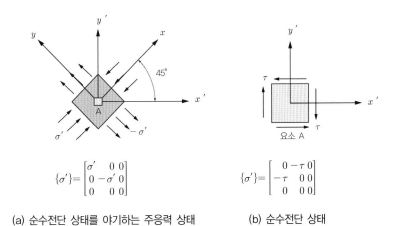

$$\{\sigma'\}=\begin{bmatrix} \sigma' & 0 & 0 \\ 0 & -\sigma' & 0 \\ 0 & 0 & 0 \end{bmatrix} \qquad \{\sigma'\}=\begin{bmatrix} 0 & -\tau & 0 \\ -\tau & 0 & 0 \\ 0 & 0 & 0 \end{bmatrix}$$

(a) 순수전단 상태를 야기하는 주응력 상태   (b) 순수전단 상태

그림 2.92 한 점에서의 순수전단응력

순수전단 상태에서는 체적변화가 없으며, 전단변형률만 존재한다. 순수전단 상태에서는 x'-방향으로 균등한 압축 변형률과 y'-방향으로 균등한 인장 변형률의 조합상태를 의미한다. 순수전단 상태의 변형률 텐서는 다음과 같이 표현된다. 그림 2.93은 순수전단 상태의 Mohr 원을 보인 것이다.

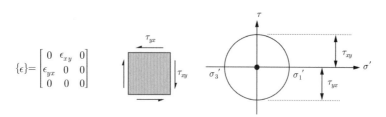

그림 2.93 순수전단(pure shear) 상태의 Mohr 원

단순전단 변형률 상태

단순전단 변형률 상태는 어떤 요소가 한 방향으로만 변형되는 평면변형률 상태로서 순수전단과 마찬가지로 체적변화가 없다(그림 2.94). **'단순전단 SS(simple shear)'이란 변형률 상태만을 정의하는 것이며, 응력상태를 정의하는 것은 아니다.**

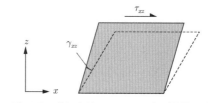

그림 2.94 단순전단(simple shear) 변형률 상태

삼축시험에서는 등방압과 축재하로 그림 2.95와 같이 **시료 내에 단순전단상태를 발생**시킬 수 있다.

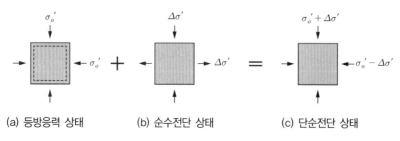

(a) 등방응력 상태   (b) 순수전단 상태   (c) 단순전단 상태

그림 2.95 단순전단 상태의 발생응력 상태

단순전단 상태(simple shear)의 응력경로를 Π-평면과 I-J 평면에 대하여 살펴보자. 그림 2.95에 대하여, 등방응력상태에서 $\sigma_2{}' =$ 일정$(\Delta\sigma_2{}' = 0)$, $\sigma_1{}'$, $\sigma_3{}'$ 은 각각 같은 크기로 증가 및 감소한다.

$$\Delta\sigma_1{}' = -\Delta\sigma_3{}'$$

$$b = \frac{\Delta\sigma_2{}' - \Delta\sigma_3{}'}{\Delta\sigma_1{}' - \Delta\sigma_3{}'} = 0.5,\ \theta = 0$$

$$\Delta J = \Delta\sigma_1,\ I = 일정\ (즉,\ \Delta I = 0)$$

단순전단(SS) 변형률 상태의 응력경로는 그림 2.96에 보인 바와 같이 편차응력축과 평행하다.

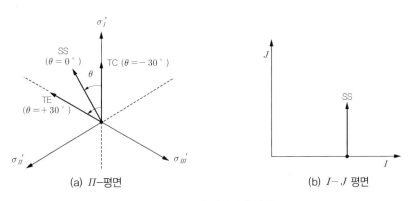

(a) Π-평면　　　　　　　　　　　(b) I-J 평면

그림 2.96 단순전단 상태의 응력경로

단순전단시험(simple shear tests)

직접전단시험(DSS, direct simple shear tests)의 문제점을 개선하려는 다양한 시도가 있어 왔다. **순수전단 상태는 이론적으로 특정 응력상태($\sigma_1{}' = -\sigma_3{}'$) 또는 단순전단 상태에 있는 시료의 내부에서 생성되는 응력상태**로서, 전단 변형률의 제어가 불가하므로 시험장치로 구현하기 어렵다. 이에 대한 대안으로서 단순전단 시험법이 개발되었다.

단순전단 시험장비는 크게 두 가지로 분류된다. **원통형 시료를 얇은 선으로 감은 형태의 NGI 타입과 모서리가 힌지로 구성된 입방체 시험상자를 이용하는 Roscoe 타입**이 있다. Roscoe는 입방체 시료를 사용함으로써 시료 내 발생하는 전단응력을 좀더 균등하게 할 수 있다고 생각하였다. 하지만 이 경우에도 전단 상자면과 시료 간에 발생하는 마찰력은 피하기 어려웠다. 균등한 변형률 조건은 상당히 큰 하중에서만 생성되며, 균등 변형률 조건이 균등응력 상태를 야기하는 것은 아니라는 사실도 확인되었다. Rosco 타입은 2방향 구속압을 가하여 전단을 가할 수 있는데, 이를 고려하여 이 시험법을 방향성 전단 셀 시험(directional shear cell tests)이라고도 한다.

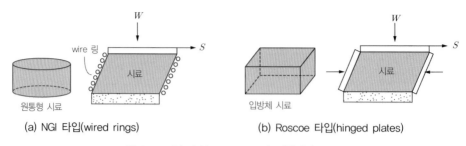

(a) NGI 타입(wired rings) (b) Roscoe 타입(hinged plates)

그림 2.97 단순전단(simple shear) 시험장치

단순전단시험은 이론적으로 직접전단시험을 개선한 것이다. 단순전단시험의 응력경로(그림 2.96)는 매우 제한적이나 실질적인 점진 전단파괴를 유도할 수 있어, 동일 조건의 흙에 대한 전단거동의 상대적 특성 조사에 유용하다. 전단변형률과 전단응력의 관계(그림 2.98)에서 전단탄성계수를 구할 수 있으며, 비배수 조건의 첨두(peak) 강도를 결정할 수 있다.

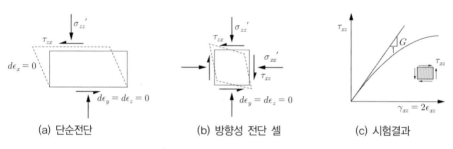

(a) 단순전단 (b) 방향성 전단 셀 (c) 시험결과

그림 2.98 시료의 변형과 전단탄성계수

반복 단순전단시험

반복 단순전단시험(cyclic simple shear tests)은 지반재료의 동적거동 조사를 위한 반복 재하시험에 유용하다. 그림 2.99와 같이 전단하중을 교번(alternating)으로 가함으로써 지반의 동적 거동을 재현할 수 있다.

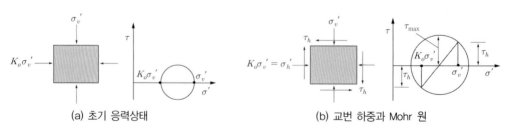

(a) 초기 응력상태 (b) 교번 하중과 Mohr 원

그림 2.99 반복 단순전단시험

단순전단시험 시료의 실제 응력분포

단순전단 시험장비는 단순함과 편리성 때문에 지반재료의 정적 전단거동을 연구하는 데 광범위하게 사용되어
왔다. 이 시험장치의 문제점 중의 하나는 시료 내에 수직응력이나 전단응력이 균등하게 형성되지 않는다는 것이
다. 응력의 불균등은 변형이 진전될수록 심화된다.

시료에 발생하는 응력분포는 탄성론을 이용한 St. Venant의 고정보(cantilever) 해석 또는 광탄성 해석
(photoelastic analysis)으로 조사할 수 있다. 그림 2.100에서 z-방향의 응력은 단부에서 단면 중앙으로 갈수록
급격히 증가하는 형상을 보인다. z-방향의 응력은 두 시료에서 큰 차이가 없다. x방향의 전단응력은 원통형 시
료가 더 균등하다. 지반재료는 아주 작은 변형에서도 소성거동을 나타내므로 실제 응력 불균형은 이론에서 고찰
한 것만큼 심각하지 않을 것으로 보인다.

단순전단 시험은 응력의 불균등뿐만 아니라 상하의 단부 플레이트의 마찰 영향도 무시하기 어렵다. 표면이 거
친 플레이트는 시료의 중심에서 원주방향으로 일어나는 변형률을 구속하게 된다.

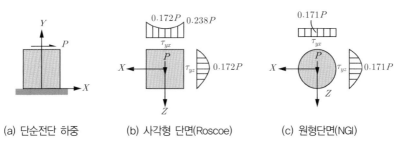

(a) 단순전단 하중   (b) 사각형 단면(Roscoe)   (c) 원형단면(NGI)

그림 2.100 단순전단시험의 시료 형상에 따른 응력분포 예

2.7.10 비틀전단시험(torsional direct shear device)

전단력 대신 비틀응력(torque)을 가하여 전단거동을 조사하는 비틀전단시험법도 개발되었다. 시료의
형상과 하중 재하 형태에 따라 그림 2.101과 같이 다양한 형태의 시험법이 제안되었다.

	원통 시료 (cylindrical solid)	중공(中空)원통 시료 (hollow cylinder)	원판시료 시료 (solid disc)	중공(中空)원판 시료 (annular disc)
시료 평면				
시료 측면		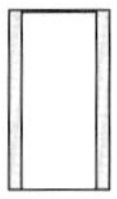		

그림 2.101 비틀전단 시험의 시료형태

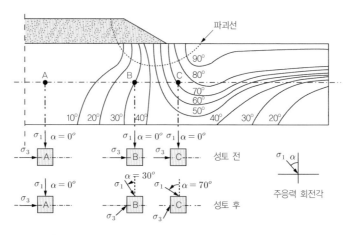

주응력 회전(rotation of principal stress)의 의미

지반역학에서 다루는 많은 문제들은 '주응력 방향'이 일정하게 유지된다고 가정한다. 그러나 실제 문제에서 응력의 변화는 주응력의 회전을 야기하는 경우가 흔하게 발생한다. 일례로 그림 2.102와 같이 성토제방 하부 지반의 응력변화를 살펴보자. 당초 수평지반에서 수직, 수평이었던 주응력 방향이 성토 때문에 성토부 모서리에서 응력이 변화하면서 주응력 방향이 회전하였다. 전단 파괴면은 주응력과 $(45 - \phi/2)$를 이루므로 주응력의 회전은 전단파괴면의 이동(위치 변화)을 야기한다. 이로부터 파괴면이 곡선으로 진행되어가는 과정이 설명될 수 있다.

그림 2.102 재하에 따른 성토제방 아래 지반요소의 주응력 회전

원통형 시료와 원판형 시료의 비틂전단 시험은 시료에 축 하중과 비틂 하중을 가하는 시험법이다. 이 시험의 전단응력은 시료의 외곽표면에서 최대, 시료 중앙에서 제로로 변화한다. 체적변형도 이에 상응하여 발생한다. 이러한 불균일 응력 및 변형률 상태는 이론적으로 다루기 어려우므로 원판 및 원통시료에 대한 비틂응력시험은 거의 사용하지 않는다.

중공원통(hollow cylinder) 시료의 비틂전단시험은 이런 단점 보완하기 위해 개발되었다. **시료의 가운데 부분을 제거하여 응력분포의 균일성을 유도**한 것이다. 또한 중공시료시험은 회전력(torque)에 의한 전단응력과 수직하중을 결합하여 **주응력방향을 의도적으로 변화시킬 수 있다**. 이들 시험은 고도의 장치 제어와 시료준비가 필요하므로 주로 연구목적으로 사용하여 왔다.

링(ring) 전단시험

링 전단시험(torsional ring shear tests)은 중공(中空) 원판형 시료(annular disc samples)를 사용한다. 시료 두께가 얇아지면 수직응력도 균등분포에 가까워진다. 이 시험은 대변형률 상태에 대한 잔류강도 (residual strength, 4장 참조)를 얻거나 큰 상대변형이 일어나는 **구조물과 지반 경계면의 전단특성 조사**

에 유용하다.

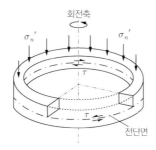

그림 2.103 링 전단시험(torsional ring shear test)

중공 원통시료 비틂전단시험

　중공 원통전단시험(hollow cylinder torsional shear tests)은 시료에 대한 비틂시험은 속이 빈 원통형 시료에 축방향 및 비틂전단의 조합응력을 가하는 시험이다. 시료는 기하학적으로 축대칭이며, 통상 시료의 내외 압력은 같게 한다. 이 시험법은 축($\sigma_{zz}{}'$), 비틂($\tau_{z\theta}$), 셀($\sigma_{rr}{}'$) 응력 제어가 가능하다. 특히, **축하중과 비틂 하중을 적절히 조합하여 주응력 방향을 의도적으로 설정할 수 있으므로 지반재료의 직교 이방성(cross anisotropic) 거동 조사에 유용하다.** 그림 2.104는 이 시험의 요소응력상태를 보인 것이다.

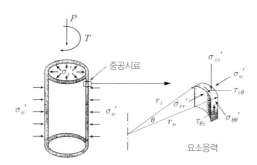

그림 2.104 중공 원통시료의 응력분포

　수직력이 P일 때 수직응력은

$$\sigma_{zz}{}' = \frac{P}{\pi(r_o^2 - r_i^2)}$$

(2.146)

　높이 h에서 θ만큼 회전(회전력, T)이 일어난 경우, 균등분포를 가정한 평균 전단응력은

$$\tau_{z\theta} = \frac{3T}{2\pi(r_o^3 - r_i^3)}$$

(2.147)

전단응력은 내경~외경 구간에서 선형 변화하므로 체적 평균개념을 고려한 전단응력은,

$$\tau_{z\theta} = \frac{3\,T(r_o^3 - r_i^3)}{2\pi\,(r_o^2 - r_i^2)(r_o^4 - r_i^4)} \tag{2.148}$$

또 반경(r)방향 및 접선(θ)방향 응력은 각각

$$\sigma_{rr}' = \frac{\sigma_i' + \sigma_o'}{2}, \quad \sigma_{\theta\theta}' = \frac{\sigma_o' r_o - \sigma_i' r_i}{r_o - r_i} \tag{2.149}$$

만일 $\sigma_i' = \sigma_o' = \sigma_{rr}' = \sigma_{\theta\theta}' = \sigma_2'$이면, 그림 2.105의 Mohr 원에서 다음이 성립한다.

$$\sigma_2' = \sigma_1' \sin^2\alpha + \sigma_3' \cos^2\alpha$$
$$b = \frac{\sigma_2' - \sigma_3'}{\sigma_1' - \sigma_3'} = \sin^2\alpha \tag{2.150}$$

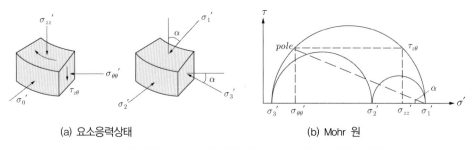

(a) 요소응력상태   (b) Mohr 원

그림 2.105 중공원통시료의 비틂 전단시험의 Mohr 원(α : 주응력 회전각)

이 시험에서 주응력 변화량($\Delta\sigma_1'$, $\Delta\sigma_3'$) 및 회전량(α)은 다음과 같이 구한다. α는 그림 2.106에서 z-θ평면에서 기울어진 각이다.

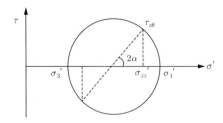

그림 2.106 주응력 회전과 Mohr 원

$$\Delta\sigma_1' = \frac{\Delta\sigma_{zz}' + \Delta\sigma_{\theta\theta}'}{2} + \sqrt{\frac{(\Delta\sigma_{zz}' - \Delta\sigma_{\theta\theta}')^2}{2} + \Delta\tau_{\theta z}^2} \tag{2.151}$$

$$\Delta\sigma_3{}' = \frac{\Delta\sigma_{zz}{}' + \Delta\sigma_{\theta\theta}{}'}{2} - \sqrt{\frac{(\Delta\sigma_{zz}{}' - \Delta\sigma_{\theta\theta}{}')^2}{2} + \Delta\tau_{\theta z}^2} \tag{2.152}$$

$$\frac{\tan 2\alpha}{2} = \frac{\Delta\tau_{\theta z}}{\Delta\sigma_{zz}{}' - \Delta\sigma_{\theta\theta}{}'} \tag{2.153}$$

최대, 최소 주응력은 각각 z-θ 면에 작용한다. 중간 주응력 $\sigma_2{}' = \sigma_{rr}{}'$ 이며, 이 값은 방향 변화 없이 항상 반경방향으로 유지된다. 만일 셀 내부 압력을 일정하게 유지하고 축 및 비틂 응력만 변화시키는 경우,

$$\frac{\tan 2\alpha}{2} = \frac{\Delta\tau_{\theta z}}{\Delta\sigma_{zz}{}'} \tag{2.154}$$

$K = \dfrac{\Delta\tau_{\theta z}}{\Delta\sigma_{zz}}$ 라 놓고, 이를 일정하게 유지하면 $\Delta\sigma_1{}' = \dfrac{\Delta\sigma_{zz}{}'}{2}(1 + \sqrt{2 + 4K^2})$, $\Delta\sigma_3{}' = \dfrac{\Delta\sigma_{zz}{}'}{2}(1 - \sqrt{2 + 4K^2})$, $\Delta\sigma_2{}' = 0$ 이다. 이 조건에서는 $\sigma_1{}'$, $\sigma_2{}'$, $\sigma_3{}'$ 의 작용 방향과 $\Delta\sigma_1{}'$, $\Delta\sigma_2{}'$, $\Delta\sigma_3{}'$ 의 비율도 일정하게 유지된다. 셀 내부의 응력이 축응력에 비례하여 변화하는 경우에도 위의 조건이 성립한다.

이 시험은 주응력의 크기 및 회전을 제어하여 근사적인 순수전단, 평면변형 조건도 재현할 수 있다. 시료 두께가 얇을수록 시료의 안과 밖의 압력이 같아지고, 전단응력분포도 균일하게 되어 시험의 신뢰성이 높아진다. 길이가 충분히 긴 시료를 사용하여 중앙부 거동을 조사하면 시료의 단부 영향(end effects)의 배제도 가능하다. 일반적으로 시료 길이, $l \geq 5.44\sqrt{r_o^2 - r_i^2}$ 이면서 $r_i/r_o \geq 0.65$ 인 조건을 만족하면 단부 영향을 무시할 수 있는 것으로 알려져 있다. 여기서 r_o 는 시료 외부반경, r_i 는 내부반경이다.

수직력과 회전력을 변화시켜 주응력 회전을 이용한 동적 반복재하시험도 가능하다(그림 2.107).

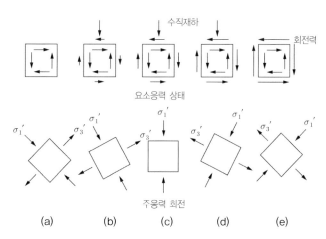

그림 2.107 중공원통 시험에서 반복하중의 구현에 따른 요소응력과 주응력 회전($z - \theta$평면)

그림 2.107 (a)는 일정 비틂응력을 받고 있는 상태, (b)는 (a) 상태에 수직응력과 비틂응력을 추가하여 주응력 회전이 일어난 경우, (c)는 외력을 계속 증가시켜 전단력이 서로 상쇄되어 최소 주응력이 '0'이 된 경우이다. 비틂응력을 계속 증가시키면서 수직응력을 감소시키면 (d)가 되며, 수직응력이 '0'이 되면 (e) 가 된다. 이런 과정을 반복함으로써 반복하중에 따른 **주응력의 회전을 모사**할 수 있다.

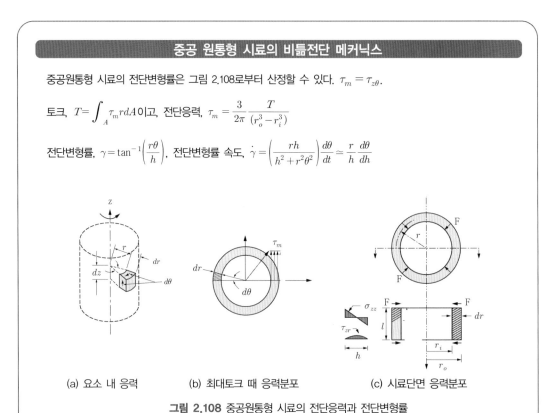

중공 원통형 시료의 비틂전단 메커닉스

중공원통형 시료의 전단변형률은 그림 2.108로부터 산정할 수 있다. $\tau_m = \tau_{z\theta}$.

토크, $T = \int_A \tau_m r dA$ 이고, 전단응력, $\tau_m = \dfrac{3}{2\pi} \dfrac{T}{(r_o^3 - r_i^3)}$

전단변형률, $\gamma = \tan^{-1}\left(\dfrac{r\theta}{h}\right)$, 전단변형률 속도, $\dot{\gamma} = \left(\dfrac{rh}{h^2 + r^2\theta^2}\right)\dfrac{d\theta}{dt} \simeq \dfrac{r}{h}\dfrac{d\theta}{dh}$

(a) 요소 내 응력   (b) 최대토크 때 응력분포   (c) 시료단면 응력분포

그림 2.108 중공원통형 시료의 전단응력과 전단변형률

2.7.11 지반시험법의 선정

대부분의 실내시험은 2자유도만 허용된다. **지반시험법 중 3자유도 변위제어가 가능한 시험은 진삼축 시험과 중공원통 비틂시험 정도이다.** 이 중 주응력의 회전, 즉 응력의 이방성을 연속적으로 제어할 수 있는 시험은 중공원통 비틂시험이다. 이방성의 원인은 재료의 내재적(inherent) 성상에 따른 이방성, 응력시스템이 야기(stress-system induced)하는 이방성, 그리고 이 둘의 조합(combined)을 들 수 있다. 시험조건에서 다루는 이방성은 응력의 이방성이다. 그림 2.109는 요소응력의 제어로 일어난 주응력의 회전을 예시한 것이다. 여기서 α, β, γ 는 주응력 회전각이다.

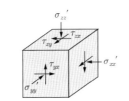
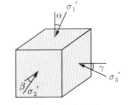

(a) 3차원 직교 좌표계의 응력   (b) 주응력과 주응력 회전

그림 2.109 응력좌표계와 파라미터 정의

표 2.3은 주요 시험법에 대하여 시험응력공간의 특성 및 적용범위를 정리한 것이다.

표 2.3 시험법에 따른 거동조사 능력 비교

시험장비		거동조사 능력			
		$\sigma'-\epsilon$ 거동	c', ϕ'	σ_2' 변화	이방성 거동 조사
삼축시험	표준삼축	Y(?)	Y(?)	N	N
	K_o–시험	Y	Y	$\alpha=0,\ 90^o$	
단순전단시험		N(?)	N	N	N(?)
평면변형시험		Y	Y	N	$\alpha=0,\ 90^o$
진삼축시험		Y	Y	Y	$\alpha=0,\ 90^o$
중공원통 비틂시험		Y	Y	$\alpha=0,\ 90^o$	

주) Y : 가능, N : 가능하지 않음, (?) : 불확실

그림 2.110은 각 시험법에 대한 응력공간과 주응력 조건을 요약한 것이다. 여기서 α는 주응력 회전각을 나타낸다.

시험법의 선정

시료시험은 지반재료의 구성방정식을 도출하거나, 설계 및 해석에 필요한 입력물성을 제공하기 위해 필요하다. 지반시료시험은 지반의 구성 방정식(지반 모델, constitutive model)을 조사하는 데 핵심적인 도구이다.

지반재료의 거동은 응력경로에 따라 달라지므로 시험결과가 내포하는 의미를 시험응력공간과 연계하여 판단해야 한다. 지반재료의 응력경로 의존적 특성 때문에 지반물성을 결정할 때, 원칙적으로 대상 문제의 응력경로를 구현할 수 있는 지반시험법을 사용하는 것이 공학적으로 타당하기 때문이다.

따라서 **설계 또는 해석에 필요한 지반물성은 원칙적으로 대상지반에서 예상되는 실제 응력경로와 동일한 응력경로의 시험법을 선택하려는 노력이 필요하다.** 하지만, 하나의 연속된 파괴면에서도 위치마다 응력경로가 달라지며, 동시에 여러 형태의 파괴조건이 발생할 수도 있음도 알고 있어야 한다.

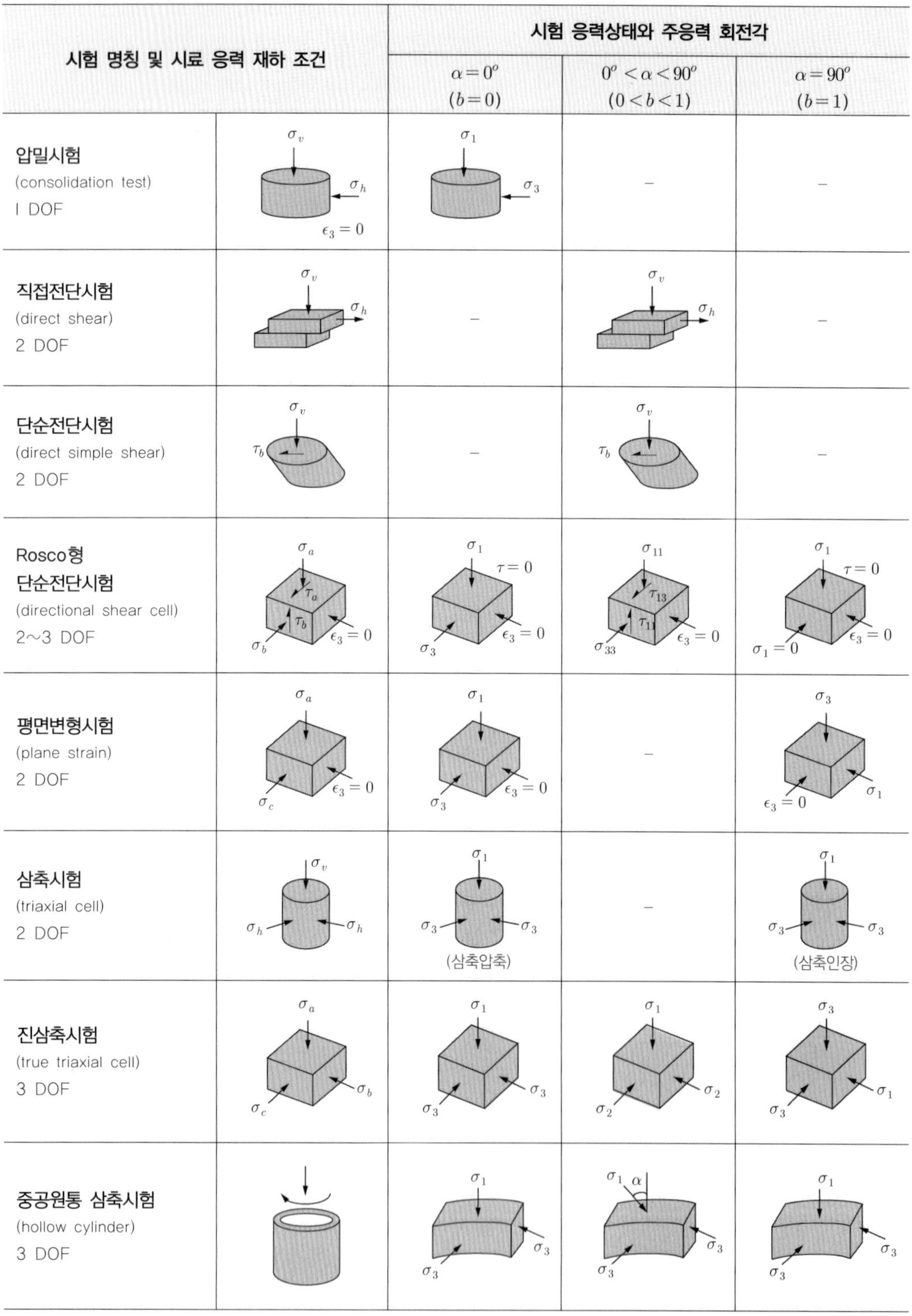

시험 명칭 및 시료 응력 재하 조건	시험 응력상태와 주응력 회전각		
	$\alpha = 0^o$ $(b=0)$	$0^o < \alpha < 90^o$ $(0 < b < 1)$	$\alpha = 90^o$ $(b=1)$
압밀시험 (consolidation test) 1 DOF			–	–
직접전단시험 (direct shear) 2 DOF		–		–
단순전단시험 (direct simple shear) 2 DOF		–		–
Rosco형 단순전단시험 (directional shear cell) 2~3 DOF				
평면변형시험 (plane strain) 2 DOF			–	
삼축시험 (triaxial cell) 2 DOF		(삼축압축)	–	(삼축인장)
진삼축시험 (true triaxial cell) 3 DOF				
중공원통 삼축시험 (hollow cylinder) 3 DOF				

그림 2.110 시험법에 따른 전단모드(after Porovic, 1995)

이상에서 살펴본 지반시험법의 특성을 앞 절에서 살펴본 지반의 거동특성 및 물성과 관련하여 생각하면, **지반물성은 현장지반의 초기응력상태와 건설로 인해 초래되는 응력경로를 실제 대로 모사하는 시험으로 결정하는 것이 타당할 것이다.**

그림 2.111에 보인 것처럼 지반시료의 **파괴응력경로는 구조물-지반 거동특성과 파괴면의 위치에 따라서 달라짐**을 고려하여야 한다. 일례로 그림 2.111 (a)의 제방 하부 지반은 파괴면을 따라 삼축압축, 직접전단, 삼축인장 파괴가 일어나므로 이 파괴면을 따른 전단강도는 각기 다른 시험으로 조사하는 것이 타당할 것이다.

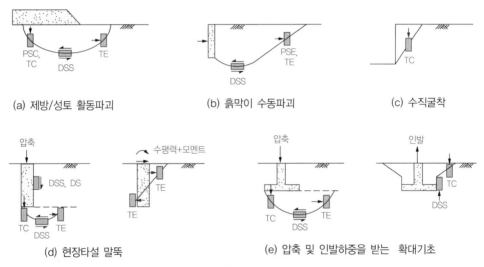

PSC(E) : plane strain compression(extension), DSS : direct simple shear,
TC(E) : triaxial compression(extension), DS : direct shear

그림 2.111 지반 파괴모드와 시험법의 응력경로

하지만, 파괴면의 위치마다 다른 시험법으로 얻은 파라미터가 제공된다 해도 구간마다 다른 물성을 사용하는 해석은 용이하지 않다. 그리고 실제 파괴는 주응력 회전이 일어나면서 점진파괴가 일어나므로 **파괴면의 지반요소가 모두 동시에 파괴상태에 도달하지도 않는다.**

따라서 **지반문제 해결을 위하여 물성을 파악하고자 할 때, 지배적인 거동, 혹은 가장 취약한(가장 비우호적인, most unfavorable) 거동을 파악할 수 있는 응력경로의 시험법을 통해 물성을 평가하는 것이 보수적 접근법**이라 할 수 있을 것이다(지반물성평가는 제2권 6장 지반파라미터의 평가 참조).

Chapter 03

지반의 상태정의

지반의 상태정의

생성이후 지질시대를 거쳐 현재까지 형성된 지반이력이 그 지반의 향후 역학적 거동특성을 결정한다. 따라서 지반의 과거 이력을 포함한 원지반의 물리적 상태(건설 작업이 이루어지기 전 상태)를 정의하는 것은 지반문제를 해결하는 데 가장 기본적이며, 맨 먼저 수행되어야 할 일이다. 지반의 현재 상태를 정의(identification)하는 것은 지반특성화(ground characterization)과정의 일부로서 지반 모델링을 위한 기초 작업이다. 지반 상태의 정의는 지질구조의 파악, 지층의 기하학적 경계, 지층별 물성, 초기 응력상태, 지하수 상태 등을 기술하는 것이다.

사회기반시설의 입지를 선정하는 경우, 타당성조사 단계에서 지반특성화에 앞서서 상위절차로서 부지의 지리학적 및 지형학적 적합성을 검토하여야 한다. 일례로 원자력 발전소, 공항, 댐과 같은 중요 구조물은 안정성 검토를 위해 입지선정 시 부지주변의 광범위한 지역에 대하여 과거 지진이력, 활단층 여부 같은 광역적인 지질구조(macro scale geological structure)를 평가하고, 지질정보를 토대로 향후 지질거동을 예측해야 한다. **광역 지질구조가 숲이라면 부지 지질구조는 나무에 해당할 것이다. 지반전문가는 숲과 나무 모두에 대한 균형 잡힌 지식이 필요하다.**

현재 지반공학의 수학적 모델링 수준은 '**알면 고려할 수 있다**'까지 발전하였다. 이는 **지반거동의 해석적 능력이 지반의 물리적 조사능력보다 앞서 있음**을 의미하는 것이다. 지반상태파악과 정의(defining)의 중요성이 여기에 있다. 지반의 상태와 관련하여 이 장에서 다룰 주요 내용은 다음과 같다.

- 지질작용과 지질(지층)구조
- 지질구조의 공학적 중요성
- 지반의 상태정의
- 지질구조와 지반상태의 변화
- 지반의 초기 응력
- 지하수 상태

3.1 지질작용과 지질구조

지질구조(geologic structure)란 지층의 특징적인 형상(shape)이나 조직(fabric)이 연속적으로 형성된 것을 말한다. 대부분의 거시 지질구조는 지각판의 운동에 의해 형성된다. 지각판의 수렴거동, 발산거동, 충돌, 열개(rifting), 주향 이동, 침강(subduction), 부유(buoyancy) 등이 대표적 지각판의 운동이다. 이 밖에도 조산운동(mountain forming) 및 조륙운동(land forming) 등의 지구작용도 지질구조를 변화시킨다.

실제로 **거의 모든 지질학적 구조는 직·간접적으로 지각판의 구조적 작용(tectonic activity)의 산물**인 판구조론적 구조(plate tectonic structure)라 할 수 있다. 그러나 퇴적암의 생성 또는 마그마 활동의 일부는 지각판의 거동과 무관하게 일어나는데, 이러한 지질구조를 생성적 지질구조(primary geologic structure), 또는 비(非) 판구조론적 지질구조(non-tectonic structure)라 한다. 비 판구조론적 지질구조는 지질학적으로 비교적 짧은 시간에 발생하며, 주로 퇴적암과 화성암에서 확인된다. 이러한 지질작용의 예는 중력, 물 흐름 및 바람의 영향에 따른 퇴적작용(depositional activity), 마그마의 관입작용(intrusive action), 외계 행성의 충돌(impact) 등이 있다.

3.1.1 판구조론과 거시지질구조

지질구조의 근본적인 이해를 위해 지구의 생성과 판구조 작용, 그리고 이로부터 형성된 초광역적 지질구조를 먼저 살펴보자. 지금부터 약 120억 년 전에 발생한 빅뱅(big bang) 이후, 별(star)들이 만들어지고, 붕괴되는 과정에서, 그 잔해들이 자체 중력에 의해 압축됨과 동시에 열과 방사능 작용으로 융합되어 약 46억 년 전 지구가 탄생하였다. 이후 다양한 지각변동과정을 거쳐 현재의 지구가 형성되었다. 장구한 역사의 지질작용(geologic actions)은 눈에 보이지도, 느껴지지도 않지만 지금도 계속되고 있다.

지진파 탐사(seismic survey)로 확인된 지구의 구성은 그림 3.1과 같이 지각(crusts), 맨틀(mantle), 외핵 그리고 내핵으로 구성된다. 지반공학의 관심영역인 지각은 대륙에서 25~90km, 해양에서 6~11km의 두께로 분포하며 지구 전체 부피의 1%, 전체질량의 0.5%에 불과하다.

판구조작용과 거시지질구조

판구조론(plate tectonic theory)에 따르면 지각은 몇 개의 판으로 구성되며(여기서 판(plate)은 lithosphere fragments), 각 판이 맨틀 대류(convection)에 의해 이동하며 서로 충돌한다. 지각활동의 하나인 지진과 화산은 맨틀대류와 판 경계의 충돌과 같은 지구내부 동적운동의 결과로서 나타나는 현상이다. 그림 3.2에 지각판 구성과 경계를 보였다. 화산활동이나 지진발생위치는 판의 경계를 따라 발생한다. 그림 3.3은 해양과 대륙의 지각판이 서로 충돌하는 수렴경계의 예를 보인 것이다. 충돌경계에서는 지각 일부가 섭입(침강, subduction)되거나 산이 높아지는 거시적 지질작용이 일어난다.

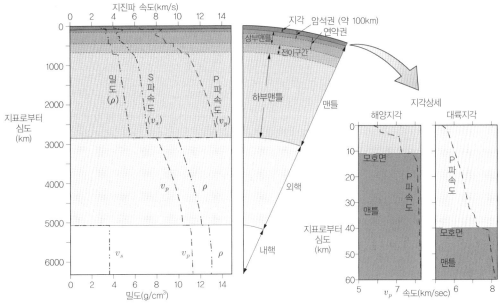

그림 3.1 지구의 구조와 물리적 특성

그림 3.2 지구의 판구조

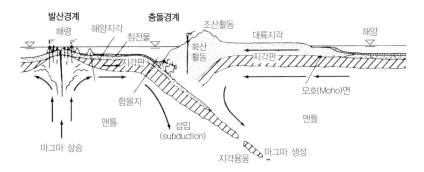

그림 3.3 지각판(plate)의 경계거동

지질작용과 지각물질의 순환

현재의 지질구조는 수억 년에 걸친 지질작용에 따른 지각운동, 암석의 순환, 그리고 화산 및 지진활동으로 **지층이 뒤틀리고 변형된 결과**이다.

판구조론을 통해 지각운동을 살펴보면, 지각판의 이동에 의해 지층에 가해지는 지배적인 힘은 수평력이다(그림 3.4 a). 지각 판이 수평력을 받으면 휘거나 파단되어 그림 3.4 (b)와 같이 불연속 지층구조가 생성된다. 지층이 **횡압력을 받아 휘어진 구조가 습곡(folds)**이며, **파단된 구조는 단층(faults) 이다.**

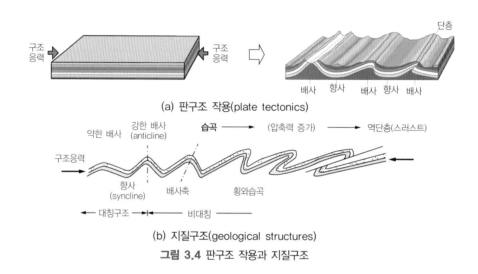

(a) 판구조 작용(plate tectonics)

(b) 지질구조(geological structures)

그림 3.4 판구조 작용과 지질구조

지각물질의 순환. 지각물질은 오랜 세월에 걸쳐 부단히 순환한다. 마그마의 대류와 화산활동 그리고 물, 바람, 빙하 등 지표작용(surface actions)에 의해 새로운 지각물질이 생성되고, 변화하며, 소멸한다. 그림 3.5는 지각의 주요 물질인 암석과 물의 순환과정을 보인 것이다. 현재상태의 암석은 생성기제에 따라 화성구조, 퇴적구조, 변성구조로 구분되며 **순환과정에서 물과 암석의 상호작용도 일어난다.**

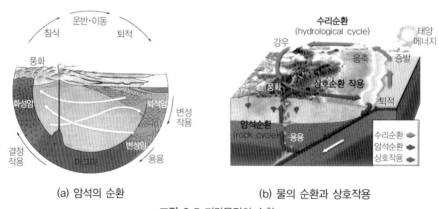

(a) 암석의 순환   (b) 물의 순환과 상호작용

그림 3.5 지각물질의 순환

예제 산사태, 사면붕괴 등의 사고는 장구한 세월에 걸친 지질학적 순환작용의 일부로서 이해할 수 있다. 이러한 자연현상에 대한 합리적 지반공학적 대응책은 무엇일지 논의해보자.

풀이 지질작용은 오랜 기간에 걸쳐 서서히 일어나며 그 규모는 부지 단위에서는 이해하기 어려울 정도로 크다. 광범위하거나 불가항력적인 지질작용(산사태 등)을 공학적으로 대응하는 데에 천문학적 비용이 소요되고, 순환하는 지질작용의 속성으로 볼 때 지속가능한 완벽한 대응도 불가능하다. 따라서 지구시스템의 지속가능성 관점에서 대안의 우선순위를 정하고 이를 이행하는 사회적 합의를 도출하는 일이 필요할 것이다.

대략 다음과 같은 3단계 전략적 접근을 생각해볼 수 있다. 첫째는 시설물이나 인간거주의 입지는 산지 등을 피하여 자연적 거대 지질작용의 진행과 상충되지 않도록 범위를 선정하는 것이다. 둘째는 기존입지 주변에서 부담이 되는 지질작용을 촉발하지 않도록 하는 개발상의 제약을 두는 것이며, 셋째로 수용 가능한 범위의 지반 공학적 대책을 수립하는 것이다.

3.1.2 화성작용과 화성구조

마그마는 대류 중에 흐름 저항력이 취약한 지질구조를 만나면, 그 틈을 관입하여 지표로 상승한다. 관입 마그마는 기존 암반과의 경계에서 온도차 때문에 관입 경계부가 먼저 굳게 되며, 경계부 마그마가 식으면, 다시 내부의 뜨거운 마그마가 밀고 올라가기 때문에 층상의 화성(火成, igneous)구조를 형성한다. 일반적으로 **마그마의 관입은 최소 주응력의 직각방향으로 일어나는데,** 이는 최소 주응력 방향으로 팽창 저항이 가장 작아 이에 수직한 방향으로 틈(균열)이 쉽게 열리기 때문이다(그림 3.6 a).

그림 3.6 (b)에 화성구조를 예시하였다. 비교적 지하 깊은 곳에서 굳은 화성암을 저반(底盤, batholith)이라 한다. 대체로 입자가 큰 심성암 구조(plutonic structure)를 보이며, 둥그런 형태의 거대한(직경이 수 km) 마그마 고결체로 나타난다. 병반(餅盤, laccolith)이란 관입체의 저면이 수평에 가까우나 상부형상이 돔 또는 아치 형태로 나타난 화성구조이다. 판상 마그마가 수직 또는 경사 형태로 관입하여 생성된 화성암 구조를 다이크(dike)라 하며, 기존의 지층과 평행하게 관입된 화성암 구조를 암상(巖床, sill)이라 한다. 포획암(xenolith)은 미처 녹지 못하고 마그마 속에 포함된 암석을 말한다.

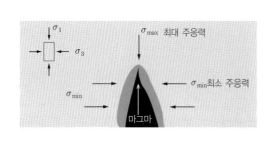

(a) 마그마의 관입 메커니즘

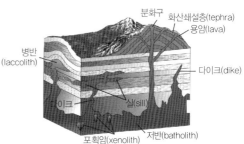

(b) 화성구조

그림 3.6 마그마 관입 메커니즘과 화성구조(plutonic structure)

마그마의 관입 메커니즘은 지반의 응력상태와 밀접한 관계가 있다. 다이크와 암상은 모두 판상관입(sheet-like intrusion)의 형태로서 **미리 존재하는 균열이 없는 경우 지반의 최소 주응력의 수직방향으로 발생한다.** 따라서 지층이 무거운 바위로 눌린 경우라면 지반의 최소 주응력의 수직인 연직방향에 가깝게 다이크가 형성될 것이다. 다이크는 지층의 수평팽창을 야기한다. 다이크 관입은 접촉면에서 소규모의 견인습곡(drag fold, 또는, 관입엽리(intrusion foliation)), 흐름 침식 전단면(scour mark) 등을 야기한다. 한편, **관입 지역의 지반 최소 주응력이 연직방향이라면, 이 경우 마그마 관입은 수평으로 발생하여** 암상(sill)을 형성하게 될 것이다. 암상은 지층의 수직팽창을 야기하므로 단층을 초래할 수 있다.

마그마는 식으면서 수축된다. 마그마가 지각 가까운 곳에서 고화되는 경우, 즉 지표 가까운 관입암이나 분출암은 대기와의 온도차에 따른 온도응력 때문에 쉽게 자연균열을 형성하게 되며, 이를 수축절리(shrinkage joints)라 한다. 수직으로 올라간 마그마는 관입축에 직각 방향으로 등온 특성을 나타내며, **열 발산이 가장 용이한 구조인 6각형 단면의 주상절리을 형성**하게 된다(e.g. 제주도 주상절리, Devil's Tower, USA ; Giant's Causeway, Ireland ; Massif Central, France).

NB : 관입파괴(균열)의 메커니즘은 하중 증가로 일어나는 전단파괴 메커니즘과 다르다(그림 3.7). 일례로 축하중 증가로 인한 전단파괴면은 최대 전단응력면인 수평면과 $(45 + \phi'/2)°$ 각을 이룬다. 반면, 관입파괴는 요소 내부 압력의 증가로 발생하므로 가장 밀어내기 쉬운 방향, 즉 최소 주응력에 수직한 면으로 파괴가 일어난다.

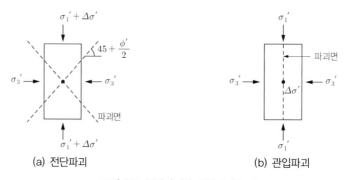

(a) 전단파괴 (b) 관입파괴

그림 3.7 전단파괴와 관입파괴의 비교

3.1.3 변성작용과 변성구조

지각판이 이동하면서 판 사이에 충돌이 일어나고, 지층이 압축, 인장, 휨, 고온 노출 등의 영향을 받아 고체지반의 광물구성(mineral assemblage)과 조직(texture)이 변화하는 지질학적 작용을 변성작용이라 한다(그림 3.8). **변성작용은 고체 상태에서 일어나므로 액체나 기체와 달리 초기 흔적을 유지하게 된다.** 변성작용은 주로 지각 판의 충돌 경계에서 일어나므로 변성구조는 지각의 충돌역사를 해독하는 열쇠가 될 수 있어 지각변동 작용 중 가장 복잡하고 흥미로운 분야이다. 변성구조로 부터 판구조의 이동이 적어도 20~30억 년 동안 진행되어 왔다는 사실이 확인되고 있다.

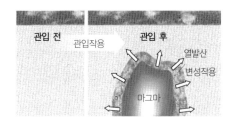

(a) 마그마 이동

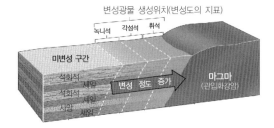

(b) 변성대의 예

그림 3.8 변성작용

변성작용은 온도 200℃ 이상, 수 킬로미터 두께의(약 12km) 지각 중량으로 인한 압력 상태에서 발생한다. 간극 속에 존재하는 CO_2, $NaCl$, $CaCl_2$ 등의 성분이 변성작용에 영향을 미치기도 한다. 변성작용이 야기하는 지질학적 거동은 다음과 같이 구분할 수 있다.

- 화학적 재결정(chemical recrystalization) : 고온에서 H_2O 및 CO_2 이탈로 광물조성 변화, 새로운 광물의 생성, 유사광물의 결합
- 기계적 변형(mechanical deformation) : 마모(grinding), 압쇄(crushing), 엽리화(foliation)

변성작용이 야기하는 가장 큰 물리적 특징은 엽리(foliation)구조이다. 엽리란 지각의 수평 압축거동에서 발생한 편차응력(differential stress) 때문에 광물구조가 판형(plate like) 또는 선형(linear)으로 재배치된 지질학적 결과이다. 편차응력을 받으면 그림 3.9 (a)와 같이 암석 구성입자가 나뭇잎 모양으로 변형되는데, 변성 초기 바늘모양의 단속적 **편리조직(schistosity)**에서 변성의 심화와 함께 연속적인 **편마조직(gneissity)**으로 변화된다. 변성암에서는 엽상화된 광물입자가 연속 배열된 선형구조가 흔히 발견된다. 그림 3.9 (b)는 엽리작용을 받은 암석 조직의 변성작용 전과 후를 비교한 것이다.

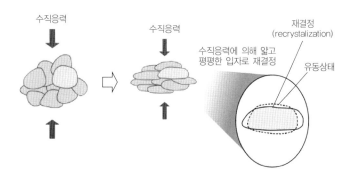

(a) 엽리 메커니즘 – 입자의 엽리화

그림 3.9 편차응력에 의한 엽리화 과정 – 계속

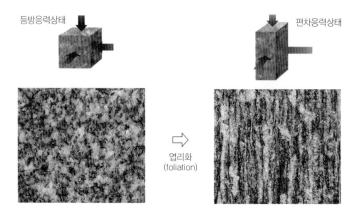

등방응력상태

편차응력상태

엽리화
(foliation)

(b) 엽리작용 전·후의 암석 조직구조

그림 3.9 편차응력에 의한 엽리화 과정

3.1.4 퇴적작용과 퇴적구조

퇴적작용은 중력에 의해 대체로 수평방향으로 넓게 일어난다. **수평으로 쌓인 지반재료의 경계, 또는 시기적으로 구분 가능한 퇴적 경계면을 층리**(層理, bedding)라 하며, 퇴적구조의 가장 중요한 특징이다. 색깔과 입자의 변화로 층리를 확인할 수 있다. 층리는 노출된 퇴적암 층에서 쉽게 눈에 띈다. 퇴적층의 층리는 주로 침식작용에 의해 드러나며, 절벽 면(cliff face, 예 : Grand Canyon)에서 흔히 발견된다. 층리를 구분하는 특징은 퇴적물의 종류와 퇴적환경이다. 퇴적층이 층리를 나타내는 이유는 다음과 같다.

- 일반적으로 중력 중심이 아래로 향하므로 박편(薄片, thin plate)입자의 넓은 면이 퇴적면과 평행하게 배치된다.
- 입자는 수리 동력학적 저항을 적게 받으려 하므로, 입자의 얇은 단면이 흐름에 평행한 방향으로 배치된다.
- 입자는 퇴적이 일어나는 동안 상부하중으로 인한 다짐작용을 받게 되는데, 힘을 분산시키려는 역학적 작용 때문에 입자의 넓은 면이 다짐하중에 수직한 방향으로 배치된다.

그림 3.10 퇴적구조의 예(퇴적암층과 쇄설성 퇴적층(detritus)의 층리)

3.2 지질구조의 공학적 이해

　지질구조(geological structure)가 공학적으로 중요한 이유는 지반거동을 지배하는 취약부가 될 수 있기 때문이다. 지질구조의 규모와 역학적 영향정도에 따라 주(主) 구조(major structures)와 경미한(부) 구조(minor structure)로 구분할 수 있다. 습곡, 단층, 절리 등이 대체로 주 구조에 해당하며, 주 구조는 지반거동에 지배적인 영향을 미칠 수 있으므로 공학적으로 중요하다.

　지반해석 시 지질구조를 고려할 것인가의 여부는 지질경계면의 역학적 특성이 **주변보다 취약한가의 여부**에 달려 있다. 취약한 지질경계면은 지반의 거동을 지배하므로 설계해석 시 공학적 영향을 고려해야 한다. 하지만, 같은 원인의 지질경계면도 생성 시기나 풍화상태에 따라 역학적 특성이 다르므로 취약여부는 시험과 관찰 그리고 경험을 동원해야 판단하여야 한다. 그림 3.11은 지질구조의 분류이다.

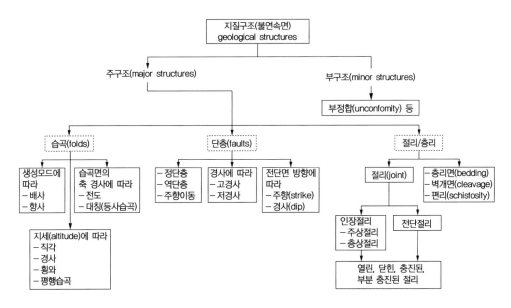

그림 3.11 지질구조의 분류

3.2.1 층리와 부정합

층리(bedding plane)

　층리(層理)는 퇴적층의 결을 나타내는 구조로서 형성된 시기(기간)간, 또는 퇴적물로서 구분되는 평면 지질구조이다(그림 3.10 퇴적구조 참조). 조직, 색깔, 구성 물질 등에 의해 구분되며, 상대변위가 없는 층리는 불연속면 관점에서 절리로 분류될 수 있다.

부정합(不整合, unconformity)

부정합은 물리적 불연속면이 아닌, 시간적으로 불연속적인 두 지층 사이의 관계를 말한다. 퇴적층 간 접촉면은 대체로 시간적으로 연속적이며, 큰 차이를 보이지 않는데, 이 경우의 접촉면을 정합면(conformable contact)이라 한다. 반면에 지층 상·하간에 상당한 시간적 차이(gap)가 있는 경우, 이때의 접촉면을 부정합면(unconformable contact), 또는 부정합(unconformity)이라 한다. 지층 간 시간적 차이를 **하이에이터스(hiatus)**라 한다(e.g. one million hiatus).

부정합은 부정합면의 기하학적 또는 물리적 구성특성에 따라 보통 3가지 유형으로 구분한다. 기존 암반면 위에 퇴적으로 형성된 퇴적 접촉면(depositional contact)은 **비정합(disconformity)**이라 하며, 퇴적 중단기간, 또는 침식기간을 나타낸다. 지층의 상대적 이동으로 발생한 균열면 위에 퇴적으로 형성되는 단층 접촉면(fault contact)은 **경사 부정합(angular unconformity)**이라 하며, 하부층이 단층변형을 받은 후 침식되고, 그 이후에 퇴적이 일어났음을 의미한다. 마그마가 기존 암반을 관입하여 생긴 관입 접촉면(intrusive contact)은 **난정합(nonconformity)**이라 하며, 기반암의 융기와 침식사실을 내포한다.

층리와 부정합

아래 그림은 퇴적 층리형성 후 지질작용에 의해 부정합이 생성되는 과정을 예시한 것이다.

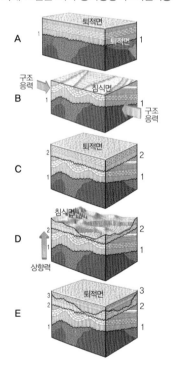

A. 오래된 화성암 및 변성암 위에 새로운 지층이 퇴적
부정합(unconformity) '1' 생성

B. 판구조작용(tectonic force)의 수평력의 증가로 지층 변형 발생
이후 표층 침식 발생. 부정합 '1' 변형 발생

C. 변형 후 침식된 지표에 새로운 퇴적층 생성
경사 부정합(angular unconformity) '2' 생성

D. 판구조 상향작용(uplift)에 의해 지층 상승
지층은 변형되지 않으나 새로운 지표 침식 발생

E. 침식된 지표에 새로운 퇴적 형성 변형이 일어난 것은 아님
비정합(disconformity) '3' 생성

(ᗢᗢᗢᗢ : 부정합)

NB : 부정합면은 지층 간 시간적 갭(gap)면이지만 재질차이로 물리적으로도 취약한 면이 될 수 있다. 일반적으로 부정합은 부구조로서 역학적 의미는 크지 않으나, 취약면(weak planes)인 경우 지반문제 해석 시 이의 영향이 고려되어야 한다.

3.2.2 습곡과 단층

습곡(fold)

지층이 횡압력(tectonic pressure)을 받아 휘어진 구조를 습곡(褶曲)이라 한다. 습곡은 연속구조이지만 휨 변형에 따른 층간분리가 일어나는 경우가 많다. 그림 3.12와 같이 **위로 볼록한 습곡구조(∩)를 배사(anticline), 아래로 볼록한 구조(∪)를 향사(syncline)**라 한다. 습곡은 연성지질구조(ductile)이나 지층이 횡압력을 견디지 못하고 파단이 일어나면 취성(brittle) 지질구조인 단층이 된다(그림 3.13).

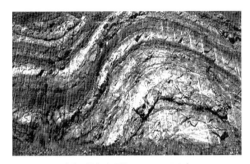
(a) 배사 습곡(anticline fold)

(b) 향사 습곡(syncline fold)

그림 3.12 습곡의 예

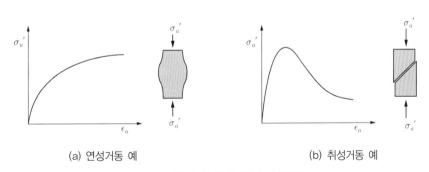

(a) 연성거동 예

(b) 취성거동 예

그림 3.13 연성거동과 취성거동

습곡의 발달 및 단층화 과정은 보의 주응력 이론을 이용하여 설명할 수 있다. 다음 그림 3.14 (a)와 같이 지층에 횡압력이 작용하면 지층 저면의 마찰력 때문에 횡압력에 약간 경사진 방향으로 최대 주응력 궤적이 발생하며, 최소 주응력 궤적은 이와 직교하는 방향으로 나타난다. 이로 인한 변형 및 전단파괴는 그림 3.14 (a)와 같이 점선을 따라 일어난다. 저면의 마찰력 때문에 주응력의 회전이 일어나며 이에 따라 파괴면은 곡선이 된다. 변형이 과대해 지면 파괴가 일어나 단층이 형성되는데, 이를 그림 3.14 (b)에 보였다.

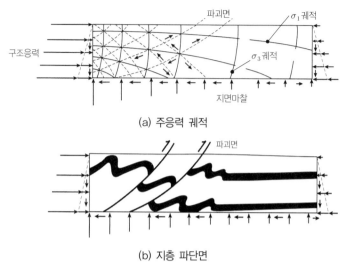

(a) 주응력 궤적

(b) 지층 파단면

그림 3.14 습곡과 단층생성 메커니즘

단층(faults)

대부분의 지반재료는 작은 변형률에서도 쉽게 소성변형(plastic deformation)을 나타내며, 강도를 초과할 경우 파단을 일으킨다. 단층(斷層, faults)은 지층이 횡압력, 장력, 중력 등을 받아 특정 부위에서 상대적 변형이 크게 발생하여 지층의 연속성이 어긋난(파단된) 지질구조이다(그림 3.15). 이 지질구조는 지층의 소성 습곡변형, 취성파단, 융기 및 침강 등의 지질작용 중에 발생하며, 일반적으로 오랜 시간 동안 진행되는 판구조론적 지각운동의 결과이다.

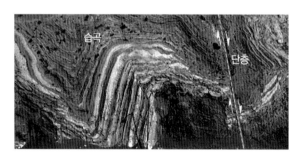

그림 3.15 습곡과 단층의 차이(습곡 : ductile 지층구조, 단층 : brittle 지층구조)

그림 3.16에 단층의 종류를 보였다. 단층면을 경계로 한 지층의 상대적 이동 위치에 따라 경사이동단층(dip- slip fault)과 주향이동단층(strike-slip fault)으로 구분한다(그림 3.16 c). 경사이동단층은 다시 횡압력의 작용에 따라 **정단층(normal fault)**과 **역단층(reverse fault)**으로 구분한다. 광산 터널(mine tunnel)에서는 랜턴을 다는 천장부(hanging wall)와 발을 딛게 되는 바닥부(footwall)로 단면상의 상대 위치를 구분하기도 한다(그림 3.16 d).

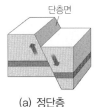 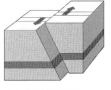

| (a) 정단층 | (b) 역단층 | (c) 주향이동단층 | (d) 단층의 표현(정단층) |

그림 3.16 단층의 종류

단층의 공학적 중요성

단층의 생성 메커니즘과 발생규모는 다음과 같이 구분한다.

- 정단층(normal fault) : 천장부가 아래로 이동한 경사이동단층(dip‑slip fault)을 말한다. 일반적으로 지각상부는 온도도 낮고, 구속압력도 적어 인장력을 받을 경우 쉽게 파단되는데, 이때 단층구조가 생성되기 쉽다. 정단층은 인장상태가 존재하였음을 의미한다. 대부분의 정단층은 규모가 작은 수 미터 수준이다.
- 역단층(reverse fault) : 역단층은 천장부가 위로 이동하는 경사이동단층이다. 압축 환경에서 발생하며 경사각이 45도 이상인 경우 역단층(reverse fault), **45도 이하인 경우 특별히 스러스트 단층**(thrust fault)이라고도 한다. 통상 대규모로 나타난다.
- 주향이동단층(strike-slip fault) : 대규모 주향이동단층을 변환단층(transform fault)이라고도 한다. 지각 판의 경계를 따라 수직한 방향으로 나타난다. 대표적인 것이 북미의 Juan de Fuca Plate이다.

단층이 발생한 얇은 단층면을 따라 충진물인 반죽상태(rock paste)의 **단층가우지(fault gouge)**가 채워진 경우가 많다. 상대변위가 진행되는 과정에서 매끈하게 닳아진 단층면을 **슬리컨사이드(slickenside)**라 한다. 이러한 특성 때문에 단층면은 역학적으로 취약한 경우가 많으며 **재하(loading) 시 전단면을 형성할 가능성이 매우 크다.** 단층면(또는 조인트)의 균열 틈에는 **열수(裂水, hydrothermal fissure water)** 때문에 광물이 퇴적되는 경우가 많다. 퇴적된 광물층을 **암맥(vein)**이라 하며, 암맥에서 발견되는 광물은 유용한 자원인 경우가 많다.

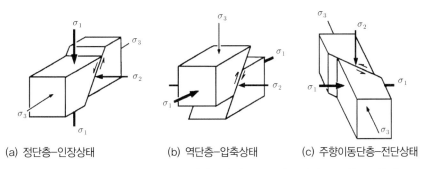

| (a) 정단층–인장상태 | (b) 역단층–압축상태 | (c) 주향이동단층–전단상태 |

그림 3.17 단층의 생성 메커니즘(σ_1 : 최대 주응력, σ_2 : 중간 주응력, σ_3 : 최소 주응력)

단층(fault)은 현저한 전단변형이 발생한 지질구조이다. 눈으로 관찰 가능한 규모의 불연속면이다. 상대변위가 없고 소규모 지질구조인 **절리(joints)와 구분**된다. 단층은 공학적으로 취약한 불안정한 지반구조를 야기하여 건설공사 시 기초의 지지력, 사면 안정, 터널 천단부 안정에 지대한 영향을 미칠 수 있다. **사업대상 부지가 단층을 포함하고 있다면 이의 기하학적, 역학적, 수리적 영향이 반드시 검토되어야 한다.** 대부분의 중요 구조물은 단층대를 피하도록 규정하고 있어 단층을 포함하는 부지는 입지 상 부적합한 부지인 경우가 많다. 단층은 지진으로 발생하기도 하지만, 이후 지진 시 변형거동이 집중되는 취약부이기도 하다.

예제 어떤 지반에서 단층으로 추정되는 불연속면이 발견되었다. 시추 조사를 통해 정단층인지 역단층인지 추정해보자.

풀이 정단층, 혹은 역단층 여부는 시추 조사 시 지층구성의 순서로 확인할 수 있다. 역단층은 지층의 상대이동에 의하여 단층부위에서 지층의 생성 연대가 역으로 나타날 수 있다. 그림 3.18과 같이 오래된 지층(B)이 최근 지층(A)보다 위에 위치하는 경우 역단층으로 볼 수 있다.

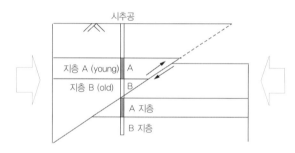

그림 3.18 역단층의 증거 예('young' 지층(A)이 'old' 지층(B) 아래 위치)

3.2.3 절리

절리(節理, joints)란 암반의 생성 시 온도수축이나 지각변동 과정에서 힘을 받아 나타나는 상대적 이동이 거의 없는 암석(반)의 갈라진 틈(균열)을 말한다(그림 3.19). 주로 인장파괴로 발생하며, 눈에 띄는 상대변위와 충진물이 없는(no shear displacement and unfilled) 암반상의 갈라진 면이다. 일반적으로 성인이나 특성에 관계없이 **상대변위가 거의 없는 암반 내 불연속면(intra block discontinuities)을 포괄적으로 절리라 칭하는 경우가 많다.** 이 경우 절리는 물리적 개념의 용어이므로 층리, 벽개(cleavage) 등 상대변위를 내포하지 않는 모든 지질, 광물학적 분리면도 절리라 할 수 있다.

2개 이상의 절리가 기하학적 상관성을 갖는 절리 그룹을 **조합절리(joint sets)**라 하며, 서로 평행하고 등 간격을 나타내는 조합절리를 **시스템 절리(system joints)**라 한다. **절리 불연속면은 일단 형성되면 사라지지 않으며, 암반의 구조적, 수리적 취약부가 되어 변형 및 흐름거동에 영향을 미친다.**

(a) 판상절리

(b) 주상절리(제주)

그림 3.19 절리의 예

절리의 원인과 발생 메커니즘

지질학적 개념(즉, 협의)의 절리는 일반적으로 생성 시 냉각에 따른 수축, 그리고 지각작용에 따른 인장응력이 인장강도를 초과할 때 발생하며, 주요 생성원인과 생성 예는 다음과 같이 정리할 수 있다.

- 암의 생성 시 온도변화에 따른 수축 및 팽창작용 : 주로 화성암의 절리
- 암반 내 하중, 지각운동에 따른 힘의 작용 : 주로 변성암, 퇴적암인 사암의 절리

심도가 얕은 관입 화성암 및 분출용암은 식을 때 온도수축이 일어나 지표에 수직방향으로 절리가 생성된다. 육각형 단면의 기둥형태인 주상절리(columnar joints)가 생성되는 이유는 이 구조가 냉각 수축 시 열 방출에 가장 효과적이기 때문인 것으로 알려져 있다.

대부분의 절리는 최소 주응력 σ_3' 에 수직한 방향으로 발생한 인장균열이다. 즉, 그림 3.20과 같이 절리면은 σ_1 축에 평행하다. 이는 관입작용에서도 살펴본 바와 같이 요소 내 내압이 작용할 때 구속력이 작은 방향(최소 주응력의 작용 방향)으로 틈(균열, crack)이 벌어지기 쉽기 때문이다. 간극유체의 지하수압, 오일압 및 가스압이 최소 주응력을 초과하는 경우 최소 주응력 방향과 수직한 방향으로 균열이 발생한다. 이 현상을 **수압할렬(割裂, hydraulic fracturing)**이라 한다.

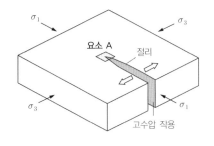

(a) 절리생성 방향

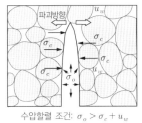

σ_c : 절리 접촉응력
u_w : 절리 내 수압
σ_o : 주입압력

수압할렬 조건: $\sigma_o > \sigma_c + u_w$

(b) 수압할렬 조건(요소 A)

그림 3.20 절리의 생성 방향(최소 주응력, σ_3 에 수직한 방향으로 균열 발생)

절리의 생성 메커니즘은 매우 다양하다. 그림 3.21 (a)는 상재하중이 제거된 자유면으로 수직팽창 (uplift)이 일어나, 수평절리가 발생되는 과정을 보인 것이다. 이 현상을 **포아슨 효과(Poisson's effect)**라고 도 한다. 그림 3.21 (b)는 수평퇴적층 위의 상재하중이 제거될 때 구속응력 해제 또는 응력감소로 층이 부 풀어 벗겨지는 (지붕제거)현상(unroofing)으로 절리가 생성되는 예를 보인 것이다. 이 작용을 **막효과 (membrane effect)**라고도 한다. 이들 현상은 기왕에 내재되었던 취약면이 하중제거 와 함께 팽창 확대되 어 절리로 드러난 경우이다.

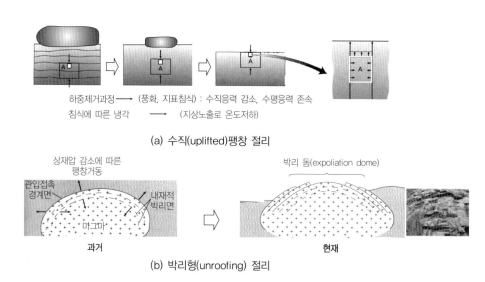

(a) 수직(uplifted)팽창 절리

(b) 박리형(unroofing) 절리

그림 3.21 수직팽창 절리와 박리형 절리의 생성 메커니즘

지질 불연속면의 요약

연속되지 않는 지질구조를 총칭하여 불연속면(discontinuities)이라 하며, 불연속면을 구성하는 지질 학적 요소를 정리하면 다음과 같다.

- 층리(bedding plane) : 퇴적암에서 퇴적물의 특성 차이로 발생하는 불연속면이다. 상대변형이 거의 없는 경우 층상절리(bedding joint)라 하며, 암석 형성 과정에서 발생한다.
- **벽개(cleavage) :** 주로 광물(화성암)이 일정한 방향으로 쪼개지는 특성으로, 층리와 무관하며 광물 구조 와 관련(규칙성)이 있다. 벽개면을 따라 생성된 균열이 상대변위가 없는 경우 벽개절리(cleavage joint)라 한다.
- 파쇄대(fracture-cleavage, fractured zone, crushed zone) : 암석이 파쇄 되고 세편화하여 일정 두께의 띠 모양으로 연속 분포하는 구조를 파쇄대라 하며, 단층과 같은 지각작용 시 생성된다.
- 심(seam) : 폭이 좁은 파쇄대에 얇은 점토질 흙이 채워져 있는 경우를 말한다. 파쇄대에 빗물이 스며들어 점토 함유 암석이 풍화되어 발생한다.
- 미세균열(fissure, fine cracks) : 무결암(intact rock)에 존재하는 내재적인 실금(균열)을 말하며, 암석 생성 시 수축력에 의해 발생한다.

- 엽리(foliation) : 변성작용 시 편압을 받아 판상 또는 연속된 광물의 띠로 형성된 선형 지질구조이다. 변성암에서 발견되는 엽리는 보통 나뭇잎처럼 넓은 모양의 구조를 보인다.
- 편리(schistocity) : 변성작용에서 나타나는 결정상 암석의 엽리를 말하며 엽리보다 얇은 바늘모양의 불연속 띠 형태로 나타난다. 광역 변성암에 주로 발달하는 좁은 간격의 불연속면이다.

예제 불연속면의 공학적 의미를 지반 모델링 관점에서 토론해보자.

풀이 암 지반이 기초로 사용되는 경우 수평방향 구속과 압축하중 때문에 불연속면은 역학적으로 큰 문제가 없을 수 있다. 하지만 터널 굴착과 같이 응력의 해제(release)가 일어나는 경우 지반거동은 절리면의 역학적 특성에 의해 지배되므로 설계해석 시 이를 고려할 때가 있다.

암반의 취약부인 절리면의 강도가 지배적인 영향을 미치는 경우 공학적 검토에 절리면의 영향을 반드시 포함하여야 한다. 특히 파쇄대, 심(seam), 충진물이 있는 불연속면은 역학적 취약면이므로 지반 모델링 시 고려해야 한다. 이 경우 구조물 또는 대상문제의 스케일과 하중작용 여건(방향 등)을 판단하여 역학적 고려수준을 결정해야 한다.

3.3 지질구조와 지반상태의 변화

3.3.1 풍화와 흙 지반의 형성

암석/암반이 물리 화학적 작용에 의해 풍화되어 흙이 된다. 흙 지반은 암 지반의 침식(erosion)으로 형성되며, 침식은 풍화(weathering)와 운반(transported)을 통해 일어난다. 풍화의 원인은 화학적인 원인과 물리적인 원인으로 구분할 수 있다. **화학적 원인**(chemical weathering)에는 용해(solution), 산화(oxidation), 환원(reduction), 수화(hydration), 가수분해(hydrolysis), 씻김(leaching), 양이온 교환(cation exchange) 등이다. **물리적 원인**(physical(mechanical) weathering)에는 하중감소(unloading), 재하(loading)로 인한 응력이완과 균열, 온도에 의한 수축팽창, 동결파쇄작용(frost shatter), 습윤(wetting) 및 건조(desiccations)작용, 증발작용(예, 암염(rock salt)은 지하수가 증발하면서 결정이 커짐), 식생(뿌리)작용 등이다. 운반은 지표작용(surface process)에 의해 일어나며 대표적인 지표작용은 흐름작용(fluvial action), 빙하작용(glacial actions), 기상변화(climatic variants), 해안작용(coastal processes) 및 바람작용(wind action) 등이다. 그림 3.22는 풍화와 침식과정을 보인 것이다.

풍화의 등급은 암반의 정의에 따라 다양하게 분류되고, 프로젝트(터널, 댐 등)에 따라 수정·적용되어 왔다. 기술적 의사소통(technical communication)을 위한 풍화도 구분을 표 3.1에 보였다. 일반적으로 암석조직, 굴착 용이성, 기초(foundation)재료로서의 활용성 등을 고려하여 6등급으로 구분한다.

(a) 모암과 내재 절리	(b) 풍화(weathering)	(c) 침식운반 후(잔류지반)

그림 3.22 풍화와 운반작용의 순환

표 3.1 암반 풍화의 구분(ISRM)

등급 (grade)	분류 (description)	암석조직 (lithology)	굴착방법 (excavation)	구조물 기초(foundation) 로서의 적정성
VI	흙(soil)	모암구조 없음. 유기물함유	인력	부적합
V	완전 풍화(풍화토) (completely weathered)	풍화토, 일부 모암조직 포함	장비굴착 (scrape)	지반시험으로 판단
IV	심한 풍화 (highly weathered)	부분적 풍화토, 흙>암 성향 핵석(corestone) 존재	장비굴착 (scrape)	변화가 커서 신뢰할 만하지 않음
III	보통 풍화 (moderately weathered)	부분적 풍화토, 암>흙 성향	착암(rip)	소규모 구조물 지지 가능
II	약간 풍화 (slightly weathered)	절리발달, 모암광물 포함	발파(blast)	대댐을 제외한, 대부분의 구조물 지지 가능
I	신선암(fresh rock)	불연속면이 거의 드러나지 않는 깨끗한 암석	발파(blast)	적합

NB : 일반적으로 무결암(intact rock)이란 육안으로 식별되는 균열이 없는 암석(rock)에 대한 표현이며, 절리
가 드러나 보이지 않는 암반(rock mass)에 대해서는 신선암(fresh rock)이란 표현을 많이 사용한다.

흙 지반의 생성

흙 지반은 생성된 위치에 따라, 풍화된 위치에서 이동 없이 생성된 잔적토, 그리고 이동하여 형성된 퇴
적토로 구분한다(그림 3.23). 풍화 잔적토에는 국부적으로 덜 풍화된 영역들이 존재할 수 있는데 이를 핵
석(core stone)이라 한다. 일반적으로 잔적토가 퇴적토보다 치밀한 결합조직을 가지므로 강성도 크다.

(a) 풍화 잔류토(residual soils)	(b) 퇴적토(sedimentary soils)

그림 3.23 생성위치에 따른 흙 지반의 구분

퇴적지반은 생성원인에 따라 **하천의 흐름작용으로 생성되는 충적층**(alluvium, river-deposited sediment), 중력에 의해 형성된 풍화암편의 쇄설물 퇴적층(colluvium), 빙하에 의해 생성된 빙설성 흙(till)으로 구분한다. 흙 지반은 일반적으로 통일분류법(MIT)에 따라 구분하며, 입자크기에 따른 분류는 다음과 같다.

- 점토 : 크기 2μm 이하의 점토 광물(kaolinite, illite, montmorillonite)
- 실트(silt) : 0.06~0.002mm 비 점착성(비 점토 광물) 입자
- 모래와 자갈 : 0.06~2mm 입자(모래와 자갈은 입자 지름에 따라)
  (통일분류 모래 : 0.07~4.755mm)
- 자갈(gravel) : 2~60mm, 잔자갈(pebble) : 4~60mm, 왕자갈(cobble) : 60~200mm
- 표력(boulder) : 200mm 이상

NB : 눈으로 확인 가능한 입자의 크기는 0.06mm 이상이다.

3.3.2 암 지반과 흙 지반의 경계

흙과 암 두 재료의 거동 차이는 채취시료에 대한 일축압축시험을 통해 극명하게 드러난다. 불연속면의 영향은 **시료 내 불연속면의 개수를 달리하는 지반시료에 대한 일련의 시험**을 통해 좀더 상세히 살펴볼 수 있다. 먼저 불연속면이 1개인 암석에 대하여 불연속면의 방향(β)을 달리하는 여러 시료에 대한 시험을 수행하면, 그림 3.24 (a)와 같이 파괴면과 불연속면이 일치하는 경우의 시료가 최소 강도를 나타낸다. 시료 내 불연속면의 수를 증가시킨 시료에 대하여 마찬가지 방법의 시험을 수행하면 파괴면과 불연속면이 일치하는 빈도가 늘어나므로 낮은 강도를 나타내는 경우도 점점 더 증가할 것이다(그림 3.24 b). 마침내 불연속면이 충분히 많아 암석블록이 통상적인 흙 입자 크기 수준으로 작아진 시료에 대하여 시험하면 이때 강도는 흙의 강도와 거의 같아질 것이다(그림 3.24 c).

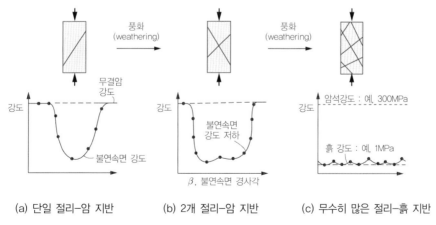

그림 3.24 불연속면과 지배역학(governing mechanics)

지반-구조물 시스템에서 불연속면이 거동을 지배하는가 여부는 **불연속면의 규모(간격)와 구조물의 상대적 크기에 따라 달라진다.** 따라서 흙 지반 역학과 암 지반 역학의 차이는 **'상대규모(relative scale)의 문제'**라 할 수 있다. 일반적으로 지반제체(ground mass)는 Macroscale, 지층(soil layer)은 Mesoscale, 그리고 입자(particles)수준의 크기는 Microscale이라 할 수 있다. 상대적 스케일이 중요하므로 Macroscale 거동을 예측하기 위해서 실험실의 Microscale의 시험을 수행하는 것은 심각한 오류가 될 수 있다.

그림 3.25 (a)에서 절리 간격(s)이 기초폭(B)에 비해 충분히 크다면 연속체 역학의 적용이 가능하다. 하지만 그림 3.25 (b)와 같이 s가 B와 크게 차이나지 않는 경우(암반블록 체)라면, 거동이 절리에 집중될 것이므로 블록 간 마찰 거동을 고려하는 해석이 필요하다. 만일 그림 3.25 (c)와 같이 s가 B에 비하여 현저히 작은 경우라면 입자체(particulate media)와 같이 연속체 개념으로 가정하여 다룰 수 있다.

(a) 무결암(연속체)   (b) 절리암반(블록제체)   (c) 지반(의사 연속체)

그림 3.25 지질구조와 구조물의 상대적 스케일의 고려

NB : 암 지반 여부의 판단은 상대규모(scale effect) 외에도 심도(depth effect), 응력상태, 지하수, 건설 공법 등을 종합 고려하여 프로젝트별로 판단하여야 한다. 일례로 터널의 경우 굴착주변은 응력의 이완으로 인장상태가 될 수 있다. 이 경우 작은 블록도 탈락될 수 있으므로 불연속 거동 여부는 상대적 크기뿐만 아니라 응력환경을 동시 고려하여 판단해야 한다.

규모의 상대성 문제(불연속면의 간격과 구조물의 상대적 크기)

지반을 연속체로 볼 것인지, 불연속체로 볼 것인지는 지반 모델링 시 매우 중요한 문제이다. 그림 3.26을 통해 **'상대 규모'**의 의미를 다시 고찰해보자. 암반에서 매우 작은 시료(A)부터 아주 큰 시료(D)를 채취하여 지반강도 시험을 실시하였다고 가정하자. 시료가 작은 경우 무결암(intact rock)으로만 구성된 시료는 매우 큰 강도를, 불연속면을 포함한 시료는 아주 작은 강도를 나타낼 것이다. 만일, 불연속면 측 시료를 점점 더 크게 취하면(A → B → C → D), 그림 3.26과 같이 무결암의 비율이 증가하므로 시료 규모와 함께 강도도 증가할 것이다. 반면 신선암 측 시료를 크게 취하면 불연속면을 더 많이 포함하게 되면서 강도는 감소하여 그림 3.26 (b)와 같이 시료의 크기가 어떤 규모가 되면 거의 일정한 값을 나타낼 것이다.

이 일정한 값은 무결암과 불연속면의 영향이 조합된 평균적 암반 강도라 할 수 있으며, 이 경계가 불연속 거동 여부의 경계가 된다. 실제로 이러한 방법으로 실험을 수행하기 용이하지 않으므로 정량적인 경계를 제시하기는 어렵다. 구조물이 불연속면의 간격보다 충분히 큰 경우에만 암 지반을 연속체로 가정할 수 있다.

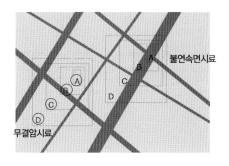

(a) 암반 내 채취 시료 크기

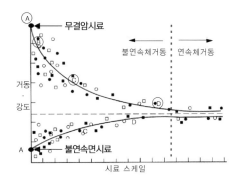

(b) 시료 크기(불연속면 포함 정도)에 따른 거동특성

그림 3.26 규모의 상대성

풍화토에서 풍화암에 이르는 구간은 불연속 암괴(block)의 규모와 구조물 또는 하중 영향 범위의 상대적 크기에 따라 연속체로도 불연속체로도 볼 수 있다. 구조물이 불연속면 간 간격의 수십, 수백 배 이상 충분히 큰 경우에는 풍화암이라도 연속체 거동의 가정이 가능할 것이다. 반면, 기초(foundation)가 작아서 암 블럭 두 세 개 정도에 걸쳐 있는 경우 지반거동은 불연속면에 집중될 것이다. 그림 3.27에 연속거동과 불연속 거동의 판단을 위한 기본개념을 예시하였다. 그림 3.27 (b)의 곡선 하부는 개념적으로 연속체 거동을 가정할 수 있는 구간이다. 풍화암 지반에서는 기초가 작을수록 연속체로 가정할 수 있는 영역도 감소한다.

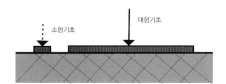

(a) 기초 규모와 불연속면 크기의 상대성

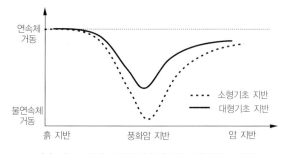

(b) 기초크기와 풍화불연속에 따른 지반거동 개념

그림 3.27 지반-구조물 상대특성에 따른 지반거동 특성

3.3.3 자연지반 상태

자연지반이란 인공적인 건설행위가 가해지지 않은 지반을 말한다. 흔히 접하는 자연지반은 상부(지표)가 흙이고, 이어 암반이 나타나는 분포를 보인다. 그림 3.28은 두 가지 형태의 자연 지반성상을 보인 것이다. 그림 3.28 (a)은 풍화 잔류토지반의 성상을 보인 것이며, 그림 3.28 (b)는 퇴적토 하부에 용암지반이 위치하는 백두산의 화산암 지반을 보인 것이다. 일반적으로 풍화 자연 지반은 흙 지반에서 암 지반으로 연속적으로 변화하므로, 정량적 경계를 정하기 어렵다.

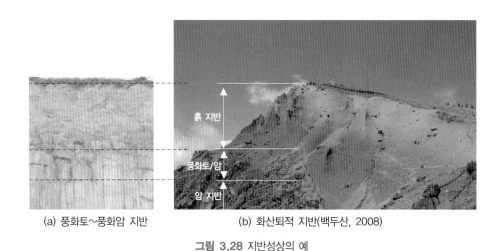

(a) 풍화토~풍화암 지반   (b) 화산퇴적 지반(백두산, 2008)

그림 3.28 지반성상의 예

공학적 관점에서 자연지반의 특징은 다음과 같이 요약할 수 있다.

- 지반의 구성상태가 위치마다 다르다(비균질).
- 지층의 변화는 특정 위치에서의 시추 조사, 그리고 지반의 극히 일부분인 채취 시료를 기초로 평가할 수밖에 없으므로 지층의 변화 형상을 정확히 판단하는 것은 거의 불가능하다.
- 대부분의 흙은 시료 채취 시 교란되며, 따라서 실내시험으로 얻은 거동은 현장 지반의 거동과 다를 수 있다.

자연지반의 이러한 특징은 지반상태를 파악하는 데 매우 조밀하고 상세하며, 광범위한 조사가 필요함을 의미한다. 하지만, 경제적·기술적 제약 때문에 일반적으로 대표 위치에서 점(point) 또는 선(line)조사만 가능하다. 게다가 채취시료는 극심한 응력변화 과정을 겪는다. 지반의 정보를 다 안다고 해서 해석에 반영할 수도 없으므로 상세한 조사가 문제를 다 해결해주는 것도 아니다. 따라서 조사에서는 **구조물의 중요도와 주어진 경제적 여건을 고려하여 지반의 공학적 거동을 지배하는 핵심 특성을 파악해야 한다.** 일반적으로 굴착공사가 시작되면 더 확실한 지반정보가 얻어지므로 지반 문제에 대한 해결책도 그에 상응하게 보완해 나가는 방법을 취하게 된다. 이와 같이 지반정보에 따른 설계의 수정보완은 계획단계부터 실제 공사가 진행되는 시공단계까지 계속된다.

그림 3.29 (a)는 지반의 성상에 비추어 시추공의 정보취득 한계, 그리고 시료시험의 규모(scale)문제를 예시한 것이다. 현장 시험이든 실내시료시험이든 물성파악을 위해 수행되는 시험은 대상부지의 극히 일부분에 해당되는 것으로 대표성을 확보하기 쉽지 않다.

그림 3.29 (b)는 시추하여 시료를 확보하는 과정에서 시료가 겪는 응력경로를 보인 것이다. 지반재료의 거동은 과거의 응력이력이 매우 중요한 인자인데, 실험도 수행하기 전 이미 상당한 응력이력과정을 겪음을 알 수 있다. 따라서 실제 시료상태는 원지반의 시료와 상당히 다를 수도 있다.

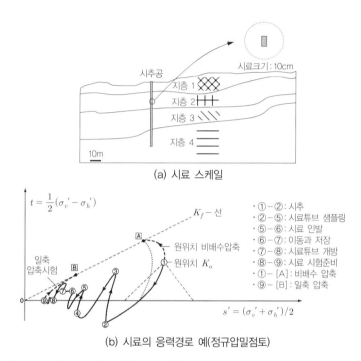

(a) 시료 스케일

(b) 시료의 응력경로 예(정규압밀점토)

그림 3.29 시추조사와 시료시험의 규모(삼축시료, NX, after Ladd and DeGroot, 2003)

지형과 지질

일반적으로 **지리와 지형(geography & geomorpology), 지질(geology)은 프로젝트의 입지조건으로서, 지반 공학적 사안보다 상위개념이며 타당성 조사단계에서 검토된다.** 지형과 지질구조(geological structure)가 프로젝트 요구 조건을 만족하지 못하면 그 지반에 해당 시설을 건설할 수 없게 된다. 하지만, 대체 부지를 얻을 수 없다면 지형이나 지질구조상의 문제를 공학적으로 극복하는 지반 공학적 대안을 검토하게 될 것이다. 이는 지반개량(ground modification) 등의 추가적인 비용을 수반하게 된다.

도시화로 인해 입지선정의 제약이 많아지면서 지반 문제를 공학적으로 해결해야 할 필요성이 점점 더 증가하고 있다. 이와 함께 지질구조를 비롯한 지반상태 파악의 중요성도 커져 왔다. 지질구조상의 불리함이 조사 과정에서 확인되지 못했다면 공사 중 비용 증가의 리스크가 커지게 된다. 따라서 조사는 가용한 자원을 충분히 동원하여 불확실성과 리스크를 줄이는 방향으로 계획되어야 한다. 지질구조는 역학적으로 매우 중요한 고려사항이다. 일반적으로 **공학적으로 지질구조를 어떻게 고려할 것인가에 대한 주요 판단기준**은 다음 2가지이다.

- 연속체인가, 아니면 불연속체인가?
- 불연속 지질구조가 지반거동의 지배(취약)요인인가?

위 질문의 해답은 하중의 작용범위와 영향을 받는 지반 영역의 상대적 규모(relative scale problem)에 따라 달라질 수 있음을 유념해야 한다. 대상문제의 지반거동이 불연속면과 같은 지질구조에 집중될 것인지 아니면 지반거동이 연속적으로 일어날 것인지 판단하는 것이 중요하다. 지질구조가 지반거동의 지배요소로 판단된 경우라면 불연속면에 대한 상세조사가 필요하다.

지형(geomorpology)과 지질구조(geological structure)의 상관성도 중요하다. 지형은 지표면의 광역적 변화상태를 말한다. 지형은 지질구조를 지표로 드러낸 것이므로 지형과 지질구조는 밀접한 관계가 있다. 통상 불연속 지질 경계면이 역학적으로 취약한 거동을 보이기 쉽다. 지질구조는 수 킬로미터에 이르는 광역구조(macro scale)로, 또는 절리와 같이 암석 단위의 작은 규모(micro scale)로도 발견된다.

지반의 상태정의 요소

지반재료의 거동은 대체로 비가역적(non-conservative, permanently deformed)이며, 응력경로 의존적(stress history dependent)이다. 즉, 과거의 응력이력(stress history)이 앞으로의 거동에 영향을 미친다. 따라서 지반의 상태정의(characterization)는 지반의 향후 거동 예측에 중요하다. 지반상태의 파악 정도에 따라 지반문제에 대한 대처와 설계의 신뢰도가 크게 달라질 수 있다. 지반의 상태정의(geological characterization)에 필요한 요소는 다음과 같다.

- 지층구성(지층의 기하학적, 공간적 변화 상태)
- 지질구조(geological structure) : 단층, 층리, 엽리 등
- 기초물성 : 함수비, 비중, 단위 중량, 간극비, 압밀도, 상대밀도 등
- 초기응력과 응력이력(initial stress, stress history) : 지중정지 수직응력, 수평응력계수
- 역학적 특성(mechanical properties) : 강성, 강도 파라미터
- 수리상황과 수리특성(hydraulic properties) : 투수계수, 오염물의 유출 가능성
- 시간 의존적 거동특성(time dependent properties), 동적 거동특성 등

최근의 지반해석경향을 보면, 지반의 실제거동을 있는 그대로 모델링할 수 있는 수치해석법이 점점 더 중요해지고 있다. 따라서 지반 모델링은 기하학적 지형, 지질학적 구조, 지반(지층) 구성재료의 초기응력과 재료물성, 지하수 현황 등 제반 지반 정보를 필요로 한다.

3.4 지반의 상태정의

지각의 대부분은 암석이다. 지구적 관점에서 보면 지각을 구성하는 흙 지반 재료는 지구내부 물질과 비교할 때, 아주 예외적이고 부분적인 구성 물질이라 할 수 있다. 인류문명은 퇴적층이 깊게 발달한 4대 강 유역에서 발생하였고, 현재 인류가 거주 또는 경작하는 지역은 대부분 강의 하구나 주변이다.

지반공학에서 흙 지반이 중요하게 다루어지는 이유는 대부분의 건설 활동이 사람의 거주 지역 주변에서 이루어지고 있기 때문이다. 건물의 고층화, 지하공간의 개발 등에 따라 지반의 수직 관심범위도 흙부터 암까지 크게 증가하여, 미세 입자의 충적층(alluvial soils)부터 신선암(fresh rocks)까지 포함하게 되었다. 거동관점에서 지반을 분류하면 그림 3.30과 같다.

그림 3.30 거동 관점의 지반의 분류

예제 흙 지반 분류와 암 지반 분류의 차이를 따져보고, 서로 다른 이유를 논의해보자.

풀이 흙 지반의 변형거동은 입자구조(soil structure)의 연속된 변형에 의해 지배된다. 일반적으로 입자크기, 입도, 연경도(consistency), 조밀도 등이 물리적 성질을 지배하므로 이들 요소가 분류의 기준이 된다(예, 통일분류법). 반면, 암 지반은 암석과 불연속면, 지하수의 복합매질로서 변형이 불연속면에 집중되는 거동을 보인다. 따라서 암 지반의 분류는 암석, 불연속면, 지하수 상태를 종합 고려하는 방법으로 이루어진다. 결국 거동을 지배하는 요소가 무엇인가에 따라 지반분류인자와 분류방법이 달라짐을 알 수 있다.

3.4.1 암 지반의 상태정의

암석은 장구한 세월의 지질작용을 통해 생성과 소멸을 거듭한다. 그림 3.31은 암석의 윤회와 생성 원인에 따른 암석 분류를 보인 것이다(부록-암석 식별법 참조).

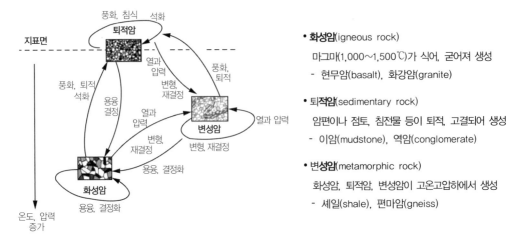

그림 3.31 암석의 순환

• 화성암(igneous rock)
　마그마(1,000~1,500℃)가 식어, 굳어져 생성
　- 현무암(basalt), 화강암(granite)

• 퇴적암(sedimentary rock)
　암편이나 점토, 침전물 등이 퇴적, 고결되어 생성
　- 이암(mudstone), 역암(conglomerate)

• 변성암(metamorphic rock)
　화성암, 퇴적암, 변성암이 고온고압하에서 생성
　- 셰일(shale), 편마암(gneiss)

　암 지반을 구성하는 요소는 암석, 불연속면, 지하수이다. 암석, 불연속면, 암반의 물리적 성질은 각기 다르다. 따라서 암반공학 문제의 해결을 위해서는 각 구성 요소의 거동을 개별적으로도, 상호작용 관점으로도 이해할 수 있어야 한다.

- 불연속면(discontinuities) 및 파쇄대(fractures)의 특성 : 간격, 빈도, 폭, 거칠기(조도) 등
- 암석, 무결암(intact rock)의 특성 : 강도, 강성, 절삭의 용이성(cutability) 등
- 암반(rock mass)의 특성 : 무결암과 불연속면 특성을 반영한 특성 – 강도, 강성

　그림 3.32에 암 지반의 구성 요소를 예시하였다. 암반의 강성과 강도는 구성암석의 강도와 불연속면의 역학적 특징에 영향을 받는다. 지반전문가의 관심은 암반의 종류나 성인보다는 역학적 특성에 있다. 또한 암 지반의 거동은 구조물의 규모와 불연속면의 간격에 따른 상대거동에 의해 지배된다.

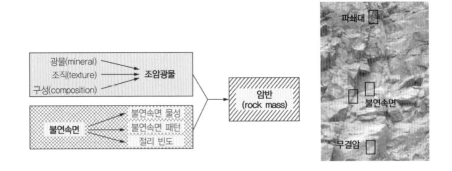

그림 3.32 암반의 구성 특성

불연속면의 스케일

불연속 지질구조는 역학적으로 취약하기 때문에 **중요한 지반공학적 위험 요소(geotechnical risks) 중의 하나로 관리되어야 한다.** 암 지반의 불연속면 체계는 일반적으로 그림 3.33과 같다. 검토 대상영역의 규모(scale)는 프로젝트의 규모와 영향 범위를 고려하여 결정한다.

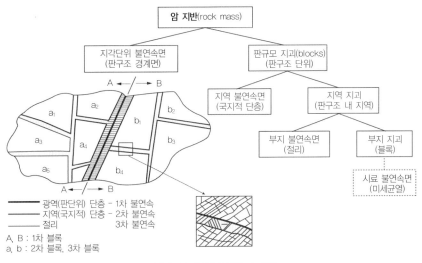

그림 3.33 불연속면의 스케일

불연속면에 대한 **공학적 의사소통**(technical communication)을 위해 불연속면의 정의가 필요하다. 불연속면의 정의 요소는 방향성(orientation), 연속성(continuity), 크기(length), 간격(spacing), 빈도(frequency), 거칠기(roughness), 굴곡도(curvature), 틈새(aperture), 충진 물질(gouge, filling material), 절리에서의 누수 여부 등이다. 그림 3.34에 불연속면의 길이에 따른 분리와 상태정의를 보였다. 일반적으로 결함(defects)은 길이 0.03m 이하의 미세균열, 절리(joints)는 길이 약 0.03~70m, 그 이상이면 취약부(weak zones)로 분류할 수 있다.

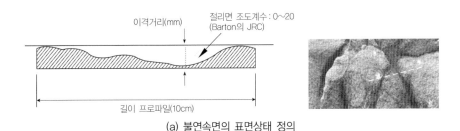

(a) 불연속면의 표면상태 정의

그림 3.34 불연속면의 구분과 상태 – 계속

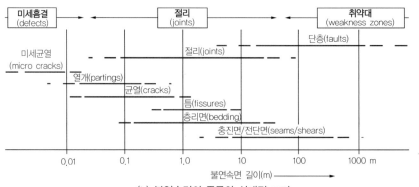

(b) 불연속면의 종류와 상대적 크기

그림 3.34 불연속면의 구분과 상태

암 지반 불연속면의 정의: 경사와 주향

암 지반의 불연속면은 기하학적으로 면(面) 지질구조(bedding, banding, joint, fault, fold 등)와 선(線) 지질구조(ripple crest, hinge line, lineation 등)로 구분할 수 있다. 불연속면의 기하학적 구조는 주향과 경사, 경사 방향으로 나타난다(그림 3.35).

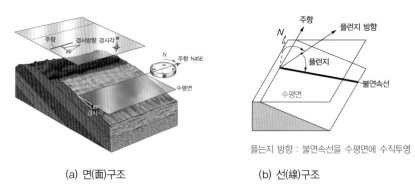

(a) 면(面)구조   (b) 선(線)구조

그림 3.35 불연속면(선)의 정의와 표기

주향(strike). 불연속면과 수평면의 교선 방향을 나타내며, 자북(그림 3.35)의 N, 나침반이 가리키는 북쪽)을 기준으로 0~360° 범위로 표시한다. 일예로 교선의 방향이 북동 방향으로 45°인 경우 주향은 N45E이다.

경사(dip). 불연속면의 최대 경사각도를 나타내며 수평면에서 아래 방향으로 이루어진 각도이다(그림 3.35 (a) 각도 β_d). 0~90 범위로 표시한다. 일례로 '60° SE'는 경사각이 60°이고, 경사 방향은 남동쪽(이때 주향은 N45E 등의 북동 방향)이다.

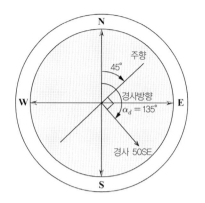 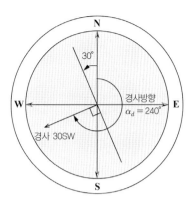

그림 3.36 불연속면의 표현(나침반 평면)

경사방향(dip direction 또는 dip azimuth). 경사(dip)를 수평면에 투사하여 **자북(N)에서 시계방향으로 잰 각도**를 말한다(그림 3.36에서 각도 α_d). 0~360 범위로 표시한다. 경사의 방향과 주향은 반드시 직각을 이룬다. 예로, 주향이 N45E인 경우의 경사방향은 90°+45°=135°(90°+주향), 주향이 N30W인 경우의 경사방향은 360°−30°−90°=240°이다.

불연속면(面), 불연속선(線)의 표시방법. 불연속면의 방향성은 '주향과 경사'로 표시(strike and dip)하는 경우와(e.g. 1 : N45E, 60°SE(또는 045/60SE), e.g. 2 : N30W, 50°SW(또는 030/50SW)) '경사방향/경사'로 표시(dip direction/dip= α_d/β_d)하는(e.g. 1 : N45E, 60°SE→135°/60°, e.g. 2 : N30W, 50°SW→240°/50°) 2가지 방법이 있다. **'경사방향/경사'** 표기법을 더 선호한다.

불연속선의 경우 자북과 불연속선의 수평면 투영선이 이루는 각을 '**트렌드(trend)**'라 하며, 불연속선을 수평면에 투영한 선의 방향을 **플런지 방향**, 플런지 방향이 불연속선과 이루는 경사각은 **플런지**(plunge, 경사)라 한다. 불연속선은 '**플런지-트렌드**'로 표시한다(그림 3.35 b).

불연속면의 입체투영(stereographic projection)

암반 불연속면의 표기와 공학적 안정성 분석을 위하여 3차원적 불연속구조를 2차원적으로 나타내는 **입체투영법(stereographic projection)**이 도입되었다. 스테레오 네트(stereo net)투영법이라 불리는 등각투영법(Wulff Net)이 주로 사용된다. 등각투영법은 그림 3.37과 같이 구의 중심을 지나는 불연속면이 구의 하반부 외주면과 만나는 점을 구의 중심평면(스테레오그램)에 투영하는 방법이다. **면(面)은 선(線)으로, 선(線)은 점(點)으로 투영된다.** 불연속면이 구의 외주면과 만나는 원호 궤적을 **대원(great circle)**이라 하며, 불연속면과 직각을 이루며 구의 중심을 지나는 선이 구외주면과 만나는 점은 **극점(polar)**이라 한다.

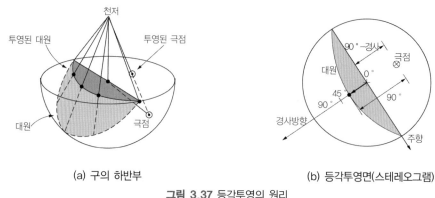

(a) 구의 하반부   (b) 등각투영면(스테레오그램)

그림 3.37 등각투영의 원리

그림 3.38과 같이 30-125인 습곡의 힌지(線구조), 그리고 층리(面구조)(113/35SE)의 지질도 표기와 입체투영 원리를 보였다. 선은 구(球)의 외주면과 한 점에서 만나기 때문에 선(線)구조의 투영은 스테레오그램에서 점으로 나타난다. 반면에 불연속면이 외주면과 만나는 궤적은 곡선이며 따라서 스테레오그램 투영면에 곡선으로 나타난다.

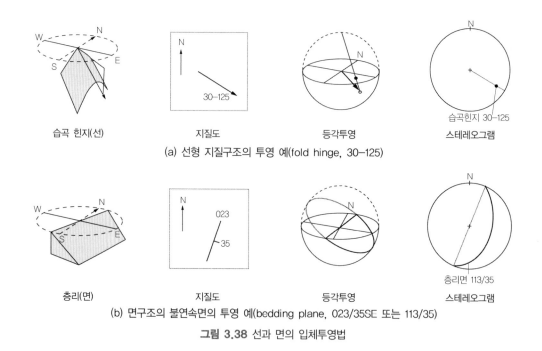

습곡 힌지(선)   지질도   등각투영   스테레오그램

(a) 선형 지질구조의 투영 예(fold hinge, 30–125)

층리(면)   지질도   등각투영   스테레오그램

(b) 면구조의 불연속면의 투영 예(bedding plane, 023/35SE 또는 113/35)

그림 3.38 선과 면의 입체투영법

예제 절리 060/30SE를 지질도와 투영도에 표기해보자.

풀이 주향 60도, 경사방향이 남동방향이며, 경사가 30도인 면이다. 지질도 및 스테레오그램에 다음과 같이 나타난다.

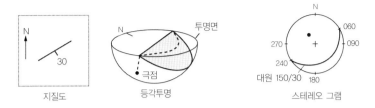

| 지질도 | 등각투명 | 스테레오 그램 |

암 지반의 원위치 상태정의 요소

암반의 상태는 시추 조사를 통하여 파악될 수 있다. 채취 샘플로 얻을 수 있는 가장 기초적인 정보는 RQD(Rock Quality Designation)와 TCR(Total Core Recovery)로서 각각 다음과 같이 정의한다.

$$RQD = \frac{\text{샘플링된 암석 코아 중 길이가 10cm 이상인 조각들의 합계 길이}}{\text{시추공에서 샘플링한 시추공 총 길이}} \times 100\%$$

$$TCR = \frac{\text{샘플링된 코아 중 암석부분의 총 길이}}{\text{시추공에서 샘플링한 시추공 총 길이}} \times 100\%$$

그림 3.39 (a)는 시추조사 결과로부터 RQD와 TCR의 산정 예를 보인 것이다. RQD는 암반의 절리상태를 나타내는 가장 흔히 사용하는 지표이다. 하지만 그림 3.39 (b)에 보인 바와 같이 RQD의 정의는 암반상태를 표현하는 데 한계가 있고, 또 시추공이 수직이 아닐 때 상당한 오류를 야기할 수 있다. 그림 3.39 (c)에 보인 바와 같은 단위체적당 절리 수(J_v) 혹은 블록체적(J_b) 등의 변수를 도입하면 RQD 보다 정확하게 암반을 정의할 수 있다. 하지만 이들 변수는 조사가 용이하지 않다.

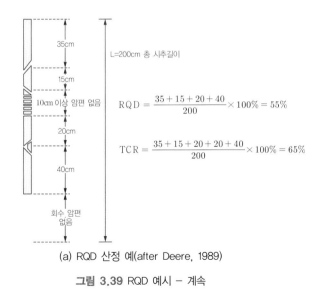

(a) RQD 산정 예(after Deere, 1989)

그림 3.39 RQD 예시 – 계속

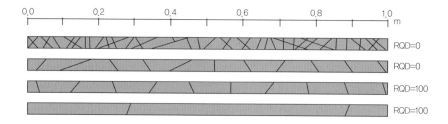

(b) RQD의 물리적 표현의 한계(RQD의 범위는 암반 전반설명을 포함하지 못함)

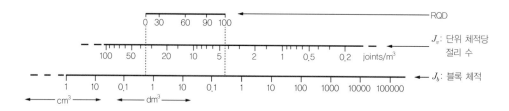

(c) RQD−단위체적당 절리 수(J_v, volumetric joint count)−블록체적(V_b, block volume) 상관관계

그림 3.39 RQD 한계와 암반상태 표현

암반의 물리적 상태는 기본물리 특성과 역학적 특성으로 구분하여 살펴볼 수 있다. 기본 물리 특성 (index properties)은 밀도(density, ρ), 비중(specific gravity, G_s), 단위중량(unit weight, γ), 간극률 (porosity, n) 또는 간극비(void ratio, e), 투수성(k), 초음파 속도, 열전도 계수, 마모 저항성(slaking durability, I_D), 경도(hardness) 등이다.

역학적 특성(mechanical, engineering properties)은 탄성계수, 변형계수(modulus of elasticity, deformability, E), 포아슨 비(Poisson's ratio, ν), 전단 저항각(angle of shearing resistance, ϕ'), 점착력 (cohesion, c'), 강도(strength), 무결암의 일축압축 강도(q) 등이다.

암석의 물성은 불연속면과 암석매질에서 현격한 차이가 있으므로 시료가 포함하는 지질구조에 따라 물성의 차이도 현저해질 것이다. 일반적으로 암석(rock)의 물성은 불연속면과 무관한 점 파라미터(point parameters) 개념으로 정의할 수 있는 반면에 암 지반(rock mass)의 특성은 불연속면의 영향이 포함된 체 적 파라미터(volume parameter) 개념이 보다 적절하다.

- **점 파라미터**(암석의 특성을 대표, 불연속면 영향 미포함) : 밀도, 간극률(암석 단위), 무결암의 점 하중강도, 절삭 저항도(cutability), 응력상태
- **체적 파라미터**(암반의 특성을 대표, 불연속면 영향 포함) : 변형계수, 간극률(암반 단위), 암반투수계수, RQD, 기타 암반 분류 지표

암반 불연속면의 분포 특성

암 지반의 거동을 결정하는 가장 중요한 요소는 불연속면이며, 이를 정량화하려는 많은 시도가 있어 왔다. 하지만, 암반 불연속면은 불규칙하고 성상 변화가 커서 특별한 경우가 아니면 개별 불연속면으로 다루기 쉽지 않다. 불연속면의 발생빈도를 암반(rock mass)의 거동 지수로 다루는 경우가 많으며, 그 대표적인 것이 RQD와 절리 간격의 상관관계이다. 그림 3.40은 임의의 채취선(sampling line)을 따른 불연속면을 나타낸 것이다. 길이 L인 채취선에 N개의 불연속면이 나타나는 경우, 불연속면 빈도(λ)와 평균 간격($\bar{s}$)은 각각 다음과 같다.

$$\text{빈도 } \lambda = \frac{N}{L}(\text{m}^{-1}), \text{ 평균간격 } \bar{s} = \frac{L}{N}(\text{m}) = \frac{1}{\lambda}(\text{m}) \tag{3.1}$$

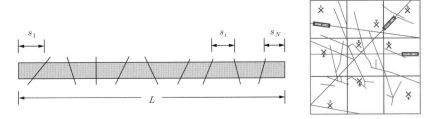

그림 3.40 샘플링 라인에 대한 불연속면 빈도의 계량화

경험과 통계에 따르면 암반의 절리 간격 s의 발생 확률밀도함수(probability density function)는 부(否)의 지수분포(negative exponential distribution)를 보인다. 즉, 절리 간격이 커지면 빈도는 지수적으로 감소한다. 그림 3.41에서 절리의 발생빈도(frequency of occurrence), $f(s)$는 다음과 같이 나타낼 수 있다.

$$f(s) = \lambda e^{-\lambda s} \tag{3.2}$$

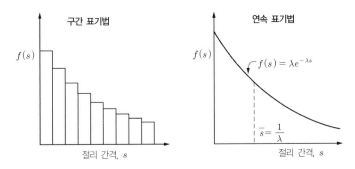

그림 3.41 절리 간격의 분포 특성

절리 간격을 이용하여 RQD($s_i \geq 0.1\text{m}$ 또는 4in(인치))를 표현하면,

$$\text{RQD} = 100 \sum_{i=1}^{N} \frac{s_i}{L}(\%) \tag{3.3}$$

그림 3.42에서 절리간격이 s와 $s+ds$ 사이일 확률은 $f(s)ds$이고, 이 구간의 절리 개수가 N일 경우 코어 조각의 총수는 $Nf(s)ds$이다.

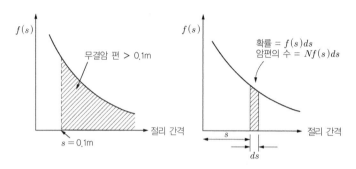

그림 3.42 시추시료 중 길이가 0.1m 이상인 무결암 시편의 분포

코어 조각의 총길이 $= \sum_{i=1}^{N} N s_i f(s)ds$, 길이가 0.1m 이상인 코어의 총 길이 $= \int_{s=0.1}^{s=\infty} Nsf(s)ds$

따라서 이론적 RQD*(%)는, $\text{RQD}^* = 100\frac{1}{L} \int_{s=0.1}^{s=\infty} Nsf(s)ds = 100\lambda \int_{s=0.1}^{s=\infty} sf(s)ds$

여기서 $\lambda = N/L$이다. s를 부(negative)의 지수분포로 가정하면,

$$\text{RQD}^* = 100\lambda^2 \int_{s=0.1}^{s=\infty} se^{-\lambda s}ds = 100(0.1\lambda + 1)e^{-0.1\lambda} \tag{3.4}$$

위 식들은 RQD를 산정하는 기준시편 길이(t)를 0.1m로 기준한 것이다. 시편의 길이를 일반화하기 위하여 좀 더 보편적인 0.1m 대신, 임의 길이 t를 도입하면, 다음과 같이 나타낼 수 있다.

$$\text{RQD}^* = 100(\lambda t + 1)e^{-\lambda t} \tag{3.5}$$

그림 3.43은 t 및 λ에 따른 RQD^* 특성을 보인 것이다. 필요에 따라 t 값을 달리 설정하여 활용할 수 있다.

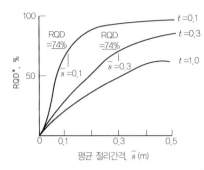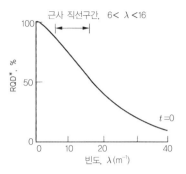

그림 3.43 RQD의 정의에 따른 평균 절리간격($\bar{s}$) 및 λ와의 관계(after Hudson and Harrison, 1997)

암반 분류

암반 분류는 암 지반에 대한 정보를 종합하여, 역학적 특성을 유형화하는 작업이다. **불연속면, 암석, 지하수가 중요 분류인자이다.** 불연속면을 정의하는 요소는 성인, 방향성, 거칠기, 간극, 충전물(충전물의 종류/폭), 간격, 연속성, 불연속면 군의 수, 블록의 크기 및 형상 등이다.

암석을 구분 짓는 요소는 암석(구성 광물)의 종류, 풍화도, 강도 등이다. 지하수 거동은 간극수압, 투수성, 불연속면 내 충진물에 영향을 받는다. 암반 분류는 공학적 용도에 따라 다양한 형태가 제시되었다. 표 3.2에 같이 프로젝트의 유형에 따라 공학적 경험과 사례들을 기초로 제시된 다양한 암반 분류법을 요약하였다.

표 3.2 암반 분류법

암반 분류체계	제안자	적용분야
암반하중(rock load)	Terzaghi(1946)	강지보 터널
자립시간(standup time)	Luuffer(1958)	터널
RQD(Rock Quality Designation)	Deere(1964)	시추조사, 터널
RSR(Rock Structure Rating)	Wickham et al.(1972)	터널
RMR(Rock Mass Rating)	Bieniawski et al.(1973)	광산, 터널
Q-system	Barton at al.(1974)	터널, 지하공간
Basic geotechnical description	ISRM	범용적 분류

3.4.2 흙 지반의 상태정의

지반의 종류에 따라 흙의 역학적 거동 특성이 달라진다. 같은 종류의 지반이라 하더라도 점토는 압밀 정도, 모래는 촘촘한 정도인 상대밀도에 따라 공학적 거동이 다르다. 흙 지반의 형성과정과 기본적 분류는 그림 3.44와 같다.

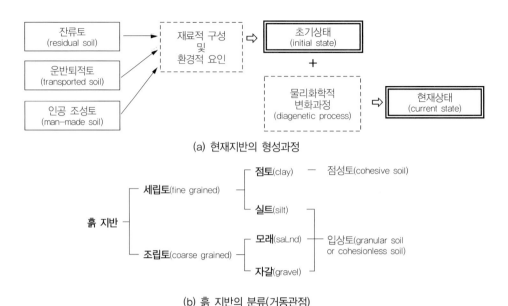

(a) 현재지반의 형성과정

(b) 흙 지반의 분류(거동관점)

그림 3.44 지반구조의 생성과 거동관점의 분류

상(phase) 관계

흙 지반의 가장 두드러진 성인상의 특징은 공기(기체), 물(액체) 그리고 흙 입자(고체)의 상(phase)을 모두 포함하고 있다는 사실이다. 이러한 재료적 특성 때문에 흙을 연속체로 다루는 데 많은 어려움이 따른다. 실제 지반거동은 공기, 물, 흙 입자의 상호작용의 결과로 나타난다. 그림 3.45를 기준으로 지반재료의 체적-중량관계를 나타내면 다음과 같다.

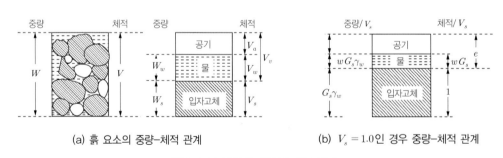

(a) 흙 요소의 중량-체적 관계   (b) $V_s = 1.0$인 경우 중량-체적 관계

그림 3.45 지반구성 매질 간 상호 관계

지반시료의 n = 간극률, γ = 단위 중량, γ_d = 건조단위 중량, e = 간극비, S_r = 포화도, G_s = 비중이면,

- 체적 관계: $n = \dfrac{V_v}{V}$, $e = \dfrac{V_v}{V_s} = \dfrac{n}{1-n}$

- 중량 관계: $\gamma = \dfrac{W}{V} = \dfrac{W_s + W_w}{V} = \dfrac{\gamma_w G_s (1+\omega)}{1+e}$, $\gamma_d = \dfrac{W_s}{V}$, $G_s = \dfrac{\gamma_s}{\gamma_w}$

- 체적-중량 관계: $S_r = \dfrac{V_w}{V_v} = \dfrac{\omega G_s}{e}$

점토와 점성토의 상태정의

점토(clays)란 통상 점토 광물이 주 구성성분이며 입자의 크기가 2μm 이하인 입자로 구성된 흙을 말한다. 점토는 점성(cohesion)을 나타내며, 점토가 섞여 입자간 점착력을 나타내는 흙을 총칭하여 점성토(cohesive soils)라 한다. 점성토의 물리적 상태는 함수비가 지배하며, 함수비에 따른 상태변화를 연경도(consistency)라 하여 그림 3.46에 보인 Atterberg 한계로 정의한다.

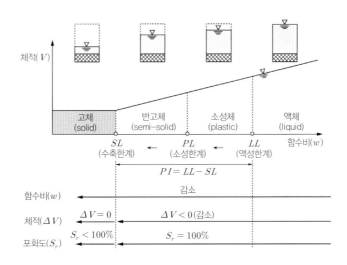

그림 3.46 점성토의 상태 변화(Atterberg Limits)

점토는 오랜 기간에 걸쳐 지각변동, 빙하 작용, 건조 수축, 제하, 침식, 수위 증가, 건설 활동 등 자연적이거나 인위적인 작용에 의해 지반생성 시기보다 더 큰 압력을 받게 되는 상황을 겪을 수 있는데, 흙 지반이 과거에 받았던 최대 응력을 최대 선행압밀응력(maximum pre-consolidation stress), σ_{mv} 이라 한다. 점토는 과거에 겪었던 하중이력에 따라 거동특성이 크게 달라진다.

그림 3.47은 지반요소의 응력이력에 따른 체적변화를 예시한 것이다. 지반요소 A의 상부로 퇴적이 일어났다면 간극비는 B → C로 체적감소가 일어난다. 이후 침식이 일어나면 체적은 C → D로 약간 팽창하나, 과압밀 상태가 된다. 이 경우 수직응력은 줄어드나 수평응력은 거의 변화가 없어 최대, 최소 주응력이 바뀔 수도 있다.

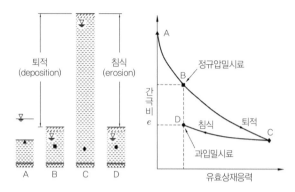

그림 3.47 지반요소의 응력이력 예시(after Skempton, 1970)

최대 선행압밀응력은 흙의 본격적인 소성변형이 시작되는 응력점으로서 점토의 물리적 거동에 매우 중요한 의미를 갖는다. 현재의 지반응력($\sigma_{vo}{'}$)에 대한 최대 선행압밀응력($\sigma_{vc}{'}$)의 비를 과압밀비(OCR, over consolidation ratio)라 하며 다음과 같이 정의한다.

$$OCR = \frac{\sigma_{vc}{'}}{\sigma_{vo}{'}}$$ (3.6)

$\sigma_{vc}{'} < \sigma_{vo}{'}$인 경우 압밀이 진행(퇴적이 진행 중, underconsolidated)인 지반, $\sigma_{vc}{'} = \sigma_{vo}{'}$이면 정규압밀, $\sigma_{vc}{'} > \sigma_{vo}{'}$인 경우 과압밀상태를 의미한다.

OCR은 응력이력(stress history)을 내포한다(OCR에 따른 지반 거동 특성은 4장에서 다룬다). 그림 3.48에 OCR 값과 압밀상태에 대한 공학적 의미를 보였다. 압밀진행은 퇴적이 진행 중임을 의미한다. 약간 과압밀과 심한 과압밀 사이의 엄격한 구분은 없다. 많은 실험결과에 따르면 과압밀비 약 2.7~3.0을 기준으로 점토의 거동은 현저하게 달라진다. **OCR이 대략 2.7~3.0보다 큰 경우 전단 시 체적 팽창이 일어나므로 이를 '과압밀'의 공학적 기준으로 삼는 경우가 많다.**

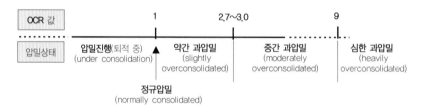

그림 3.48 점토의 상태 지배요소

흙은 낮은 응력에서도 회복되지 않는 소성변형을 일으킨다. 일반적으로 과거 최대 하중인 선행압밀응력 σ_{vc}'을 기준으로 이보다 작은 응력범위에서는 **탄성거동**을 보이나, 이를 초과하면 **소성변형**이 시작된다. 따라서 **선행압밀하중은 '탄성한계'의 의미를 갖는다.** 탄성거동영역을 파악하려면 선행압밀응력을 결정해야 한다. σ_{vc}'는 압밀시험 (oedometer test)의 $e - \log\sigma_v'$ 관계를 이용하는 Casagrande의 경험법을 아래 예시하였다.

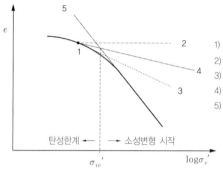

1) $e - \log\sigma_v'$ 곡선에서 최대 곡률점을 선정한다.
2) 점 1을 지나는 수평선을 긋는다.
3) 점 1을 지나는 접선을 긋는다.
4) 직선 2와 3이 이루는 각의 이등분 선을 긋는다.
5) 접선 5를 그어 직선 4와 만난 점의 응력이 σ_{vc}'이다.

그림 3.49 최대 선행압밀응력의 결정

모래와 사질토의 상태정의

모래(sands)는 비점성 사질토로서(cohesionless soils) 조밀한 정도에 따라 거동이 크게 달라진다. 일반적으로 느슨한 모래는 전단 시 체적이 감소하지만, **조밀한 모래는 전단 시 체적이 팽창**하는 거동을 보인다(체적 팽창의 정도는 조밀성뿐 아니라 시료에 가해지는 구속압의 크기에도 영향을 받는다.) 이런 특성 때문에 모래의 거동 분류에 있어 '조밀(dense)'과 '느슨(loose)'의 구분이 중요하다. 모래 및 사질토의 조밀한 정도는 상대밀도로 나타낸다.

$$D_r = \frac{e_{\max} - e}{e_{\max} - e_{\min}} \times 100(\%) = \frac{\gamma_{dmax}}{\gamma_d} \cdot \frac{\gamma_d - \gamma_{dmin}}{\gamma_{dmax} - \gamma_{dmin}} \times 100(\%) \tag{3.7}$$

여기서 e, γ_d는 각각 자연상태 흙의 간극비, 건조밀도. $e_{\min}$, γ_{dmax}는 각각 가장 조밀한 상태의 간극비, 건조밀도. $e_{\max}$, γ_{dmin}는 각각 가장 느슨한 상태의 간극비, 건조밀도이다.

흙의 상대밀도에 따른 조밀한 정도의 계량적 구분은 그림 3.50과 같다. **모래의 경우 불교란 시료 채취가 어려워** 거동 특성이 정량적이기보다는 정성적으로 조사되는 경우가 많다.

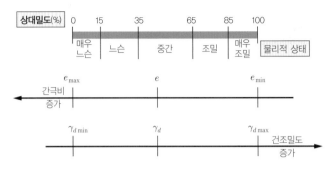

그림 3.50 모래의 상태 지배 요소

점토와 모래 혼합토의 상태정의

자연상태의 흙, 즉 퇴적토나 잔적토는 순수한 점토나 모래가 아닌 경우가 대부분이다. 점토와 모래의 혼합토(mixed soils)의 거동은 순수 점토와 순수 모래의 두 경계 거동의 범위 내에 있을 것이다. **일반적으로 점토의 함유량이 높을수록 흙은 더 큰 소성, 더 낮은 투수성, 더 높은 압축성, 더 낮은 전단저항을 나타낸다.** 이 혼합비율이 흙(혼합토)의 거동을 어떻게 지배하는지 살펴보자.

입상토(granular soil)가 입자들끼리 직접 접촉을 못하도록 간극을 모두 점토로 채우는 경우, 혼합된 흙은 점토성향의 거동이 지배적일 것이다. 특히, 물의 존재는 입상토의 거동에는 별반 영향을 미치지 않으나, 점토에서는 광물의 표면에 부착되어 소성을 증가시킨다.

이를 구체적으로 살펴보기 위해 그림 3.51과 같이 혼합토의 구성을 성분별로 구분해보자. 입상토의 체적을 V_{GS}, 간극비를 e_G라 하고 점토의 건조 중량백분율을 $C(\%)$라 하면, 체적관계는 다음과 같다.

- 입상토의 간극의 체적 $= V_{GS} \cdot e_G = \left(1 - \dfrac{C}{100}\right) \dfrac{W_s}{G_{SG}\gamma_w} e_G$

- 물과 점토의 체적 합 $= \dfrac{w W_s}{100\gamma_w} + \dfrac{C}{100} \dfrac{W_s}{G_{SC}\gamma_w}$

만일 간극이 모두 점토와 물로 채워진다면 위 두 식은 다음과 같다.

$$\frac{w W_s}{100\gamma_w} + \frac{C}{100} \frac{W_s}{G_{SC}\gamma_w} = \left(1 - \frac{C}{100}\right) \frac{W_s}{G_{SG}\gamma_w} e_G$$

$$\frac{w}{100} + \frac{C}{100 G_{SC}} = \left(1 - \frac{C}{100}\right) \frac{e_G}{G_{SG}} \tag{3.8}$$

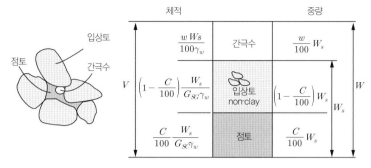

그림 3.51 혼합토의 체적 및 중량 구성비

C : 점토의 건조 중량백분율

w : 함수비

G_{SG} : 입상토(모래)의 비중

G_{SC} : 점토의 비중

γ_w : 물의 단위 중량

W_s : 시료중량

식 (3.8)은 혼합토의 성분 및 상(phase)에 대한 상관관계를 설명해준다. 실제 지반 상태를 가정하여 식 (3.8)의 물리적 의미를 구체적으로 살펴보자. 가장 느슨한 상태의 입상토의 최대 간극비(e_{max})는 0.9 정도이다. 입상토(모래)의 비중, G_{SG}=2.67, 점토의 비중, G_{SC}=2.75이라 놓으면 위 식은 $C = 48.4 - 1.42w$가 된다. 이 관계를 그림 3.52에 보였는데, 이로부터 점토 건조중량 백분율과 함수비를 알면 혼합토의 거동이 점성토 성향인지, 사질토 성향인지 판단할 수 있다.

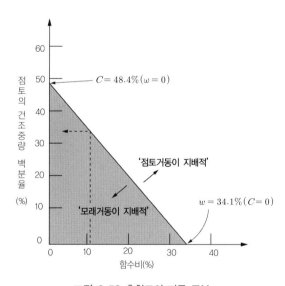

그림 3.52 혼합토의 거동 구분

예제 함수비가 10%인 흙이 있다. 이 흙의 지배거동이 점토와 같아지는 최소 점토 함유량을 구해보자.

풀이 그림 3.52에서 함수비 10%에 해당하는 점토의 건조중량 백분율은 약 33%이다. 점토가 중량비 3분의 1 이상이면 이 흙은 점토가 거동을 지배한다.

3.5 원지반의 응력상태(초기응력)

지반 내 응력은 일반적으로 **내재(초기)응력(inherited or inherent stress)**과 **유도응력(induced stress)**으로 구분할 수 있다. 내재응력이란 인위적인 행위가 있기 전, 중력이나 지질작용을 거치면서 지반이 갖게 된 자연상태의 응력을 말한다. 이는 건설작업이 이루어지기 전의 응력으로서 공학적으로 '초기응력(initial stress, in-situ stress)'이라도 한다. 반면에 유도응력은 성토, 굴착, 재하 등 건설행위에 의하여 유발된 응력이다. 건설작업은 초기응력의 교란과 함께 응력의 변화를 야기한다.

흙 지반과 암 지반은 지질 이력의 차이 때문에 초기응력상태가 매우 다르다. 흙 지반의 경우 풍화, 또는 퇴적과정에서 구조응력(tectonic stresses)이 제거되고 대체로 자중에 의해 도입된 초기응력상태를 유지하나, 암 지반의 경우 지각변동 등의 지질작용 영향이 내재되어 흙 지반 보다 훨씬 더 불규칙한 응력상태를 나타낸다.

3.5.1 암 지반의 초기응력

현재의 지반상태는 생성 퇴적 시 자중의 영향, 그리고 상재하중 또는 구조응력의 변화에 따른 응력이력을 내포한다. 암반의 경우, 수억 년에 걸친 지각변동으로 구조응력이력(tectonic stress history)이 내재되어 **현재의 응력상태(특히, 수평응력)는 생성상태(지반과 같은 정지지중 응력상태)와는 거의 무관한 응력상태에 있다.** 암반 초기응력(initial geostatic stress)의 특징은 다음과 같이 요약할 수 있다.

- 암 지반은 외부하중 없이도 자중과 지각운동에 의하여 내재적 응력상태에 있다.
- 과거의 지질구조작용, 지형, 온도 등의 영향에 따른 이력을 내포한다.
- 지각판의 충돌로 수평응력이 연직응력보다 더 큰 경우가 많다.
- 암 지반의 초기응력은 현장 측정으로 파악가능하며, 고도의 기술과 장비가 요구되고, 비용의 소요도 크다.
- 흙 지반 응력에 비해 훨씬 불규칙하고 예측도 어렵다.

NB : 초기 암반응력의 파악은 공학적으로 매우 중요하다. 마그마 관입, 수압할렬(hydraulic fracturing) 등은 최소 주응력에 수직한 방향으로 일어나므로 지반의 주응력 상태를 조사하면 지질구조 분석에도 도움이 된다. 암반 초기응력 상태는 지하공간 구조물 설계에 매우 중요한 정보이다. 수평응력이 클수록(K_o가 클수록) 넓은 규모의 공동 굴착이 가능하다. 또한 주응력의 크기와 방향을 알면 효율적 발파설계가 가능하다. 정확한 초기응력의 파악 없이는 암반거동에 대한 정확한 예측이 거의 불가능하다.

정지 지중응력

연직 정지지중응력(vertical geostatic stresses). 그림 3.53은 수평지반의 응력상태를 보인 것이다. 이 경우 지반요소에 전단응력이 없으므로 수직, 수평응력은 각각 최대 및 최소 주응력이다. 현장측정을 통해 확인된 암 지반의 연직응력은 지각의 구조작용(tectonic behavior)에도 불구하고 자중에 의한 영향만 반영하고 있는 것으로 확인되었다. 밀도 ρ, 중력가속도 g, 지표로부터 깊이 z이라면, 그림 3.53에서 연직응력은 다음과 같다.

$$\sigma_{vo} = \int_0^z \rho g\, dz = \int_0^z \gamma\, dz \tag{3.9}$$

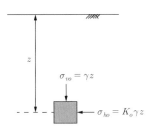

그림 3.53 지반의 초기응력(initial stresses)

수평 정지지중응력(horizontal geostatic stresses). 지반의 수평응력은 다음과 같이 수직응력에 대한 비율로 나타낸다. 비례상수인 수평응력계수 K_o를 도입하면 수평응력은

$$\sigma_{ho} = K_o \sigma_{vo} \tag{3.10}$$

암반 내 초기응력

흙 지반의 경우 지질작용을 받더라도 쉽게 변형이 일어나 에너지가 축적되지 않고 바로 사라지지만 **암반의 경우 지각판의 횡압력이 탄성에너지로 축적되어 내재응력으로 존재한다.** 암반의 초기응력은 중력, 지질구조작용 등 과거이력이 누적된 결과라 할 수 있다. 특히, 암반의 경우 지각 판(plate)의 구조작용은 수평응력에 큰 영향을 미친다. 구조작용은 수평방향으로 일어나므로 연직응력에는 거의 영향을 미치지 않는다. 일반적으로 **암반의 K_o 값은 1보다 훨씬 큰 경우가 많으며,** 이것은 흙 지반과 암 지반의 가장 큰 차이 중의 하나이다.

세계 여러 곳에서 측정한 암반응력에 대한 자료(그림 3.54)를 기초로 암반의 초기응력에 대한 경험 공식이 다음과 같이 제시되었다.

- 초기 지중 연직응력, $\sigma_{vo} = 0.027\,z$(MPa), z는 m 단위
  ※ 암반의 단위 중량(대부분의 경우=2.7t/m³=27kN/m³=0.027MN/m³)

- 초기 지중 수평응력, $\sigma_{ho} = K_o \sigma_{vo}$, 여기서 $\left(\dfrac{100}{z}+0.3\right) < K_o < \left(\dfrac{1500}{z}+0.5\right)$

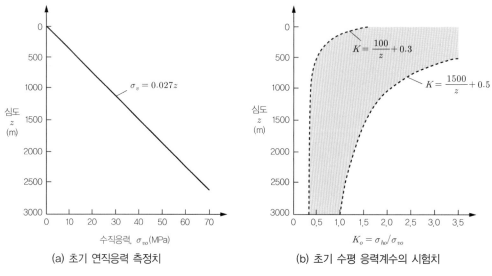

그림 3.54 암 지반의 초기응력(after Brown and Hoek, 1978)

그림 3.54를 통해 지역에 따라 판 구조작용에 의한 암반의 수평응력의 편차가 대단히 큼을 알 수 있다. K_o의 분포 범위가 넓어 위 식으로 수평응력을 추정하는 것은 용이하지 않다. 암 지반의 경우 현장 측정이 아니면 신뢰할 만한 초기 지중응력정보를 얻기 어렵다. 균질 등방의 암반(퇴적암)이 탄성 거동 범위에서 수평변위가 무시할 만하다면, 탄성이론에 따라, $\sigma_{ho} = \sigma_{vo}\,\nu/(1-\nu)$이 성립한다($\nu$: Poisson's ratio, 3.5.2절 참조).

예제 실무 수치해석에서 K_o에 대한 파라미터 스터디를 하는 경우가 많은데, 그 이유를 토론해보자.

풀이 K_o값은 지반의 초기응력상태를 규정하므로 지반거동 예측 시 매우 중요한 요소이다. K_o값을 파악하기 위해서는 암반의 경우 Flat Jack Test, Hydraulic Fracturing Method, Over coring method 등의 원위치 시험을 수행해야 하나 이는 비용이 많이 드는 문제가 있다. 비용문제가 아니더라도 시험법의 한계와 암반구조의 복잡성으로 응력의 3차원 분포를 파악하기란 용이하지 않다. 이에 따라 K_o값의 영향을 포괄적으로 검토하기 위해 K_o값의 가능 영역(예, 0.5~2.0)을 설정하여 파라미터 스터디를 수행하는 방식으로 초기응력의 불확실성을 검토하는 방법이 차선책으로 이용되고 있다. 안 하는 것보다 낫겠지만(better than nothing), 이런 방법을 보편적으로 적용하는 것이 적절한 공학적 접근인지 재고해볼 문제이다.

지질작용이 암 지반의 초기응력에 미치는 영향

암 지반의 내재적 응력은 지질구조작용에 기인한다. 침식, 습곡, 단층작용 등의 지질작용이 지반응력 상태에 미치는 영향을 살펴보자.

침식작용의 영향(주응력 회전). 퇴적지반이 동결융해와 침식작용을 받아 상부 토층이 상실되는 수평침식이 일어났다면, 침식면에 수직한 방향으로는 변형이 일어나면서 응력이 해방('0')될 것이다. 반면에 침식면에 평행한 방향은 변형이 여전히 구속되어 있으므로 침식 전과 비교하여 응력이 크게 변화하지 않을 것이다. 침식이 상당히 깊게 일어나면 침식면에 평행한 방향의 응력이 수직응력보다 커져 주응력 방향이 연직에서 지표면에 평행한 방향으로 바뀌는 주응력 회전이 일어난다. 지표에 노출된 많은 침식 암반에서 $K_o \gg 1.0$인 응력 상태를 보이는 이유가 이 때문이다.

그림 3.55는 침식이 일어났을 때, **침식면에 평행한 응력은 그대로 있고 수직응력은 감소('0')하여 주응력 회전이 일어난 예**를 보인 것이다. 계곡면에 수직인 방향으로 응력해방($\sigma_n' \approx 0$)이 일어나 최대주응력은 계곡면에 평행한 방향으로 형성된다.

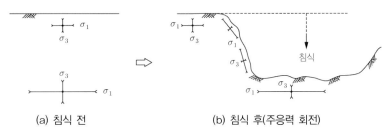

(a) 침식 전   (b) 침식 후(주응력 회전)

그림 3.55 지반침식이 지반응력에 미치는 영향

예제 수평이었던 암 지반에 그림 3.56(a)와 같이 침식이 일어난 경우 초기응력과 침식 후 응력을 비교하고, 침식으로 인한 주응력의 회전을 추정해보자.

풀이 그림 3.56(a)에서 침식 전 동일 심도 z에 위치하는 요소 A, B, C, D를 생각하자. 침식 후 A점 응력은 변화가 없고, B와 C는 침식으로 인한 지표경사로 인해 요소에 전단력이 발생하며, 이 응력상태에 상응하는 주응력변화, 즉 회전이 일어난다(그림 3.56 b 및 c).

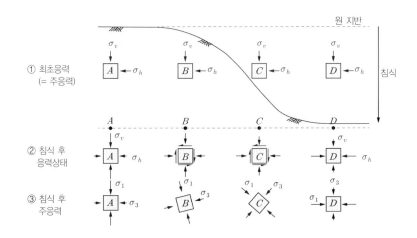

그림 3.56 침식으로 인한 주응력 회전

습곡작용의 영향. 횡방향 압축력에 의해 습곡구조를 갖는 지층(암반)의 경우(그림 3.57 a), 상대적으로 변형의 구속이 덜한 배사구간(anticline)은 지표 쪽으로 볼록한 변형이 일어나 응력이 해방되어 (released) 작아지고, 향사 부분(syncline)은 하부의 변형이 구속되므로 압력 집중이 일어나 연직응력이 크게 나타난다. 이러한 지반 구조는 터널을 굴착할 때 그림 3.57 (b)와 같이 배사부에서는 양단, 향사부에서는 중심부의 지압이 터널에 더 크게 작용할 것이다(지압이 큰 부분에서 굴착 시 더 큰 변형이 일어난다).

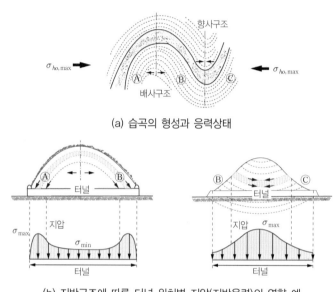

(a) 습곡의 형성과 응력상태

(b) 지반구조에 따른 터널 위치별 지압(지반응력)의 영향 예

그림 3.57 습곡구조와 초기 지중응력

단층구조와 응력상태. 그림 3.58에 단층이 초래되는 응력상태를 보였다. 단층이 발생한 후의 응력상태는 단층변형이 진전되면서 최소 주응력은 다소 증가하고 최대주응력은 다소 감소한 상태에서 변형을 멈추고 평형이 유지되었을 것이다. 그림 3.59는 광역단층대에 계획된 터널노선을 따른 지압의 형상을 예시한 것이다. 하향거동을 하는 토체에 더 큰 지압이 작용하게 된다.

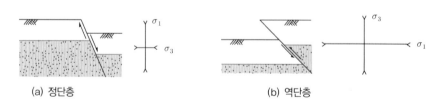

(a) 정단층   (b) 역단층

그림 3.58 단층 생성 시 응력상태

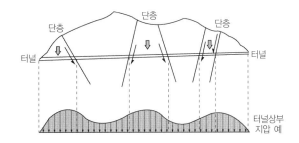

그림 3.59 단층대 통과 터널건설위치의 작용지압 예

관입 및 파쇄대의 영향. 지질구조에서 고찰하였듯이 관입은 최소 주응력에 수직한 방향으로 일어나므로 (그림 3.60), 관입지반의 경우에는 지질구조로 부터 관입 당시의 지반응력상태를 추정할 수 있다.

관입, 단층 등의 작용에 따른 파쇄대 주변의 지중응력상태는 이후 지질작용에 의해 변화한다. 후속 지질작용(침식 등) 지반에 $\Delta\sigma$의 응력유발이 일어난 경우 파쇄대의 강성이 응력상태에 영향을 미친다. 그림 3.60 (b)에 보인 바와 같이 $K_o < 1.0$ 조건의 유발지중응력이 파쇄대를 만나면 파쇄대의 강성에 따라 주응력의 회전이 일어난다(주응력 방향이 바뀐다). 파쇄대의 강성이 무시할 만큼 작은 경우(Case A) 최대주응력 σ_{1A}는 파쇄대와 평행하고 최소주응력, σ_{3A}은 파쇄대에 수직해진다(주응력이 반시계방향으로 회전). 즉 **강성이 작은 방향으로 응력해제**(release)가 일어난다. 반대로 파쇄대의 강성이 강체에 가까우면(Case C) 최소주응력, σ_{3C} 는 파쇄대에 평행한 방향이 된다(주응력이 시계방향으로 회전).

현재응력은 최초응력에 시간과 함께 유발되는 모든 작용의 결과가 누적된 상태이다. 하중의 변화 없이 풍화에 의해 강성만 변화하는 경우, 힘의 평형조건에 영향을 미치지 않으므로 응력은 변화하지 않는다.

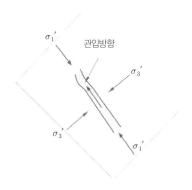

(a) 관입당시 지반 응력상태

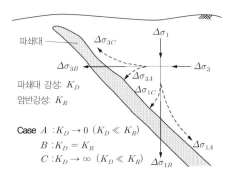

(b) 파쇄대의 강성과 유발응력상태($K_o < 1.0$)

그림 3.60 관입 및 파쇄대 주변의 응력상태 예

예제 등방, 균질한 수평 암 지반에 그림과 같이 마그마의 관입이 확인되었다. 관입 당시 지반의 지표면이 수평임을 가정하여 초기응력상태를 평가해보고, 관입된 원지반의 초기지형과 지질작용을 추정해보자.

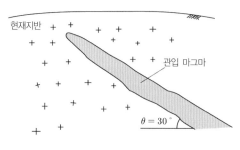

현재지반

관입 마그마

$\theta = 30°$

그림 3.61 암반의 관입 예

풀이 관입방향은 최소주응력에 수직한 방향일 것이므로 당초 원지반의 응력상태는 그림 3.62 (a)와 같이 추정할 수 있다.

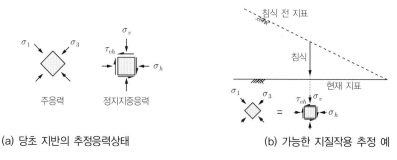

침식 전 지표

침식

현재 지표

σ_1 σ_3 σ_1 σ_3 τ_{vh} σ_v

σ_v $=$ σ_h

τ_{vh} σ_h

주응력   정지지중응력

(a) 당초 지반의 추정응력상태   (b) 가능한 지질작용 추정 예

그림 3.62 암반의 관입 시 지형 및 지질작용 추정

이와 같은 주응력 상태를 나타낼 수 있는 예로서 그림 3.62 (b)와 같은 경사지반(지형)을 생각할 수 있다. 이러한 경사지형은 침식, 판구조 작용 등 다양한 원인에 의해 가능하다. 따라서 관입 당시의 경사지반(지형)이 침식(지질작용)으로 수평지반이 된 후, 관입이 일어났다는 가설을 설정해볼 수 있다.

예제 지반의 응력상태에 따른 발파 시 균열의 전파방향을 고찰해보자.

풀이 지반이 균질등방하다면 발파에 의한 균열방향은 최소주응력에 수직한 방향으로 일어날 것이다. 그림 3.63 (a)와 같이 발파를 이용하여 암석을 특정방향으로 쪼개고 싶을 때(pre-splitting), 주응력의 방향을 고려하면 효율적이다. **암반이 충격을 받았을 때 최소 주응력의 직각 방향으로 쪼개지는 이유는 힘이 덜 드는 방향으로 균열이 일어나기 때문**이다. 그림 3.63 (b)와 같이 원하는 균열방향이 σ_1작용방향과 평행하면 발파 시 원하는 면을 따라 암반이 쪼개진다. 그러나 그림 3.63 (c)와 같이 원하는 균열방향과 σ_1작용방향이 다른 경우 균열은 σ_1을 따라가려고 해 불규칙한 모양으로 쪼개진다. 이 경우 발파에너지 손실이 크므로 발파공을 더 조밀하게 배치하여야 원하는 방향으로 절단이 가능할 것이다.

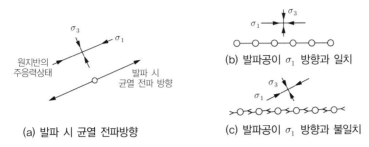

(a) 발파 시 균열 전파방향

(b) 발파공이 σ_1 방향과 일치

(c) 발파공이 σ_1 방향과 불일치

그림 3.63 발파 균열과 초기응력

NB : 발파 후 균열을 확인하면 주응력의 크기는 모르더라도 발파공에 수직한 단면(2차원)에 대한 최대 및 최소 주응력방향을 추정할 수 있을 것이다. 하지만 지질작용에 의해 주응력 회전이 일어났을 것이므로 시추공을 여러 방향으로 배치하여 응력을 측정해야만 실제 지반의 3차원 응력상태를 파악할 수 있다.

3.5.2 흙 지반의 초기응력

암 지반이 풍화되면 입자상의 흙 지반이 된다. 이때 **암 지반에 구속되었던 구조응력은 암석이 흙으로 풍화되는 과정에서 대부분 소멸된다.** 따라서 수평응력 중 구조응력 기여가 감소하여 K_o값도 감소한다.

지반이 어떤 외적 작용을 받기 전의 응력 상태를 파악하는 일은 지반해석의 초기조건을 설정하는 문제이므로 매우 중요하다. 하지만 지반이 불규칙한 입자로 구성되어 지반응력을 이론적으로 유도하기 어렵고, 지반교란 없이 장비를 설치하기도 어려워 지반응력을 정확히 측정하는 것은 거의 불가능하다.

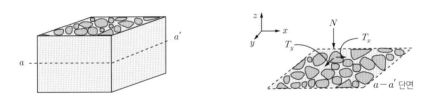

그림 3.64 흙 속의 응력 전달체계

그림 3.64처럼 토체를 수평으로 만나는 가상평면 $a-a'$를 생각해보자. 이 평면의 일부는 입자를 지나고 일부는 간극 또는 접촉점을 지난다. 입자를 통해서 전달되는 힘은 그림과 같이 가상평면에서 법선력과 전단력으로 분해할 수 있다. 이 평면에 작용하는 거시적 개념의 법선응력은 평면에 작용하는 모든 법선력의 합을 평면의 전체면적으로 나눈 값이다. 평면의 면적이 A라면 법선 및 전단 평균 단면력은 각각 다음과 같다.

$$\sigma_n = \frac{\sum N}{A}, \ \tau_x = \frac{\sum T_x}{A}, \ \tau_y = \frac{\sum T_y}{A}$$

단면에 따른 단면력의 변화가 없는 경우 이 평균 단면력은 응력값과 동일하다. 하지만 실제 지반하중은 입자 간 접촉점을 통하여 전달된다. 접촉점을 통하여 전달되는 응력을 입자 간 접촉응력(intergranular stress)이라 한다. **접촉응력은 평균단면력보다 훨씬 크며, 입자의 파괴도 이 접촉점에서 시작된다.** 통상 지반 내 응력이라 함은 평균개념의 응력으로서, 점응력(point stress) 개념의 응력이다.

일반적으로 점응력은 미소 면적에 대하여 정의되는 것이므로 평균단면응력 개념의 타당성은 그 물질을 구성하는 최대 입자의 크기보다 더 큰 면적에 대하여 응력의 크기가 거의 변하지 않는 경우에 성립한다. 따라서 **지반 내 한 점에서의 응력이라 함은 비교적 큰 면적 개념의 점(point)을 의미하는 것이다.** 제2장에서도 언급하였듯이 우리가 다루는 지반 구조물들이 보통 수 미터 내지 수십 미터에 달하므로, 지반 입자보다 큰 면적을 점(point)으로 보는 '**점응력(stress at a point)**' 개념의 적용이 가능한 것이다.

정지 연직지중응력

지표면이 수평이고 흙의 특성이 수평방향으로 거의 변하지 않는 경우의 지반 응력상태를 정지 지중응력상태(geostatic condition)라 한다. 지표면이 경사진 경우에는 지반요소에 전단응력이 작용한다. 그림 3.65에 이를 예시하였다. 암반의 경우 '수평응력>연직응력'인 경우가 많으므로 현장측정을 하기 전에 어느 응력이 최대 주응력인지 예단할 수 없다.

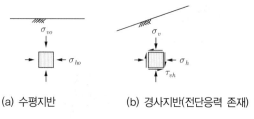

| (a) 수평지반 | (b) 경사지반(전단응력 존재) |

그림 3.65 지표경사에 따른 정지지중응력

임의 깊이에서 정지 수직응력은 토피의 단위면적 당 중량과 같다. 지반의 단위 중량, γ_t가 심도에 따라 일정하다면 심도 z에서의 연직 정지지중응력은 다음의 식으로 나타낼 수 있다. 지표로부터 심도가 z라면(식 3.9)

$$\sigma_{vo} = \gamma_t \, z$$

NB : 중력방향의 응력은 '법선응력(normal stresses)'이 아닌 '연직응력(vertical stresses)' 표현이 타당하다. 지표가 수평인 경우에는 법선응력과 연직응력이 같다.

그림 3.66에 심도에 따른 지중응력 분포의 예를 보였다. 침식 등으로 선행압밀 하중의 영향을 받은 과압밀토의 경우, $\sigma_{vo} < \sigma_{ho}$ 인 조건이 나타날 수 있다.

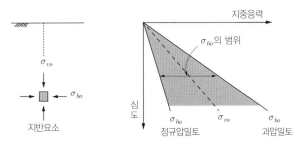

그림 3.66 정지 지중응력(geostatic stresses)

흙은 일반적으로 자중에 의해 다져지므로 심도가 깊어질수록 자중에 의한 재하효과로 조밀해진다. 흙의 단위중량이 연속적으로 변화한다면, 암반과 마찬가지로 연직 응력식은 다음과 같이 쓸 수 있다.

$$\sigma_{vo} = \int_0^z \gamma_t \, dz$$

혹은 지층이 i 개로 구분되어 일정구간별로 변화하는 경우라면

$$\sigma_{vo} = \sum \gamma_{t_i} \cdot z_i \tag{3.11}$$

정지 수평 지중응력

흙 지반의 K_o는 원위치 시험인 프레셔미터 테스트(PMT)나 Dilatometer Test(DMT) 등을 이용하여 측정할 수 있다. 현장 시험은 비용이 많이 들기 때문에 경험적 상관관계식을 많이 이용한다. 느슨한 모래 또는 약간 압밀된 점토의 K_o은 1보다 작다. Jacky(1944)는 다음의 식을 제안하였다.

$$K_o = 1 - \sin\phi' \tag{3.12}$$

위 식은 그림 3.67 (a)에 보인 바와 같이 실험결과에 의해 입증된다. 조밀한 모래 또는 과압밀된 강성 (stiff)점토의 K_o는 통상 1보다 크다. 점토의 경우, 수평 지중응력은 과압밀의 정도에 따라 크게 변화하는데, 특히 OCR(Over Consolidation Ratio)이 2.7~3.0 보다 큰 경우 정지 수평응력은 정지 수직응력보다 커진다(그림 3.66). 점토에서 K_o는 보통 0.3~1.4 범위의 값을 갖는ek. Mayne and Kulhawy(1982)는 그림 3.67 (b)에 보인 $OCR - K_o - \phi'$ 의 상관관계를 이용하여 다음 식을 제안하였다.

$$K_{oOC} = (1 - \sin\phi') \, OCR^{\sin\phi'} = K_o \, OCR^{\alpha} \tag{3.13}$$

여기서 $\alpha = \sin\phi'$ 이며, ϕ' 는 삼축압축시험으로 구한 전단저항각이다.

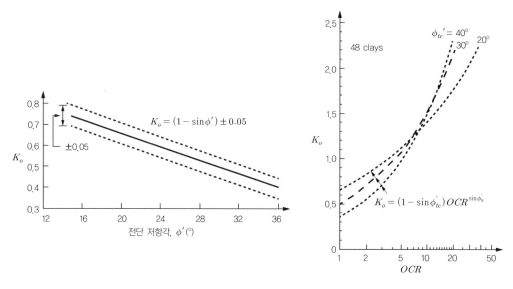

(a) 정규압밀토(after Ladd et al., 1977) (b) 과압밀토(after Kulhawy & Mayne, 1982)

그림 3.67 정규압밀토와 과압밀토에 대한 전단저항각-수평응력계수 관계

흙 지반의 K_o는 과거 응력이력에 따라 달라지는 데, 이 과정은 지반의 응력이력에 따른 수직응력-수평 응력 관계를 통해 살펴볼 수 있다. 예로 그림 3.68 (a)와 같이 A → B 구간은 퇴적, B → C → D 구간은 침 식을 받은 경우라면, A → C 구간은 $\sigma_v > \sigma_h$로서 $K_o < 1.0$이고 $C → D$구간은 $K_o > 1.0$이다.

그림 3.68 (b) 퇴적-침식-재퇴적(재하)의 지질작용에 따른 K_o의 변화를 보인 것이다.

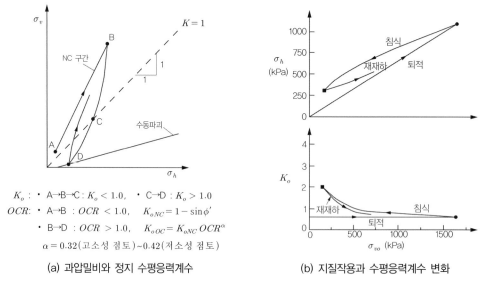

K_o : · A→B→C : $K_o < 1.0$, · C→D : $K_o > 1.0$
OCR : · A→B : $OCR < 1.0$, $K_{oNC} = 1 - \sin\phi'$
· B→D : $OCR > 1.0$, $K_{oOC} = K_{oNC} OCR^\alpha$
$\alpha = 0.32$(고소성 점토) ~ 0.42(저소성 점토)

(a) 과압밀비와 정지 수평응력계수 (b) 지질작용과 수평응력계수 변화

그림 3.68 과압밀비와 정지 수평응력계수의 변화특성

예제 어떤 암 지반이 지표로부터 풍화토 > 풍화암 > 연암 > 경암으로 구성되었다. 연암 이하의 암반층에서 높은 수평응력($K_o \gg 1.0$)이 측정되었다면, 모암의 풍화암과 풍화토에서의 K_o 값은 어떠할지 논해보자.

풀이 암반의 수평응력은 대부분 판구조론에 의한 지각의 수평이동에 따라 축적된 구조응력(tectonic stress)에서 기인한다. 풍화과정은 암석블록을 작게 하며, 작아진 블록체는 수평력을 견뎌내지 못하므로 변형을 일으킨다. 이때 에너지가 소모되며 구조응력은 감소한다. 모암에서 풍화암으로 풍화가 진전되고 마침내 지표에 가까운 풍화토 상태에 도달하면 구조응력이 거의 남아 있지 않게 된다. 따라서 이 경우 풍화토는 $K_o < 1.0$인 자중에 의한 정지 지중응력 상태에 있게 된다.

간극수가 존재하는 경우, 초기 간극수압 u_{wo}도 고려되어야 한다. 이 경우, $\sigma_{ho}{}' = \sigma_{ho} - u_{wo}$, $\sigma_{ho}{}' = K_o \sigma_{vo}{}'$, $\sigma_{vo}{}' = \sigma_{vo} - u_{wo}$로 표시된다.

지반의 초기 상태가 정규압밀상태($K_o < 1.0$)로서 등방선형탄성조건을 만족하는 경우, K_o은 ν를 이용하여 표현할 수도 있다. 정지상태가 '미소변형률'상태라는 데 착안하여, 수직응력의 미소 변화($\Delta\sigma_{zz}{}'$)에 대하여, 수평변형의 크기가 무시할만하다면($\Delta\epsilon_{xx} = \Delta\epsilon_{yy} \simeq 0$), $\Delta\sigma_{xx}{}' = \Delta\sigma_{yy}{}' = K_o\Delta\sigma_{zz}{}'$이다. 즉,

$$\Delta\epsilon_{xx} = \frac{1}{E}\{\Delta\sigma_{xx}{}' - \nu\Delta\sigma_{zz}{}' - \nu\Delta\sigma_{yy}{}'\} = \frac{1}{E}\{K_o\Delta\sigma_{zz}{}' - \nu\Delta\sigma_{zz}{}' - \nu K_o\Delta\sigma_{zz}{}'\} \simeq 0$$ 이므로

$$K_o = \frac{\nu}{1-\nu} \tag{3.14}$$

하지만, ν는 미소변형률에서 구한 값이며, **이 식은 과압밀이나 구조응력상태인 경우 성립하지 않는다. 이 식은 원래 수직응력에 대한 유발수평응력의 관계이므로, 정지상태에 적용은 주의가 필요하다.**

예제 식(3.14)와 관련하여, 만일 지반재료가 이방성 탄성조건을 따른다면 K_o은 어떻게 표현되겠는가?

풀이 ν_{ij}를 i 방향 작용응력으로 인한 j 방향의 변형률에 대한 포아슨비라 정의하면, 이방성조건에 대한 탄성이론에 의하여 수직응력과 수평응력의 관계, 즉 수평응력계수는 그림 3.69와 같다.

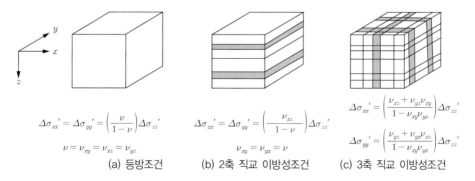

$$\Delta\sigma_{xx}{}' = \Delta\sigma_{yy}{}' = \left(\frac{\nu}{1-\nu}\right)\Delta\sigma_{zz}{}'$$
$$\nu = \nu_{xy} = \nu_{xz} = \nu_{yz}$$
(a) 등방조건

$$\Delta\sigma_{xx}{}' = \Delta\sigma_{yy}{}' = \left(\frac{\nu_{xz}}{1-\nu}\right)\Delta\sigma_{zz}{}'$$
$$\nu_{xy} = \nu_{yx} = \nu$$
(b) 2축 직교 이방성조건

$$\Delta\sigma_{xx}{}' = \left(\frac{\nu_{xz} + \nu_{yz}\nu_{xy}}{1-\nu_{xy}\nu_{yx}}\right)\Delta\sigma_{zz}{}'$$
$$\Delta\sigma_{yy}{}' = \left(\frac{\nu_{yz} + \nu_{yd}\nu_{xz}}{1-\nu_{xy}\nu_{yx}}\right)\Delta\sigma_{zz}{}'$$
(c) 3축 직교 이방성조건

그림 3.69 이방성 조건의 정지지중응력(그림 5.14 참조)

K_o**의 공학적 의의.** 정지지중 응력상태는 실내시험 시 시료의 초기조건, 지반해석 시 모델의 초기 응력상태 설정 시 중요하다. 지반심도에 따른 정지 지중응력, 또는 자중에 의한 퇴적응력경로를 $s' - t$ 공간에 도시하면 그림 3.70과 같이 나타난다. 이 직선을 K_o-선이라 하며 통상 삼축시험 응력경로 중 시료의 초기 상태응력(출발점)가 이 선상에 위치한다.

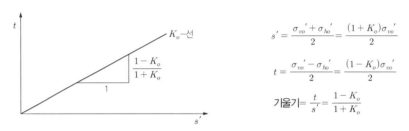

$$s' = \frac{\sigma_{vo}' + \sigma_{ho}'}{2} = \frac{(1+K_o)\sigma_{vo}'}{2}$$

$$t = \frac{\sigma_{vo}' - \sigma_{ho}'}{2} = \frac{(1-K_o)\sigma_{vo}'}{2}$$

$$\text{기울기} = \frac{t}{s'} = \frac{1-K_o}{1+K_o}$$

그림 3.70 $K_o -$ 선의 정의

변형과 수평 응력계수

이 장에서는 지반 변형이 없는 경우를 다루고 있지만 지반에 수평변형이 일어나면 수평응력이 어떻게 변화하는지 살펴보자. 변형이 일어나도 단위중량에 변화가 없다면 수직응력은 거의 변화가 없을 것이다. 만일 수평변형이 일어난다면 더 이상 정지 상태가 아니다. 수평압축(수동)을 받으면 수평응력이 증가하므로 K_o도 증가한다. 반면에, 인장(주동)상태에서는 K_o는 감소한다. 이를 종합하면 수평 응력계수는 변형과 함께 그림 3.71과 같이 변화한다. 수평 팽창(주동)상태에서 수평응력계수(토압계수)는 K_o보다 작아지며, 압축(수동)상태에서는 K_o보다 커진다.

따라서 수평응력계수는 그림 3.71과 같이 $K_a < K_o < K_p$의 관계에 있다. 흙막이와 같이 변형이 어느 정도만 허용되는 경우, 수평 토압계수는 K_o와 K_a의 사이에 있을 것이다. 따라서 토압계수는 변형의 구속조건에 따라 달라진다.

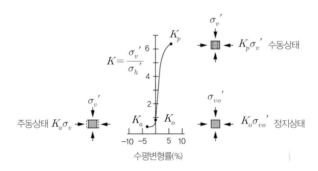

그림 3.71 변위에 따른 수평 토압계수의 변화

수평 응력계수는 흙막이 구조물을 설계하는 데 있어서 매우 중요한 설계 상수이다. 흙막이 공사의 경우 배면 지반은 주로 주동상태를 향한 거동이 일어나므로 최대 수평응력계수는 변형이 전혀 없을 때인 K_o, 최소 수평 응력계수는 주동상태인 K_a 범위 내에 있을 것이다. 설계 수평응력계수는 변위의 허용 여부, 주변시설의 중요성 등을 고려하여 평가해야 한다. 흙막이설계 시 'K_o' 값을 사용하면 수평토압을 과대평가할 우려가 있고 K_a를 사용하면 과소평가 우려가 있다.

예제 어떤 수평한 정규압밀 지반($\gamma_t = 18\text{kN/m}^3$)에서 깊이, $z = 5\text{m}$에서 채취한 시료에 대한 삼축시험 결과, 초기 포아슨비가 $\nu = 1/3$으로 나타났다. 이 지반의 원지반 요소응력과 전단저항각을 추정해보자. 시료가 압밀시험에서 10kPa의 수직하중상태에 있을 경우 시료의 평균유효응력을 추정해보자.

풀이 ① 원지반 요소응력 : 정규압밀지반이므로 탄성론으로부터, $K_o = \dfrac{\nu}{1-\nu}$ 이므로 $K_o = 0.5$

요소응력 $\sigma_{vo}' = 18 \times 5 = 90\text{kN/m}^2$, $\sigma_{ho}' = 0.5 \times 18 \times 5 = 45\text{kN/m}^2$

② $K_o = 1 - \sin\phi'$ 또는, $\nu = (1-\sin\phi')/(2-\sin\phi') = 1/3$이므로 $\phi = 30°$

③ 초기 원지반 평균유효응력 : 엄격히 말해 압밀시험 동안의 수평응력을 구하는 이론적인 방법은 없다. 압밀 중 수평변형률은 '0'이므로 수평응력은 포아슨비를 '0'으로 만드는 응력에 상응한 수평응력이 작용될 것이다. 압밀시험결과만으로는 도저히 수평응력을 구할 수 없으며, 다만 포아슨비 혹은 수평응력계수를 이용한 추정만 가능하다. 비록 정지 상태에 해당하지만 $K_o = 1 - \sin\phi' = 0.5$를 이용하면 수평응력은 수직응력의 50% 수준일 것으로 판단할 수 있다(이에 상응하는 포아슨 비는 $\nu = 1/3$이다). 따라서 압밀시료의 평균 유효응력은 다음과 같이 추정할 수 있다.

$p' = (\sigma_v' + 2\sigma_h')/3 = (\sigma_v' + 2K_o\sigma_v')/3 = (10 + 2 \times 10 \times 0.5)/3 \approx 6.67\text{kPa}$

경사지반의 정지 지중응력

경사지반의 경우 지중응력이 지표면에 수직한 방향과 연직방향이 일치하지 않는다. 지중응력은 통상 중력의 작용방향인 연직방향과 이의 수직방향에 대하여 정의한다(그림 3.72 a). **경사지반의 연직좌표계의 요소는 지반경사의 영향으로 전단응력이 영이 아니다**(그림 3.72 b).

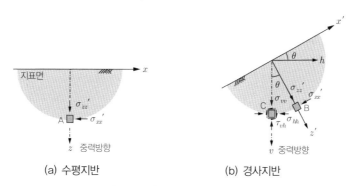

(a) 수평지반   (b) 경사지반

그림 3.72 경사 지표면하의 지중응력

Mohr 원을 이용한 경사지반의 응력 결정. 수평 지반응력은 그림 3.72 (a)의 요소 A의 $\{\sigma'\}_A = \{\sigma_{zz}', \sigma_{xx}', 0\}$일 것이다. 지반이 그림 3.72 (b)처럼 각도 θ만큼 회전한 경사지반이라면, 요소 B는 전단응력이 발생하며, $\{\sigma'\}_B = \{\sigma_{zz}', \sigma_{xx}', \tau_{xz}\}$가 될 것이다. 구하고자 하는 C 점의 응력 $\{\sigma'\}_C$는 응력 $\{\sigma'\}_A$를 θ만큼 회전한 평면에 해당되므로 $\{\sigma'\}_B \simeq \{\sigma'\}_C$이다. 2차원 점응력 회전은 Mohr 원을 이용하여 그림 3.73과 같이 정의할 수 있다. 수평지반에서 $\tau_{xz} = 0$이다. $\{\sigma'\}_c = \{\sigma_{vv}', \sigma_{hh}', \tau_{vh}\}$는 다음과 같다.

$$\sigma_{vv}{}' = \frac{\sigma_{zz}{}' + \sigma_{xx}{}'}{2} + \frac{\sigma_{zz}{}' - \sigma_{xx}{}'}{2}\cos 2\theta$$

$$\sigma_{hh}{}' = \frac{\sigma_{zz}{}' + \sigma_{xx}{}'}{2} - \frac{\sigma_{zz}{}' - \sigma_{xx}{}'}{2}\cos 2\theta \qquad (3.15)$$

$$\tau_{vh} = -\frac{\sigma_{xx}{}' - \sigma_{zz}{}'}{2}\sin 2\theta$$

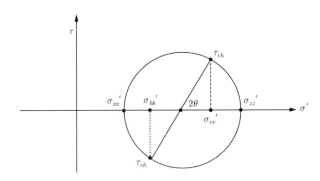

그림 3.73 Mohr 원(θ만큼 회전한 평면의 응력)

좌표변환을 이용한 경사지반의 응력 결정. x-z 좌표계의 임의 점의 평면 변형상태의 점응력(stress at a point)이 $\{\sigma_{zz}{}', \sigma_{xx}{}', \tau_{zx}\}$인 경우, 각도 θ만큼 회전한 경사지반에 대한 h-v 좌표계의 점응력 $\{\sigma_{vv}{}', \sigma_{hh}{}' \tau_{vh}\}$은 좌표변환(tensor transformation)을 통해서도 구할 수 있다.

x-z 좌표계의 θ만큼 회전한 h-v 좌표계 간의 변환행렬은 $\{\delta_{h-v}\} = [\alpha]\{\delta_{x-y}\}$이다. 여기서 $[\alpha]$는 x-좌표계의 변위 δ_x를 h-좌표계 δ_h로 변환할 때의 좌표변환행렬(coordinate transformation matrix)이다. 평면변형조건에 대한 변환행렬은 다음과 같다.

$$[\alpha] = \begin{bmatrix} \cos\theta & \sin\theta & 0 \\ -\sin\theta & \cos\theta & 0 \\ 0 & 0 & 1 \end{bmatrix} \qquad (3.16)$$

여기서 '1'은 지면에 수직한 방향이므로 좌표변환과 무관함을 의미한다. 응력은 2차 텐서이므로 그 좌표변환(axis transformation) 식은 $\{\sigma'\}_{h-v} = [\alpha]\{\sigma'\}_{x-z}[\alpha]^T$이다.

x-z 좌표계를 h-v 좌표계로 놓고 평면응력 $\{\sigma_{zz}{}', \sigma_{xx}{}', \tau_{xy}\}$만 고려하면

$$[\alpha] = \begin{bmatrix} \cos\theta & \sin\theta \\ -\sin\theta & \cos\theta \end{bmatrix} \text{이고}$$

응력행렬은 각각 $\{\sigma'\}_{x-z} = \begin{bmatrix} \sigma_{xx}' & \tau_{zx} \\ \tau_{zx} & \sigma_{zz}' \end{bmatrix}$, $\{\sigma'\}_{h-v} = \begin{bmatrix} \sigma_{vv}' & \tau_{vh} \\ \tau_{vh} & \sigma_{hh}' \end{bmatrix}$ 이다.

h-v 좌표계에서 응력은 $\{\sigma'\}_{h-v} = [\alpha]\{\sigma'\}_{x-z}[\alpha]^T$ 이므로

$$\{\sigma'\}_{h-v} = [\alpha]\{\sigma'\}_{x-z}[\alpha]^T = \begin{bmatrix} \cos\theta & \sin\theta \\ -\sin\theta & \cos\theta \end{bmatrix} \begin{bmatrix} \sigma_{xx}' & \tau_{zx} \\ \tau_{zx} & \sigma_{zz}' \end{bmatrix} \begin{bmatrix} \cos\theta & -\sin\theta \\ \sin\theta & \cos\theta \end{bmatrix}$$

$$\sigma_{vv}' = \cos^2\theta\sigma_{zz}' + \sin^2\theta\sigma_{xx}' + \sin2\theta\,\tau_{zx} = \frac{\sigma_{zz}' + \sigma_{xx}'}{2} + \frac{\sigma_{zz}' - \sigma_{xx}'}{2}\cos2\theta + \tau_{zx}\sin2\theta$$

$$\sigma_{hh}' = \sin2\theta\sigma_{zz}' + \cos^2\theta\sigma_{xx}' - \sin2\theta\,\tau_{zx} = \frac{\sigma_{zz}' + \sigma_{xx}'}{2} - \frac{\sigma_{zz}' - \sigma_{xx}'}{2}\cos2\theta - \tau_{zx}\sin2\theta \qquad (3.17)$$

$$\tau_{vh} = -\frac{\sin2\theta}{2}\sigma_{xx}' - \frac{\sin2\theta}{2}\sigma_{zz}' + \cos2\theta\,\tau_{zx} = -\frac{\sigma_{xx}' - \sigma_{zz}'}{2}\sin2\theta + \tau_{zx}\cos2\theta$$

기준 지반이 수평이면 $\theta = 0$이고, $\tau_{zx} = 0$이다. $\sigma_{zz}' = \gamma_t z$, 그리고 $\sigma_{xx}' = K_o\gamma_t z$를 이용하면 h-v 좌표계의 응력을 산정할 수 있다. 이 경우 위 식은 Mohr 원으로 유도한 식과 정확히 같다.

예제 그림 3.74에 보인 수평지반($\theta = 0$)과 경사지반($\theta = 30$)에 대하여 같은 깊이에 있는 지반요소의 초기응력 상태를 비교해보자.

풀이 $\gamma_t = 18\,\text{kN/m}^3$, $\phi = 30°$, $z = 5\text{m}$의 수평지반과 경사지반($\theta = 30$)의 초기응력은, $K_o = 0.5$이므로 다음과 같이 산정된다.

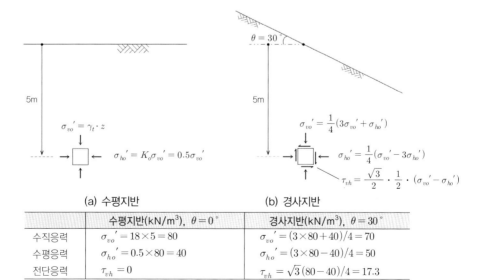

	수평지반(kN/m³), $\theta = 0°$	경사지반(kN/m³), $\theta = 30°$
수직응력	$\sigma_{vo}' = 18 \times 5 = 80$	$\sigma_{vo}' = (3 \times 80 + 40)/4 = 70$
수평응력	$\sigma_{ho}' = 0.5 \times 80 = 40$	$\sigma_{ho}' = (3 \times 80 - 40)/4 = 50$
전단응력	$\tau_{vh} = 0$	$\tau_{vh} = \sqrt{3}(80 - 40)/4 = 17.3$

그림 3.74 지표의 경사변형에 따른 수평 토압계수의 변화

원통좌표계에서 초기응력의 정의

지반응력을 직교 좌표계가 아닌 구(spherical) 좌표계 또는 원통(극) 좌표계를 이용하여 나타내는 것이 편리한 경우가 있다. 이 경우에도 축변환 원리를 이용하여 두 좌표계간 응력관계식을 구할 수 있다.

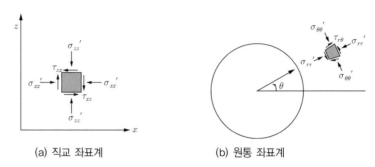

(a) 직교 좌표계   (b) 원통 좌표계

그림 3.75 초기응력의 좌표변환

그림 3.75 (a)의 직교 좌표계(x, z, y)의 응력을 원통형 좌표계(r, θ, y)로 이동하는 축변환을 생각해보자. 여기서 y는 지면(紙面)에 수직한 방향이다.

$$\begin{bmatrix} \sigma_{xx}' & \tau_{zx} & 0 \\ \tau_{zx} & \sigma_{zz}' & 0 \\ 0 & 0 & \sigma_{yy}' \end{bmatrix} \Leftrightarrow \begin{bmatrix} \sigma_{rr}' & \tau_{r\theta} & 0 \\ \tau_{r\theta} & \sigma_{\theta\theta}' & 0 \\ 0 & 0 & \sigma_{yy}' \end{bmatrix}$$

좌표 변환방은 $\begin{Bmatrix} r \\ \theta \\ y \end{Bmatrix} = [\alpha] \begin{Bmatrix} x \\ z \\ y \end{Bmatrix}$이고, $[\alpha] = \begin{bmatrix} \cos\theta & \sin\theta & 0 \\ -\sin\theta & \cos\theta & 0 \\ 0 & 0 & 1 \end{bmatrix}$이다. $\{\sigma'\}_{r-\theta} = [\alpha]\{\sigma'\}_{x-z}[\alpha]^T$이므로

$$\begin{Bmatrix} \sigma'_{rr} \\ \sigma'_{\theta\theta} \\ \tau_{r\theta} \end{Bmatrix} = \begin{bmatrix} \cos^2\theta & \sin^2\theta & \sin2\theta \\ \sin^2\theta & \cos^2\theta & -\sin2\theta \\ -\dfrac{\sin2\theta}{2} & \dfrac{\sin2\theta}{2} & \cos2\theta \end{bmatrix} \begin{Bmatrix} \sigma'_{xx} \\ \sigma'_{zz} \\ \tau_{zx} \end{Bmatrix} \tag{3.18}$$

위 행렬식을 원통형 좌표계로 풀어 쓰면

$$\sigma_{rr}' = \cos^2\theta\sigma_{xx}' + \sin^2\theta\sigma_{zz}' + \sin^2\theta\tau_{zx} = \frac{\sigma_{xx}' + \sigma_{zz}'}{2} + \frac{\sigma_{xx}' - \sigma_{zz}'}{2}\cos2\theta + \tau_{zx}\sin2\theta$$

$$\sigma_{\theta\theta}' = \sin2\theta\sigma_{xx}' + \cos^2\theta\sigma_{zz}' - \sin2\theta\tau_{zx} = \frac{\sigma_{xx}' + \sigma_{zz}'}{2} - \frac{\sigma_{xx}' - \sigma_{zz}'}{2}\cos2\theta - \tau_{zx}\sin2\theta \tag{3.19}$$

$$\tau_{r\theta} = -\frac{\sin2\theta}{2}\sigma_{xx}' - \frac{\sin2\theta}{2}\sigma_{zz}' + \cos2\theta\tau_{zx} = -\frac{\sigma_{xx}' - \sigma_{zz}'}{2}\sin2\theta + \tau_{zx}\cos2\theta$$

직교 좌표계로 풀어 쓰면,

$$\sigma_{xx}{}' = \frac{\sigma_{rr}{}' + \sigma_{\theta\theta}{}'}{2} + \frac{\sigma_{rr}{}' - \sigma_{\theta\theta}{}'}{2}\cos 2\theta + \tau_{r\theta}\sin 2\theta$$

$$\sigma_{yy}{}' = \frac{\sigma_{rr}{}' + \sigma_{\theta\theta}{}'}{2} - \frac{\sigma_{rr}{}' - \sigma_{\theta\theta}{}'}{2}\cos 2\theta - \tau_{r\theta}\sin 2\theta \tag{3.20}$$

$$\tau_{zx} = -\frac{\sigma_{rr}{}' - \sigma_{\theta\theta}{}'}{2}\sin 2\theta + \tau_{r\theta}\cos 2\theta$$

수평지반의 경우 $\sigma_{zz}{}' = \gamma_t h$, $\sigma_{xx}{}' = K_o \sigma_{zz}{}'$, $\tau_{zx} = 0$이다.

암 지반과 흙 지반의 초기응력상태 요약

흙 지반과 암 지반의 초기응력 중 **연직응력은 모두 자중에 의해 결정**되나, 수평 응력상태는 지질이력에 따라 크게 변화한다. 흙 지반에 비해 암 지반의 수평응력이 지표면에서 크게 나타나는 경우가 많은 데, 그 이유는 지각판의 거동, 지표의 침식, 지질작용 등에 의한 영향이 남아 있기 때문이다. 지각판의 거동은 주로 횡방향으로 일어난다. 지표면에서지표거동이 수직방향으로는 구속되지 않으므로 수직응력은 구조작용에 크게 영향 받지 않으나, **수평방향으로는 변위가 구속효과가 지속되므로 지질구조작용의 영향이 수평응력에 내재하게 된다.**

그림 3.76은 흙 지반과 암 지반의 초기응력상태를 비교 요약한 것이다.

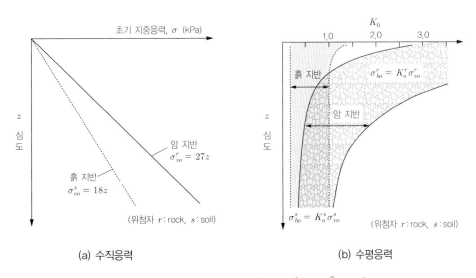

(a) 수직응력   (b) 수평응력

그림 3.76 지반의 초기응력 분포 예(단위 σ' : kN/m², z : m)

흙 지반과 암 지반의 응력유발 특성 비교

하중을 가하면 흙 지반은 대체로 균질 등방인 연속체적 거동을 보이나, 암 지반의 경우는 강성 및 강도가 작은 불연속면을 따라 거동이 일어난다. 그림 3.77에서 보듯이 불연속면과 응력이 중첩될 경우 낮은 강성으로 응력해제가 일어나므로 상대적으로 응력은 줄어들게 된다. 유발응력은 절리가 없는 부분에서 높게 나타난다. 절리에서의 상대변위는 응력의 전파를 차단하여 응력 영향 범위를 제한 한다. 이 사실은 지반을 공학적으로 모델링할 때 흙 지반은 연속체 거동으로 고려할 수 있지만, 암 지반은 불연속체로 거동을 고려하여야 함을 의미한다.

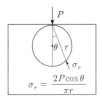 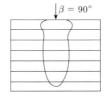

$$\sigma_r = \frac{2P\cos\theta}{\pi r}$$

(a) 균질 흙/무결암 지반   (b) 불연속면 포함 암 지반(β: 불연속면 경사각, 그림 3.24)

그림 3.77 불연속면의 응력유발 특성(등 σ_r 곡선) (after Joha Bray, unpublished note, 1977)

3.6 지하수의 상태정의

Karl Terzaghi는 1936년 ICSMFE에서 "지구상에 물이 존재하지 않았더라면 토질역학이 필요 없었을 것이다(On a planet without any water, there would be no need for soil mechanics)."라 하였다. 지반공학에서 간극수의 중요성을 강조한 것이다. 건설공사는 물과의 싸움이라는 말이 있듯이 지하수의 존재로 인한 예상 문제점은 지반해석 시 그 영향이 충분히 검토되어야 한다.

3.6.1 자연 지하수 상태

지반 내 지하수는 아래와 같이 다양한 형태로 존재한다. 지반 내 존재하는 물을 총칭하여 광의로 지하수라 하나, 협의로는 대수층 속에서 포화상태로 존재하는 물을 말한다.

지중에 존재하는 물의 상태를 예시하면 그림 3.78과 같다.

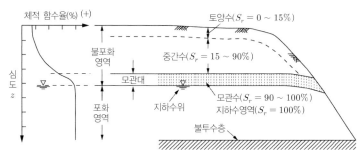

그림 3.78 지중에 존재하는 물의 구분(S_r: 포화도)

지중의 물은 포화 영역의 물과 불포화 영역의 물로 구분할 수 있으며, 불포화 영역에는 모관수, 중간수(vadose zone), 토양수가 존재한다. 이 중 토양수는 식물에 의해 보유된 물이며, 중간수는 입자 사이에 흡착이나 독립 물방울이 표면장력에 의해 보유된 박막수(薄膜水, pellicular water)로서 대기와 순환관계에 있다. 불포화 영역의 물은 유효응력, 강도 및 강성 등에 영향을 미치며, 이를 다루는 역학분야를 불포화토 토질역학(unsaturated soil mechanics)이라 한다.

3.6.2 불포화 영역의 지하수 상태

불포화 지반의 지하수

지반 내 불포화 영역의 물은 흐름 관점에서 보유수(held water)와 중력수(gravitational water)로 구분한다. 보유수는 흡착력과 모관력에 의해 유지된다. 그림 3.79에 보유 지하수의 구성성분을 보였다.

- 보유수: 지하수면 위에서 간극 또는 흙 입자에 유지되고 있는 물
  - 흡착수(adsorbed water, soil water): 흙 입자 표면의 흡인력에 의해 수막형태로 흡착되어 있는 물
  - 모관수(capillary water): 모세관 현상에 의해 상승되어 간극에 유지된 물
- 중력수: 중력에 의하여 지하수면을 향하여 흐르는 불포화 침투수

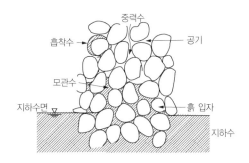

그림 3.79 불포화 영역의 지하수

보유수 중 **모관수는 지하수면의 변화, 압력, 온도변화의 영향을 받는다.** 흡착수는 모래에서 최대 1%, 실트 7%, 점토 17%의 함수비를 구성하며, 기상의 변화나 환경에 따라 모관수로 전환될 수 있다.

지반 내 간극을 물이 점유하는 체적비율을 포화도로 정의한다. 포화도 $S_r = V_w / V_v (\%)$. 지반의 함수비(율)은 중량관점과 체적관점으로 정의할 수 있다. **포화토의 경우 중력함수비를 사용하며, 불포화토의 경우 주로 체적함수율을 사용한다.**

- 중력함수비(gravimetric water content), $w = W_w / W_s$
- 체적함수율(volumetric water content), $\theta_w = V_w / V$

여기서 W_s는 흙 입자의 중량, W_w는 물의 중량, $V_w (V_w = V_{aw} + V_{dw})$는 물의 체적, V는 시료의 체적이다. 실제 간극 속의 흐름은 흡착수(V_{aw})를 제외한 영역에서만 발생한다. 간극 내 유체의 체적은 흐름에 기여하는 물의 체적(배출수, V_{dw})을 통해서만 일어난다. 자연(중력)배수 시 모관수, 흡착수를 제외한 배출수(V_{dw})의 체적을 전체적(V)으로 나눈 값을 **유효간극률(effective porosity)**이라 정의하며 흐름에 대한 거동 산정에 사용한다.

$$n_e = \frac{V_{dw}}{V} \tag{3.21}$$

모관현상과 흡입력(suction)

지하수위 상부 불포화 영역에는 모관수두가 존재한다. **모관수두는 부(負)의 압력수두로서 불포화 상태의 흙이 물을 흡입하려는 힘(흡입력, suction)**으로 이해할 수 있다. 입자가 형성한 간극의 표면장력이 모관수의 상승을 야기한다.

그림 3.80 (a)와 같이 물체의 표면에 있는 분자들은 물체 내부와 달리 표면방향으로 끊어져 있기 때문에 다른 물질과 결합하여 안정해지려고 하는 힘이 작용하는데 이를 표면장력이라 한다. 액체의 분자간 인력으로 인해 표면에서 분자가 표면적을 최소화하려는 힘이다.

물의 표면장력에 의해 간극을 통해 물이 상승는 현상을 모관현상, 이를 지배하는 압력을 모관압이라 한다. 모관압은 표면장력을 이용하여 이론적으로 정의 할 수 있다. 수면에서 물과 공기의 접촉면에서 힘의 평형은 물의 표면장력에 의해 그림 3.80 (b)와 같이 나타난다. 압력차를 $\Delta u = T_s / R_s$라 하면(여기서 T_s는 표면장력, R_s는 접촉면의 곡선반경), 평형조건은 다음과 같다.

$$2T_s \sin\beta = 2\Delta u R_s \sin\beta \tag{3.22}$$

접촉면이 3차원 곡면인 경우, $\Delta u = T_s \left(\dfrac{1}{R_{s1}} + \dfrac{1}{R_{s2}} \right) \approx \dfrac{2T_s}{R_s}$

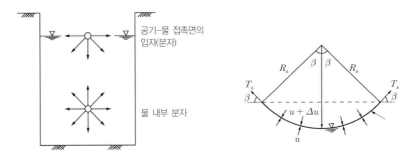

그림 3.80 물—공기 접촉면에서 물 분자의 작용력 관계

접촉면에서는 공기압(u_a)이 수압(u_w)보다 크다. 이때 Δu를 **모관압(capillary pressure)**, 또는 **흡입력(매트릭석션, matric suction)**이라 하며 다음과 같이 정의한다.

$$\Delta u = u_a - u_w \tag{3.23}$$

모관압은 간극의 크기에 따라 지수적으로 감소한다. 모관압과 입경의 대수값은 그림 3.81에 보인 바와 같이 선형 반비례한다.

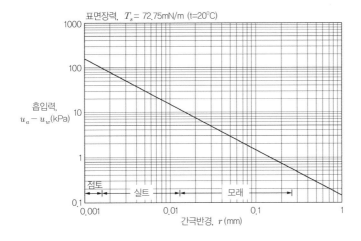

그림 3.81 지반에 따른 흡입력 분포

흡입력(suction)에 의해 물을 보유하게 되면 입자 간 표면장력이 발생하여 결합력을 야기하게 된다. 이 결합력(F)은 그림 3.82와 같이 겉보기 점착력(apparent cohesion)으로 나타나며, 그 크기는 다음과 같이 정의된다.

$$F = \frac{2\pi r_o}{1 + \tan(\alpha/2)} T_s \qquad (3.24)$$

여기서 r_o는 흙 입자 반경, α는 흙 입자와 모관수면이 이루는 각, T_s는 물의 표면장력(15℃에서 0.075g/cm). 결합력(F)은 대체로 간극의 크기에 반비례한다.

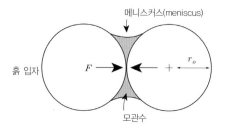

그림 3.82 모관수와 흡입력

모관수두(모관상승고)

모관압(흡입력)이 발생하면 평형을 이루기 위해 모관수의 상승이 일어난다. 표면장력에 의한 모관압이 상승모관수의 중력과 평형을 이루는 높이까지 상승할 것이다. 이때 평형수위를 모관수위 또는 모관상승고라 한다. 지반의 간극체계를 그림 3.83과 같이 이상화하면, $\pi d\, T_s \cos\alpha = h_c\,(\pi d^2/4)\gamma_w$ 이다.

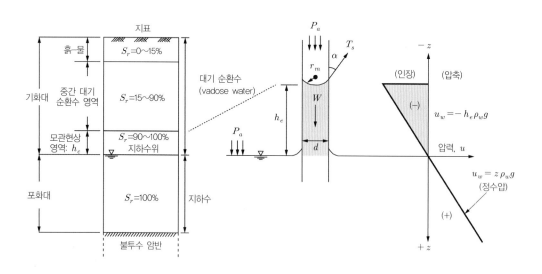

그림 3.83 모관상승고, 불포화 영역의 간극수압

따라서 모관상승고는 다음과 같이 정의된다.

$$h_c = \frac{4\,T_s \cos\alpha}{\gamma_w d}$$ (3.25)

이를 압력으로 나타내면 수면에서 $u_{wc} = \gamma_w h_c$ 이다. 실험에 따르면 지반의 모관 상승고(그림 3.83)는 근사적으로 $h_c = C/(e D_{10})$ 이다. 여기서 e는 간극비, D_{10}은 유효경(시료 중량의 10% 통과경), C는 입자 형상계수($0.1 \sim 0.5 \text{cm}^2$).

그림 3.84 (a)는 간극반경에 따른 모관상승고를 도시한 것이다. 간극반경이 1/10으로 감소하면 모관 상승고는 약 10배 증가한다. 그림 3.84 (b)는 지반종류에 따른 모관상승고를 예시한 것이다.

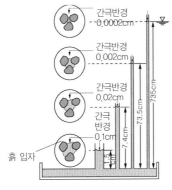

지 층	모관고(cm)
조립 모래	2 - 5
중립질 모래	12 - 35
세립질 모래	35 - 70
실트	70 - 150
점토	200 - 400

(a) 간극반경과 모관상승고   (b) 지반에 따른 모관상승고

그림 3.84 간극크기와 지반종류에 따른 모관상승고

모관수의 압력 즉, 흡입력(suction)은 대기압보다 작은 부압이다. 흡입력은 불포화토가 물을 흡입하는 힘으로서 통상 수두로 표시한다. **흡입력은 표면장력에 의해 간극수에 야기된 부압**이다. 그림 3.85는 흡입수두의 측정원리를 예시한 것이다.

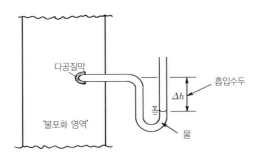

그림 3.85 흡입수두(suction head)의 측정원리(tensiometer)

함수특성곡선

불포화 영역에 물이 공급되어 포화되면, 흡입력은 바로 소멸된다. 포화지반시료를 탈수(drying)를 통해 불포화 영역으로 전이시키는 과정, 그리고 그 반대과정(wetting)으로 진행하며 흡입력을 측정하면 그림 3.86 (a)와 같이 '습윤↔건조' 과정이 일치하지 않는 이력거동(hysteresis behavior)을 나타내는데 이를 **함수특성곡선**(SWCC, soil-water characteristic curve)이라 한다. 흡입력(모관압)은 같은 함수비에 대하여 건조과정에서 더 크게 나타난다. 지반에서 나타날 수 있는 흡입력의 최대치는 약 $10^6\,\mathrm{kPa}$이다. 그림 3.86 (b)는 여러 지반재료에 대한 함수비-흡입력 관계를 보인 것이다.

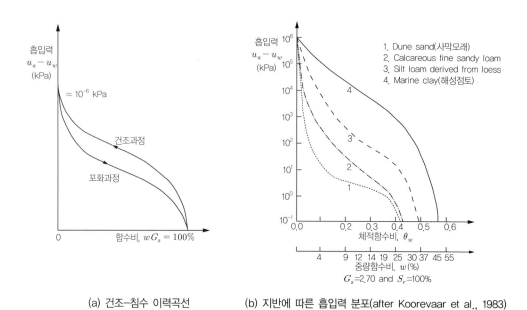

(a) 건조–침수 이력곡선   (b) 지반에 따른 흡입력 분포(after Koorevaar et al., 1983)

그림 3.86 불포화 상태 함수비와 흡입력 관계(체적함수율($\theta = V_w/V(\%)$))

함수특성곡선은 그림 3.87과 같이 간극수압과 체적 함수비의 관계로 나타내기도 한다. 포화토에서 증발이 발생하여 불포화토로 갈수록 체적 함수비($\theta = V_w/V_o$)가 감소하고, 수압은 부압(−), 즉 흡입력(suction)이 된다.

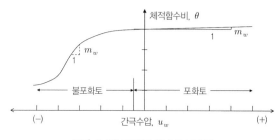

그림 3.87 지반의 함수특성곡선

3.6.3 포화 영역의 지하수 상태

포화 영역과 불포화 영역의 경계는 지하수위이다. 지하수위는 피에조미터로 결정할 수 있다. **지하수위는 일반적으로 지형과 유사한 고저변화**를 보인다. 이는 지형이 높아질수록 유출에 더 오랜 시간이 걸리기 때문에 지표현상과 지하수위가 유사성을 보이는 것이다. 따라서 가뭄이 오래 지속되거나 지층의 투수성이 아주 큰 경우 지하수위는 더 많이 중력방향으로 이동(저하)한다.

포화지층의 지하수

지하수위 아래 포화 영역에 대한 주요 관심 중의 하나는 흐름과 저류이다. 지하수의 이동성과 저류특성에 기초하여 함수층(water bearing layers)은 다음 4가지로 구분한다.

대수층(aquifer). 모래 충적층과 같이 **지하수의 산출(인양)이 충분하고, 이동이 빠른 함수층**을 말하며, 압력상태에 따라 압력을 받고 있는 피압대수층(confined aquifer)과 자유수면을 형성하고 있는 자유대수층(unconfined aquifer)이 있다(그림 3.88). 피압대수층과 같이 흐름의 경계가 구속된 흐름을 구속 흐름(confined flow), 자유대수층과 같이 수면 대기에 접하여 경계가 구속되지 않은 흐름을 비구속 흐름(unconfined flow)이라 한다.

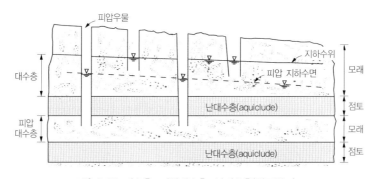

그림 3.88 대수층, 피압대수층, 난대수층(점토렌즈)

준대수층(aquitard). 대수층보다 느린 속도로 물을 전달하는 **저(低)투수성 함수층**을 말한다.

난대수층(aquiclude). **물을 저장할 수는 있으나 빠르게 이동시키지 못하는 함수층**이다. 그림 3.89에 보인 바와 같이 지중에 오목하게 존재하는 불투수에 가까운 점토 렌즈나 세일층은 난대수층에 해당한다.

비대수층(aquifuge). **물을 흡수하지도 전달하지도 못하는 비연결성 간극의 지층**이다. 그림 3.89와 같이 저반을 구성하는 화강암이나 현무암은 비대수층이라 할 수 있다.

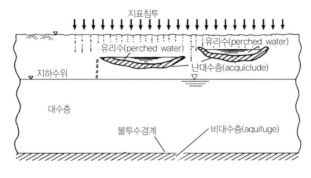

그림 3.89 난대수층과 비대수층

지층의 저류특성과 저류계수

자연지반의 경우 물의 보유능력은 지하수 인양(pumping)활용 또는 건설공사의 유입량 관리계획에 매우 중요하다. 다공성 매질의 물 보유능력은 기본적으로 간극률(porosity), $n = V_v/V($또는 $n = e/(1+e))$에 의해 결정된다. 하지만 간극을 채우고 있는 물 중 흡착수나 표면장력에 의해 보유되고 있는 물까지 모두 인양(배출, 산출, 유출)해낼 수 있는 것은 아니다. 따라서 간극률 개념으로 총 보유 가능한 지하수량은 산정할 수 있지만, **인양 가능한 물의 양을 산정하기 위해 매질의 총체적(V)에 대한 배출 가능한 물의 체적(V_{dw})의 비율인 비산출률(specific yield), $S_y = V_{dw}/V$ 개념을 도입한다.**

한편, 인양되지 않고 남아 있는 물 체적(V_{aw})의 총 체적(V)에 대한 비율은 비보유율(specific retention), $S_{aw} = V_{aw}/V$이라 한다. 따라서 간극률과 $n = S_y + S_{aw}$의 관계가 성립한다. 지하수 공학에서는 간극률보다 비산출률이 더 중요하다. 예를 들어 점토는 간극률이 30~60%에 이르나 비산출률은 5% 이하에 불과하다. 그림 3.90은 지반종류에 따른 간극률, 비산출률, 비보유율 간의 관계를 보인 것이다.

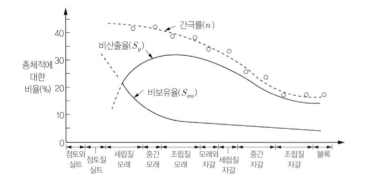

지층	비산출
자갈층	0.15 - 0.30
모래자갈층	0.15 - 0.25
모래층	0.10 - 0.30
초크(백악)층	0.01 - 0.04
사암층	0.05 - 0.15
석회암층	0.005 - 0.05

(Driscoll, 1986 and Oakes, 1986)

그림 3.90 공극률, 비산출률, 비보유율 간의 관계

유량 보유능력은 수두변화에 따라 단위 표면적당 유입되거나 배출할 수 있는 물의 체적(V_w)인 **저류계수(S_s, coefficient of storage)**를 이용하여 평가할 수도 있다. 비구속 대수층의 경우 저류계수(storage coefficient)는 단위 수두 감소 시 대수층의 단위면적당 얼마의 양의 물이 중력에 의해 빠져나가는가(또는 흡입되는가)를 나타내는 지표(무차원)이다. 그림 3.91에서 **흙기둥에서 단위 1의 지하수변화(저하 또는 상승)가 생겼을 때, 이 흙기둥에서 배출 혹은 흡입되는 수량(저류수의 증감량)이 저류계수이다.** 저류계수가 작을수록 수위변화가 예민하며, 특정지점의 영향이 더 멀리까지 전달됨을 의미한다.

저류계수(S_s)의 정의는 대수층 상태에 따라 달라진다. 피압 대수층의 경우, 저류계수 S_s는 근사적으로 지하수위의 변화에 기인하는 대수층 두께의 신축량으로 이해해도 된다. 대수층의 변형계수가 E, 두께가 D이면 $S_s = E \times D$이다. S_s 값은 $10^{-7} \sim 10^{-3}$ 범위로 분포한다. 자유지하수의 경우 저류특성은 간극의 크기가 지배한다. 이 경우 **저류계수는 근사적으로 유효간극률(n_e)과 같다.**

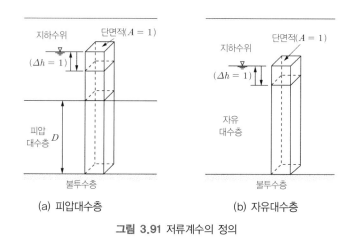

(a) 피압대수층 (b) 자유대수층

그림 3.91 저류계수의 정의

예제 저류계수를 수학적으로 정의하고 어떤 피압대수층의 수두가 2m 감소하면서 10m²의 수평면적에서 2m³의 물이 배출된 경우 저류계수를 구해보자.

풀이 저류계수의 정의에 따라

$$S_s = \frac{1}{A}\frac{dV_w}{dh} \tag{3.26}$$

여기서 A는 면적, dV_w는 물의 체적변화, dh는 수두변화이다. 피압대수층의 수두가 2m 감소하면서 10m²의 수평면적에서 2m³의 물이 배출되었다면 저류계수는 $0.1(S_s = 2 \div 2 \div 10 = 0.1)$이다.

자연지반의 투수성

흐름속도를 지배하는 지반물성은 투수성이다. 투수성은 단위 시간당 흐름거리로 정의되는 '투수계수

(coefficient of permeability)' 또는 '수리 전도도(hydraulic conductivity)'로 나타낸다. 투수계수는 속도 (cm/sec)의 단위를 갖는다(m/sec, cm/sec). 투수계수의 크기는 흙의 종류에 따라 다르며 그림 3.92는 지반재료 별 투수성 분포를 보인 것이다.

실제 흙의 투수성은 생성기제에 따라 공간적 변화가 매우 크며 대표적 비균질, 이방성 특성을 보이는 물성이다. 특히, 암반의 경우 절리의 발달정도가 투수성을 지배한다. 따라서 투수성은 당해 부지에 대한 원위치 시험을 통해 평가하는 것이 가장 바람직하다.

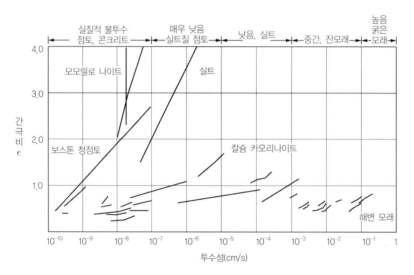

그림 3.92 자연지반의 간극비와 투수계수 분포(after Lambe and Whitman, 1969)

암반의 투수성. 암반은 암석과 불연속면으로 구성되며, 두 매질은 투수계수 차이가 매우 크므로, 암반의 점(point) 투수계수는 위치에 따라 크게 변화한다(그림 3.93). 평균 수준의 불연속면을 포함하는 비교적 큰 체적의 시료(대표체적 : REV, representative permeability)를 택해야 이러한 편차가 배제된 암반투수성이 파악될 수 있다.

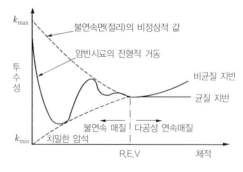

그림 3.93 암반투수계수의 분포특성

Chapter 04

지반의 실제거동

지반의 실제거동

'지구에서 **384,400km 떨어진 달에 도달하는 계획에 따른 불확실성보다, 땅속 1m 깊이의 성상을 예측하는 데 따른 불확실성이 더 크다**'는 말이 있다. 이는 지반의 구성 상태나 매질의 속성이 변화무쌍하여 지반성상의 예측이나 거동평가가 이론적으로 다루기 용이하지 않음을 비유한 것이다.

2장에서 지반거동을 들여다보는 '틀(窓, framework)'을 학습하였고, 그 창이 매우 제한된 응력공간과 경로임을 알았다. 이 장에서는 2장의 분석의 틀과 3장에서 다룬 지반의 상태정의를 토대로 하중 등 환경 변화에 대하여 실제 지반이 어떻게 거동하는가를 고찰한다.

응력-변형률 거동(강성특성), 그리고 항복과 파괴거동(강도특성)이 대표적인 지반의 역학적 관심거동이다. 지반거동은 지반의 종류, 구조물이나 지하수의 존재여부, 구속응력, 배수조건, 응력경로 등 다양한 요인에 영향을 받는다. 지반의 실제거동을 파악하는 것은 지반거동을 이론적으로 다루기 위한 지반 모델링의 기초이다.

실제 지반문제에서는 순수한 지반재료의 거동 이외에도 지반-구조물 상호작용, 지하수 수리거동, 구조-수리적 복합거동 등도 중요하게 고려되어야 한다. 이 장의 내용은 앞으로 다룰 지반 모델링(5장)과 지배방정식(6장)에 상당부분 인용될 것이다. 이 장에서 다룰 주요 내용은 다음과 같다.

- 지반재료의 거동 메커니즘과 응력 – 변형률 거동
- 지반재료의 탄성거동과 강성
- 지반재료의 항복과 소성거동
- 지반재료의 파괴거동과 강도특성
- 지반재료의 한계상태 거동
- 지반재료의 시간 의존적 거동 특성과 동적거동
- 지반 – 구조물 상호작용 거동
- 지반 내 흐름거동, 투수성 및 구조–수리 상호작용

4.1 지반재료의 변형 메커니즘

지반재료의 거동은 응력흐름에 지배되는 연속체 거동과 지질구조에 지배되는 불연속 거동으로 구분할 수 있다. 일반적으로 흙 지반은 연속된 변형거동을 나타내지만, 블록의 집합체인 암 지반은 불연속면에 변형이 집중된다. 이 두 거동 특성을 지반별로 살펴보자.

4.1.1 흙 지반의 변형 메커니즘

흙을 구성하는 입자들은 금속처럼 강한 결합을 이루고 있지 않아 입자의 움직임이 비교적 자유로운 편이다. 그러나 흙 입자는 고체이므로 입자 간 운동이 유체만큼 자유롭지는 않다. 토체(soil mass) 내에는 무수한 수의 입자와 접촉점이 존재하며 접촉점의 형상과 물리적 특성이 모두 다르므로, 각 접촉점에서 일어나는 현상을 개념적 또는 정성적으로 설명할 수는 있어도 접촉점의 개별거동을 정량화하거나 거동원리를 도출해 내기는 쉽지 않다. 이런 이유로 흙을 입자의 개별 거동보다는 토체라는 연속체로 다루게 된다.

따라서 거동 조사를 수행할 때도 어느 특정 접촉점의 영향에 지배되지 않고 평균적인 개념의 접촉점 거동이 조사될 수 있도록 충분한 수의 접촉점을 포함하는 시료를 채취하여 토체의 대표 거동을 파악해야 한다. 이러한 사실은 아주 큰 입자를 포함하는 흙의 시험장치(시료)는, 그에 상응하는 대표 거동이 조사될 수 있을 정도로, 충분히 커야 함을 의미한다.

입자體(particulate media)의 변형원리

흙은 약하게 결합되어 있거나 결합되어 있지 않는 입자체이다. 흙의 변형은 입자 자체의 아주 작은 변형을 제외하고는 대부분 입자 사이의 상대운동(미끄러짐과 구름)에 기인한다(그림 4.1). 입자의 변형은 그 입자의 상대운동을 용이하게 한다. 일반적으로 탄성변형은 아주 작은 변형률에서만 관찰되며, 흙 지반에 발생하는 대부분의 변형은 회복되지 않는 비가역적(irrecoverable) 소성(plastic)변형이다. 모래의 경우 응력수준이 현저히 커지면 입자의 파쇄(crushing)로 변형이 크게 증가한다.

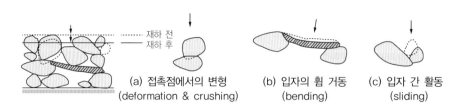

| (a) 접촉점에서의 변형 | (b) 입자의 휨 거동 | (c) 입자 간 활동 |
| (deformation & crushing) | (bending) | (sliding) |

그림 4.1 입자와 입자체의 거동 메커니즘

그림 4.1에 보인바와 같이 토체에 발생하는 총 변형률 중 일부는 개개 입자의 변형에 의한 것이며, 또 일부는 입자 간 상대적인 미끄러짐의 결과이다. 미끄러짐 거동은 입자 재배치를 야기하며 전체 변형의 많은 부분을 차지한다. 흙 입자 하나하나는 아주 강할지라도 입자간의 미끄러짐 거동과 입자의 재배치 때문에 흙 구조체(structure) 전체는 변형성이 비교적 큰 재료로 분류된다. 실험과 현장조사를 통해 확인된 지반재료의 대표적 변형특성을 요약하면 다음과 같다.

- 지반변형은 주로 입자의 변형(deformation)과 입자 간 상대적 이동에 의하여 발생한다. 판상(plate shape) 입자의 함유가 높은 흙은 판의 휨 변형이 탄성 변형의 주원인이다(예, 운모).
- 입자 간 미끄럼 거동은 비선형인 동시에 대부분 비가역적이므로 입자의 집합적 거동인 응력-변형률 거동도 비선형성 및 비가역성을 나타낸다.
- 점토의 경우 변형 시 입자 간 간격이 변화하거나 전단면을 따라 입자가 평행하게 배열되는 등 입자구조가 변경, 재배치되는 경향을 보인다(그림 4.2).
- 조밀, 과압밀 지반의 변형은 입자 간 엇물림(interlocking)을 극복함으로써 발생하는데, 이 과정에서 체적 팽창(dilation)이 일어난다(그림 4.3).
- 입자 재배치에 의해 야기된 변형은 재하응력을 제거하여도 원상태로 회복되지 않는 (소성)변형이다.
- 모래의 경우 약 14MPa 이상의 하중이 작용하면, 입자의 파쇄가 일어나기 시작한다.

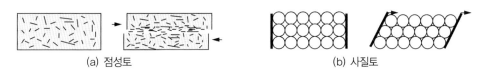

(a) 점성토   (b) 사질토

그림 4.2 지반재료에 따른 입자 재배치의 예

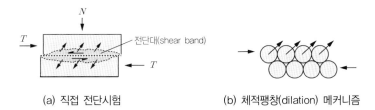

(a) 직접 전단시험   (b) 체적팽창(dilation) 메커니즘

그림 4.3 과압밀 점토 및 조밀 모래의 체적팽창 메커니즘

간극수의 영향

간극수는 지반거동에 물리적, 화학적 영향을 미친다. 물은 간극을 통하여 흐르며, 침투력을 야기한다. 간극수의 침투력은 흙 입자의 관점에서 견인전단력(drag shear force)에 해당한다(그림 4.4 a). 이로 인해 물과 흙 입자 간 상호작용이 야기되고 입자 간 접촉력의 크기가 변화하여 압축성과 전단저항에도 영향을 미친다. 조립 입상토(coarse granular soils)일수록 흐름영향을 크게 받는다.

토체가 하중을 받을 때 **지하수 유출의 허용 여부(수리 경계조건, 배수 또는 비배수), 재하속도, 그리고 지반재료의 간극상태가 간극수와 토립자의 하중분담률에 영향을 미쳐 역학적 거동을 지배한다.** 일례로 포화된 지반에 하중이 작용하면 하중은 간극 유체와 토립자 둘 다에 의해 분담될 것이다. 이때 간극수압이 분담한 하중은 수두 차이를 야기하고, 이는 흙 내부에 흐름을 발생시켜 **시간 의존적 지반거동(압밀)**을 야기한다. 그림 4.4 (b)는 배수가 허용된 경우 시간에 따라 간극수가 분담하는 하중의 변화를 보인 것이다.

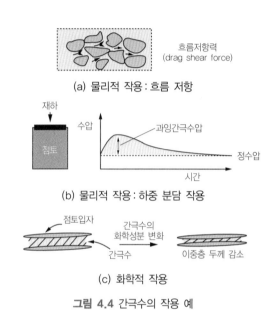

(a) 물리적 작용 : 흐름 저항

(b) 물리적 작용 : 하중 분담 작용

(c) 화학적 작용

그림 4.4 간극수의 작용 예

흙은 광물 입자(minerals)와 유체(fluid)로 이루어진 다상체계(multi-phase)로서, 점토 간극수에 화학물질이 녹아드는 경우 전기적 평형상태를 변화시켜 입자간격 및 배열에 영향을 미친다. 간극유체는 입자의 표면특성을 변화시켜 입자 간 접촉거동에도 영향을 미친다. 일례로 그림 4.4 (c)와 같이 점토의 이중층 두께가 감소하면 변형이 진전되고 투수성이 저하된다(대표적 화학적 작용의 예인 석회석의 용해과정을 Box에 예시하였다).

4.1.2 암 지반의 변형 메커니즘

암반의 변형은 암석(무결암, intact rock)의 변형, 불연속면의 변형 그리고 지하수 작용 등이 종합된 결과로서 나타난다. 이 중 불연속면의 거동이 가장 지배적 요인이라 할 수 있다. 불연속면의 거동은 기하학적 형상, 조도(roughness), 충진물(filling materials), 작용하중의 방향에 매우 민감하다. 절리가 발달한 풍화 암 지반일수록 거동은 **불연속면에 집중**된다. 반면에 풍화되지 않은 신선한 암 지반일수록 암 지반의 전체 거동은 암석의 거동이 지배한다.

지하수의 화학적 작용 예 – 석회암 공동(cavity)과 싱크홀(sink hole)의 형성

자연 상태에서 산(酸, acid)에 의해 쉽게 부식되는 암석의 대부분은 방해석 광물을 포함하는 석회암과 대리암이다. 방해석(calcite)은 바다나 호수에서 유기물의 생물학적 반응에 의해 형성되거나, 무기물 반응으로 인한 화학적 퇴적으로 형성된다. 지반 내 자연적인 공동(cavity)은 거의 대부분 석회암 지반의 용해로 인한 것이다. 석회암의 용해는 엄밀히 말해 석회석 내 광물인 '**방해석**($CaCO_3$)'의 용해이다. 방해석이 용해되어 지하수에 의해 씻겨나가면 그림 4.5와 같이 동굴이나 함몰지(sinkholes)가 형성된다.

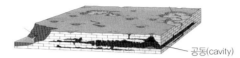

(a) 석회암 용해 지형

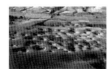

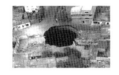

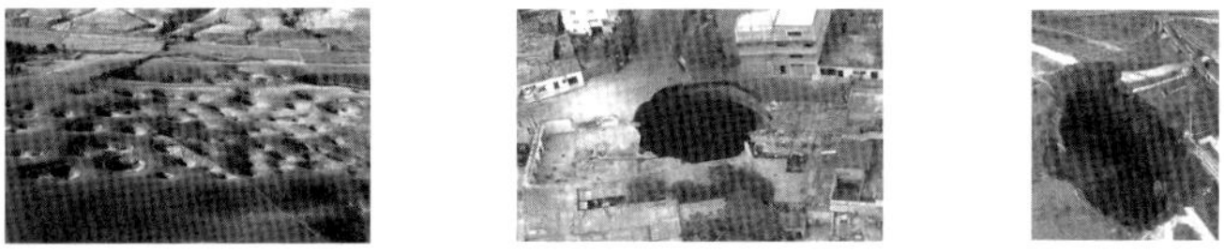

(b) 석회암 지반의 지표 함몰 예

그림 4.5 석회암 용해지형과 지표 함몰(sinkholes)

방해석의 용해를 나타내는 화학식은 아래와 같다.

$$CaCO_3 + CO_2 + H_2O \rightleftarrows Ca^{2+} + 2HCO_3^-$$

이산화탄소의 농도가 높으면 반응이 왼쪽에서 오른쪽으로, 낮으면 오른쪽에서 왼쪽으로 일어난다. 일반적으로 자연상태에서는 두 반응이 거의 동시에 일어나 평형상태에 있다. 대기 중 이산화탄소가 증가하면 이산화탄소가 물에 녹아 탄산을 형성하여 방해석의 용해를 촉진하므로 화학반응식이 오른쪽으로 진행된다. 이 반응원리에 의거하여 석회암 지반에서 석회암 동굴이 생성되는 메커니즘을 살펴볼 수 있다. 먼저 이산화탄소가 땅속으로 침투되어 지하수에 용해되면, 지하수가 약한 산성을 띄게 된다. 위 반응식에 따라 석회암에 들어 있는 방해석이 지하수면 근처에서부터 용해되기 시작된다. 방해석이 용해된 지하수가 배출되고, 용해 영역이 점점 확대되면 동굴이 생성된다. 동굴의 일부분은 지하수로 채워지기도 한다. 만일, 나중에 탄산이 감소하는 환경이 되면 반대방향의 반응이 일어나 종유석과 같은 방해석 침전물을 형성한다.

암석은 지반에 비해 훨씬 큰 강성과 강도를 가지나, 내재된 균열 때문에 응력-변형률 곡선에서 응력이 순간적으로 저하되는 취성(brittle)거동도 흔하게 나타난다. 그림 4.6은 흙 지반재료의 거동과 암석재료의 거동 차이를 보인 것이다. 흙 지반의 경우 대체로 연속체적 거동을 보이나 암반거동은 불연속면에 집중되어 거동이 돌발적 일 수 있음을 예상할 수 있다.

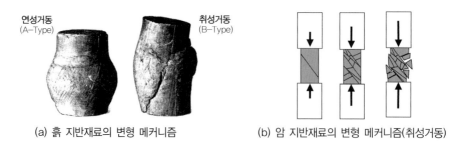

연성거동 (A-Type)	취성거동 (B-Type)

(a) 흙 지반재료의 변형 메커니즘   (b) 암 지반재료의 변형 메커니즘(취성거동)

그림 4.6 지반재료의 변형 메커니즘 비교

일반적으로 불연속면은 인장에 저항하지 못한다. 충진물이 없는 깨끗한 불연속면은 상당한 마찰(전단)저항을 나타내며 그림 4.7과 같이 전단 시 체적팽창을 나타낼 수 있다. 충진물이 있는 불연속면의 거동은 충진물의 역학적 특성에 지배된다. 불연속면은 불규칙하고 3차원적이므로 개개의 불연속면을 정량적으로 다루기란 용이하지 않다.

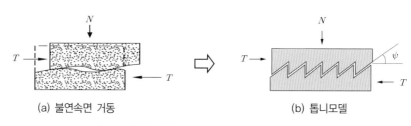

(a) 불연속면 거동   (b) 톱니모델

그림 4.7 암반 불연속면의 팽창거동의 톱니유추 모델 예

암반변형은 불연속면(풍화도)이 증가함에 따라 거동의 대부분이 불연속면에서 야기되는데, 그림 4.8은 풍화도의 증가에 따른 시료 내 불연속면의 증가가 암반변형에 미치는 영향을 개념적으로 나타낸 것이다.

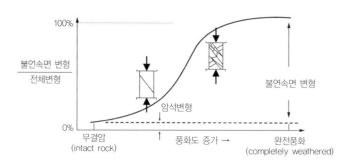

그림 4.8 암반의 변형특성

4.1.3 지질구조와 구조물의 영향

앞에서 살펴본 거동메커니즘은 시료단위의 순수한 지반재료를 대상으로 한 것이다. 실제지반은 지질구조, 기하학적 특이성과 구조물 등 이질재료를 포함하고 있고, 많은 지반문제가 이러한 특성과 관련되어 나타난다. 따라서 실제문제에 있어서 지반의 변형거동은 이러한 영향요소까지 모두 고려하여 파악해야 한다.

지질구조의 영향과 지반-구조물 상호작용

그림 4.9는 지질구조와 지반-구조물 간 상호작용이 일어날 수 있는 예를 보인 것이다. 지질구조(예, 파쇄대)는 지반물성의 공간적 변화를 구성하며 응력, 지하수 거동에 다음과 같은 영향을 미친다.

- 불연속 지질구조는 응력장(stress fields)에 영향을 미친다.
- 불연속면은 침투유로를 제공하며, 이를 통한 지속적 흐름은 암반의 구조-수리적 특성을 변화시킨다.
- 불연속면에 수직한 응력의 증가는 투수성을 저하시키며, 불연속면의 수압은 법선응력을 변화시킨다.
- 과대응력(excessive stresses)은 지반의 지질구조를 변화시킨다.

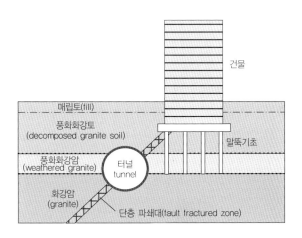

그림 4.9 지질구조와 지반-구조물 상호작용의 예

그림 4.9와 같이 지반에 구조물을 설치하는 경우 지반과 구조물의 접촉이 발생하며, 이때 야기되는 변형 및 응력거동은 단층과 같은 **지질구조의 영향**, 그리고 **지반과 구조물의 상호작용의 결과**이다. 이 중 지반-구조물 상호작용은 서로 다른 재료의 강성(stiffness) 차이의 영향이며, 지반과 관련된 문제가 대부분 이러한 상황을 포함한다. 따라서 지반거동은 지반자체의 거동은 물론 지질구조의 영향, 구조물의 영향을 함께 고려하여야 한다.

4.2 지반재료의 응력-변형률 거동

응력-변형률 거동은 지반재료의 물성 정의에 필요한 기본 거동정보이며, 지반 모델링 시 재현해내어야 할 대상이기도 하다. 지반재료의 응력-변형률 거동은 구조재료와 달리, 지반의 종류, 압밀상태, 조밀한 정도, 배수조건, 그리고 구속응력의 크기 등 다양한 요인에 영향을 받는다.

응력-변형률 거동으로부터 재료의 강성, 강도, 비선형성, 체적변화 특성 등을 파악할 수 있다. 이 장에서 살펴볼 응력-변형률 거동의 용어와 특성을 고찰하기 위해 금속재료의 거동을 BOX에 예시하였다.

4.2.1 응력-변형률 거동

금속재료나 콘크리트와 같은 구조재료는 일반적으로 균질하고 등방성이며 선형탄성거동을 하는 것으로 가정한다. 구조재료는 이러한 가정이 실제 거동과 큰 차이가 없다. 하지만 지반재료는 이러한 가정이 잘 맞지 않으며, 구조재료에 비해 훨씬 더 복잡한 응력-변형률 거동특성을 나타낸다.

지반의 거동특성을 조사하기 위해 높은 정밀도와 다양한 역학적 조건을 구현할 수 있는 시험장비가 필요하다. 그러나 2장에서 살펴보았듯이 현재 사용되고 있는 지반 시험장비들은 아주 제한된 응력조건 (응력경로)만 구현할 수 있다. 일반적으로 **삼축시험의 축변형률-편차하중 관계** 또는 **직접전단시험의 전단변형률-전단응력 관계**를 통해 응력-변형률거동을 조사하며, 체적변화 거동은 주로 삼축시험(triaxial test)과 압밀시험(oedometer test)으로 조사할 수 있다.

그림 4.10은 지반재료의 전형적인 응력-변형률 거동 패턴을 보인 것이다. 일반적으로 정규 및 느슨한 지반재료와 같이 최대응력점(peak stress, 첨두응력)이 없는 형태(A-type), 그리고 불연속면을 포함하거나 과압밀 및 조밀한 지반재료와 같이 최대응력을 나타내는(B-type), 두 거동패턴으로 구분할 수 있다.

(a) 지반재료의 연성(ductile)거동 : A-Type 거동   (b) 지반재료의 취성(brittle)거동 : B-Type 거동

그림 4.10 지반재료의 응력-변형률 거동패턴

일반적으로 입자체의 변형메커니즘은 변형의 진전과 함께 달라진다. 변형 초기에는 불규칙한 입자의 재배치, 즉 **교란전단(turbulent shear)**변형, 최대 하중을 넘어서면서는 입자의 **상대이동전단(transitional shear)** 변형, 변형이 크게 진전되면 입자의 평형 재배치에 따른 **활동전단(sliding shear)**변형이 발생한다.

그림 4.11은 전형적인 금속재료의 응력-변형률 거동을 보인 것이다. 금속재료의 경우 재하초기의 응력-변형률 관계는 직선으로 나타나는데, 이 한계를 **비례한계**(proportional limit), σ_{pl}라 한다. 이 구간에서는 선형탄성(linear elastic)거동을 보인다. 응력-변형률 관계가 직선은 아니지만 하중 제거 시 변형이 초기 상태로 되돌아가는 한계를 **탄성한계**(elastic limit), σ_{el}라 한다. 이 구간의 응력-변형률 관계는 비선형 탄성거동(nonlinear elastic)을 보인다. 탄성한계를 넘어서면 재료의 거동이 원상태로 회복되지 않는데, 이를 소성변형(plastic deformation)이라 한다. 탄성한계는 항복점(yield point)이라고도 하며 소성거동을 나타내기 시작하는 점이다. 항복 이후에도 응력이 계속해서 증가하여 최대 응력점을 나타내는데, 이를 금속역학에서는 **소성한계**(plastic limit), σ_{yl}라 한다.

항복점을 지나서 변형률의 증가와 함께 응력의 증가가 계속되는 현상을 변형률 경화(strain hardening) 또는 일 경화(work hardening)라 한다. 변형률 경화는 금속결정 중 가지런하지 않던 부분들이 재료내부에서 미끄러짐 변형을 겪으면서 각 결정의 위치가 좀 더 변형에 저항하기 좋은 형태로 재배치되어 변형에 효과적으로 저항하고자 하는 현상이며, 강도의 증가에 기여한다. 경화상태에 도달하면 변화된 재료성질로 인해 탄성한계나 항복점이 높아져 소성변형이 일어나기 어려운 단단한 성질을 보인다(금속제조업자들은 이러한 성질을 이용하여 경도(굳기)가 큰 제품을 만들어 왔는데, 이 작업을 가공경화(加工硬化)라고 불렀다).

최대 응력점을 지나면서 변형률의 진전과 함께 응력이 감소하는 현상을 변형률 연화(strain softening)라 한다. 아무리 변형에 저항하기 좋은 구조로 조직이 재배열되었다 하더라도 계속해서 하중을 가하면 결국 저항한계를 초과하게 될 것이다. 이때 갑작스럽게 결정배열이 붕괴를 일으키면 응력이 감소하는데도 변형률이 증가하는 현상이 나타나게 된다. 금속의 경우 변형에 따라 길이가 늘어나는 대신 단면이 줄어들므로 순체적의 변화는 크지 않은 것으로 알려져 있다.

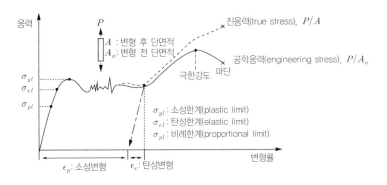

그림 4.11 연강(mild steel)의 응력-변형률 거동 예

NB : 최대응력(peak stress)과 강도(strength)

응력-변형률 곡선에서 응력의 최대점을 강도(strength)라 표현하는 것은 적절하지 않다. 최대응력은 구속응력이 커질수록 증가한다. 특정 응력-변형률 곡선에서 최대응력은 그 시험조건에서의 강도이다. 강도는 구속응력을 비롯한 여러 영향 요인에 따라 달라지므로 물성이라 할 수 없다. 따라서 강도는 응력 공간의 어떤 영역(함수)으로 표기하게 되는데, 이 함수를 파괴규준(failure criteria)이라 한다.

4.2.2 흙 지반 재료의 응력–변형률 거동

지반재료의 거동은 지반의 종류에 따라 응력-변형률 거동과 체적변화거동으로 구분하여 살펴볼 수 있다. 응력-변형률 거동은 주로 삼축시험과 전단시험결과로 조사하므로 통상 전단응력과 전단변형률 관점으로 고찰한다. 체적변화거동은 주로 등방압축시험이나 압밀시험결과를 이용하여 조사한다. 시료 내 간극수의 존재와 배수 경계조건은 거동에 중요한 영향을 미친다. 지반종류와 배수조건을 기준으로 지반재료의 응력-변형률(전단) 거동을 살펴보기로 한다.

점토의 배수거동

그림 4.12는 정규 압밀점토와 과압밀점토에 대한 전형적인 배수 삼축시험결과를 보인 것이다.

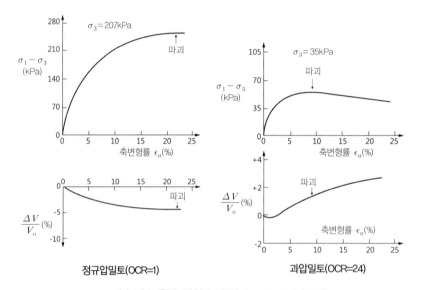

(a) 배수 응력–변형률 거동(after Henkel, 1956)

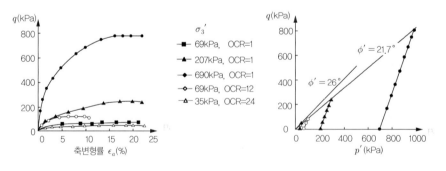

(b) 응력경로

그림 4.12 점토의 배수(CD) 응력–변형률 거동(삼축시험)(after Parry, 1960)

정규압밀토는 항복 후 파괴까지 계속해서 전단응력이 증가하는 변형률 경화(hardening)거동(A-Type)을 나타낸다. 반면, 과압밀토는 경화거동을 거쳐 최대응력 후에 강도가 감소하는 연화(softening)거동을 보인다(B-Type). 즉, 정규압밀토는 압축되지만 과압밀점토는 팽창한다. 같은 구속응력상태에서 과압밀토는 정규 압밀점토보다 높은 강성(stiffness)과 최대 응력을 나타낸다. 하지만, 두 경우 모두 **낮은 응력상태에서부터 비선형거동**을 보인다.

구속응력의 영향. 지반재료가 최대 응력점(peak stresses)을 나타내는가(B-type)의 여부는 시료의 과압밀도(OCR)와 구속응력(σ_3)의 크기에 관계된다. **구속응력을 증가시킬수록 더 큰 강성과 최대 응력을 나타낸다**(그림 4.12 b). 일반적으로 구속응력이 과거에 받았던 최대 응력보다 작은 경우 최대 응력을 나타내는 거동을 보인다. 이런 특성은 과압밀도가 클수록 현저하다. 하지만, 구속응력을 증가시키면 최대 응력은 증가하나, 취성거동에서 연성거동으로 거동특성이 변화한다.

그림 4.13은 같은 OCR 시료에 구속력을 달리하여 직접전단시험으로 배수전단거동을 조사한 것이다. 정규압밀토는 간극비가 감소하고, 과압밀토는 간극비가 증가한다. 충분한 변형이 일어나면 초기 간극비 상태와 관계없이 같은 일정 값의 간극비에 도달하게 되는 데, 이를 한계간극비(e_{cs})라 한다.

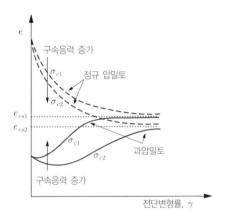

그림 4.13 전단 시 간극비 변화(직접전단 시험)

응력-변형률 거동에서 최대응력점을 지나 변형이 진전되면 더 이상 체적변화가 일어나지 않는 상태가 되는데, 이를 한계상태(critical state)라 한다. 한계상태를 지나 충분한 변형이 일어나면 입자재배치로 인해 더 낮은 상태의 응력이 나타날 수 있는데, 이를 잔류응력상태(residual stress state)라 한다.

NB : 낮은 구속응력에서는 큰 팽창성을 나타내나, **아주 높은 구속응력에서는 과압밀 점토라도 압축거동을** 나타낸다. 이 경우 비배수 전단 시, 체적변화는 억제될 것이며, 이때 체적변화가 억제되기 위해 이 크기에 상응하는 반작용이 필요한데 이것이 바로 인장(負) 간극수압의 발생이다.

OCR은 흙 지반의 거동을 지배하는 중요한 요소 중의 하나이다. 따라서 흙 거동조사 시 OCR을 달리한 시료 제작하여 시험을 수행하여야 하는 경우가 많다. 실험실에서 임의 OCR 시료를 어떻게 만들 수 있을까?

그림 4.14와 같이 압축시험을 하면 $e-\ln p'$ 관계(정규압밀곡선, NCL, normal compression line) OA 를 얻을 수 있다. NCL에서 제하(unloading)를 하면 팽창선(SL, swelling line)을 얻는데, 이 경우 NCL에 서 SL의 전환응력점은 SL선에 위치하는 시료의 선행압밀응력에 해당한다. 선행압밀응력을 알고 있으므 로 SL선 상에서 목표 OCR 값을 갖도록 응력상태를 설정할 수 있다. 일례로 A상태 시료는 OCR=1, A→ B로 제하한 시료는 OCR=2, A→C로 제하한 시료는 OCR=5, A→D로 제하한 시료는 OCR=10이다.

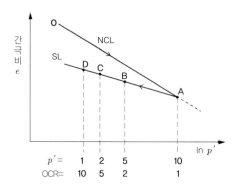

그림 4.14 임의 OCR을 갖는 시료의 선택방법

응력경로의 영향. 제2장에서 시험법의 차이는 응력경로의 차이임을 살펴보았다. 응력-변형률 관계는 시험법(응력경로)에 따라 다르게 나타난다. 즉, 같은 시료라 하더라도 강성과 최대 응력의 크기가 시험 법에 따라 달리 구해진다. 그림 4.15는 이러한 거동의 예를 보인 것이다.

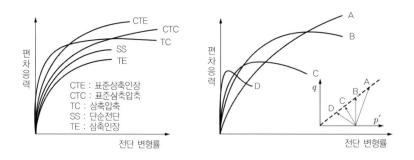

그림 4.15 응력경로에 따른 응력-변형률 거동패턴의 예(배수거동)

점토의 비배수 거동

비배수 조건에서는 체적변형률이 발생되지 않기 때문에 시험 중에 간극비가 거의 일정하게 유지된다. 대신 **전단에 따라 체적이 변화하려는 경향이 간극수압의 변화로 나타난다**. 그림 4.16은 초기 응력상태 (압밀상태)를 다르게 한, 정규 압밀토($\sigma_3' = 207\,\text{kPa}$)와 심하게 과압밀된 점토($\sigma_3' = 35\,\text{kPa}$)에 대한 비배수 삼축시험 결과를 보인 것이다.

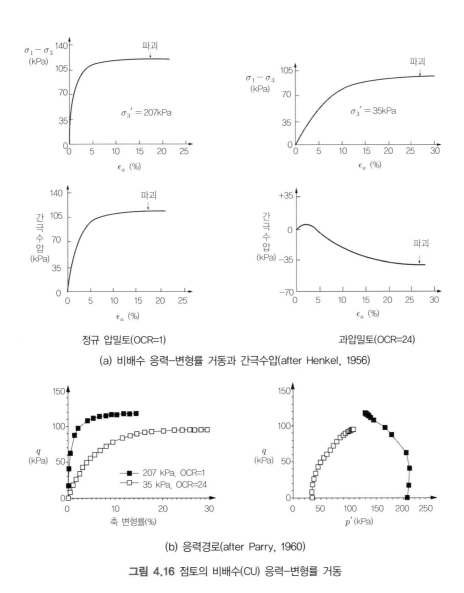

정규 압밀토(OCR=1)

과압밀토(OCR=24)

(a) 비배수 응력−변형률 거동과 간극수압(after Henkel, 1956)

(b) 응력경로(after Parry, 1960)

그림 4.16 점토의 비배수(CU) 응력−변형률 거동

이 거동을 그림 4.12의 배수거동과 비교해보자. 정규압밀토는 체적수축 경향(비배수 조건이므로 체적수축도 무시할 정도로 작음) 때문에 유발과잉 간극수압이 증가되어 배수조건보다 유효응력이 감소하

고 이로써 최대응력이 저하된다. 반면에 **과압밀 점토는 체적팽창의 경향(비배수 조건이므로 실제로 체적이 팽창되는 것은 아님) 때문에 유효응력이 증가하고 배수조건 보다 최대응력이 크게 나타났다.** 과압밀점토의 경우 간극수압은 비교적 작은 변형률에서는 양(compression)의 값을 나타내지만, 이후 점차 감소하여 체적팽창과 함께 부(負, tension)의 값을 나타낸다(비배수 조건에서는 체적변화가 무시할 만하므로 체적변화는 배수조건에서만 나타난다).

예제 약간 과압밀된 동일 흙 지반 시료를 3개 준비하여 각각 UU, CU, CD 조건으로 삼축압축시험을 수행했을 때, 얻어진 응력-변형률 관계와 강도의 상대적 크기를 비교해보자(그림 4.12 및 4.16 참조).

풀이 세 개의 시료를 준비하여 같은 구속응력 하에 서로 다른 시험조건인 UU, CU, CD 시험을 수행하면 응력-변형률 관계의 상대적 크기와 간극수압, 그리고 Mohr 원은 그림 4.17과 같이 얻어진다. 강도의 크기는 UU<CU<CD로 나타난다.

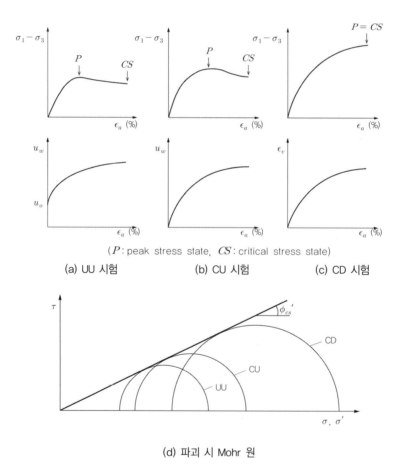

$(P$: peak stress state, CS : critical stress state$)$

(a) UU 시험   (b) CU 시험   (c) CD 시험

(d) 파괴 시 Mohr 원

그림 4.17 배수조건에 따른 거동비교

모래 및 사질토의 응력–변형률 거동

모래의 거동 메커니즘은 점토와 근본적으로는 차이가 없다. 앞에서 설명한 점토의 거동특성의 대부분이 모래에 대하여도 동일하게 나타난다. **느슨한 모래의 거동은 정규 압밀 점토와 유사하고 조밀한 모래는 과압밀 점토와 유사**하다. 느슨한 모래는 전단 시 압축거동을 보이며, 조밀한 모래는 낮은 구속응력에서 체적팽창 거동을 보인다. 느슨한 모래는 연성거동을 보이고, 조밀한 모래는 최대 응력점을 나타내는 취성거동을 보인다. 그림 4.18은 모래의 전형적인 배수응력-변형률 거동을 정리한 것이다.

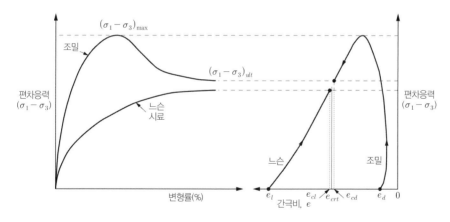

그림 4.18 조밀도에 따른 모래의 전형적인 응력–변형률 거동

모래지반도 비배수조건 하에서는 체적변화가 거의 일어나지 않는다. 대신 **체적변화의 억제가 간극수압의 변화(증가)로 나타난다.** 느슨한 모래의 경우 압축이 일어나므로 정의 간극수압이 발생한다. 반면, 조밀한 모래는 재하 초기에 압축으로 인해 정의 간극수압이 나타나지만 곧 체적팽창거동의 제약에 상응하는 부의 간극수압이 나타난다.

4.2.3 흙 지반재료의 체적변화 거동

전단 시 발생하는 체적변화 거동과 그 영향은 삼축시험과 직접전단시험의 응력-변형률거동에서 살펴보았다. 순수한 체적변화 거동은 주로 등방재하 및 압밀시험(Oedometer test)을 통해 고찰할 수 있다.

점토의 체적변화 거동

그림 4.19는 정규 압밀점토 시료에 재하 및 제하를 반복한 시험결과를 보인 것이다. 각각 대수 평균 유효응력(또는 수직 유효응력($\log \sigma_v{}'$))과 간극비(e)의 관계로 나타내었다. 최초재하에 따른 응력-간극비 관계를 **처녀 압밀곡선(VCL, virgin compression line)**이라 한다. 로그 좌표에서 직선으로 나타나므로 실제거동은 비선형이다. 하중을 제하(unloading)하면, 간극비의 일부만이 회복되는 **팽창이력(SL, swelling line)** 거동을 나타낸다. SL거동은 탄성이다.

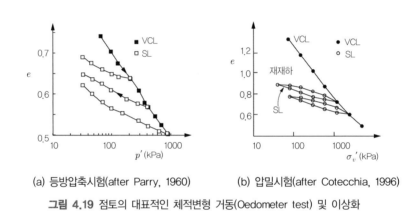

(a) 등방압축시험(after Parry, 1960)   (b) 압밀시험(after Cotecchia, 1996)

그림 4.19 점토의 대표적인 체적변형 거동(Oedometer test) 및 이상화

VCL 상에 위치하는 시료는 현재 상태보다 더 높은 응력을 받은 적이 없으므로 정규 압밀토이다. 반면에 SL 상에 있는 시료는 과압밀토에 해당한다. 같은 수직응력 변화에 대하여 정규 압밀토가 과압밀토보다 더 큰 간극비의 변화를 보인다(즉, 압축성이 크다). 이는 정규 압밀토의 강성이 과압밀토보다 작음을 의미한다($\ln p' - e$ 의 기울기가 작다). 과압밀점토에 재재하(reloading)가 일어나면 응력상태는 SL을 따라 VCL에 접근한다.

모래의 체적변화 거동

모래의 체적변화 거동도 점토와 마찬가지로 배수조건에서만 나타난다. 비배수 조건에서는 체적변형률이 발생되지 않기 때문에 시험 중에 간극비는 거의 일정하게 유지되며, 대신 간극수압이 변화한다. 느슨한 모래는 체적수축 경향(체적수축이 일어나는 것이 아님) 때문에 정(+)의 과잉 간극수압이 유발되어 유효응력이 감소하고, 이로써 전단강도가 저하된다. 반면에 조밀한 모래는 체적팽창의 경향(실제로 체적이 팽창되는 것은 아님) 때문에 유효응력이 증가하고 전단강도도 커진다. 이때 간극수압은 비교적 작은 변형률에서는 양(compression)의 값을 나타내지만 이후 점차 감소하여 부(負, tension)의 값을 갖는다.

모래는 초기 간극비에 관계없이 구속압의 크기에 따라서 체적변화 거동이 달라진다. 체적변화를 일으키지 않고, **초기 간극비 상태를 유지하며 파괴에 이르게 하는 구속압을 한계 구속압이라 한다.** 한계치보다 큰 구속압으로 시험을 하면 파괴 시의 거동은 변형률 경화형태의 체적 압축의 연성거동을 나타내며, 한계치보다 낮은 구속압에서는 변형률 경화거동으로 최대 응력점에 도달한 후 변형률 연화현상을 나타내는 취성거동을 보인다.

그림 4.20은 초기 간극비가 e_o =0.6인 조밀한 모래와 e_o =0.8인 느슨한 모래시료에 대한 압축 특성을 나타낸 것이다. 모래시료를 일축 구속압축하면, 그 시료는 처음에 정규압축선(NCL, normal compression line)을 따른다. 재하응력을 계속 증가시키면 시료는 특정한 처녀압밀선(VCL)에 접근한다. 시료가 서로 다른 초기 간극비를 가지므로 NCL은 일치하지 않으나 평행하다. 모래 입자가 부서지기 시작하면 모두 같은 VCL에 접근한다. 이때 도달 수직응력의 크기는 흙 입자의 강도에 의존한다. 그림 4.20을 보면, 느슨한 Ticino 모래의 경우 초기 간극비가 0.8일 때 수직유효응력이 10MPa를 초과해야만 비로소 VCL에 도달함을 알 수 있다. 조밀한 모래일수록 느슨한 모래보다 더 많은 입자 간 접촉점을 가지므로 VCL에 도달하는 데 훨씬 더 큰 수직 응력이 필요하다. 실제로 **지반 구조물 설계와 관련한 관심 응력 범위는 정규압축선(NCL)의 초기 부분**이다.

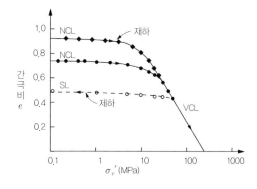

그림 4.20 모래(Ticino sand)의 체적변화(일축압축)거동(after Pestana, 1994)

NB : NCL과 VCL
자연시료, 재성형 시료 등은 일차원 압밀 시 그림 4.21과 같이 $e-\log\sigma_v'$ 관계가 선형적으로 나타난다. 모래시료의 경우 압축성이 매우 낮고, 동일한 초기간극비로 시험하는 것도 용이하지 않으므로 초기의 $e-\log\sigma_v'$ 관계는 초기의 간극비에 따라 다르며, 이 초기관계를 NCL이라 한다. 재하응력이 증가하면 (약 10MPa) 모래입자는 파쇄가 시작되고 $e-\log\sigma_v'$ 관계는 초기 조건에 무관한 새로운 $e-\log\sigma_v'$ 관계를 나타내는데, 이를 VCL이라 한다. VCL은 항복면이 확대되는 과정에 해당한다. 점토의 경우 항복은 모래에 비해 아주 미미한 수준의 응력에서부터 시작된다. 즉, 탄성영역이 매우 작아 NCL영역이 따로 구분되지 않고, VCL 상에 위치하는 것으로 볼 수 있다. 따라서 항복면의 확장 개념에서는 점토에 대하여도 $e-\log\sigma_v'$ 관계를 VCL로 표현하는 것이 타당하지만 많은 경우 NCL로 쓰고 있다. 이 경우 모래의 NCL은 탄성거동과 관계되나 점토의 NCL은 소성거동과 관계됨을 유의할 필요가 있다.

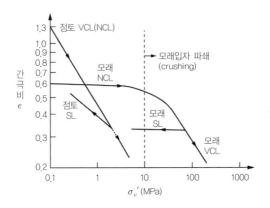

그림 4.21 점토와 모래의 체적변화 거동 비교

체적변화와 응력경로

점토와 모래의 체적변화 거동을 응력경로 관점으로 고찰해보자. SL(swelling line) 상에서 의도한 OCR 값을 갖는 시료를 취하여 비배수 삼축시험을 수행한 결과를 그림 4.22에 보였다. 각 점($\bullet$)이 초기 응력상태, 점의 상부 응력경로는 압축시험, 하부는 인장시험을 나타낸다.

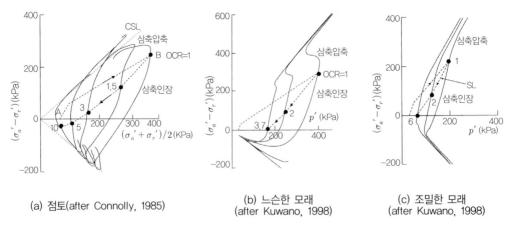

그림 4.22 흙 지반재료의 응력경로

그림 4.22 (a)를 보면, OCR이 3보다 작은 정규압밀 점토시료의 삼축시험 유효응력경로는 끝부분이 왼쪽으로 굽어지는 모양을 보인다. 즉, 시험이 끝나는 부분의 평균 유효응력이 전단 시작 때의 값보다 작다. 이것은 비배수 시험이므로 팽적이 구속되어 압축성(양의) 간극수압이 발생하고 전단 시 시료가 압축됨을 의미한다. 반대로 과압밀 비가 큰 시료(OCR > 3)의 유효응력경로는 오른쪽으로 굽어진다. 이것은 체적팽창(다일러턴시) 경향으로서 음의(負)간극수압이 발생함을 의미한다.

그림 4.22 (b)는 느슨한 모래에 대한 비배수 삼축시험 결과이다. 압축, 인장 모든 시험에 대하여 응력경로가 초기에 왼쪽으로 휘어지다가 파괴선에 못 미쳐 오른쪽으로 향하는 모양을 보였는데, 이는 초기에 압축성 거동을 보이다가 팽창성 거동으로 전환되었음을 의미한다. 이 거동 전환점을 '상 전환 점(phase transformation point)'이라고 한다. OCR이 증가하면 압축성 거동은 줄어들고 팽창성 거동이 증가한다.

그림 4.22 (c)는 조밀한 모래의 시험결과를 보인 것이다. 압축성 거동 후에 팽창성 거동을 보이는 경우는 OCR이 2 이하인 삼축 인장시험에서만 나타났다. 조밀한 모래의 경우 OCR이 2보다 큰 인장시험과 모든 압축시험에서 팽창성 거동을 보인다.

4.2.4 흙 지반재료의 응력−변형률 거동패턴 정리

지반재료의 전단거동

지반시료의 경우 응력-변형률거동은 전단변형률을 통해 조사하는 것이 일반적이다. 그림 4.23 (a)는 지반종류에 따른 전형적인 전단응력-변형률 거동을 보인 것이다. 전단 변형 메커니즘은 전단의 진전과 함께 변형 초기에는 **교란전단(turbulent shear)** 변형, 최대 하중을 넘어서면서는 입자의 **상대이동전단 (transitional shear)** 변형, 충분한 변형이 진전되면 입자의 평형 재배치에 따른 **활동전단(sliding shear)**에 의해 변형이 발생한다. 지반재료의 응력-변형률 거동패턴은 지반재료의 종류에 따라 다음과 같이 2 가지 형태로 구분할 수 있다.

- 최대 응력점을 나타내지 않는 **연성거동**의 압축성 경향의 거동(느슨, 정규, 약압밀 토): A−Type 거동
- 최대 응력점을 나타내며 **취성거동**의 팽창성 경향의 거동(조밀, 과압밀토) : B−Type 거동

충분한 전단변형이 진전되면 체적변화가 더 이상 일어나지 않는 한계상태가 나타나고, 입자 재배치에 의해 한계상태보다 강도가 저하하는 잔류상태를 보이기도 한다(그림 4.23 b). 그림 4.23 (c)는 위 패턴의 거동을 $p' - q$ 공간에서 응력경로를 나타낸 것이다. 비배수 포화시료의 경우 체적변화가 억제되므로 체적이 팽창하려는 경향은 부의 간극수압 증가로 나타난다.

거동패턴의 지배요소

응력-변형률 거동의 패턴을 지배하는 요소는 **구속압력과 시료의 조밀(압밀)상태**이다. 따라서 지반거

동 패턴은 간극비-구속응력-체적변화의 관계로 정리할 수 있다.

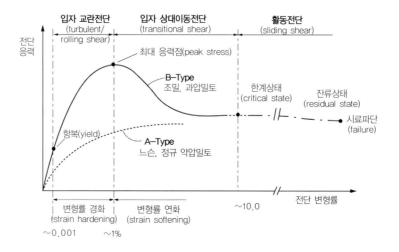

(a) 전단 변형률—응력 관계

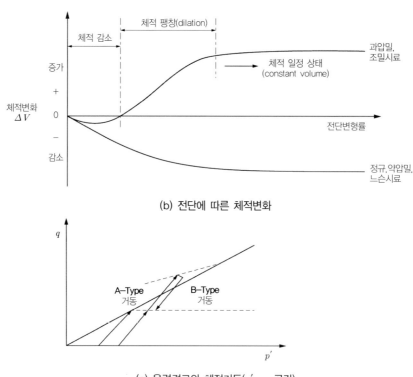

(b) 전단에 따른 체적변화

(c) 응력경로와 체적거동($p' - q$ 공간)

그림 4.23 지반재료의 전형적인 변형거동

그림 4.24는 이 관계를 정리한 것이다. 이러한 개념은 배수조건에 대하여 제안된 것이다. 시료의 조밀도나 압밀도에 관계없이 같은 종류의 흙은 파괴 시 같은 간극비에 도달하는데, 이를 **한계 간극비**(e_c, **critical void ratio**)라 한다. 한계 간극비(e_c)는 구속응력(σ_c')에 따라 달라지며, 구속응력이 증가할수록 감소한다. 한계 간극비 상태를 유지하여 체적변화를 야기하지 않는 구속응력을 σ_{cr}'라 하자. 초기 간극비가 한계 간극비보다 작은 시료는 구속응력이 σ_{cr}'보다 작은 경우 팽창성 경향(B-type)을 보이며(A → D → R), 구속응력이 σ_{cr}'보다 큰 경우 압축성 경향(A-type)을 보인다(C → B → S).

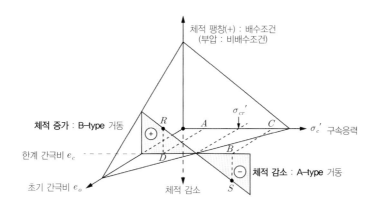

그림 4.24 체적변화–간극비–구속응력관계의 일반화(이 그림을 일명, Peacock diagram이라 한다)

앞에서의 고찰한 내용을 종합하면 흙 지반재료의 거동패턴은 상태조건(압밀도, 상대밀도)과 구속응력에 따라 A-type 또는 B-type 거동을 보이는 데, 실제 시료시험에서는 경향만 나타나고, 거동으로 확인되지 않을 수도 있다.

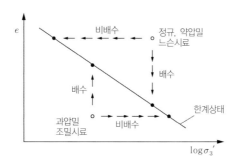

그림 4.25 배수조건과 시료상태에 따른 흙 지반재료의 거동 패턴

NB : A–type 또는 B-type 거동이 뚜렷하게 관찰되는 경우는 사질지반, 즉 배수조건의 경우이다. 그림 4.12 및 4.16에서 살펴본 바와 같이 점성토의 경우 과압밀토라도 B-type거동이 뚜렷하게 확인되지 않는다.

흙 지반재료의 응력-변형률 거동특성 요약

앞에서 고찰한 흙 지반 응력-변형률 거동으로부터 흙 지반 거동의 대표적 특징은 강성(비선형성), 항복과 소성변형, 강도 및 체적변화라 할 수 있으며, 이를 다시 요약하면 다음과 같다.

비선형 강성(nonlinear stiffness). 비선형 거동은 지반재료의 대표적 특성으로서 가해진 자극(응력)의 크기가 응답(변형률)에 비례하지 않는 특성이다. 지반 재료는 낮은 응력상태에서도 회복되지 않는 소성변형이 일어나 비선형성이 나타난다. **응력-변형률 관계의 비선형성은 강성(응력-변형률 관계의 기울기)이 변형률에 따라 변화**함을 의미한다. 강성은 초기 탄성구간 이후 변형률 진전에 따라 현저히 감소한다. 소성거동 전까지 비교적 선형관계를 나타내는 금속에 비해 지반재료는 초기의 작은 변형률에서부터 비선형 거동을 보인다.

체적변화(volume change). 강재 또는 콘크리트와 같은 구조재료의 경우 등방압력에 대하여 파괴에 이를 때까지 체적의 변화가 거의 없는 데 비해, 지반재료는 상당한 체적변화를 일으킨다. 구조재료는 등방압력에 항복하지 않지만 지반재료는 등방하중(isotropic load) 하에서 체적감소와 항복이 일어난다(배수가 제약되는 경우(비배수 조건) 체적변화 대신 간극수압 증가로 나타난다).

항복과 소성변형(yielding and plastic deformation). 일반적으로 **지반재료는 아주 작은 하중에서부터 소성변형이 시작되며 탄성한도(elastic limit)가 명확히 관찰되지 않는다.** 과압밀도가 높거나 조밀도가 클수록 탄성한도(항복점)가 커지나 흙의 탄성한도는 대체로 낮다. **과압밀점토의 선행압밀하중은 소성변형이 시작되는 항복점**으로 볼 수 있다. 느슨 또는 정규압밀토는 항복 이후 변형률 경화거동(strain hardening)을 나타낸다. 또한 조밀한 모래나 과압밀 점토는 최대 응력점 이후 응력이 감소하는 변형률 연화(strain softening) 거동을 보인다.

강도와 파괴(strength and failure). 전단응력-변형률 관계곡선에서 나타나는 **최대 전단응력점(peak stress)은 당해 시험조건에 대한 강도**라 할 수 있다. 하지만 이 최대 응력점은 구속압(confining pressure) 등 시험조건에 따라 변화하므로 흙의 물성이라 할 수 없다. 변형률이 상당히 진전되면 응력의 큰 증가 없이도 변형이 크게 증가하여 역학적 기능이 상실되는 데, 이 상태를 '파괴(failure, rupture)'라 정의한다.

NB : **응력유도 이방성**(stress-induced anisotropy) – 지반재료의 전단 시(그림 4.23) 전단변형과 체적변형이 함께 발생하는데(coupling effect), 이를 응력유도(stress-induced)이방성 거동이라 한다. 이는 **전단거동과 체적변형 거동이 상호결합(coupled) 관계에 있음**을 의미한다. 즉, 전단응력의 증가는 전단변형률을 발생시키는 동시에 어느 정도 체적변형률을 야기하며 이런 특성은 최대 응력점 부근에서 가장 현저하다. 이 상호 영향성은 입자 재배치에 따른 내부구조의 변화에 의하여 응력(또는 변형률)의 유도이방성(induced anisotropy) 거동이 나타남을 시사하는 것이다. 하지만 모델링 **편의상 두 거동이 독립적이며 등방이라고 가정**하는 경우가 많다.

4.2.5 암석 및 암 지반의 응력-변형률 거동

암반은 무결암(intact rock)의 거동과 불연속면을 내포한 풍화암(weathered rock)의 거동이 뚜렷하게 구분된다. 풍화암의 경우 불연속면의 특성이 재료거동을 지배한다.

암석의 응력-변형률 거동

그림 4.26은 비구속 일축 시험에 의한 암석의 응력-변형률 거동 메커니즘을 보인 것이다. 재하 초기에는 내재된 미세균열(fissures)이 밀착됨에 따라 기울기가 낮은 변형이 발생한다. 재하가 계속되면 탄성거동이 시작된다. 그러나 축하중이 어느 정도 이상으로 커지면, 암석에 내재된 균열의 영향으로 횡방향 변형률이 증가하면서, 체적팽창이 일어난다. 응력이 어떤 점을 넘으면 균열이 크게 확장되면서 항복이 시작되어 완만해지는 경향(경화현상)을 나타낸다. 증가하던 응력은 최댓값(peak stress)에 도달했다가 갑자기 줄어들며 변형이 급격하게 증가하는 취성거동(연화현상)을 보인다.

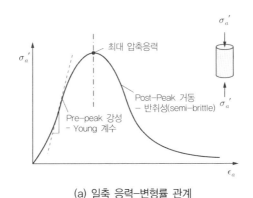

(a) 일축 응력-변형률 관계

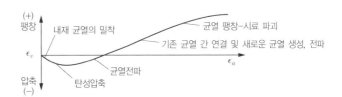

(b) 축변형률-체적변형률 관계

그림 4.26 암석의 응력-변형률 거동 메커니즘

비구속 상태 암석시료의 실제 응력-변형률 거동은 크게 2가지 패턴으로 나타난다. 그림 4.27과 같이 첫 번째 패턴(I)은 최대응력 발현 후 완만한 변형을 보이는 변형률 연화거동(혹은 반취성거동)이며, 두 번째 패턴(II)은 최대응력 후 변형률이 오히려 감소하는 취성거동이다.

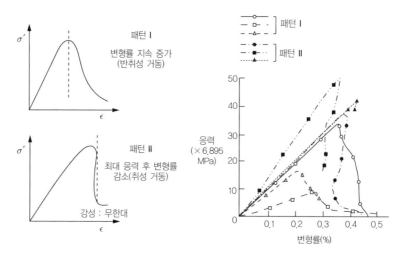

그림 4.27 암석의 응력-변형률 거동(after Wawersik and Fairhurst, 1970)

구속응력의 영향. 그림 4.28은 구속응력에 따른 암석의 변형률-응력거동을 보인 것이다. 지반과 마찬가지로 암석에서도 구속응력의 증가는 응력-변형률 곡선의 최대 응력점을 상승시키며, 파괴거동을 취성(brittle)에서 연성(ductile)으로 변화시킨다. 같은 구속응력이라도 시료의 세장비(H/B)나 크기가 작아질수록 불연속면의 지배영향이 줄어들므로 최대 응력점이 높아지고 연성거동의 경향을 나타낸다.

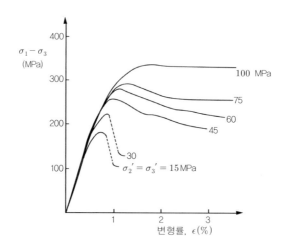

그림 4.28 구속응력에 따른 암석(trachyte)의 응력-변형률 거동 예(after Mogi, 2007)

반복하중의 영향. 암석의 탄성한도는 흙 지반보다 훨씬 더 크다. 그림 4.29는 암석시료의 일축압축시험에 대한 반복 응력-변형률 거동을 보인 것이다. 상당한 소성거동을 나타내며, 재하 - 재재하 루프의 평균 기울기(강성)는 반복횟수와 함께 약간 감소한다.

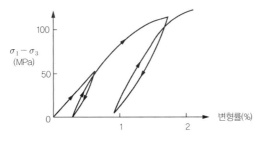

그림 4.29 암석의 반복응력 거동

불연속면의 응력–변형률 거동

암반 거동은 불연속면에 지배되는 경우가 많으므로 불연속면의 응력-변형률 거동에 대한 이해가 필요하다. **불연속면은 구조적으로 분리된 면으로서 하중의 방향과 면의 거칠기 및 충진물의 물성이 공학적 거동을 지배**한다. 하중 작용방향에 따른 불연속면의 거동특성은 다음과 같다(그림 4.30).

- 불연속면에 수직 압축응력이 작용하는 경우 : 초기에는 불연속면이 닫히는(closing) 효과 때문에 수직 변위가 비교적 많이 발생하나 이후 강성이 증가한다.
- 불연속면에 인장응력이 작용하는 경우 : 불연속면은 인장응력에 대한 저항력이 거의 없어 불연속면이 분리된다.
- 불연속면에 전단응력이 작용하는 경우 : 불연속면은 거칠기 또는 굴곡(undulation)이 있으므로 전단응력을 가하여 전단변형을 증가시키면 곡면 불연속면의 수직팽창(dilation)이 발생한다. 절리면이 거칠(rough)수록 체적팽창과 전단저항이 증가한다.

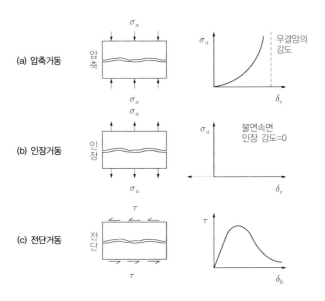

그림 4.30 하중방향에 따른 불연속면 거동특성(δ: 절리 상대변위. 변형률이 아님!)

불연속면의 빈도와 규모가 암석에 따라 다르고, 방향성도 수학적으로 정의하기 용이하지 않으므로 개별 불연속면의 거동을 파악해서 거동예측에 반영하기는 쉽지 않다. **불연속면의 존재는 암석이 이방성 거동특성을 나타내는 주요 원인이다.**

암반의 하중-변형 거동

암반의 거동은 암석과 불연속면 거동의 조합효과로 나타난다. 따라서 하중방향과 불연속면의 방향 및 빈도에 영향을 받는다. 암석의 거동도 실은 내재된 미세균열의 영향이 드러나는 과정이므로 암반의 거동은 총체적으로 불연속면에 지배를 받는다고 할 수 있다. 암반의 거동은 균열을 내포하는 충분히 큰 시료를 채취하기 어려워 실내시험이 용이하지 않다. 따라서 일반적으로 암반의 원위치 시험의 하중-변위관계로 거동을 파악한다. 그림 4.31은 암반에 대한 공(borehole)내 압축재하-제하-재재하 시험에 따른 하중-변형곡선을 보인 것이다.

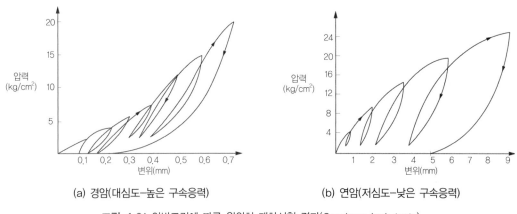

(a) 경암(대심도-높은 구속응력)   (b) 연암(저심도-낮은 구속응력)

그림 4.31 암반조건에 따른 원위치 재하시험 결과(Goodman jack tests)

반복재하에 따른 루프(loop)의 평균 기울기를 반복 탄성계수(강성)로 이해할 수 있으며, 그 크기는 그림 4.31에 보인 바와 같이 암반의 상태와 구속조건에 따라 달라진다. 곡선의 평균기울기(할선탄성계수, secant modulus)는 구속압이 큰 경암의 경우 재하횟수와 함께 강성이 증가하는 경향을 보이나(그림 4.31 a), 풍화가 큰 암반일수록 재재하 횟수와 함께 기울기의 감소율이 증가한다(그림 4.31 b).

낮은 구속상태(저심도)의 풍화암의 경우, 반복재하에 따른 루프곡선의 기울기가 변형률 증가와 함께 감소하는 데, 이는 재하를 반복할수록 약한 불연속면 내에서 파괴가 일어나 조도가 감소하면서 하중저항력이 감소하기 때문이다. 이외에도 실제 암반은 하중과 절리의 방향에 따라서도 거동이 달라진다.

시험법에 따른 차이는 대체로 재하방법과 재하의 영향범위의 다름으로 인해 비롯된다. 그림 4.32는 원지반에 대한 평판재하시험결과를 보인 것이다. 그림 4.31의 공내재하시험결과와 비교하면 연암의 공내재하시험과 같이 재재하와 함께 강성이 감소함을 보인다. 공내재하시험결과는 수평방향 강성이나 평판재하시험은 수직방향 강성이므로 원위치 시험은 대상건설공사의 하중조건, 지반영향 범위 등을 고려하여 적절하게 선정하여야 한다.

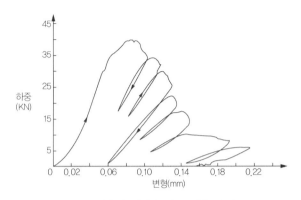

그림 4.32 평판재하시험에 의한 암 지반의 하중–변형 거동(after Bieniawski, 1968)

표4.1은 동일한 부지(Lakhwar Dam site in Uttar Pradesh)의 암반에 대하여 여러 시험법으로 구한 탄성계수를 비교한 것이다. 실내 암석시험의 탄성계수는 현장시험의 10~20배에 달하였는데, 이는 암반의 탄성계수가 암석에 비해 현저히 낮음을 의미한다.

표 4.1 탄성계수에 대한 현장시험결과 비교(after Sharma et al., 1989)

시험법	탄성계수($\times 10^4$MPa)		평균탄성계수 ($\times 10^4$MPa)	비고
	최소	최대		
PJT	0.411	0.704	0.557	수직
PLT	0.092	0.566	0.290	수직
GJT	0.146	0.529	0.271	수평
FJT	0.135	0.458	0.317	수직
LT	3.860	15.330	8.570	(암석시험)

주) PJT: Plate Jacking Test, PLT: Plate Loading Test (rock mass)
GJT: Goodman Jack Test, FJT: Flat Jack Test (rock mass)
LT: Laboratory Test (rock)

암석거동으로부터 암반의 응력-변형률 거동을 정의하기 어려우므로 **중요한 지반문제 해석을 위한 암반시험은 원칙적으로 원위치 시험(in-situ tests)을 사용하는 것이 바람직**하며, 부지의 응력재하조건을 고려하여 시험법을 선정하여야 한다.

4.3 지반재료의 탄성거동과 강성특성

흔히 강성(stiffness)과 강도(strength)를 혼동하는 경우가 많은데, 강성은 응력-변형률 곡선의 기울기로서 변형에 영향을 받는 사용성의 문제와 관련되고, 강도는 주로 파괴에 대한 안정문제와 관련된다. 거동 모델링 측면에서 강성은 탄성 영역의 거동, 혹은 탄성거동으로 근사화한 영역의 거동을 정의한다. 반면, 강도는 강체소성 또는 완전소성체의 최대응력(파괴응력)으로서 파괴상태를 정의한다.

4.3.1 탄성거동과 강성의 공학적 의의

엄밀하게 말하면 지반재료의 공학적 거동을 강성으로만 대표할 수 있는 구간은 탄성한도까지이다. 항복점 이후의 거동은 비선형 소성거동이므로 소성론을 이용하여야 하나, 소성구간을 포함한 지반의 전체 응력-변형률 거동을 강성을 이용하여 모델링하고자 하는 시도도 많았다.

강성(stiffness)은 응력-변형률 관계의 기울기이다. 지반재료의 강성(stiffness)은 그림 4.33과 같이 응력-변형률 관계의 구간 기울기인 할선 탄성계수(secant modulus), $E_s = \Delta\sigma'/\Delta\epsilon$, 또는 특정 응력점에서의 접선의 기울기(tangent modulus)인 접선 탄성계수, $E_t = d\sigma'/d\epsilon$로 정의할 수 있다(A점에서 $E_s \geq E_t$). 특히, 응력-변형률 곡선 시점의 접선탄성계수를 초기탄성계수(initial elastic modulus)라 하며, 일반적으로 흙 지반재료가 나타내는 최대 강성값이다.

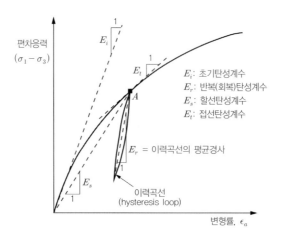

그림 4.33 강성의 정의

지반재료의 응력-변형률 거동은 구조재료와 달리 시험법에 따라 전단, 체적, 구속 일축압축 등 다양한 형태의 변형률로 나타낼 수 있는 데, 탄성계수도 변형률성분에 따라 다양한 방법으로 정의 할 수 있다. 표 4.2에 탄성계수의 다양한 형태를 요약하였다.

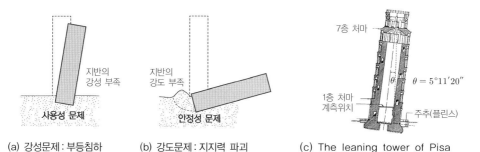

Pisa 사탑 – 강성문제

어떤 건물의 기초가 그림 4.34 (a)와 같이 기울어진 상태에서 힘의 평형을 이루고 있다면 이는 강성부족 또는 하부지반의 강성불균일로 인한 변형상태로서 지반의 강성문제에 해당되며, 당장 붕괴 우려는 없더라도 기능장애가 올 수 있는 사용성의 문제가 된다. 반면에 그림 4.34 (b)와 같이 건물이 완전히 전도되었다면 이는 지지력, 즉 지반의 강도가 불충분하여 안정이 확보되지 못한 경우이다.

(a) 강성문제 : 부등침하   (b) 강도문제 : 지지력 파괴   (c) The leaning tower of Pisa

그림 4.34 강성문제와 강도문제

그림 4.34 (c)에 보인 피사의 사탑(The leaning tower of Pisa)은 기울어진 상태를 유지하고 있지만 조사결과 지반이 파괴에 도달한 것은 아닌 것으로 확인되었다. 탑이 기울어진 이유는 기초 지반의 위치에 따른 강성의 차이 (불균일)로 인해 연약한 쪽으로 더 많은 변형이 일어났기 때문으로 밝혀졌다. 따라서 피사사탑의 지반문제는 강성 문제에 해당한다.

표 4.2 탄성계수(강성)의 정의

탄성계수(elastic modulus)		정 의	
응력–변형률 곡선에서의 정의	• 초기접선탄성계수	$E_i = \sigma'/\epsilon$	미소변형률의 초기 탄성계수
	• 할선탄성계수	$E_s = \Delta\sigma'/\Delta\epsilon$	응력–변형률곡선의 원점과 어떤 점을 이은 직선의 기울기
	• 접선탄성계수	$E_t = d\sigma'/d\epsilon$	응력–변형률곡선의 특정 점에서 접선의 기울기
응력–변형률 성분에 따른 정의	• Young 계수	$E = \Delta\sigma'/\Delta\epsilon$	구속응력 '0' 조건. 암석 등 시료성형 가능한 지반재료
	• 전단탄성계수	$G = \Delta\tau/\Delta\gamma$	$G = E/[2(1+\nu)]$
	• 체적탄성계수	$K = \Delta p'/\Delta\epsilon_v$	$p = (\sigma_{xx}' + \sigma_{yy}' + \sigma_{xx}')/3,\ \ K = E/[3(1-2\nu)]$
	• 구속탄성계수	$M = \Delta\sigma_a'/\Delta\epsilon_a$	$\epsilon_h = 0,\ \ M = E(1-\nu)/[(1+\nu)(1-2\nu)]$
Poisson 비		$\nu = -\epsilon_h/\epsilon_v$	

NB : 탄성계수(elastic modulus)는 전통적으로 탄성한도 내의 거동을 정의하는 물성(E)을 일컫는다. 특히, 구속응력이 '0'인 일축압축시험조건으로 구한 탄성계수를 Young 계수라 하며, 지반의 경우 응력–변형 률곡선의 원점과 (1/3~1/2)파괴점 구간의 할선 탄성계수로 정의한다. 반면에 강성(stiffness)은 응력– 변형률 관계의 기울기를 말하며, 탄성계수보다 포괄적인 수학적 관점의 정의이다. 등방 선형탄성재료 의 경우 탄성계수와 강성은 같다. 탄소성구분 없이 지반의 전반적인 응력–변형률 거동을 언급하는 경 우 '강성'이라는 표현이 적절할 것이다.

4.3.2 흙 지반재료의 탄성거동과 강성

변형률-강성관계

일반적으로 지반 재료는 미소변형률(very small strain)에서 선형탄성(linear elastic), 이보다 조금 더 큰 변형률에서 비선형 탄성거동이 관찰된다. 흙 지반재료의 순수 탄성거동은 초기의 아주 낮은 응력 범위에서만 나타난다.

그림 4.35 (a)은 런던 점토(London clay)의 거동특성을 보인 것이다. 변형률 진전에 따라 그림 4.35 (b)와 같이 강성변화가 매우 크게 나타나는데, 영역 I(종래의 삼축시험으로는 강성을 구할 수 없는 영역)에서는 크고 일정한 값을 보이다가 국부적인 항복이 시작되는 영역 II에서 급격히 감소하며, 소성변형이 충분히 진행되면 매우 낮은 강성을 나타낸다. 영역 I은 선형탄성, 영역 II는 비선형 탄성, 그리고 영역 III은 소성 영역에 해당한다. 최외곽선(BS, bounding surface)은 파괴를 나타내는 상태경계면이다.

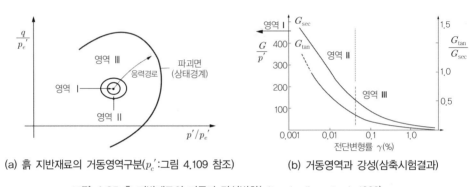

(a) 흙 지반재료의 거동영역구분(p_c':그림 4.109 참조)

(b) 거동영역과 강성(삼축시험결과)

그림 4.35 흙 지반재료의 거동과 강성변화(after Jardine et. al, 1992)

그림 4.35 (b)의 강성-변형률 관계를 일반화하면 그림 4.36과 같다.

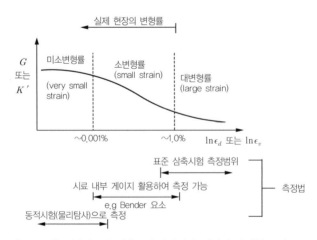

그림 4.36 흙 지반재료의 변형률과 강성변화-강성의 비선형 특성

흙 지반재료(특히, 점성토)의 경우 일반적으로 영역 I의 선형탄성구간은 아주 작은 변형률인 약 0.001% 이하에서 나타나며, 비선형 탄성은 변형률 약 0.001%~1.0% 구간에서 관찰된다. 비선형탄성 구간이 구조물의 거동과 관련하여 중요하다. 미소변형률에서 대변형률에 이르는 강성을 모두 측정할 수 있는 시험법은 없다. 따라서 변형률 변화에 따른 강성곡선을 얻기 위해서는 여러 시험법을 조합해야 한다(그림 4.36).

NB : 비배수조건의 탄성계수(E_u)

점토지반의 경우 투수성이 매우 낮으므로 대부분의 공학문제는 비배수조건에 해당한다. 비배수 조건의 지반거동은 물의 낮은 압축성으로 인해 비압축 탄성체로 볼 수 있다. 체적변화가 거의 없으므로 $\epsilon_v \to 0$이다. 이 경우 $\epsilon_v = \epsilon_1 + \epsilon_2 + \epsilon_3 = 0$, $-\epsilon_1 = \epsilon_2 + \epsilon_3$, $\epsilon_2 = \epsilon_3$ 이므로 $\nu_u = \epsilon_1/\epsilon_3 = 0.5$이다. 비배수 조건은 $\Delta\epsilon_v = 0$, $\Delta p' = 0$으로 정의된다. $K_u \to \infty$이고, $G_u = G'$이므로 $E_u = 3G$이며, $E_u = \dfrac{3E}{2(1+\nu)}$이다. 체적변화가 없음에도 변형이 일어나는 이유는 전단에 의해 시료형상이 변화하기 때문이다.

미소변형률에서의 강성

미소변형률(약 $\epsilon < 0.001\%$ 범위)의 강성은 원위치에 대한 탄성파 시험(물리탐사) 또는 삼축시험의 벤더요소(bender element) 시험 등을 이용하여 구한다. 미소변형률 탄성계수는 동적 에너지 전파수단인 파동 전파속도에 의해 유도되며, 이를 동탄성계수(dynamic modulus)라고도 한다.

탄성계수는 파전파속도의 제곱에 비례하므로 전파속도를 측정하면 원위치 미소변형률의 초기 탄성계수를 구할 수 있다. 파전파속도는 파가 단위시간 동안 이동한 거리로 정의하며, 파동방정식을 통해 유도된 탄성파의 전파속도와 탄성파라미터의 관계는 다음과 같다(6장 6.6.1절 파동방정식 참조).

- 막대(bar) : 압축파(P파) 전파속도: $V_p = \sqrt{E/\rho}$ (4.1)

        전단파(S파) 전파속도: $V_s = \sqrt{G/\rho}$ (4.2)

- 반무한체 : 압축파(P파) 전파속도: $V_p = \sqrt{[K + (4/3)G]/\rho} \simeq \sqrt{M/\rho}$ (4.3)

        전단파(S파) 전파속도: $V_s = \sqrt{G/\rho}$ (4.4)

여기서 ρ는 매질의 밀도, V_p 및 V_s는 각각 압축파와 전단파속도이다. 전단파가 유체를 통과하지 못하므로 지하수가 있는 곳에서는 위 식을 사용할 수 없다. 반무한 탄성체에 대하여, 구속탄성계수 M은, $\epsilon_{xx} = \epsilon_{yy} = 0$인 조건을 가정하여 $M = \rho V_p^2$이 성립한다.

물리탐사(geophysical test)의 전단변형률은 0.0003% 이하로 본다. 따라서 파동전파속도에 의한 탄성계수는 미소변형률의 값이며, 지반재료가 나타내는 최대 강성이므로 이때의 E와 G는 각각 E_{max}, G_{max}로 표시한다. 이들 파라미터는 미소변형률, 또는 교란이 없는 원지반에 대한 초기강성이라 할 수 있다. 파동방정식에 의하면 강성과 파전파속도의 관계는 표 4.3과 같다.

미소변형률 탄성계수를 구하는 대표적인 실내시험법은 삼축시료에 벤더 요소를 이용하는 법이다. 벤더 요소는 메탈심(metal shim) 양측에 Piezoelectric Ceramic 요소를 붙여 만든 얇은 판으로 전기를 가하면 순간적으로 세라믹 요소의 한쪽은 늘어나고 한쪽은 줄어드는 특성을 나타낸다. 한쪽을 고정시키는 경우 벤더 요소 앞쪽으로는 S파, 측면으로는 P파를 발생시킨다. 파의 전파속도(V_p, V_s)를 구하면 밀도를 이용해 초기 강성을 구할 수 있다.

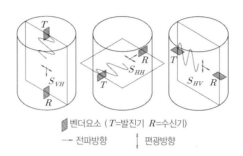

벤더요소 (T=발진기 R=수신기)
→ 전파방향   ↕ 편광방향

그림 4.37 삼축시험을 이용한 전단파속도의 측정(Bender elements) : S_{HV}− 수평전파 수직진동 전단파

1990년대 이전까지만 해도 지반의 비선형 강성을 중요하게 다루지 않았다. 하지만 1990년대 후반부터 비선형 강성의 고려가 중요하다는 인식이 확산되면서 현재는 설계해석에 비선형 강성의 사용이 거의 일반화되었고(특히 EU) 이에 따라 삼축시험에서도 벤더요소를 사용한 비선형탄성계수 측정이 보편화되었다.

표 4.3 탄성파속도와 (동)탄성계수(미소변형률 탄성계수)

파라미터	탄성파속도−탄성 파라미터 관계
동 탄성계수(dynamic Young's modulus)	$E_d = \rho(3V_p^2 - 4V_3^2)/(V_p^2/V_s^2 - 1)$, 또는 $E_d = 2\rho V_s^2(1+m)$
동 전단 탄성계수(dynamic shear modulus)	$G_d = \rho V_s^2 = E_d/2(1+\nu)$
동 체적 탄성계수(bluk modulus)	$K = \rho(V_p^2 - 4V_s^2/3) = E_d/3(1-2\nu)$
동 포아슨비(dynamic poisson's ratio)	$\nu = (V_p^2/2V_s^2 - 1)/(V_p^2/V_s^2 - 1)$
압축파 속도(compression−wave velocity)	$V_p = [K + (4/3)G]/\rho^{1/2}$
전단파 속도(shear−wave velocity)	$V_s = (G/\rho)^{1/2}$

주) $\rho = \gamma/g$ kg/m³: 밀도, $m = 1/\nu$: 포아슨 수(Poisson's number), ν: 화성암 0.25, 퇴적암 0.33

중·대 변형률에서의 강성

실내시험의 경우 대부분이 중·대 변형률 시험에 해당한다. 여기에는 일축압축, 구속압축(압밀), 등방압축, 삼축시험, 단순전단 시험 등이 있다. 각 시험으로 구한 탄성계수의 의미와 특성을 살펴보자.

일축압축시험과 Young 계수(E). 일축압축시험은 구속응력이 '0'이므로 이때 정의되는 탄성계수는 Young 계수이다. 접선탄성계수는, $E_i = d\sigma_{zi}'/d\epsilon_{zi}$, 할선탄성계수는, $E_s = \Delta\sigma_z'/\Delta\epsilon_z$로 구한다. 여기서 '$i$'에 해당하는 초기 변형률은 약 0.01% 수준이다. 그림 4.38 (a)의 응력-변형률 관계로 구한 탄성계수를 그림 4.38 (b)에 변형률에 따라 나타내었다.

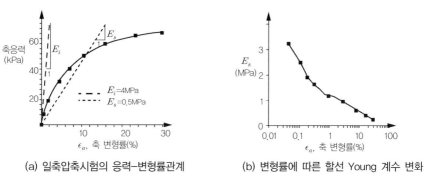

(a) 일축압축시험의 응력–변형률관계   (b) 변형률에 따른 할선 Young 계수 변화

그림 4.38 재성형 Aardvack 점토의 비배수 Young 계수

구속압축시험(압밀)과 구속탄성계수(M). 구속압축시험(압밀시험)으로 구속탄성계수(M)를 얻을 수 있다. 초기 및 할선 구속탄성계수는 $M_i = d\sigma_{zi}'/d\epsilon_{zi}$, $M_s = \Delta\sigma_z'/\Delta\epsilon_z$로 정의된다. 그림 4.39 (a)는 구속 압축시험의 응력-변형률 관계와 이로부터 구한 구속 탄성계수(constraint modulus)를 보인 것이다. 압축성 시료의 경우 구속탄성계수는 초기에 그림 4.39 (b)와 같이 변형률 증가와 함께 감소하나, 구속영향으로 인해 곧 변형률 증가와 함께 증가한다.

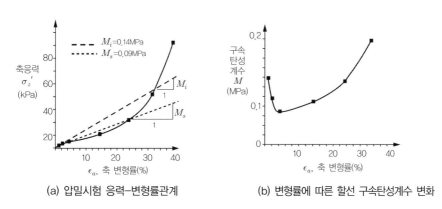

(a) 압밀시험 응력–변형률관계   (b) 변형률에 따른 할선 구속탄성계수 변화

그림 4.39 San Fransisco Bay Mud에 대한 구속압축(압밀) 시험과 구속탄성계수

등방압축시험과 체적탄성계수(K). 등방압축시험으로 정의될 수 있는 탄성계수는 체적탄성계수(K)

이다. 그림 4.40 (a)와 같이 $K_i = dp_i'/d\epsilon_{vi}$, $K_s = \Delta p'/\Delta \epsilon_v$ 로 구한다. 그림 4.40 (b)는 등방압축시험의 응력-변형률 관계로부터 구한 체적탄성계수를 보인 것이다. 등방시험으로 구한 체적탄성계수는 구속영향으로 인해 변형률 및 등방응력 증가와 함께 증가한다.

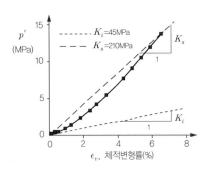

(a) 등방압축시험의 응력-체적변형률 관계

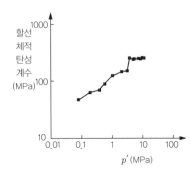

(b) 등방응력에 따른 할선 체적탄성계수 변화

그림 4.40 조밀한 Sacramento River 모래의 등방압축에 대한 체적탄성계수(after Seed, 1967)

삼축시험과 탄성계수(E). 삼축시험은 삼축조건의 임의 구속응력의 설정이 가능하므로 현장 구속응력조건에 부합하는 탄성계수를 구할 수 있다. 초기 및 할선탄성계수는 응력-변형률곡선(그림 4.41 a)으로부터 각각 $E_i = d(\sigma_1' - \sigma_3')_i/d\epsilon_{zi}$, $E_s = \Delta(\sigma_1' - \sigma_3')/\Delta \epsilon_z$ 로 구한다. 그림 4.41은 삼축시험에서 조밀한 모래에 대한 탄성계수의 산정 예를 보인 것이다.

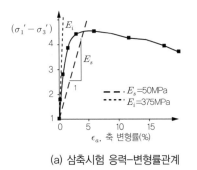

(a) 삼축시험 응력-변형률관계

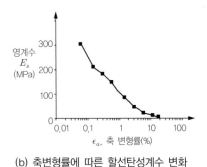

(b) 축변형률에 따른 할선탄성계수 변화

그림 4.41 조밀한 Sacramento River 모래의 배수삼축시험에 대한 강성특성(after Lee and Seed, 1967)

단순전단시험과 전단탄성계수(G). 전단탄성계수는 그림 4.42 (a)와 같이 $G_i = d\tau/d\gamma$, $G_s = \Delta \tau/\Delta \epsilon$ 로 구한다. 그림 4.42 (b)는 전단탄성계수의 산정 예를 보인 것이며, 변형률에 따라 심한 비선형성을 보이며 변형률 증가와 함께 감소한다.

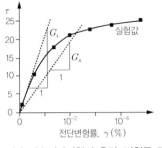
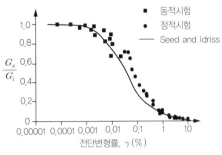

(a) 단순전단시험의 응력–변형률 관계   (b) 전단변형률에 따른 할선 전단탄성계수 변화

그림 4.42 전단탄성계수의 산정(단순전단시험, after Arulmoli et al., 1992)

전단변형률에 따른 전단강성의 변화는 회귀분석을 통해 수식으로 표현할 수 있다. 예를 들어 할선 (secant) 전단탄성계수는 다음과 같이 쌍곡선(hyperbolic)함수로 나타낼 수 있다.

$$G_{\sec} = \frac{G_{\max}}{(1 + \gamma/\gamma_r)} \tag{4.5}$$

여기서 $G_{\max}$는 최대 전단탄성계수($\approx G_i$), $\gamma_r\,(= \tau_f / G_{\max})$는 기준 전단변형률(reference shear strain), τ_f는 파괴 시 전단응력이다.

NB : 시험법에 따라 탄성계수의 의미가 달라지고, 변형률에 따른 비선형거동 특성도 크게 변화함을 알았다. 이러한 사실은 특정 지반문제 해석에 필요한 강성(탄성계수)을 구할 경우 해당 지반문제와 동일한 응력경로의 시험법을 선정하여야 함을 시사하는 것이다. 실무적으로 이러한 영향요인과 거동특성을 고려함이 없이 어떤 지반의 탄성계수가 얼마냐고 묻는 것은 지반 탄성계수의 속성을 간과하거나, 지나친 단순화를 전제한 것이다. 우리가 통상적으로 언급하는 영(Young)계수개념으로 실제지반의 탄성계수를 정의하는 것은 매우 그릇된 해를 줄 수 있음을 유념할 필요가 있다.

4.3.3 강성의 영향요인 고찰

응력-변형률 관계에 영향을 미치는 요소가 다양한 만큼 강성에 영향을 미치는 요인도 그에 상응하여 다양하다.

선행압밀(OCR)의 영향

흙 지반시료의 비배수 일축 탄성계수(Young 계수)는, $E_u = (\sigma_a{'} - \sigma_{ao}{'})/(\epsilon_a - \epsilon_{ao})$로 구할 수 있다. 여기서 $\sigma_{ao}{'}$, ϵ_{ao}는 각각 비배수 전단 시작 전까지의 총 응력과 변형률이다. 그림 4.43은 대표적인 점토의 비배수 삼축압축시험, 모래의 비배수 삼축인장 시험결과를 예시한 것이다. 시험조건의 컨트롤 등의 문제로 삼축압축시험에서는 선행압밀 영향의 경향이 완전하게 파악되지 않았지만, 인장시험은 선행압축의 크기가 클수록 강성이 작아지는 경향이 분명하게 나타난다. 대체로 점토, 모래 모두 같은 미소변형률에 대하여 비배수강성은 선행압밀응력(σ_{vc}')이 작을수록 크게 나타나고, OCR이 클수록 감소함을 보인다. 인장강성이 압축강성보다 대체로 크게 나타났다.

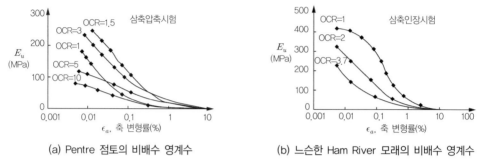

(a) Pentre 점토의 비배수 영계수   (b) 느슨한 Ham River 모래의 비배수 영계수

그림 4.43 선행압밀의 영향(after Connolly, 1999 and after Kuwano, 1998)

구속응력의 영향

그림 4.44는 구속응력에 따른 전단탄성계수의 변화를 보인 것이다. 구속응력(σ_c')이 증가할수록 강성이 증가하고 선형거동 영역도 증가함을 보인다.

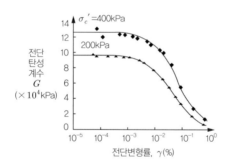

그림 4.44 구속응력(σ_c')에 따른 전단탄성계수(등방압밀 Kaolin, after Soga et al., 1995)

응력경로의 영향

Smith(1992)는 Bothkennar 점토에 대하여 그림 4.45 (a)와 같이 ABC로 압밀한 시료를 D까지 제하하여 다양한 응력경로로 시험하였다. 그림 4.45 (b)와 (c)는 응력경로에 따른 지반재료의 강성-변형률 거동을 보인 것이다. 응력경로에 따라 강성의 크기가(특히 체적탄성계수의 경우) 현저하게 변화함을 보였다. 여기서 $K_s = \Delta p'/\Delta\epsilon_v$, $G_s = \Delta(\sigma_a' - \sigma_r')/3\Delta\epsilon_s$ 여기서 $\epsilon_s = 2/3(\epsilon_a - \epsilon_r)$ 이다.

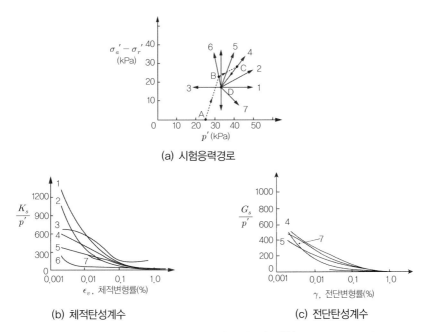

(a) 시험응력경로

(b) 체적탄성계수

(c) 전단탄성계수

그림 4.45 점토(Bothkennar Clay)의 강성 – 응력경로의 영향(after Smith, 1992)

예제 아래 왼쪽 그림 4.46과 같이 깊은 굴착을 수행하여 버팀보 배면이 주동응력상태에 가깝게 형성되어 있을 때, A점을 기준으로 지반의 탄성계수를 결정하고자 한다. 이론적으로 어떤 지반시험이 타당할까?

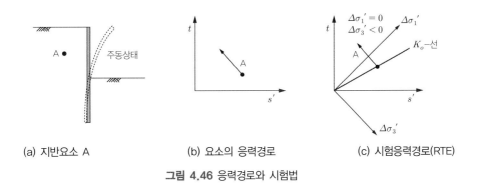

(a) 지반요소 A
(b) 요소의 응력경로
(c) 시험응력경로(RTE)

그림 4.46 응력경로와 시험법

풀이 우선 배면토 내 지반요소 A의 응력경로를 살펴보면, 그림과 같이 $\Delta\sigma_1' = 0$, $\Delta\sigma_3' = (-)$이다. 즉, σ_3'은 감소하고($-$), σ_1'은 일정하다. 이 경우 σ_3'이 최소 주응력이 된다. 이 시험조건은 축응력 감소 삼축인장시험(RTE, reduced triaxial extension)과 일치한다(2장 2.7.6절 참조).

반복하중의 영향

그림 4.47은 재하(loading) 중 제하(unloading) - 재재하(reloading) 응력 - 변형률 곡선의 응력이력 루

프와 이 구간의 접선 전단탄성계수의 변화를 함께 나타낸 것이다. 제하(unloading) 시 탄성거동으로 반전된 높은 강성은 변형률 회복과 함께 급격히 감소한다. 재재하(reloading) 시에는 초기 탄성거동에 상응하는 높은 강성을 나타낸다. **응력경로 방향의 변화가 흙의 강성을 크게 변화시킴을 알 수 있다.** 이때 강성 증가의 크기는 응력경로 방향의 변화정도에 따르며 응력경로가 완전히 반대 방향으로 바뀌는 경우에 강성변화가 가장 현저하게 나타난다. 응력경로의 반전은 접선강성이 불연속적으로 변화하게 한다.

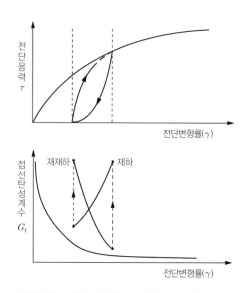

그림 4.47 반복시험에 따른 전단응력-변형률 거동과 접선 전단탄성계수

　재하 중 낮은 응력수준에서 제하(unloading)했을 때 입자활동에 의한 소성변형은 매우 작으며 제하와 재재하 곡선은 작은 이력 루프를 만들면서 동일한 응력경로를 따른다. 그림 4.48과 같이 응력 수준을 높여가며 제하(unloading)와 재재하(reloading)했을 때 이력 루프는 일정한 기울기(E_r, 평균탄성계수)를 나타낸다. 이 기울기는 누적 변형률의 증가와 함께 감소한다. 할선탄성계수는 응력이력곡선(hysteresis loop)의 두 꼭짓점의 변형률을 평균하여 구한다.

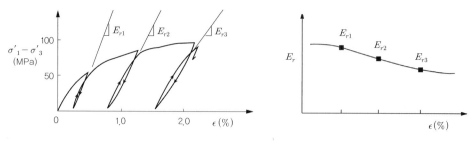

그림 4.48 재하(loading)-제하(unloading)-재재하(reloading) 루푸의 평균강성

NB : 반복재하와 회복탄성계수(E_r, resilient modulus)

반복재하시험에 의한 평균탄성계수는 비구속 시험($\sigma_c' = 0$)의 경우 반복횟수 증가와 함께 감소한다. 다만, 구속응력이 상당한 경우 초기단계에서는 약간 감소할 수 있으나 반복횟수 증가와 함께 다시 증가한다. 구속응력 하에서 반복 제하–재하 곡선의 평균 기울기를 회복탄성계수(resilient modulus), E_r이라 한다. 포장, 철도의 궤도 등 반복하중을 받는 구조물의 기초거동을 다루는 경우 회복탄성계수 개념이 중요하다. 회복탄성계수는 초기 탄성계수 값과 유사한 값을 가지며($E_r \approx E_i$), 구속응력의 로그 값에 비례한다. 즉, $E_r \propto \ln\sigma_c'$.

이방성 영향

대부분 흙은 강성의 이방성, 즉 재하방향에 따라 강성 값이 달라지는 특성을 나타낸다. 지반재료의 경우 강성의 이방성은 그림 4.49 (a)와 같이 퇴적방향에 따른 영향과 그림 4.49 (b)와 같이 이방성 응력이 유발하는(stress induced) 영향으로 확인할 수 있다. **퇴적토의 이방성은 지반재료의 구성과 입자배치의 영향이며, 응력의 이방성은 수직응력과 수평응력의 크기 차이에 따른 영향이다.** 실제로 퇴적토의 경우는 재료의 구조적인 영향과 응력 이방성 영향을 모두 포함한다고 할 수 있다.

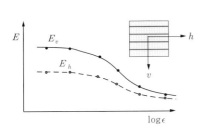

(a) 퇴적토의 지질구조적 이방성 특성

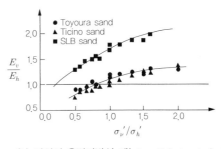

(b) 강성의 응력이방성 예(after Kohata et.al., 1997)

그림 4.49 흙의 이방성 강성의 예

4.3.4 암석과 암 지반의 강성특성

암반의 강성은 암반의 다른 특성과 마찬가지로 암석, 불연속면, 암반으로 나누어 살펴볼 수 있다. 그림 4.50 (a)는 암석의 전형적인 응력-변형률 곡선이며 그림 4.50 (b)는 이에 대한 탄성계수 변화를 보인 것이다. 초기의 미세균열 영향을 받는 구간을 제외하면 파괴까지 거의 일정한 탄성계수 값을 보인다.

NB : 일반적으로 암반의 강성은 응력–변형률 곡선에서 얻은 강성(E) 값을 일축압축강도(q_c)로 정규화(normalization)하여 나타낸다. E/q_c 값은 대부분 200~500 사이에 분포한다. 화성암 등과 같이 결정성 암(crystalline rock)에서는 비교적 큰 값을 나타내고, 쇄설성 암(clastic rock)에서는 작은 값을 나타낸다.

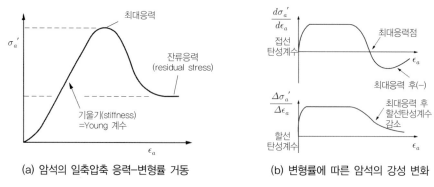

(a) 암석의 일축압축 응력–변형률 거동　　　　(b) 변형률에 따른 암석의 강성 변화

그림 4.50 암석의 응력–변형률 거동과 강성특성

암석의 강성

그림 4.51은 몇 개 암석 시료에 대한 일반적인 강성특성을 보인 것이다. 강성은 변형률 증가와 함께 감소하나 일정 변형률 이상에서 일정해지는 경향을 보인다. 흙 지반재료와 마찬가지로 구속압 증가에 따라 강성이 증가한다. 암석재료의 변형률에 따른 강성의 변화 범위는 흙 지반재료보다 훨씬 작다.

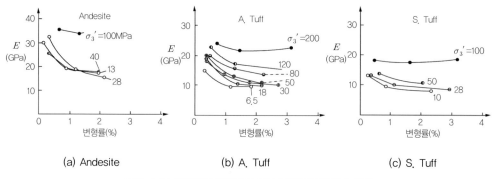

(a) Andesite　　　　　　(b) A. Tuff　　　　　　(c) S. Tuff

그림 4.51 변형률에 따른 암석의 강성변화(삼축압축시험)

변형률이 증가하면 초기에 닫혔던 미세균열(micro-fractures)이 다시 열리면서 강성이 감소한다. 무른 암석이라도 구속압이 높은 경우 강성이 증가하는데, 이는 구속압이 미세균열을 밀착시키는 효과를 주기 때문이다.

그림 4.52는 암석의 간극률에 따른 강성특성을 보인 것이다. 간극률이 작은 치밀한 암석일수록 높은 강성의 취성거동을 나타내며, 간극률이 큰(5% 이상) 암석은 강성이 작고 연성거동을 나타낸다.

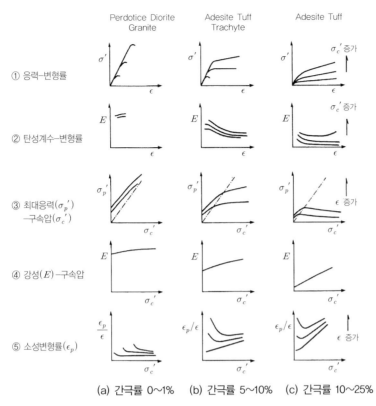

Perdotice Diorite
Granite

Adesite Tuff
Trachyte

Adesite Tuff

① 응력-변형률

② 탄성계수-변형률

③ 최대응력($\sigma_p{}'$)
   -구속압($\sigma_c{}'$)

④ 강성(E)-구속압

⑤ 소성변형률(ϵ_p)

(a) 간극률 0~1%   (b) 간극률 5~10%   (c) 간극률 10~25%

그림 4.52 간극률에 따른 강성특성(규소질 암석, after Mogi, 2007)

불연속면의 강성

그림 4.53은 불연속면의 응력-변형률 거동을 강성(지반반력계수) 관점으로 재구성한 것이다. **불연속면의 강성, $K=\sigma'/\delta$은 불연속면의 방향과 하중 재하방향의 일치 여부가 중요하다.**

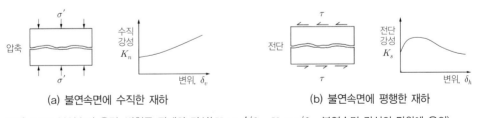

(a) 불연속면에 수직한 재하   (b) 불연속면에 평행한 재하

그림 4.53 불연속의 응력-변형률 관계와 강성($K_n=\sigma'/\delta_v$, $K_s=\tau/\delta_h$, 불연속면 강성의 단위에 유의)

미소변형률 암반강성과 이방성

원지반에 대한 물리탐사(탄성파탐사) 등으로 미소변형률상태(약 0.001%이하)의 암반강성을 측정할

수 있다. 원위치 암반강성의 가장 큰 특징은 그림 4.54와 같이 내재된 절리 등 불연속면의 영향으로 인한 이방성 특성이 현저하다는 것이다. 축 강성에 대한 **이방성 영향은 구속(축)응력이 커지거나, 포화도가 높아지면 감소한다. 포화시료의 경우 물의 압축성 영향이 크므로 강성차이가 작다.**

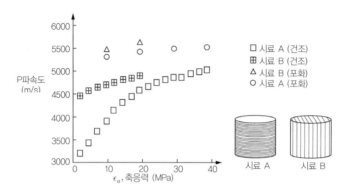

그림 4.54 암반의 이방성 강성특성(절리방향의 영향, $E = \rho V_p^2$) (after Hesler et al., 1996)

암반의 강성

암반은 규모가 크므로 이를 실험실에서 다룰 수 없다. 암석에 내포된 불연속면 영향의 유추를 통해 암반의 강성특성을 살펴볼 수 있다. **하중이 불연속면에 수직인 경우**를 가정하여 불연속면이 암반의 강성에 미치는 영향을 살펴보자. 그림 4.55 (a)와 같이 절리빈도가 λ, 길이가 L인 암반시료에 수직응력 σ가 작용하여 무결암이 δ_I, 불연속면이 δ_D의 변형을 일으켰다고 가정하자.

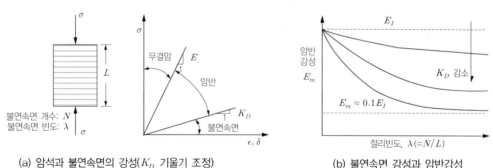

(a) 암석과 불연속면의 강성(K_D 기울기 조정) (b) 불연속면 강성과 암반강성

그림 4.55 암석, 암반의 강성(무결암 강성 : $E_I(\sigma - \epsilon$관계), 불연속면 강성 : $K_D(\sigma - \delta$관계), 암반 강성 : E_m)

암석의 강성 E_I(MPa), 불연속면 재료(충진물)의 강성 K_D(MPa/m), 시료길이 L, 절리수 N인 경우

총 변형 $\delta_T = \delta_I + N\delta_D = \sigma\dfrac{L}{E_I} + N\dfrac{\sigma}{K_D}$, 총 변형률 $\epsilon_T = \dfrac{\delta_T}{L} = \dfrac{\sigma}{E_I} + \dfrac{N}{L}\dfrac{\sigma}{K_D}$, $\dfrac{N}{L} = \lambda$이므로 암반강성은

$$E_m = \frac{\sigma}{\epsilon} = \cfrac{1}{\cfrac{1}{E_I} + \lambda\cfrac{1}{K_D}}$$
(4.6)

그림 4.55 (b)는 위 식을 이용하여 $E_m - \lambda - E_I - K_D$ 관계를 개념적으로 표현한 것이다. 그림 4.56은 실제 파라미터를 이용하여 절리빈도와 불연속면 강성에 따른 암반강성의 변화를 시뮬레이션해본 것이다. 절리빈도의 증가는 암반의 강성을 감소시키나, 불연속면의 강성이 큰 경우 절리빈도가 늘어나도 강성감소가 크지 않다.

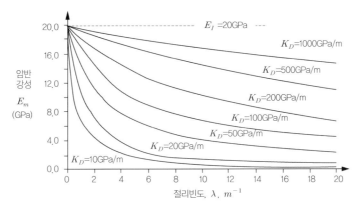

그림 4.56 암반강성(after Harrison and Hudson, 2000)

NB : 파쇄대를 포함하는 지반에 응력이 유발($\Delta\sigma'$)될 경우에는 파쇄대의 강성이 응력상태에 영향을 미친다. 그림 4.57과 같이 수평응력이 최대 주응력, 수직응력이 최소 주응력인 유발응력(induced stress) 상태가 충진물로 채워진 파쇄대를 만나면 주응력의 회전이 일어난다. 파쇄대의 강성이 무시할 만큼 작은 경우 최대 주응력 축은 파쇄대와 평행해지고 최소 주응력은 파쇄대에 직각이 된다(Case 1). 반대로 파쇄대의 강성이 무한대로 커진 경우라면 최대 주응력은 파쇄대에 직각으로 작용하고, 최소 주응력이 파쇄대에 평행해진다(Case 3). 외력의 작용 없이 풍화대가 생성되는 경우 이는 응력상태 변화에 아무런 영향을 미치지 못한다. 강성의 변화가 평형상태의 변화를 초래할 수 없기 때문이다.

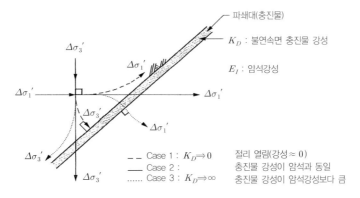

그림 4.57 파쇄대의 충진물 강성에 따른 주응력 회전

4.3.5 지반재료의 포아슨 비

포아슨 비(Poisson's Ratio)는 하중작용방향의 변형률에 대한 하중방향에 수직한 변형률의 비, $\nu = -\epsilon_h/\epsilon_v$로 산정할 수 있다. 여기서 (−) 가 도입된 이유는 일반적인 재료에서 한 쪽이 압축이면 다른 쪽은 팽창으로 나타나는 현상을 고려하기 위함이다.

수직변형이 수평변형을 야기하는 성질을 포아슨 효과(Poisson effect)라 한다. **포아슨 효과는 재료가 변형을 받을 때 내부 평형을 유지하기 위해 기존의 인력과 척력 사이의 균형을 이루려는 입자 재배치 작용 때문에 발생한다.** 따라서 포아슨 효과는 원자(입자)의 결정(배열)특성이 지배한다.

입자체(particulate media)에서는 변형률 수준에 따라 포아슨 효과를 야기하는 메커니즘이 달라진다. 그림 4.58의 탄성구의 거동을 살펴보자. 탄성구가 규칙적으로 조밀하게 위치하는 구조의 입자체에서는 변형률은 무시할만하다. 특히, 수평변위가 구속되면 포아슨비는 '0'이다. 미소변형률에서 불포화 입자의 포아슨 비는 매우 작으며, 통상 $\nu < 0.15$로 나타난다. 중간 이상의 변형률에서 지반재료의 포아슨 효과는 입자배열의 변화로 발생한다.

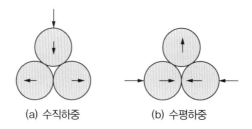

(a) 수직하중   (b) 수평하중

그림 4.58 포아슨 효과(Poisson's effect)로 인한 입자구조 변화

등방탄성재료에서 포아슨 비의 이론적 분포범위는 $-1 \leq \nu \leq 0.5$ 이다. 폼(foam)이나 코르크(cork) 같은 재료는 음의 값을 보이기도 하나, 포아슨 비의 일반적 분포 범위는 0~0.5이다. 물의 포아슨 비는 0.5 이다. 포아슨 비가 0.5보다 크면 팽창(dilatancy)이 일어나는 경우에 해당한다.

포아슨 비의 결정과 특성

축 재하의 삼축압축시험에서 포아슨비는 축변형률에 대한 횡방향 변형률의 비로 구할 수 있다. 원통형 탄성체에 일축응력 을 가하면, 수직방향의 압축(ϵ_a)과 수평방향의 팽창(ϵ_r)이 일어난다. 그림 4.59 (a) 는 삼축시험에 의한 포아슨비 산정 예를 보인 것이다.

흙 지반의 포아슨 비. 약간 과압밀점토의 소성지수에 따른 배수 포아슨 비(비배수 포아슨 비는 '0.5'에 가까움) 변화를 그림 4.59 (b)에 보였다. 소성지수가 증가할수록 점성토의 포아슨 비(배수)도 증가한다.

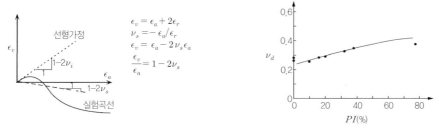

(a) 삼축시험에서 포아슨 비 결정   (b) 점토의 소성지수(PI)와 배수 포아슨 비(after Worth, 1975)

그림 4.59 약간 과압밀 시료의 PI에 따른 배수 포아슨 비(ν_i: 초기 포아슨 비, ν_s: 할선 포아슨 비)

포아슨비도 할선 및 접선개념으로 정리할 수 있으며, 변형률에 따라 변화한다. 그림 4.60은 조밀한 Sacramento River 모래의 배수삼축시험에 대한 포아슨 비를 변형률에 따라 산정한 것이다.

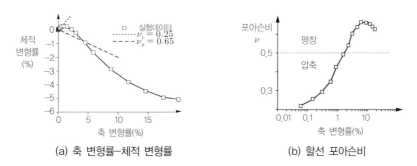

(a) 축 변형률−체적 변형률   (b) 할선 포아슨비

그림 4.60 조밀한 Sacramento River 모래의 배수삼축시험에 대한 포아슨비(after Lee and Seed, 1967)

반복하중의 경우 입자 재배치가 중요한 영향을 미친다. 1차 재하의 초기 단계에서 모래의 ν값은 약 0.1~0.2로 분포한다. 반복재하 후 ν값은 0.3에서 0.4까지 분포하거나 거의 일정한 값을 갖는다.

원지반의 미소변형률 조건의 포아슨 비는 탄성파 속도를 이용하여 구할 수 있다. 반무한 탄성체에 대하여 구속탄성상수 $M = \rho V_p^2$ 및 전단탄성계수 $G = \rho V_s^2$를 이용하면 미소변형률에서 포아슨 비는 파동 방정식과 탄성론을 이용하여 다음과 같이 표현할 수 있다(식 (4.3) 및 표 5.1 참조).

$$\nu = \frac{(V_p/V_s)^2/2 - 1}{(V_p/V_s)^2 - 1} \tag{4.7}$$

여기서 V_p, V_s는 각각 압축파(P파)와 전단파(S파)의 전파속도이며, ρ는 재료질량이다.

암석의 포아슨 비. 그림 4.61은 화강암에 대한 일축압축시험의 재하응력에 따른 포아슨 비의 변화를 보인 것이다. 하중증가(변형률 증가)에 따라 포아슨비가 0.1→ 0.4로 증가함을 보인다. 구속압력 (confining pressure)이 포아슨 비에 미치는 영향은 암석의 강도에 따라 다르다. 약한 암석(weaker rocks) 의 경우 구속압의 증가는 포아슨비를 감소시킨다. 그러나 강한 암석(stronger rocks)의 경우 구속압의 영향은 거의 나타나지 않는다.

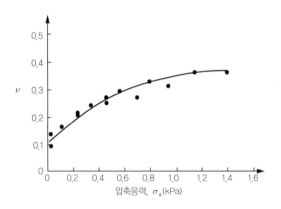

그림 4.61 암석(화강암)의 일축압축응력과 포아슨 비의 관계(after Walsh and Brace, 1966)

실제 지반거동의 분석의 틀: 탄성론과 소성론

지반의 탄성거동은 결국 탄성론이라는 분석의 틀을 가지고 지반거동을 고찰한 것이다. 이와 마찬가지로 지반 재료의 소성거동은, 소성이론의 틀(framework)을 통해 지반의 소성거동을 파악하게 된다.

탄성거동은 응력을 가한 방향으로 변형이 일어나며 포아슨 효과로 인해 재하축에 수직한 방향으로도 변형이 발생한다. 탄성거동의 구성식은 포아슨비를 포함하며, 이로부터 탄성 변형률(ϵ_e)의 크기와 방향이 결정된다.

$\{d\epsilon_e\} = [D]^{-1}\{d\sigma'\}$, 여기서 $[D] = f(E, \nu)$ 이다.

소성변형 메커니즘은 탄성변형 메커니즘과 전혀 다르다. 소성론은 소성상태의 어떤 응력변화도 주응력방향의 변형을 야기함을 전제로 한다. 소성거동의 크기와 방향을 정의하기 위해서는 항복함수(F)와 소성포텐셜함수(Q) 가 필요하다. 항복함수는 재료가 탄성상태인지 소성상태인지를 구분해준다. 소성변형률(ϵ_p)의 방향은 소성포텐셜 함수에 수직한 방향으로 일어나며, 그 크기는 다음과 같이 정의한다.

$d\epsilon_p = \lambda \dfrac{\partial Q}{\partial \sigma'}$

여기서 λ는 스칼라량이며, 위 식을 소성유동법칙(plastic flow rule)이라 한다. 소성포텐셜 Q는 여러 응력경 로에 대한 재료의 항복시험으로부터 구할 수 있다.

소성거동은 항복함수와 소성포텐셜함수의 특성으로부터 결정된다. 지반재료의 경우 항복함수는 경화법칙을 도입하여 확장과 이동을 제어할 수 있다. 소성변위의 방향은 소성포텐셜함수에 수직으로 일어나므로 이의 정확한 결정이 중요하다. 일반적으로 항복함수와 소성포텐셜함수를 동일하게 가정하는 경우($Q = F$) 이를 연계소성 유동법칙이라 한다.

4.4 지반재료의 항복과 소성거동

지반재료의 거동은 **탄성변형 → 항복(소성변형시작) → 응력경화(및 변형률 연화) → 잔류상태**로 이어진다. 항복점은 재료거동의 모델링에 있어 탄성론과 소성론의 적용을 구분하는 기준응력이 된다. 항복(yielding)은 회복되지 않는 변형, 즉 소성변형이 시작되는 응력상태를 말한다. 지반재료는 일반적으로 초기의 작은 변형률에서부터 소성변형이 시작된다.

4.4.1 항복응력의 결정

항복함수는 한 종류의 시료를 여러 응력경로로 시험하여 다수의 항복점을 얻고, 이를 일반화된(3차원) 응력공간에 표기하여 얻은(curve fitting) 대표함수라 할 수 있다. 항복함수는 응력의 탄소성경계를 설정하며 항복 여부의 판단과 소성거동을 정의하는 데 필요하다.

흙 지반 시료의 응력-변형률 곡선은 금속처럼 항복점이 분명하게 정의되지 않는다. 따라서 항복점을 얻기 위해서는 **항복거동이 가장 두드러지게 나타낼 수 있는 시험 거동변수를 선정하여 시험결과를 정리하여야 한다.** 시험결과의 표시방법을 잘못 선택하게 되면 항복을 나타내는 변화점(kink), 즉 항복점이 나타나지 않는다. 일례로 등방압축시험의 결과를 $p' - q$ 응력공간에 도시하면 p' 축을 따라 직선으로 나타나므로 항복점을 결정할 수 없다.

항복점 결정을 위해 시험결과를 표현할 수 있는 대표적인 거동변수의 조합으로 $\sigma_a' - \epsilon_a$(축변형률), $\sigma_r' - \epsilon_r$, $p' - q$, $p' - \epsilon_v$(체적변형률), $q - \epsilon_a$, $s - W$(일) 관계 곡선을 많이 이용한다. 응력경로 길이를 나타내는 물리량, s 와 일(work, energy)은 다음과 같이 구한다(Graham et al., 1983)(그림 4.65 a 참조).

$$W = \int (p' d\epsilon_v + q d\epsilon_q) \tag{4.8}$$

$$s = \int \delta s = \sum \{\delta p'^2 + \delta q^2\}^{\frac{1}{2}} \tag{4.9}$$

여러 가지 방법으로 시험결과를 표기하여 각각의 항복점을 구해보고, 다수의 같은 시험결과를 평균하여 항복응력을 결정한다. 응력경로가 다른 **각 시험에 대한 항복점을 연결하면 응력공간의 일부 구간에 대한 항복곡선(yield curve)을 알 수 있다.** 일례로, 삼축압축시험은 $p' - q$ 응력공간에서 서로 다른 몇 개의 응력경로에 대한 시험이 가능하다. 3차원 공간의 항복함수를 항복면(yield surface)이라 한다.

NB : 지반재료와 구조재료의 항복면 형상 비교

지반재료는 전단 시 상당한 체적변화가 수반된다. 등방하중 하에서도 체적변화가 야기되며, 항복거동을 나타낸다. 이것이 지반재료와 금속과 같은 구조재료 간 가장 큰 소성거동의 차이임을 이미 설명하였다. 이 차이 때문에 두 재료의 항복면 형상도 다르게 나타난다. 그림 4.62에 보인 바와 같이 금속재료는 등방하중 하에서 항복하지 않으므로 등방축을 중심으로 열려진 모양을 보인다. 반면에, 지반재료는 등방하중 하에서도 항복하므로 폐쇄된 모양을 나타낸다.

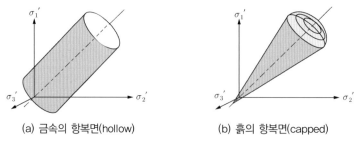

(a) 금속의 항복면(hollow)　　　　　(b) 흙의 항복면(capped)

그림 4.62 금속과 지반재료의 항복면 차이

4.4.2 점성토의 항복특성

그림 4.63 (a), (b) 및 (c)는 각각 전형적인 구속압축시험, 등방압축시험, 삼축압축시험으로 얻은 점토의 응력-변형률(체적변화) 관계를 보인 것이다. 일례로 등방압축시험 결과에서는 $v - \ln p'$ 곡선의 기울기가 급격하게 변화하는 점(또는 최대 압밀응력)이 발견되는데, 이 점이 항복점에 해당한다. 각각의 시험 응력경로를 따라 일반화된 응력공간에 항복점을 표시하여 연결함으로써 그림 4.63 (d)와 같이 항복면의 함수식을 파악할 수 있다. 여기서 $v = 1 + e$ 이다.

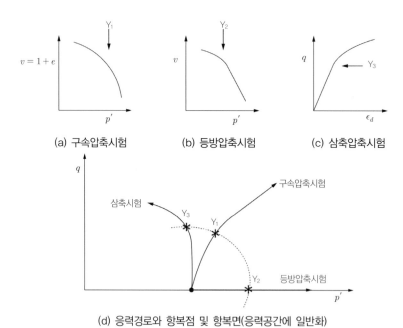

(a) 구속압축시험　　　　　(b) 등방압축시험　　　　　(c) 삼축압축시험

(d) 응력경로와 항복점 및 항복면(응력공간에 일반화)

그림 4.63 $p' - q$ 평면에 대한 점토 항복면의 결정 예(after Wood, 1996)

그림 4.64는 Tavenas(1979) 등이 삼축시험의 두 응력경로를 이용하여 불교란 St. Louis 점토에 대해 얻은 항복함수를 얻은 예를 보인 것이다.

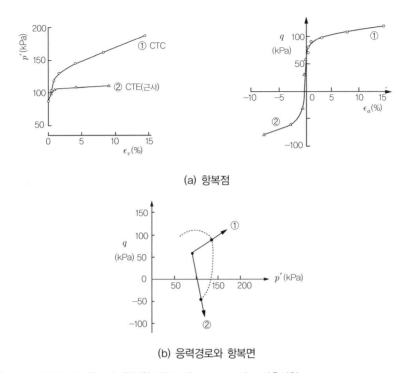

(a) 항복점

(b) 응력경로와 항복면

그림 4.64 응력경로와 항복점, 항복함수(불교란 St. Louis점토 삼축시험, after Tavenas et al., 1979)

그림 4.65는 Winnipeg 점토에 대하여 다양한 응력경로의 시험으로 구한 항복점을 $p' - q$ 공간에 나타낸 것이다. **최초 항복** 이후 소성상태(변형률 경화)에서 **같은 응력점을 연결**하면 최초의 항복면 모양이 확대되는 형태로 나타난다. 이는 시험한 **흙이 등방경화 거동을 한다는 사실을 의미**하며, **흙의 소성경화 거동과 관련한 매우 중요한 발견이다.** 각 항복응력을 선행압밀하중(σ_{vc}')으로 정규화하면 그림 4.65와 같은 단일 항복면이 얻어진다.

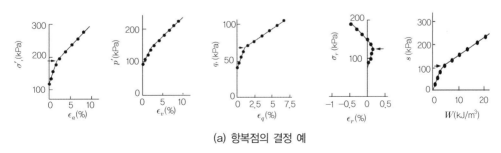

(a) 항복점의 결정 예

그림 4.65 Winnipeg 점토의 항복면과 소성거동(after Graham et al., 1983) — 계속

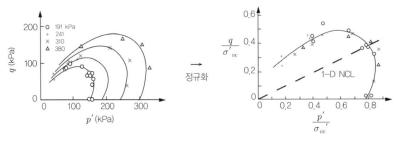

(b) 항복면($\sigma_{vc}{}'$: 선행압밀응력)

그림 4.65 Winnipeg 점토의 항복면과 소성거동(after Graham et al., 1983)

그림 4.66 왼쪽의 항복면 확장거동은 항복 후에 변형률 증가와 함께 응력이 증가하는 변형률 경화거동에 해당한다. 그림 4.66 오른쪽에 항복상태의 거동을 $v-p'$ 관계로 정리하여 함께 표시하였다. 여기서 v는 비체적($v = 1 + e$), 1-D NCL은 구속압축(압밀)시험에서 얻은 NCL, $\sigma_{vc}{}'$은 선행압밀응력이다. 그림 4.66의 두 그림을 비교하면 각 **항복면은 NCL을 따라 이동하는 SL선에 대응함**을 알 수 있다.

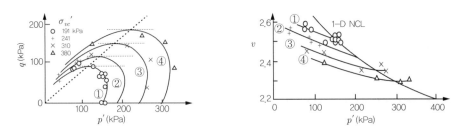

그림 4.66 Winnipeg 점토의 항복면의 확장과 체적변형거동(after Graham et al., 1983)

점토의 항복면의 크기를 결정하는 가장 중요한 요소는 그 흙이 과거에 경험하였던 최대 응력이다. 그림 4.67 (a)의 반복하중 시험결과를 참고하면 **점토의 탄성거동 영역은 적어도 그 흙이 과거에 받았던 최대 응력인 선행압밀응력, $\sigma_{vc}{}'$ 이내의 범위**임을 알 수 있다. 따라서 압밀시험 또는 일축압축시험으로 결정되는 **선행압밀응력, $\sigma_{vc}{}'$ 은 이론상 항복점(또는 탄성한도)으로 볼 수 있다.**

NB : 정규 압밀점토의 선행압밀하중은 자중에 불과하므로 이에 상응하여 탄성한도도 매우 작을 것이다. 실제로 지반재료의 탄성한도는 무시할 정도로 작은 경우가 대부분이지만, 비선형 탄성 및 회복가능성 등을 고려하여 공학적으로 응력-변형률 곡선의 직선 근사화가 가능한 구간을 탄성한도로 하는 경우가 많다.

반복하중에 의한 항복거동. 제하(unloading)나 재재하(reloading)와 같이 응력상태의 전환점(stress turning points)에서는 높은 강성을 나타내는데, 이는 **응력의 전환점을 기준으로 탄성 영역이 재설정됨을 의미**하는 것이다. 재재하 시 과거에 받았던 최대하중을 초과하면 소성상태를 보이게 된다. 이와같이 재하 - 제하 - 재재하에 따른 탄성 및 항복거동을 항복면 개념으로 표현하면 그림 4.67 (b)와 같이 나타낼 수 있을 것이다. 이러한 거동을 소성론에서는 운동경화(kinematic hardening)라 한다(5장 5.7절에서 다룬다).

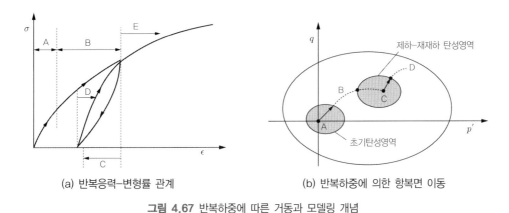

(a) 반복응력-변형률 관계   (b) 반복하중에 의한 항복면 이동

그림 4.67 반복하중에 따른 거동과 모델링 개념

압밀시험과 선행압밀응력 그리고 항복면

압밀시험에서는 수평 응력을 알 수 없으므로 p'를 구할 수 없어 항복점을 $p'-q$ 평면에 표시할 수 없다. 선행압밀응력이 σ_{vc}'라 하면, 항복응력 $\sigma_y' = \sigma_{vc}'$이라 할 수 있다. $p'-q$ 평면에서는 $p' = (\sigma_{vc}' + 2\sigma_r')/3$, $q = \sigma_{vc}' - \sigma_r'$이므로 σ_r'을 소거하면 $p' + (2/3)q = \sigma_{vc}'$이 된다. 그림 4.68은 이 식을 $p'-q$ 평면에 도시한 것이다. 이 직선은 항복면에 접할 것이며, 접점의 응력 σ_a'를 압밀시험의 항복응력이라 할 수 있다.

선행압밀응력이 증가함에 따라 위 직선은 $p'-q$ 평면에서 오른쪽으로 이동하게 된다. 이는 선행압밀응력에 따라 항복면의 크기가 변화(확대)됨을 의미하는 것이다. 심도가 깊은 곳에서 채취한 시료일수록 선행압밀응력이 커져 탄성 영역이 증가하고, 항복면의 크기도 확대된다.

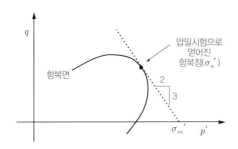

그림 4.68 압밀시험으로 얻어진 선행압밀응력(항복점)

4.4.3 사질토의 항복특성

모래시료는 시료 채취과정에서 입자의 구조가 심하게 교란되므로 불교란(undisturbed) 모래의 초기 항복함수를 얻기는 쉽지 않다. 그림 4.69와 같이 A상태의 시료가 재하에 따라 최초 항복점(Y)을 지나 경화거동에 따라 **새로운 항복응력 상태**인 항복점 B로 이동할 것이다. 만일 같은 시료를 제하한 시료(A')에 대해 응력경로가 다른 시험을 수행하여 또 다른 **현재 항복점** B'를 얻었다면, B와 B'는 모두 현재 항복면 상에 있을 것이며, 두 점의 연결선 BB'는 현재 항복면의 일부를 구성하는 조각에 해당된다.

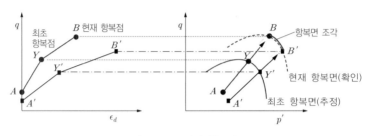

그림 4.69 모래의 항복거동

Tatsuoka(1972)는 그림 4.69의 개념을 이용하여, 한 개 모래시료(Fuji River Sand)에 대하여 구속응력을 감소시켜가며 제하(unloading) - 재재하(reloading) 응력경로를 다양하게 조합하는 형태의 시험을 수행하여 사질토의 항복면 형상을 조사하였다.

그림 4.70 (a)는 시험응력경로를 보인 것이다. 그림 4.70 (b)는 시험결과를 $\epsilon_q - q/p'$ 평면에 표시하여 구속응력에 따른 항복점(·)을 구한 것이다(제하 항복점: 2, 6, 10, 14, 18; 다른 응력경로의 같은 변형률을 주는 현재 항복점: 5, 9, 13, 17, 21). 인접응력경로의 현재 항복점을 이으면 각각 2→5, 6→9, 10→13, 14→17, 18→21, 22→26의 응력면을 얻을 수 있는 데, 이들은 항복면의 일부 조각이라 할 수 있다. 그림 4.70 (c)는 이 항복면 조각에 기초하여 모래의 항복면 형상을 추정한 것이다.

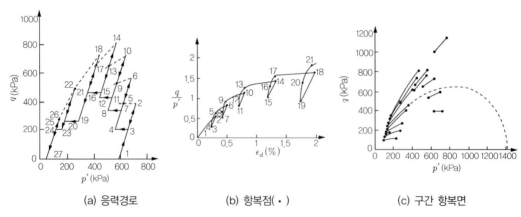

(a) 응력경로   (b) 항복점(·)   (c) 구간 항복면

그림 4.70 모래의 항복면(after Tatsuoka, 1972)

점토와 모래의 항복면 비교

그림 4.71은 점토와 모래의 항복면을 비교한 것이다. **점토의 항복면은 K_o-축에 대칭인 경향을 보이는 반면 모래의 항복면은 대체로 p'-축에 대칭이다.**

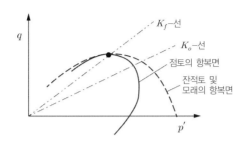

그림 4.71 점토와 모래(또는 잔적토)의 항복면 비교

4.4.4 소성변형률과 소성포텐셜

재료시험 관찰결과에 따르면 탄성한도 내의 변형률은 응력에 비례하여 응력의 작용방향으로 발생하지만, 소성변형률은 작용응력의 방향과 관계없이 현재의 주응력 방향으로 일어난다(5장 소성론 참조). 이를 **일치성 법칙(consistence rule)**이라 하며, 이를 근거로 소성거동의 p'와 ϵ_v^p(소성체적변형률) 그리고 q와 ϵ_d^p(소성편차변형률)를 같은 좌표에 함께 나타낼 수 있다.

그림 4.72 (a)는 점토의 거동을 가로축에 p'와 $\Delta\epsilon_v^p$를 중첩하고, 세로축에 q와 $\Delta\epsilon_d^p$를 중첩하여 항복상태의 소성변형률을 항복면에 연하여 표시한 것이다. 이 그림에서 **소성변형률이 어떤 함수에 수직으로 발생한다는 가설을 세울 수 있는데, 이를 수직성(normality)이라 한다.** 수직성을 만족하는 응력함수를 **소성포텐셜함수(plastic potential function)**라 한다. 소성포텐셜함수(Q)는 소성론에서 소성변위의 크기를 정의하는 중요한 함수이다($d\epsilon^p = \lambda\,\partial Q/\partial\sigma'$).

항복함수와 소성포텐셜함수. 일부 소성변형률 벡터는 항복면에 수직하지만 모두 그렇지는 않다. 이를 좀 더 자세히 고찰하기 위해서 항복면과 소성 벡터의 수직성을 비교해보면 그림 4.72 (a)와 같이 나타난다. 항복면에서 수직성이 만족되지 않는 경우가 많으므로, 항복함수를 소성 포텐셜 함수로 가정하는 것은 지반의 실제거동을 크게 단순화한 것이다. 따라서 수직성을 만족하는 별도의 소성포텐셜함수를 구해야 한다. 그림 4.72 (b)에 보인 바와 같이 항복함수와 같은 좌표계에 일치성을 이용하여 소성변위벡터를 중첩해보자. 수직성이 만족되면 항복함수는 소성포텐셜함수와 같다고 할볼 수 있다. 소성론에서 '**항복함수=소성 포텐셜함수**' 조건을 **연계소성 유동법칙(associate flow rule)**이라 한다. 만일 수직성이 만족되지 않는다면, '항복함수≠소성포텐셜함수'이므로 수직성을 만족하는 별도의 함수를 찾아야 한다. '**항복함수≠소성포텐셜함수**'인 소성거동을 **비연계 소성 유동법칙(non-associated flow rule)**이라 한다.

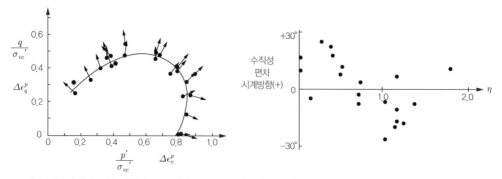

(a) 항복점에서 소성 변형률증분 벡터

(b) 항복면과 소성 변형률증분 벡터의 항복면과 수직성 편차

그림 4.72 점토(Winnipeg)의 소성변형 특성(after Graham et al., 1983)

많은 지반재료가 소성포텐셜과 항복함수가 다르게 나타난다. 일례로 Ottawa 모래에서 조사된 사질토의 소성변형률 거동은 그림 4.73처럼 전단항복면이 대부분 수직성을 만족하지 못한다. 이 경우 소성변형률 벡터에 수직인 점선 모양의 함수, 즉 소성 포텐셜 함수를 별도(비연계 소성유동)로 정의해야 한다.

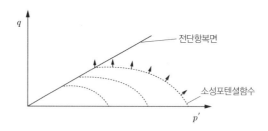

그림 4.73 조밀한 모래(Ottawa Sand)의 소성변형 특성(after Poorooshasb et al., 1967)

4.4.5 암석, 암반의 항복특성

암 지반의 거동은 암석, 불연속면의 개별거동, 그리고 이들의 조합인 암반의 거동으로 나타난다. 불연속면의 상태, 방향, 충진 물질, 신선도 등이 항복거동에 영향을 미칠 것이다. 불연속면에 충분한 풍화 충진 물질이 차 있고, 거동이 불연속면에 집중되는 경우라면 불연속면을 채운 물질의 거동이 암반의 항복거동을 지배한다. 다만, 불연속면의 영향정도는 하중방향과 불연속면 방향의 일치 여부에 따라 달라진다.

구속응력에 따른 암석의 항복거동은 그림 4.74와 같이 보통 '탄성-완전소성' 또는 '탄성-연화-잔류(완전)소성'으로 이상화하는 경우가 많다.

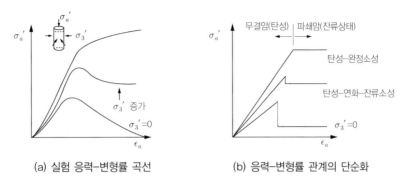

(a) 실험 응력–변형률 곡선   (b) 응력–변형률 관계의 단순화

그림 4.74 구속응력이 암석 항복거동에 미치는 영향

암 지반재료도 흙 지반재료와 마찬가지로 탄성과 소성이 명백히 구분되지 않는 경우가 많아서 항복응력을 결정하기가 쉽지 않다. 또 일부 취성재료는 항복점을 나타내지 않고 바로 취성파괴를 일으키는 경우도 있다. 그림 4.75은 응력-변형률 곡선의 기울기($\Delta\sigma'/\Delta\epsilon$)와 변형률의 관계를 이용하여 암석의 항복점을 결정한 예를 보인 것이다. 구속응력의 증가와 함께 항복응력이 증가함을 보였다.

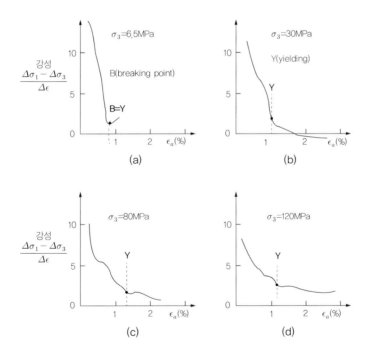

그림 4.75 구속응력에 따른 암석의 항복응력의 결정 예(after Mogi, 2007)

4.5 지반재료의 파괴와 강도특성

강도는 다양한 개념으로 정의될 수 있다(Box 참조). 지반재료의 강도는 여러 강도이론들 중에서 Mohr-Coulomb 파괴규준으로 대표되는 최대 전단강도이론으로 비교적 잘 설명할 수 있다.

NB : 재료의 파괴거동은 파괴규준이라는 틀(framework)에 의해 고찰하게 된다. 전통적으로 지반공학은 Mohr-Coulomb 파괴규준을 사용해왔고 이에 따라 파라미터 ϕ', c' 가 강도파라미터로 다루어져 왔다. 만일 한계상태이론의 Cam-clay 파괴규준을 파괴거동의 분석틀로 사용한다면 CSL의 기울기인 M 값을 강도파라미터로 다루었을 것이다(실제로 ϕ' 와 M 사이의 역학적 상관관계가 성립하므로 무엇을 사용해도 문제는 없다).

4.5.1 재료의 파괴와 강도

지반재료의 강도는 응력-변형률 관계의 최대응력(peak stress)상태로 확인할 수 있으며 이를 지나는 순간이 파괴상태라 할 수 있다. 하지만 최대응력은 같은 시료라 하더라도 구속압(confining pressure), 배수조건 등의 시험조건에 따라 변화하므로 흙의 물성(material property)으로 정의할 수 없다. 따라서 강도는 일련의 최대응력을 이용하여 파괴영역을 규정하는 함수형태로 표시하는데(e.g. $\tau = c' + \sigma_n \tan\phi'$), 이를 파괴규준(failure criteria)이라 한다.

NB : **항복(yield), 파괴(rupture), 파단(fracture), 붕괴(collapse, failure)**
항복, 파괴, 그리고 파단은 흔히 같은 개념인 것처럼 사용되나 역학에서 그 의미는 상당한 차이가 있다. 세 개념 모두 응력상태를 정의하며, 또 재료의 역학적 능력 상실이란 관점에서 유사성이 있으나 각각이 내포하는 물리적 상황은 다르다. **항복(yield)**이란 회복되지 않는 소성변위의 시작을 의미하는 응력상태이며, **파괴(rupture)**는 저항능력을 모두 발휘하여 파괴면(rupture surface)이 생성되는 응력상태를 말한다. Mohr-Coulomb 파괴규준은 파괴면(rupture surface)를 정의하는 표현이다. 반면, 낮은 응력에서는 한계 인장강도에 의해 재료가 압축으로인해 쪼개지거나(split), 인장력으로 인해 떨어져나가는(spall)현상이 생길 수 있는데, 이를 **인장파단(tensile fracture)**이라 한다. 그림 4.76은 편차응력공간에서 항복, 파괴, 파단면을 예시한 것이다. 재료가 응력의 증가 없이 변형이 크게 일어나는 현상을 안정성 붕괴 또는 파괴 (collapse, failure)라 한다(p_c' : 선행압밀응력에 상응하는 평균유효응력. 그림 4.109 참조).

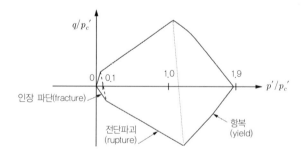

그림 4.76 항복(yielding), 파괴(rupture) 그리고 파단(fracture)

파괴이론(규준)

파괴상태는 다양한 개념으로 정의될 수 있고 필요에 따라 파괴개념을 선정할 수 있다. 재료의 파괴를 정의하기 위해 여러 형태의 파괴이론(failure theory)이 제안되었다.

- **최대 전단응력 이론**(maximum shear stress theory) – Mohr-Coulomb Criteria

  재료를 구성하는 입자 간 미끄러짐 또는 전단의 결과로서 최대 전단응력에 의해 재료가 파괴. 즉, 유발전단응력(τ)이 재료의 전단강도(τ_{max})를 초과하면 파괴: $\tau \geq \tau_{max} = \tau_f$ (그림 4.77)

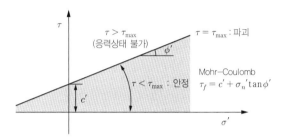

그림 4.77 최대전단응력 파괴이론

- **최대 주응력 이론**(maximum principal stress theory) – Rankine Criteria

  재료에 유발된 최대 주응력(σ_p)이 압축 또는 인장강도(σ_T)를 초과하면 파괴: $\sigma_p \geq \sigma_{max} = \sigma_T$

- **최대 주변형률 이론**(maximum principal strain theory) – St. Venant Criteria

  재료에 유발된 최대 주변형률(ϵ_p)이 특정(항복)변형률(ϵ_f)을 초과하면 재료가 파괴: $\epsilon_p \geq \epsilon_{max} = \epsilon_f$

- **최대 비틀 에너지 이론**(maximum distortional energy theory) – Huber Criteria

  어떤 점에서 재료에 유발된 조합응력 상태의 단위 체적당 에너지가 단순인장시험의 항복과 연관되는 에너지(E_T)와 같아질 때 파괴: $E_T \geq \max(E_T)$

- **정팔면체 전단응력 이론**(octahedral shearing stress theory) – von Mises Criteria

  한 점에서 재료에 유발된 팔면체 전단응력(τ_{oct})이 특정 값에 도달할 때 파괴: $\tau_{oct} \geq \max(\tau_{oct})$

최대 비틀 에너지 이론과 정팔면체 전단응력 이론이 금속에 대한 파괴강도 시험결과와 비교적 잘 맞는 것으로 알려져 있다. 지반의 파괴거동은 여러 가지 요인이 복합적으로 영향을 미쳐 속보다 체계화하기 어렵다. 일반적으로 **최대 전단응력 이론이 적용에 편리하고, 설계에서도 보수적인 결과를 주므로 공학적 파괴규준으로 널리 사용**되어 왔다. **지반공학에서도 전통적으로 최대 전단응력 이론인 Mohr-Coulomb 파괴규준을 선호**하여 왔다.

NB : 일반적으로 파괴상태는 붕괴에 대한 안정성을 검토하기위한 것으로 전통적으로 응력의 함수로 정의해 왔다. 그러나 응력상태가 안전측에 있어도 변형이 상당하여 사용성이 저해되는 경우 사용한계상태를 파괴변형률, ϵ_f(%)로 규정할 수 있다. 또한 경우에 따라서 두 가지 조건을 모두 도입할 수도 있다. 파괴규정의 도입은 공학의 핵심가치인 경제성과 밀접하게 관련되므로 목적물의 안정성과 사용성을 고려하여 신중히 결정하여야 한다.

실제로 강도에 영향을 미치는 요소는 시험의 영향 요소인 시험법(응력경로), 배수조건, 재하속도, 구속압력, 응력이력 등의 조건 외에도 다양하다. 지반재료의 내재적 특성인 간극비(e), 내부마찰각 ϕ', 점착력(c'), 팽창각(ψ), 흙의 구성조직, 응력이력, 온도, 변형률(ϵ), 변형률 속도($\dot{\epsilon}$), 흙의 구조 등도 강도에 영향을 미친다. 또한 하중의 반복, 시간적 요인 등에도 영향을 받는다.

그림 4.78에 보인 바와 같이 지반재료의 경우 최대 응력(peak stress)상태 외에도 '한계상태(critical state)', '극한상태(ultimate state)', 그리고 '잔류상태(residual state)'가 파괴와 관련하여 중요한 응력상태이다. **한계상태는 응력-변형률 관계에서 체적변화 없이 전단변형이 진행되는 응력상태**를 말하며, **극한상태란 응력-변형률 곡선에서 응력의 큰 변화 없이 급작스런 대규모 변형이 일어나는 응력상태**로 정의한다. 공학적 의미에서 **한계상태와 극한상태는 유사하다.**

한편, 지반에 따라 이미 파괴가 일어났었거나 진행성 파괴가 오랜 기간 진행되면 입자배열의 재배치 등으로 한계상태나 극한상태보다도 훨씬 더 작은 응력을 나타내는데, 이 상태를 **잔류응력상태(residual stress state)**라 하며, 이때의 응력을 **잔류강도(residual strength)**라 한다.

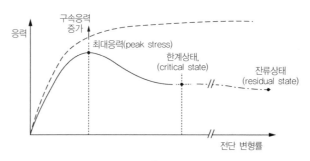

그림 4.78 지반재료의 응력-변형률 관계와 상태정의

지반입자의 파괴거동은 Mohr-Coulomb의 마찰이론에 기초하여 간단한 마찰 블록 거동을 통해 살펴볼 수 있다. 마찰 블록은 그림 4.79와 같이 지반입자의 상대운동과 파괴거동을 슬라이딩 개념으로 단순화한 것이다. 마찰 블록의 전단 과정은 비팽창성 거동과 팽창성 거동으로 구분해 살펴볼 수 있다.

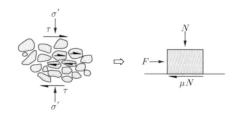

그림 4.79 슬라이딩 블록과 입자체의 전단메커니즘 모델링

비팽창성 지반의 파괴거동(마찰이론)

지반 내 입자 간 전단거동을 그림 4.80 (a)와 같이 블록에 수직력 N을 가하고 이를 움직이도록 횡방향력 F를 가하는 경우를 통해 유추해보자(이 조건은 파괴가 정해진 파괴면을 따라 이루어지는 것이므로 직접전단시험의 경우와 유사하다).

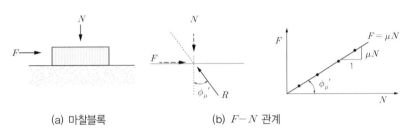

(a) 마찰블록   (b) $F-N$ 관계

그림 4.80 마찰이론에 의한 전단저항 메커니즘

블록은 F가 바닥의 마찰 저항력을 초과하면 움직이기 시작한다. 블록의 이동은 전단파괴로 볼 수 있다. N 값을 달리 적용하여 블록이 움직이기 시작하는 F 값을 구해보면, F와 N과의 관계는 그림 4.80 (b)와 같이 통상 직선으로 나타난다. 이 직선은 정지상태와 이동상태의 경계를 정의하는 기준, 즉 **파괴조건**이 된다. 이 직선의 식을 $F = \mu N$라 두면, 기울기 μ는 마찰계수이다. 마찰계수는 보통 직선의 기울기 각 $\phi_\mu{}'$를 이용하여 $\mu = \tan\phi_\mu{}'$로 표기한다. 따라서 $F = N\tan\phi_\mu{}'$이다. 접촉면적이 A이면 $\tau = F/A$, $\sigma_n{}' = N/A$이므로 $\tau_f = \sigma_n{}'\tan\phi_\mu{}'$이다. 이때 $\phi_\mu{}'$를 내부마찰각이라 한다.

실제 흙은 수직응력(유효응력)이 '0'인 상태가 되어도 강도가 존재하는데, 이는 파괴면에서 인장강도, 즉 진점착력(true cohesion), c'의 존재로 인한 것이다. 진점착력도 전단강도를 구성하므로 파괴를 정의하는 전단강도 식은 다음과 같이 나타낼 수 있다.

$$\tau_f = c' + \sigma_n{}'\tan\phi_\mu{}' \tag{4.10}$$

위 식에서 파괴 강도는 구속력(유효수직응력)과 내부마찰각의 함수임을 알 수 있다. 이 개념을 지반에 적용할 때 **마찰각(angle of friction), $\phi_\mu{}'$는 입자표면 간 마찰각에 해당**한다. 따라서 $\phi_\mu{}'$는 재료의 물성(property)이다. 이 식은 뒤에 설명할 Mohr-Coulomb 파괴 이론에 해당하며(5장 참조) 이 파괴조건을 최대 전단응력 파괴이론, 또는 마찰 이론이라고 한다. **점토의 비배수 전단문제는 $\phi_u{}' = 0$ 개념이므로 지반재료이지만 마찰성 거동을 나타내지 않는 특수한 경우이다.**

NB : 내부마찰각(internal friction angle) vs 전단저항각(shearing resistance)
지반재료와 같은 입자체의 마찰각은 금속과 같이 연속된 재료의 고체 매질에 대하여 정의되는 내부마찰각과 차이가 있다. 즉, 입자체의 경우 내부마찰각은 입자의 표면과 입자체의 조직구성 모두에 의해 발현되므로 이 경우 $\phi_\mu{}' \rightarrow \phi'$로 대체하고, 내부마찰각보다 좀 더 포괄적 개념인, '전단저항각(shearing resistance angle)'이란 표현을 주로 사용한다.

팽창성지반의 파괴(톱니이론)

실제 흙은 대부분 전단 시 체적변화를 일으킨다. 체적변화는 흙의 전단면이 전단 영역(shear band)화하는 현상으로서 전단강도에 영향을 미치게 된다. **전단 시의 체적변화를 팽창(dilation)이라 하며, 팽창의 크기는 단위 전단변형률의 변화에 대한 체적변형률의 변화로 정의한다.** 이를 팽창각(dilation angle)이라 하며, 평면변형조건의 경우 다음과 같이 정의한다(2.3 참조). 삼축조건의 경우 $\epsilon_v = \Delta\epsilon_a + 2\Delta\epsilon_r$.

$$\psi = \sin^{-1}\left(-\frac{\Delta\epsilon_v}{\Delta\gamma_{\max}}\right) = \sin^{-1}\left(-\frac{\Delta\epsilon_1 + \Delta\epsilon_3}{\Delta\epsilon_1 - \Delta\epsilon_3}\right) \tag{4.11}$$

그림 4.81 (a)와 같이 잘 다져진 구입자는 전단 시 변형이 일어나기 위해 인접입자를 타 넘어야 하는데(ride-up), 이 과정에서 팽창(dilation)거동이 발생한다. 팽창거동은 **톱니 유추 이론(saw analogy theory)**을 통해 고찰할 수 있다.

(a) 다일레이션을 모사한 톱니모델

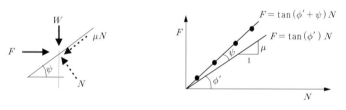

(b) 작용력 체계와 파괴규준

그림 4.81 톱니유추이론에 의한 전단저항 메커니즘

전단 시 체적팽창을 그림 4.81 (b)와 같은 톱니 블록의 거동으로 이상화했을 때 수직 및 수평방향에 대하여 힘의 평형조건을 적용하면, $F - N\sin\psi - \mu N\cos\psi = 0$ 및 $N\cos\psi - \mu N\sin\psi - W = 0$이 성립한다.

$$F = N(\sin\psi + \mu\cos\psi), \ W = N(\cos\psi - \mu\sin\psi), \ \mu = \tan\phi_\mu{}'$$

$$\frac{F}{W} = \frac{\mu + \tan\psi}{1 - \mu\tan\psi} = \frac{\tan\phi_{\mu}{}' + \tan\psi}{1 - \tan\phi_{\mu}{}'\tan\psi} = \tan(\phi_{\mu}{}' + \psi) \quad \text{또는} \quad \frac{F}{A} = \frac{W}{A}\tan(\phi_{\mu}{}' + \psi) \text{이다.}$$

$\tau = F/A$, 그리고 $\sigma' = W/A$이므로 이를 응력의 형태로 다시 쓰면

$$\tau_f = \sigma_n{}'\tan(\phi_{\mu}{}' + \psi) \tag{4.12}$$

즉, **체적팽창이 있는 경우 이는 전단저항각이 팽창각만큼 증가한 형태로 강도증가에 기여하게 된다.**
팽창거동은 조밀한 모래나 과압밀점토에서 현저하게 나타난다. 팽창이 전단강도에 미치는 영향을 그림 4.82에 나타냈다. 같은 구속응력이라도 과압밀토(E, D)가 팽창거동에 의해 더 큰 강도를 나타낸다.

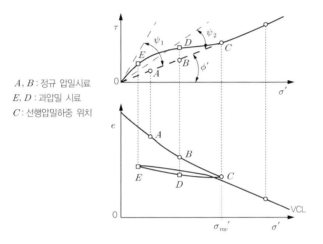

그림 4.82 과압밀토의 다일레이션이 전단강도에 미치는 영향

점착력이 있는 경우, 마찰 이론과 톱니 유추 이론에 따른 전단강도는 다음과 같이 표현할 수 있다.

$$\tau_f = c' + \sigma_n{}'\tan(\phi_{\mu}{}' + \psi) \tag{4.13}$$

전단강도는 지반재료의 속성인 점착력과 내부마찰각, 팽창각의 함수이다. $\phi = \phi_{\mu}{}' + \psi$이 **전단저항각**
이므로 전단강도의 특성은 점착력과 전단저항각의 발현 메커니즘을 고찰함으로써 파악할 수 있다.

4.5.2 점착력 발현 메커니즘

점착력(cohesion)은 전단에 저항하는 인장력이다. 점착력(인장강도)은 점토지반에서는 주로 간극수의 전자기력에 의해서 실트 및 모래지반에서는 모관수의 결합작용에 의해 발현될 수 있다. 지반재료에 점착력을 발현시키는 요소들은 다음과 같다.

- 결합력(cementation) : 생성 및 풍화과정에서 입자간 화학적 결합력에 의해 발생한다. 방해석(calcite), 실리카(silica), 알루미나(alumina), 산화철 등이 주요 매개 물질이다. 입자간 결합력은 수백 kN/m²까지 발생한다.
- 정전기력, 전자기적 인력(Van der Waals) : 주로 점토의 이중층에서 이온전하에 의해 생성된다.
- 모관응력 : 입자 간 간극통로에 형성되는 표면장력은 마치 인장강도의 증가처럼(겉보기) 나타난다. 모관응력에 의한 겉보기 점착력은 부(−)의 간극수압으로 인한 마찰저항에 해당한다.
- 입자 엇물림(interlocking)에 의한 겉보기 저항력 : 입자 간 엇물림 영향은 유효응력이 '0'인 상태에서도 전단에 저항하는 겉보기 점착특성으로 나타난다.

그림 4.83은 흙 재료에 따른 작용력과 점착력(인장강도)의 발현 메커니즘을 정리한 것이다.

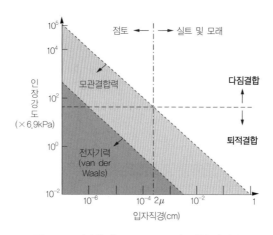

그림 4.83 진점착력(true cohesion) 발현 메커니즘

진점착력과 점착절편

결합력, 전기력, 접착력은 인장강도에 해당하므로 **진(眞)점착력(true cohesion)**이라 하며, 모관응력이나 입자 엇물림은 인장강도는 아니지만 인장력처럼 전단저항에 기여하므로 **겉보기 점착력(apparent cohesion)**이라 한다. 진점착력은 입자 간 혹은 입자와 간극수 간 체적함수로 표시 가능하다. Hvorslev는 포화토의 점착력을 $\tau_f = f(w_f) + f(\phi_e)$로 구분해 나타낼 수 있음을 보였다. 여기서 w_f는 파괴 시 함수비(포화토의 체적변수)로서 $f(w_f)$항이 진점착력에 해당한다.

실제 흙은 유효응력이 '0'인 상태의 파괴면에서도 인장 또는 전단강도를 나타내는데 이는 진점착력의 존재를 입증하는 것이다. 실제지반의 인장강도는 절리가 없는 암석을 제외하고 무시할 만하다. 특히 삼축시험의 경우 파괴면에서 유효응력을 '0'으로 유지하기가 매우 어렵고, 매우 낮은 응력의 시험도 용이하지 않으므로 진점착력을 평가하거나 확인하기가 어렵다.

강도의 이론식 $\tau_f = c' + \sigma' \tan \phi'$을 $\sigma' = 0$까지 연장하여 얻은 강도성분($\tau = c'$)을 진점착력과 구분하여 **점착절편(cohesion intercept)**이라 한다. 이 값은 **엄격히 말해 점착력은 아니며 강도 이론을 유도하는**

과정에서 수반된 값이다. 그림 4.84에 점착절편과 진점착력(인장강도)의 의미를 나타내었다.

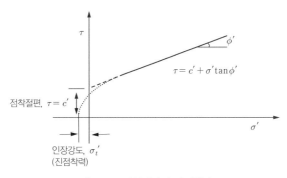

그림 4.84 점착절편과 진점착력

4.5.3 전단저항각 발현 메커니즘

지반시료에 가해지는 응력과 변형률과의 관계곡선은 시료의 초기상태에 따라 그림 4.85의 왼쪽과 같이 첨두(peak)가 나타나는 취성(파쇄성)파괴(brittle failure)와 첨두가 나타나지 않는 연성(비파쇄성)파괴(ductile failure)로 구분된다. 취성파괴는 낮은 구속응력의 조밀한 사질토, 또는 예민한 점토 또는 과압밀점토에서 발생하며, 약간의 변형의 증가로 첨단강도를 보인 후 변형이 증가하면 응력이 점점 감소하여 잔류응력에 이른다. 반면에 연성파괴는 느슨한 사질토 또는 정규압밀점토에서 나타나며, 변형률의 증가와 함께 응력이 증가하고 최대응력점이 나타나지 않는다.

전단저항각은 지반재료의 강도에 가장 큰 영향을 미친다. **전단저항각은 Mohr 원을 이용하여 관심 응력상태에 대하여 여러 형태로 정의할 수 있다.** 지반거동과 관련하여 중요한 의미를 갖는 전단저항각은 그림 4.85의 오른쪽 그림에 보인 바와 같이 최대 응력상태의 전단저항각, $\phi_p{}'$, 한계상태의 전단저항각, $\phi_{cv}{}'$, 잔류상태 전단저항각, $\phi_r{}'$ 등 이다.

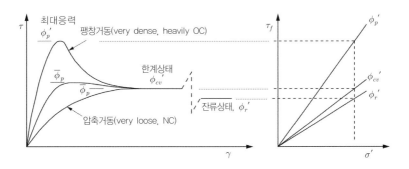

그림 4.85 응력–변형률 거동과 전단저항각의 정의

이때 응력상태에 따른 전단강도는 각각 최대강도($\tau_p = \sigma_n{}'\tan\phi_p{}'$), 한계강도($\tau_{cs} = \sigma_n{}'\tan\phi_{cs}{}'$), 잔류강도($\tau_r = \sigma_n{}'\tan\phi_r{}'$) 등으로 나타낼 수 있다. $\phi_p{}' > \phi_{cs}{}' > \phi_r{}'$ 이므로 같은 구속응력 조건에 대하여, 강도도 $\tau_p > \tau_{cs} > \tau_r$의 관계가 있다.

예제 과압밀(조밀)토와 정규압밀(느슨)토에 대한 응력–변형률 시험에서 변형률 진행에 따른 전단저항각 및 팽창각의 유동(mobilization) 특성을 설명해보자.

풀이 $\tau = c' + \sigma_n{}'\tan(\phi_\mu{}' + \psi)$이다. $\phi_\mu{}', \psi$는 전단변형률(γ)에 따라 변화하며, γ가 각각 최대 γ_p 및 잔류 γ_r에서 전단저항각은 각각 $\phi' = \phi_p{}', \phi' = \phi_r{}'$이며, 팽창각은 각각 $\psi = \psi_p, \psi = \psi_r \simeq 0$이다.

그림 4.86은 전단의 진행과정에서 응력–변형률 거동에 따른 전단저항각과 팽창각의 변화 특성을 보인 것이다. **팽창각(다일레이션각, dilation angle)도 전단의 진행 과정에 따라 변화한다.** 특히 흙은 초기밀도 또는 구속압력에 따라 체적변화의 양상이 다르므로 $\tau_f = \sigma_n{}'\tan(\phi_\mu{}' \pm \psi)$에서 체적팽창이면 (+), 체적감소면 (−)가 된다. 팽창성 지반재료는 항복 후에도 강도가 증가하는 경화현상을 나타낸다. 조밀한 시료의 경우 전단 시 최대응력점(peak stress) 근처에서는 체적팽창이 크게 일어난다. $\phi_p{}'$가 $\phi_r{}'$(또는 $\phi_{cs}{}'$)보다 훨씬 큰 이유는 체적팽창에 따른 팽창각(ψ)의 영향이 반영되었기 때문이다. 즉, $\phi' = \phi_\mu{}' + \psi$. 한계상태 또는 잔류상태에서 $\psi = 0$이다. 이론적으로 $\phi_p{}' = \phi_{cs}{}' + \psi$일 것이나, Bolton(1986)은 실험을 통해 모래지반에서 $\phi_p{}' = \phi_{cs}{}' + 0.8\psi$로 나타남을 확인하였다.

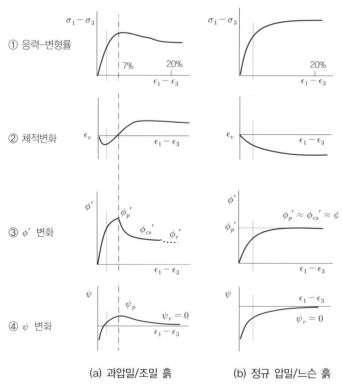

(a) 과압밀/조밀 흙   (b) 정규 압밀/느슨 흙

그림 4.86 응력–변형률 거동과 강도 파라미터(삼축시험)

지반 설계 시 무조건 ϕ_p'를 사용하는 것은 적절치 않다. 일반적으로 파괴면의 모든 위치에서 동시에 ϕ_p'가 발현되어 파괴면 전체가 급작스런 붕괴를 일으키는 것이 아니라 변형이 증가하면서 파괴부위가 확대되므로 최대강도의 도달시점은 파괴면의 위치에 따라 달라진다. 따라서 보수적 설계에서는 전체파괴 상태로 볼 수 있는 ϕ_{cs}'를 사용하는 것이 타당할 것이다. 특히, ϕ_{cs}'는 지반 재료의 특성이라 할 수 있으나 ϕ_p'는 변형률에 따라 변화하는 다일러턴시(dilatancy)에 따라 영향을 받는 값이므로 재료상수로 보기 어렵다.

그러나 경우에 따라서 갑작스런 파괴와 관련되는 붕괴하중을 결정하는 지반문제(예: 터널 압력 쉴드의 붕괴토압(blow up pressure)을 결정하는 문제)에서는 ϕ_{cs}'를 사용하면 붕괴토압이 과소평가될 수 있으므로 이런 때는 ϕ_p'를 사용하는 것이 바람직할 것이다.

이미 파괴를 경험했던 사면의 전단면에서는 파괴 시 대변형률로 인해 지반입자가 평행하게 재배치되어 한계상태보다도 더 작은 강도를 나타낼 수 있는 데, 이를 잔류강도라 한다. Skempton(1985)은 한계상태강도를 사용했을 때 안전한 것으로 계산된 댐과 자연사면에서 재파괴가 일어난 것은 이미 파괴가 일어났던 전단면의 강도가 한계상태강도보다 낮은 잔류강도 상태에 있었기 때문임을 규명하였다. 따라서 이러한 경우 ϕ_r'을 사용하는 것이 타당하다.

파괴상태를 규정하는 개념에 따라 설계의 리스크(risks)가 달라진다. 그림 4.87는 과압밀 영역과 정규압밀영역에 대한 설계파라미터 선정에 따른 설계 리스크 개념을 예시한 것이다. '영역 Ⅱ'는 과압밀로 인해 상향된 물성 값을 보일 것이다. 지지력, 활동 등 낮은 저항력을 채택하여야 보수적인 설계가 되는 경우, 이 영향은 무시하는 경우가 많다. 반면 극복해야 할 토압(수동토압)등이 설계변수인 경우 지반물성을 크게 취하는 것이 설계상 보수적이므로 이 경우 '영역 Ⅱ'의 물성 파라미터가 설계값으로 타당할 것이다. 이를 종합하면 설계강도 파라미터는 검토하고자 하는 지반공학적 문제에 비우호적 결과를 주는 값을 선택하는 것이 안전에 보수적인 결과를 줌을 알 수 있다.

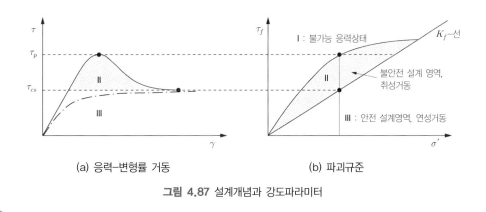

(a) 응력−변형률 거동   (b) 파괴규준

그림 4.87 설계개념과 강도파라미터

점토 함량의 영향

Lupini et al(1981)은 흙 지반재료의 거동 메커니즘이 점토함량과도 밀접한 관계가 있음을 보였다. 그림 4.88과 같이 점토 함량이 낮은 시료에서는 변형(전단) 시 입자 간 엇물림(interlocking)의 극복, 압축 등에 따라 입자의 이동(translation)과 굴림(rolling)을 포함하는 교란전단(turbulent shear)이 지배적이다. 반면에 점토함량(CF, clay fraction)이 높아지면 입자가 평행하게 재배치되는 활동전단(sliding shear)이 일어난다.

이러한 전단저항메커니즘은 점토와 비점토의 혼합토의 개념으로도 이해할 수 있다. 그림 4.88에서 보듯 점토함유량이 증가할수록 상대이동이 지배적인 구간에서 $\phi_p{}'$ 와 $\phi_r{}'$ 의 차이가 커진다. 잔류상태 전단 저항각($\phi_r{}'$)은 한계상태 전단저항각($\phi_{cs}{}'$)보다도 낮은 값을 나타낸다.

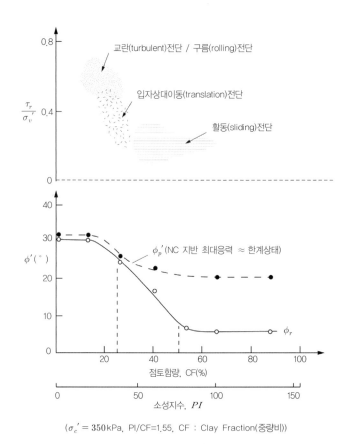

($\sigma_c{}' = 350\,\mathrm{kPa}$, PI/CF=1.55, CF : Clay Fraction(중량비))

그림 4.88 혼합토의 점토함량에 따른 전단메커니즘과 저항각(after Lupini et al., 1981)

초기 압축상태의 영향

모래의 경우, 최초 간극률(또는 조밀도)에 따라 전단저항각의 구성성분이 달라진다. 광물특성을 반영하는 $\phi_\mu{}'$ 는 일정하지만, 조밀해질수록 입자 재배치 영향은 감소하고 팽창특성(ψ)이 증가한다.

전단저항각 발현 메커니즘을 지반입자의 조밀도 관점에서 일반화하면 그림 4.89와 같다. 입자체(particulate mass)는 변형 시 내재된 입자와 입자 간 마찰 때문에 내부마찰각 $\phi_\mu{}'$ 를 나타낸다(마찰 이론).

같은 구속응력조건에 대하여 간극률이 작은 흙일수록 높은 팽창각(다일레이션 각) ψ를 나타내며 한계상태($\phi_{cs}{}'$)보다도 큰 최대 전단저항각 $\phi_p{}'$를 나타낸다. 그러나 간극률이 큰 느슨한 흙일수록 팽창거동이 줄어들므로 전체 전단저항각에서 다일레이션 각의 기여도는 감소한다.

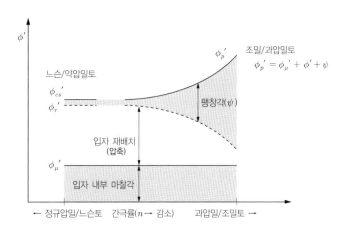

그림 4.89 지반 간극률에 따른 전단저항각의 발현(mobilization) 메커니즘(같은 구속응력조건)

구속응력의 영향

구속응력의 크기는 전단저항각에 영향을 미친다. 같은 간극률의 조밀한 시료에 대하여 그림 4.90과 같이 구속응력이 낮은 경우 상대적으로 입자 간 엇물림을 극복하기 위한 입자 간 상대변형이 용이하므로 팽창각이 전체 전단저항에 기여하는 바가 크다. 하지만 구속응력이 크게 증가하면 체적팽창거동이 구속되고 입자의 재배치나 부서짐(crushing)이 진행되어 팽창각의 영향은 적어진다. 미끄럼 전단저항각은 입자표면 마찰이므로 구속응력에 무관하게 일정하다. 구속응력이 증가함에 따라 ϕ'가 감소한다는 것은 Mohr파괴 포락선이 구속응력이 커질수록 곡선으로 나타남을 의미한다.

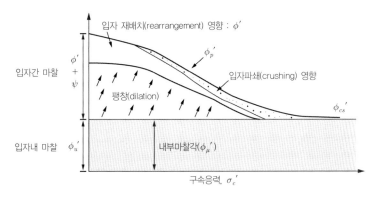

그림 4.90 구속응력이 모래의 전단저항각에 미치는 영향(같은 간극률 조건-과압밀토의 경우)

응력경로의 영향

같은 지반재료, 같은 배수조건이라도 응력경로(시험법)에 따라 전단저항각이 달라진다. 표 4.4는 정규압밀토와 사질토에 대하여 응력경로(시험법)에 따른 전단저항각의 상관관계를 보인 것이다. 삼축압축시험의 전단저항각(ϕ_{tc}')이 다른 시험법보다 대체로 약간 작게 얻어짐을 보였다. 단, ϕ_{tc}'는 상대밀도 및 응력준위(stress level)에 따라 ϕ_{ds}'보다 클 수도 작을 수도 있다. **설계에서 ϕ_{tc}'를 적용하는 것은 대체로 보수적인 결과를 줄 것이다.**

표 4.4 응력경로(시험법)에 따른 전단저항각의 영향

시험법	전단저항각(o)	
	정규압밀 점성토	사질토
삼축압축시험[주1](TC), ϕ_{tc}'	$1.0\phi_{tc}'$	$1.0\phi_{tc}'$
삼축인장시험(TE), ϕ_{te}'	$1.22\phi_{tc}'$	$1.12\phi_{tc}'$
평면변형시험–압축(PSC), ϕ_{psc}'	$1.10\phi_{tc}'$	$1.12\phi_{tc}'$
평면변형시험–인장(PSE), ϕ_{pse}'	$1.34\phi_{tc}'$	$1.25\phi_{tc}'$
직접전단시험[주2](DS), ϕ_{ds}'	$\tan^{-1}\left[\tan\left(1.1\phi_{tc}'\right)\cos\phi_{cv}'\right]$ [주3]	$\tan^{-1}\left[\tan\left(1.12\phi_{tc}'\right)\cos\phi_{cv}'\right]$

주1) CIUC, CK₀UC(또는 CAUC),   주2) 모래의 시험결과로부터 추정 값
주3) 사질토 마지막 식의 ϕ_{cv}'는 완전히 이완된 한계상태 간극비에서의 전단저항각(Kulhawy and Mayne, 1990)

4.5.4 암 지반의 강도

암석의 강도

무결암에 존재하는 미세간극(micro pore)은 암반(rock mass)의 파괴거동에 큰 영향을 미치지 않으나 절리나 균열 등의 불연속면은 파괴거동에 상당한 영향을 미친다. 하지만, 암석강도는 통상 균열이 없는 연속체 시료로부터 얻는다. 암석시료에서는 분명한 형태의 균열면(rupture surface)이 확인되는 파괴가 일어난다. 암석의 균열(rupture)파괴에 대한 Mohr 포락선, 즉 강도는 그림 4.91 (a)와 같이 구속응력의 증가에 따라 포물선(parabolic) 형상으로 증가한다.

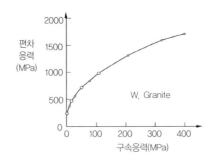

그림 4.91 암석(Westerly granite)의 파괴거동(after Mogi, 1996)

암석의 파괴 모드는 구속응력에 따라 취성 및 연성거동으로 나타난다. 구속응력이 증가할수록 파괴 모드는 취성거동에서 연성거동으로 이동한다. 그림 4.92는 구속응력에 따른 특정 암석의 취성거동과 연성거동의 경계를 예시한 것이다. '0' 구속압에서 취성거동의 경계는 대략 $q=3.4\sigma_c'$ 로 나타난다.

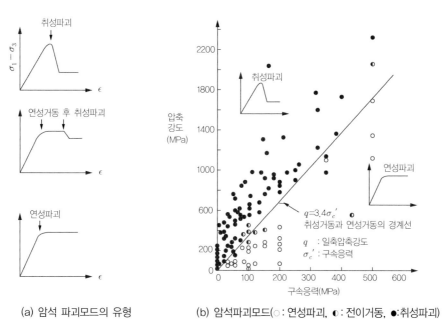

(a) 암석 파괴모드의 유형   (b) 암석파괴모드(○ : 연성파괴, ◖ : 전이거동, ● : 취성파괴)

그림 4.92 취성거동과 연성거동의 관계(Silicate Rocks)

불연속면(절리)강도–강도의 이방성

암 지반 파괴의 대부분은 불연속면 파괴이다. 절리 등 불연속면의 강도는 전단파괴면이 불연속면과 일치할 때 최소가 될 것이다. 그림 4.93과 같은 단일 절리 시료에서 절리각 β인 경우의 절리면 파괴거동을 살펴보자. 절리면에서 응력은 다음과 같다.

$$\sigma_n' = \frac{1}{2}(\sigma_1' + \sigma_3') + \frac{1}{2}(\sigma_1' - \sigma_3')\cos 2\beta \tag{4.14}$$

$$\tau = \frac{1}{2}(\sigma_1' - \sigma_3')\sin 2\beta \tag{4.15}$$

시료의 최대 전단강도 $\tau_f = (\sigma_1' - \sigma_3')/2$이면($c_j' = 0$), 절리면($j$)의 전단강도는 다음과 같다.

$$\tau_{jf} = \tau_f \sin(180 - 2\beta) \tag{4.16}$$

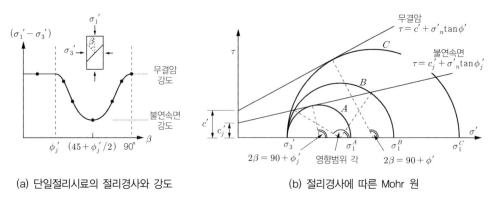

(a) 단일절리시료의 절리경사와 강도   (b) 절리경사에 따른 Mohr 원

그림 4.93 절리면 강도(after Hudson and Harrison, 1997)

절리각이 $\beta = 45 + \phi_j'/2$일 때(ϕ_j'는 불연속면의 전단저항각) 파괴면과 절리면이 일치되면서 최소 강도를 나타낸다. 절리의 영향은 강도의 이방성 특성으로 나타난다. 그림 4.94는 절리방향으로 인한 실제 암석시료의 이방성 강도특성을 보인 것이다.

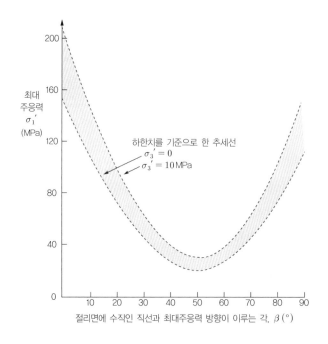

그림 4.94 암석(암회색 슬레이트)의 압축강도 이방성 예(after Brown et al., 1977)

절리의 강도는 충진절리(infilled joints)와 깨끗한 절리(clean joints)로 구분해 살펴볼 수 있다. 충진물은 입상의 점착성 물질, 절리에서 씻겨 쌓인 물질, 풍화 잔류물질인 경우가 있다. 충진물에 의해 강도가 지배되는 경우 불연속면의 강도는 충진물의 파괴기준을 적용할 수 있다.

$$\tau_{jf} = c_j{}' + (\sigma_n{}' - u_w) \tan \phi_j{}' \qquad (4.17)$$

충진물이 없는 깨끗한 암반절리는 $c_j{}' = 0$ 이다(Patton, 1966). 암반 불연속면은 요철로 인한 팽창거동을 나타내므로 그림 4.95 (a)와 같이 팽창각의 발현에 따라 전단저항각이 증가한다. 즉, $\phi_{jp}{}' = \phi_{\mu j}{}' + \psi_j$ 이다.

$$\tau_{jf} = \sigma_j{}' \tan (\phi_{\mu j}{}' + \psi_j) \qquad (4.18)$$

여기서 $\phi_{\mu j}{}'$, ψ_j는 각각 절리면 마찰각과 절리 팽창각이다. 하지만 구속응력이 커지면 파쇄가 일어나 불연속면의 톱니효과가 사라지고 암석 자체의 파괴강도가 전단저항을 지배한다. 이 경우 파괴 포락선은 그림 4.95 (b)와 같이 ψ_j의 영향이 배제되어 2구간 직선(bilinear) 형태로 나타난다.

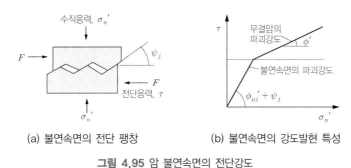

(a) 불연속면의 전단 팽창 (b) 불연속면의 강도발현 특성

그림 4.95 암 불연속면의 전단강도

암반강도

실제암반은 불규칙한 다수의 절리를 포함한다. 앞의 단일 절리강도 개념을 다수절리 시료로 확장하면 강도는 저하하여 그림 4.96과 같아질 것이다. 이는 마치 암반이 풍화하여 흙이 되는 상황에 비유할 수 있다. 따라서 암반의 강도는 절리면 강도가 지배하며 절리의 방향이 매우 중요한 요인임을 알 수 있다.

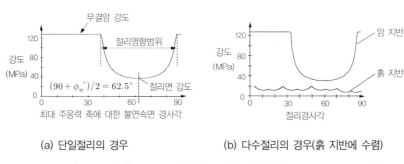

(a) 단일절리의 경우 (b) 다수절리의 경우(흙 지반에 수렴)

그림 4.96 암반(rock mass)의 강도와 흙 지반강도(after Hudson, 1989)

지반보강은 크게 그라우팅 방법과 섬유보강(geosynthetics)을 이용하는 방법이 있다. 이 두 보강원리를 응력-변형률 거동과 전단강도 관점에서 살펴보자.

- **그라우팅 보강**: 그라우팅은 주입이 잘 되는 입상토 지반에 효과적이다. 그라우트 재는 마찰각에 기여하는 바는 크지 않고, 입자 간 점착력을 강화시키는 역할을 하게 된다. 따라서 보강 시료에 대한 전단강도 시험결과는 그림 4.98과 같이 점착력이 증가하여 파괴 포락선이 수직 이동하므로 보강으로 파괴면 아래 안정 영역이 확대된다.

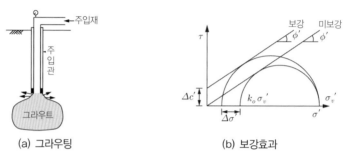

(a) 그라우팅   (b) 보강효과

그림 4.97 그라우팅 보강과 전단강도 증진 메커니즘

- **지반섬유 보강**: 지반에 띠 철판, 보강섬유(geotextile) 등을 삽입하여 지반의 강도를 증진시키는 방법이다. 그림 4.98 (a)와 같이 시료에 보강재를 설치하여 삼축시험으로 강도변화를 조사한 것이다. 지반 보강재가 먼저 파단(rupture)되는 경우 그림 4.98 (b)처럼 마찰각 증가로 강도가 증진된다. 하지만 구속응력이 커서 보강재와 지반 사이의 상대변형(slippage)에 의해 파괴되는 경우 그림 4.98 (c)와 같이 점착력 증가가 강도 증가로 나타난다.

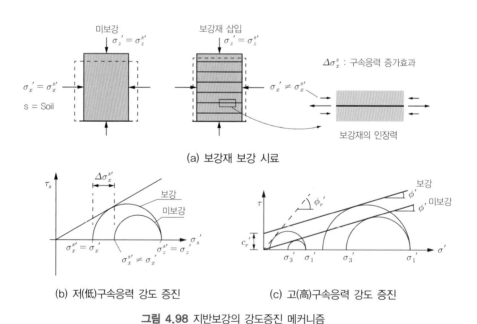

(a) 보강재 보강 시료

(b) 저(低)구속응력 강도 증진   (c) 고(高)구속응력 강도 증진

그림 4.98 지반보강의 강도증진 메커니즘

그림 4.99는 화강암 지반에 대하여 암석, 불연속면, 암반에 대한 실제 강도 포락선을 비교한 것이다. 불연속면의 강도가 가장 낮고, 무결암은 매우 높은 강도특성을 나타내며 암반은 이의 중간 정도의 강도 거동을 보인다.

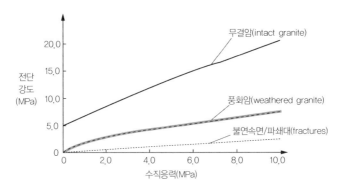

그림 4.99 암석(intact rock), 불연속면(fractures), 암반 강도 포락선 비교
(after Hudson and Harrison, 1997)

NB : 강도파라미터 영향요인 고찰의 의의
점착력, 전단저항각에 영향을 미치는 요소가 다양함을 고찰하였다. 영향요인이 많다는 것은 그 만큼 물성평가가 어려움을 의미한다. 영향요인의 영향특성을 알므로써, 다음 세 가지 활용에 기여할 수 있다. 첫째, 해당 문제에 대한 정확한 물성 값을 정할 수 있다. 둘째, 물성을 저하시키는 부정적 영향을 피할 수 있다. 셋째로 긍정적 영향을 증가시키는 데 활용할 수 있다. 올바른 물성시험의 응력경로의 선택은 첫째 사항과 관련되고, 압성토로 지반 구속응력을 증가시켜 보강하는 원리는 둘째 및 셋째 사항과 관련되는 예라 할 수 있다. 따라서 영향요인의 고찰은 내용이 좀 지루하고 복잡해도 매우 중요한 부분이다.

4.6 지반재료의 한계상태 거동

초기 지반거동 문제는 고전역학의 틀(famework)로 다루었다. 고전역학은 금속재료를 주 대상으로 하였으므로 흙 지반의 특징적 거동 현상인 체적변화 등을 적절히 다룰 수 없었다. Roscoe, Schofield, and Worth(1958), Roscoe and Schofield (1963), Schofield and Worth(1968) 등은 지반거동을 좀 더 사실적으로 고려하기 위해 체적변화를 포함하는 한계상태(critical state theory)이론을 체계화하였다(한계상태라 함은 일정 응력상태에서 체적변화 없이 변형이 계속되는 파괴상태를 말한다). **앞 절에서 다룬 지반거동이 탄성론, 그리고 Mohr-Coulomb(MC)이론에 근거하여 강성과 강도를 다룬 것이라면 이 절에서는 '한계상태이론'이라는 '틀'을 통해 지반거동을 들여다본다**(한계상태란 파괴를 정의하는 용어이지만 시료 거동의 전 영역을 상한계 및 하한계상태로 기술할 수 있으므로 '한계상태거동론'이란 용어를 사용한다).

4.6.1 지반재료의 체적변화 거동-등방압축시험 및 압밀시험 결과

한계상태 이론은 재성형(remolded) 점토시료의 삼축시험 결과를 토대로 개발되었다. 지반재료는 등방성의 연속체이며 포화상태에 있고, 시간 의존성 거동(creep)이 없는 것으로 가정한다. 그리고 변형률은 **유효응력에 의해 발생하는 평균변형률**임을 전제로 한다. 한계상태 개념의 거동은 삼축시험 결과에 대하여 다음 파라미터를 이용하여 나타낸다.

- 체적변수인 비체적(specific volume), $v = 1 + e$
- 편차응력(deviatoric stress), $q = \sigma_1' - \sigma_3'$
- 평균 유효응력(mean effective stress), $p' = (\sigma_1' + 2\sigma_3')/3$

한계상태 이론은 $p'-q$ 평면, $p'-v$ 평면 등의 2차원 좌표계와 $p'-v-q$의 3차원 공간을 이용한다. 재성형 정규압밀 지반시료의 등방압축거동을 $p'-v$ 및 $\ln p'-v$ 관계로 표시하면 그림 4.100과 같이 나타난다.

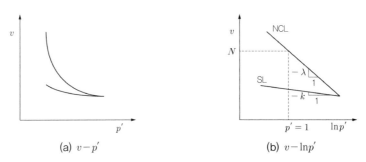

그림 4.100 지반재료의 체적변형거동(한 개의 시료 시험에 대한 결과)

정규 압밀점토의 등방압축 시 $v - \ln p'$ 관계직선을 정규압밀선(NCL, normally consolidated line : 정규 압밀선은 시험법에 따라 다르게 나타난다), 또는 처녀 압밀곡선(VCL, virgin compression line)이라 하며, 기울기를 λ라 정의한다. 정규압밀상태에서 하중을 제거하면(unloading) 팽창선(SL, swelling line)을 따라 이동하며, 이 직선의 기울기를 κ라 한다. **지반재료는 NCL 선상에서 소성상태에 있으며, SL 선상에서는 탄성상태에 있다.**

$$\lambda = -\frac{dv}{d(\ln p')} \; : \text{NCL의 기울기}$$

$$\kappa = -\frac{dv}{d(\ln p')} \; : \text{SL의 기울기}$$

NCL의 기울기 λ와 SL의 기울기 κ, 그리고 $p' = 1$일 때의 비체적 $N(= v_{p'=1})$은 흙의 물성(物性)에 해당한다(위 정의에서 '$-$'를 취한 이유는 λ와 κ를 양의 값으로 정의하기 위함이다).

4.6.2 한계상태(critical states)−직접전단시험 및 삼축압축시험 결과

시료의 변형은 계속되지만 더 이상 체적변화가 일어나지 않는 지반재료의 한계상태는 Casagrande (1936)가 처음 인지하였다. 이를 역학적으로 고려하기 시작한 것은 Roscoe(1958) 등이다.

한계상태의 존재는 직접전단시험에서 쉽게 확인된다. 그림 4.101 (a) 및 (b)는 같은 지반에 대한 밀도가 다른(구속응력이 다름을 의미) 두 시료에 대한 시험결과를 보인 것이다. 삼축시험 결과를 $q/p' - \gamma$(전단변형률) 및 $v - \gamma$ 관계로 도시하면 변형은 계속되지만 더 이상 체적변화가 일어나지 않는 한계상태를 확인할 수 있다. 이때의 간극비를 한계 간극비(critical void ratio, e_c)라 한다. 같은 지반재료일 경우 시료의 초기 조밀도에 관계없이 한계상태에 이르면 같은 한계 비체적, v_{cs}에 도달한다. 한계 비체적은 평균응력(p')에 따라 달라진다. 따라서 **한계 간극비는 시료의 조밀한 정도와 무관하게 정의되는 재료의 물성**이라 할 수 있다.

ϵ_d가 편차 전단변형률이라 하면 한계상태는 다음과 같이 정의할 수 있다.

$$\frac{\partial q}{\partial \epsilon_d} = \frac{\partial v}{\partial \epsilon_d} = 0 \tag{4.19}$$

구속응력이 다른 여러 시료에 대하여 시험을 수행하여 한계상태를 비체적, v_c와 평균유효응력, p'의 관계로 $p' - v$ 공간에 도시하면 그림 4.101 (c)와 같이 나타난다. 이 관계를 $\ln p' - v$ 공간에 도시하면 그림 4.101 (d)와 같이 직선으로 나타나는데, 이를 한계상태선(CSL, critical state line)이라 한다. NCL의 N과 같이 CSL에서 $p' = 1$일 때의 비체적 Γ도 지반재료의 물성(物性)이다.

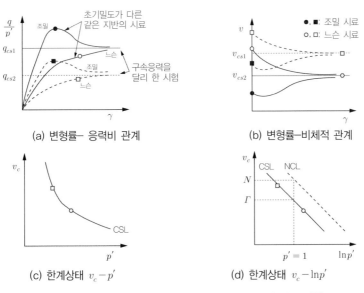

(a) 변형률− 응력비 관계

(b) 변형률−비체적 관계

(c) 한계상태 $v_c - p'$

(d) 한계상태 $v_c - \ln p'$

그림 4.101 한계상태(critical state)(여러 개의 시료 시험)

그림 4.101 (d)를 자세히 관찰하면 한계상태에 도달하는 흙의 거동에는 2가지 유형이 있음을 알 수 있다. 첫째는 응력-변형률 곡선이 최대 응력점을 나타내지 않으며 전단 시 체적축소를 일으키는 유형이다 (A-Type). 정규압밀이나 약간 과압밀된 지반재료가 이에 해당하며, 초기 상태가 CSL의 오른편에 위치한다. 둘째는 초기 상태가 팽창선(swelling line) 상에 위치하는, 즉 CSL 왼편에 위치하는 과압밀도가 큰 흙으로써 응력-변형률 거동에서 최대 응력점을 나타내며 전단 시 체적팽창이 일어나는 유형이다 (B-Type).

그림 102 (a)에 이 거동을 압밀상태를 기준으로 하여 다시 정리하였다. 그림 4.102 (b)에서 보듯 CSL 오른편에 위치하는 시료는 전단 시 정의 간극수압을 발생시키거나(비배수조건) 간극수를 배출시키므로(배수조건) 이 상태를 '**습윤측(wet side)**'이라 한다(이를 '**下한계상태(sub critical)**'라고도 한다). 반면, CSL 왼쪽에 위치하는 시료는 체적팽창 때문에 부의 간극수압이 발생하여 마치 물을 흡수하려는 상태가 되므로 이 상태를 '**건조측(dry side)**'이라 한다(이를 '**上한계상태(super critical)**'라고도 한다).

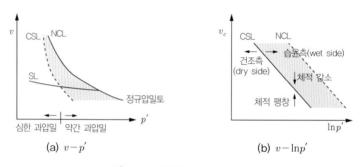

(a) $v - p'$ (b) $v - \ln p'$

그림 4.102 한계상태 도달유형

일련의 여러 시료에 대한 시험으로 얻어진 한계상태를 $p' - q$, $p' - v$ 및 $p' - v - q$ 평면에 표시하면 그림 4.103과 같이 나타난다.

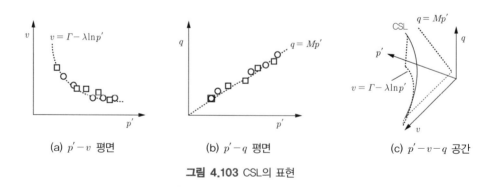

(a) $p' - v$ 평면 (b) $p' - q$ 평면 (c) $p' - v - q$ 공간

그림 4.103 CSL의 표현

각각의 응력 공간에 대하여 CSL의 식을 정의하면 다음과 같다.

- $p' - v$ 평면에서($p' = 1$일 때 $v = \Gamma$), $v = \Gamma - \lambda \ln p'$ (4.20)

- $p' - q$ 평면에서 $q = Mp'$ (4.21)

- $p' - v - q$ 3차원 체적-응력공간에서 $q = \dfrac{Mp'}{(\lambda - \kappa)}(\Gamma + \lambda - \kappa - v - \lambda \ln p')$ (4.22)

그림 4.104는 점토(Weald Clay)의 비배수 삼축압축시험을 통해 VCL($\simeq$ NCL), CSL 및 M 값을 산정한 예를 보인 것이다.

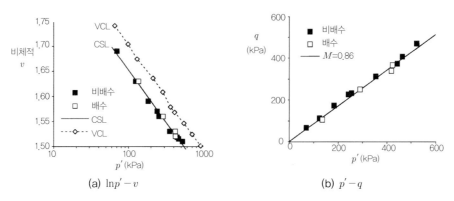

(a) $\ln p' - v$ (b) $p' - q$

그림 4.104 한계상태-Weald 점토의 비배수 삼축압축시험 결과(after Parry, 1960)

예제 NCL과 CSL의 결정방법과 특성을 설명해보자.

풀이 NCL은 어떤 한 개 시료에 대한 등방압축시험의 응력-변형($\ln p' - v$) 관계, CSL은 구속압을 달리한 여러 개 시료의 파괴(한계)점을 연결한 $\ln p' - v_c$ 관계이다. NCL은 한 개 시료에 대한 등방압축시험(또는 압밀시험)결과로 얻어지며, CSL은 여러 시료에 대한 (직접)전단시험 결과의 파괴점들로부터 얻어진다. 그림 4.105와 같이 **$\ln p' - v$ 공간에서 NCL과 CSL은 평행**하게 나타난다.

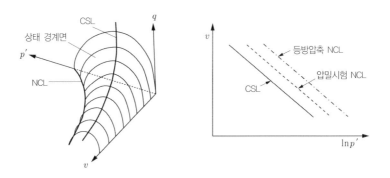

그림 4.105 $p' - v - q$ 공간과 $\ln p' - v_c$ 공간에서 NCL과 CSL

4.6.3 상태경계면(파괴면)

어떤 지반의 다수 시료에 대하여 다양한 응력경로의 재하시험을 하였을 때, 각 응력경로가 만드는 최외곽 포락선은 **지반재료가 수용 가능한 응력상태의 한계로서 항복면, 또는 파괴면을 구성**한다. 이 면은 존재 가능한 응력 영역을 한정하므로 이를 응력의 **상태경계면(state boundary surface)**이라 한다. 응력의 한계상태로서 **상태경계면은 파괴규준(failure criteria)에 해당**한다.

습윤측(하한계상태)의 상태경계면(Rendulic Surface) – 항복면

그림 4.106에서 NCL상에 있는 흙(정규, 약압밀토)이 CSL에 도달하는 응력경로를 살펴보자.

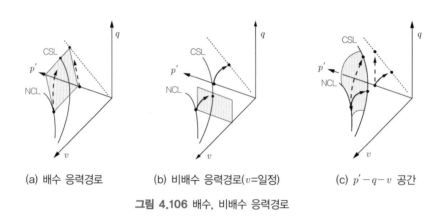

| (a) 배수 응력경로 | (b) 비배수 응력경로(v=일정) | (c) $p'-q-v$ 공간 |

그림 4.106 배수, 비배수 응력경로

배수경로는 그림 4.106 (a)와 같이 체적의 감소가 일어나면서 CSL에 도달한다. 반면, 비배수 경로는 그림 4.106 (b)와 같이 일정 체적($\Delta v = 0$)에서 CSL에 도달하는 경로를 보인다. 그림 4.106 (c)는 앞의 두 그림을 3차원 공간, $p'-v-q$에 나타낸 것이다.

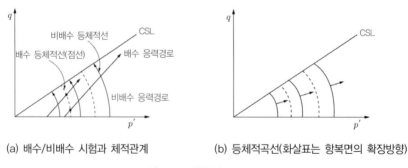

(a) 배수/비배수 시험과 체적관계   (b) 등체적곡선(화살표는 항복면의 확장방향)

그림 4.107 항복면

항복상태의 비배수 응력경로 는 등(等)체적($v =$ 일정) 상태이므로, 이를 $p' - q$ 공간에 투영하면 그림 4.107 (a)와 같이 유사한 모양이 확대되는 양상으로 나타난다. 등체적 곡선의 변화는 항복면의 확장(또는 축소)으로 이해할 수 있다. 항복면이 비체적에 따라 변화하는 거동은 변형률 경화(hardening) 또는 연화(softening) 현상에 해당한다. 한편, 여러 배수시험 응력경로에 대한 등체적 점을 찾아 이으면 항복면에 해당하는 등체적 선이 비배수 시험과 동일한 형상으로 나타난다. 이 경우 등체적 선(항복면)도 같은 형상이면서 크기만 변화하므로, 등방경화(isotropic hardening)거동에 해당한다(이 항복면은 CSL 오른쪽에 위치하며, 이를 'Cap 항복면'이라한다)

NB : 상태경계면은 존재 가능한 응력 영역의 한계로서 파괴면이라 할 수 있다. 상태경계면은 바운딩면 (bounding surface)이라고도 하는데, 이는 재하–제하의 반복거동 시 상태경계면 내에서 항복영역이 이동할 수 있는 영역을 한정하는 데서 비롯된 표현이다.

예제 등체적선이 왜 항복면인지, 압밀비배수(CU) 삼축시험의 예를 통해 설명해보자.

풀이 압밀비배수(CU) 삼축시험에서, 먼저 등방압축상태의 항복점을 $p' - v$의 관계로 구할 수 있다. 그림 4.108 (a)와 같이 항복점은 평균유효응력 p_y'에서, 항복 시 비체적 $v = v_y$가 얻어진다. 이 항복상태에서 비배수전단을 하면, 응력경로는 $p' - q$ 공간의 p_y'에서 출발하여, 그림 4.108 (b)와 같은 응력경로를 따라 CSL에 접근한다. 비배수전단 시 체적변화는 '0'이므로($\Delta v = 0$), 응력경로는 $v = v_y$인 등체적선이 된다. 이 응력경로는 항복상태에 있으므로 등체적선은 항복면과 동일하다고 할 수 있다.

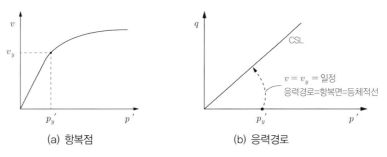

그림 4.108 항복과 응력경로

그림 4.109 (a)의 $p' - q$ 평면상의 각 항복면은 등 체적선이므로 이를 체적변수로 정규화 (normalization)할 수 있다. 그림 4.109 (b)의 각 항복면의 비체적에 상응하는 평균 유효응력, p_c' (또는 현재 비체적에 대한 한계상태선상의 응력, p_c', 첨자 c는 current 의미)를 NCL의 등방압밀곡선에서 취하여 이 값으로 $p' - q$ 응력축을 정규화(normalization)하면, 그림 4.109 (c)와 같이 단일 곡선으로 나타난다. 이 면은 정규화된 항복면으로서 상태경계면이며, 최초 발견자의 이름을 따 '렌딜릭 면(Rendulic surface)'이라 한다. 이 응력상태는 CSL 하부에 위치하므로 하한계 상태(sub critical state)라 한다(또는 습윤측).

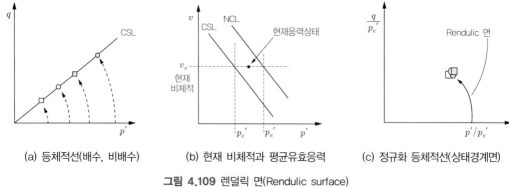

| (a) 등체적선(배수, 비배수) | (b) 현재 비체적과 평균유효응력 | (c) 정규화 등체적선(상태경계면) |

그림 4.109 렌덜릭 면(Rendulic surface)

건조측(상한계상태)의 상태경계면(Hvoslev Surface) − 전단파괴면

과압밀점토의 경우 최대 응력점은 CSL 외곽에 위치한다(그림 4.110 a). 최대 응력점(q)을 p_c' 로 정규화하여 $p' - q$ 평면에 투영한 직선은 응력의 가능한 상태를 한정하므로 상태경계면이다. 이 면을 최초 발견자의 이름을 따 '보슬레프 면(Hvoslev surface)'이라 하며 전단파괴면에 해당한다(그림 4.110 b). 이 응력상태는 CSL 상부에 위치하므로 상한계상태(super critical state)라 한다(또는 건조측).

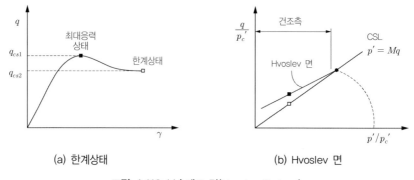

| (a) 한계상태 | (b) Hvoslev 면 |

그림 4.110 보슬레프 면(Hvoslev Surface)

상태경계면 종합

앞에 살펴본 상태경계면을 종합하면 지반시료가 거동할 수 있는 경계를 한정할 수 있다. 그림 4.111 (a)와 같이 압밀하중을 제하하여 압밀도가 다른 3개의 시료를 취하여 비배수 전단시험을 수행하였다고 하자. 시료 1은 정규 압밀시료로서 Rendulic 면에 위치하고, 2와 3은 과압밀시료로서 최대 응력점이 Hvoslev 면에 위치한다.

추가적으로 고려되어야 할 사항은 인장에 저항하지 못하는 지반재료의 특성이다. 삼축압축시험에서

인장파괴 조건은 $q = 3p'$로 주어진다. Hvoslev 면은 인장파괴점까지만 유효하다. Rendulic 면, Hvoslev 면, 그리고 인장파괴면이 지반재료의 상태경계면을 구성하며 그림 4.111 (b)에 이를 보였다.

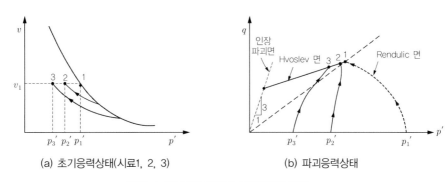

(a) 초기응력상태(시료1, 2, 3)   (b) 파괴응력상태

그림 4.111 지반 재료의 상태경계면 거동

Schofield는 그림 4.112와 같이 인장파괴를 고려한 상태경계면을 $v-q-p'$ 공간에 모았다. 상태경계면(SSBS, stable state boundary surface)은 항복면으로서 응력상태가 SSBS 내부에 위치하면 탄성, SSBS 상에 위치하면 소성거동을 하며, 이 면을 벗어난 응력상태는 존재할 수 없다.

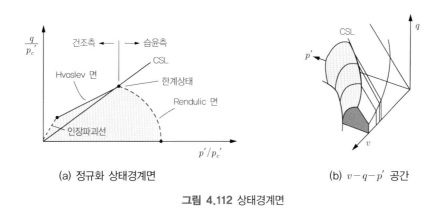

(a) 정규화 상태경계면   (b) $v-q-p'$ 공간

그림 4.112 상태경계면

예제 삼축압축시험에서 '인장파괴면(tension cut-off)'이 왜 $q = 3p'$인지 증명해보자.

풀이 흙이 인장유효응력(tensile effective stress)에 저항하지 못한다면, $\sigma_3' \approx 0$ 상태에 있어야 한다. 삼축압축시험에서 $\sigma_3' = 0$이면 $q = \sigma_1'$, 그리고 $p' = \sigma_1'/3$이다. 따라서 p'와 q의 관계는

$$q = 3p' \tag{4.23}$$

(q/p') 값이 최대가 되기 위해서는 σ_1'과 σ_3'가 '0'보다 크면서 σ_1'는 최대한 커지고, σ_3'는 최솟값이어야 한다. $q = 3p'$는 이 조건을 만족한다.

상태경계면 내부의 거동(탄성거동)

NCL을 따라 발생하는 지반재료의 **체적변형은 비가역 변형, 즉 소성변형**이며, **SL을 따라 발생하는 체적변화는 탄성변형**이다(그림 4.113 a). 따라서 SL을 따라 q에 평행한 면이 상태경계면과 만나는 범위가 탄성거동 영역이다. 이 SL선의 q축에 평행한 면이 상태경계면으로 한정된 수직곡면을 **탄성월(elastic wall)**이라 한다. 응력경로가 이 면상에서 움직일 경우 탄성거동만 일어난다. 응력상태가 상태경계면에 접하면 소성거동이 시작되며 상태경계면을 통해 탄성월과 탄성월을 이동하는 응력변화 과정에서 소성변위가 발생한다. **탄성월 간 이동은 항복면의 크기가 변화하므로 변형률 경화 또는 연화거동에 해당한다**(그림 4.113 b).

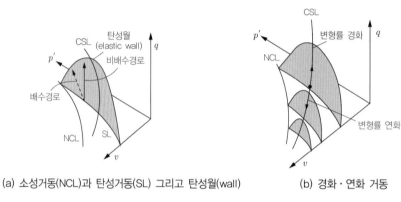

(a) 소성거동(NCL)과 탄성거동(SL) 그리고 탄성월(wall)　　(b) 경화·연화 거동

그림 4.113 한계상태이론의 탄성거동

NB : 한계상태이론은 그 자체로 탄성과 항복 그리고 파괴에 이르는 지반거동을 설명할 수 있다. 이런 의미에서 한계상태이론은 지반역학에서 매우 특별한 의미를 가진다. 우리가 사용하는 지반거동 파라미터는 E, v, ϕ', c' 등 탄성론과 MC규준으로 지반거동을 탄성-완전소성체계로 설명하는 것이다. 반면에 한계상태이론은 κ, λ, M로 지반의 강성 및 강도거동을 설명한다.

4.7 지반재료의 시간 의존성 거동과 동적거동 특성

탄성거동은 재하 또는 제하와 동시에 응력이나 변형이 발생한다고 가정하므로 시간의 함수로 고려하지 않는다. 하지만 실제 흙 및 암 지반은 응력전달 속도에 따라 거동이 지연되어 나타나거나 응력변화가 일어난 후 상당기간 동안 변형이 지속되는 특성을 보인다. **응력-변형률 관계가 시간(속도)의 함수인 경우 이를 점탄성(visco-elastic)**이라 하는데, 실제 지반재료는 어느 정도 점탄성 속성을 나타낸다. 지반거동을 시간함수로 나타낼 것인지는 지반재료의 점탄성 특성이 얼마나 지배적인가에 달려 있다.

지반재료의 시간 의존성 거동은 그림 4.114와 같이 재료 및 경계조건에 따른 느린 거동(의사정적)과 동하중에 의한 동적 거동으로 구분할 수 있다. 재하속도(rate effect)의 영향은 배수조건과 같은 **시스템 영향(system effect)**과 크립(creep)거동과 같은 **재료적인 영향(material effect)**의 측면으로 살펴볼 수 있다. 시스템 문제의 대표적인 사례는 압밀(consolidation)이다. **압밀현상은 포화점토지반의 경계 배수조건에서 간극수가 이탈하면서 발생하는 시간 의존적 현상으로, 재료적 특성이 아닌 시스템적 현상이다**(유효응력원리가 이해되기 전까지는 압밀현상을 유동모델(rheological model)로 모델링하려는 시도가 있었다). 시간의존적 거동은 시간에 따른 입자구조의 재배치, 팽창성 광물 등의 영향으로 나타난다.

그림 4.114 지반재료의 시간 의존성 거동의 구분

4.7.1 지반의 재료적·시스템적 시간의존성 거동

재료적 시간의존성 거동은 주로 점토지반에서 발생하며, 거동 특성상 압밀(consolidation), 크립(creep), 재하속도문제 등으로 살펴볼 수 있다. **압밀(consolidation)**은 시간 의존성 거동이지만 지반재료의 물성이 아닌, 간극수의 흐름(Laplace 방정식)으로 정의되는 시스템 수리 경계 조건에 따른 현상으로 6장에서 별도로 고찰한다.

크립거동(creep behavior)

재료가 일정 하중상태에서 변형이 진전되는 현상을 크립(creep)이라 하며, 지반재료에 있어서 크립거동은 소성(plasticity), 활성(activity), 함수비의 증가와 함께 증가한다. 크립 파괴(creep rupture)는 최대 하중보다 작은 지속하중 하에서 시간이 지나면서 변형이 과대해져 일어나는 파괴이다. 크립 거동으로 파괴에 이르는 경우 일반적으로 그림 4.115와 같이 3단계로 일어난다. 초기 I단계(primary creep)에서는 크립이 빠른 속도로 발생하고, II단계(secondary creep)에서는 크립의 영향이 점진적으로 진행되며, III단계(tertiary creep)에서는 크립이 가속적으로 일어나 파괴에 이른다.

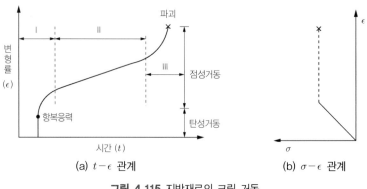

(a) $t-\epsilon$ 관계

(b) $\sigma-\epsilon$ 관계

그림 4.115 지반재료의 크립 거동

그림 4.116 (a)는 재하 중간에 일정응력 상태를 유지하였을 때, 발생하는 크립 거동을 보인 것이다. 이때 크립은 입자의 재배치 및 결합(bonding)으로 발생하는데, 이를 **에이징(aging)**이라고도 한다. 에이징은 후속재하 시 강성과 강도를 증가시킨다. 에이징은 물리적으로 선행압밀(preconsolidation effect)과 유사한 영향을 준다. 그림 4.116 (b)와 같이 입자 간 결합(bonding)이 생기면 흙의 상태가 ICL (intrinsic compression line, 재성형토의 압축곡선)을 벗어나 우측에 있게 한다. 흙의 결합구조가 파괴되기 시작하는 응력, $\sigma_{vy}{}'$ 는 항복응력이다. 이를 준(準) 선행압밀(quasi-preconsolidation)이라고 한다.

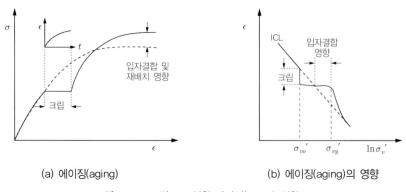

(a) 에이징(aging)

(b) 에이징(aging)의 영향

그림 4.116 크립으로 인한 에이징(aging) 영향

변형률속도(재하속도)의 영향

그림 4.117과 같이 **비배수 조건에서 변형률 속도를 증가시킬수록 압축강도나 전단강도가 커진다.** 즉, 재하속도가 빠를수록 지반저항력(최대 응력)이 증가하는데, 이는 빠른 재하 시 **물의 큰 압축강성 영향이 더 잘 반영되기 때문**이다.

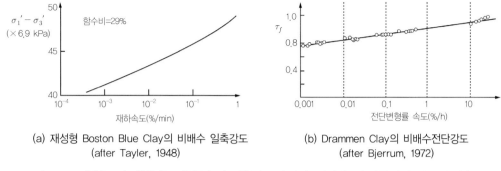

(a) 재성형 Boston Blue Clay의 비배수 일축강도
(after Tayler, 1948)

(b) Drammen Clay의 비배수전단강도
(after Bjerrum, 1972)

그림 4.117 비배수조건 시험(빠른 변형률속도)−일축강도 및 비배수전단강도에 대한 변형률속도의 영향

점토시료에 대한 구속압축시험에서 각기 다른 변형률 속도에 대한 $\ln \sigma_v{}' - \epsilon_v$ 관계를 도시하면 그림 4.118 (a)처럼 일련의 직선 군으로 나타나는데, 재하속도를 빠르게 할수록 같은 응력에 도달하는 데 발생하는 변형률이 작아진다. 즉, 재하속도를 저하시킬수록 일정 응력상태를 유지하기 위한 변형률은 증가한다(B→C). 이 개념은 그림 4.118 (b)와 같이 소성 변형률의 진행에 따른 항복면의 확장 개념으로 이해할 수 있다. 즉, **재하속도가 빠른 환경에서는 탄성 영역이 증가한다.** 이 또한 **재하속도가 빠를수록 물의 큰 압축성 영향이 반영되기 때문**이다.

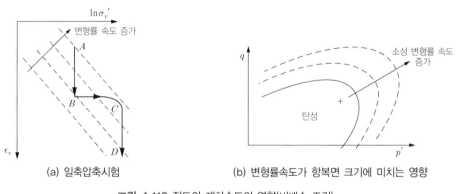

(a) 일축압축시험

(b) 변형률속도가 항복면 크기에 미치는 영향

그림 4.118 점토의 재하속도의 영향(비배수 조건)

시스템적 시간의존성 거동(압밀)

그림 4.119 (a)는 점토에 대한 단부 배수 조건에 따른 변형률 속도영향을 보인 것이다. 변형 조건을 간극수압이 걸리지 않을 정도로 매우 느리게 할수록 거동은 비배수 거동에서 배수 거동으로 이동한다. 즉, 재하속도가 느릴수록 응력-변형률 곡선의 최댓값이 커진다. 그림 4.119 (b)는 변형률 속도에 따른 강도변화를 보인 것이다. **재하속도가 빠르다는 것은 비배수 조건, 재하속도가 느리다는 것은 배수 조건에 해당**된다. 재하속도가 간수압이 걸리지 않을 정도로 느리면 배수 조건이 되어 더 큰 강도 값이 얻어진다.

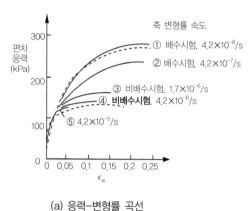
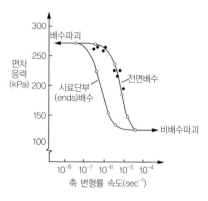

(a) 응력-변형률 곡선   (b) 변형률 속도에 따른 일축압축강도

그림 4.119 배수조건(매우 느린 변형률 속도)-재하속도와 강성 및 강도특성(after Carter, 1982)

모래의 시간 의존적 거동

모래는 간극비가 비교적 크므로 지진과 같이 매우 빠른 동하중의 경우에만 시간 의존성 거동을 관찰할 수 있다. 그림 4.120은 시험 중 변형률 속도를 달리하여 모래에 대한 전단 응력-변형률 관계를 조사한 것이다. 점선은 일정 변형률로 실험한 관계 곡선이며, 실선은 시험 중에 재하속도를 변화시킨 것이다. **재하속도를 증가시킬 경우 점토의 비배수조건과 마찬가지로 더 큰 전단저항을 나타낸다.** 반면에 재하속도를 늦추면 전단저항도 낮아진다.

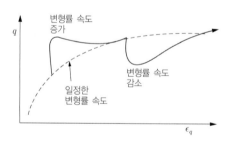

그림 4.120 모래의 변형률속도 영향

암석의 시간 의존적 거동

암석의 경우 응력-변형률 거동의 아주 초기 단계에서 시간영향이 게재될 수 있는 미세균열(micro cracking)이 발생하나 이것은 최대 강도에 훨씬 못 미치는 낮은 응력상태의 거동으로 공학적 의미는 크지 않다. 그러나 변형이 진전되면서 미세균열이 증가, 확대되어 재하속도, 크립, 이완 및 피로 등의 시간 의존적 거동이 나타난다. 암반 크립 거동은 재하 중 조직 구조의 재배치 결과이며 매우 흔하게 나타난다.

4.7.2 지반의 동적거동

동하중의 영향

동하중을 받는 지반은 그림 4.121과 같이 반복전단 응력상태에 놓이게 된다. 따라서 동하중에 대한 지반거동은 주로 반복 단순전단시험 또는 반복 삼축시험으로 조사한다.

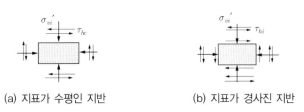

(a) 지표가 수평인 지반　　　　(b) 지표가 경사진 지반

그림 4.121 지진 반복하중 하에서 반복하중 상태의 지반요소

동하중은 짧은 시간에 재하(loading)와 제하(unloading)가 반복된다. 동하중의 크기가 작아 거동이 탄성 범위 내에 있다면 재료 내 에너지 소산의 고려가 필요 없을 것이다. 하지만, 지진의 경우는(진앙과의 거리에 절대적으로 지배되지만) 대략 $10^{-3} \sim 10^{-1}$% 규모의 지반 전단변형률을 야기하여 소성변형이 수반될 수 있다. 그림 4.122는 흙지반의 변형률의 규모에 따른 물리적 의미를 예시한 것이다. **반복하중 및 하중속도에 따른 동적영향은 소성변형이 일어나는 비교적 큰 전단 변형률인 약 10^{-1}% 이상에서 나타난다.**

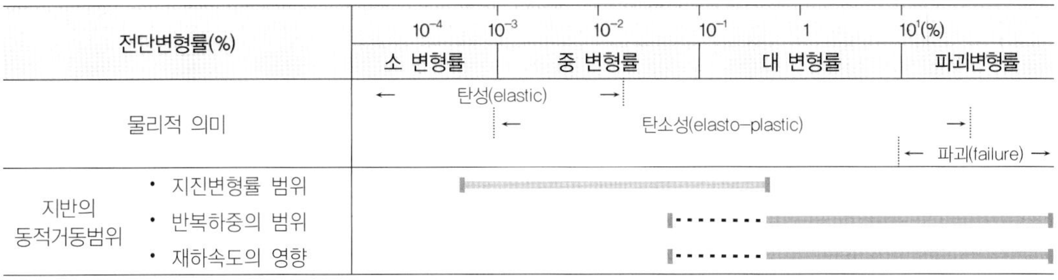

전단변형률(%)	10^{-4}		10^{-3}		10^{-2}		10^{-1}		1		10^{1}(%)
	소 변형률			중 변형률			대 변형률			파괴변형률	
물리적 의미	← 탄성(elastic) →					탄소성(elasto-plastic)					
										← 파괴(failure) →	
지반의 동적거동범위	• 지진변형률 범위										
	• 반복하중의 범위										
	• 재하속도의 영향										

그림 4.122 동적영향과 변형률

NB : 지반변형에 따른 에너지 소산은 재료감쇠에 기인한다. 한편, 파동형태로 전파하여 돌아오지 않는 에너지 손실을 기하감쇠라 하며 이는 재료의 거동과 무관하다.

무결 암반은 강성이 커 동하중 작용 시 대체로 탄성거동을 보인다. 따라서 전단탄성계수의 비선형성이라든가 재료감쇠와 같은 영향을 고려하지 않아도 되는 경우가 많다. 하지만, 풍화암은 불연속면의 증가로 무결암과 흙 사이의 거동을 보인다. 흙 지반의 강성은 암반보다 작으므로(낮은 강성, 큰 감쇠) 동하중의 전파속도는 암반보다 느리고(예, $v_p = \sqrt{E/\rho}$) 변위는 암반에서 보다 증폭된다.

반복하중을 받는 지반거동

그림 4.123은 임의 반복하중에 대한 지반의 응력-변형률 거동의 예를 보인 것이다. 소성변형에 따른 응력-변형률 거동이 루프 이력(hysteresis loop) 특성을 나타낸다. 루프 이력곡선이 나타난다는 것은 소성변형과 에너지 손실이 수반됨을 의미하는 것이다. 이력곡선의 원점(중심점)과 꼭짓점을 지나는 곡선을 등뼈곡선(backbone curve), 또는 골격곡선(skeleton curve)이라 한다.

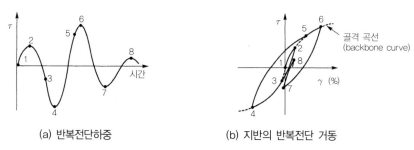

(a) 반복전단하중   (b) 지반의 반복전단 거동

그림 4.123 임의의 반복하중에 의한 지반재료의 전단거동

바우싱거 효과(Bauschinger effect)와 반복하중의 모델링

하중을 재하하여 항복응력(σ_{y1}')을 지나 소성변형 일으킨 후 하중을 제거하고 역 방향으로 하중을 다시 재하한 경우 소성변형이 시작되는 항복응력(σ_{y2}')이 당초 재하 시 보다 낮아지는 현상을 바우싱거 효과(Bauschinger effect)라 한다. 즉 반복하중 하의 응력이력 곡선은 그림 4.124와 같이 $\left|\sigma_{y1}'\right| > \left|\sigma_{y2}'\right|$로 나타난다.

이러한 거동은 항복면의 이동이 가능한 운동경화 법칙을 도입해야 모사가 가능하다. 비교적 진보된 모델(e.g. 운동경화 법칙의 채용)만이 반복하중의 모사가 가능하며, 거동 표현에 더 많은 물성 파라미터가 요구된다.

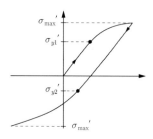

그림 4.124 바우싱거 효과(Bauschinger effect)

4.7.3 동적 지반특성

동적 거동조사에 필요한 **지반특성은 강성, 감쇠, 포아슨 비, 밀도** 등이다. 이 중에서 강성과 감쇠가 지배적인 물성이다. 동적거동의 강성은 주로 지하수에 영향을 받지 않는 전단탄성계수로 나타낸다. 동적 거동은 파동으로 전파되고, 파동이 야기하는 동적 변형률은 매우 작으므로 이 경우 동적해석은 미소변형률의 물성 값을 사용하게 된다.

미소변형률에서의 전단탄성계수는 실험실에서 대 변형률 시험으로 얻은 값보다 훨씬 크다. 일반적으로 전단변형률 γ=0.001%보다 작은 변형률을 미소변형률이라 하며, 이 범위의 거동은 선형탄성으로 가정한다. 구조물의 기초 등은 동적하중을 받는 경우 비교적 큰 변형률을 수반하므로 이에 부합하는 물성을 사용해야 한다.

NB : 동적 해석에서 주로 사용하는 미소변형률의 탄성 파라미터를 흔히 동적 물성 또는 동적 지반강성이라 부른다. 하지만 엄격히 말해 강성이 동적과 정적으로 구분되는 것이 아니라 변형률 크기에 따른 강성의 차이라고 해야 옳다. 물성인 재료감쇠는 동적 해석에서만 필요하므로 동적물성이다.

전단탄성계수(G)

골격곡선의 원점(반복 전단변형률 '0')의 접선 기울기는 최대 전단탄성계수 $G_{\max}$ 라 할 수 있다. 그림 4.125 (a)에서 보듯 전단변형률이 증가할수록 비선형 소성거동에 의해 할선탄성계수 $G_{\sec}$와 $G_{\max}$ 의 비, $G_{\sec}/G_{\max}$ 는 감소한다. 전단탄성계수의 비선형성은 그림 4.125 (b)와 같이 변형률에 따른 전단강성 G를 $G_{\max}$ 로 정규화한 **강성 감소곡선(modulus reduction curve)**으로 정의한다.

흙 지반의 전단탄성계수는 변형률에 따라 0~10%까지 크게 변화한다. 이 범위의 변형률을 포괄하는 단일 시험법은 없다. 따라서 그림 4.126과 같이 변형률 범위가 다른 여러 시험법으로 구한 강성을 조합해야 변형률에 따른 전체 강성곡선을 얻을 수 있다. 동적 거동은 주파수의 함수 이므로 측정시험의 주파수 범위도 중요한 변수이다(그림 4.126 b).

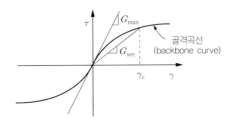

(a) 응력−변형률 곡선(backbone curve) (b) 강성감소곡선(modulus reduction curve)

그림 4.125 반복하중의 골격곡선과 비선형 강성특성

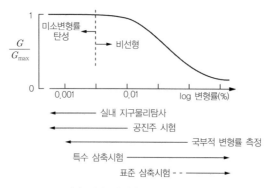

(a) 전단 탄성계수와 시험법

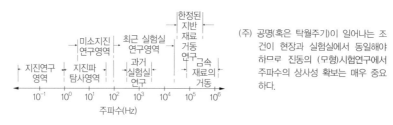

(주) 공명(혹은 탁월주기)이 일어나는 조건이 현장과 실험실에서 동일해야 하므로 진동의 (무형)시험연구에서 주파수의 상사성 확보는 매우 중요하다.

(b) 실험실 재현 주파수 영역

그림 4.126 비선형 강성과 변형률 범위에 따른 측정법

G_{max}는 통상 물리(지진파, 탄성파)탐사시험, 삼축시험의 벤더 요소(bender element) 등으로 조사하며, 변형률 약 3×10^{-4}% 이하의 값이다. 실험실에서는 일반적으로 삼축시료에서 전단파 속도 V_s를 측정하여 $G_{max} = \rho V_s^2$로 전단탄성계수를 구할 수 있다(4.3절 참조). G_{max}는 원위치 시험결과(N, q_c)와 다양한 상관관계가 제시되었다(제II권 6장 참조).

비교적 큰 변형률을 야기하는 대칭적인 반복하중을 받는 지반재료는 그림 4.127과 같이 루프 이력특성(hysteresis loop)을 나타낸다. 이력곡선의 형상은 기울기와 폭으로 정의할 수 있다.

그림 4.127 (a)에서 곡선의 접선의 기울기는 접선 전단탄성계수 G_{tan}이며, 변형률에 따라 변화한다. 평균 할선전단탄성계수(G_{sec})는 루프곡선의 꼭짓점을 잇는 선의 기울기로 정의한다. τ_c, $\gamma_c$rk 각각 루프곡선 꼭짓점의 반복전단응력 및 변형률이라면

$$G_{sec} = \frac{\tau_c}{\gamma_c} \tag{4.24}$$

반복 횟수가 거듭될수록(즉, 변형률이 증가할수록) 그림 4.127 (b)와 같이 이력곡선의 폭이 넓어지고 수평으로 기울어져, 그림 4.127 (c)와 같이 평균 강성이 감소한다.

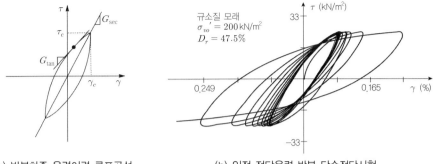

(a) 반복하중 응력이력 루프곡선   (b) 일정 전단응력 반복 단순전단시험

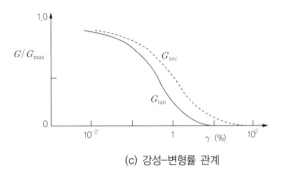

(c) 강성-변형률 관계

그림 4.127 전단 탄성계수의 정의와 특성

예제 변형률에 따른 전단강성을 함수로 모사하는 구성모델들이 제안되었는데, Hyperbolic Model과 Ramberg-Osgood Model이 대표적이다. Hyperbolic Model은 그림 4.128의 전단변형률(γ)-전단응력 (τ)관계를 다음의 쌍곡선 함수로 제안한 것이다.

$$\tau = \frac{\gamma}{a + b\gamma}$$

직접전단시험 결과를 이용하여 Hyperbolic Model의 상수 a, b를 결정하는 방법을 알아보자.

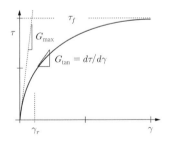

그림 4.128 전단 탄성계수와 $\gamma - \tau$ 관계

풀이 위 식을 변형하면 $\gamma/\tau = a + b\gamma$ 의 일차 선형식으로 나타낼 수 있다. 시험결과를 $\gamma/\tau \sim \gamma$ 관계로 정리하면 그림 4.129와 같이 τ/γ 축 절편은 $a(=1/G_{max})$이고, 기울기는 $b(=1/\tau_f)$가 된다.

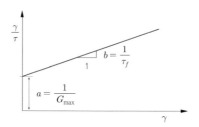

그림 4.129 쌍곡선 함수모델의 파라미터 결정

전단탄성계수는 다양한 요인에 의해 영향을 받는다. $G = f(\sigma_3, e, H, S, C, A, f, t, \theta, T)$. 여기서 σ_3 : 평균 구속응력, e : 간극비, H : 응력이력(진동이력), S : 포화도, C : 입자특성(형태, 크기, 입도, 광물 등), A : 변형률 크기, f : 진동주파수, t : 시간영향, θ : 지반재료의 구조, T : 온도이다.

그림 4.130은 대표적 흙 지반 시료에 대하여 전단변형률에 따른 전단탄성계수 변화를 보인 것이다.

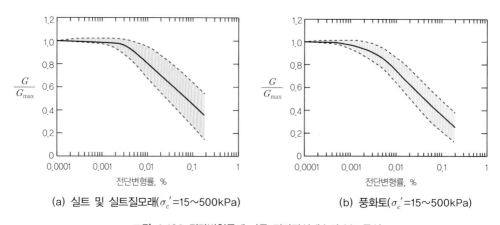

(a) 실트 및 실트질모래($\sigma_c' = 15 \sim 500kPa$) (b) 풍화토($\sigma_c' = 15 \sim 500kPa$)

그림 4.130 전단변형률에 따른 전단탄성계수의 분포특성

감쇠(damping)

감쇠란 시스템 내의 동적 에너지 손실 특성을 말한다. 지반의 감쇠가 클수록 가해진 에너지의 소멸속도가 빠르다. 감쇠의 원인은 자기변화, 온도(열), 원자적 현상 등 다양하며, **지반에서 일어나는 감쇠는 대부분 입자간 마찰과 파동 에너지의 전파 소멸이 원인이다.** 그림 4.131은 지반감쇠의 원인과 특성을 정리한 것이다.

그림 4.131 지반감쇠의 구분 예

재료감쇠와 시스템 감쇠

일반적으로 관심지반영역내에서 입자 간 접촉경계, 즉 미시적 경계(microscopic boundary)에서 일어나는 에너지 소산을 재료감쇠라 하며, 거시적 경계(macroscopic boundary)인 시스템(예, 해석모델)의 경계(시스템의 경계 범위에 따라 구조물 조인트, 지지점, 전단면, 모델경계면 등)에서 일어나는 에너지 소산을 시스템 감쇠라 한다.

지반의 재료감쇠는 반복하중에 의한 변형이력(deformation hysteresis)에 따른 에너지 소산으로서 이력감쇠(hysteretic damping)에 해당한다. 그림 4.132는 재료감쇠의 산정법을 보인 것이다.

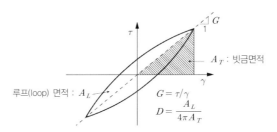

그림 4.132 재료감쇠의 정의(이론유도는 6장 6.6절 참조)

지반은 입자체이지만 연속적인 매질이므로 시스템을 특정 영역으로 한정하기 어렵다. 파동 에너지는 점점 더 멀리, 더 넓은 영역으로 전파하여 돌아오지 않게 되는데, **시스템(모델 영역) 범위 밖으로 전파하여 돌아오지 않는 에너지의 손실을 기하감쇠(geometric damping) 또는 방사감쇠(radiation damping)라 한다.** 기하감쇠는 재료감쇠와 독립적으로 발생하며, 재료의 물성이 아니다. 기하감쇠(방사감쇠)는 시스템 감쇠라 할 수 있다.

그림 4.133은 대표적인 흙 지반의 전단변형률에 따른 재료감쇠의 변화를 보인 것이다. 탄성거동이 지배적인 암석의 경우 재료감쇠는 무시할 만하다.

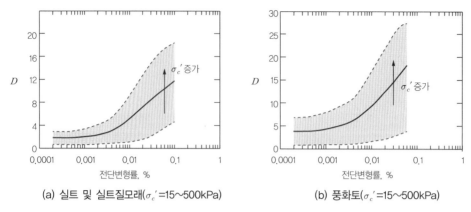

(a) 실트 및 실트질모래(σ_c'=15~500kPa)   (b) 풍화토(σ_c'=15~500kPa)

그림 4.133 전단변형률에 따른 재료감쇠의 분포특성

점성감쇠와 비점성감쇠

감쇠가 입자운동속도에 비례하는 경우 **점성감쇠(viscous damping)**라 하며, 입자속도에 비례하지 않는 경우 비점성감쇠(non-viscous damping)라 한다. 지반감쇠 중 이력감쇠(hysteresis damping), 즉 **재료감쇠는 비점성감쇠**이며, **기하학적 감쇠는 점성감쇠에 해당한다.**

일반적으로 재료감쇠와 시스템 감쇠를 포괄하여 **구조감쇠(structural damping)라고도 한다.** 구조역학에서 다루는 포괄적 개념의 구조감쇠는 통상 속도에 비례하는 점성감쇠로 모사하는 경우가 많다. 대표적인 예가 Rayleigh 감쇠로서 다음과 같이 나타낸다.

$$c = \alpha[M] + \beta[K] \tag{4.25}$$

여기서 $[M]$, $[K]$는 각각 질량 및 강성을 나타내며, α, β는 비례상수이다. Rayleigh Damping은 구조물이나 암반의 경우처럼 재료감쇠가 작고, 동적거동이 탄성 영역 내인 경우에 주로 적용한다.

> **NB :** 흙 지반과 같이 재료감쇠가 크고 비선형성이 지배적인 감쇠는 점성감쇠로 다루기 어렵다. 이런 경우에는 지배방정식을 주파수영역의 방정식으로 변환하고 재료를 선형 점탄성 매질로 가정하여 전단탄성계수를 주파수 함수의 복소수로 다룸으로써 고려할 수 있다(e.g. 동적 지반해석 프로그램 FLUSH의 채용이론).
>
> $$G^*(\omega) = G_1(\omega) + i\,G_2(\omega) \tag{4.26}$$
>
> 여기서 실수부 $G_1(\omega)$는 탄성성분, 허수부 $G_2(\omega)$는 감쇠를 포함하는 점소성 성분이다(이 해석은 복소수영역에서 주파수 방정식으로 해석하고, 그 결과를 다시 시간영역을 변환한다).

4.7.4 반복하중에 의한 지반의 파괴와 피로(fatigue)강도

일반적으로 지반재료의 전단강도는 파괴 때 유동되는 최대 전단응력으로 정의한다. 하지만 '강도파괴'에 도달하지 않더라도 상당한 변형이 일어나 사용성이나 기능이 상실되는 한계변형을 파괴로 정의하기도 한다. **변형기준의 파괴상태는 통상 '한계변형률(limiting strain)' 로 정의한다**(e.g. 파괴 전단변형률 $\gamma_f = 3\%$ 등).

반복하중에 의한 지반파괴로 액상화(liquefaction)와 피로파괴(fatigue failure)를 들 수 있다. 지진 등 진동하중에 의한 액상화는 주로 비배수 조건의 느슨한 사질토 지반에서 일어난다. **액상화는 반복하중에 의해 간극수압이 누적되어, 유효응력이 '0'으로 감소하여 파괴가 일어나는 현상이다.** 느슨한 비배수 사질지반에서 반복 재하속도가 매우 빠른 경우 발생한다. 그림 4.134는 파랑에 의한 반복하중을 받는 해양 구조물 기초 지반의 액상화 메커니즘을 보인 것이다. 반복하중으로 간극수압이 증가하면 유효응력이 감소하여 구조물 하부지반의 변형이 급격히 증가하여 파괴에 이른다.

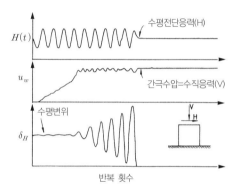

그림 4.134 비배수 조건 하에서 반복전단하중에 의한 지반액상화 거동

그림 4.135는 포화 사질토의 동적거동 개념도이다. 빠른 동하중 하의 거동은 체적변화가 없는 비배수 거동이다. 액상화 거동이 일어나면 응력-간극비 관계는 $C \rightarrow A$로 이동한다.

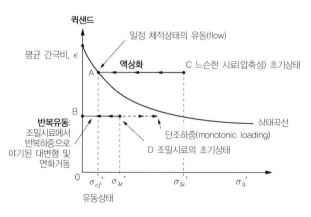

그림 4.135 포화사질토의 동하중하 비배수 거동(after Castro and Poulos, 1976)

느슨한 지반에서 유효응력이 '0'인 상태에서 변형이 급격히 증가하는 현상을 **퀵샌드(quicksand)**라 한다. 한편, 일정 함수비에서 반복하중을 받는 포화된 조밀한 모래지반도 최소 주응력이 감소하여 변형률이 진전되는 점진 연화(progressive softening)거동을 일으키는데, 이 거동($D{\to}B$)을 **반복유동(cyclic mobility)**이라 한다.

피로파괴(fatigue failure)

비록 반복 전단응력의 크기가 당장 파괴를 일으킬 만큼 크지 않더라도 **낮은 준위의 하중이 장기간 반복되면 변형이 누적되어 허용변형률(한계변형률, γ_f)을 초과할 수 있다.** 이로 인해 사용성이 저해되는 파괴를 **피로파괴(fatigue failure)**라 하며, 변형률로 파괴상태를 정의한다.

그림 4.136과 같이 어떤 응력상태에 있는 지반요소에 반복 전단응력 τ_{cyc}를 가하면 반복 전단변형률 γ_{cyc}과 평균변형률 γ_{ave}은 반복 횟수의 증가와 함께 증가한다. 하중으로인한 피로파괴는 반복 전단변형률, γ_{cyc} 또는 평균전단변형률, γ_{ave}, 아니면 두 변형률을 조합하여 규정할 수 있는 데, 일반적으로 한계상태 전단변형률로 정한다.

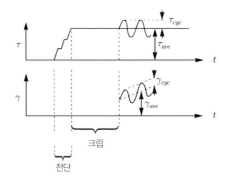

그림 4.136 평균 반복 전단응력 및 변형률의 정의(after Goulois et al., 1985)

반복 하중 하의 전단강도는 평균 전단응력 τ_{ave}과 반복 전단응력 τ_{cyc}의 관계가 중요하다. 평균 전단응력이 낮은 경우 누적변형률은 작고 느리게 축적될 것이다. 변형률의 진폭은 반복 전단응력의 크기에 비례한다. 반면에 반복 평균 전단응력이 크다면 반복 전단응력이 작은 경우라도 누적 전단변형률은 크게 발생한다. 피로파괴는 급격하게 일어나지 않는다.

피로파괴에 이르는 전단강도의 크기와 반복횟수의 관계를 정의하기 위하여 반복전단강도비(S, cyclic strength ratio)를 다음과 같이 정의한다.

$$S = \frac{\tau_{cyc}}{\tau_f} \text{ , 또는 } S = \frac{\tau_{cyc}}{s_u} \tag{4.27}$$

반복전단강도비(S)와 파괴에 이르는 반복 횟수(N)의 관계를 $S-N$ Curve라 한다. 다른 재료의 피로 파괴 수준과 비교한 지반재료의 피로파괴 특성을 그림 4.137에 보였다. 반복 전단강도비, 가 클수록(즉, 반복 전단응력이 클수록), 파괴에 도달하는 데 필요한 반복 횟수는 감소한다. 일반적으로 지반재료의 반복 전단강도비(S)는 0.05(비소성 실트)~0.55(점성토) 범위로 분포한다.

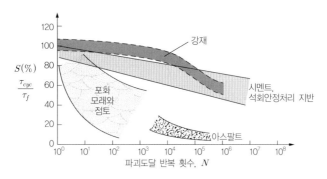

그림 4.137 $S-N$ 곡선(반복전단응력에 의한 피로파괴 특성) (after Annaki et al., 1976)

그림 4.138은 한계 전단(파괴)변형률(γ_f)을 각각 3% 및 5%로 설정한 경우 반복 강도비와 재하 횟수의 관계를 나타낸 것이다. 저준위 응력일수록 파괴에 도달하는 데 필요한 반복 횟수가 지수적(exponentially) 으로 증가한다. 피로파괴는 지진이나 해양구조물과 같이 생애주기에 걸쳐 진동하중을 받는 구조물의 피로파괴에 대한 안정검토에 중요하다.

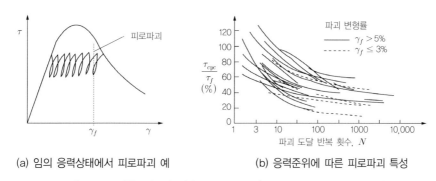

(a) 임의 응력상태에서 피로파괴 예   (b) 응력준위에 따른 피로파괴 특성

그림 4.138 변형률기준의 지반 $S-N$ Curve(after Lee and Focht, 1976)

NB : 피로파괴여부의 설계 검토
설계수명기간의 반복하중에 대하여 반복횟수가 S-N 곡선의 아래쪽 위치하여야 피로파괴에 안정하다 (예: 그림 4.137 및 그림 4.138(b) 곡선의 아래쪽). 이 조건의 만족여부를 검토하기 위해서는 반복전 단응력의 크기와 이 응력의 수명 중 반복횟수가 결정되어야 한다.

4.8 지반-구조물 상호작용 거동

대부분의 지반구조물은 콘크리트 구조물, 또는 강관 파일 등 다른 구조재를 포함하거나 접해 있다. 많은 지반문제가 지반-구조물의 결합 시스템으로 되어 있다. 그림 4.139는 구조물을 포함하는 지반문제를 예시한 것이다.

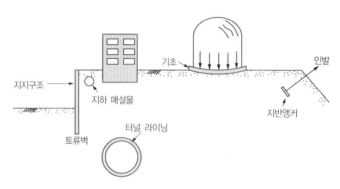

그림 4.139 지반-구조물 시스템 예

지반문제가 구조물을 포함하는 경우 구조물의 강성, 그리고 접촉면에서 물리적 불연속성 때문에 결과 지반거동이 현저히 달라진다. 이때 지반과 구조물이 하나의 시스템으로 구성되어 상호 작용의 결과로 거동이 나타나는데, 이를 지반-구조물 상호작용(SSI, soil-structure interaction)이라 한다.

지반-구조물 상호작용의 고려는 이러한 재료복합거동을 반영하여 경제적 설계를 추구하는 것이다. 외부하중 조건에 따라 정적 및 동적 상호작용으로 구분하기도 한다. 지반-구조물 상호작용은 이질재료의 접촉면(인터페이스) 거동과 이질(異質)재료 간 시스템적 구조거동(macro scale)으로 구분하여 살펴볼 수 있다. 그림 4.140은 지반-구조물 상호작용 거동특성을 해석모델링 관점으로 구분해본 것이다.

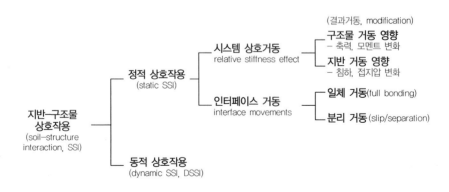

그림 4.140 지반-구조물 상호작용 문제의 구분

4.8.1 지반–구조물 인터페이스 거동

지반-구조물의 경계면의 거동은 작은 변형률 범위의 결합거동 또는 대변형으로 나타나는 분리 상대거동의 두 가지 형태로 나타날 수 있다. 암반과 같이 지반강성이 충분히 커서 변형이 작은 경우, 그림 4.141 (a)와 같이 지반과 구조물은 일체로 거동할 수 있다. 하지만 큰 전단변형이 일어나는 그림 4.141 (b)의 경우, 지반과 구조물의 경계(interface)에서는 미끄러짐(slip)이나 분리(separation)가 일어날 수 있다. 이런 경우 지반과 구조물이 결합 거동(full bonding)을 한다는 가정은 큰 오류를 야기할 수 있다.

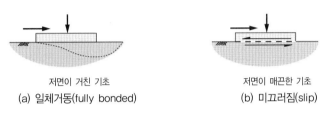

저면이 거친 기초   저면이 매끈한 기초
(a) 일체거동(fully bonded)   (b) 미끄러짐(slip)

그림 4.141 접합부 지반–구조물 상호거동의 예

실제로 구조물과 지반경계의 마찰각이 작으면 미끄러짐 상대거동이 쉽게 발생할 수 있다. 대부분의 지반문제가 구조물을 포함하고 있고, 강성차이로 인해지반과 구조물의 경계에서 현저한 상대변형이 일어나는 경우가 많으므로 인터페이스 거동은 지반해석 시 적절하게 고려되어야 한다.

일반적으로 구조물의 강성은 흙 지반의 강성보다 훨씬 크다. 따라서 구조물에 수평력이 작용하면 구조물보다는 구조물과 지반의 접촉경계면 또는 하부지반에서 전단이 일어날 가능성이 크다. 예로 그림 4.142와 같이 수평력이 작용하는 기초의 거동을 살펴보자. 저면이 거친 경우 지반재료와 구조물 간의 마찰각이 지반의 마찰각보다 커서 파괴면은 기초아래 지반에서 형성될 것이다. 반면에 매끈한 저면의 기초는 일반적으로 지반과 저면의 마찰이 지반보다 작거나 같아서, 접촉면에서 미끄러짐 상대변위가 발생할 수 있다. 이러한 파괴 메커니즘의 차이 때문에 기초 공학에서 기초 저면이 거칠거나 매끈한 경우를 구분하여 다루는 경우가 많다.

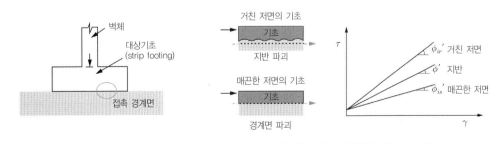

(a) 기초저면   (b) 저면조도에 따른 접촉경계면(인터페이스) 거동

그림 4.142 수평력이 작용하는 지반–기초구조물의 인터페이스 거동

지반과 구조물 간 미끄러짐(slip) 거동은 파일, 마찰말뚝, 터널 라이닝 등의 접촉면 거동을 조사하는 데 중요하다. 접촉면에서의 물성, 특히 경계면의 마찰 저항각은 지반-구조물 상호작용 문제를 다룰 때 중요한 고려사항이다. 지반과 구조물간 경계면의 전단거동 조사에는 링 전단시험(ring shear test)이 유용하다.

표 4.5는 구조물과 지반(모래)간 인터페이스 마찰각(δ')과 흙의 마찰각(ϕ')을 비교한 것이다. **거친 콘크리트를 제외하면 접촉면의 마찰각은 흙 지반재료(모래)보다 크지 않다. 즉** $0 \leq \delta' \leq \phi'$.

표 4.5 모래지반과 구조물의 인터페이스 전단저항각(after Lambe & Whintamn, 1969)

모래지반과 인터페이스		δ'/ϕ'	구조물 조건의 예
거친 기초 저면 (rough footing)	• 콘크리트	1.0	현장타설콘크리트 기초
	• 강재	0.7 ~ 0.9	파형함석 기초
매끄러운 기초저면 (smooth footing)	• 콘크리트	0.8 ~ 1.0	PC 콘크리트 기초
	• 강재	0.5 ~ 0.7	녹방지 코팅 강철 기초

주1) δ' : 지반과 구조재료의 인터페이스 마찰각
주2) 경계면 마찰각은 재료가 상대거동에 따라서도 달라진다. 주동상태, $\delta' = 1/2\phi'$, 수동상태, $\delta' = 1/3\phi'$ (BS6349)

4.8.2 지반-구조물의 시스템 거동

지반-구조물의 접촉점에서의 거동이 마이크로 스케일(micro scale) 문제라면 지반-구조물 시스템거동은 매크로스케일(macro scale)로서 지반과 구조물의 **상대강성(relative stiffness)**에 의해 영향을 받는다. 상대강성의 크기에 따라 침하의 형상과 크기, 그리고 접촉응력의 분포특성이 크게 변화한다.

기초, 흙막이 벽, 터널 라이닝 등의 지반 구조물의 상호작용 거동은 지반과 구조물의 상대강성에 따라 다음 두 가지로 살펴볼 수 있다.

- 상호작용 문제(interactive problem) : 기초의 강성이 휨성(flexible)인 경우 기초와 지반의 상대강성이 변형을 지배하는 경우로서 기초의 변형과 지반의 변형이 서로 영향을 미치게 된다. 휨성 확대 기초 등
- 비 상호작용 문제(non-interactive problem) : 기초의 강성이 완전 휨성(very flexible)이거나 완전강성 (very rigid)인 경우 지반의 변형은 기초 강성이 아닌 접지압에 의해 지배된다. 이 경우 기초변형과 지반변형간에는 상관성이 없다. 성토제방의 멤브레인 기초, 유류저장 탱크의 기초, 강성 매트기초 등이 예이다.

기초-지반 상호작용 예

기초-지반이 일체가 되어 탄성거동을 한다는 가정 하에 원형 기초(circular foundation)의 두 극단적인 강성에 대한 접지압 분포와 변형특성을 그림 4.143에 보였다. **강성기초는 기초 저면 침하, 휨성 기초는 접촉 응력 분포가 일정하게 나타난다.** 거동은 상대강성의 함수이므로 침하, 접지압을 각각 $\delta = f(E_f, \ E_s)$, $\sigma_c = f(E_f, \ E_s)$로 표시할 수 있다. 여기서 E_f와 E_s는 각각 기초와 지반의 탄성계수이다.

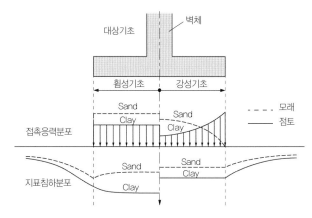

그림 4.143 강체원형기초의 침하와 접지압(탄성론에 의한 해)

NB : 그림 4.143의 거동은 기초의 모델링 방법에 따라(탄성론 또는 지반반력계수법) 다소 다른 결과가 제시
될 수 있음을 유의할 필요가 있다. 휨성기초의 경우 탄성론에 의한 접지압은 기초의 단부에서 최대, 중
앙에서 최솟값을 나타낸다. 하지만, 지반반력 계수법을 이용하면 중앙에서 최대, 단부에서 최소가 되는
결과를 준다. 두 방법 모두 실제지반 거동을 매우 단순화한 경우로서 실제거동은 그림 4.143에 가깝게
나타난다.

터널 라이닝-지반 상호작용 예

터널 라이닝은 휨모멘트와 축력으로 토압에 저항하는 구조물로서, 지반-구조물 상호작용은 기하학적
형상과 지중 응력상태에 영향을 받는다. 같은 하중이 작용하더라도 지반과 구조물의 상대 강성에 따라
거동이 달라지는 복합 경계치 문제로서 실측된 자료는 많지 않다.

Ranken, Ghaboussi and Hendron(1978)은 탄성론에 기초하여 그림 4.144의 터널 모델에 대하여 지반
과 라이닝 간 상대강성(relative stiffness)이 라이닝의 모멘트와 축력에 미치는 영향을 조사하였다. 라이
닝은 굴착 전부터 이미 설치된 것으로 가정하였다.

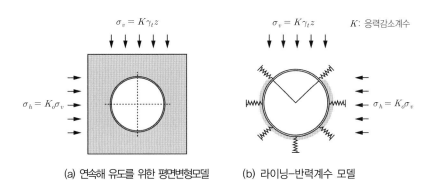

(a) 연속해 유도를 위한 평면변형모델   (b) 라이닝-반력계수 모델

그림 4.144 지반-라이닝 상호작용 탄성이론 모델

그림 4.145에 K_o-초기응력조건에서 터널굴착시 강성(rigid) 라이닝과 휨성(flexible) 라이닝 각각에 대하여 라이닝 구조체의 변형과 작용응력을 비교한 것이다. **강성 라이닝의 경우 변형은 억제되나 하중 방향으로 저항하려는 거동 때문에 라이닝 작용응력이 불균등하게 발생한다. 반면, 휨성 라이닝은 작용 응력은 거의 균등하게 나타나나, 수평방향으로 상당한 변형이 일어난다.**

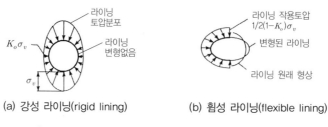

(a) 강성 라이닝(rigid lining) (b) 휨성 라이닝(flexible lining)

그림 4.145 라이닝 강성에 따른 터널의 지반–구조물 상호작용 예

터널은 구조물-지반의 시스템구조체로서 라이닝(lining)과 지반의 상대강성이 결과거동을 지배할 것이다. Ranken et al.(1978)은 상대강성(relative stiffness)에 따른 조합거동을 조사하기 위하여 휨강성비(flexibility ratio, 모멘트강성), F와 압축강성비(compressibility ratio, 축강성), C를 각각 다음과 같이 도입하였다(이 문제에 대하여 연구자에 따라 약간씩 상이한 상대강성식이 제안되어 있다).

$$F = \left(\frac{E_g}{E_l}\right)\left(\frac{R}{t}\right)^3 \left[\frac{2(1-\nu_l^2)}{(1+\nu_g)}\right] \tag{4.28}$$

$$C = \left(\frac{E_g}{E_l}\right)\left(\frac{R}{t}\right)\left[\frac{(1-\nu_l^2)}{(1+\nu_g)(1-2\nu_g)}\right] \tag{4.29}$$

여기서 첨자 g는 지반(ground), l은 라이닝(lining)을 나타낸다. E, ν는 각각 탄성계수와 포아슨 비이며, R, t는 각각 터널 반경, 그리고 라이닝 두께(사각형 단면)이다. F, C 값의 증가는 지반강성의 증가를 의미한다. **암 지반으로 갈수록 F, C 값이 크다.**

F와 C 값을 달리하여 탄성론에 의한 파라미터 스터디를 수행한 결과를 그림 4.146에 보였다. 라이닝과 지반 사이에 상대변위(slip)가 있는 경우(full slip)와 완전히 결합된 경우(no slip)를 모두 고려하였다. 강성의 차가 적어질수록(지반강성이 증가할수록) 라이닝 모멘트는 감소하여 라이닝의 구조적 부담이 줄어든다(그림 4.146 a). 라이닝과 지반 간 미끄러짐이 일어나는 경우 모멘트는 약간 더 커지지만 무시할 만하다. 한편, 압축강성비가 증가할수록 축력도 감소한다. 라이닝과 지반 사이에 미끄러짐을 허용하는 경우 결합의 경우 보다, 축력에 대한 구조적 부담이 작게 나타난다(그림 4.146 b). 이 결과로부터 **암지반 내 라이닝은 흙 지반 내 라이닝보다 훨씬 적은 구조적 부담을 받게 됨을 알 수 있다.** 다시 말해 지반의 역학적 지지능력이 커질수록 구조물의 지지 부담은 작아진다.

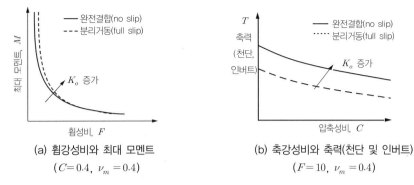

(a) 휨강성비와 최대 모멘트
$(C = 0.4,\ \nu_m = 0.4)$

(b) 축강성비와 축력(천단 및 인버트)
$(F = 10,\ \nu_m = 0.4)$

그림 4.146 상대강성에 따른 라이닝 거동특성(after Ranken, Ghaboussi and Hendron, 1978)

실제 라이닝은 초기응력 조건, 터널형상, 굴착방법, 지보재의 특성, 지반재료의 비선형거동 등 다양한 영향요인에 지배된다.

NB : 지반–구조물 상호작용의 고찰로부터 지반과 구조물 간의 상대강성을 적절히 이용할 때 최적설계가 가능함을 알 수 있다. 이에 대한 대표적인 예는 터널공법인 NATM 원리에서 찾아볼 수 있다. NATM은 지반 자체의 지지능력을 최대한 활용하여 터널 지보 시스템의 부담을 줄인다는 개념으로 출발하였다.

4.9 지반 내 흐름거동과 구조-수리 상호작용

4.9.1 지하수의 흐름거동

지하수는 수두가 높은 곳에서 낮은 곳으로 흐른다. 지하수의 이동은 지반거동에 영향을 미친다. 지하수는 흙의 간극이나 암반의 균열 내에 연속적으로 존재하고 있으며 매우 느린 속도로 이동한다. 지하수는 강우나 지표수의 침투에 의해 함양(filling)된다(채워진다). 함양된 지하수는 중력에 의해 저고도의 지표나 해양으로 유출된다.

그림 4.147은 구속 및 비구속흐름에 의한 유출, 그리고 해수(salt water)와 담수(fresh water)의 경계상태를 보인 것이다. 해안지역의 경우 해수가 담수(지하수) 아래 상당부분 침투해 있을 수 있다. 이런 지역에 우물이 있을 경우 초기에는 담수가 나오지만 시간이 지나면서 해수가 올라올 수 있다. 지층에 불투수층이 위치하는 경우 담수와 해수의 경계는 지표와 유사하게 나타난다.

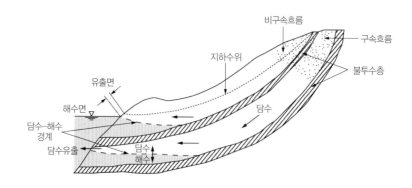

그림 4.147 해수-담수 경계에서 자연지하수의 흐름 예

건설공사와 지하수 이동

지하수위 아래의 건설공사는 평형상태에 있는 지하수 영역의 경계조건을 변화시키고 수두차를 야기하여 흐름을 발생시킨다. 그림 4.148은 지반공사와 관련한 지하수의 이동과 작용의 예를 보인 것이다. 건설공사는 지하수 흐름에 영향을 미치고, 지하수 흐름의 변화는 수압, 유속, 그리고 배수조건을 변화시켜 지반의 강도특성과 거동에 영향을 미친다.

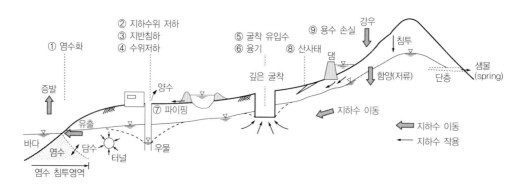

그림 4.148 건설공사와 지하수로 인한 지반문제

지반을 굴착하면 **굴착면의 경계수압은 '0'**이며 자유유입(free drainage)이 일어난다. 또 흐름이 있는 지중에 그라우팅을 실시하여 투수계수를 낮추면 유입량을 제어할 수 있다. 투수성이 낮아진 영역에서는 흐름제약에 상응하는 만큼의 침투력(수압)이 증가한다.

지하수의 흐름유형

지하수는 수두(에너지 포텐셜) 차에 의해 이동한다. 수두는 위치(elevation), 압력(pressure), 속도(velocity), 모관(capillary pressure) 에너지로 구성된다. 지하수면 아래에서 모관수두는 제로이다. 지하수나 보유수의 이동속도는 매우 느리므로 특별한 경우가 아니면 층류로 가정할 수 있다. 미시적 관점에서 흙 지반의 간극을 흐르는 지하수의 흐름은 매우 불규칙한 곡선흐름이다. 암 지반의 흐름은 대부분 절리와 단층 등 불연속면을 통해 일어난다. 절리의 투수계수는 절리의 방향(spatial orientation), 간격(spacing), 틈새(aperture), 조도(roughness), 흐름의 특성(층류, 난류)에 영향을 받는다. 암반의 균열(fissure)에 존재하는 지하수는 열수(裂水, fissure water)라고도 한다. 미시적 관점의 중간 곡선경로에도 불구하고 거시적인 지하수의 흐름은 수두 차의 특정 경사방향으로 일어난다.

층류 vs 난류. 유선이 흐트러지거나 섞이지 않는 선형흐름을 층류(lamina flow)라 하며, 유선이 섞이며 에너지 손실이 심하게 발생하는 흐름을 난류(turbulent flow)라 한다. 일반적으로 지반 내 흐름은 층류에 속하며, 왕자갈과 같이 투수성이 매우 큰 상황에서만 난류가 발생할 수 있다.

층류와 난류의 구분은 그림 4.149와 같이 레이놀즈 수(Reynolds Number)로 판정할 수 있다. 층류($R_e < 1 \sim 10$)에서는 유속이 동수경사에 선형 비례한다($i \propto v$). 난류의 경우 동수경사와 유속은 대체로 2차 포물선 관계를 나타낸다.

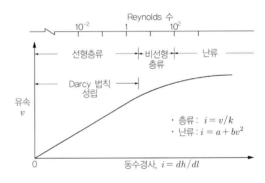

그림 4.149 층류와 난류의 구분

정상류 vs 부정류. 흐름 양상(유속, 수압 등)이 시간에 따라 변하지 않는 흐름을 정상류(steady state flow)라 하며, 시간에 따라 변화하는 흐름을 부정류(transient flow)라 한다. 그림 4.150에 집수우물의 예를 통해 두 흐름 양상을 비교한 것이다. 외부의 지하수 공급이 충분한 경우에만 유량이 일정한 정상류흐름이 유지될 수 있다. 압밀현상은 대표적인 부정류흐름의 예이다.

구속 흐름 vs 비구속 흐름. 흐름의 경계조건 및 경로가 일정하게 유지되지 않는 흐름을 비구속흐름(unconfined flow)이라 하며, 대기에 접하는 자유수면의 흐름이 이에 해당된다. 그림 4.150 (a)와 같이 유입량이 한정되는 부정류 조건, 즉 자유수면 문제는 비구속흐름이다. 주변의 유입이 충분하여 흐름의 경계조건 및 경로가 일정하게 유지되는 흐름을 구속흐름(confined flow)이라 한다(그림 4.150 b). 구속흐름은 정상류흐름에 해당하며, 비구속 흐름은 정상상태(steady state)에 도달할 때까지 부정류에 해당한다.

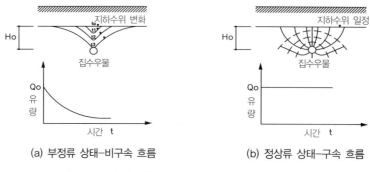

(a) 부정류 상태-비구속 흐름

(b) 정상류 상태-구속 흐름

그림 4.150 터널 굴착과 관련한 정상류와 부정류 예(Q_o : 유입량)

불포화 지반의 흐름

불포화 영역에서 모관수와 흡착수를 엄밀히 구별하기는 어렵다. 보유수의 이동은 모관수두의 구배와 불포화 투수계수 등에 의해서 결정된다. 불포화 영역에서는 흡입력(suction)의 차에 의해 지하수 이동이 일어나는데, 같은 종류의 흙이라도 함수비가 높은 쪽에서 낮은 쪽으로, 같은 함수비라도 조립토에서 세립토로 지하수가 이동한다. **흡입력은 불포화토의 강도에 영향을 미치며**, 강우와 관련한 지반붕괴 문제를 다루는 데 있어서 매우 중요한 요소이다.

불포화토의 압력수두, 즉 흡입수두(suction head)를 ψ라 하면 포화 영역은 $\psi > 0$, 수위에서는 $\psi = 0$, 불포화 영역에서는 $\psi < 0$이다. $\psi < 0$는 간극수가 표면장력에 의해 부압상태에 있음을 의미한다. 총 수두는 위치 수두 z를 포함하여, $h = \psi + z$이다. 그림 4.151에서 불포화 영역에서 지표 근처의 수두가 더 높으므로 하향흐름이 일어난다.

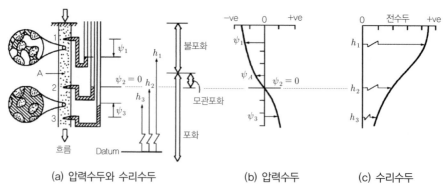

(a) 압력수두와 수리수두

(b) 압력수두

(c) 수리수두

그림 4.151 불포화 영역의 수두와 흐름

4.9.2 지반의 투수계수

지하수 흐름은 지반에 침투력을 유발한다, **침투력은 흐름이 입자의 표면에 작용하여 마찰로 인해 발생하는 견인전단력(shear drag force)이다.** 흐름거동의 지배요인은 외부영향에 의해 야기된 수두, 즉 동수경사와 간극의 크기로 결정되는 투수성이다(e.g. $v = ki$).

투수성은 단위 시간당 흐름거리인 투수계수로 나타낸다. 투수성은 십의 몇 승 단위로 변화하며(e.g. $1 \sim 10^{-12}$cm/s, 약 13자리), 변화의 정도가 가장 큰 지반물성이다. 따라서 **투수계수가 정확하지 않으면 수리관련 시설의 용량예측, 또는 수압 크기의 예측과 같은 지반 수리거동의 예측(예로 댐의 유량손실, 유입량 등)시 몇 배~몇 백 배까지 큰 오차를 야기할 수 있다.**

포화지반의 투수계수

포화 원지반의 경우 투수계수, k는 지반의 간극비, e의 함수로 표현할 수 있다(e.g. $k = f(e)$). 일반적으로 토립자가 작을수록 간극의 크기도 작아져 투수성이 낮아진다. 실트와 모래에서는 입자가 거의 등방치수이고 조직의 모서리가 서로 맞닿아 있어 투수성과 입자크기는 뚜렷한 상관관계를 보인다. 투수계수(k)와 간극비(e)에 대한 실험적 상관관계는 대략 $k \propto e^{2 \sim 3}$이며, 그림 4.152에 이 를 보였다.

$$k \propto \frac{e^3}{1+e}, \ k \propto \frac{e^2}{1+e} \ \text{또는는} \ k \propto e^2$$

실험데이터에 따르면, 투수계수(k)와 간극비(e)의 관계는 일반적으로 다음과 같이 나타낼 수 있다.

$$\ln k = a + be \tag{4.30}$$

여기서 a, b는 상수이다.

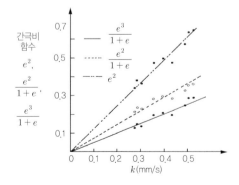

그림 4.152 투수계수와 간극비 함수

Taylor(1948)는 다공질 매체를 통과하는 흐름이 모세관의 집합체를 통과하는 흐름과 유사하다는 가정에 근거하여, 투수계수에 영향을 미치는 여러 요소를 포함하는 다음의 식을 제안하였다.

$$k = D_s^2 \cdot \frac{\gamma_w}{\mu} \cdot \frac{e^3}{1+e} \cdot C \tag{4.31}$$

여기서, C는 형상계수, D_s는 유효입경, e는 간극비, γ_w는 유체의 단위 중량, μ는 유체의 점성이다. 이와 유사한 식으로, Kozeny(1927)가 제안하고 Carman(1956)이 수정한 Kozeny-Carman 식이 있다.

$$k = \frac{1}{k_o \cdot S_s^2} \cdot \frac{\gamma_w}{\mu} \cdot \frac{e^3}{1+e} \tag{4.32}$$

여기서 k_o는 간극의 형상 및 토층 두께에 관련된 계수, S_s는 입경 D_s인 입자의 비표면적이다. 위의 두 식을 비교하면 Taylor식은 Kozeny-Carman식의 단순한 형태로 볼 수 있다. 두 식에서 지반의 흐름거동을 지배하는 투수계수에 영향을 미치는 요소는 흙 입자의 크기, 간극비, 물의 단위 중량, 물의 점성, 포화도, 흙의 구조, 물의 온도 등임을 알 수 있다. 영향요인이 다양하다는 것은 투수계수의 변화 정도가 매우 클 여지가 있음을 의미한다.

투수계수의 이방성. 퇴적지층의 경우 퇴적층별 지반재료의 상이, 자중에 의한 다짐 등으로 인해 수평 투수계수(k_h)가 수직 투수계수(k_v)보다 큰 직교 이방성을 나타낸다. **일반적으로 자연상태의 불교란 시료는 수직투수계수보다 수평투수계수가 5~20배 정도 크다.**

투수계수의 이방성은 인위적으로 조성된 지반에서도 나타난다. 일례로 다짐 지반에서는 다짐영향 때문에 수직 투수성이 수평 투수성보다 작다. 그림 4.153은 실험실에서 제작한 혼합토의 이방성($k_h/k_v \neq 1$)을 예시한 것이다. 점토성분이 증가할수록 투수성은 등방에 가까워짐을 보였다.

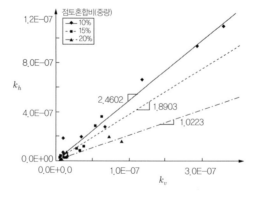

그림 4.153 혼합토의 투수계수 이방성($k : mm/\sec$)

투수계수의 비선형성

지반재료는 변형과정에서 간극비가 변화하므로 투수계수도 이에 상응하여 변화할 것이다. 즉, 응력-변형률 거동이 비선형이면 투수계수도 비선형성을 나타낼 것으로 예상할 수 있다. 그림 4.154는 점토와 실트를 섞은 혼합토에 대하여 응력에 따른 투수성의 변화를 보인 것이다. **투수성은 체적변형률(ϵ_v, 또는 간극비)의 함수**일 것이나, 변형률을 직접 계산하기 어려운 경우가 많으므로 변형률 대신 평균(유효)응력(p')의 함수로 나타내는 것이 좀 더 편리하다. 응력이 증가할수록 투수성이 현저히 감소하는 비선형성을 확인할 수 있다. 점토성분이 증가할수록, 비선형 특성이 감소함을 보였다.

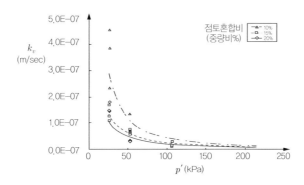

그림 4.154 혼합토의 점토혼합비(10, 15, 20%)에 따른 투수계수의 비선형성

불포화 지반의 투수계수

불포화토의 투수성은 포화도에 따라 변화한다. 일반적인 불포화토의 투수성은 포화도-흡입력-투수계수 관계로 고찰할 수 있다. 불포화토는 그림 4.155 (a)와 같이 포화도가 감소할수록 흡입력이 증가한다. 모래의 경우 간극이 크므로 흡입력이 점토 지반재료보다 작다. 흡입력의 증가는 그림 4.155 (b)와 같이 투수성이 낮음을 의미한다. 즉, 높은 흡입력이 유지되는 이유는 투수성이 낮기 때문이다.

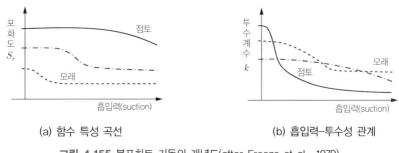

(a) 함수 특성 곡선   (b) 흡입력-투수성 관계

그림 4.155 불포화토 거동의 개념도(after Freeze et al., 1979)

포화도와 포화투수계수를 이용한 불포화토의 투수계수(k_u)의 대표적인 경험식은 다음과 같다.

$$k_u = S_r^\beta k_s \tag{4.33}$$

여기서 k_u, k_s 는 각각 불포화, 포화 투수계수, S_r : 포화도, β : 상수(3~4)이다.

암반의 투수계수

암반의 투수성은 3장 3.6절에서 살펴본 바와 같이 암석과 절리의 차이가 매우 크다. 절리의 방향성과 충진물이 투수성에 영향을 미친다. 따라서 암반투수성은 이론적 추정이 용이하지 않고, 현장시험을 이용하여 조사하여야 신뢰할 만하다.

절리암반의 등가 투수계수

암반 절리의 개별 투수성에 대한 모델링은 용이하지 않다. 따라서 절리 암반을 등가의 다공성 연속체로 모델링하는 것이 하나의 방법이다. 그림 4.156 (a)와 같이 절리의 틈새가 h, 동수경사가 i, 유체점성이 μ인 경우 절리 내 평균 유속(v_a)은 평판 내 점성흐름 이론에 의해 다음과 같이 유도된다.

$$v_a = \frac{h^2 \rho g}{12\mu} i$$

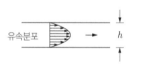

(a) 절리 내 흐름   (b) 평형절리 시스템 내 흐름

그림 4.156 암반 절리 내 흐름

그림 4.156 (b)와 같이 절리 간격이 b이고, 암석의 투수계수가 k_b인 평행 절리계에서 단위 폭당 비배출량은 앞의 점성흐름 공식을 이용하면 다음과 같다.

$$Q = \sum b k_b i + \sum h v = \sum b k_b i + \sum \frac{h^3 \rho g}{12\mu} i = \sum (b k_b + \frac{h^3 \rho g}{12\mu}) i$$

절리와 암석의 연속체로서 등가 투수계수가 k_{eq} 라면 $Q = \sum b k_{eq} i$이다. 앞의 두 식의 유량은 같으므로

$$k_{eq} = k_b + \frac{h^3 \rho g}{12 b \mu} \tag{4.34}$$

투수계수가 절리 틈새의 3승으로 나타나는 것은 간극의 3승 개념과도 유사하다. 위 투수계수 식을 3승식(cubical law)이라 한다. 위 식을 통해 절리 암반 투수성을 지배하는 영향인자를 파악할 수 있다.

암반의 절리가 분명하게 정의되는 경우, 흐름을 절리 네트워크 흐름(관망해석 개념)으로 고려할 수 있다. 암반의 투수성은 조합절리(joint set)의 투수성에 지배된다. 절리의 투수계수는 절리의 방향(spatial orientation), 간격(spacing), 틈새(aperture), 조도(roughness), 흐름의 종류(층류, 난류)에 영향을 받는다. 암반의 균열(fissure)에 존재하는 지하수는 열수(裂水, fissure water)라고도 한다. 그림 4.157 절리의 빈도가 암반투수성에 미치는 영향을 조사한 것이다. **절리틈새 크기의 로그 값과 투수계수 로그 값이 비례관계**에 있다.

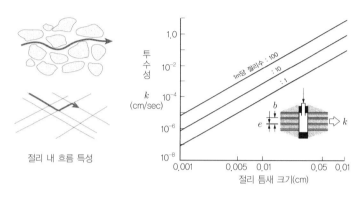

그림 4.157 절리 내 흐름 특성

4.9.3 지반-구조물의 구조-수리 상호작용

지반-구조물의 복합체인 경우 상대강성(relative stiffness)이 변형거동을 지배하듯, **흐름문제에서는 구조물과 지반의 상대투수성(relative permeability)이 흐름거동을 지배한다.** 지반변형문제에서 구조물-지반 상호작용은 두 재료의 '강성의 차이'에서 비롯되듯, 흐름문제의 지반(지하수)-구조물 상호작용은 두 재료의 '투수성의 차이'에서 발생한다. 역학(변형)문제의 거동변수가 '힘과 변형'이라면, 흐름문제의 거동변수는 '유량과 수압'이다.

흐름경로에 구조물이 존재하는 경우 흐름 거동은 수리경계조건의 변화와 지반과 구조물의 상대투수성(relative permeability)에 영향을 받는다. 지하수의 침투가 불가능한 구조물은 침투가 안 되는 대신 정수압이 작용할 것이다. 구조물의 낮은 투수성 때문에 흐름이 원활하지 않으면 흐름저항이 발생하고 통과유량이 감소한다. 대신 그에 상응하는 규모의 침투압이 유선을 따라 작용할 것이다. 이 흐름거동을 지배하는 요소는 상대투수성이다. 따라서 투수성 구조재료를 지반재료와 함께 모델링하는 경우 지반-구조물의 구조-수리적 상호거동이 적절히 고려되어야 한다.

지하수 흐름은 수두 차, 즉 동수경사에 의해 야기되므로 만일 **어떤 재료가 흐름을 방해하는 경우 그 재료 전후에 발생하는 수두차가 수압으로 작용하게 된다.** 작용수압의 크기는 흐름의 방해 정도에 비례한다. 지반, 지하수, 구조물은 침투력, 수두 등으로 인한 상호영향 관계에 있으며, 이때의 상호작용을 **구조-**

수리 상호작용(mechanical and hydraulic interaction)이라 한다.

그림 4.158과 같이 흐름이 '지반(k_s) → 구조물(k_l)'로 일어나는 경우, $k_s > k_l$이면 구조물에서 흐름저항이 발생한다. **흐름저항이란 흐름 에너지가 매질의 침투압으로 전환되는 것**으로 이는 구조물에 작용하는 수압이 된다. 작용수압의 크기는 상대투수성에(구조공학의 상대강성에 대응하는 표현) 따라 달라진다. 만일 완전차단(불투수성, $k_s \gg k_l$)조건이면 정수압이 작용하게 될 것이며, 완전배수(투수성, $k_s \ll k_l$)조건이면 수두는 영('0')에 가까울 것이다. 부분 투수성인 경우 이 두 극단적인 수리경계조건의 중간에 위치할 것이다.

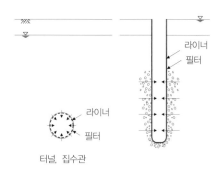

(a) 터널 / 집수관로   (b) 하상여과 시스템

그림 4.158 구조-수리 상호작용이 일어날 수 있는 지하수-구조물 시스템의 예

NB : 구조−수리 상호작용은 재미있는 시사점을 준다. 지하수위 아래 위치하는 어떤 지중구조물에 열화가 일어나 누수가 크게 증가하였다고 가정하자. 이 경우 일반 시민들은 구조물 붕괴의 위험이 있다고 느낄지 모른다. 하지만, 앞에서 살펴본 구조−수리 상호작용 원리에 기초하면 유입량의 증가는 오히려 구조물에 작용하는 수압의 크기를 감소시켜 구조물의 응력부담은 감소시킨다. 즉, 구조물의 과대누수 문제는 당장은 침수나 주변지반 세굴에 따른 피해나 사용성을 저해하는 문제이지, 수압이 작용하여 급격한 구조물 붕괴를 야기하는 문제는 아니다. 하지만, 사용성문제의 심화 또는 장기화는 안정문제로 이어질수 있다.

터널의 구조−수리 상호작용 예

지반-지하수 상호작용은 지하수위 아래 건설되는 모든 구조물에서 일어날 수 있다. 대표적인 지하수위 아래 지중구조물인 터널의 거동을 통해 구조-수리 상호작용을 구체적으로 살펴볼 수 있다. 그림 4.159는 터널의 경우 라이닝의 유무에 따라 터널주변의 수압변화를 보인 것이다.

라이닝이 없는 경우 자유배수가 일어나 수두가 발생하지 않지만, 지반보다 투수성이 작은 라이닝 재료가 설치되는 경우 흐름저항이 발생하여 유입량이 줄어든다. 줄어든 유입량에 상응하는 만큼 라이닝에 수압이 걸리게 된다.

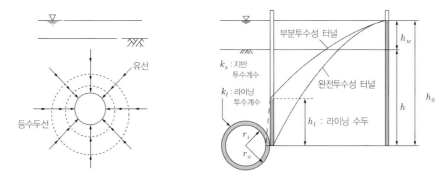

그림 4.159 지중 구조물의 수리경계조건과 작용수두

완전배수를 허용하면 그림 4.160 (a)와 같이 터널축 수평면에서 수직 침투력이 지반 내 분포할 것이다. 침투력은 터널 주변지반에 터널반경 및 접선방향으로 작용한다. 만일 침투력이 충분히 커서 지반에 변형이 일어난다면 이로 인한 2차 영향이 터널라이닝에 전달될 것이다. 부분투수성을 갖는 라이닝이 설치되는 경우 그림 4.160 (b)와 같이 침투압의 일부는 지반에 작용하나 나머지는 흐름저항에 상응하는 만큼 라이닝 수압(여기 보인 것은 침투력에 의한 접선방향 침투응력 σ_θ')으로 작용하게 될 것이다.

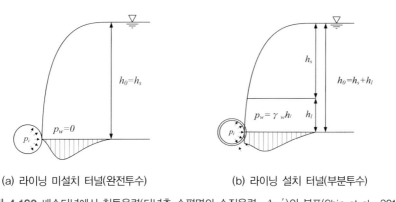

(a) 라이닝 미설치 터널(완전투수) (b) 라이닝 설치 터널(부분투수)

그림 4.160 배수터널에서 침투응력(터널측 수평면의 수직응력, $\Delta\sigma_\theta'$)의 분포(Shin et al., 2010)

지반-지하수-구조물 간 구조 및 수리 상호작용을 좀 더 일반화하기 위해서는 매질 간의 투수성, 즉 상대투수성 관점으로 상호작용을 살펴보는 것이 바람직하다.

그림 4.161은 터널에 대하여 **지반과 라이닝(배수재) 간 상대투수성에 따른 잔류수압의 크기**를 조사한 것이다. 구조물과 지반의 상대투수성이 '0'에 접근하는 경우 방수상태로서 유입량은 거의 없으나 수압이 정수압(p_o)에 접근한다. 반면 상대투수성(k_l/k_s)이 '1'에 접근하는 경우 수압은 무시할 정도로 작아지며, 유량은 자유 유입량(Q_o)에 도달한다. 그림 4.161을 이용하면 지반과 라이닝의 상대투수성이 1/10인 경우 정수압의 약 30%에 해당하는 수압이 터널 라이닝에 작용함을 알 수 있다.

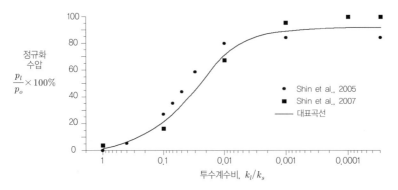

$$(k_l : \text{라이닝 투수계수}, \ k_s : \text{지반투수계수}, \ p_o : \text{정수압}, \ p_l : \text{라이닝 작용수압})$$

그림 4.161 상대투수성에 따른 잔류수압 특성곡선(Shin et al, 2009)

수리-구조 상호작용의 특징은 상대투수성이 고정되어 있지 않고, 시간에 따라 변화한다는 것이다. 이를 장기적 수리적 열화(long-term hydraulic deterioration)라 한다. 터널의 배수 시스템은 시간이 경과하며 열화하는 특성 때문에 완전방수도, 자유배수도 지속성을 담보할 수 없다. 방수터널은 누수가 일어날 수 있고, 배수터널은 지하수의 유입이 제약되면서 수압이 걸릴 수 있다. 방수터널에 누수가 일어난다든가, 배수터널의 유로가 막혀 흐름저항이 일어나는 경우가 그 예이다.

구조-수리상호작용(structural(or mechanical) and hydraulic interaction)관점으로 파악되어야 할 문제이다. 일례로 터널의 경우는 그림 4.162와 같이 적어도 3개 이상 재료의 장기적 열화특성과 관계됨을 알 수 있다.

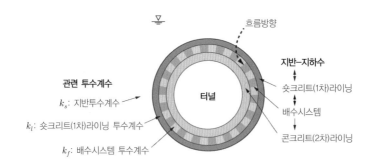

그림 4.162 터널의 구조-수리 상호작용 요소 (Shin et al., 2009)

2중 구조 라이닝 터널의 구조-수리 상호작용

터널은 대부분 지하수위 아래 설치된다. 배수형 터널(특히 NATM)을 통해 구조-수리 상호작용을 고찰할 수 있다. 그림 4.162 (a)는 배수형 터널의 라이닝 시스템을 보인 것이다. 유입흐름은 '지반→1차 라이닝→배수재→배수공'으로 형성된다. 투수계수가 큰 매질에서 작은 매질로 흐름이 일어날 때 흐름제약에 따른 수압(침투압)이 작용한다는 사실을 생각하면 재료 간 상대투수성과 수리 경계조건에 따라 다양한 경우의 수압작용 형태가 발생할 수 있다. 부직포(geotextile)와 방수막으로 구성된 배수층은 오랜 시간이 경과하면 열화(deterioration), 즉 막힘(clogging, blocking, blinding)현상이 일어날 가능성이 있다. 배수재의 막힘 현상은 흐름이 제로, 즉, 배수재 투수계수 $k_f{\to}0$이 되는 경우이다. 따라서 3 매질 간 발생 가능한 상대투수성에 대한 경우의 수는 그림 4.162 (b)와 같이 4가지가 발생할 수 있다. 흐름방향으로 투수성이 커지는 경우, 즉 $k_s < k_l < k_f$에는 잔류수압이 어디에도 발생하지 않는다. 하지만 흐름방향으로 투수계수가 작아지는 경우로서 $k_s > k_l > k_f$이면 1차 라이닝 및 복공 라이닝에 잔류수압이 걸리고, $k_s > k_l < k_f$이면 1차 라이닝에, $k_s < k_l > k_f$이면 2차 라이닝에 잔류수압이 걸리게 된다.

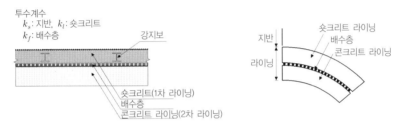

(a) 이중 구조 터널 라이닝과 배수 시스템

지반-라이닝-배수 시스템 투수계수 상관관계		라이닝 작용 수압	
		1차 라이닝	2차 라이닝
$k_s > k_l$	$k_l > k_f$	○	○
	$k_l < k_f$	○	×
$k_s < k_l$	$k_l > k_f$	×	○
	$k_l < k_f$	×	×

주) ○: 수압작용; ×: 수압작용 없음($\simeq 0$)

(b) 잔류수압 작용특성

그림 4.163 터널의 구조-수리 상호작용(Shin et al., 2009)

이 경우 숏크리트 라이닝에 작용하는 수압은 이론적으로 침투압(seepage pressure)의 합에 해당한다. 반면, 콘크리트 라이닝에 작용하는 수압은 잔류수압이라 하며, 이 수압(잔류수압)은 방수막을 통해 콘크리트 라이닝에 하중으로 작용하므로 라이닝 구조설계 시 고려되어야 한다.

Chapter 05

지반거동의 모델링

지반거동의 모델링

모델링(modelling)이란 '물리적 거동의 수학적 표현'이다. 일단, 수학적 모델링이 완성되면 이를 이용한 무한 반복적 거동모사가 가능해진다. 하지만, 지반의 실제거동은 비선형성, 이방성, 체적팽창, 탄소성, 비배수 비압축 특성을 나타내며, 구속응력, 응력경로, 과거 응력이력 등에도 영향을 받는다. 따라서 **지반거동의 모델링은 지반재료의 거동특성 중 지배적인 거동만을 수학적으로 표현하게 된다.**

Ladd, et al.(1977)은 **"지반재료의 응력-변형거동을 모사하기 위해서는 지반재료의 비선형성 (nonlinearity), 항복거동(yielding), 다일러턴시 변화(variable dilatancy), 내재적 및 응력유도 이방성 (anisotropy), 응력경로 의존성, 주응력회전, 응력이력(stress history)을 설명할 수 있어야 한다"**고 지반거동의 모델링 요구조건을 정의하였다. 지반거동의 수학적 모델을 '지반재료의 구성 모델'이라 한다.

지반구성모델은 주로 수치해석법을 통해 지반거동해석에 구현된다. 현장에서 수치해석의 빈번한 활용성을 감안하면 **지반설계해석에서 구성모델의 중요성은 아무리 강조해도 지나치지 않는다.** 이 장에서 다룰 내용은 다음과 같다.

- 지반 모델링의 기본개념
- 탄성론과 지반 탄성거동의 모델링
- 소성이론과 지반 소성거동의 모델링
- 지반재료의 파괴규준과 완전소성 모델
- 한계상태 모델(critical state model) : Cam-clay 모델, 수정 Cam-clay 모델
- 조합 항복면과 Cap 모델(combined yield surface model and Cap model)
- 다중 항복면 모델(multiple yield surface models)
- 지반의 시간의존성 및 동적 거동의 모델링
- 지반-구조물 상호작용의 모델링
- 투수성 모델과 구조-수리상호작용의 모델링

5.1 지반 모델링의 기본개념

원인(causes)과 결과(results)의 역학적 관계를 수학적으로 표현한 것을 모델이라 한다. 지반의 경우 '원인'은 일반적으로 하중의 변화이며 '결과'는 변형이다. 요소(element)적 관점에서 하중-변위관계는 응력-변형률 관계이며, 이를 반복재현이 가능한 수학적 형태로 표현한 것이 구성모델이다. 지반 구성모델은 원인에 대하여 결과를 예측할 수 있게 해주는 연결도구로서 지반해석의 신뢰성을 지배한다. 그림 5.1은 지반 모델링의 개념을 예시한 것이다.

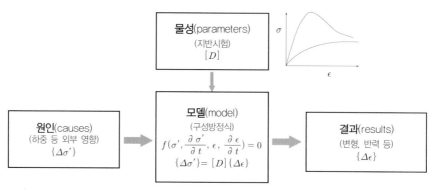

그림 5.1 지반 모델링의 개념

거동의 요소와 모델링

공학재료는 탄성(彈性, elastic), 점성(粘性, viscous), 소성(塑性, plastic) 등의 물리적 성질을 나타낸다. 유동학(rheology)에서는 이러한 성질을 기본단위 요소로 하고, 각 단위성질을 실제거동에 부합하도록 조합하여 재료거동을 모사하는데, 이를 **유동 학적 모델링(rheological modeling)**이라 한다. 유동 모델의 거동요소는 그림 5.2와 같이 탄성거동은 스프링(spring), 소성거동은 슬라이더(slider), 시간 의존성 거동은 감쇠기(dashpot) 심벌을 사용하여 나타낸다.

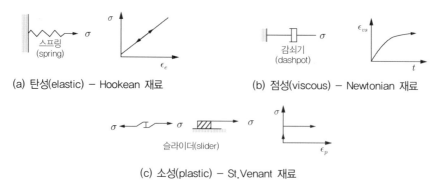

(a) 탄성(elastic) − Hookean 재료   (b) 점성(viscous) − Newtonian 재료

(c) 소성(plastic) − St.Venant 재료

그림 5.2 재료의 기본성질과 유동모델 요소(ϵ_e:탄성변형률, ϵ_p:소성변형률, ϵ_{vs}:점성변형률)

그림 5.2의 단위 거동요소를 지반재료가 가진 속성만큼 조합하면 다양한 특성의 지반거동을 표현할 수 있다. 탄성-점성, 탄성-소성, 그리고 점-탄-소성거동 등의 복합물성을 표현하는 조합 모델을 그림 5.3에 예시하였다. 조합 모델은 기초물성요소들을 직렬 또는 병렬로 연결한 것이다. **직렬조합은 각 거동요소가 순차적으로 반응하며(각 요소의 작용력이 동일), 병렬조합은 각 요소의 거동이 동시에 일어나는 (각 요소의 변형이 동일) 현상을 고려한다.**

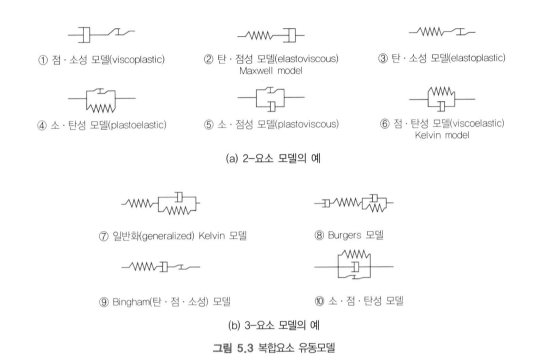

① 점·소성 모델(viscoplastic)

② 탄·점성 모델(elastoviscous)
Maxwell model

③ 탄·소성 모델(elastoplastic)

④ 소·탄성 모델(plastoelastic)

⑤ 소·점성 모델(plastoviscous)

⑥ 점·탄성 모델(viscoelastic)
Kelvin model

(a) 2-요소 모델의 예

⑦ 일반화(generalized) Kelvin 모델

⑧ Burgers 모델

⑨ Bingham(탄·점·소성) 모델

⑩ 소·점·탄성 모델

(b) 3-요소 모델의 예

그림 5.3 복합요소 유동모델

예제 지반거동은 전통적으로 강체소성, 강체탄성, 탄성-완전소성, 탄성-경화소성 등으로 모사해왔다. 지반거동을 그림 5.4와 같은 2-요소로 구성된 Rheology Model로 표현했을 때 이 모델이 의미하는 바를 응력-변형률 관계($\sigma - \epsilon$)로 도시해보자.

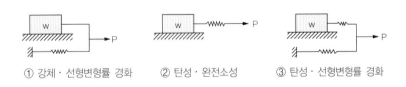

① 강체·선형변형률 경화

② 탄성·완전소성

③ 탄성·선형변형률 경화

그림 5.4 지반거동의 유동모델 요소 표현 예

풀이 응력-변형률관계는 그림 5.5와 같이 나타낼 수 있다.

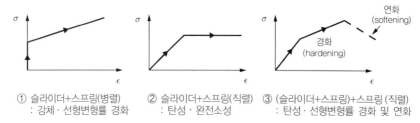

① 슬라이더+스프링(병렬)
 : 강체·선형변형률 경화

② 슬라이더+스프링(직렬)
 : 탄성·완전소성

③ (슬라이더+스프링)+스프링 (직렬)
 : 탄성·선형변형률 경화 및 연화

그림 5.5 유동모델의 응력-변형률관계 표현 예

예제 유동모델(rheological model)을 이용하여 압밀현상을 나타내보자.

풀이 압밀거동을 Rheology 모델로 설명하려는 많은 시도가 있었다. 그림 5.6은 그 대표적인 예를 보인 것이다. Terzaghi는 단순 스프링과 유출구로 구성된 모델을 도입하였다. 압밀현상의 시간의존적 거동을 표현하기 위하여 Taylor와 Tan은 Dashpot 요소를 추가하였다. 압밀현상 모사측면에서 후자의 모델이 압밀현상을 더 잘 나타내는 것 같으나, **실제 압밀현상은 재료거동이 아닌 모델경계의 배수조건에 의해 지배되는 현상**으로 Terzaghi의 모델인 유효응력원리에 의해 완전하게 설명될 수 있다.

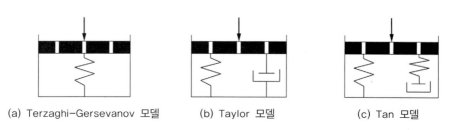

(a) Terzaghi-Gersevanov 모델　　(b) Taylor 모델　　(c) Tan 모델

그림 5.6 유동모델을 이용한 압밀현상의 모델링

실제지반거동과 모델링 요소

앞서 4장에서 고찰한 바와 같이, 실제 지반재료는 체적변화가 발생하고 항복점이 명확히 확인되지 않으며, 배수조건에 따라 거동이 달라지는 특성을 보인다. 그림 5.7은 지반재료의 모델링 시 고려하여야 할 실제 지반의 응력-변형률 거동특성을 나타낸 것이다.

소성구간은 변형률 경화 및 연화거동을 포함한다. 특히 조밀, 과압밀 지반재료는 거동 중 체적팽창이 발생한다. 지반변형의 크기를 지배하는 지반강성(응력-변형률곡선의 기울기)은 변형률에 따라 감소하는 비선형특성을 보인다. 충분한 변형이 진행되면 체적변화 없이 전단이 진행되는 한계상태거동을 나타낸다. 지반의 응력-변형률거동의 수학적 표현을 구성모델(constitutive model), 또는 구성방정식(constitutive equation)이라 하며, 여기 열거한 지반재료의 거동특성들을 표현할 수 있어야 한다. 하지만, 모든 지반이 위에 열거한 특성들을 전부 포함하고 있는 것은 아니므로 지반 종류에 따라 지배적인 특성만을 고려하는 방식으로 모델링하는 것이 일반적이다.

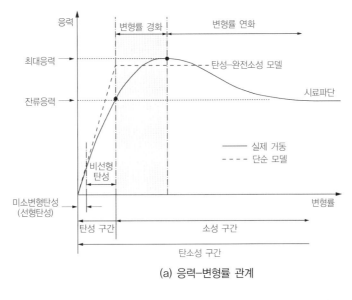

(a) 응력–변형률 관계

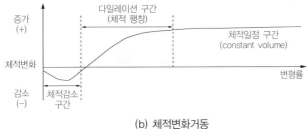

(b) 체적변화거동

그림 5.7 흙 지반재료의 전형적인 응력–변형률 거동 및 체적변화(과압밀, 조밀지반의 예)

그림 5.8은 변형률에 따른 흙 지반 거동의 물리적 의미를 정리한 것이다. 변형률의 물리적 경계는 지반 재료에 따라 차이는 있지만 흙 지반재료의 경우 대체로 전단변형률이 약 10^{-2}% 이내이면 탄성거동을 나타내며, 파괴는 약 2~5%의 전단변형률에서 일어난다. 전단변형률이 약 10^{-1}% 이상이면 소성거동과 함께 재하속도의 영향이 나타난다.

이상의 고찰을 종합하면, **지반재료의 구성모델이 포함하여야 할 핵심 거동요소**는 다음과 같다.

- 응력-변형률거동의 미소변형률 선형탄성 및 비선형성
- 항복(yielding)
- 소성(plastic behavior)
- 체적변화(팽창 및 압축거동)
- 변형률 경화 및 연화(strain hardening and softening)
- 한계상태(체적변화 없이 진행되는 전단변형상태, critical state)

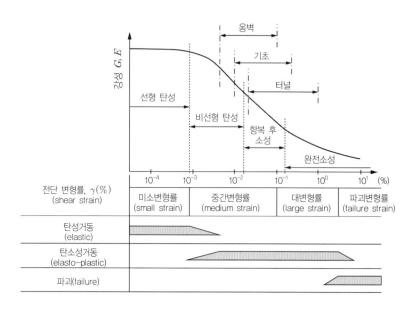

그림 5.8 흙 지반 재료의 변형거동과 물리적 의미 예

지반거동의 모델링은 이 밖에도 지반-구조물 상호작용, 흐름작용, 시간의존성 거동(creep 등), 동하중 영향(반복하중하의 비가역 거동) 등에 따른 특성도 고려해야 한다.

이러한 거동이 모든 지반에서 항상 동일하게 나타나는 것은 아니다. 따라서 어떤 지반의 구성모델은 그 지반의 지배거동을 고려할 수 있으면 충분하다.

실제지반거동은 지반 종류, 배수 및 구속조건에 따라 매우 복잡하고 다양하게 나타나므로 한 개의 만능수식으로 표현하는 것은 거의 불가능하다. 이에 따라 지반 조건이나 특정 거동 유형을 고려하는 여러 형태의 구성모델들이 제안되어 왔다. 지금까지도 새로운 모델에 대한 연구가 계속 진행되고 있고, 기존 모델을 개선하여 예측의 정확도를 높이는 노력도 계속되고 있으므로 **모델 분류기준을 고정하거나 엄격하게 정의하는 것도 의미가 없다.**

일반적으로 **진보된 고급 모델들은 지반의 여러 거동특성을 표현할 수 있는 이점이 있는 반면, 훨씬 더 많은 수의 입력 파라미터를 필요로 한다.** 일부 구성모델의 입력파라미터는 통상적인 지반조사로 얻을 수 없어, 고가의 정교한 시험을 수행해야 하는 경우도 있다.

실무에서는 많은 입력 파라미터를 결정하기 위한 특별한 실내시험을 요구하는 고급 모델과 지배 거동만을 모사하지만, 비교적 쉽게 입력 파라미터를 산정할 수 있는 단순 모델 간 **경제적, 실리적 절충(engineering compromise)이 중요하다.** 단순 모델이라도 대상지반의 지배적 거동을 표현할 수 있다면 **공학적 타당성을 확보할 수 있다.**

5.2 지반재료의 탄성거동과 탄성모델

지반재료는 초기의 제한된 변형률 범위에서만 탄성거동을 보인다. 탄성 모델의 경우 요구되는 물성의 수가 적은 편리함 때문에, 지반재료 거동의 全 영역을 탄성 모델로 유사화려는 시도도 많았다. 하지만 지반거동의 대부분이 소성변형이므로 지반재료의 거동을 탄성구성방정식으로만 표현하는 데는 한계가 있다. 탄성거동은 응력-변형률 곡선의 기울기 특성에 따라 선형(linear), 비선형(nonlinear), 그리고 재료의 성질에 따라 등방성(isotropic), 이방성(anisotropic)으로 구분한다.

5.2.1 탄성거동의 모델링

탄성(elasticity)이라 함은 가해진 하중을 제거했을 때 당초의 위치로 돌아가는 성질을 말한다. 탄성거동 범위에서는 에너지의 소산이 없으며, 따라서 행해진 일의 크기는 '0'이다. 이 경우 가해진 하중의 크기가 응답(response)의 크기에 비례할 경우 이를 선형탄성(linear elastic)이라 하고(그림 5.9 a), 비례하지 않는 경우를 비선형탄성(inelastic)이라 한다(그림 5.9 b). 지반재료의 탄성거동은 금속 등 다른 건설재료와 달리 미소변형률에서 나타나며, **상당한 비선형성(nonlinearity)**을 보인다.

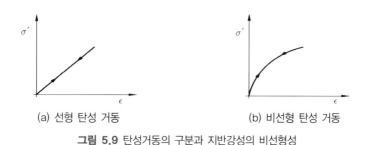

(a) 선형 탄성 거동   (b) 비선형 탄성 거동

그림 5.9 탄성거동의 구분과 지반강성의 비선형성

지반탄성거동의 또 다른 특성은 이방성이다. 퇴적지반의 경우 그림 5.10에 보인 바와 같이 퇴적방향의 강성(E_v)과 이에 수직한 방향(퇴적평면)의 강성(E_h)이 현저하게 다른 **이방성(anisotropy) 탄성거동**을 보인다.

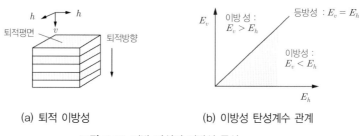

(a) 퇴적 이방성   (b) 이방성 탄성계수 관계

그림 5.10 지반 강성의 이방성 특성

탄성 모델의 시초는 1676년 발표된 하중-변위 비례개념의 Hooke의 법칙이다. Hooke 법칙이 변형률-응력개념으로 이해되기 시작한 것은 1800년대에 Young에 의해서였다. Young은 **일축탄성재료**에 대하여 변형률(ϵ_a)에 대한 응력(σ_a')의 비가 일정함을 발견하였다. 즉, $\sigma_a'/\epsilon_a = $ 일정(constant) . 이 비(ratio)를 탄성계수 또는 Young 계수(Young's modulus)라 정의한다(이 때만해도 지반거동에 중요한 요소인 구속응력에 대한 고려가 없었다. 따라서 이 책에서는 특별한 언급이 없는 경우, 'Young 계수'를 당초의 정의대로 구속을 고려하지 않은, 즉 구속응력이 '0'인 일축압축탄성계수로 본다. 지반재료는 구속응력에 따라 탄성계수가 크게 변하므로 반드시 측정시의 구속응력을 언급해야 의미가 있다).

응력-변형률거동의 표현 범위에 따라 탄성 모델은 응력-변형률 곡선의 全 범위를 하나의 함수로 나타내는 전(全) 구간 탄성 모델(hyper-elastic model)과 응력-변형률 곡선을 구간 직선관계로 정의하는 증분 탄성 모델(hypo-elastic model)로 구분할 수 있다.

- 전(全)구간 탄성 모델(hyper-elastic model) : $\sigma' = f(\epsilon^n)$
- 구간 증분 탄성 모델(hypo-elastic model) : $\Delta\sigma' = f(\Delta\epsilon)$

전 구간 탄성 모델의 경우 누적응력 $\{\sigma'\}$을 변수로 사용하며, 차수(n)가 2 이상인 고차의 변형률 함수를 도입함으로써 비선형 탄성거동을 표현할 수 있다(실제 비선형구간의 대부분은 소성거동이나 이를 비선형탄성으로 가정하는 것이다. 따라서 이러한 모델은 단조(monotonic)하중 모사에만 타당하다).

누적응력으로 표현하는 경우의 탄성상수는 통상 할선 탄성계수를 사용한다. $n=1$이면 등방 선형탄성 모델인 Hooke 법칙과 동일해진다(e.g. $\{\sigma'\} = [D]\{\epsilon\}$). 반면에 증분 탄성구성방정식은 구간 선형개념을 채용하여 비선형 응력-변형률 관계를 근사적으로 모사한다. 증분형 모델은 접선탄성계수를 사용한다. 그림 5.11은 이 절에서 살펴볼 탄성 모델을 예시한 것이다.

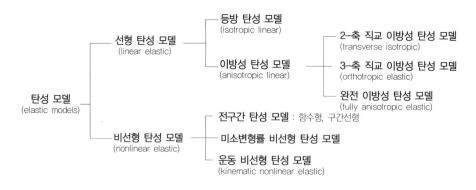

NB : 비선형조건과 이방조건을 결합할 경우 모델이 복잡해지고, 입력 파라미터의 수도 크게 증가하므로 대부분의 비선형탄성 모델은 등방거동을 가정한다.

그림 5.11 탄성모델의 구분

탄성론은 주변형률의 방향과 주응력의 방향이 일치한다고 가정한다. 또한 응력상태는 현재의 변형률 상태에 의존하며($\sigma' = f(\epsilon, \Delta\epsilon)$) 응력경로와 무관하다고 가정한다. 하지만 실제 지반거동은 응력경로에 따라 달라지므로 응력경로와 무관하다는 탄성론의 가정은 오류를 야기할 수 있다.

5.2.2 선형탄성 모델

탄성 응력-변형률 관계는 2.4절에서 간략히 살펴보았다. 이 절에서는 좀더 일반적인 구성방정식 차원에서 탄성 모델을 살펴보고자 한다. 3차원 직교좌표계(x, y, z) 응력공간으로 일반화된 Hooke 법칙 (generalized Hooke's law)은 식 (5.1)과 같이 표현된다. 구성식은 정지된 응력상태가 아닌 응력 또는 변형률의 변화량($\Delta\sigma'$, $\Delta\epsilon$)에 대하여 성립하는 것이 혼동을 피하기 위해 다음과 같이 증분형태로 표현하는 것이 바람직하다.

$$
\begin{Bmatrix} \Delta\sigma_{xx}' \\ \Delta\sigma_{yy}' \\ \Delta\sigma_{zz}' \\ \Delta\sigma_{xy} \\ \Delta\sigma_{yz} \\ \Delta\sigma_{zx} \end{Bmatrix} = \begin{bmatrix} D_{11} & D_{12} & D_{13} & D_{14} & D_{15} & D_{16} \\ D_{21} & D_{22} & D_{23} & D_{24} & D_{25} & D_{26} \\ D_{31} & D_{32} & D_{33} & D_{34} & D_{35} & D_{36} \\ D_{41} & D_{42} & D_{43} & D_{44} & D_{45} & D_{46} \\ D_{51} & D_{52} & D_{53} & D_{54} & D_{55} & D_{56} \\ D_{61} & D_{62} & D_{63} & D_{64} & D_{65} & D_{66} \end{bmatrix} \cdot \begin{Bmatrix} \Delta\epsilon_{xx} \\ \Delta\epsilon_{yy} \\ \Delta\epsilon_{zz} \\ \Delta\epsilon_{xy} \\ \Delta\epsilon_{yz} \\ \Delta\epsilon_{zx} \end{Bmatrix} \tag{5.1}
$$

식 (5.1)은 벡터 형태로 다음과 같이 단순화할 수 있다.

$$
\{\Delta\sigma'\}_{6\times1} = [D]_{6\times6}\{\Delta\epsilon\}_{6\times1}
$$

텐서(tensor) 형식을 이용하면 다음과 같이 표현된다.

$$
\sigma_{ij}' = D_{ijkl}\epsilon_{kl} \ (i,\ j,\ k,\ l = 1, 2, 3)
$$

재료의 구성행렬, $[D]$ 를 구성하는 성분의 물리적 의미를 이해하기 위해 법선(직접)응력과 전단응력의 변화, 그리고 그에 상응하는 변형률 변화량 간의 상호관계를 고찰하면 다음과 같다.

$$
\begin{Bmatrix} \Delta\sigma_{xx}' \\ \Delta\sigma_{yy}' \\ \Delta\sigma_{zz}' \\ \Delta\sigma_{xy} \\ \Delta\sigma_{yz} \\ \Delta\sigma_{zx} \end{Bmatrix} = \begin{bmatrix} \otimes & \odot & \odot & \ominus & \ominus & \ominus \\ & \otimes & \odot & \ominus & \ominus & \ominus \\ & & \otimes & \ominus & \ominus & \ominus \\ & & & \oplus & \odot & \odot \\ & & & & \oplus & \odot \\ & & & & & \oplus \end{bmatrix} \cdot \begin{Bmatrix} \Delta\epsilon_{xx} \\ \Delta\epsilon_{yy} \\ \Delta\epsilon_{zz} \\ \Delta\epsilon_{xy} \\ \Delta\epsilon_{yz} \\ \Delta\epsilon_{zx} \end{Bmatrix} \tag{5.2}
$$

- $\otimes$: 법선응력–법선변형률 간 직접결합(coupled)항 – 체적변화
- $\odot$: 서로 다른 방향 법선응력–법선변형률 간 결합(coupled)항 – 체적변화

- $\ominus$: 법선응력–전단변형률 간 결합(coupled)항 – 체적 및 전단변형의 상호결합 관계
- $\odot$: 서로 다른 방향 전단응력–전단변형률 간 결합(coupled)항 – 형상변화
- $\oplus$: 전단응력–전단변형률 간 직접결합(coupled)항 – 형상변화

선형탄성 모델은 재료의 물성에 따라 등방 모델과 이방성 모델로 구분할 수 있다. 등방 탄성모델은 체적과 전단거동이 독립적으로 일어나 상호영향을 미치지 않으며, 가장 단순한 탄성모델이다. 이 경우 구성방정식의 '$\ominus$' 항은 '0'이 된다.

실제 지반문제는 제2장에서 살펴본 특수한 응력상태, 즉 2차원 평면변형조건, 평면응력조건, 축대칭조건 등 응력이나 변형률이 단순해지는 경우가 많은 데, 이러한 조건에서 등방 탄성선형 구성행렬식은 매우 단순해진다.

등방 선형 탄성모델(isotropic linear elastic model)

등방탄성 모델은 탄성론의 가장 단순한 형태로서 지반거동의 정의를 위해 2.4절에서 개괄적으로 다루었다. 이 모델은 모든 방향으로 물성이 같으며, 응력-변형률 관계가 선형적인 회복 가능한 재료에 대한 탄성 모델이다. 등방성 매질은 재료의 특성이 점(point)대칭이며, 따라서 구성행렬도 대칭이다. 이 경우 단 2개의 독립된 탄성상수(예, E와 ν)만으로 지반의 거동을 완전하게 정의할 수 있다.

등방선형탄성 모델의 구성행렬(constitutive matrix, stiffness matrix)은 $\{\Delta\sigma'\} = [D]\{\Delta\epsilon\}$ 에서

$$[D] = \frac{E}{(1+\nu)(1-2\nu)} \begin{bmatrix} (1-\nu) & \nu & \nu & 0 & 0 & 0 \\ \nu & (1-\nu) & \nu & 0 & 0 & 0 \\ \nu & \nu & (1-\nu) & 0 & 0 & 0 \\ 0 & 0 & 0 & (1-2\nu)/2 & 0 & 0 \\ 0 & 0 & 0 & 0 & (1-2\nu)/2 & 0 \\ 0 & 0 & 0 & 0 & 0 & (1-2\nu)/2 \end{bmatrix} \tag{5.3}$$

이를 휨성행렬(compliance matrix) $\{\epsilon\} = [D]^{-1}\{\sigma'\}$ 형태로 다시 정리하면 다음과 같다.

$$\begin{Bmatrix} \Delta\epsilon_{xx} \\ \Delta\epsilon_{yy} \\ \Delta\epsilon_{zz} \\ \Delta\epsilon_{xy} \\ \Delta\epsilon_{yz} \\ \Delta\epsilon_{zx} \end{Bmatrix} = \begin{bmatrix} 1/E & -\nu/E & -\nu/E & 0 & 0 & 0 \\ -\nu/E & 1/E & -\nu/E & 0 & 0 & 0 \\ -\nu/E & -\nu/E & 1/E & 0 & 0 & 0 \\ 0 & 0 & 0 & 1/2G & 0 & 0 \\ 0 & 0 & 0 & 0 & 1/2G & 0 \\ 0 & 0 & 0 & 0 & 0 & 1/2G \end{bmatrix} \begin{Bmatrix} \Delta\sigma_{xx}' \\ \Delta\sigma_{yy}' \\ \Delta\sigma_{zz}' \\ \Delta\sigma_{xy} \\ \Delta\sigma_{yz} \\ \Delta\sigma_{zx} \end{Bmatrix} \tag{5.4}$$

등방 선형 탄성재료의 거동을 2개의 탄성상수로 정의하는 경우, 지반공학에서는 K, G 값이 선호된다. **평균유효응력이 증가(등방압축)하면 체적탄성계수(K)가 증가하고, 편차응력이 증가(전단파괴)하면 전단탄성계수(G)는 감소하는 지반특성을 적절히 고려할 수 있기 때문이다.** 위 식을 $\Delta\epsilon - \Delta\sigma$ 관계로 쓰면

$$
\begin{Bmatrix} \Delta\sigma_{xx}' \\ \Delta\sigma_{yy}' \\ \Delta\sigma_{zz}' \\ \Delta\tau_{xy} \\ \Delta\tau_{xz} \\ \Delta\tau_{zx} \end{Bmatrix} = \begin{bmatrix} \left(K+\dfrac{4G}{3}\right) & \left(K-\dfrac{2G}{3}\right) & \left(K-\dfrac{2G}{3}\right) & 0 & 0 & 0 \\ \left(K-\dfrac{2G}{3}\right) & \left(K+\dfrac{4G}{3}\right) & \left(K-\dfrac{2G}{3}\right) & 0 & 0 & 0 \\ \left(K-\dfrac{2G}{3}\right) & \left(K-\dfrac{2G}{3}\right) & \left(K+\dfrac{4G}{3}\right) & 0 & 0 & 0 \\ 0 & 0 & 0 & 2G & 0 & 0 \\ 0 & 0 & 0 & 0 & 2G & 0 \\ 0 & 0 & 0 & 0 & 0 & 2G \end{bmatrix} \begin{Bmatrix} \Delta\epsilon_{xx} \\ \Delta\epsilon_{yy} \\ \Delta\epsilon_{zz} \\ \Delta\epsilon_{xy} \\ \Delta\epsilon_{xz} \\ \Delta\epsilon_{zx} \end{Bmatrix} \qquad (5.5)
$$

여기서 체적탄성계수는 $K = \Delta p'/\Delta\epsilon_v$로 정의되며, p'는 평균유효응력(mean effective stress)이다.

$$
K = \frac{E}{3(1-2\nu)} \qquad (5.6)
$$

등방조건에서 K, G를 이용하고, 이에 상응하도록 응력-변형률 파라미터를 취하면, 위 구성식은 다음과 같이 표현된다.

$$
\begin{Bmatrix} \Delta p' \\ \Delta q \end{Bmatrix} = \begin{bmatrix} K & 0 \\ 0 & 3G \end{bmatrix} \begin{Bmatrix} \Delta\epsilon_v \\ \Delta\epsilon_d \end{Bmatrix} \qquad (5.7)
$$

여기서 $p' = (\sigma_1' + \sigma_2' + \sigma_3')/3$이며, $q = \sigma_1' - \sigma_3'$이다. 위 식은 **등방탄성거동을 가정하므로 체적거동과 전단거동이 결합되는 항이 '0'이다.** 즉, 상호 영향을 미치지 않는다. **이러한 가정이 문제의 단순화에 많은 도움이 되지만 실제 지반의 거동과는 다소 차이가 있다.** 직접 또는 단순전단 시험에서도 순수 축차응력의 변화가 체적변화를 야기하는 이방성 거동이 어느 정도 나타난다.

등방선형탄성거동은 단 2개의 탄성상수만 필요하다. 응력과 변형률은 다음과 같이 나타낼 수 있다.

$$
\epsilon_{xx} = [\sigma_{xx}' - \nu(\sigma_{yy}' + \sigma_{zz}')]/E
$$

$$
\sigma_{xx}' = \lambda\epsilon_v + 2G\epsilon_{xx}
$$

$$
\tau_{xy} = G\gamma_{xy}
$$

여기서 $\lambda = \dfrac{\nu E}{(1+\nu)(1-2\nu)}$, $\epsilon_v = \epsilon_{xx} + \epsilon_{yy} + \epsilon_{zz}$, $G = \dfrac{E}{[2(1+\nu)]}$이며, ν, E, G는 실험으로 결정할 수 있다.

λ와 G를 Lamé constants라 한다. 19세기 초 탄성론에 기여가 많았던 프랑스 역학자 Gabriel Lamé 의 이름을 딴 것이다. **λ는 물리적 의미가 내포된 물성은 아니지만 법선응력과 체적변형률의 관계를 표현하는 데 유용**하다.

표 5.1은 등방조건에서 탄성 상수 간 상관관계를 보인 것이다.

표 5.1 등방 선형 탄성조건에서 탄성상수 간 관계

조합	E	ν	G	K	λ
$E,\ \nu$	-	-	$\dfrac{E}{2(1+\nu)}$	$\dfrac{E}{3(1-2\nu)}$	$\dfrac{\nu E}{(1+\nu)(1-2\nu)}$
$E,\ G$	-	$\dfrac{E-2G}{2G}$	-	$\dfrac{G\cdot E}{3(3G-E)}$	$\dfrac{G(2G-E)}{E-3G}$
$E,\ K$	-	$\dfrac{3K-E}{6K}$	$\dfrac{3K\cdot E}{9K-E}$	-	$\dfrac{3K(3K-E)}{9K-E}$
$G,\ \nu$	$2G(1+\nu)$	-	-	$\dfrac{2G(1+\nu)}{3(1-2\nu)}$	$\dfrac{2G\nu}{1-2\nu}$
$G,\ K$	$\dfrac{9K\cdot G}{3K+G}$	$\dfrac{3K-2G}{2(3K+G)}$	-	-	$K-\dfrac{2}{3}G$
$K,\ \nu$	$3K(1-2\nu)$	-	$\dfrac{3K(1-2\nu)}{2(1+\nu)}$	-	$\dfrac{3K\nu}{1+\nu}$

전단탄성계수와 직접탄성계수의 관계(G vs E)

탄성문제에서 흔히 사용하는 $E-G$ 관계를 유도해보자. 그림 5.12 (a)의 순수전단상태에 대한(2차원 응력상태 주응력 식 이용) 주응력을 구해보면 그림 5.12 (b)와 같다. 주응력은 $X-Y$ 축을 45° 회전한 $x-y$ 축에서 ($\theta_p=45$)에서 ① $\sigma_1{'}=\sigma_{xx}{'}=\tau_{XY}$, ② $\sigma_3=\sigma_{yy}=-\tau_{XY}$이다.

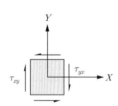

(a) 순수 전단상태   (b) 순수 전단상태의 주응력 축

그림 5.12 순수전단상태의 주응력 면

주응력축 $x-y$에 대한 응력-변형률 관계는 ①과 ②를 고려하면 다음과 같다.

$$\epsilon_{xx}=\dfrac{\sigma_{xx}{'}}{E}-\nu\dfrac{\sigma_{yy}{'}}{E}=\dfrac{\tau_{XY}}{E}(1+\nu) \tag{5.8}$$

순수전단상태에서 $\epsilon_{XX}=\epsilon_{YY}=0$, $\theta=45$

$\epsilon_{xx}=\epsilon_{YY}\cos^2\theta+\epsilon_{XX}\sin^2\theta+\dfrac{\gamma_{XY}}{2}\sin2\theta$ 이므로(2.3절 변형률 축변환), $\epsilon_{xx}=\dfrac{\gamma_{XY}}{2}$, $\gamma_{XY}=\dfrac{\tau_{XY}}{G}$. 따라서

$$\epsilon_{xx}=\dfrac{\tau_{XY}}{2G} \tag{5.9}$$

식 (5.8) = 식 (5.9)이므로 $G=\dfrac{E}{2(1+\nu)}$

NB : 포아슨 비는 하중작용방향의 변형률에 대한 하중방향에 수직한 변형률의 비($\nu = -\epsilon_v / \epsilon_h$)로 정의한다. 여기서 (-)가 도입된 이유는 일반적으로 한 쪽이 압축이면 다른 쪽은 팽창으로 나타나는 현상을 고려하여 ν 값을 양(+)의 값으로 취하기 위함이다. 등방 선형탄성재료에서 포아슨 비의 이론한계는 $-1 \leq \nu \leq 0.5$이다.

예제 지반의 등방선형탄성거동은 2개의 파라미터로 정의 가능하므로 여러 형태의 파라미터 조합을 생각할 수 있다. Young 계수(E)보다 체적탄성계수(K)나 전단탄성계수(G)가 더 선호되는 이유는 무엇일까?

풀이 Young 계수는 통상 횡방향 구속이 없는 경우 축응력과 축변형률 관계곡선의 기울기로 정의한다. 따라서 횡방향 변형이 크지 않거나, 횡방향이 구속되지 않는 강재와 같은 경우의 거동을 정의하는 데 유용하다. 하지만 지반의 경우 등방압축에서도 소성변형이 일어나므로 체적변형을 고려하는 탄성계수가 지반의 실제거동을 더 잘 모사할 수 있다. 전단탄성계수, G는 간극수에 영향을 받지 않으며 측정이 용이하다. 평균유효응력에 따른 K의 변화 그리고 편차응력에 따른 G의 변화를 보다 실질적으로 고려가능하기 때문에 K, G가 2개의 조합 파라미터로서 선호된다.

예제 Young 계수와 구속탄성계수를 비교하고, 압밀시험으로 Young 계수를 구할 수 없는 이유를 알아보자.

풀이 Young 계수(E)는 횡방향 구속이 없는 경우(횡방향응력이 '0'이라는 의미는 아님) 축응력과 축변형률 관계곡선의 기울기로 정의되는 반면, 구속탄성계수는 횡방향 변위를 구속한 일축압축시험의 축응력과 축변형률 관계곡선의 기울기로 정의된다. 탄성거동을 정의하는 데 2개의 상수가 필요하므로 시험에서 적어도 두 개의 관계곡선이 제시되어야 한다. 삼축시험의 경우 $q - \epsilon_1$ 및 $\epsilon_v - \epsilon_1$ 관계가 얻어지므로 다음과 같이 두 개의 탄성상수를 결정할 수 있다(그림 5.13. a).

$$E = \frac{\Delta q}{\Delta \epsilon_1}, \quad \nu = -\frac{\epsilon_3}{\epsilon_1} = \frac{1}{2}\left(1 - \frac{\epsilon_v}{\epsilon_1}\right), \quad q = \sigma_3' - \sigma_1', \quad \epsilon_v = \epsilon_1 + 2\epsilon_3$$

하지만, 압밀시험은 단지 $\sigma_1' - \epsilon_1$ 관계 하나만 얻어지므로 단 한 개의 파라미터만 결정할 수 있다(그림 5.13 b). 적어도 ν를 알아야 M으로부터 E를 구할 수 있다.

$$M = \frac{\Delta \sigma_1'}{\Delta \epsilon_1}, \quad M = \frac{E(1-\nu)}{(1+\nu)(1-2\nu)}$$

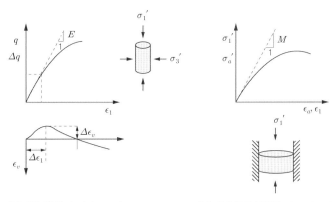

(a) 3축시험(triaxial tests) (b) 구속압축시험(Oedometer tests)

그림 5.13 시험결과를 이용한 탄성파라미터의 산정

이방성 탄성 모델

만일 재료가 완전 이방성(full anisotropic) 특성을 갖는 다면, 구성행렬 $[D]_{6 \times 6}$ 은 모두 '0'이 아닌 값이 되어 36개의 독립상수로 정의되어야 한다. 이방성 재료의 거동은 전단변형과 체적변형이 결합관계(상호 영향 관계, coupling)에 있다. 그러나 Love(1927)의 열역학 변형 에너지 이론에 따르면 구성행렬은 대칭이므로, 실제로는 21개의 독립상수로 구성행렬을 정의할 수 있다. 하지만 21개 재료상수 또한 너무 많아 공학적으로 수용하기 어렵다.

실제지반은 완전 이방성인 경우보다는 3-방향, 또는 2-방향의 이방성을 나타내는 경우가 많다. 이방성의 정도가 늘어날수록 요구되는 파라미터의 수는 배 이상으로 증가한다. 표 5.2는 암반절리를 이용하여 이방성재료를 예시한 것이다. 이방성 재료의 탄성거동을 정의하는 데는 완전 등방인 경우 2개의 탄성상수, 2축-이방성인 경우 5, 3축-이방성인 경우 9, 그리고 완전이방성재료인 경우 21개의 탄성상수가 필요하다.

표 5.2 이방성의 고려에 따른 탄성 파라미터의 수

구분	지반형상의 예	요구 물성
완전등방성 (perfectly isotropic)		물성이 모든 방향에 대하여 동일. 완전등방 물체의 탄성거동은 단 2개의 탄성상수로 정의 가능(e.g. 탄성계수, 포아슨 비)
2축 직교이방성 (transversely isotropic)		물성이 두 방향(e.g. 수직, 수평)으로만 다른 경우. 물체의 탄성거동을 정의하기 위해 5개의 파라미터 필요(e.g. 2 탄성계수, 2 포아슨 비, 1 전단탄성계수)가 필요
3축 직교이방성 (orthotropic)		물성이 3차원 직교축 방향(e.g. 수직, 수평)으로만 다른 경우. 물체의 탄성거동을 정의하기 위해 9개의 파라미터 필요(e.g. 3 탄성계수, 3 포아슨 비, 3 전단탄성계수)가 필요
완전이방성 (anisotropic)		물성이 한 점(3차원 응력요소 기준)의 어떤 방향으로도 서로 같지 않은 경우. 물체의 탄성거동을 정의하기 위해 21개의 파라미터가 필요

2축-직교이방성 모델. 퇴적지반은 퇴적층별로는 물성의 차이가 있지만, 한 개의 퇴적층에서 물성은 거의 일정하다. 퇴적지반은 그림 5.14와 같이 퇴적방향에 대하여 축대칭을 나타낸다. 퇴적지반에서 흔히 발견되는 이러한 경우의 이방성을 직교이방성(transverse isotropy, cross anisotropy)이라 한다. 퇴적평면의 재료특성이 등방이라면 퇴적평면에서의 탄성계수는 E_H, 퇴적방향의 탄성계수는 E_V이고, $G_{HH} \neq G_{HV}$이므로 구성행렬은 다음과 같이 나타난다.

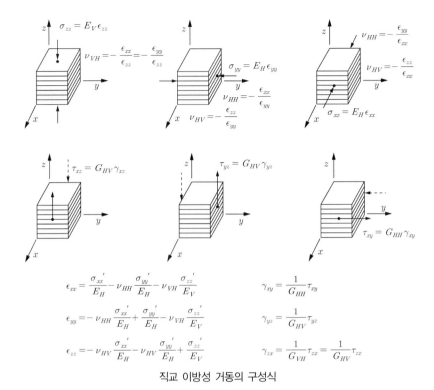

직교 이방성 거동의 구성식

그림 5.14 직교 이방성 모델의 물성의 물리적 의미와 구성관계

$$
\begin{Bmatrix} \Delta\sigma_{xx}{'} \\ \Delta\sigma_{yy}{'} \\ \Delta\sigma_{zz}{'} \\ \Delta\tau_{xy} \\ \Delta\tau_{yz} \\ \Delta\tau_{zx} \end{Bmatrix}
=
\begin{bmatrix}
[A(1-\nu_{VH}\nu_{HV})E_H] & [A(\nu_{HH}+\nu_{VH}\nu_{HV})E_H] & [A\nu_{VH}(1+\nu_{HH})E_H] & 0 & 0 & 0 \\
[A(\nu_{HH}+\nu_{VH}\nu_{HV})E_H] & [A(1-\nu_{VH}\nu_{HV})E_H] & [A\nu_{VH}(1+\nu_{HH})E_H] & 0 & 0 & 0 \\
[A\nu_{HV}(1+\nu_{HH})E_V] & [A\nu_{HV}(1+\nu_{HH})E_V] & [A(1-\nu_{HH}\nu_{HH})E_V] & 0 & 0 & 0 \\
0 & 0 & 0 & G_{HV} & 0 & 0 \\
0 & 0 & 0 & 0 & G_{HV} & 0 \\
0 & 0 & 0 & 0 & 0 & G_{HH}
\end{bmatrix}
\begin{Bmatrix} \Delta\epsilon_{xx} \\ \Delta\epsilon_{yy} \\ \Delta\epsilon_{zz} \\ \Delta\epsilon_{xy} \\ \Delta\epsilon_{yz} \\ \Delta\epsilon_{zx} \end{Bmatrix}
$$

(5.10)

$$
A = \frac{1}{1-2\nu_{VH}\nu_{HV}-2\nu_{VH}\nu_{HV}\nu_{HH}-\nu_{HH}^2}
$$

- E_V : 퇴적 방향의 영계수
- E_H : 퇴적 평면의 영계수
- ν_{VH} : 퇴적 방향 작용응력으로 인한 퇴적평면의 변형률에 대한 포아슨 비
- ν_{HV} : 퇴적면과 평행한 방향 작용응력으로 인한 퇴적방향의 변형률에 대한 포아슨 비
- ν_{HH} : 퇴적면과 평행한 방향 작용응력으로 인한 퇴적직각방향의 변형률에 대한 포아슨 비
- G_{HV} : 퇴적 방향의 전단탄성계수($=G_{VH}$)
- G_{HH} : 퇴적면과 평행한 방향의 전단탄성계수

퇴적 직각방향의 탄성상수는 퇴적층마다 다를 수 있으나, 여기서는 평균(등가)개념의 단일 값을 가정하였다. 구성행렬은 대칭조건을 만족하므로 다음 두 조건이 성립한다.

$$\frac{\nu_{VH}}{E_V} = \frac{\nu_{HV}}{E_H} \;,\; \text{그리고} \quad G_{HH} = \frac{E_H}{2(1+\nu_{HH})} \tag{5.11}$$

따라서 2축 직교 이방성탄성거동을 정의하는 데 필요한 탄성상수는 7개에서 5개로 줄어들어 2개의 탄성계수, 2개의 포아슨 비, 1개의 전단탄성계수 등 총 5개이다.

1-이방성 파라미터 모델(Graham and Houlsby model). 직교 이방성 모델의 구성행렬은 5개의 파라미터가 필요하다. 그러나 일반적인 수직 시추시료에 대한 3축 시험에서 3개 파라미터밖에 얻을 수 없다. 잔여 파라미터는 수평방향의 시추시료를 통해 결정할 수 있으나 수평시추는 현실적으로 용이하지 않다. 한편, 등방 거동을 정의하기 위해서 단지 2개(E 또는 ν)의 파라미터만 필요하며, **삼축시험에서 얻을 수 있는 파라미터는 3개**이므로 이 경우 오히려 한 개 파라미터가 남는다고 할 수 있다. Graham and Houlsby(1983)는 이 한 개 파라미터를 이용한 이방성 파라미터(anisotropy parameter), α를 도입한 직교 이방성 모델을 제안하였다. 이방성 영향을 고려하여 수정된 탄성계수와 포아슨 비를 각각 E^*, ν^*라 하고, **이방성 파라미터** α를 도입하여 $E_V = E^*$, $E_H = \alpha^2 E^*$, $\nu_{HH} = \nu^*$, $\nu_{VH} = \nu^*/\alpha$로 하여, 직교 이방성 모델의 구성방정식을 다음과 같이 제시하였다.

$$\begin{Bmatrix} \Delta\sigma_{xx}' \\ \Delta\sigma_{yy}' \\ \Delta\sigma_{zz}' \\ \Delta\tau_{xy} \\ \Delta\tau_{yz} \\ \Delta\tau_{zx} \end{Bmatrix} = \frac{E^*}{(1+\nu^*)(1-2\nu^*)} \begin{bmatrix} \alpha^2(1-\nu^*) & \alpha^2\nu^* & \alpha\nu^* & 0 & 0 & 0 \\ \alpha^2\nu^* & \alpha^2(1-\nu^*) & \alpha\nu^* & 0 & 0 & 0 \\ \alpha^2\nu^* & \alpha^2\nu^* & \alpha(1-\nu^*) & 0 & 0 & 0 \\ 0 & 0 & 0 & \alpha(1-2\nu^*)/2 & 0 & 0 \\ 0 & 0 & 0 & 0 & \alpha(1-2\nu^*)/2 & 0 \\ 0 & 0 & 0 & 0 & 0 & \alpha(1-2\nu^*)/2 \end{bmatrix} \begin{Bmatrix} \Delta\epsilon_{xx} \\ \Delta\epsilon_{yy} \\ \Delta\epsilon_{zz} \\ \Delta\epsilon_{xy} \\ \Delta\epsilon_{yz} \\ \Delta\epsilon_{zx} \end{Bmatrix} \tag{5.12}$$

실제 E_H의 측정이 용이하지 않으므로 α 값을 통해 이방성거동을 표현할 수 있다. 특히 α 값을 적절히 선정하면 전단변형과 체적변형의 결합관계(coupled)도 나타낼 수 있다. 예를 들어 비배수시험(일정체적조건 : $K \to \infty$)의 경우 전단변형만 발생하므로 비결합상태(uncoupled)에 해당한다($\alpha = 1$). 비배수 응력경로에 대하여 α 값의 예와 의미를 그림 5.15에 보였다.

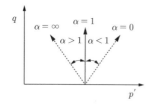

① $\alpha = 1$: 등방조건(전단변형과 체적변형이 독립적)
② $\alpha > 1$: $E_H > E_V$, 비배수 유효응력 경로 p' 감소
③ $\alpha < 1$: $E_H < E_V$, 비배수 유효응력 경로 p' 증가

그림 5.15 α 값의 범위

3-축 직교이방성 모델(orthotropic elastic model). 이방성이 직교좌표계의 3축 방향으로 나타나는 경우 3축 - 직교이방성(orthotropic elastic)이라 하며, 암반의 절리가 각 축 방향으로 다른 경우가 이에 해당한다.

3-차원 직교이방성(orthotropic)인 경우 수직응력과 전단응력 간, 그리고 서로 다른 방향의 전단 성분 간 간섭(coupling)이 없다고(거동이 독립적이다) 가정하면, 식 (5.2)에서 ⊖=0, ⊙=0이 되어 9개의 탄성상수가 필요하다. 즉, 3방향의 탄성계수, E_{xx}, E_{yy}, E_{zz} 3평면의 전단탄성계수, G_{xy}, G_{yz}, G_{zx}, 그리고 3개의 포아슨 비 ν_{xy}, ν_{yz}, ν_{zx}. 실제로 6개의 포아슨 비가 존재할 것이나 거동의 대칭성을 가정하면 다음 3개의 추가적인 방정식이 성립하므로 3방향의 탄성계수를 모두 아는 경우 3개의 포아슨 비만 알면 된다.

$$\frac{\nu_{xy}}{E_{xx}} = \frac{\nu_{yx}}{E_{yy}}, \qquad \frac{\nu_{yz}}{E_{yy}} = \frac{\nu_{zy}}{E_{zz}}, \qquad \frac{\nu_{zx}}{E_{zz}} = \frac{\nu_{xz}}{E_{xx}} \tag{5.13}$$

퇴적지반 직교이방성문제의 물성의 대칭조건

퇴적 직교이방성 문제에 대하여 물성의 대칭조건을 유도해보자.

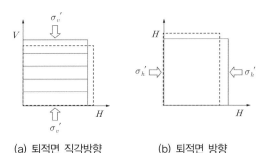

그림 5.16 퇴적직교 이방성 문제

그림 5.16 (a)에서 물성의 정의로부터

$$\nu_{VH} = \frac{\epsilon_{VH}}{\epsilon_V} = \frac{\epsilon_{VH} E_V}{\sigma_v'} \;\; 및 \;\; \nu_{HV} = \frac{\epsilon_{HV}}{\epsilon_H} = \frac{\epsilon_{HV} E_H}{\sigma_h'} \;\; 이 성립한다.$$

$\epsilon_{VH} = \epsilon_{HV}$이므로 위 두 식을 정리하면

$$\frac{\nu_{VH}}{E_V} = \frac{\nu_{HV}}{E_H}$$

그림 5.16 (b)에서 H–H 평면은 단일 재료와 지층이므로 각 퇴적층은 등방 탄성을 가정할 수 있다. 따라서 다음과 같이 등방 탄성론의 전단탄성계수와 탄성계수의 관계가 성립한다.

$$G_{HH} = \frac{E_H}{2(1+\nu_{HH})} \tag{5.14}$$

수평 다층지반의 등가 탄성계수

퇴적지반은 다층으로 구성되며, 층마다 물성이 다를 수 있다. 시료시험은 각 층의 시료에 대하여 수행될 수 있으므로 퇴적지반은 다층지반으로서 탄성계수 개념을 생각할 수 있다.

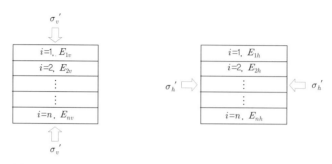

그림 5.17 퇴적 직교이방성 문제(E_{iv}: i 층의 수직탄성계수, E_{ih}: i 층의 수평탄성계수)

- 등가 수직탄성계수, E_{veq}

  그림 5.17 (a)에서 $\sigma_v{}' = \sigma_{1v}{}' = \sigma_{2v}{}' = ... = \sigma_{nv}{}'$이고, $\epsilon_v = \epsilon_{1v} + \epsilon_{2v} + ... + \epsilon_{nv}$이다. $\epsilon = \sigma'/E$이므로 다음이 성립한다.

  $$\frac{\sigma_v{}'}{E_{veq}} = \frac{\sigma_{1v}{}'}{E_{1v}} + \frac{\sigma_{2v}{}'}{E_{2v}} + ... + \frac{\sigma_{nv}{}'}{E_{nv}}$$

  각 지층의 응력이 모두 같다는 조건을 이용하면 등가 수직탄성계수는 다음과 같다.

  $$E_{veq} = \frac{1}{\dfrac{1}{E_{1v}} + \dfrac{1}{E_{2v}} + ... + \dfrac{n}{E_{nv}}}$$

- 등가 수평탄성계수, E_{heq}

  그림 5.17 (b)에서 $\epsilon_h = \epsilon_{1h} = \epsilon_{2h} = ... = \epsilon_{nh}$이고, $\sigma_h{}' = \sigma_{1h}{}' + \sigma_{2h}{}' + ... + \sigma_{nh}{}'$이다. $\epsilon = \sigma'/E$이므로 다음이 성립한다.

  $$\epsilon_h E_{heq} = \epsilon_{1h} E_{1h} + \epsilon_{2h} E_{2h} + ... + \epsilon_{nh} E_{nh}$$

  각 지층의 변형률이 모두 같다는 조건을 이용하면 등가 수평탄성계수는 다음과 같다.

  $$E_{heq} = E_{1h} + E_{2h} + ... + E_{nh}$$

비배수 탄성(비압축성 탄성)

탄성문제의 특수한 경우로서 비배수조건의 지반문제가 있다. 비배수조건에서는 간극수의 이동이 억제된다. 시험 중 배수경로를 차단하거나 재하속도가 간극수의 이동보다 빠른 경우 이러한 조건이 나타난다. 만일 간극이 모두 물로 채워져 있다면 간극체적이 변화하기 위해서는 흐름이 일어나야 한다. 따라

320 지·반·역·공·학·Ⅰ

서 흐름이 허용되지 않는 비배수조건의 변형은 간극수나 지반입자의 변형으로만 일어날 수 있다. 실제 지반입자나 물은 거의 비압축성에 가까우므로 비배수조건의 지반은 비압축성으로 가정할 수 있다. 재하 시 비배수거동의 역학적 정의는 다음과 같이 체적과 유효응력의 변화가 없는 것으로 나타낼 수 있다.

$$\Delta \epsilon_v = 0, \quad \Delta p' = 0$$

물체가 압축성이 전혀 없는 것은 아니므로 실제로 비압축성이란 가정은 어느 정도 거동을 단순화한 개념이다. 다만 고무(rubber)와 같이 체적탄성계수 K가 전단탄성계수 G보다 현저히 큰 재료의 경우 ($K \gg G$) 전단변형거동이 체적변화거동(팽창 또는 압축)보다 훨씬 크므로 비압축성 거동을 가정할 수 있다. 그림 5.18은 비배수조건과 비배수 거동특성을 정리한 것이다.

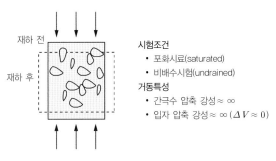

그림 5.18 비배수조건의 비압축 탄성거동

재료의 탄성거동이 선형인 경우 탄성상수는 일정한 값을 가진다. 이 경우 할선탄성계수는 접선탄성 계수와 같다. 즉, $E_s = E_t$이다. 지반재료의 변형은 유효응력의 변화에 의해 일어나므로 구성식의 응력은 유효응력으로 표현하며, 물성도 유효응력 개념으로 구한 것이다. 그러나 비배수지반을 지반재료와 간 극수가 일체화된 재료로 가정하면, 전응력 개념으로 거동을 다룰 수 있다. 이 경우 탄성상수는 비배수 시 험조건으로 구한 비배수 영계수 E_u, 그리고 비배수 포아슨 비 ν_u를 사용하여야 한다.

비배수조건일 경우 물의 낮은 압축성 때문에 거동은 비압축탄성체와 같다. 이 경우 체적변화가 거 의 없으므로 $\epsilon_v \to 0$이다. $\epsilon_v = \epsilon_1 + \epsilon_2 + \epsilon_3 = 0$, $-\epsilon_1 = \epsilon_2 + \epsilon_3$, $\epsilon_2 = \epsilon_3$이므로 $\nu_u = \epsilon_1 / \epsilon_3 = 0.5$이다. 비배수 조건은 $\Delta \epsilon_v = 0$, $\Delta p' = 0$이 된다.

체적탄성계수와 간극수압과의 관계는 $\Delta p' = \Delta u_w$, $K_u \to \infty$이다. 전단거동은 배수조건에 영향 받지 않으므로 $G_u = G'$이다.

$$G_u = \frac{E}{2(1+\nu_u)}, \text{ 그리고 } \nu_u = 0.5 \text{이므로 } E_u = 3G \tag{5.15}$$

$$G = \frac{E_u}{2(1+\nu_u)} = \frac{E}{2(1+\nu)} \text{ 이므로 } E_u = \frac{3E}{2(1+\nu)} \tag{5.16}$$

비압축성 물체는 체적탄성계수가 공학적으로 무한 값에 접근하는 재료로 표현할 수 있다. 즉, $K \to \infty$이다. 이 조건을 만족하려면 다음이 설립하여야 한다(여기서 탄성상수는 별도의 언급이 없는 한 모두 유효응력파라미터이다).

$$K = \frac{E}{3(1-2\nu)} \to \infty \text{ 조건을 만족하기 위해, } \nu \to \nu_u \approx 0.5$$

$$K = \frac{GE}{3(3G-E)} \to \infty \text{ 조건을 만족하기 위해, } E \to E_u \approx 3G$$

비압축성지반의 물성은 $\nu_u \approx 0.5$ 및 $E_u \approx 3G$이므로, E_u 또는 G 중 하나만 알면 된다. 전단탄성계수는 간극수에 영향을 받지 않으므로(물은 전단에 저항하지 못하므로), 배수조건의 어떤 두 탄성상수를 알고 있으면(표 5.1 이용) G 값을 알 수 있으므로 E_u를 산정할 수 있다. 즉, **지반의 비압축 탄성문제(비배수거동)는 단 1개의 파라미터로 거동을 정의할 수 있다.**

예제 에너지원리($W > 0$)에 따르면, 포아슨 비의 분포영역은 $-1 < \nu \leq 1/2$이다. 포아슨 비가 음수인 경우와 0.5인 경우의 물리적 상황과 사례를 예시해보자.

풀이 $\nu < 0$인 경우는 어떤 재료를 잡아 당겼을 때 단면이 굵어지는 현상이다. 이는 자연계에서 잘 관찰되지 않으며, Foam이나 Cork가 이러한 거동을 보일 수 있는 것으로 알려져 있다. $\nu = 0.5$인 경우는 비압축성 재료(흙의 경우 비배수 조건)를 의미한다. $K \to \infty$이면 $\nu \to 0.5$가 되며 이때 $E_u = 3G$가 성립한다. 점토의 비배수 탄성계수가 대표적 예이다.

5.2.3 비선형 탄성(non-linear elastic) 모델

대부분의 비선형 탄성 모델은 소성거동으로 나타나는 전구간 비선형 응력-변형률 관계를 탄성론으로 모사하려는 시도로 제안되었다. 따라서 비선형 탄성 모델은 지반의 전구간 비선형 거동을 탄성론을 기반으로 표시하려는 근사적 모델링 기법이며, 실제로 주응력증분과 변형률증분 방향이 일치한다는 기본 가정 때문에 파괴상태를 정확히 나타내지는 못하며, 단조(monotonic)하중만 고려할 수 있다. **비선형 탄성 모델을 도입하기 위한 논리적 첫 단계는 탄성상수를 응력 또는 변형률의 함수로 표시하는 것이다.**

탄성론에서는 등방거동을 가정하는 경우가 많은데 이는 물리적으로 탄성영역에서 전단거동과 체적거동이 서로 독립적이라 가정하는 것이다. 일례로 재료를 등방선형으로 가정하면 체적탄성변형과 전단탄성변형이 독립적(uncoupled)이 되어 함수관계는 $p' = f_1(\epsilon_v)$ 및 $J = f_2(\epsilon_d)$로 표시되며, 전단과 체적이 서로 영향을 미치지 않는 관계가 된다.

반면에, 이방성 조건인 경우 체적탄성변형과 전단탄성변형은 상호영향을 미치는 결합관계(coupled)에 있어, 응력-변형률 관계함수는 $p' = f_1(\epsilon_d, \epsilon_v)$ 및 $J = f_2(\epsilon_d, \epsilon_v)$로 표시된다. 함수 f_1, f_2를 적절히 채택함으로써 여러 가지 형태의 비선형 모델을 제안할 수 있다.

쌍곡선함수(hyperbolic) 모델

Hyperbolic 모델은 그림 5.19와 같이 지반재료의 비선형 응력-변형관계를 쌍곡선함수 그래프로 나타낸 것이다. 이 모델은 전구간 탄성 응력-변형률 모델로서 Kondner(1963)가 최초 제안하였고, Duncan과 Chang(1970)이 확장, 발전시켰다.

$$(\sigma_1' - \sigma_3') = \frac{\epsilon}{a + b\epsilon} \tag{5.17}$$

여기서 a, b는 재료상수로서 각각 초기탄성계수, 그리고 점근 극한응력 σ_{ult}' 와 관계된다. 모델 상수는 $\frac{\epsilon}{\sigma_1' - \sigma_3'}$ 와 ϵ의 관계로부터 결정할 수 있다(예제 참조).

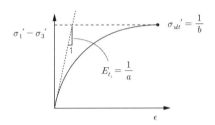

그림 5.19 Hyperbolic 모델

이 모델은 수직응력과 누적변형률의 관계로 표현되는데, 수치해석을 위해 증분표현이 필요하므로 식 (5.17)을 미분하여 얻은 접선탄성계수 E_t를 구하면 이를 유한요소해석에 적용할 수 있다.

$$E_t = \frac{\partial(\sigma_1' - \sigma_3')}{\partial\epsilon} = \frac{a}{(a + b\epsilon)^2} \tag{5.18}$$

초기 Hyperbolic 모델은 비배수 삼축응력공간에 대하여 제안되었으며, 2개의 파라미터와 $\nu_u = 0.5$로 정의되었다. 이 모델의 문제점은 포아슨 비, ν를 상수로 가정하는 데 있다. 이 경우 전단파괴에 가까울수록 E_t는 0에 가깝게 되고, K_t와 G_t 둘 다 감소하는 결과를 낳는다. 전단탄성계수에 대하여는 이 결과가 타당하지만 K_t 값의 감소는 체적변형의 증가로 나타나 파괴에 접근할수록 체적변화가 줄어드는 실제 거동과 반대가 된다. 이 현상을 방지하기 위해 $\nu = 0.5$를 사용하여야 하지만 이 값을 사용하면 수치해석적 불안정문제가 발생하여 해석이 불가능해진다(분모가 '0'이 되므로).

위 식은 σ_3'에 무관하다. 하지만 실제 응력-변형률 곡선은 같은 응력경로라 하더라도 σ_3'에 따라 기울기와 최대응력이 달라진다. 이러한 거동특성을 고려하기 위해 Duncan과 Chang(1970)은 초기접선탄성계수를 구속응력을 이용하여 나타내는 다음 식을 제안하였다.

$$E_{t_i} = K_n p_a \left(\frac{\sigma_3{}'}{p_a} \right)^n \tag{5.19}$$

여기서 K_n과 n은 재료상수이고, p_a는 변수의 무차원화를 위해 도입한 대기압이다($1p_a = 1\,\mathrm{atm} = 1\,\mathrm{bar} = 10.33\mathrm{m}\ \mathrm{H_2O} = 101.325\mathrm{kPa}$). 위 식과 Mohr-Coulomb 파괴규준을 조합한 E_t를 다음과 같이 제안하였다.

$$E_t = \left[1 - \frac{R_f(1-\sin\phi)(\sigma_1{}'-\sigma_3{}')}{2c\cos\phi + 2\sigma_3\sin\phi} \right]^2 K_n p_a \left(\frac{\sigma_3{}'}{p_a} \right)^n \tag{5.20}$$

c'는 점착력, ϕ'는 전단저항각, 그리고 R_f는 파괴응력 $(\sigma_1{}'-\sigma_3{}')_f$에 대한 극한응력 $(\sigma_1{}'-\sigma_3{}')_u$의 비이다. 모델 파라미터는 삼축시험 결과들로부터 쉽게 얻을 수 있다. 그러나 이 모델은(반복하중이 아닌) 단조하중 문제와 같이 제한된 경우에 대하여만 만족한 결과를 준다. 이 모델은 소성 전단변형 중 발생하는 체적팽창거동(다일러턴시)은 고려하지 못한다.

비선형탄성 모델은 응력-변형률곡선의 비선형거동을 상당부분 구현할 수 있으나, 여전히 지반거동의 비가역성, 에너지 소산 등의 특성은 고려하지 못한다. 이를 부분적으로 개선하기 위해 제하(unloading), 또는 재재하(reloading) 탄성계수인 회복탄성계수(레질리언트(resilient) 계수)가 도입되었다.

$$E_r = K_r(\sigma_3{}')^{n_r} \tag{5.21}$$

여기서 K_n과 n_r은 재료상수이다. 회복탄성계수는 회복 가능한 축변형률에 대한 반복된 축차응력 $(\sigma_1{}'-\sigma_3{}')$의 기울기로서 그림 5.20과 같이 나타낼 수 있다. 위 식은 회복탄성계수의 로그값이 구속응력의 로그값과 선형관계임을 의미한다.

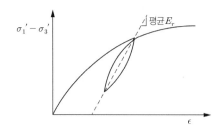

그림 5.20 회복탄성 계수(레질리언트 계수)의 정의

NB : 반복하중해석은 해석 중에 제하(unloading)/재재하(reloading) 여부의 판단이 필요하다. 일반적으로

에너지 변화율, $\Delta W = \{\Delta\sigma'\}\{\Delta\epsilon\}$을 이용하여, $\Delta W > 0$이면 재하(loading), $\Delta W = 0$이면 중립(neutral), 그리고 $\Delta W < 0$이면 제하(unloading)로 판단한다.

예제 아래 3축시험(CTC)결과로 쌍곡선 모델(hyperbolic model)의 파라미터를 구해보자.

σ_1'	σ_3'	$\sigma_1' - \sigma_3'$	ϵ_1	ϵ_3	$\epsilon_1 - \epsilon_3$	$(\epsilon_1 - \epsilon_3)/(\sigma_1' - \sigma_3')$
68.95	68.95	0.00	0	0	0	a
78.67	68.95	9.72	0.0005	0	0.0005	5.143E−05
88.46	68.95	19.51	0.0035	0.0015	0.002	1.025E−04
98.18	68.95	29.23	0.0075	0.0025	0.005	1.710E−04
107.98	68.95	39.03	0.013	0.004	0.009	2.306E−04
117.70	68.95	48.75	0.022	0.0065	0.0155	3.180E−04
127.42	68.95	58.47	0.037	0.011	0.026	4.447E−04

풀이 쌍곡선 모델, $(\sigma_1' - \sigma_3') = \dfrac{\epsilon}{a + b\epsilon}$. 여기서 a, b는 재료상수로 각각 초기탄성계수 E_{t_i}, 그리고 점근 극한응력 σ_{ult}'와 관계된다.

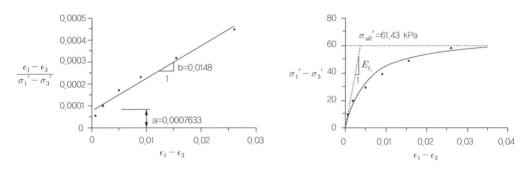

그림 5.21 Hyperbolic 모델의 파라미터 결정

그림 5.21의 왼쪽그림에서, $Y = bX + a$의 직선식에서 Y 절편 $a = 0.00007633$, 직선의 기울기 $b = 0.01483$이다. 그림 5.21의 오른쪽 그림에서 $E_{t_i} = 1/a = 13101\,\mathrm{kPa}$, $\sigma_{ult}' = 1/b = 67.43\,\mathrm{kPa}$.

미소변형률 비선형탄성 모델(small strain nonlinear elastic model)

Hyperbolic 모델이 응력-변형률 관계 전 구간을 모사하는 비선형탄성 모델이라면, 미소변형률 비선형탄성 모델은 실제로 지반재료가 비선형탄성거동을 하는 변형률 범위에 대한 구간탄성 모델이다.

지반거동을 측정하기 위한 시험장비의 자동화 및 정밀화로 미소변형률 구간에 대한 정확한 지반거동을 파악할 수 있게 되면서, 재하 초기 미소변형률 범위에서 큰 강성을 나타내는 비선형탄성이 확인되었다.

이러한 거동을 보이는 재하초기 미소응력 범위는 지반 내 전단응력의 크기가 그 지반의 극한강도에 비해 현저히 낮은 상태로서 통상 전단변형률이 0.001% 이내의 범위까지를 말한다. 흔히 기초를 지탱하는 지반의 거동이 이 범주에 드는 것으로 알려져 있다. 통상 기초 설계 시 3 이상의 안전 계수를 확보하도록 하는데, 이는 **응력 준위를 강도의 약 1/3 수준으로 제한하여 기초거동을 탄성거동영역을 이내로 제어한다는 의미가 들어 있다**(실제로 세립토의 응력-변형률곡선은 강도의 1/3 이하 구간에서 거의 직선거동을 보인다). 이 구간의 거동은 탄성 모델을 적용하여 합리적인 근사 해를 얻을 수 있다.

현재 사용되고 있는 대부분의 구성 모델이 4.3.2에서 다른 미소변형률 구간의 비선형탄성 거동을 고려하지 않고 있다. Jardine et al.(1986)은 단조(monotonic)하중을 받는 지반거동문제에서 미소변형률의 비선형탄성거동을 고려하는 변형률 함수형 탄성 모델을 제안하였다. 이 모델은 등방탄성을 가정하며, 변형률에 따른 탄성계수의 실험결과를 주기로그함수(periodic logarithmic function)로 표현한 것이다. 이 모델은 **할선탄성계수(secant modulus)로 제안**되었으며, 전단 및 체적 탄성계수는 다음과 같다.

$$\frac{G_s}{p'} = A + B\cos\left[\alpha\left\{\log_{10}\left(\frac{E_d}{\sqrt{3}\,C}\right)\right\}^{\gamma}\right] \tag{5.22}$$

$$\frac{K_s}{p'} = R + S\cos\left[\delta\left\{\log_{10}\left(\frac{|\epsilon_v|}{T}\right)\right\}^{\eta}\right] \tag{5.23}$$

여기서 α, γ, 편차변형률 E_d, 체적변형률 ϵ_v는 다음과 같다.

$$\alpha = \frac{\pi/2}{[\log_{10}(D/C)]^{\gamma}}, \qquad \gamma = \frac{\log_{10}2}{\log_{10}[\log_{10}(E/C)/\log_{10}(D/C)]}$$

$$E_d = \frac{2}{\sqrt{6}}\sqrt{(\epsilon_1 - \epsilon_2)^2 + (\epsilon_2 - \epsilon_3)^2 + (\epsilon_3 - \epsilon_1)^2}, \qquad \epsilon_v = \epsilon_1 + \epsilon_2 + \epsilon_3$$

δ, η는 위 α, γ식에서 $C \rightarrow T$, $D \rightarrow P$, $E \rightarrow Q$로 치환하여 구한다. 파라미터 A, B, C, R, S, T, α, γ, δ, η는 재료상수이다. 각 파라미터는 그림 5.22와 같이 실험결과의 회귀분석을 통해 산정할 수 있다.

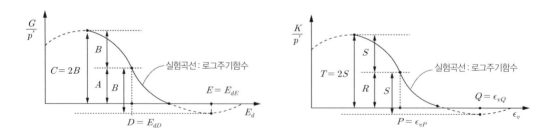

그림 5.22 삼축시험 곡선과 파라미터의 결정(p' : 평균유효응력)

위 식은 주기로그 함수(periodic logarithmic function)의 형태로 표시되므로 변형률 한계 범위의 설정이 필요하다. 한계 범위 내에서 탄성계수는 p'에 따라 변화하지만 이 범위 밖에서는 일정하다.

미소변형률 탄성 모델은 등방조건을 가정하여 탄성구간 내 지반의 거동을 표현하는 데 유용하며, 지반재료가 파괴상태에 접근하는 대변형률 구간에는 적합하지 않다. 따라서 이 모델은 대변형률을 다룰 수 있는 소성 모델과 조합하여 사용하는 것이 바람직하다.

예제 미소변형률 비선형탄성모델은 할선 탄성계수로 제안되었다. 이를 수치해석에 활용하고자 하면, 이를 접선강성으로 변환하여야 한다(일례로 Newton Raphson 비선형 해석 등은 구간 초기강성(접선강성)이 필요). 응력–변형률 관계를 기초로 G_s와 G_t의 관계를 유도해보자.

풀이 그림 5.23에 대하여 Taylor 전개를 이용하면 $d\epsilon_d$ 구간의 할선강성변화율은 $\dfrac{\partial G_s}{\partial \epsilon_d}\epsilon_d$이다. 할선강성의 정의에 따라 $dq - d\epsilon_d$ 관계를 유도하면

$$dq = \left(G_s + \frac{\partial G_s}{\partial \epsilon_d}d\epsilon_d\right)(\epsilon_d + d\epsilon_d) - G_s\epsilon_d = \frac{\partial G_s}{\partial \epsilon_d}d\epsilon_d\,\epsilon_d + G_s\,d\epsilon_d + \frac{\partial G_s}{\partial \epsilon_d}d\epsilon_d^2$$

$d\epsilon_d^2 \approx 0$라 할 수 있으므로, $dq \approx \dfrac{\partial G_s}{\partial \epsilon_d}d\epsilon_d\,\epsilon_d + G_s\,d\epsilon_d$

$dq - d\epsilon_d$ 구간을 접선탄성계수로 나타내고자 하는 것이므로, $dq = G_t\,d\epsilon$라 놓으면,

위 두 식으로부터 $dq = G_t\,d\epsilon = \left(G_s + \dfrac{\partial G_s}{\partial \epsilon_d}\epsilon_d\right)d\epsilon_d$이다. 따라서 다음이 성립한다.

$$G_t = G_s + \frac{\partial G_s}{\partial \epsilon_d}\epsilon_d \tag{5.24}$$

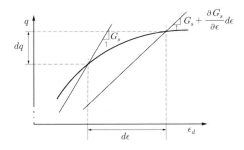

그림 5.23 접선강성과 할선강성의 관계

마찬가지 방법으로 미소변형률 비선형탄성계수 모델에 대하여 ϵ_v에 대한 할선탄성계수(secant modulus)를 접선탄성계수(tangent modulus)의 식으로 변환하는 식도 다음과 같이 나타낼 수 있다.

$$dp' = \left(K_s + \epsilon_v\frac{dK_s}{d\epsilon_v}\right)d\epsilon_v \ \text{이므로}\ K_t = K_s + \epsilon_v\frac{dK_s}{d\epsilon_v} \tag{5.25}$$

운동 비선형탄성 모델(kinematic nonlinear elastic model)

미소변형률 비선형탄성 모델은 지반의 탄성거동은 적절히 표현할 수 있지만, 실제 지반재료거동의 여러 중요한 특성들을 설명하지 못한다. 일례로 반복하중은 응력경로가 정반대로 반복적으로 바뀌는 경우인데, 이미 소성상태에 있는 경우라도 '재하-제하', 또는 '제하-재하'와 같이 때 **응력의 전환점(stress turning points)을 기준으로 초기의 미소변형률 범위에서는 또 다시 높은 강성(high stiffness)을 나타내는 비선형 탄성거동을 보인다.**

그림 5.24 (a)는 단조(monotonic, 單調) 하중에 의한 '탄성-완전소성' 관계의 접선정탄성계수를 보인 것이며, 그림 5.24 (b)는 반복하중에 따른 접선탄성계수의 변화를 보인 것이다. 응력 전환점이라 할 수 있는 반복하중의 제하(unloading) 단계에서 접선탄성계수는 제하 직후에 초기탄성계수보다 큰 값을 나타내다가 인장변형과 함께 감소한다. 재재하(reloading)하면 탄성계수는 다시 미소변형률 거동 패턴으로 변화한다. 이러한 거동은 소성변형을 포함할 수 있으나, 여기서는 미소변형률 구간의 탄성거동의 관점으로 다루기로 한다. 이러한 거동에 대한 전반적 모델링은 5.7절의 Bounding Surface 이론에서 다룬다.

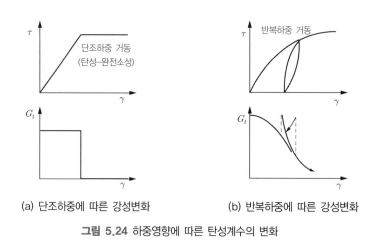

(a) 단조하중에 따른 강성변화   (b) 반복하중에 따른 강성변화

그림 5.24 하중영향에 따른 탄성계수의 변화

탄성한도 내의 강성특성을 정리하면 탄성상태는 그림 5.25 (a)와 같이 응력원점을 중심으로 회복 가능한 **선형탄성영역(LER, Linear Elastic Region)**과 이를 넘어 응력-변형률거동이 비선형이나 회복 가능한 **미소변형률영역(SSR, Small Strain Region)**으로 구분할 수 있다. 반복하중의 영향은 응력경로가 바뀌는 점(stress turning points)을 응력원점으로 재설정함으로써 고려할 수 있다. 이런 방식으로 응력경로가 변경될 때 나타나는 고(高)강성 거동특성을 모사할 수 있다. **응력경로 전환구간은 '고강성(high stiffness) 운동영역'**이라 할 수 있으며, 이는 Skinner(1975)가 최초 확인하였고 Jardine(1985, 1992)이 구체화하였다. 그림 5.25 (b)와 (c)는 운동영역별 탄성 개념을 예시한 것이다.

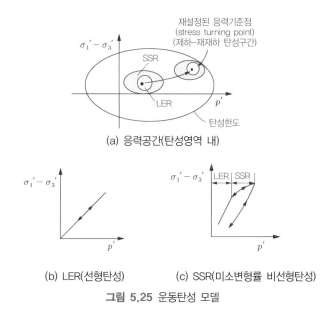

(a) 응력공간(탄성영역 내)

(b) LER(선형탄성)   (c) SSR(미소변형률 비선형탄성)

그림 5.25 운동탄성 모델

Puzrin과 Burland(1998)는 SSR 내의 흙의 거동을 설명하기 위해 위의 이론체계를 채택한 탄성 모델을 개발하였다. 이 모델은 LER 내의 거동을 선형탄성으로 가정하고 응력상태가 SSR에 도달하면 SSR에서의 비선형 탄성거동은 K 및 G값으로 고려한다. 이 모델은 등방거동을 가정하며, 따라서 p', J 불변량을 이용한 단순한 표현이 가능하다.

그림 5.26 (a)에 LER과 SSR을 개념적으로 도시하였다. 실험결과에 따르면, LER 영역은 타원형으로 가정할 수 있다. $p' - J$ 공간에서 $J > 0$이므로 상부만 나타난다. 영역별 탄성계수는 p' 및 변형률의 함수로 규정하고 로그감소규칙을 따른다. 응력경로의 반전(reversal, turning)이 일어나는 경우, **응력기준점의 재설정을 통해 재재하에 따른 고(高)강성거동을 고려**한다. 실제로 SSR 이후의 거동은 그림 5.26 (b)와 같이 회복되지 않는 소성변형이 발생하므로 소성이론으로 다루는 것이 타당하다. 이는 다음 절의 고급소성 모델에서 고찰할 것이다.

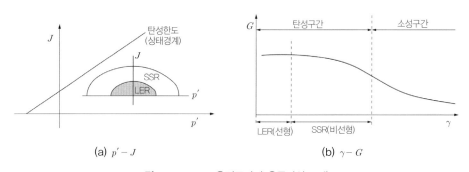

(a) $p' - J$ (b) $\gamma - G$

그림 5.26 $p' - J$ 응력공간의 운동탄성 모델

5.2.4 탄성 모델의 적용성

탄성 모델은 지반공학과 관련하여 두 가지 매력을 가지고 있다. 첫째는 어떤 문제에 대한 대안적 해법이 없는 경우 역학적 직관을 제공해 주며 새롭고 개선된 해의 유도를 돕는다. 두 번째는 복잡한 문제의 정교한 컴퓨터 해석 결과에 대한 검증도구로써 활용할 수 있다. 하지만 지반의 실제 거동특성을 고려할 때, 탄성 모델은 많은 제약조건이 있다. 이를 요약하면 다음과 같다.

- 탄성계수를 적절히 선택하지 않으면 반복응력 상태에서 에너지가 생성될 수 있다.
- 파괴에 접근하는 경우, 탄성론의 G_t, E_t 모델링은 적절치 않다.
- 다일러턴시(dilatancy) 거동을 고려하지 못한다.
- 증분 주응력과 증분 주변형률의 방향이 일치한다고 가정하며 파괴거동을 알아낼 수 없다.

실제 문제를 다룰 때 이방성, 비선형 구성 모델은 많은 파라미터를 요하므로 대체로 선형등방거동을 가정하게 된다. 등방거동은 체적거동과 전단거동이 독립적임을 가정한다. 즉, 상호 영향을 미치지 않는 관계이다. 이러한 가정이 구성방정식의 단순화에 많은 도움이 되지만 실제 지반의 거동과는 많은 차이가 있다. 이 같은 사실은 직접, 또는 단순전단 시험에서 순수 축차응력의 변화가 체적변화를 야기한다는 사실에서 확인할 수 있다.

탄성 모델은 등방선형탄성에서 출발하여 비선형을 고려하는 방향으로 발달하여 왔다. 탄성론은 많은 구조재료에 대한 이론해를 주고 있으나, 비가역적 거동(소성거동)이 지배적인 흙의 거동특징을 모델링하는 데 한계가 있다. 따라서 대상 지반문제의 거동이 탄성영역에 해당한다면 탄성 모델만 적용하여 거동표현이 가능하다. 하지만 거동이 이 범위를 초과하면 소성거동까지도 포함하는 탄소성 모델을 사용하거나 탄성 모델(pre-yield model)과 소성 모델(post-yield model)을 조합해야 흙의 거동을 표현할 수 있다. 최근의 여러 수치해석 프로그램은 탄성 모델과 소성 모델을 임의로 조합하여 사용할 수 있는 체계로 발전하였다.

NB : 지반 비선형 탄성계수의 의의

지반은 낮은 응력상태부터 소성변형이 시작되므로 지반거동의 탄성가정은 실제거동을 크게 단순화한 것이다. 또한 4장에서 고찰한 대로 탄성계수는 구속응력, 응력경로 등에 따라서도 달라지므로 해석에 사용하는 입력물성도 상당한 가정과 평가를 통해 얻어진 값이다. 이러한 탄성모델의 한계에도 불구하고 지반재료의 비선형거동을 설계에 직접 고려하여야 한다는 주장이 강조되기 시작한 것은 1990년대 후반쯤이다. 그 이전까지 지반강성의 비선형성은 그 중요성이 인식되지 못했고, 따라서 지반설계에도 이를 적절히 고려하지 못했었다.

비선형탄성이 강조되기 시작한 직접적인 계기 중의 하나는 터널굴착문제에 대한 수치해석이었다. 탄성 모델로 해석하는 경우 지표변위의 폭이 거의 무한대까지 이르며, 침하의 크기도 현장측정 결과보다 작게 예측되는 등의 문제가 있었다. 이러한 경우 상당부분이 이방성탄성 또는 비선형탄성모델을 사용함으로써 터널해석에 있어 실제침하와 같이 폭이 좁은 침하형상을 얻을 수 있었다. 현재 많은 국가들이 지반설계 시 비선형탄성을 고려하는 것을 보편화하고 있다.

5.3 소성이론과 소성거동의 모델링

지반재료는 일반적으로 거동 초기의 작은 변형률 단계에서부터 소성변형이 시작된다. 따라서 지반거동의 모델링은 '탄성변형 → 항복(소성변형 시작) → 응력경화(및 변형률연화) → 잔류상태'로 이어지는 탄성 및 소성거동을 포괄하여 정의할 수 있어야 한다.

5.3.1 지반재료의 소성거동

지반과 같은 탄소성 재료는 낮은 응력수준에서는 탄성거동을 보이지만 항복응력(yield stress)으로 정의되는 일정 응력 수준에 도달한 이후에는 탄성과 소성거동이 동시에 일어나며, 회복되지 않는 영구변형이 발생한다. 그림 5.27은 지반재료의 전형적인 축응력-변형률 관계를 보인 것이다. 최초 재하(loading)하면 탄성거동이 항복점 a까지 계속된다. 이후부터는 탄성변형률(ϵ^e)과 소성변형률(ϵ^p)이 함께 발생한다. b에서 재하를 멈추고 축응력을 점차 제거시켜 c에 이르면, 탄성변형은 회복되지만 소성변형은 영구변형으로 남는다. $b \to c$의 제하(unloading) 과정은 탄성거동을 보인다. c에서 다시 재하하면 탄성거동으로 b에 도달하며, b에 도달한 이후부터는 다시 탄소성 거동이 시작된다. 최초재하와 재재하(reloading)를 비교하면, 항복응력이 당초 $\sigma_{yo}{}'$에서 $\sigma_y{}'$로 증가하였음을 알 수 있다. 이는 최초재하로 인한 선행압밀하중 효과로 재재하 시 탄성한도가 확대되었기 때문이다. 이때 소성변형률은 ϵ^p만큼 증가하였다.

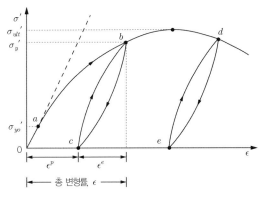

그림 5.27 탄소성거동의 예

제하-재재하 과정을 반복하면 재재하 시마다 항복응력이 계속 증가하며, 이와 함께 누적 소성변형률(accumulated plastic strain)도 계속 증가할 것이다. **항복 후에도 응력이 계속 증가하는 현상을 변형률경화(strain hardening)라 한다. 이는 누적 소성변형률의 증가와 관련지을 수 있다.** 여기에 착안하여 소성변형률 증가를 이용한 항복함수 확장원리를 도입할 수 있는데, 이를 경화규칙(hardening law)이라 한다.

한편 최대강도 이후 제하(unloading)와 재재하(reloading) 과정($d \rightarrow e \rightarrow d$)에서는 누적 소성변형률의 증가에 따라 항복응력이 점차 감소하는데, 이를 변형률 연화(strain softening)라 한다. 연화거동(softening behaviour)은 응력이 감소하여도 변형률이 증가하는 현상으로 재료의 불안정성(instability)을 초래할 수 있다. 이 후 변형이 충분히 진행되면 역학적 기능이 상실되는 파괴(failure)상태에 이른다.

위의 고찰에서 지반재료의 소성거동을 정의하는 데 필요한 요소, 즉 **소성론의 구성요소**는 다음과 같이 정리할 수 있다.

- 재료의 소성거동(항복)이 시작되는 응력상태(항복)의 규정 → **항복함수**(yield function)
- 항복 후에도 소성변형률 증가에 따라 항복응력이 증가하는 현상 → **변형률 경화법칙**(strain hardening law)
- 소성변형률의 방향과 크기 등 진행 메커니즘 → **소성유동규칙**(flow rule)
- 최대응력 이후 누적 소성변형률의 증가에 따라 항복응력이 감소하는 현상 → **변형률 연화법칙**(strain softening law)
- 파괴상태의 규정 → **파괴규준**(failure criteria), **파괴변형률**

5.3.2 항복(yielding)과 파괴(failure)

앞 절에서 살펴보았듯 항복(yielding)과 파괴(failure)는 구분되는 개념이다. 하지만 그림 5.28 (a) 및 (b)와 같이 재료거동을 강체소성, 또는 **탄성-완전소성재료로 가정하는 경우 항복응력과 파괴응력이 동일**하다.

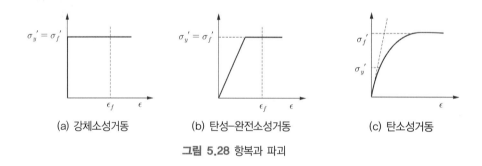

(a) 강체소성거동 (b) 탄성–완전소성거동 (c) 탄소성거동

그림 5.28 항복과 파괴

강체소성 또는 탄성-완전소성 거동의 경우, 항복과 동시에 파괴응력에 도달하지만 이것이 곧 파괴를 의미하는 것은 아니다. 따라서 이 경우 파괴는 변형률(ϵ_f)로 설정하는 것이 타당할 것이다(그림 5.28).

NB : 대부분의 지반문제가 한 점에서의 파괴상태를 다루는 것이 아니고 연속된 매질의 거동문제이므로 그림 5.29와 같이 어떤 한 점의 응력이 파괴상태에 도달하였더라도 나머지 점에서는 파괴도달 전이므로 실제 파괴는 점(point)적인 정의가 아니라 면(surface)적인 정의가 필요하다. 따라서 한계이론이나 한계평형법에서 강체소성 거동을 가정하는 경우 파괴면을 따라 동시에 전단응력이 전단강도에 이른다고 가정한다. 이는 실제 지반에서 일어나는 진행성파괴(progressive failure)를 가정 파괴면 전체에 대하여 동시에 파괴가 일어난다고 매우 단순화(가정)한 것이다.

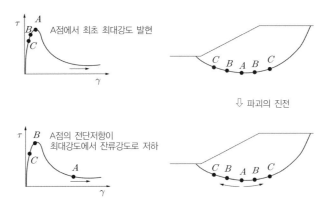

A점에서 최초 최대강도 발현

C B A B C

⇩ 파괴의 진전

B A점의 전단저항이
최대강도에서 잔류강도로 저하

C B A B C

(A점의 파괴가 진행되면서, 응력전이가 일어나 인접한 B점의 응력증가 야기)

그림 5.29 파괴면 위치에 따른 전단강도의 발현과정

항복점(yield point), 항복면(yield surface), 항복함수(yield function)

일축응력 상태의 경우 소성거동은 항복응력, σ_{yo}' 에서부터 시작된다. 항복의 기준이 단일 응력점으로 주어지므로 이를 항복점(yield point)이라 한다. 다축(多軸) 상태에서는 항복상태가 응력의 조합으로 표시되므로 2차원의 경우 곡선(線), 3차원의 경우 면(面)으로 나타난다. 항복상태를 정의하는 식을 항복함수(yield function)라 하고, 항복함수는 응력의 조합으로 표시되는 스칼라 함수이다. 그림 5.30은 항복점, 선, 그리고 면을 예시한 것이다.

항복함수(yield function)는 소성거동의 시작, 또는 소성상태 여부를 판단하는 기준이 된다.

- $F(\sigma') < 0$: 완전탄성 거동
- $F(\sigma') = 0$: 탄소성 거동
- $F(\sigma') > 0$: 불가능한 응력상태 (단, 경화법칙을 이용하여 항복면을 확장할 수 있다)

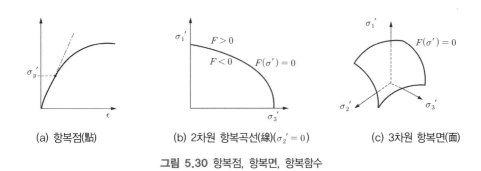

(a) 항복점(點) (b) 2차원 항복곡선(線)($\sigma_2' = 0$) (c) 3차원 항복면(面)

그림 5.30 항복점, 항복면, 항복함수

항복함수를 복잡한 3차원 지반문제에 적용하려면 3차원 응력공간으로 일반화해야 한다. **일반적으로 항복함수는 좌표계의 회전에 영향을 받지 않는 응력불변량(stress invariant)으로 표현한다.** 항복함수를

주응력으로 표시하게 되면 탄소성증분해석 과정에서 재료의 항복함수에 대입할 주응력을 매 증분해석 단계마다 계산해야 하므로 주응력이 아닌 다른 응력불변량으로 표시하는 것이 좀 더 편리하다.

파괴와 파괴규준

응력의 큰 증가 없이도 변형이 크게 진전되는 상태를 정성적으로 '파괴(failure)'라 한다. 파괴상태에 이르면 본래의 기능이 저해되고 사용성이 상실된다. 파괴강도(파괴응력)는 구속조건과 재료물성에 따라 달라지므로 특정한 값으로 정의할 수 없다. 대신, 지반이 안정하게 존재 가능한 영역과 불안정한 영역을 응력의 함수로 정의할 수 있는 데, 이 함수를 **파괴규준(failure criteria)**이라 한다.

파괴는 항복과 구분된다. 하지만 **탄성-완전소성(perfectly plastic)거동을 가정하면, 항복 후 응력 증가가 없으므로 응력관점으로는 '항복=파괴'가 된다**. 즉, 완전소성을 가정하는 경우 항복함수(yield criteria)가 파괴규준(failure criteria)과 같다. 파괴는 기능을 상실할 만한 상당한 변형률의 진전을 의미하며 파괴상태는 파괴변형률 값으로도 정의할 수 있다(예, 피로파괴).

그림 5.31 (a) 및 (b)의 마찰블록의 거동을 통해 파괴와 파괴규준을 살펴볼 수 있다. 수평력이 바닥의 저항력을 초과하면 블록은 움직이기 시작한다. 블록의 이동은 전단면을 따른 파괴거동으로 볼 수 있다. 수직응력 N_1을 받는 블록(중량 0으로 가정)이 수평력 P_{f1}에서 이동(파괴)이 일어난다고 했을 때, P_{f1}는 파괴하중이다. N_i을 달리하여 시험할 경우 상응하게 P_{fi}도 변화한다($i : i$번째 시험). 따라서 파괴하중 P_{fi}는 상수로 주어지지 않으므로 물성이 아니다. $N_i - P_{fi}$ 관계를 도시하면 그림 5.31 (c)와 같이 나타나므로 파괴상태는 구속응력 N과 이에 따른 변화율(기울기)에 의해 결정됨을 알 수 있다.

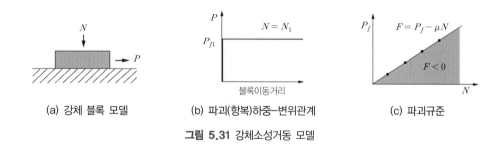

| (a) 강체 블록 모델 | (b) 파괴(항복)하중-변위관계 | (c) 파괴규준 |

그림 5.31 강체소성거동 모델

구속력과 파괴상태 수평력의 관계를 연결한 직선은 파괴 여부를 판단하는 기준이 되며, 다음과 같이 나타낼 수 있다.

$$P_f - \mu N = 0 \tag{5.26}$$

여기서 μ는 마찰계수이며 재료의 속성에 해당되는 특성이다. 마찰계수는 보통 직선의 기울기각 ϕ'를 이용하여 $\mu = \tan\phi'$ 로 표현한다. $P_f - \mu N < 0$이면 정지(탄성)상태에 있고, $P_f - \mu N = 0$이면 이동(탄소성)상태에 있다. $P_f - \mu N > 0$인 상태는 존재할 수 없다. 만일 접촉 면적이 A이면 위식의 양변을 나누어 $\tau_f = P_f/A$, $\sigma_n' = N/A$이므로 위 파괴함수는 다음과 같이 응력의 함수로 표시된다.

$$\tau_f - \sigma_n' \tan\phi' = 0 \tag{5.27}$$

유동된(mobilized) 전단응력을 τ_m이라 하면, $\tau_f \geq \tau_m$일 때 재료는 파괴상태에 있다. 따라서 식 (5.27)은 파괴상태를 정의하는 응력(강도)의 함수식으로서 강체블록 마찰거동의 파괴규준이라 할 수 있다.

지반의 파괴거동은 강체블록거동과 다소 차이가 있다. 입자의 집합체인 지반의 경우 수많은 입자의 접촉점이 동시에 항복에 이르지 않고 변형과 함께 점진적으로 일어난다. 따라서 하중-변위의 관계는 강체블록과 달리 곡선으로 나타날 것이다(경화거동). 실제 파괴는 전단면에 위치하는 대부분의 입자접촉점에서 항복이 일어나 상당한 변위가 진전된 후 발생한다.

5.3.3 변형률 경화 및 연화거동

지반재료는 최초 항복 이후에도 계속해서 응력이 증가하는 변형률 경화거동을 나타낸다. 완전소성상태를 가정하면 항복면을 넘어선 응력상태는 존재하지 않는다. 경화소성거동은 최초 항복면을 넘어선 응력상태가 존재함을 의미하는 데, 이 응력상태를 수용하기 위해서는 현재 응력상태가 항복면에 위치하도록 항복면의 크기와 위치를 이동하거나 확장해야 한다.

항복 후 응력의 증가현상(경화거동)을 고려하기 위해 항복면의 크기 및 이동을 정의하는 규칙을 **변형률 경화규칙(hardening rule)**이라 한다. 변형률 경화거동은 항복함수의 크기나 방향을 제어할 수 있는 변수를 도입함으로써 고려할 수 있다. 경화거동을 고려한 항복면의 일반적인 표현은 $F(\sigma', k) = 0$이며, 경화 파라미터 k를 통해 항복함수의 크기와 위치를 변화시킬 수 있다.

$$F(\sigma') = 0(완전소성) \rightarrow F(\sigma', k) = 0(경화소성)$$

그림 5.27에서 항복 후 응력의 증가는 누적 소성변형률과 관련됨을 보았다. 따라서 경화 파라미터 k를 통상 소성변형률의 함수로 정의한다. 변형률 경화법칙이란 결국 파라미터 k가 누적 소성변형률(또는 소성 일)에 따라 어떻게 변화하는가를 설명하는 식이다.

일축압축거동을 통해 변형률경화거동을 좀더 구체적으로 살펴보자. 그림 5.32 (a)와 같이 응력은 최초항복(σ_y') 이후 계속 증가한다. 항복상태의 어떤 점에서 하중을 제거하면 그 점에서의 소성변형률을 구할 수 있는데, 항복응력과 소성변형률의 관계를 도시하면 그림 5.32 (c)와 같이 나타난다. 따라서 이 곡선의 식을 '경화법칙(hardening rule)'이라 할 수 있다. 그림 5.32 (b)와 같이 최대강도 이후 응력의 감소에도 변형률이 증가하는 현상을 변형률연화(strain softening)라 하며, 이를 정의하는 식을 **연화규칙(softening law)**이라 한다.

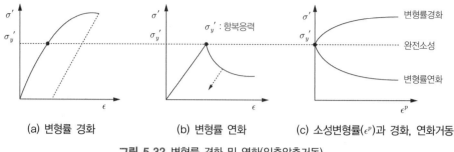

(a) 변형률 경화　　　　　(b) 변형률 연화　　　　　(c) 소성변형률(ϵ^p)과 경화, 연화거동

그림 5.32 변형률 경화 및 연화(일축압축거동)

　　재료의 거동이 완전소성이라면 그림 5.33 (a)와 같이 변형률 경화는 일어나지 않는다(oa구간은 등방압축). 이때 k는 상수이고 경화법칙도 필요하지 않다. 이 경우 항복상태가 그대로 유지되므로 응력의 증가 없이 변형이 계속되는 거동을 나타낼 것이다. 그림 5.33 (b)와 같이 변형률 경화의 경우 최초 항복이후 응력이 계속 증가하는데, 증가된 응력상태를 포함하기 위해 항복면을 계속 확장시켜야 한다. 확장 항복면은 초기 항복면(initial yield surface)과 구분하여, 이를 **재하 항복면(loading surface)**이라 한다.

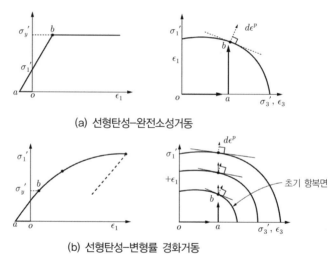

(a) 선형탄성–완전소성거동

(b) 선형탄성–변형률 경화거동

그림 5.33 변형률 경화에 따른 항복면의 변화($o \rightarrow a$는 등방압축구간)

　　경화규칙은 다음과 같이 표시할 수 있다.

$$F = F(\sigma', \ k) = f(\sigma') - k(\kappa) = 0 \tag{5.28}$$

　　여기서 경화파라미터 k는 항복면의 위치를 결정한다. 경화거동 중에 항복면의 위치는 연속적으로 변화하므로 이를 표현하기 위해 $k = f(\kappa)$인 경화 매개변수 κ를 도입한다. 앞에서 살펴보았듯이 κ는 누적 소성변형률을 이용하여, 총 소성변형률(total plastic strain) 또는 총 소성일(total plastic work, W_p)을 사용하여 정의한다. 후자전자를 변형률경화(strain hardening) 파라미터라하며, 후자를 일경화(work hardening) 파라미터라 한다.

변형률경화 파라미터는 일반적으로 다음의 유효소성변형률(effective plastic strain)을 이용한다.

$$\kappa = \overline{\epsilon^p} = \int d\overline{\epsilon^p} = \int \sqrt{(2/3)(d\epsilon^p) \cdot (d\epsilon^p)} \tag{5.29}$$

총 변형률 $\overline{\epsilon^p}$는 변형률 경로를 따라 적분하여 얻는다. 일경화 파라미터는 다음과 같이 정의할 수 있다.

$$\kappa = W_p = \int \sigma' \, d\epsilon^p \tag{5.30}$$

소성상태에서 응력이 σ'에서 $(\sigma' + d\sigma')$로 증분이 일어나면 이에 상응하는 소성변형률(incremental plastic strain) 증분 때문에 경화매개변수 κ도 $d\kappa$만큼 증가한다. 경화매개변수가 증가하면 항복함수가 팽창되고 새로운 응력상태$(\sigma' + d\sigma')$는 이 확장된 항복면에 위치하므로 다음 조건을 만족하게 된다.

$$F(\sigma + d\sigma, \ \kappa + d\kappa) = 0 \tag{5.31}$$

소성변형이 발생되어도 항복면의 형태와 위치가 변하지 않는 경우를 완전소성(perfectly plastic)이라 한다. 경화거동은 항복면의 확장 및 이동 특성에 따라 등방경화, 운동경화, 복합경화, 이방성경화 등으로 구분할 수 있다. 그림 5.34는 경화규칙의 유형을 예시한 것이다.

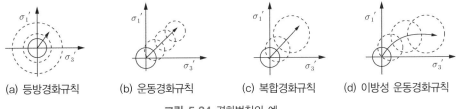

(a) 등방경화규칙   (b) 운동경화규칙   (c) 복합경화규칙   (d) 이방성 운동경화규칙

그림 5.34 경화법칙의 예

등방경화(isotropic hardening). 항복면 중심의 변화 없이 모양과 크기가 누적 소성변형률에 따라 일정하게 변화하는 경화규칙이다.

$$F(\sigma') = k(\epsilon^p) \tag{5.32}$$

여기서 ϵ^p는 소성변형률 자체가 아니라 소성변형률 증분의 조합함수이다. 5.4절에서 다루게 될 Lade 모델, Cam-clay 모델, Cap 모델이 등방경화규칙을 채용하고 있다.

운동경화(kinematic hardening). 항복면의 크기는 일정하지만 항복면의 중심이 일정하게 변화하는 경화규칙이다.

$$F(\sigma', \ \kappa) = f(\sigma' - \alpha) - k = 0 \tag{5.33}$$

k는 상수이며 α는 항복면의 중심좌표이다. 통상 $\alpha = c \cdot \epsilon^p$로 설정하며 c는 일경화상수로서 재료상수이다. 5.4절에서 다룰 Mroz의 초기 다중항복면(original multi-surface) 모델이 이 규칙을 채용하고 있다.

복합(등방운동)경화(mixed hardening). 항복면의 크기와 중심이 변화하는 **등방경화와 운동경화의 조합 경화거동**이다. 이 규칙을 이용하면 Bauschinger effect를 적절히 고려할 수 있다.

$$F(\sigma', \ \epsilon^p, \ k) = f(\sigma' - \alpha) - k(\epsilon^p) = 0 \tag{5.34}$$

이방성 운동경화(anisotropic hardening). 항복면의 모양과 크기가 변화하면서 동시에 불특정하게 이동하는 경화거동이다.

$$F = f(\sigma' - \alpha, \ \epsilon^p, \ k(\epsilon^p)) = 0 \tag{5.35}$$

5.4절에서 다룰 Altabbaa & wood 모델 등이 이 경화법칙을 채용하고 있다.

경화거동 중 항복함수의 조건

Prager는 재료의 항복특성의 하나로 일치성조건(consistency condition)을 제시하였다. **재료가 일단 소성상태에 들어가면 계속해서 항복조건이 만족되어야 하는데, 이를 일치성 조건**이라 한다. 이는 '**소성상태에 있는 재료에 재하(응력증가)가 일어나면 또 다른 소성상태를 야기한다**'는 의미이다. 일치성이 만족되려면 소성상태에서 F의 변화(dF)가 '0'이 되어야 하므로 항복함수는 다음조건을 만족해야 한다.

$$dF = \frac{\partial F}{\partial \sigma} d\sigma + \frac{\partial F}{\partial k} dk = 0 \tag{5.36}$$

실제 해석 중 계산된 응력으로 F값을 계산하였을 때 $F = 0$는 항복상태, $F < 0$이면 탄성상태, 그리고 $F > 0$이면 소성상태로 진입을 의미한다. 따라서 해석 중 계산된 응력으로부터 하중증분에 대한 dF값을 구함으로써 거동의 의미를 파악할 수 있다. 이때 dF의 값은 조건에 따라 다음의 의미를 갖는다.

- $dF < 0$: 응력상태가 항복면의 내부로 향하는 제하(unloading)거동을 의미한다. 소성상태에서 제하가 일어나는 경우 보통 탄성거동이 가정된다.
- $dF > 0$: 항복상태의 재하(loading) 거동을 의미하며, 응력이 기존의 항복면을 초과하는 경우 경화법칙으로 확장된

새로운 항복면을 찾아 응력이 항복면내 있도록 하여야 한다. 새로운 소성상태로 이동하는 과정에서 추가적인 소성변형률이 발생한다.

- $dF = 0$: 항복면의 변화가 없고, 응력상태가 계속 초기 항복면 상에 놓여 있다. 완전소성체의 항복상태에서는 항상 이 조건을 만족해야 한다. 소성경화를 나타내는 재료의 항복에서도 이 조건이 나타나는 경우가 있다. 증분응력 $d\sigma$ 가 항복면에 접하는 경우 새로운 응력상태는 다시 이전의 항복면 상에 놓인다. 이러한 경우를 중립재하(neutral loading)라 하며, 중립재하 상태에서는 소성 변형률이 발생하지 않으므로 항복면의 변화도 없다.

5.3.4 소성포텐셜함수와 소성유동규칙

일축상태의 소성거동에서는 소성변형률이 재하와 같은 축방향으로 일어나는 것이 자명하다. 그러나 3축응력상태의 경우 6개의 응력, 변형률 성분이 존재하므로 상황은 매우 복잡해진다. 따라서 매 응력상태마다 소성변형률의 진행을 정해 주는 어떤 규칙의 도입이 필요하다.

이를 위해 우선 실험을 통해 확인된 탄성 및 소성변형 거동특성을 살펴보자. 그림 5.35 (a)와 같이 일정한 주응력이 작용하는 탄성상태의 요소에 미소 전단응력 $d\tau$가 작용하면 주응력의 회전($d\theta$)이 야기되고 주응력도 증가하게 된다. 회전각 $d\theta$는, Mohr 원을 이용하면, $\tan 2d\theta = \Delta\tau / \Delta\sigma'$ 이므로 다음과 같이 산정된다.

$$d\theta = \frac{1}{2}\tan^{-1}\left(\frac{2d\tau}{\sigma_1 - \sigma_3}\right) \tag{5.37}$$

주변형률 증분방향은 주응력 증분방향과 일치하게 되어, 탄성변형은 그림 5.35 (b)와 같이 일어난다. 그러나 만일 그림 5.35 (a)요소가 소성상태에 있는 상황이라면 전단응력 $d\tau$가 작용하는 경우(실험을 해보면), 그림 5.35 (c)와 같이 **主변형률 증가가 현재 주응력 방향으로 일어난다**.

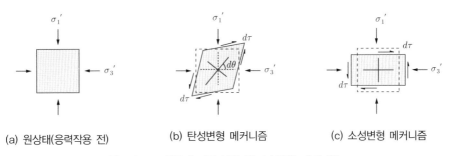

(a) 원상태(응력작용 전)   (b) 탄성변형 메커니즘   (c) 소성변형 메커니즘

그림 5.35 $d\tau$ 작용에 따른 탄성 및 소성변형 메커니즘

탄성상태에서는 응력증분(incremental stress)의 주방향이 변형률증분의 주방향(principal direction)과 일치하지만, 소성상태에서는 추가 작용하는 어떤 응력도 이미 작용하고 있는 누적 주응력의 영향을 확대 시키는 방향으로 거동이 일어난다. 소성상태의 지반재료는 현재 주응력(누적응력) 방향과 소성변

형률 증분의 방향이 일치하는 거동을 하는데, 이를 **축일치성(coincidence of axis)**이라 한다. **이 조건은 주응력(누적응력)과 증분 소성변형률을 같은 좌표계에 중첩하여 나타낼 수 있게 한다.** 그림 5.36은 응력 공간에 표시된 항복면(또는 소성포텐셜)과 이에 상응하는 변형률 공간의 증분변위 벡터를 축일치성 조건에 따라 한 좌표계에 중첩하여 나타낸 것이다. 축일치성은 소성변형률의 진행방향 설정과 관련하여 매우 중요한 개념이다.

그림 5.36 축일치성

소성유동규칙과 소성포텐셜함수

소성변형률의 진행 메커니즘을 좀더 체계적으로 살펴보자. 마찰블록(블록중량=0)의 문제를 이제 소성변위 관점에서 살펴보자(그림 5.37 a). 마찰블록의 거동은 강체소성거동에 가깝다. 이 경우 파괴규준과 항복함수를 동일하게 볼 수 있다. $P_f = \mu N$(또는 $\tau_f = \mu \sigma_n{}'$)이다. 항복상태에서의 소성변위는 N 값의 크기에 관계없이 항상 P_f의 방향으로 일어난다. 앞에서 살펴본 축일치성 조건에 따라 항복응력(하중)과 소성변형률 증분을 같은 좌표계에 중첩하면 그림 5.37 (b)와 같이 나타난다.

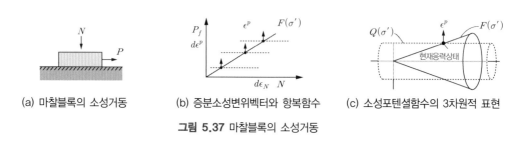

(a) 마찰블록의 소성거동　　(b) 증분소성변위벡터와 항복함수　　(c) 소성포텐셜함수의 3차원적 표현

그림 5.37 마찰블록의 소성거동

완전소성상태에서는 전단변형만 일어나므로 변위벡터는 항복함수 상에서 모두 P 축에 평행한 방향으로 표시된다. 소성변형률의 상대적 크기를 정의하기 위해 그림 5.37 (c)와 같이 **증분소성변위벡터와 수직을 유지하는 어떤 응력함수 $Q(\sigma')$가 존재한다고 가정**할 수 있다(그림 5.39 (b) 및 (c)의 점선). 이때 $Q(\sigma')$를 소성포텐셜함수(plastic potential function)라 한다. **증분 소성변형률 벡터가 함수 에 $Q(\sigma')$ 수직하다는 것은 $Q(\sigma')$의 응력(σ')에 대한 그래디언트(gradient, $\partial Q / \partial \sigma'$)와 증분소성변형률($d\epsilon^p$) 간 비례 관계가 성립함을 의미한다.**

$$d\epsilon_{ij}^p \propto \frac{\partial Q}{\partial \sigma_{ij}'}$$

따라서 증분소성변형률($d\epsilon_{ij}^p$)의 크기는 비례상수 Λ를 도입하여 다음과 같이 정의할 수 있다.

$$d\epsilon_{ij}^p = \Lambda\frac{\partial Q}{\partial \sigma_{ij}'} \tag{5.38}$$

위 식을 **소성유동규칙(flow rule)**이라 하며 소성거동의 크기와 방향을 결정한다. $d\epsilon_{ij}^p$는 3차원 공간에서 6개 증분 소성변형률 성분을 갖는다. 소성변형률 증분벡터가 소성포텐셜함수 $Q(\sigma')$에 수직하므로 위 식을 **수직성 규칙(normality rule)**이라고도 한다(그림 5.38).

NB : 수직성 규칙(normality rule). '함수 Q가 스칼라함수이고 영역 D에서 미분가능하다면, D에 위치하는 면 S의 점 P에서 경사(gradient) ∇Q는 점 P에서 S에 수직'이다.

$$\nabla Q = \frac{\partial Q}{\partial x}i + \frac{\partial Q}{\partial y}j + \frac{\partial Q}{\partial z}k$$

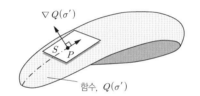

그림 5.38 수직성 법칙(normality rule)

경화 파라미터를 이용하여 항복면의 상태를 제어하듯, 소성포텐셜함수의 현재 상태도 이에 상응하게 제어되어야 한다. 이를 위해 k와 유사한 개념의 상태변수 m을 도입하여 소성포텐셜함수를 $Q(\sigma', m) = 0$로 정의한다. 여기서 m은 현재의 응력상태를 나타내는 벡터이며, 비재료적 특성이다. 대부분의 구성 모델들이 모델 고유의 소성포텐셜함수를 제시하지만 **구성 모델은 실제로 소성포텐셜함수의 미분만을 필요로 한다.** 그러므로 경우에 따라서는 소성포텐셜함수 대신, 이의 미분치인 $\partial Q(\sigma', m)/\partial \sigma'$만 정의할 수도 있다.

소성포텐셜함수를 구하는 법

그림 5.39와 같이 $p' - q$ 평면의 어떤 응력상태 Y에서 항복이 일어나고 이 때문에 체적 및 전단소성변형률 $d\epsilon_v^p$, $d\epsilon_d^p$가 발생하였다면 축일치성 조건에 따라 $p' - q$ 평면에 $d\epsilon_v^p - d\epsilon_d^p$ 관계를 중첩하여 표시할 수 있다. 실험을 통해 얻은 증분소성변형률 벡터를 적절한 위치에 표시하고 그에 수직한 직선 AB를 그린

다. 방향을 아는 다른 여러 소성증분벡터에 대하여도 그에 수직한 선을 그려갈 수 있다. 이 **증분 소성변형률 벡터에 수직한 직선들을 접선으로 하는 함수의 궤적을 그리면, 이 궤적이 바로 소성포텐셜함수** $Q(\sigma', m)$ **이다.** 이 과정은 수직성의 법칙을 역(逆)으로 적용하여 실험결과로부터 소성포텐셜을 구하는 절차이기도 하다. 소성포텐셜함수는 잘 준비된 정교한 실험을 통해 결정할 수 있다.

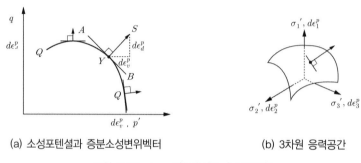

(a) 소성포텐셜과 증분소성변위벡터   (b) 3차원 응력공간

그림 5.39 $p' - q$ 평면에서의 소성포텐셜

소성변형률의 크기는 식 (5.38) 소성유동규칙(flow rule)으로 주어지므로 Q의 응력에 대한 미분치는 증분변형률 벡터의 방향과 상대적 크기만을 나타낸다. 소성변형률의 크기는 파라미터 Λ가 지배한다. Λ를 적절히 취함으로써 변형률연화도 고려할 수 있다.

항복면과 마찬가지로 소성포텐셜도 현재 응력상태에 따라 변화하는 일련의 함수군으로 나타낼 수 있다. 이 경우 소성변형은 그림 5.40에 보인 바와 같이 항복함수와 소성포텐셜함수가 만나는 응력점에서 소성포텐셜 함수에 수직한 방향으로 일어난다.

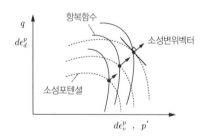

그림 5.40 경화거동에 따른 소성포텐셜의 변화

연계·비연계 소성유동규칙

모델의 단순화를 위해 $Q(\sigma', m) = F(\sigma', k)$ 로 가정하는 경우가 많은데, 항복함수가 소성포텐셜함수와 동일한 경우 소성유동(plastic flow)이 항복함수에 '**연계**(associated)'되었다고 한다. 이때의 소성유동규

칙을 **연계소성 유동규칙(associated flow rule)**이라 한다. 연계유동규칙의 경우 소성변형률의 증가는 그림 5.41 (a)와 같이 항복면에 수직한 방향으로 발생한다. '•'는 증분을 의미.

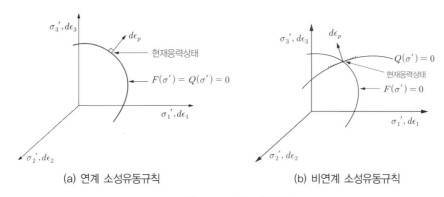

(a) 연계 소성유동규칙   (b) 비연계 소성유동규칙

그림 5.41 소성포텐셜함수

대부분 지반재료의 거동에서 소성포텐셜함수 Q는 그림 5.41 (b)와 같이 항복함수 F와 다르게 나타난다. 즉, $Q(\sigma',m) \neq F(\sigma',k)$이다. 이 경우 소성유동은 항복함수와 '**비연계(non-associated)**'되었다고 한다. 암석이나 흙은 등방압축하에서도 항복이 일어나므로 **연계유동규칙 적용 시 실제 실험에서 관찰되는 것보다 과도한 체적팽창(dilation)이 계산**된다(Pande et al., 1990). 소성유동규칙으로 체적변형은 물론, 강도에 영향을 미치는 다일러턴시 효과(dilatancy effect)도 고려할 수 있다.

NB : 'Associated'는 책에 따라 상관, 연상, 합동 등 여러 용어로 번역되었다. 이 책에서는 논리상의 의미, 즉 소성포텐셜 함수를 항복면과 (동일하게) 연계하여 적용한다는 의미로 '연계'라는 표현을 사용한다.

연계소성 유동규칙이 적용될 수 있는 대표적인 경우는 **비배수강도 모델**을 사용하는 경우이다. 그림 5.42 (a)에서 보듯이 비배수조건의 항복함수는 $\phi' = 0$조건이므로, $F(\sigma',k) = const$이다. 이 경우 $Q(\sigma',m) = F(\sigma',k)$로 가정할 경우 수직성법칙에 따라 변위벡터는 전단응력축과 평행하다. 따라서 **파괴상태에서 전단 변형률만 발생시키므로 연계소성 유동규칙 조건을 만족**한다.

반면에 Mohr-Coulomb 모델과 같은 배수강도 모델에 연계소성 유동규칙을 가정하여 수직조건(normality condition)을 적용하면 그림 5.42 (b)와 같이 변위 벡터가 항복면의 법선방향으로 정해지므로 파괴 시 상당한 체적변형을 유발하게 된다. 이는 파괴 시 전단변형만 일어나는 실제 상황과 맞지 않다. 따라서 배수강도 모델을 사용하는 경우 파괴 시 주로 전단변형률만 발생하도록 $Q(\sigma',m) \neq F(\sigma',k)$인 비연계 소성유동규칙을 채택하는 것이 타당할 것이다.

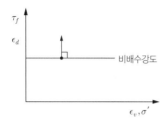

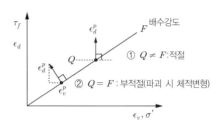

(a) 비배수강도 모델 : 연계소성유동   (b) 배수강도 모델 : 비연계 소성모델

그림 5.42 연계, 비연계 소성유동규칙

NB : 소성유동규칙의 '연계(associated)' 또는 '비연계(non-associated)'의 선택은 해석의 비용과도 관련이 있다. '연계'인 경우 구성행렬은 대칭이며, 결과적으로 수치해석(제2권 3장) 강성행렬도 대칭이므로 계산노력이 감소한다. 반면, **'비연계'인 경우 구성행렬은 물론 수치해석을 위한 전체 강성행렬도 비대칭이 된다.** 비대칭행렬은 역행렬을 구하는 데 훨씬 더 많은 계산노력과 저장용량이 요구된다.

수직성법칙(normality rule)과 응력-다일러턴시 관계

다일러턴시(dilatancy)는 소성 전단변형 중 체적변화를 일으키는 현상이다. 응력이 탄성한도 내에 있고 재료의 거동이 등방선형탄성이라면 다일러턴시는 '0'이다. 탄성상태에서는 전단응력의 변화가 체적변형률의 변화를 야기하지 않으며, 마찬가지로 평균유효응력, p'의 변화도 전단변형률을 발생시키지 않는다. 즉, **등방탄성상태에서는 전단거동과 체적거동은 독립적(uncoupled)**이다.

다일러턴시는 소성팽창거동이다. 전단이 진행됨에 따라 팽창의 크기가 변화하며 한계상태에서는 '0'이 된다. 다일러턴시의 존재는 전단 시 체적변형이 수반된다는 것이므로 전단응력(전단변형)과 평균유효응력(체적변형)의 거동이 서로 영향을 미치는 관계(coupling)에 있음을 의미한다. 두 거동이 상호영향을 미친다는 것은 **이방성 거동**의 증거라 할 수 있다. 따라서 물리적으로 $d\epsilon_v^p/d\epsilon_d^p$ 값을 다일러턴시와 상관시킬 수 있다(ϵ_v^p : 소성체적변형률, ϵ_v^p : 소성편차변형률).

소성상태의 응력과 $d\epsilon_v^p/d\epsilon_d^p$ 관계를 정의하는 식을 응력-다일러턴시 방정식(stress-dilatancy equation)이라 한다. 소성응력상태는 응력비 $\eta = q/p'$로 나타낸다. 최대응력점은 파괴점으로서 한계상태이며 이 점의 응력비는 $\eta = M$이다. 응력비, $\eta = q/p'$와 소성변형률증분비, $d\epsilon_v^p/d\epsilon_d^p$의 관계로 다일러턴시를 표현해보자. 그림 5.43에서 등방소성거동을 가정하면 다일러턴시 ψ를 다음과 같이 정의할 수 있다(2.3.4절에서 다룬 **평면변형조건의 다일러턴시 정의와 차이**를 유의).

$$\psi = \frac{1}{\tan\beta} = \frac{d\epsilon_v^p}{d\epsilon_d^p} \quad \text{또는} \quad \beta = \tan^{-1}\left(\frac{d\epsilon_v^p}{d\epsilon_d^p}\right) \tag{5.39}$$

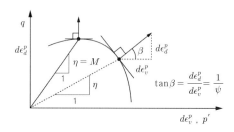

그림 5.43 응력-다일러턴시 관계와 소성포텐셜

이 식의 의미를 좀 더 명확히 하기 위해 그림 5.44 (a)와 같이 한계상태와 등방압축상태에서의 소성변형률 증분을 생각해보자. **한계상태에서는 전단변형만 발생**하므로 $\beta = \pi/2$이다. **등방압축상태에서는 체적변형만 발생**하므로 $\beta = 0$이다. 그림 5.44 (b)와 같이 β와 η이 $(0, 0)$부터 $(\pi/2, M)$까지 변화한다. 하지만 구간변화를 정확히 알 수 없으므로 그림 5.44 (b)로부터 $\eta - \beta$ 관계식을 바로 구할 수 없다.

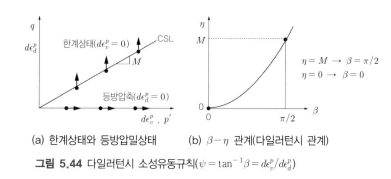

(a) 한계상태와 등방압밀상태   (b) $\beta - \eta$ 관계(다일러턴시 관계)

그림 5.44 다일러턴시 소성유동규칙($\psi = \tan^{-1}\beta = d\epsilon_v^p/d\epsilon_d^p$)

소성포텐셜함수 접선의 기울기(dq/dp')와 변위벡터가 수직을 이룬다는 수직성 규칙을 이용하면, 두 직선의 기울기의 곱이 '-1'이 되어야 하므로

$$\frac{dq}{dp'} \times \frac{d\epsilon_d^p}{d\epsilon_v^p} = -1 \text{ 이며, 따라서}$$

$$\frac{dq}{dp'} = -\frac{d\epsilon_v^p}{d\epsilon_d^p} = -\psi = -\frac{1}{\tan\beta} \tag{5.40}$$

위 식을 응력-다일러턴시 방정식이라 하며, 소성거동의 응력-체적관계를 정의하는 중요한 의미가 있다. 그림 5.45는 이를 도시한 것이다.

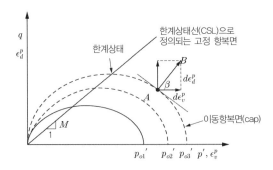

그림 5.45 항복함수와 응력-다일러턴시

응력-다일러턴시 방정식은 소성포텐셜, 또는 연계소성유동규칙의 항복함수를 구하는 데 유용하다. Cam-clay 모델을 비롯한 고급 모델들이 응력-다일러턴시 관계를 이용하여 소성포텐셜 또는 항복면을 정의한다.

5.3.5 탄소성 응력-변형률 관계

앞에서 소성론과 그 구성 요소를 살펴보았다. 이제 이들 요소를 이용하여 소성상태의 응력-변형률 관계를 유도해보자. 그림 5.46은 탄소성구간의 응력-변형률 관계를 보인 것이다.

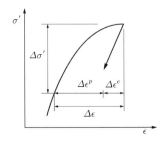

그림 5.46 증분(incremental) 응력-변형률 관계

응력-변형관계는 비선형 상태에 있으므로 증분응력-변형률 범위에 대하여 다음과 같이 나타낼 수 있다.

$$\{\Delta\sigma'\} = [D^{ep}]\{\Delta\epsilon\} \tag{5.41}$$

여기서 $[D^{ep}]$를 탄소성구성행렬이라 한다. 총 증분변형률, $\{\Delta\epsilon\}$ 는 탄성성분 $\{\Delta\epsilon^e\}$, 그리고 소성성분 $\{\Delta\epsilon^p\}$ 로 구성된다.

$$\{\Delta\epsilon\} = \{\Delta\epsilon^e\} + \{\Delta\epsilon^p\} \tag{5.42}$$

증분응력, $\{\Delta\sigma'\}$는 증분탄성변형률, $\{\Delta\epsilon^e\}$와 탄성구성행렬 $[D]$를 이용하여 다음과 같이 나타낼 수 있다.

$$\{\Delta\sigma'\} = [D]\{\Delta\epsilon^e\} \tag{5.43}$$

식 (5.42)와 식 (5.43)에서 다음을 도출할 수 있다.

$$\{\Delta\sigma'\} = [D](\{\Delta\epsilon\} - \{\Delta\epsilon^p\}) \tag{5.44}$$

증분소성변형률, $\{\Delta\epsilon^p\}$는 소성포텐셜함수, $Q(\sigma',m)$와 소성유동규칙을 이용하여 나타낼 수 있다.

$$\{\Delta\epsilon^p\} = \Lambda\left\{\frac{\partial Q(\sigma',m)}{\partial\sigma'}\right\} \tag{5.45}$$

식 (5.45)를 식 (5.44)에 대입하면 다음과 같다.

$$\{\Delta\sigma'\} = [D]\{\Delta\epsilon\} - \Lambda[D]\left\{\frac{\partial Q(\sigma',m)}{\partial\sigma'}\right\} \tag{5.46}$$

재료가 소성상태에 있다면 $F(\sigma',k) = 0$이고, $dF(\sigma',k) = 0$인 일치성 조건이 성립하므로 체인룰(chain rule)을 이용하여 미분하면 다음과 같다.

$$dF(\sigma',k) = \left\{\frac{\partial F(\sigma',k)}{\partial\sigma'}\right\}^T\{\Delta\sigma'\} + \left\{\frac{\partial F(\sigma',k)}{\partial k}\right\}^T\{\Delta k\} = 0 \tag{5.47}$$

식 (5.47)을 증분응력에 대하여 다시 정리하면 다음과 같다.

$$\{\Delta\sigma'\} = -\frac{\left\{\dfrac{\partial F(\sigma',k)}{\partial k}\right\}^T\{\Delta k\}}{\left\{\dfrac{\partial F(\sigma',k)}{\partial\sigma'}\right\}^T} \tag{5.48}$$

식 (5.46)과 식 (5.48)을 조합하면 다음과 같다.

$$\Lambda = \frac{\left\{\dfrac{\partial F(\sigma',k)}{\partial\sigma'}\right\}^T[D]\{\Delta\sigma\}}{\left\{\dfrac{\partial F(\sigma',k)}{\partial\sigma'}\right\}^T[D]\left\{\dfrac{\partial Q(\sigma',m)}{\partial\sigma'}\right\} + A} \tag{5.49}$$

여기서,

$$A = -\frac{1}{\Lambda}\left\{\frac{\partial F(\sigma',k)}{\partial k}\right\}^T \{\Delta k\} \tag{5.50}$$

$$\{\Delta\sigma'\} = [D]\{\Delta\epsilon\} - \frac{[D]\left\{\dfrac{\partial Q(\sigma',m)}{\partial\sigma'}\right\}\left\{\dfrac{\partial F(\sigma,k)}{\partial\sigma'}\right\}^T[D]}{\left\{\dfrac{\partial F(\sigma',k)}{\partial\sigma'}\right\}^T[D]\left\{\dfrac{\partial Q(\sigma',m)}{\partial\sigma'}\right\} + A}\{\Delta\epsilon\} \tag{5.51}$$

식 (5.50)과 식 (5.51)에서 탄소성구성방정식 $[D^{ep}]$는 다음과 같이 나타낼 수 있다.

$$[D^{ep}] = [D] - \frac{[D]\left\{\dfrac{\partial Q(\sigma',m)}{\partial\sigma'}\right\}\left\{\dfrac{\partial F(\sigma',k)}{\partial\sigma'}\right\}^T[D]}{\left\{\dfrac{\partial F(\sigma',k)}{\partial\sigma'}\right\}^T[D]\left\{\dfrac{\partial Q(\sigma',m)}{\partial\sigma'}\right\} + A} \tag{5.52}$$

탄소성구성행렬은 항복함수(F)와 소성포텐셜함수(Q)의 응력에 대한 그래디언트(gradient) $\partial F/\partial\sigma'$와 $\partial Q/\partial\sigma'$를 필요로 한다. 식 (5.50)에 의해 주어지는 파라미터 A의 형태는 완전소성($\partial F/\partial\kappa = 0$), 변형률경화 및 연화 등 소성거동의 형태에 따라 달라진다. $[D^{ep}]$를 정량화하기 위해서는 소성포텐셜의 Λ 값이 정의되거나 소거되어야 한다. 현재까지 제시된 경화법칙은 k가 상수(완전소성)이거나, Λ와 k가 선형관계인 경우에 대하여만 $[D^{ep}]$의 산정이 가능하다.

완전소성(perfectly plastic)의 경우

완전소성의 경우 상태변수 k는 일정한 값, 즉 상수이다. 따라서 다음과 같으며 $A = 0$이 된다.

$$\left\{\frac{\partial F(\sigma',k)}{\partial k}\right\}^T = 0 \tag{5.53}$$

따라서 이 경우 $[D^{ep}]$는 다음과 같으며, 정역학적으로 결정 가능하다.

$$[D^{ep}] = [D] - \frac{[D]\left\{\dfrac{\partial Q(\sigma',m)}{\partial\sigma}\right\}\left\{\dfrac{\partial F(\sigma',k)}{\partial\sigma'}\right\}^T[D]}{\left\{\dfrac{\partial F(\sigma',k)}{\partial\sigma'}\right\}^T[D]\left\{\dfrac{\partial Q(\sigma',m)}{\partial\sigma'}\right\}} \tag{5.54}$$

탄소성 구성식은 컴퓨터를 이용한 수치해석법으로 실제지반문제 해석에 구현된다. 수치해석프로그램은 여러 구성모델을 라이브러리로 갖추고 있으며, 각 모델은 항복함수(F)와 소성포텐셜함수(Q)의 응력에 대한 미분치, 즉 그래디언트(gradient), $\partial F/\partial \sigma'$와 $\partial Q/\partial \sigma'$를 미리 풀어서 서브루틴(subroutine)화되어 있다. 항복함수 $F(\sigma') = f(I, J_{2D}, \theta)$에 대한 그래디언트의 산정 예를 살펴보자(Owen & Hinton, 1980).

$$\left(\frac{\partial F}{\partial \sigma'}\right)^T = \frac{\partial F}{\partial I}\frac{\partial I}{\partial \sigma'} + \frac{\partial F}{\partial \sqrt{J_{2D}}}\frac{\partial \sqrt{J_{2D}}}{\partial \sigma'} + \frac{\partial F}{\partial \theta}\frac{\partial \theta}{\partial \sigma'}$$

여기서, $\sigma'^T = (\sigma_{11}', \sigma_{22}', \sigma_{33}', \sigma_{12}, \sigma_{23}, \sigma_{13})$, $\dfrac{\partial \theta}{\partial \sigma'} = \dfrac{-\sqrt{3}}{2\cos 3\theta}\left[\dfrac{1}{(J_{2D})^{3/2}}\dfrac{\partial J_{3D}}{\partial \sigma'} - \dfrac{\tan 3\theta}{\sqrt{J_{2D}}}\dfrac{\partial \sqrt{J_{2D}}}{\partial \sigma'}\right]$ 이므로

$\partial F/\partial \sigma'$는 다음과 같이 표현할 수 있다.

$$\frac{\partial F}{\partial \sigma'} = G_1 a_1 + G_2 a_2 + G_3 a_3 \tag{5.55}$$

여기서, $G_1 = \dfrac{\partial F}{\partial I}$, $G_2 = \dfrac{\partial F}{\partial \sqrt{J_{2D}}} - \dfrac{\sqrt{3}}{2\cos\theta}\dfrac{\tan 3\theta}{\sqrt{J_{2D}}}\dfrac{\partial F}{\partial \theta}$, $G_3 = \dfrac{-\sqrt{3}}{2\cos 3\theta}\dfrac{1}{(J_{2D})^{3/2}}\dfrac{\partial F}{\partial \theta}$

$$a_1^T = \frac{\partial I}{\partial \sigma} = [1, 1, 1, 0, 0, 0]$$

$$a_2^T = \frac{\partial \sqrt{J_{2D}}}{\partial \sigma} = \frac{1}{2\sqrt{J_{2D}}}(s_{11}, s_{22}, s_{33}, 2\sigma_{12}, 2\sigma_{23}, 2\sigma_{13}) \qquad \text{여기서, } s \text{는 제2장 참조}$$

$$a_3^T = \frac{\partial J_{3D}}{\partial \sigma} = \left[\left(s_{22}s_{33} - \sigma_{23}^2 + \frac{J_{2D}}{3}\right), \left(s_{11}s_{33} - \sigma_{13}^2 + \frac{J_{2D}}{3}\right), \left(s_{11}s_{22} - \sigma_{12}^2 + \frac{J_{2D}}{3}\right),\right.$$
$$\left. 2(\sigma_{23}\sigma_{13} - s_{33}\sigma_{12}), 2(\sigma_{13}\sigma_{12} - s_{11}\sigma_{23}), 2(\sigma_{12}\sigma_{23} - s_{22}\sigma_{13})\right]$$

$$J_{2D} = \frac{1}{6}\left[(\sigma_{11}' - \sigma_{22}')^2 + (\sigma_{22}' - \sigma_{33}')^2 + (\sigma_{33}' - \sigma_{11}')^2\right] + \sigma_{12}^2 + \sigma_{23}^2 + \sigma_{13}^2 \quad \text{또, } J_{3D} = \frac{1}{3}\text{tr}[s_{ij}]^3$$

어떤 구성모델의 항복함수든 그래디언트를 계산하는 과정은 단지 $G_i(i=1, 2, 3)$의 차이만 있으므로, 위 식을 이용하면 그래디언트에 대한 컴퓨터 코드의 모듈화가 가능하다. 소성포텐셜에 대한 그래디언트 $\partial Q/\partial \sigma'$도 마찬가지 방법으로 모듈화할 수 있다. 연계소성 유동규칙을 채택한 모델인 경우 $\partial Q/\partial \sigma' = \partial F/\partial \sigma'$이다. F와 Q는 각 모델에 따라 달라 질 것이다. 각 지반 모델에 대한 실제 계산은 5.4절에서 살펴본다.

변형률 경화 및 연화(strain hardening/softening plasticity)의 경우

상태변수 k는 누적소성변형률 $\{\Delta \epsilon^p\}$와 관계되므로, $k = f(\Delta \epsilon^p)$로 표현할 수 있다. 식 (5.50)은 결과적으로 다음과 같이 쓸 수 있다.

$$A = -\frac{1}{\Lambda}\left\{\frac{\partial F(\sigma', k)}{\partial k}\right\}^T \frac{\partial\{k\}}{\partial\{\epsilon^p\}}\{\Delta\epsilon^p\} \tag{5.56}$$

만일 $\{k\}$와 $\{\epsilon^p\}$가 선형관계라면

$\dfrac{\partial\{k\}}{\partial\{\epsilon^p\}} = C$(상수)가 되며, 이는 Λ가 $\{\epsilon^p\}$에 독립적임을 의미한다.

이 관계를 식 (5.54)에 대입하고 소성유동법칙 $\Delta\epsilon^p = \Lambda\{\partial Q/\partial\sigma'\}$를 적용하면 $[D^{ep}]$는 다음과 같이 나타나고 이는 정역학적으로 결정 가능하다.

$$[D^{ep}] = [D] - \frac{[D]\left\{\dfrac{\partial Q(\sigma',m)}{\partial\sigma'}\right\}\left\{\dfrac{\partial F(\sigma',k)}{\partial\sigma'}\right\}^T[D]}{\left\{\dfrac{\partial F(\sigma',k)}{\partial\sigma'}\right\}^T[D]\left\{\dfrac{\partial Q(\sigma',m)}{\partial\sigma'}\right\} - \left\{\dfrac{\partial F(\sigma',k)}{\partial k}\right\}^T C\left\{\dfrac{\partial Q(\sigma',m)}{\partial\sigma'}\right\}} \tag{5.57}$$

탄성구성행렬 $[D]$가 대칭이고(즉, 등방탄성 또는 직교이방성) $Q(\sigma',m) = F(\sigma',k)$이면 탄소성구성행렬 $[D^{ep}]$도 대칭이다. $[D^{ep}]$가 대칭이면 강성행렬 $[K]$ 행렬(제2권 수치해석 참조)도 대칭이다. $Q(\sigma',m) \neq F(\sigma',k)$이면 $[D^{ep}]$는 대칭이 아니다. 따라서 $[K]$도 비대칭이다.

수치해석에서 강성행렬(stiffness matrix)이 비대칭이면 계산시간과 컴퓨터 저장용량이 크게 증가하게 된다. 하지만, 연계소성유동규칙은 대칭 강성행렬이 얻어지는 장점은 있지만 지반재료와 같은 마찰성 재료(frictional material)에는 적합하지 않다.

5.3.6 탄소성 구성 모델의 발전

지반 소성 문제 해석의 초기에는 금속 등의 소성이론인 완전소성, 즉 강도의 소성이론을 주로 채용하였다. 이후, 지반재료의 마찰저항을 설명하기 위해 von Mises 항복규준을 확장하거나, Mohr-Coulomb 파괴규준을 개선하여 적용하였다. 그러나 이들 단순 모델로는 지반재료의 거동특성을 표현하는 데 한계가 있었다. 특히 금속에 잘 맞는 연계유동규칙을 지반에 적용할 경우 소성거동 중의 다일러턴시를 과대하게 예측하는 문제가 발생하였다.

1950년대에 이르러 여러 가지 구성식이 발표되기 시작하였고, 한계상태 모델의 유용성도 인지되기 시작하였다. Drucker et al(1957)은 금속에서는 잘 발견되지 않는, 체적변화에 의해 일어나는 항복면인 'Yield Cap(캡 항복면)'의 존재를 확인하였다. 이후 Roscoe et al.(1958)은 상태경계면의 존재에 기초한 한계상태이론을 제시하였고, Calladin(1963)은 지반거동 모델을 일반화하는 데 토대가 되는 소성경화이론을 제시하였다. 최초의 한계상태 모델은 Cambridge 대학의 Roscoe와 그의 동료연구자들에 의해 개발된 Cam-clay 모델이다.

Cam-clay 모델은 탄소성 구성방정식으로 Roscoe와 Schofield(1963), 그리고 Schofield와 Worth (1968)에 의해 제안되었으며, 그 후 Roscoe와 Burland(1968)가 수정(Modified) Cam-clay 모델을 제안 하였다. 이 모델은 1970년대 초기 Smith(1970), Simpson(1973), 그리고 Nayler(1975) 등에 의해 유한요 소해석 프로그램에 구현되었다. Cam-clay 모델은 소성경화, 그리고 등방압축하의 항복거동 모사를 가 능하게 하여 지반구성 모델의 발전에 전기를 이루었다.

한편, 잔류강도, 미소변형률에서의 비선형특성, 반복하중 시 응력이력현상 등 Cam-clay 모델로는 고 려할 수 없는 거동문제도 새로이 제기되었다. 이러한 거동특성을 고려하기 위해 Cam-clay 모델에 기반 을 둔 여러 고급 모델들이 개발되었다. 특히 반복하중하(下)의 누적소성거동을 모델링하기 위하여 운동 경화법칙을 채택하는 발전된 모델들이 제안되었다. 일례로 Mroz(1981)는 경계면 내부에 작은 항복면을 (nested yield surfaces) 포함하는 모델을, 그리고 Dafalias(1982)는 매핑(mapping)기법으로 재하항복면 을 구성하는 다중항복면 모델을 제안하였다.

일반적으로 금속의 소성거동 모델에 주로 적용되는 중공형(hollow) 항복면을 갖는 완전소성 모델을 단순 모델로, 항복면의 이동과 체적변화 특성을 고려하는 경화 모델을 고급 모델로 구분한다. 완전소성 모델과 같은 단순 모델은 강도 모델로서 주로 파괴면의 안정해석(한계이론해석 등)에 적용되어 왔다. 고 급 모델은 흙의 다양한 거동특성을 표현할 수 있는 반면 비교적 많은 수의 입력 파라미터를 요구한다.

이 때문에 실무에 적용할 구성모델의 선정은 모델이 요구하는 입력파라미터 결정을 포함하므로 지반 조사와도 유기적인 협조를 통해 진행할 필요가 있다. 아무리 좋은 모델이라 해도 그 모델이 요구하는 입 력파라미터에 대한 시험결과가 없으면 사용할 수 없기 때문이다. 그림 5.47은 이 장에서 다룰 주요 구성 델의 종류를 예시한 것이다. 현재 실무에서 주로 사용되는 탄소성 모델은 MC모델이며, 고급모델은 아 직도 연구목적 혹은, 특별한 경우에만 적용되고 있다.

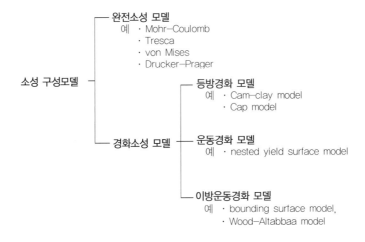

그림 5.47 소성 지반거동 모델의 분류 예

5.4 지반재료의 파괴강도와 완전소성 모델

4.5.1절에서 고찰한 바와 같이 다양한 형태의 파괴정의에 기초하여 여러 파괴규준(failure criteria)이 제안되었다. 전단강도를 기초로 한 Mohr-Coulom 규준이 지반재료의 대표적 파괴규준이다. 이밖에도 Tresca, von Mises, Drucker-Prager 등 기존의 전통역학 분야에서 제시된 것들과 Lade, Matsoka-Nakai, Hoek-Brown 등 지반재료를 대상으로 제시된 파괴규준이 있다.

파괴규준은 파괴 여부를 판단하는 응력 함수이지만, 지반해석에서 완전(강체)소성 모델 또는 **탄성-완전소성 모델로 사용할 경우 항복함수 및 소성포텐셜함수(연계소성 유동규칙)가 된다.** 특히 완전소성 모델은 지지력, 사면안정 등 고전적 지반안정문제의 이론해석 시 강도산정의 기준이 되므로 활용하므로 이를 **강도 모델**이라고도 한다. 그림 5.48에 응력-변형 모델의 항복과 파괴관계를 예시하였다.

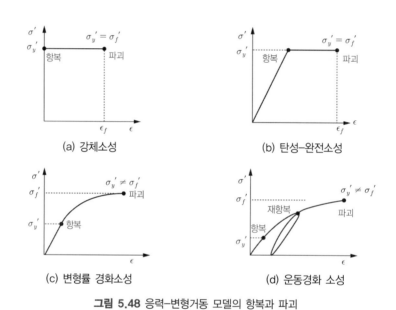

그림 5.48 응력-변형거동 모델의 항복과 파괴

재료거동을 탄성-완전소성으로 가정하는 경우 항복응력과 파괴응력이 동일하다. 하지만 변형률 경화를 고려하는 고급 모델의 경우 항복영역은 계속 확장되므로 파괴응력은 최초항복응력보다 훨씬 크다.

5.4.1 파괴규준(failure criteria)

파괴를 정의하는 최대응력(또는 강도)은 구속응력 등 시험조건에 따라 달라지므로 재료기능의 역학적 존속한계, 즉 파괴규준(failure criteria)으로 상용하기 어렵다. 일축 응력상태(uniaxial stress state)와 같은 단순응력상태에서는 파괴에 대한 정의가 쉽게 이해될 수 있으나, 다축 응력상태(multi- axial stress state)에서는 응력의 조합을 고려하는 3차원 응력공간에 대한 파괴정의가 필요하다. 전통적으로 파괴는 응력의 함수로 다룬다. 하지만 지반재료의 경우 파괴응력에 도달하기 전 상당한 변형을 일으켜 기능을 상실하는 경우도 있다. 이런 경우 파괴규준은 변형률 개념으로 정의하는 것이 보다 타당할 것이다(e.g. ϵ_f). 변형률 기준의 파괴규준은 사용성과 관계되므로 구조물마다 다를 것이다. 이 절에서는 응력관점에 기초하여 파괴규준을 다룬다.

파괴규준은 요구되는 파라미터의 수에 따라 그림 5.49와 같이 1-파라미터 파괴규준과 2-파라미터 파괴규준 등으로 구분할 수 있다.

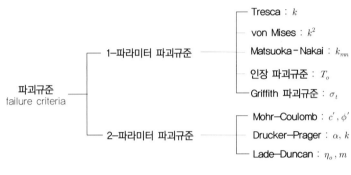

그림 5.49 지반재료의 파괴규준과 요구 파라미터 수

파괴규준은 지반의 역학적 기능의 한계를 정의하는 함수로서 안정해석과 지반거동 모델링에서 가장 중요한 요소 중의 하나이다. 지반재료의 거동과 관련하여 다수의 파괴규준이 제안되었지만 현재 가장 보편적으로 사용되는 것은 Mohr-Coulomb 파괴규준이다.

Mohr−Coulomb 파괴규준(MC 규준)

Mohr-Coulomb 파괴규준은 두 사람의 공동연구가 아니라 각기 다른 시간적, 재료적 연구를 통해 도달한 같은 결론이다. **Coulomb은 석재기둥을 대상으로 Mohr는 강(steel)을 대상으로 파괴거동을 연구**하여 파괴거동이 물체에 발생하는 최대전단응력에 의해 일어남을 발견하였다.

Coulomb 방정식. Coulomb(1776)은 석재(石材)기둥의 강도와 옹벽의 토압에 관한 실험을 통하여 하중이 어떤 크기 이상으로 커지면 특정 면에서 전단파괴가 일어남을 발견하였다. 그는 그림 5.50에서 실험장치인 석재기둥에 하중 P를 가할 때 임의면(임의 θ)에서 점착력과 마찰력이 모두 발현되는 데 필요한 P 값을 조사하였는데, 파괴 시 P 값은 θ가 $(45^o + \phi'/2)$일 때 얻어짐을 알았다.

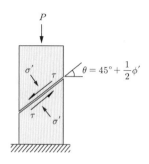

그림 5.50 Coulomb의 석조기둥 시험 모델

Coulomb이 자신의 발견을 응력개념의 이론으로 제시한 것은 아니나, 이후의 연구자들이 그의 이론을 응력의 개념으로 정리하여 이를 파괴상태를 정의하는 Coulomb의 방정식이라 하였다(그림 5.51 a). 지반거동이 유효응력에 의해 지배되므로, Coulomb 식을 유효응력 개념으로 표현하면,

$$|\tau| \le c' + \sigma_n'\mu = c' + \sigma_n'\tan\phi' \tag{5.58}$$

여기서 μ는 마찰계수로서 $\tan\phi'$이다. 위 식을 $\tau - \sigma'$ 공간에 도해적으로 표시하면 법선응력과 전단응력의 관계가 직선임을 알 수 있다. **마찰계수를 실험적으로 구하는 것보다 직선의 경사각을 얻는 것이 더 용이**하므로 마찰계수 $\mu = \tan\phi'$로 정의하고 ϕ'를 재료의 내부마찰각이라 한다. 내부마찰각은 작용반력(또는 작용력)이 법선에 대해 기울어진 각도를 의미한다. 유효법선응력이 '0'일 때의 전단강도를 점착절편(cohesion intercept)이라 한다(점착절편은 진 점착력이 아니며, 파괴규준 유도과정에서 도입된 상수).

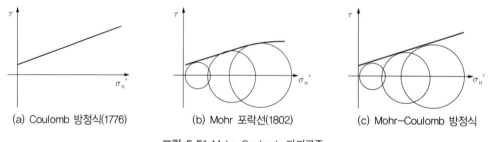

(a) Coulomb 방정식(1776)   (b) Mohr 포락선(1802)   (c) Mohr-Coulomb 방정식

그림 5.51 Mohr-Coulomb 파괴규준

Mohr 포락선. Mohr는 한 점의 응력상태를 나타내는 도해적 방법인 Mohr 원을 이용하여 강(steel)의 파괴상태를 나타낼 수 있음을 발견하였다(1802). 각각 다른 구속응력으로 파괴 시험한 결과를 Mohr 원으로 나타내면 그림 5.51 (b)와 같이 나타난다. Mohr 원이 표시되는 최외곽면, 즉 Mohr 원의 포락선을 그리면 이 선의 아래쪽은 존재 가능한 응력상태이나 이 선의 상부영역은 존재할 수 없는 응력상태이다. 즉, 지반요소의 응력상태가 Mohr 포락선에 접하는 순간 이 요소는 파괴상태에 있다고 할 수 있다.

Mohr-Coulomb(MC) 파괴규준. Coulomb과 Mohr는 각기 다른 시각에서 다른 재료에 대한 연구로 출발하였으나 같은 결론에 도달하였다. Mohr 포락선을 직선으로 가정하면 Mohr 원의 포락선은 Coulomb의 방정식과 일치한다(그림 5.51 c). 이를 Mohr-Coulomb(MC) 파괴규준이라 한다.

$$\tau_f = c' + \sigma_n' \tan\phi' \tag{5.59}$$

여기서 c'와 ϕ'를 강도 파라미터라 한다. **지반공학에서 ϕ'는 '마찰각(friction angle)'이라는 표현보다는 '전단저항각(angle of shearing resistance)'이라고 함이 더 적절한 것 같다.** 그 이유는 4장에서 살펴보았듯이 ϕ'가 다양한 요인들에 의해 영향을 받으며, 지반재료의 경우 개별 입자의 내부 마찰보다는 입자 간 표면마찰력이 전단저항에 기여하기 때문이다. c'는 **점착절편(cohesion intercept)이라 하며 유효응력이 '영(0)'인 상태에서 흙이 갖는 강도**이다. 따라서 이 값은 **흙의 인장강도에 해당하는 점착력(cohesion)과는 다른 값**이다. c'를 진점착력과 구분하기 위해 겉보기 점착력(apparent cohesion)이라고도 한다. 이 식은 흙 지반에 대하여 광범위하게 받아들여지는 기준이며, 암 지반에 대하여도 암석 불연속면, 암반에 적용 가능하다.

비배수 조건일 경우 MC 파괴규준은 그림 5.52와 같이 직경이 같은 여러 개의 전응력 Mohr 원의 포락선으로 나타난다. 이때 유효응력 Mohr 원은 단 한 개로 수렴된다. MC 파괴규준은 $\tau_f = s_u$가 되며, 이때 s_u를 비배수 전단강도라 한다. 일반적으로 **마찰성재료는 구속응력의 증가와 함께 강도도 증가하는데, 비배수조건은 강도가 구속응력과 무관한 예외적인 현상으로서 비마찰성 거동이라 할 수 있다.**

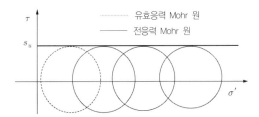

그림 5.52 비배수 상태의 Mohr−Coulomb 파괴규준(비마찰성 거동)

MC 모델의 활용이 광범위하고 이를 바탕으로 지반거동 모델을 개선하려는 시도도 많았던 만큼 MC 모델에 대한 역학적 표현은 매우 다양하며 익숙해질 필요가 있다.

주응력을 이용한 MC규준의 표현. 그림 5.53에서 보듯이 파괴면(rupture plane)은 최대주응력이 작용하는 면과 θ_{cr}을 이룬다.

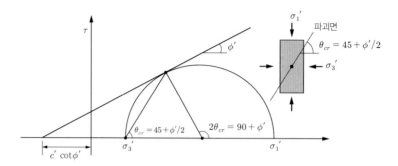

그림 5.53 Mohr-Coulomb 파괴규준의 주응력 표현($\theta_{cr} = 45 + \phi'/2$)

주응력 기준으로 표기한 MC 파괴규준은 $\sin\phi' = \dfrac{\dfrac{\sigma_1' - \sigma_3'}{2}}{c' \cdot \cot\phi' + \dfrac{\sigma_1' + \sigma_3'}{2}}$ 이므로

$$(\sigma_1' - \sigma_3') - 2c'\cos\phi' - (\sigma_1' + \sigma_3')\sin\phi' = 0 \tag{5.60}$$

이는 다음과 같이 나타낼 수 있다.

$$\sigma_1' = \sigma_3'\left(\frac{1 + \sin\phi'}{1 - \sin\phi'}\right) + 2c'\left(\frac{\cos\phi'}{1 - \sin\phi'}\right) \tag{5.61}$$

c' 가 '0'인 경우, $\sigma_1' = \sigma_3'\left(\dfrac{1 + \sin\phi'}{1 - \sin\phi'}\right)$ 이므로

$$\frac{\sigma_1'}{\sigma_3'} = \left(\frac{1 + \sin\phi'}{1 - \sin\phi'}\right) = \tan^2\left(45 + \frac{\phi'}{2}\right) = \tan^2\theta_{cr} \tag{5.62}$$

여기서 θ_{cr} 은 파괴면 각도로서 $\theta_{cr} = 45 + \phi'/2$ 이다.

한계상태 파라미터를 이용한 MC 파괴규준의 표현. 한계상태의 전단파괴 상태(CSL)는 $q = Mp'$ 로 표시된다. 파괴상태에서 다음이 성립한다(식 (4.23) 참조).

$$\frac{q}{p'} = \frac{1}{3}M$$

삼축압축시험($\sigma_2' = \sigma_3'$)의 경우, $p' = \dfrac{\sigma_1' + 2\sigma_3'}{3}$, $q = \sigma_1' - \sigma_3'$ 이므로

$$(\sigma_1{}' - \sigma_3{}') = \frac{M}{3}(\sigma_1{}' + 2\sigma_3{}') \quad \text{또는} \quad \sigma_1{}' = \frac{2M+3}{3-M}\sigma_3{}' \tag{5.63}$$

한계상태 파라미터 M을 이용하여 MC 파괴규준을 나타낼 수 있다. 변형이 진전되어 파괴상태에 이르면 지반에 남아 있던 점착력은 거의 사라지게 되므로 한계상태의 표기법에 따라 $\eta = q/p' = M$이다. 즉, $c' = 0$이며, 다음과 같이 표현된다.

$$\sigma_1{}' = \sigma_3{}'\left(\frac{1+\sin\phi'}{1-\sin\phi'}\right) + 2c'\left(\frac{\cos\phi'}{1-\sin\phi'}\right) \simeq \sigma_3{}'\left(\frac{1+\sin\phi'}{1-\sin\phi'}\right)$$

식 (5.62)과 위식으로부터 M과 MC 강도 파라미터 간 관계는 다음과 같이 나타난다.

$$\frac{2M+3}{3-M} = \frac{1+\sin\phi'}{1-\sin\phi'} \tag{5.64}$$

위 식을 M에 대하여 정리하면, 삼축압축시험($\sigma_2{}' = \sigma_3{}'$) 조건에서 ϕ'와 **압축시험의 한계상태선(critical state line)의 경사(M)와의 관계**를 다음과 같이 얻을 수 있다(그림 5.54).

$$M = \left(\frac{6\sin\phi'}{3-\sin\phi'}\right), \ \sin\phi' = \frac{3M}{6+M} \ \text{이므로} \ \phi' = \sin^{-1}\left(\frac{3M}{6+M}\right) \tag{5.65}$$

삼축인장시험($\sigma_2{}' = \sigma_1{}'$)의 경우, 인장한계상태선의 기울기를 M^*이라 하면 다음과 같다.

$$M^* = \left(\frac{6\sin\phi'}{3+\sin\phi'}\right), \ \sin\phi' = \frac{3M^*}{6-M^*} \tag{5.66}$$

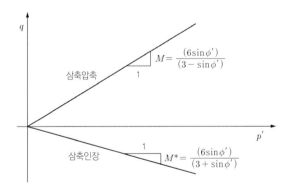

그림 5.54 한계상태 파라미터를 이용한 Mohr–Coulomb 식의 표현(압축·인장 비대칭)

3축시험에 대한 한계상태 파괴규준은 그림 5.54의 아래쪽 선과 같이 나타난다. 압축영역 파괴선의 기울기가 인장영역의 기울기보다 크므로, 파괴영역은 p'축에 비대칭이다. 실험 데이터에 따르면 한계상태에서의 전단저항각, ϕ_{cr}'은 삼축인장 및 삼축압축에서 거의 같다. 이 조건을 적용하면, 즉 $M = \phi_{cr}'/25$, $M^* = \phi_{cr}'/35$이다.

Mohr-Coulomb 파괴규준의 일반화(편차응력공간 이용)

MC식을 편차응력면(또는 Π-평면)에 표시하면 주응력의 회전으로 $\sigma_1' \geq \sigma_2' \geq \sigma_3'$; $\sigma_1' \geq \sigma_3' \geq \sigma_2'$; $\sigma_2' \geq \sigma_1' \geq \sigma_3'$; $\sigma_2' \geq \sigma_3' \geq \sigma_1'$; $\sigma_3' \geq \sigma_1' \geq \sigma_2'$; $\sigma_3' \geq \sigma_2' \geq \sigma_1'$의 여섯 구간으로 구분되어 그림 5.55와 같이 불연속 6각형 피라미드 형상으로 나타난다.

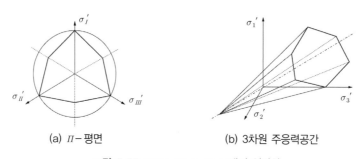

(a) Π-평면   (b) 3차원 주응력공간

그림 5.55 Mohr-Coulomb 모델의 일반화

이때 MC 파괴규준은 편차응력면의 응력불변량 J, θ, p'를 이용하면 다음과 같다.

$$\frac{J}{(p'+a)g_f(\theta)} - 1 = 0 \tag{5.67}$$

여기서 a는 $p'-J$좌표계의 p'축 절편($a = c'/\tan\phi'$), $\sigma_1' \geq \sigma_2' \geq \sigma_3'$ 및 $-\pi/6 \geq \theta \geq +\pi/6$에서

$$J = \sqrt{\frac{1}{6}[(\sigma_1' - \sigma_2')^2 + (\sigma_2' - \sigma_3')^2 + (\sigma_3' - \sigma_1')^2]}$$

$$g_f(\theta) = \frac{\sin\phi'}{\cos\theta + \frac{1}{\sqrt{3}}\sin\theta\sin\phi'}$$

$$\theta = \tan^{-1}\left[\frac{(2b-1)}{\sqrt{3}}\right], \quad b = \frac{\sigma_2' - \sigma_3'}{\sigma_1' - \sigma_3'}$$

예제 MC규준에서 ϕ'와 OCR이 파괴면에 미치는 영향을 조사해보자.

풀이 시험결과에 따르면 그림 5.56과 같이 ϕ' 및 OCR 증가는 항복면의 크기를 증가시킨다. 즉, ϕ'

및 OCR의 증가가 안정(탄성거동)영역을 확대시킨다.

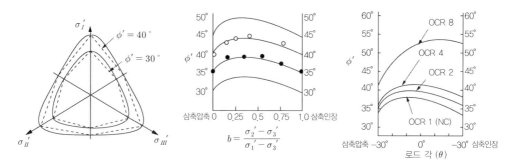

그림 5.56 ϕ' 와 OCR이 항복면의 크기에 미치는 영향

Tresca 파괴규준

Tresca(1864)는 얇은 구리관에 대한 소성거동시험을 통해, 전단응력(편차주응력)이 어떤 한계값에 도달할 때 파괴가 시작됨을 발견하였다. 이를 주응력으로 표시하면 다음과 같다.

$$\sigma_1' - \sigma_3' = k \tag{5.68}$$

이 식을 주응력으로 표시한 Mohr-Coulomb규준과 비교하면 $\tau_{\max} = (\sigma_1' + \sigma_3')/2$ 이므로 $k = 2\tau_{\max}$ 가 된다. Tresca 규준을 Π-평면(또는 편차응력면)에 도시하면 주응력의 크기 변화로 인해 그림 5.57과 같이 불연속 6구간으로 나뉜다. 비배수($\phi' \approx 0$)전단 파괴 시의 Tresca 식은 Mohr-Coulomb 파괴규준과 동일해진다. Tresca 식을 3차원 응력 공간으로 일반화하면 $J\cos\theta = k$ 이 된다(θ 는 로드 각).

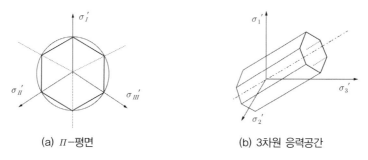

(a) Π-평면   (b) 3차원 응력공간

그림 5.57 Tresca 파괴규준

von Mises 파괴규준

von Mises(1913)는 편차응력, J가 어떤 한계값에 도달했을 때 파괴가 일어난다고 가정하여 다음의 파괴규준을 제안하였다.

$$\frac{1}{6}[(\sigma_1' - \sigma_2')^2 + (\sigma_2' - \sigma_3')^2 + (\sigma_3' - \sigma_1')^2] = J^2 = h^2 \tag{5.69}$$

여기서 h는 실험으로 결정되는 재료상수이며 응력불변량 J와 같은 의미를 갖는다. 이를 $\varPi$-평면에
도시하면 그림 5.58과 같이 원으로 나타난다. von Mises 규준은 육각형 Tresca 규준에 중간주응력을 고
려하여 원형의 연속함수로 개선한 것이다. 3차원식은 $J^2 - h^2 = 0$ 이다.

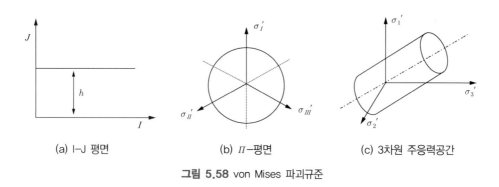

<table>
<tr><td>(a) I-J 평면</td><td>(b) $\varPi$-평면</td><td>(c) 3차원 주응력공간</td></tr>
</table>

그림 5.58 von Mises 파괴규준

Drucker-Prager 파괴규준

Mohr-Coulomb 규준은 중간주응력을 포함하지 않는데, Drucker-Prager(1952)는 중간 주응력을 포함
하여 다음의 파괴규준을 제안하였다.

$$J - \alpha I = k \tag{5.70}$$

Drucker-Prager 규준은 중간주응력을 고려하여 MC 규준을 원추형 연속함수로 개선한 것이라 할 수
있다. 이 식을 응력공간에 표시하면 그림 5.59와 같이 3차원 응력공간에서는 원추(cone)형으로 나타나
며, $\varPi$-평면에서는 Mohr-Coulomb 규준의 3꼭짓점에 접하는 원으로 나타난다.

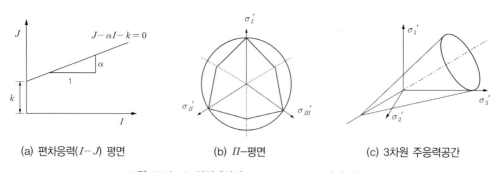

<table>
<tr><td>(a) 편차응력($I - J$) 평면</td><td>(b) $\varPi$-평면</td><td>(c) 3차원 주응력공간</td></tr>
</table>

그림 5.59 $\varPi$-평면에서의 Drucker-Prager 파괴규준

Lade-Duncan 파괴규준

Lade와 Duncan(1975)은 **모래 입방체 시료에 대한 진(眞)삼축응력시험**(true triaxial test)을 수행하여 중간 주응력의 영향을 조사하였다. 시험결과를 편차응력면에 도시하여 다음과 같은 파괴규준을 얻었다.

$$\eta_1 = \left(\frac{I_1^3}{I_3} - 27\right)\left(\frac{I_1}{p_a}\right)^m \tag{5.71}$$

여기서 $I_1 = \sigma_1' + \sigma_2' + \sigma_3'$, $I_2 = \sigma_1'\sigma_2' + \sigma_2'\sigma_3' + \sigma_3'\sigma_1'$, $I_3 = \sigma_1'\sigma_2'\sigma_3'$ 이며, m 과 η_1은 무차원 상수로서 삼축압축 시험으로 결정할 수 있다. 이 식을 로그(log) 형태로 다시 쓰면 다음과 같다.

$$\log\left(\frac{I_1^3}{I_3} - 27\right) = \log\eta_1 + m\log\left(\frac{p_a}{I_1}\right) \tag{5.72}$$

이 파괴규준은 그림 5.60과 같이 각진 **모서리가 없이 부드럽게 이어지는 삼각형 모양**이다. 정수압 축에 대하여 파괴규준의 형상이 변화하지 않는다고 가정하면, 3차원 주응력 공간에서 삼각형 단면의 부드러운 원추형으로 나타난다.

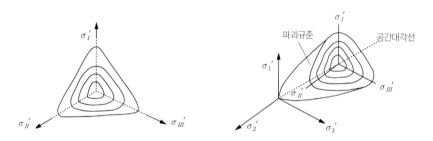

그림 5.60 Lade-Duncan 파괴규준(ϕ' 증가 시 포락선 확장)

3개 이상 시료의 삼축시험 결과로 파라미터를 결정할 수 있다. 시험결과를 $\log[(I_1^3/I_3) - 27]$과 $\log(p_a/I_1)$의 관계로 표시하면 직선으로 나타나는데, 이 직선의 기울기가 m, $\log(p_a/I_1) = 1$ 때의 점착절편이 η_1 이다.

예제 MC, Tresca, Drucker-Prager, von Mises 모델은 모두 Π-평면에서 직선형 파괴면을 채택하고 있으나, Lade의 파괴규준은 실제 모서리 부분에서 지반재료가 나타내는 곡선형 파괴면을 고려할 수 있다.

$$f(I_1, I_2) = (I_1^3/I_3 - 27)(I_1/p_a)^m - k = 0$$

이 모델은 모래에 대한 실험결과, 응력경로 파라미터 b에 관계없이 같은 조밀도의 모래에 대하여 무차원 변수 I_1^3/I_3 가 일정한 값을 나타내는 거동을 보이는 데서 착안하였다($I_1 = \sigma_1' + \sigma_2' + \sigma_3'$, $I_3 = \sigma_1'\sigma_2'\sigma_3'$). 삼축시험결과로 Lade 파괴규준의 파라미터를 정의하는 방법을 설명해보자.

풀이 위 파괴규준에 로그를 취하면, $\log(I_1^3/I_3 - 27) + m\log(I_1/p_a) = \log k$이다. $\log(I_1^3/I_3 - 27)$를 y축에, $\log(I_1/p_a)$을 x축에 도시하면 위 파괴규준식을 직선으로 나타낼 수 있다. 이때 m은 직선의 기울기이며, k는 $I_1/p_a = 1$일 때의 y축 절편 값이다. 시험결과를 선형 근사화하기 위해서는 적어도 3개의 시험결과가 필요하다. 그림 5.61은 5개 시험결과로부터 m 및 k의 두 파라미터를 결정하는 방법을 예시한 것이다.

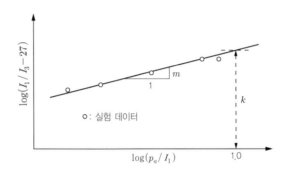

그림 5.61 Lade–Duncan 파괴규준의 파라미터 결정(ϕ' 증가 시 포락선 확장)

Matsuoka–Nakai 파괴규준

Matsuoka-Nakai(1974)는 그림 5.62와 같이 Mohr-Coulomb(MC) 규준의 모든 꼭짓점과는 일치하나, 직선부에서는 MC 규준 외곽으로 부드럽게 이어지는 다음의 파괴규준을 제안하였다.

$$\frac{I_1 I_2}{I_3} = k_{mn} \tag{5.73}$$

여기서, $k_{mn} = (9 - \sin^2\phi_c')/(1 - \sin^2\phi_c')$이며, ϕ_c'는 삼축압축 시험으로 구한 전단저항각이다.

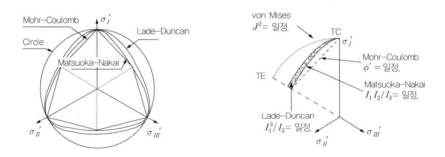

그림 5.62 Π–평면에서 파괴규준(TC : 삼축압축, TE : 삼축인장)

이 규준은 삼축압축 및 인장의 경우(모서리)에는 Mohr-Coulomb(MC) 규준과 일치하나 그 외의 응력경로에 대하여 MC 파괴규준의 외곽에 위치한다. 그러나 Lade-Duncan의 파괴규준보다는 보수적이다(내부에 위치한다). 그림 5.62의 $\varPi$-평면상의 파괴규준을 보면 MC 규준의 안정영역이 가장 보수적임을 알 수 있다. $\varPi$-평면에서 안정영역의 크기는 'MC < Matsuoka-Nakai < Lade-Duncan' 순이다.

예제 $\varPi$-평면의 $-30 \leq \theta \leq +30°$ 범위에서 MC 모델, von Mises 모델, Lade-Duncan 모델, 그리고 Matsuoka-Nakai 파괴규준을 비교해보자.

풀이 삼축압축(CTC, TC, RTC)은 $b=0, \theta=-30°$, 삼축인장(CTE, TE, RTE)은 $b=1, \theta=+30°$ 이다. 그림 5.63에 보인 바와 같이 von Mises 파괴면이 가장 외곽에 위치하여, 인장저항을 과대평가한다. Lade-Duncan 및 Matsuoka-Nakai 모델은 곡선으로 추측되는 파괴면 형상을 적절히 나타내나 인장파괴를 포함, 전체적으로 Matsuoka-Nakai 모델이 Lade-Duncan 모델보다 보수적이다. MC 모델은 압축과 인장에서 비교적 정확한 값을 주나 실제 곡선으로 나타나는 구간을 직선으로 단순화한다.

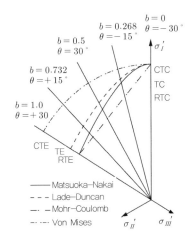

그림 5.63 파괴규준에 따른 파괴안전영역 비교

인장파괴 규준

지반재료는 인장응력에 거의 저항하지 못한다. 따라서 전단강도가 인장강도를 초과하도록 허용해서는 안 된다. **인장강도를 초과하면 균열이 발생하여 강성이 상실되고 주응력의 회전이 일어난다.** 이를 고려하기 위하여 인장에 대한 별도의 파괴규준의 도입이 필요하다.

인장균열은 최소주응력 $\sigma_3{}'$ 가 인장강도 $\sigma_t{}'$ 에 도달할 때 발생한다. 따라서 인장균열의 발생조건, 즉 인장파괴 규준은 식 2.116을 이용하면 다음과 같이 나타난다.

$$\sigma_3{}' = p' + \frac{2}{\sqrt{3}} J \sin\left(\theta - \frac{2}{3}\pi\right) = \sigma_t{}' \tag{5.74}$$

또는 다음과 같다.

$$\sigma_t' - p' - \frac{2}{\sqrt{3}} J \sin\left\{\left(\theta - \frac{2}{3}\pi\right)\right\} = 0 \tag{5.75}$$

위 식은 인장균열이 시작될 때의 응력상태, 즉 파괴면을 규정한다. σ_3'에 따라서 인장균열이 자연적으로 회전할 수 있게 해주므로 별도로 인장균열의 회전을 정의해야 할 필요가 없다. 인장 강도규준은 그림 5.64와 같이 축차응력공간에서 삼각형 콘으로 나타난다. 이 모델은 모서리를 가지므로 수치해석을 위해 특이점(singularity) 문제를 해소해야 한다.

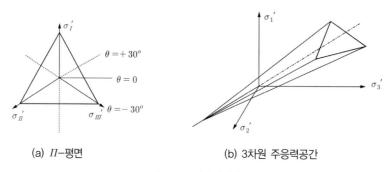

(a) II-평면   (b) 3차원 주응력공간

그림 5.64 인장파괴면

Griffith의 암석파괴이론

인장강도(tensile strength, σ_t')는 취성재료의 결합강도(bond strength)보다 작다. Griffith는 그 이유가 무결암(intact rock)으로 보이는 암석재료가 미세균열(micro-cracks)이나 결함(flaws)을 포함하기 때문인 것으로 설명하였다. 그림 5.65는 두 응력공간에 대하여 Griffith(1924) 파괴이론을 보인 것이다.

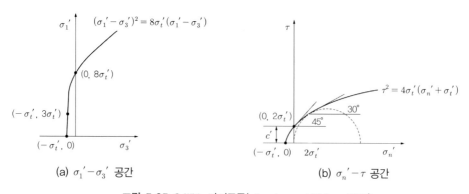

(a) $\sigma_1' - \sigma_3'$ 공간   (b) $\sigma_n' - \tau$ 공간

그림 5.65 Griffith 파괴규준(after Lo and Hefny, 2001)

파괴 시 응력조건은 $\sigma_1' \sim \sigma_3'$ 공간에서 $(\sigma_1' - \sigma_3')^2 = 8\,\sigma_t'\,(\sigma_1' - \sigma_3')$ 이고, 수직응력$(\sigma_n')\sim$전단응력(τ) 공간에서 $\tau^2 = 4\sigma_t'\,(\sigma_n' + \sigma_t')$ 이다.

Griffith 파괴이론은 파괴규준으로 정립되지는 못하였으나 인장상태의 취성재료에 대한 균열전파 이론의 기초를 제공하였다. 이 이론은 Hoek & Brown 파괴규준의 출발점이 되었다.

Hoek−Brown의 암반·암석 파괴규준

Hoek과 Brown(1980)은 암석의 강도를 일축압축강도(σ_c')로 정규화한 데이터를 $\sigma_{1f}'/\sigma_c' \sim \sigma_{3f}'/\sigma_c'$ 관계로 도시하여 이를 **대표하는 함수를 파괴규준으로 제시**하였다. 그림 5.66에서 유도된 **Hoek-Brown의 암반 파괴규준**은 다음과 같다.

$$\sigma_1' = \sigma_3' + \sigma_{ci}'\left(m_b\frac{\sigma_3'}{\sigma_{ci}'} + s\right)^a \tag{5.76}$$

- $a = 1/2,\quad \sigma_3' = 0$에서, $\sigma_1' = \sigma_c' = \left(s\,\sigma_{ci}'^2\right)^{1/2}$
- $a = 1/2,\quad \sigma_1' = 0$에서, $\sigma_3' = \sigma_t' = \dfrac{1}{2}\sigma_{ci}'\left[m_b - \left(m_b^2 + 4s\right)^{1/2}\right]$

여기서 $m_b,\ s,\ a$는 암반상수이고, σ_t'는 인장강도, σ_{ci}'는 무결암의 일축압축강도이다. 여기서 첨자 i는 무결암(intact rock)을, 첨자 c는 압축(compression)을 의미한다.

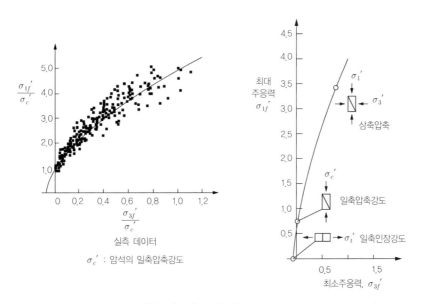

그림 5.66 암석, 암반의 파괴규준(after Hoek and Brown, 1980)

Hoek-Brown규준은 암석에도 적용할 수 있도록 제안되었다. 무결암의 경우, $m_b = m_i$, $s = 1$, $a = 0.5$
로서, 암석 파괴규준은 다음과 같다.

$$\sigma_1' = \sigma_3' + \sigma_{ci}' \left(m_i \frac{\sigma_3'}{\sigma_{ci}'} + 1 \right)^{0.5}$$ (5.77)

Hoek-Brown 규준과 MC 규준의 비교

$\sigma_3' - \sigma_{1f}'$ 공간에 표시된 시료의 파괴응력에 대하여 Hoek-Brown의 파괴 규준은 곡선 회귀분석 식인데 반하여,
MC 규준은 직선 회귀분석 식에 해당한다. 주응력을 이용한 MC 규준이 $\sigma_1' = 2c' \left(\dfrac{\cos\phi'}{1-\sin\phi'} \right) + \left(\dfrac{1+\sin\phi'}{1-\sin\phi'} \right)\sigma_3'$
이므로, 이를 $\sigma_{1f}' = \sigma_{cm}' + k\sigma_3'$ 라 가정하면, 기울기 k와 절편 σ_{cm}' 은 각각 다음과 같다.

$$k = \frac{1+\sin\phi'}{1-\sin\phi'}, \quad \sigma_{cm}' = 2c' \frac{\cos\phi'}{1-\sin\phi'}$$ (5.78)

여기서 $\sin\phi' = (k-1)/(k+1)$ 이며, $c' = \sigma_{cm}'/(2\sqrt{k})$ 이다. 선형회귀분석(linear regression)으로 구
한 k 및 σ_{cm}' 값을 위의 식에 대입하여 ϕ', c' 값을 구할 수 있다. 그림 5.67은 파괴응력을 각각
Hoek-Brown과 MC규준으로 회귀분석한 결과를 비교한 것이다.

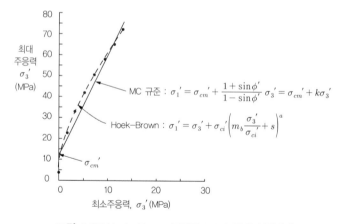

그림 5.67 Hoek-Brown 모델과 MC 모델의 상관관계

NB : 암 지반재료가 잔류강도를 나타내는 특성을 고려하면 그림 5.68과 같이 MC 파괴규준을 이용한 첨두강
도 파괴규준과 잔류강도 파괴규준의 조합으로 나타낼 수 있다.

- 최대응력(첨두강도) 기준 : $\tau_f = \tau_{f(peak)} = c' + \sigma_n'\tan\phi'$

- 잔류응력(강도) 기준(절편값 $c_{res} \approx 0$) : $\tau_{f(res)} = c'_{res} + \sigma_n{}'\tan\phi'_{res} \div \sigma_n{}'\tan\phi'_{res}$

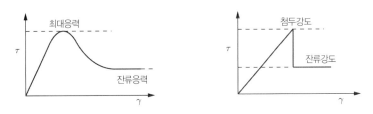

그림 5.68 암석의 응력–변형률 거동의 이상화

5.4.2 Mohr–Coulomb 완전소성 모델

완전소성 모델(구성식)은 항복과 함께 재료가 파괴 상태에 도달하는 개념의 모델로서 경화거동을 고려하지 않는다. 이 모델은 파괴규준을 항복함수로 사용하며, Mohr-Coulomb(MC), Tresca, von Mises 등이 대표적 완전소성 모델이다. 완전소성모델의 소성포텐셜함수는 주로, $F(\sigma',\kappa) = Q(\sigma',m)$인 연계소성유동법칙을 채용한다.

전통적으로 강체-완전소성 모델은 안정해석에 사용되어왔으며(그림 5.69 a), 수치해석에서는 탄성모델과 조합하여 탄성-완전소성 모델을 사용하여왔다(그림 5.69 b). 이 절에서는 지반공학에서 활용빈도가 높은 Mohr-Coulomb(MC) 모델을 중심으로 탄성-완전소성모델을 살펴본다.

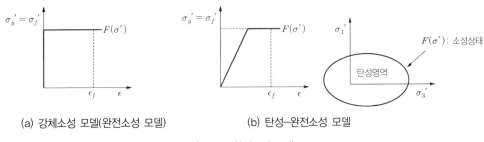

(a) 강체소성 모델(완전소성 모델)   (b) 탄성–완전소성 모델

그림 5.69 완전소성 모델

MC 모델은 MC 파괴규준을 항복함수로 하는 완전소성 모델이다. 이 경우 항복응력과 파괴강도는 같다. MC모델을 탄성모델과 조합하면 탄성-완전소성 모델이 된다.

항복함수. 주응력을 이용한 MC 파괴규준(식 5.60)을 이용하면 항복함수는 다음과 같이 쓸 수 있다.

$$F(\sigma') = (\sigma_1{}' - \sigma_3{}') - 2c'\cos\phi' - (\sigma_1{}' + \sigma_3{}')\sin\phi' \tag{5.79}$$

3차원 응력공간에서 $F(\sigma') = \dfrac{J}{(p'+a)g_f(\theta)} - 1$ 이다. 여기서 $g_f(\theta) = (\sin\phi')/\left(\cos\theta + \dfrac{1}{\sqrt{3}}\sin\theta\sin\phi'\right)$ 이다. 만일 $\phi' = 0$ 이면 $c' = (\sigma_1' - \sigma_3')/2 = s_u$ 가 되어, 뒤에서 살펴 볼 Tresca 모델과 같아진다.

소성포텐셜함수. 지반재료는 초기상태에서 파괴에 이르기까지 체적변화가 일어나며, 항복 이후 상당한 변형이 진전되면 일정체적조건(즉, 한계상태)에 도달한다. MC모델의 소성포텐셜함수를 정하기 위해 우선 $F(\sigma') = Q(\sigma')$ 인 연계소성 유동규칙을 고려해보자. 이 경우 그림 5.70 (a)와 같이 소성변위 벡터가 τ축에 대해 ϕ' 만큼 기울어져 파괴(한계)상태에서도 체적변형률이 일어나는 문제가 발생한다.

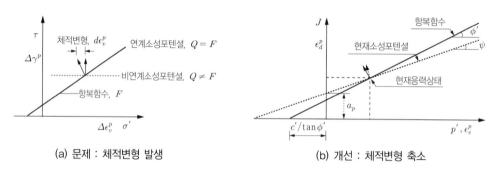

(a) 문제 : 체적변형 발생   (b) 개선 : 체적변형 축소

그림 5.70 소성포텐셜의 문제와 개선방법 예

MC 모델에 연계소성 유동규칙을 채용하면 소성체적변형률을 실제보다 훨씬 크게 예측하고, 항복에 도달해서도 계속해서 체적팽창이 계산되는 문제가 있다. 이 문제는 $Q \neq F$ 인 비연계 소성유동규칙을 도입함으로써 어느 정도 해소할 수 있다(그림 5.70 b).

그 하나의 방법은 항복함수의 물성 파라미터를 다르게 하여 소성유동함수를 취하는 방식, 즉 항복함수의 ϕ' 대신 다일레이션 각, ψ를 사용한 함수를 소성포텐셜함수로 취하는 것이다. $\psi < \phi'$ 이므로 소성포텐셜 함수의 기울기가 항복함수보다 완만해지므로 체적 변형률 감소효과를 얻을 수 있다. 이렇게 함으로써 그림 5.70 (b)에서 보듯 체적변형의 크기가 줄어듦을 볼 수 있다.

ψ를 작게 취할수록 다일레이션은 감소한다. 즉, ψ를 변화시킴으로써 다일레이션의 제어가 가능하다. $\psi = 0$이면 체적변형률은 영이 된다. Mohr-Coulomb 모델에 요구되는 비연계 소성파라미터는 c', ϕ', ψ 3개이고, 탄성파라미터는 E, ν이므로, 선형탄성-MC완전소성 모델은 최소 5개의 파라미터가 필요하다.

NB : 비연계 소성포텐셜을 사용하면 강성행렬, $[K]$는 비대칭이 된다. 따라서 연산에 필요한 컴퓨터 자원이 크게 늘어난다.

예제 Zienkiewicz and Humpson(1977)은 원형기초(그림 5.71 a)에 대하여 MC-연계소성 유동규칙 및 MC-비연계소성 유동규칙을 적용한 축대칭 수치해석을 실시하였다. 이로부터 기초중앙에 대한 침하하중관계곡선을 그림 6.71 (b)와 같이 얻었다. 이 결과에 기초하여 소성유동규칙의 의의를 설명해보자.

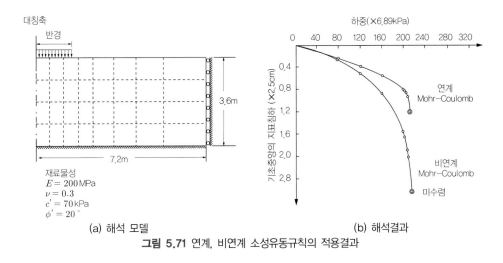

(a) 해석 모델   (b) 해석결과

그림 5.71 연계, 비연계 소성유동규칙의 적용결과

풀이 그림 5.71의 해석결과를 보면 두 경우에 대한 파괴하중은 거의 같다. 하지만 침하양상은 전혀 다르게 나타났다. 일반적으로 연계소성 유동규칙은 파괴에 접근할 때 과다한 체적변형을 수반한다. 이는 달리말해 실제보다 훨씬 큰 지반강도를 나타냄을 의미한다. 비연계소성 유동규칙을 채택한 경우, 파괴접근 시 체적변형은 감소하고 전단변형은 증가한다. 결과적으로 기초침하 증가에 기여한 것은 전단변형의 증가, 즉 비연계소성 규칙을 채택한 경우이다. 이는 통상적으로 연계소성 유동규칙이 과다한 체적변형을 야기하여 더 큰 기초침하를 초래할 것이라는 막연한 예상과 다른 결과이다. 결론적으로 기초저면 지반의 전체 변형의 볼륨은 연계규칙을 사용한 경우가 더 클지라도, 이로 인해 기초침하가 더 커진다고 결론짓기 어렵다. 즉, 비연계소성 유동규칙의 채택으로 체적변화 없이 전단변형에 의해 기초가 항복하고 파괴상태에 이르는 거동이 더 큰 침하를 야기한다는 분석이 보다 적절해 보인다. 따라서 예제의 침하는 여러 요소의 전단 및 체적변형의 조합으로 비롯된 것이므로 체적변형이 과다하다고 해서 침하가 당연히 클 것이라는 추측은 적절치 않다. 하지만 기초측면의 지반융기(heave)는 연계소성 유동규칙의 경우가 훨씬 더 크게 나타날 수 있다.

Mohr-Coulomb 모델의 확장

Mohr-Coulomb 모델이 간단하고, 편리하므로 이를 개선하여 지반거동을 좀더 잘 모델링하고자 하는 많은 노력이 시도되었다. 특히 완성소성거동의 한계를 극복하고자 MC모델에 경화 및 연화규칙을 채용하는 개선이 시도되었다. 경화거동이 추가된 모델은 더 이상 완전소성 모델이 아니나 기본 MC 모델의 확장 형태이므로 이 절에서 다룬다.

변형률 경화 및 연화 MC 모델로 확장 개선한 방법으로 MC 모델의 입력 파라미터 c', ϕ', ψ를 누적 소성변형률에 따라 변화시키는 구간파라미터 법, 그리고 응력-다일러턴시 방정식을 이용하는 방법 등이 제안되었다.

구간 파라미터법. 지반재료의 물성이 영역에 따라 그림 5.72와 같이 변화한다고 가정한다.

- 영역 A에서는 c', ϕ'은 선형적으로 증가 → 변형률 경화현상
- 영역 B에서는 c', ϕ'가 일정한 상태로 유지
- 영역 C에서는 c', ϕ'가 지수적(또는 선형)으로 감소 → 변형률 연화현상

비연계거동을 고려하기 위하여 영역 A 및 B에서 ϕ'와 ψ는 비례한다고 가정하고(즉, $\psi = \alpha\phi'$, α는 상수, e.g. 런던점토 $\alpha \approx 0.5$), 영역 C에서 ψ는 ψ_r까지 감소한다고 가정할 수 있다. 이 모델에 요구되는 파라미터는 c_p', c_r', c_i', $(\epsilon_d^p)_{c1}$, $(\epsilon_d^p)_{c2}$, $(\epsilon_d^p)_{cr}$, a_c, ϕ_p', ϕ_r', ϕ_i', $(\epsilon_d^p)_{\phi1}$, $(\epsilon_d^p)_{\phi2}$, $(\epsilon_d^p)_{\phi r}$, a_p, ψ, ψ_r 등이다. $c_i' = c_p' = c_r'$이고, $\phi_i' = \phi_p' = \phi_r'$이면, 이 모델은 MC 모델이 된다. 만일 $c_i' = c_p'$, $\phi_i' = \phi_p'$이고, $(\epsilon_d^p)_{c1} = (\epsilon_d^p)_{\phi1} = (\epsilon_d^p)_{c2} = (\epsilon_d^p)_{\phi2}$이면 영역 C만 작동하므로 연화거동을 고려하는 MC 모델이 된다.

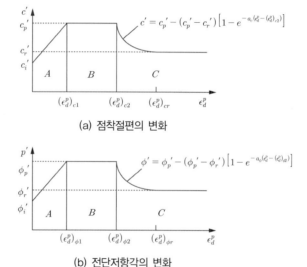

(a) 점착절편의 변화

(b) 전단저항각의 변화

그림 5.72 변형률경화 및 연화거동 모델링을 위한 Mohr-Coulomb 모델의 확장

응력-다일러턴시($\eta - \psi$) 이용법. 4장의 한계상태 이론을 참조하면 $p' - q$ 공간에서 MC 파괴규준은 $f(\sigma') = q - Mp' = 0$이다. 응력비($\eta_y = q/p'$)를 이용하여 응력에 따라 다음과 같이 항복면이 변화하는 경화 모델을 도입할 수 있다(그림 5.73 a).

$$F(\sigma') = q - \eta_y p' \tag{5.80}$$

이때 소성포텐셜 Q는 5.3.4절에서 다루었던 응력-다일러턴시 방정식을 이용하여 구할 수 있다.

$$\ln p' - \ln p_o{}' + \int_0^\eta \frac{d\eta}{\eta + \psi} = 0 \tag{5.81}$$

ψ를 위 방정식에 대입하여 적분한 방정식이 소성포텐셜이다. ψ는 그림 5.73 (b)의 연계소성 유동규칙 ($\psi = -\eta_y$) 및 그림 5.73 (c)의 비연계 소성유동법칙($\psi = M - \eta_y$)으로 정의할 수 있다. 연계규칙은 항복이후 체적변형을 과대하게 산정하므로 비연계규칙이 보다 더 타당하다.

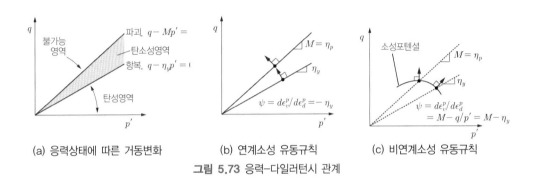

(a) 응력상태에 따른 거동변화   (b) 연계소성 유동규칙   (c) 비연계소성 유동규칙

그림 5.73 응력-다일러턴시 관계

5.4.3 기타 완전소성 모델

완전소성모델은 파괴규준을 항복함수 및 소성포텐셜함수로 가정하는 구성식이므로, MC규준 외에도 앞에서 고찰한 모든 파괴규준을 완전소성모델로 적용할 수 있다. 현재는 사용빈도가 높지 않지만 토질역학의 초기 안정해석에 주로 사용하였던 Tresca, von Mises, Drucker-Prager의 파괴규준을 이용한 완전소성모델을 간략히 살펴보자.

Tresca 완전소성 모델

Tresca 규준 $\sigma_1{}' - \sigma_3{}' = \kappa$를 삼축시험에 적용하면 $\sigma_1{}' - \sigma_3{}' = \kappa = 2s_u$가 되므로, 항복함수(그림 5.74)는 $F(\sigma') = \kappa - 2s_u = \sigma_1{}' - \sigma_3{}' - 2s_u$이다. 3차원 공간에서는 $J\cos\theta - k = 0$이 된다.

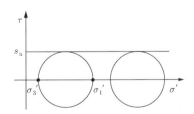

그림 5.74 포화점토의 비배수전단강도

Tresca 항복 모델은 비마찰성 거동인 점토의 비배수 강도특성과 정확히 일치한다. 따라서 이 모델은 비배수문제의 해석에 적합하다. $\phi' = 0$이면 Mohr-Coulomb 식은 Tresca 항복함수와 같아지므로 Tresca 항복함수는 Mohr-Coulomb 항복함수의 특수한 형태임을 알 수 있다. 항복면에 수직한 벡터가 τ에 평행하므로 연계소성유동법칙의 적용이 가능하다. $\nu_u = 0.5$이므로 이 모델을 정의하는 데 필요한 파라미터는 전단강도 s_u와 비배수 영계수 E_u이다. 육각형 모서리를 가지므로 특이점에 대한 고려가 필요하다.

von Mises 완전소성 모델

von Mises 모델은 Tresca 모델을 Π-평면상의 연속함수로 개선한 것이다. 3차원 응력공간으로 일반화하면 다음과 같다.

$$F(\sigma') = J^2 - h^2 = 0 \tag{5.82}$$

여기서 h는 재료상수로서 지반재료의 전단강도를 나타낸다. Tresca 모델과 매칭을 통해서 k와 비배수 전단강도를 연관 지을 수 있다. 두 항복면의 접점에서 $F(\sigma') = J^2\cos\theta - s_u = J^2 - h^2$를 만족하도록 h를 정하면 $h = s_u / \cos\theta$이다.

von Mises 항복면은 **구속 등방압의 크기가 항복에 영향을 미치지 않으므로 팔면체 평면에 나타나는 항복곡면은 모두 동일한 반경을 갖는 원**이 된다. 이와 같이 **항복조건이 구속 등방압의 크기에 영향을 받지 않는 재료를 비마찰성 재료(non-frictional material)라 한다. 지반은 비마찰성 재료가 아니나 비배수 조건에서만 비마찰성 거동을 보이므로 이 경우, Tresca 및 von Mises식을 사용할 수 있다.**

Drucker-Prager 완전소성 모델

Tresca 모델의 수학적 개선형태가 von Mises 모델이라면, Mohr-Coulomb 모델의 수학적 개선형태가 Drucker-Prager 모델이다. 이 모델의 파괴규준 $J - \alpha I = k$를 3차원 응력공간의 항복면으로 표현하면 다음과 같다.

$$F(\sigma) = J - \left(\frac{c'}{\tan\phi} + p'\right)g(\theta) = 0 \tag{5.83}$$

여기서 $g(\theta) = (\sin\phi') / \left(\cos\theta + \frac{1}{\sqrt{3}}\sin\theta\sin\phi'\right)$이다.

Mohr-Coulomb 모델에 내접 또는 외접하는 두 경우를 생각하여 $g(\theta)$를 정할 수 있다. 외접은 삼축압축의 경우 ($\theta = -30$), $g(\theta) = M$, 내접은 삼축인장의 경우 ($\theta = +30$), $g(\theta) = M^*$이다.

5.4.4 완전소성 모델의 그래디언트 벡터와 특이점 처리

완전소성 모델을 구성식으로 완성하기 위해서는 구성행렬에 필요한 그래디언트(경사) 벡터(미분계수, $\partial F/\partial\sigma'$, $\partial Q/\partial\sigma'$)를 산정하고, 특이점 문제를 해소할 수 있어야 한다.

5.3절 소성론에서 $\dfrac{\partial F}{\partial\sigma'} = G_1 a_1 + G_2 a_2 + G_3 a_3$이며, $G_1 = \dfrac{\partial F}{\partial I}$, $G_2 = \dfrac{\partial F}{\partial J} - \dfrac{\sqrt{3}}{\cos\theta}\dfrac{\tan3\theta}{J}\dfrac{\partial F}{\partial\theta}$, $G_3 = \dfrac{-\sqrt{3}}{2\cos3\theta}$ $\dfrac{1}{J^3}\dfrac{\partial F}{\partial\theta}$ 이다. 각 완전소성 모델에 대한 이들 항복면에 대한 미분계수값을 표 5.3에 정리하였다.

표 5.3 각 항복함수에 대한 G_1, G_2, G_3

항복함수	G_1	G_2	G_3
Tresca	0	$2\cos\theta(1+\tan\theta\tan3\theta)$	$\dfrac{\sqrt{3}}{J}\dfrac{\sin\theta}{\cos3\theta}$
Von Mises	0	$\sqrt{3}$	0
Mohr−Coulomb	$-\dfrac{1}{3}\sin\phi'$	$\cos\theta[\sin\phi'(\tan\theta-\tan3\theta)/$ $\sqrt{3}+\tan3\theta\tan\theta+1]$	$\dfrac{\sqrt{3}\sin\theta-\cos\theta\sin\phi'}{2J^2\cos3\theta}$
Druker−Prager	$-\alpha$	1	0

특이점의 처리

Tresca 모델과 MC 모델은 항복곡면의 모서리에서는 $\partial F/\partial\sigma'$가 유일한(unique) 값으로 결정되지 않으므로 특이점(singular points)이다(그림 5.75 a). 불연속점인 특이점에서는 소성포텐셜함수에 수직한 소성변형률 증분을 정의할 수 없으므로 이의 대책이 필요하다.

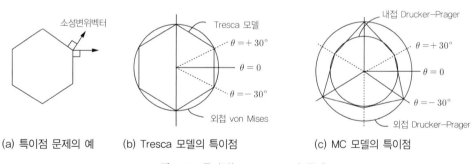

(a) 특이점 문제의 예   (b) Tresca 모델의 특이점   (c) MC 모델의 특이점

그림 5.75 특이점(singular point) 문제

Tresca 항복면과 Mohr-Coulomb 항복면은 Π-평면에서 $\theta=\pm30°$가 특이점이다(그림 5.75 b 및 c). 이 때문에 $\theta=\pm30°$일 때 표 5.3으로 이 두 항복함수의 G_2와 G_3를 계산할 수 없다. Owen & Hinton(1980)은 $\theta=\pm30°$일 때 $\partial F/\partial\sigma'$을 다른 연속함수 모델 값을 적용함으로써 이 문제를 해결하였다.

Tresca 모델의 특이점 처리. $\theta = \pm 30°$ 일 때 Tresca 항복함수는 $\sqrt{3}\,J = \sigma_y{'}(\kappa)$ 이 되어 von Mises 항복함수와 같아진다. 즉, 그림 5.75 (b)와 같이 특이점에서 두 항복함수가 접한다. von Mises 항복함수는 연속음로 Tresca 특이점에서의 $\partial F / \partial \sigma{'}$ 값을 von Mises 식으로 대체하면 특이점문제를 해소할 수 있다.

MC 모델의 특이점 처리. MC 모델의 경우 모서리인 $\theta = -30°$ 에서 외접 Drucker-Prager 모델과 접하므로 연속함수인 Drucker-Prager 모델을 항복함수로 취함으로써 해소할 수 있다(그림 5.75 c). 반면, $\theta = +30°$ 에서는 내접, Drucker-Prager 모델을 항복함수로 취할 수 있다. 따라서 $\theta = \pm 30°$ 일 때 Mohr-Coulomb 항복함수는 다음의 형태가 된다.

$$\text{삼축압축, } \theta = -30° \ : \ \frac{J}{2}\left(\sqrt{3} - \frac{1}{\sqrt{3}}\sin\phi'\right) - \frac{I}{3}\sin\phi' - c\cos\phi' = 0 \tag{5.84}$$

$$\text{삼축인장, } \theta = +30° \ : \ \frac{J}{2}\left(\sqrt{3} + \frac{1}{\sqrt{3}}\sin\phi'\right) - \frac{I}{3}\sin\phi' - c\cos\phi' = 0 \tag{5.85}$$

표 5.4는 두 모델에 대한 특이점의 그래디언트 벡터 $G_i (i = 1,\ 2,\ 3)$를 정리한 것이다.

표 5.4 특이점에서의 $G_1,\ G_2,\ G_3$

항복함수		G_1	G_2	G_3	비고
Tresca($\theta = \pm 30°$)		0	$\sqrt{3}$	0	von Mises
Mohr–Coulomb	$\theta = +30°$	$-\dfrac{1}{3}\sin\phi$	$\dfrac{1}{2}\left(\sqrt{3} + \dfrac{1}{\sqrt{3}}\sin\phi\right)$	0	Drucker–Prager
	$\theta = -30°$	$-\dfrac{1}{3}\sin\phi$	$\dfrac{1}{2}\left(\sqrt{3} - \dfrac{1}{\sqrt{3}}\sin\phi\right)$	0	

예제 MC 모델의 경우 Π-평면에서 6각형의 모서리를 갖는다. 따라서 이 항복면을 연계소성 유동규칙을 사용하는 특이점 문제를 야기한다. 소성포텐셜 특이점 문제의 해소원리를 자세히 설명해보자.

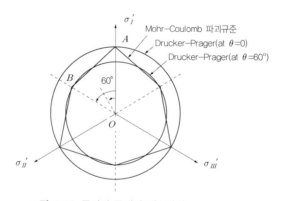

그림 5.76 특이점 문제의 해소방법

풀이 소성변형률은 소성포텐셜에 수직한 방향으로 발생하므로 MC 모델을 연계소성유동규칙으로 사용하는 경우 불연속점인 모서리에서 소성변형률을 유일하게 정의할 수 없다. 따라서 이를 해소하기 위한 수학적 기법이 필요한데, 그림 5.76과 같이 육각형 모서리에 접하는 원을 생각하여 모서리에서 그 원에 수직한 방향의 소성변형률로 정의할 수 있다. 외곽의 3점의 지나는 원과 안쪽의 3점을 지나는 2개의 원이 필요하다. 그런데 Π−평면에서 원으로 나타나는 항복함수가 바로 $Drucker-Prager$ 모델이므로 MC 모델의 모서리의 소성포텐셜을 $Drucker-Prager$ 항복함수로 대체할 수 있다. 위 그림에서 A점은 $\theta=0$, $b=0$ 인 삼축압축상태로서 외접 $Drucker-Prager$ 항복함수를 소성포텐셜로 할 수 있으며, 모서리 B점은 $\theta=60°$, $b=1$인 삼축인장상태로서 내접 $Drucker-Prager$ 항복함수를 소성포텐셜로 사용할 수 있다.

5.4.5 완전소성 모델의 적용성 평가

강도 모델로 실제 지반거동 모사하는 데는 한계가 있으나 입력 파라미터가 적어 사용이 간편한 장점이 있다. 이 절에서 살펴 본 완전소성(강도) 모델은 안정검토를 위한 **강도기준, 탄성-완전소성 모델의 완전소성거동의 정의하기 위한 항복함수 및 소성포텐셜함수**, 고급 탄소성구성 모델의 **파괴규준(failure criteria)** 등으로 활용된다.

Tresca 모델과 MC 모델 모두 최대 주응력과 최소 주응력의 차, 즉 최대 전단강도 파괴이론을 채택한 것이다. 전응력을 기반으로 한 것이 Tresca 모델이고 유효응력을 기반으로 한 것이 MC 모델이라 할 수 있다. 이들 모델은 모두 항복과 강도가 중간 주응력 σ_2' 와 무관하다고 가정한다. 이로 인해 항복면은 3차원 응력공간에서 각각 정육면체 실린더(hexagonal cylinder), 육면체 콘(hexagonal cone)의 형상이 된다. Tresca 모델과 Mohr-Coulomb 모델을 개선한 형태인 von Meises 모델과 Drucker-Prager 모델은 σ_2' 의 영향을 수학적으로 고려하여 불연속점을 없앤 것이다. 3차원 응력공간에서 연속함수로 나타나며 각각 중공실린더(hollow cylinder), 중공 콘(hollow cone)의 형상이 된다. 전통적인 토질역학 및 기초공학은 마찰성 거동에 Mohr-Coulomb 모델, 비마찰성(비배수) 거동에는 Tresca 모델을 주로 사용하여 왔다.

완전소성 모델을 3차원 응력공간에 도시하면 양쪽이 뚫린 형상이며, 따라서 등방압축에서 항복이 일어나는 거동을 고려하지 못한다. 따라서 **지반재료가 정수압 하중하(下)에서 일으키는 소성변형을 고려하지 못한다. 이것이 완전소성 모델의 가장 큰 한계이다.** 완전소성 모델의 특징은 다음과 같이 요약할 수 있다.

- Mohr-Coulomb 파괴규준은 적용에 편리하여 대부분의 지반안정 문제해석에 사용하여 왔으나 중간주응력의 영향을 고려하지 못한다.
- Tresca와 von Mises의 파괴규준은 실험에 기초하여 제안된 것이며, 인장강도와 압축강도가 거의 동일한 금속과 같은 비마찰성 재료에 적합하다. 마찰성 재료(frictional material)의 모델링에는 적합하지 않다.
- 비배수 전단강도는 파괴면에 작용하는 수직응력과 무관하다. 이는 강도가 특정하게 정해지는 지반공학의 특수한 경우로서, 비마찰성 거동에 해당하며 이는 Tresca 완전소성 모델로 정확히 모사할 수 있다.
- Drucker-Prager 모델은 Mohr-Coulomb 규준을 3차원 응력공간에서 연속함수로 일반화한 파괴규준이다. 이 모델은 소성팽창(다일레이션)을 고려할 수 있지만 파괴상태에서는 오히려 실제보다 훨씬 큰 체적변형률을 야기할 수 있다.

5.5 Cam-clay 탄소성 모델

　지반역학에서 한계상태 탄소성 모델이 갖는 의의는 아주 특별하다. 앞에서 다룬 완전소성 모델이 주로 금속재료에 대한 거동에서 출발한 것이라면, 한계상태 모델은 주로 지반시료(재성형(remolded) 점토시료)의 거동을 기반으로 개발된 탄소성 모델이다. **한계상태모델은, 금속재료와 가장 다른 특징인 체적변화와 등방압축하의 항복을 고려한, 지반재료를 대상으로 한 탄소성 모델**이다. 한계상태이론은 지반재료의 (금속과 구분되는) 탄소성 거동메커니즘을 이론적으로 설명한 체계적 시도로서, 이후에 개발된 많은 고급지반구성 모델의 토대가 되었다.

　한계상태 모델은 변형률증분과 그에 상응하는 응력변화량을 연관시키는 증분(incremental) 탄소성 모델로서 Cam-clay 모델이 대표적 이다. Cam-clay 모델은 다음 개념들을 통합한 것이다.

- 한계상태(critical state), $q = Mp'$
- 간극비 – 유효응력관계(e.g. $e - \log \sigma'$)
- 소성변형특성(소성론)
- Rendulic 항복면
- Hvorslev 파괴규준(또는 Mohr-Coulomb 파괴규준) – 전단파괴면

　이 모델은 1950년대 및 1960년대에 걸쳐 Cambridge 대학의 Roscoe 및 Schofield교수에 의해 주도적으로 연구되었다. 재성형 카올린(remolded kaolin) 시료에 대한 삼축시험 결과를 이용하였다. 초기 모델은 $\sigma_1' > \sigma_2' = \sigma_3'$(삼축압축) 및 $\sigma_1' = \sigma_2' > \sigma_3'$(삼축인장)의 응력상태에 국한되었으나 이후 3차원 응력공간으로 확장되었다.

　한계이론(4.6절)에서 고찰한 상태경계면(SSBS)은 지반시료가 놓일 수 있는 응력의 한계(파괴)상태와 구성 모델의 항복면을 구성한다. 응력상태가 SSBS 내부에 위치하면 탄성, SSBS 상에 위치하면 소성 거동을 하며, 이 면을 벗어난 응력상태는 존재할 수 없다. **Cam-clay 모델은** 그림 5.77과 같은 **상태 경계면을 한 개의 단일 항복함수로 제안한 것**이다.

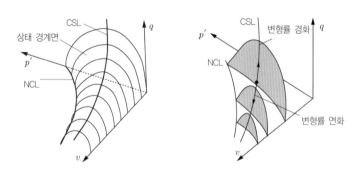

그림 5.77 한계상태이론의 경계면

한계상태 이론에서 **항복면이 비체적($\nu = 1 + e$)에 따라 변화하는 거동은 변형률 경화(hardening) 또는 연화(softening) 현상**에 해당한다. 정규압밀 및 약간 과압밀 지반재료의 항복 등(等)체적선은 같은 형상이면서 크기만 변화하므로 **등방경화(isotropic hardening)**거동을 보인다고 할 수 있다.

Cam-clay 모델은 크게 Roscoe와 Schofield(1963), 그리고 Schofield와 Worth(1968)가 제안한 **Original Cam-clay Model**과 Roscoe 와 Burland(1968)가 제안한 **Modified Cam-clay Model**로 구분된다. Original Cam-clay model은 상태경계면을 **대수나선함수(log spiral function)**로, Modified Cam-clay Model은 **타원형 함수**로 제안한 것이다.

5.5.1 Original Cam-clay 모델

Cam-clay 모델은 항복상태의 전단거동과 체적거동이 독립적(uncoupled)으로 일어남을 가정한다. 한계상태에서 항복면의 모든 점은 소성상태에 있으므로 소성(소산)일은 전적으로 마찰에 의해 발생한다고 가정하며, 한계상태조건인 $q = Mp'$ 을 만족한다. 여기에 에너지 보존원리를 적용할 수 있다.

단위체적당 총 소성 소산에너지는 한계상태 도달 전, $d W_p = p' d\epsilon_v^p + q d\epsilon_d^p$

한계상태 도달 후, $q = Mp'$, $d\epsilon_v^p = 0$이므로, $d W_p = q d\epsilon_d^p = Mp' d\epsilon_d^p$

위 두 식을 조합하면, $p' d\epsilon_v^p + q d\epsilon_d^p = Mp' d\epsilon_d^p$이므로,

$$\frac{q}{p'} + \frac{d\epsilon_v^p}{d\epsilon_d^p} = M \tag{5.86}$$

소성포텐셜함수를 그림 5.78과 같이 가정하면 기울기는 $d\epsilon_d^p / d\epsilon_v^p$이며, 그 접선의 기울기는 dq/dp' 이다. 수직성 규칙(normality rule)에 따르면 다음의 응력-다일러턴시 관계가 성립한다(5.3.4절 참조).

$$\frac{dq}{dp'} = - \frac{d\epsilon_v^p}{d\epsilon_d^p} \tag{5.87}$$

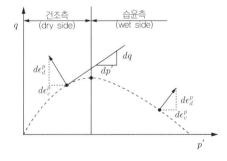

그림 5.78 소성변위 벡터의 방향

식 (5.86) 및 식 (5.87)에서 소성변형률 벡터를 소거하면, $\dfrac{q}{p'} - \dfrac{dq}{dp'} = M$

위 식을 적분하면 $\dfrac{q}{Mp'} + \ln p' = C$ 이 되며, 여기서 C는 적분상수이다. 이 곡선은 등방 정규압밀상태 $(p_o',\ 0,\ v_o)$를 지나므로 적분상수, $C = \ln p_o'$ 이다.

$$\frac{q}{p'} - M \ln\left(\frac{p_o'}{p'}\right) = 0 \tag{5.88}$$

식 (5.88)이 **Original Cam-clay 모델의 항복함수이자 소성포텐셜함수**이다. 그림 5.79 (a)와 같이 **대수나선**(log spiral function, bullet shape)의 형상을 나타낸다. p_o'는 항복면의 크기를 정의하는 경화 파라미터로 활용할 수 있다. q를 J로 치환하여 3차원으로 확장하고, M_J가 $p' - J$ 관계의 기울기(M은 $p' - q$ 곡선의 기울기)라 할 때 Cam-clay 항복함수는 다음과 같이 표현된다(그림 5.79 b).

$$F(\sigma',\ k) = \frac{J}{p' M_J} + \ln\left(\frac{p'}{p_o'}\right) = 0 \tag{5.89}$$

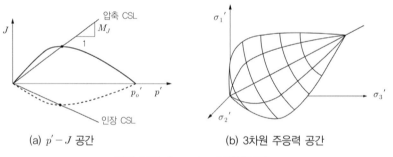

(a) $p' - J$ 공간 (b) 3차원 주응력 공간

그림 5.79 Cam–clay 모델(항복면)

소성포텐셜함수. Original Cam-caly 모델은 $Q(\sigma,\ m) = F(\sigma,\ k)$ 인 **연계소성 유동규칙을 채택**한다. 이 모델은 그림 5.80과 같이 실제 현상과 달리 등방하중상태($J = 0$)에서 전단변형이 크게 발생하는 특이점 문제가 있다(Roscoe와 Burland(1968)는 타원항복원면을 갖는 수정 Cam-clay 모델을 제안하였는데, 이 항복면은 p'축과 수직으로 만나므로 이 문제가 자동적으로 해결된다).

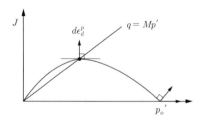

그림 5.80 Cam–clay 모델의 소성포텐셜과 특이점 문제

5.5.2 수정(modified) Cam-clay 모델

한계상태에 도달 전 소성일은 $dW_p = p'd\epsilon_v^p + qd\epsilon_v^p$이다. 그림 5.81의 한계상태에서 $q = Mp'$ 및 $d\epsilon_v^p = 0$ 이므로 $dW_{p_{cs}} = Mp'd\epsilon_d^p$이고, 등방 압축상태에서는 $q = 0$, $d\epsilon_d^p = 0$, $dW_{p_o'} = p'd\epsilon_v^p$이다. 이 조건을 만족하는 평균개념의 소성일 dW_p는 한계상태의 순(純)소성 전단 변형일과 등방상태의 순(純)체적변형 일(work) 을 벡터적으로 합한 값이므로 다음과 같다.

$$dW_p = p'\sqrt{(d\epsilon_v^p)^2 + (Md\epsilon_d^p)^2} \tag{5.90}$$

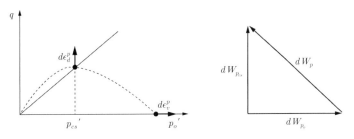

그림 5.81 소성변형률과 평균 일(work)

식 (5.86)과 식 (5.90)은 같으므로 변형률의 제곱이상의 항을 무시하면 다음의 응력-다일러턴시 관계 가 얻어진다.

$$\frac{d\epsilon_v^p}{d\epsilon_d^p} = \frac{M^2 - (q/p')^2}{2(q/p')} \tag{5.91}$$

위 식에 수직성 규칙 $dq/dp' = -d\epsilon_v^p/d\epsilon_d^p$을 적용하면, $\quad \dfrac{dq}{dp'} = \dfrac{(q/p')^2 - M^2}{2(q/p')}$ \hfill (5.92)

항복함수. 위 식은 항복면에서 정의되는 것이므로 위식을 적분하고 등방 정규압밀상태$(p_o', 0, v_o)$를 대입하여 정리하면 다음의 항복함수가 얻어진다.

$$p'\left[\frac{(q/p')^2 + M^2}{M^2}\right] - p_o' = 0 \tag{5.93}$$

위 식은 그림 5.82에 보인 바와 같이 타원의 형상을 나타내며, CSL의 오른쪽 항복면을 Cap 항복면이 라 한다. 위식은 또 다음과 같이 표현할 수 있다.

$$F(\sigma', k) = p'\left[\frac{(q/p')^2 + M^2}{M^2}\right] - p_o' = \frac{1}{M^2}\left(\frac{q^2}{p'} + M^2p'\right) - p_o^2 = 0 \tag{5.94}$$

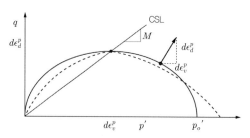

그림 5.82 수정 Cam-clay 모델의 항복면

경화파라미터. 수정 Cam-clay 모델도 Original Cam-clay와 마찬가지로 **등방경화를 가정**한다(따라서 이 모델은 교번하중(cyclic load)에 의한 반복 응력-변형률 거동을 고려하지 못한다). 경화파라미터는 p_o' 또는 p_c'로 설정할 수 있으며, p_c'의 경우 그림 5.83의 체적변화 거동을 이용하여 다음과 같이 산정할 수 있다.

전단 중 체적변화, $\Delta v = \Delta v^e + \Delta v^p = (\lambda - \kappa)\ln\dfrac{p_c'}{p_{co}'}$

소성체적변형률, $\epsilon_v^p = \dfrac{\Delta v}{v} = \dfrac{\lambda - \kappa}{v}\ln\dfrac{p_c'}{p_{co}'} = X\ln\left(\dfrac{p_c'}{p_{co}'}\right)$.   여기서 $X = \dfrac{\lambda - \kappa}{v}$

위 식을 p_c'로 미분하면, $d\epsilon_v^p = X\dfrac{dp_c'}{p_c'}$

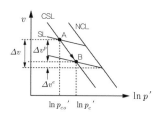

(a) 체적변화와 경화거동

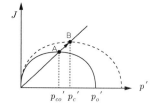

(b) 변형률 경화(hardening)

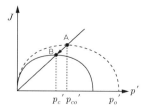

(c) 변형률 연화(softening)

그림 5.83 Cam-clay 모델의 등방경화 규칙

위 식의 적분을 위해 먼저 좌(左)항의 소성변형률을 적분하면 $\int d\epsilon_v^p = \epsilon_v^p - \epsilon_{vo}^p$이다.

$$\frac{1}{X}(\epsilon_v^p - \epsilon_{vo}^p) = \ln p_c' + c \tag{5.95}$$

$p_o' = 0$에서 $v_{vo}^p = 0$이므로 $c = -\ln p_{co}'$이다. 따라서 항복면의 크기를 정하는 등방경화 파라미터는 다음과 같이 설정할 수 있다.

$$p_c' = \frac{p_{co}'}{X}\exp(\epsilon_{vo}^p - \epsilon_v^p) \tag{5.96}$$

소성포텐셜 함수. 수정 Cam-clay 모델도 **연계소성 규칙을 채택**한다. 한계상태에서는 소성포텐셜의 접선이 수평선이고, 수직성 규칙에 따라 소성체적변형률은 '0'이다. 등방경화를 가정하므로 여러 다른 항복면에서 한계상태 응력점을 이은 선이 CSL이다. 따라서 **이 모델은 연계소성 유동규칙을 적용해도 한계상태에서 자연스럽게 제로('0') 다일레이션(팽창)을 만족한다.**

Cam-clay 항복면의 3차원 확장 및 개선

Cam-clay 모델이 개발된 삼축응력공간에서는 중간 주응력의 영향을 고려하지 못한다. 이 모델을 임의 응력상태의 문제에 적용하기 위해서는 중간주응력을 포함한 3차원 응력공간으로 확장해야 한다. 가장 단순한 3차원 항복면은 $p' - J$ 평면상의 항복면을 p' 축을 중심으로 360° 회전했을 때 나타나는 궤적일 것이다(그림5.79 b). 삼축응력 파라미터 q를 J로 치환하면 수정 Cam-clay 모델의 3차원 항복함수는 다음과 같다.

$$F(\sigma', \ k) = \left(\frac{J}{p'M_J}\right)^2 - \left(\frac{p'}{p_o'} - 1\right) = 0 \tag{5.97}$$

위 식은 편차응력면에서 항복함수 및 소성포텐셜을 '원(circle)'으로 가정하는 것이다. 그러나 원으로 가정한 항복면은 인장과 압축상태의 차이를 고려하지 못해 흙의 파괴상태를 잘 설명하지 못하는 것으로 알려져 있다(예, von Mises, Drucker-Prager). 실제로, 3축압축과 삼축인장의 응력경로에 따른 한계상태선의 차이 때문에 그림 5.84와 같이 아래쪽의 반경이 약간 짧은 형상의 타원구가 된다. 이를 고려한 3차원 항복면은 다음과 같이 나타난다.

$$F(\sigma, \ k) = \left(\frac{J}{p'g(\theta)}\right)^2 - \left(\frac{p'}{p_o'} - 1\right) = 0 \tag{5.98}$$

여기서 $g_f(\theta) = \sin\phi_{cs}' \left/ \left(\cos\theta + \dfrac{1}{\sqrt{3}} \sin \right) \sin\phi_{cs}' \right)$ 이다.

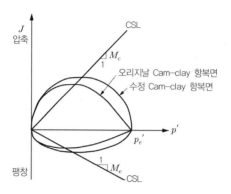

그림 5.84 수정 Cam–clay 모델의 항복면

예제 Cam–clay 모델은 당초 등방하중조건에서 유도되었다. 하지만 실제 지반의 응력상태는 이방성조건이다. 실제 지중응력을 고려한 Cam–clay 모델에 대해 논의해보자.

풀이 Cam-clay 모델은 등방압축 거동을 기초로 개발되었으나 자연시료의 초기응력상태는 등방조건이 아니므로 항복면이 $J=0$ 축에 대칭이 아니며, 응력공간에서 그림 5.85 (a)와 같이 K_o-선을 중심으로 대칭인 형상으로 나타난다. 즉, Cam-clay 모델의 항복면은 p'축에 대칭임을 가정하나, 실제 흙의 이방성 정지지중응력 상태를 고려하면 K_o-선을 축으로 하는 대칭에 가깝다.

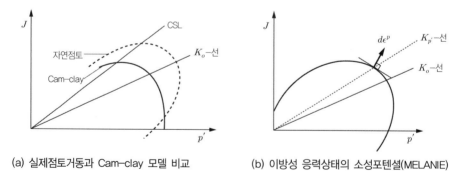

(a) 실제점토거동과 Cam–clay 모델 비교   (b) 이방성 응력상태의 소성포텐셜(MELANIE)

그림 5.85 이방성 응력조건의 Cam–clay 항복면

이를 고려하기 위한 몇몇 모델들이 개발되었다. 그 중 하나로 Mouratitis & Megnan(1983)은 연약/예민한 캐나다 점토에 대한 광범위한 시험결과를 토대로 K_o-선에 대칭이고 비연계소성유동규칙을 채용하여, K_o-압밀동안에 발현되는 이방성을 고려할 수 있는 구성 모델인 MELANIE를 개발하였다(그림 5.85 b).

5.5.3 한계상태 모델의 일반화(generalized critical state model)

Cam-clay 모델은 흙의 응력이력에 따라 그림 5.86과 같이 체적변형 특성이 다르게 나타난다. 흙의 항복응력상태가 한계상태의 오른쪽(습윤측)에 위치하면 압축(−)체적변형률이 나타나며 따라서 경화거동을 나타낸다. 반면에 항복응력상태가 한계상태 왼쪽(건조측)에 위치하면 팽창(다일레이션,+) 소성변형률을 나타낸다.

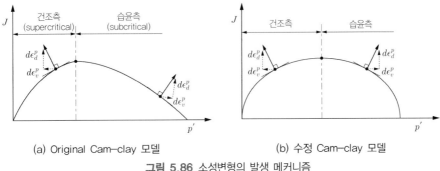

(a) Original Cam−clay 모델　　　　　(b) 수정 Cam−clay 모델

그림 5.86 소성변형의 발생 메커니즘

이 모델의 응력-다일러턴시 관계는 그림 5.87 (a)에서 유도될 수 있다. 다일러턴시 $\psi = \dfrac{1}{\tan\beta} = \dfrac{d\epsilon_v^p}{d\epsilon_d^p}$ 이므로, 수정 Cam Clay 모델에서 β 는 응력비($\eta = \dfrac{q}{p}$)에 따라 다음과 같이 변화한다.

$$\eta = M \rightarrow d\epsilon_v^p = 0, \quad \therefore \ \beta = \frac{\pi}{2} \ , \psi \rightarrow 0$$

$$\eta = 0 \rightarrow d\epsilon_d^p = 0, \quad \therefore \ \beta = 0 \ , \psi \rightarrow \infty$$

$\beta - \eta$ 관계를 도시하면 그림 5.87 (b)와 같다. Original Cam-clay 모델은 $\eta = 0$ 에서 $d\epsilon_d^p \neq 0$ 이다.

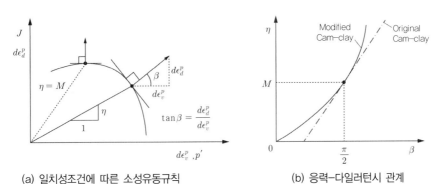

(a) 일치성조건에 따른 소성유동규칙　　　　　(b) 응력−다일러턴시 관계

그림 5.87 응력−다일러턴시 관계

Cam-Clay 모델의 일반화(generalized Cam-Clay model)

Cam-Clay 모델은 재성형 시료의 삼축 시험결과를 토대로하여 개발된 모델이다. 삼축시험을 통해 그림 5.88 (a)와 같이 한계상태, M_J를 얻어 이를 그림 5.88 (b)와 같이 다일러턴시($\psi = d\epsilon_v^p/d\epsilon_d^p$)와 응력비 ($\eta = q/p'$) 관계에 표시하면 경사 μ인 직선의 한 점으로 나타난다. 따라서 응력비(η) - 다일러턴시(ψ) 관계를 이용하면 일정한 형태의 항복면으로 한정되는 기존의 Cam-clay 모델들의 지반거동 재현 한계를 극복할 수 있다.

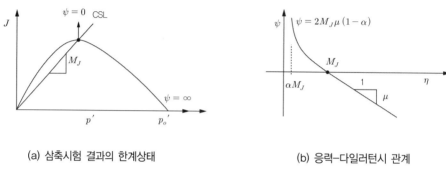

(a) 삼축시험 결과의 한계상태   (b) 응력–다일러턴시 관계

그림 5.88 한계상태와 응력–다일러턴시 관계

Lagioia, Puzrin & Potts(1996)는 응력비-다일러턴시 관계를 이용하여 항복면의 기하학적 형상을 수학적으로 재구성하는 논리적 접근을 통해 3차원 응력공간의 한계상태 모델(generalized critical state model)을 제안하였다. 응력비($\eta = q/p'$) - 다일러턴시(ψ) 관계에서 $\eta = 0$에서 $\psi \to \infty$ 이고, $\eta = M_J$에서 $\psi = 0$ 인 조건을 만족하는 다음의 식을 도입할 수 있다.

$$\psi = \frac{d\epsilon_v^p}{d\epsilon_d^p} = \mu(M_J - \eta)\left(\frac{\alpha M_J}{\eta} + 1\right) \tag{5.99}$$

여기서 α는 $\eta = 0$ 축에 접근도를 나타내는 파라미터이다. 수직성 규칙 $d\eta/dp' = -d\epsilon_d/d\epsilon_v$ 을 이용하면 식 (5.99)는 다음과 같이 쓸 수 있다.

$$\frac{d\eta}{dp'} = -\mu(M_J - \eta)\left(\frac{\alpha M_J}{\eta} + 1\right) \tag{5.100}$$

위 식의 적분을 통해 얻어지는 응력함수는 항복조건을 만족하는 항복함수 $F(\sigma')$ 이다.

화강풍화토(일명, 마사토, decomposed granite soil)는 불교란상태에서 결합력을 보유하며, 함수비에 따라 강도가 크게 변하는 거동 때문에 많은 관심을 받아왔다. 하지만 불교란 시료의 채취가 어렵고 시험성과도 많지 않아 구성 모델의 파악이 시도된 바가 많지 않다. 그림 5.89는 Lee(1991)가 조사한 화강풍화토의 항복면과 소성변위 벡터를 보인 것이다. Cam-clay 모델로 거동모사를 시도한 결과 이 모델은 수직성을 만족하지 못함을 보인다.

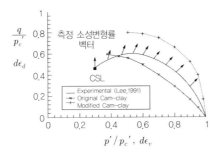

그림 5.89 항복면과 소성변위 벡터(after Lee, 1991 and Lee & Coop, 1995)

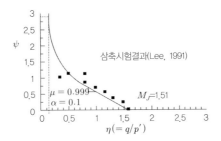

그림 5.90 소성포텐셜의 파라미터 산정

Lee(1991)의 시험결과로부터 그림 5.90과 같이 결정한 소성포텐셜 파라미터는 M_f=1.51, α=0.1, μ=0.999이다. 그림 5.91은 이 소성파라미터와 식 (5.102)를 이용하여 소성포텐셜함수를 소성변위벡터와 중첩하여 그린 것이다. 모든 점에서 완전한 수직성을 만족하지는 않지만 기존 Cam Clay 모델에 비해 수직성이 상당히 개선되었음을 보인다.

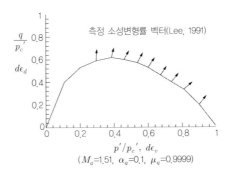

그림 5.91 일반화된 Cam Clay 모델을 이용한 화강풍화토의 소성포텐셜(Shin et al., 2002)

$$\mu = 1 \text{인 경우} : F(\sigma') = \frac{p'}{p_H'} - \frac{\left[1 + \dfrac{\eta'}{K_2}\right]^{\frac{K_2}{(1-\mu)(K_1-K_2)}}}{\left[1 + \dfrac{\eta'}{K_1}\right]^{\frac{K_1}{(1-\mu)(K_1-K_2)}}} = 0 \tag{5.101}$$

$$\mu \neq 1 \text{인 경우} : F(\sigma') = \frac{p'}{p_H'} - e^{-\frac{\eta}{1-\alpha}}\left[\frac{(1-\alpha)}{\alpha}\eta' + 1\right] \tag{5.102}$$

여기서 $\begin{pmatrix} K_1 \\ K_2 \end{pmatrix} = \dfrac{\mu(1-\alpha)}{2(1-\mu)}\left[1 \pm \sqrt{1 - \dfrac{2\alpha(1-\mu)}{\mu(1-\alpha)^2}}\right]$, $\eta' = \dfrac{\eta}{M_J}$ 이다. ($\pm$) 부호는 K_1은 ($+$), K_2는 ($-$) 값을 택한다.

p_H'는 상태변수로 응력경화를 정의하기 위해 도입한 파라미터이다. 여기서 **비연계 소성포텐셜함수 $Q(\sigma')$는 항복함수와 같은 형태를 취하되, 파라미터값을 달리 적용함으로써 얻을 수 있다**(비연계 소성 유동규칙). 이 경우 소성포텐셜함수 및 항복함수를 정의하기 위해 각각 4개의 파라미터 M_J, p_H, α, μ, 총 8개의 파라미터가 필요하다. 항복함수 $F(\sigma')$를 정의하기 위한 파라미터 M_{Jf}, α_f, μ_f는 실험실에서 얻어진 값을 최적함수로 회귀분석함으로써 얻을 수 있다. 반면에 소성포텐셜함수 $Q(\sigma')$는 항복함수와 같은 식을 사용하되, 이를 정의하기 위한 변수 α_Q와 μ_Q는 실내시험의 $\psi - \eta$ 관계를 이용해 얻을 수 있다. Shin et al.(2002)은 이 모델을 이용하여 화강풍화토의 항복함수와 소성포텐셜을 유도하였다(Box 참조).

5.5.4 Cam-clay 모델의 구성행렬

탄성거동

탄성영역에서 Cam-clay 모델의 체적탄성변형률은 κ에 지배된다. Original Cam-clay 모델에서는 탄성전단변형률은 고려하지 않아 전단변형률을 '0'으로 가정한다. 이 가정은 탄성영역에서 전단탄성계수 값이 무한대라는 의미이므로 수치해석 시 문제를 야기한다. 이 문제를 피하기 위해 응력이 항복면 내부에서 변화하는 경우 전단 탄성변형률을 계산하는 것이 필요하다.

탄성월(elastic wall)은 $v - \ln p'$ 면에서 직선으로 나타나는데, 이는 **비선형 탄성(variable elasticity)**을 의미한다(4장 4.6절 참조). 당초 Cam-clay 모델은 일정한 값의 탄성계수를 가정하였는데, 이는 탄성월이 $v - p'$ 면에서 직선임을 가정한 것이다. Cam-clay 모델의 탄성구성행렬에 필요한 유효응력 체적탄성계수 K는 다음과 같이 κ를 미분함으로써 산정할 수 있다.

$$d\epsilon_v^e = \frac{dv^e}{v} = \frac{\kappa}{v} \cdot \frac{dp'}{p'} \tag{5.103}$$

$$K = \frac{dp'}{d\epsilon_v^e} = \frac{vp'}{\kappa} \tag{5.104}$$

등방거동을 가정하므로 K값이 각각 p' 와 v(비체적$=1+e$)에 비례한다. 전단변형률 계산을 위한 독립 탄성상수인 G 또는 ν 는 다음과 같이 유도된다.

$$G = \frac{3(1-2\nu)}{2(1+\nu)} \cdot \frac{vp'}{\kappa}$$

(5.105)

실험결과에 따르면 G는 응력상태에 따라 변화한다. 위 식의 전단탄성계수 G 값도 p' 에 비례한다. 이 경우 G는 K 와 같은 방식으로 변화한다. 하지만 **비가역성에 따른 문제를 줄이기 위해 G를 상수로 취하는 방법이 선호된다.** 이 경우 평균개념의 대표 G 값을 선정하는 것이 중요하다.

탄소성 거동

5.3.5절에서 살펴보았던 탄소성 구성행렬을 Cam-clay 모델에 적용해보자.

$$[D^{ep}] = [D] - \frac{[D]\left\{\dfrac{\partial Q(\sigma',m)}{\partial \sigma'}\right\}\left\{\dfrac{\partial F(\sigma',k)}{\partial \sigma'}\right\}^T[D]}{\left\{\dfrac{\partial F(\sigma',k)}{\partial \sigma'}\right\}^T[D]\left\{\dfrac{\partial Q(\sigma',m)}{\partial \sigma'}\right\} + A}$$

여기서 $A = -\dfrac{1}{\lambda}\left\{\dfrac{\partial F(\sigma',k)}{\partial k}\right\}^T \{\Delta k\}$ 이다. Cam-clay 모델에 대한 구성행렬 성분을 구하기 위해 우선 응력 파라미터의 미분값을 미리 계산해 놓는 것이 편리할 것이다.

$p' = \dfrac{1}{3}(\sigma_{xx}' + \sigma_{yy}' + \sigma_{zz}') = \dfrac{1}{3}(\sigma_1' + \sigma_2' + \sigma_3')$ 이므로, $\dfrac{\partial p'}{\partial \sigma'} = \dfrac{1}{3}\{1,\ 1,\ 1,\ 0,\ 0,\ 0\}^T$

$J = \sqrt{\dfrac{1}{6}[(\sigma_{xx}' - \sigma_{zz}')^2 + (\sigma_{yy}' - \sigma_{zz}')^2 + (\sigma_{zz}' - \sigma_{xx}')^2] + \sigma_{xy}^2 + \sigma_{yz}^2 + \sigma_{zx}^2}$ 이므로

$\dfrac{\partial J}{\partial \sigma'} = \dfrac{1}{2J}\{\sigma_{xx}' - p',\ \sigma_{yy}' - p',\ \sigma_{zz}' - p',\ 2\sigma_{xy},\ 2\sigma_{yz},\ 2\sigma_{zx}\}^T$

$|s| = \begin{vmatrix} \sigma_x' - p' & \sigma_{xy} & \sigma_{xz} \\ & \sigma_{yy}' - p' & \sigma_{yz} \\ & & \sigma_{zz} - p' \end{vmatrix}$

$\quad = (\sigma_{xx}' - p')(\sigma_{yy} - p')(\sigma_{zz}' - p') - (\sigma_{xx}' - p')\sigma_{yz}^2 - (\sigma_{yy}' - p')\sigma_{zx}^2 - (\sigma_{zz}' - p')\sigma_{xy}^2 + 2\sigma_{xy}\sigma_{yz}\sigma_{zx}$

$\theta = \tan^{-1}\left[\dfrac{1}{\sqrt{3}}\left(2\dfrac{\sigma_2' - \sigma_3'}{\sigma_1' - \sigma_3'} - 1\right)\right] = \dfrac{1}{3}\sin^{-1}\left[\dfrac{3\sqrt{3}}{2}\dfrac{\det|s|}{J^3}\right]$

$$\frac{\partial \theta}{\partial \sigma'} = \frac{\sqrt{3}}{2\cos 3\theta J^3} \left[\frac{\det|s|}{J} \right] \frac{\partial J}{\partial \sigma'} - \frac{\partial \det|s|}{\partial J}$$

$$\frac{\partial J}{\partial \sigma'} = \frac{\partial J}{\partial \sigma}$$

항복면의 미분과 그래디언트 벡터. 식 (5.98)의 3차원 항복면에 대하여

$$F(\sigma', k) = \left(\frac{J}{p' g(\theta)} \right)^2 - \left(\frac{p'}{p_o'} - 1 \right) = 0 \tag{5.106}$$

$$여기서 \; g_f(\theta) = \frac{\sin \phi_{cs}'}{\cos(\theta) + \dfrac{1}{\sqrt{3}} \sin(\theta) \sin \phi_{cs}'}$$

$$\frac{\partial F}{\partial p'} = \frac{1}{p'} \left[1 - \left(\frac{J}{p' g(\theta)} \right)^2 \right]$$

$$\frac{\partial F}{\partial J} = \frac{2J}{p'^2 g(\theta)^2}$$

$$\frac{\partial F}{\partial \theta} = \frac{2J^2}{p'^2 g(\theta)} \frac{\dfrac{1}{\sqrt{3}} \cos(\theta) \sin \phi_{cs}' - \sin(\theta)}{\sin \phi_{cs}'}$$

소성포텐셜의 미분과 그래디언트 벡터. 연계 소성유동규칙을 채용하므로

$$Q(\sigma', m) = \left(\frac{J}{p' g(\theta)} \right)^2 - \left(\frac{p_o'}{p'} - 1 \right) = 0 \tag{5.107}$$

모서리의 특이점 문제를 피하기 위해 편차응력면에서의 소성포텐셜의 형상은 원형으로 가정한다. 이는 θ를 응력의 함수, 즉 $\theta(\sigma')$로 취함으로써 가능하다. 이 경우 $Q(\sigma', m)$는 축대칭이며, $F(\sigma', k)$가 p'축을 회전하여 형성한 면이다. 즉, $g(\theta) \rightarrow g(\theta(\sigma'))$.

$$\frac{\partial Q}{\partial p'} = \frac{1}{p'} \left[1 - \left(\frac{J}{p' g(\theta(\sigma'))} \right)^2 \right]$$

$$\frac{\partial Q}{\partial J} = \frac{2J}{\{ p' g(\theta(\sigma')) \}^2}$$

$$\frac{\partial Q}{\partial \theta} = 0$$

경화파라미터, *A*. 경화파라미터는 p_o' 또는 p_c'를 이용하여 정의 할 수 있다. 앞에서 p_c'를 이용한 정의를 살펴보았으므로 여기서는 p_o'를 경화파라미터로 이용하는 경우를 살펴보자.

$$A = -\frac{1}{\Lambda}\frac{\partial F}{\partial k}dk = -\frac{1}{\Lambda}\frac{\partial F}{\partial p_o'}dp_o'$$

$$dp_o' = p_o' \cdot d\epsilon_v^p \frac{v}{\lambda-\kappa} = p_o'\frac{v}{\lambda-\kappa}\Lambda\frac{\partial Q}{\partial p'}\text{ 이고,}$$

$$\frac{\partial F}{\partial p_o'} = -\frac{1}{p'}\text{ 이다.}$$

따라서

$$A = \frac{v}{\lambda-\kappa}\frac{p_o'}{p'^2}\left[1-\left(\frac{J}{p'g(\theta(\sigma'))}\right)^2\right] \qquad (5.108)$$

식 (5.106)부터 식 (5.108)을 이용하여 한계상태 모델의 구성행렬, $[D^{ep}]$ 결정에 필요한 항복함수 및 소성포텐셜의 미분치, 그리고 경화파라미터 A 값을 결정될할 수 있다.

5.5.5 Cam-clay 모델의 적용성 평가

1963년 처음 제안된 Cam-clay 모델은 이후 제안된 거의 모든 지반 구성방정식의 토대가 되었다. 비록 과압밀토나 자연점토에 잘 맞지 않으나 정규압밀 또는 약간 과압밀된 점토를 포함하는 지반문제에는 아주 성공적으로 적용할 수 있음이 인정되고 있다.

당초 한계상태이론은 재성형 점토시료의 삼축시험 결과를 토대로 제안되었으며, 흙을 등방성재료로 가정하였다. 재성형 시료의 거동은 Cam-clay 거동이론과 잘 맞는다는 보고가 많은데, 이것은 재성형토가 등방성을 나타내기 때문이다. 실제 흙은 퇴적의 영향으로 대부분 이방성 거동을 보인다. **이방성 거동은 체적변화 거동과 전단변형거동이 서로 영향을 미치는 결합영향(coupling effect)을 수반**한다.

한계상태이론의 장점은 논리적 타당성과 명료함이다. 흙의 중요한 거동특징을 비교적 소수의 파라미터를 이용하여 고려할 수 있다. **Cam-clay 모델에 필요한 입력파라미터는 Γ, κ, λ, M_J, G의 5개**이다. G 대신 ν를 사용하기도 한다. 응력반전(stress reversal) 또는 주응력 회전이 없는 경우 비교적 정확한 거동예측이 가능하다. 수정 Cam-clay 모델은 아직까지도 점토지반의 거동해석에 많이 사용된다.

하지만, 실제 흙의 거동 중 한계상태보다도 훨씬 낮은 상태인 잔류강도(Skempton, 1985) 특성, 흙이 작은 변형률에서 심한 비선형 강성을 보이는 특성, 또 항복면 내부에서 반복하중의 영향 등은 연계소성포텐셜과 등방경화를 가정하는 Cam-clay 모델로 고려할 수 없다.

5.6 조합항복면과 Cap 모델

완전소성 모델이나 Cam-clay 모델은 인장파괴와 같은 특정 응력상태를 고려하지 못하는 문제가 있다. 이러한 문제를 개선하기 위해 **특정응력구간에 잘 맞는 여러 항복면을 조합한 모델**들이 제안되었다.

이러한 조합항복면 모델(combined yield surface model)의 경우 항복면 간 접속점에서 함수의 연속성이 확보되지 않는 특이점문제를 해소해야 하며, 항복면에 상응하는 다수의 소성포텐셜함수의 조합도 필요하다. 대표적인 조합모델의 예는 다음과 같다('조합항복면은 저자가 최초 제안한 개념임).

- 완전소성 모델에 인장강도 항복면 및 등방압축 상태의 Cap 항복면(CSL 오른쪽 항복면)을 조합한 모델
- 한계상태 모델의 건조 측 거동을 MC 모델로 보완한 확장 Cam-clay 모델(extended Cam-clay model)조합 모델
- Drucker-Prager 모델에 한계상태의 Cap 항복면을 추가한 조합 모델
- Lade의 이중경화 모델

5.6.1 조합항복면 모델의 구성방정식

조합항복면은 최근 상업용 프로그램의 경우, 모델(구성방정식) 라이브러리를 제공하여 사용자가 임의로 조합하거나 새로운 항복면을 구현할 수 있도록 발전되고 있다. 이 절에서는 조합항복면의 조합원리와 대표적 조합모델을 살펴본다. 조합항복면은 일반적으로 그림 5.92와 같이 2~3개의 구간항복함수를 조합한 형태이다.

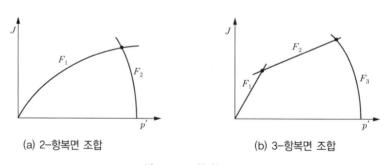

(a) 2-항복면 조합 (b) 3-항복면 조합

그림 5.92 조합 항복면 예

조합항복면 모델의 구성행렬

항복면이 2개로 구성되는 조합항복면 모델을 대상으로 구성행렬의 조합방식을 살펴보기로 한다. 항복면을 F_1, F_2, 소성포텐셜함수를 Q_1, Q_2라고 하면, 함수 각각은 구간성분이지만 구성식은 연속된 거동으로 다루어야 한다.

$$\{\Delta\sigma'\} = [D^{ep}]\{\Delta\epsilon\} \tag{5.109}$$

$$\{\Delta\epsilon\} = \{\Delta\epsilon^e\} + \{\Delta\epsilon^{p1}\} + \{\Delta\epsilon^{p2}\} \tag{5.110}$$

여기서 $\{\Delta\epsilon^{p1}\} = \Lambda_1\left\{\dfrac{\partial Q_1}{\partial\sigma'}\right\}$, 그리고 $\{\Delta\epsilon^{p2}\} = \Lambda_2\left\{\dfrac{\partial Q_2}{\partial\sigma'}\right\}$ 이다.

$$\{\Delta\sigma'\} = [D^e](\{\Delta\epsilon\} - \{\Delta\epsilon^{p1}\} - \{\Delta\epsilon^{p2}\}) \tag{5.111}$$

$$\{\Delta\sigma'\} = [D^e]\{\Delta\epsilon\} - \Lambda_1[D^e]\dfrac{\partial Q_1}{\partial\sigma'} - \Lambda_2[D^e]\dfrac{\partial Q_2}{\partial\sigma'} \tag{5.112}$$

여기서 $[D^e]$ 는 탄성구성행렬이다.

소성상태에서 두 항복면의 응력상태는 $F_1(\sigma', k_1) = 0$ 및 $F_2(\sigma', k_2) = 0$를 만족해야 하며 일치성조건 (consistency condition)에 따라 $\Delta F_1(\sigma', k_1) = \Delta F_2(\sigma', k_2)$ 이다.

$$\Delta F_1 = \left\{\dfrac{\partial F_1}{\partial\sigma'}\right\}^T\{\Delta\sigma'\} + \left\{\dfrac{\partial F_1}{\partial k_1}\right\}^T\{\Delta k_1\} \tag{5.113}$$

$$\Delta F_2 = \left\{\dfrac{\partial F_2}{\partial\sigma'}\right\}^T\{\Delta\sigma'\} + \left\{\dfrac{\partial F_2}{\partial k_2}\right\}^T\{\Delta k_2\} \tag{5.114}$$

위 식들을 $\{\Delta\sigma'\} = [D^{ep}]\{\Delta\epsilon\}$ 형태로 정리하면 다음과 같이 표현할 수 있다.

$$[D^{ep}] = [D^e] - \dfrac{[D^e]}{\Omega}\left[\left\{\dfrac{\partial Q_1}{\partial\sigma'}\right\}\{b_1\}^T + \left\{\dfrac{\partial Q_2}{\partial\sigma'}\right\}\{b_2\}^T\right][D^e] \tag{5.115}$$

여기서 Ω, $\{b_1\}$, $\{b_2\}$는 항복함수 F의 함수로서 연산과정에서 생성된 그래디언트 항이다(예, $\{b\} = f(\partial F_1/\partial\sigma', \partial F_2/\partial\sigma')$). 실제 각 항복면은 응력구간별로 다르므로 각 항복면의 영향이 선형 조합된 형태임을 알 수 있다. 항복면이 3개 이상인 경우에도 마찬가지 방법으로 구성행렬식을 전개할 수 있다.

5.6.2 Cam-clay 조합 모델

이 조합항복면 모델은 Cam-clay 항복면이 잘 안 맞는 특정구간에 대하여 이 구간에 잘 맞는 다른 항복면을 취한 형태이다. 현재까지 Cam-clay 모델의 단점을 개선한 다양한 형태의 조합 모델이 제시되었는데 이들을 확장 Cam-clay 모델이라 한다. 그림 5.93은 Cam-clay 모델을 3차원 응력공간에 전개한 것인데, 건조측 또는 습윤측 항복면을 개선한 조합항복면이 제안되었다.

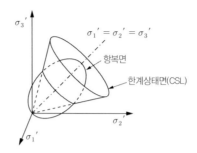

그림 5.93 3차원 Cam-clay 모델

건조측 개선 Cam-clay 조합 모델

초기 한계상태 모델의 문제점 중의 하나는 건조측(dry side)의 항복응력이 지나치게 과대평가 된다는 것이었다 . 하지만, Hvorslev(1937)는 일찍이 실험을 통해 과압밀토의 파괴포락선(Hvorslev Line)은 CSL 상부에 위치함을 발견한 바 있는데, 이는 실제로 과대평가문제 보다는 모델의 정확성에 문제가 있음을 보이는 것이다. 이 Hvorslev line을 수정 Cam-clay 모델의 건조측의 항복함수로 대체하면 CSL보다 상부에 위치하지만 Cam-clay 항복면보다는 아래 위치하여 항복면의 오류문제를 개선할 수 있다.

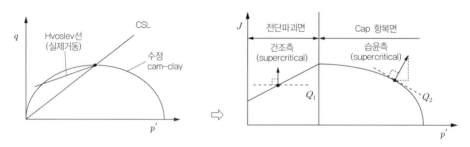

그림 5.94 항복면(소성포텐셜)의 개선

이 경우 그림 5.94와 같이 2개 항복면을 채택하므로 구간별로 소성포텐셜함수를 검토해야 한다. 연계소성 유동규칙을 택할 경우 건조측 직선 항복면은 실제 지반거동과 달리 파괴상태에서 과다한 체적변형률을 발생시킨다. Zienkiewicz와 Nayler(1973)는 이를 개선하기 위해 $p'=0$에서 다일러턴시가 어떤 특정값을 갖고, 건조측 한계상태에서 '0'이 되도록 다음과 같은 소성포텐셜함수(비연계성 소성유동규칙)를 제안하였다($q=0$일 때 $\psi=\psi_o$).

$$Q_1(\sigma') = q + \frac{2\sin\psi_o}{2p_c'2\sin\phi_{cs}'}(p_c'-q)^2 = 0 \tag{5.116}$$

습윤측(wet side)에서는 당초 Cam-clay 모델 개념을 유지하여 $Q_2(\sigma') = F_2(\sigma')$의 연계소성 유동규칙을 적용하였다.

MC 모델과 조합. MC 모델이 지반재료의 파괴상태를 잘 표현하고 있으므로 Hvoslev 규준 대신에 MC 모델과 조합도 가능하다. 그림 5.95는 습윤측 수정 Cam-clay 모델(Rosco와 Burland)과 건조측 MC 모델을 조합한 항복면을 보인 것이다.

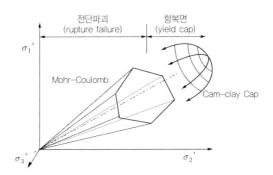

그림 5.95 Cam-clay(습윤측)와 MC(건조측) 조합 모델 개념

조합항복면의 MC 모델 구간에 대한 3차원 항복면식은 다음과 같다.

$$F(\sigma',\ k) = \left(\frac{J}{p'g(\theta)}\right)^2 + \left(\frac{p'}{p_o'} - 1\right) = 0 \tag{5.117}$$

여기서 $g(\theta) = \sin\phi' / \left[\cos(\theta) + \dfrac{1}{\sqrt{3}}\sin(\theta)\sin\phi'\right]$ 이며 $-30^o \le \theta \le +30^o$이다.

그림 5.96은 이 조합 항복면의 3차원 응력공간에서 합성한 형상을 보인 것이다.

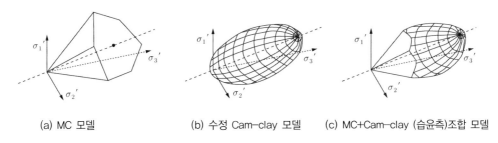

| (a) MC 모델 | (b) 수정 Cam-clay 모델 | (c) MC+Cam-clay (습윤측)조합 모델 |

그림 5.96 건조측 개선 – MC 모델과 Cam-clay 모델의 조합

두 항복면이 접하는 불연속점(특이점)이 발생하므로 이점에서 미분 가능하도록 라운딩(rounding) 처리를 하는 수학적 설정(manipulation)이 필요하다. MC 모델과 조합한 수정 Cam-clay 모델이 건조측 타원 항복면을 개선한 것이지만, 이 조합도 실험실에서 관찰되는 흙의 파괴상태를 완벽하게 재현하지는 못한다. 따라서 특정 지반재료의 건조측 항복면으로 실험결과를 더 잘 표현하는 Matsuoka & Nakai(1974), Lade-Duncan(1975) 등의 모델과 조합하는 방안도 가능하다.

습윤측 개선 확장 Cam–clay 모델

습윤측 거동이 잘 맞지 않는 경우 그림 5.97 (a)와 같이 CSL우측에 장방비가 다른 타원 항복면을 채용하는 조합 모델이 가능하다. 이 개념은 물리적 개념이라기보다는 수학적 착안이다. 이 경우 항복면의 연속성이 확보되어 연계(associated) 소성포텐셜함수를 채택하여도 특이점 문제가 발생하지 않는다.

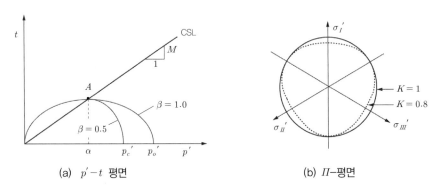

(a) $p' - t$ 평면   (b) Π–평면

그림 5.97 습윤측 개선 Cam–clay 모델

등방축에서 습윤측 항복면을 수정하기 위한 장방비 상수 β를 도입하여 항복면의 건조측은 $\beta = 1$, 습윤측은 $\beta < 1$로 제어할 수 있다. Π-평면상에서 나타나는 항복면의 형상을 수학적으로 제어하기 위해 수정(modified) 편차응력변수 t를 사용하고, 항복면 형상제어변수 $\beta,\ r$를 도입하면 항복면은 다음과 같다.

$$F(p',\ q,\ r) = \frac{1}{\beta^2}\left(\frac{p'}{\alpha} - 1\right)^2 + \left(\frac{t}{M\alpha}\right)^2 - 1 = 0 \tag{5.118}$$

M은 $p' \sim t$ 관계직선의 기울기, $\alpha (= p_{\alpha}')$는 항복면 크기 변수, $r = \left(\frac{27}{2}J_{3D}\right)^{1/3}$ 이며, 수정 편차응력 t는 다음과 같이 정의된다.

$$t = \frac{q}{2K}\left[1 + K - (1-K)\left(\frac{r}{q}\right)^3\right] \ \text{또는} \ q = \frac{2Kt}{1 + K - (1-K)(r/q)^3} \tag{5.119}$$

여기서 K는 Π-평면에서 항복면의 형상을 제어하는 변수로서 상수이다. $K=1$이면 항복면이 3차원 응력불변량과 무관해지고, Π-평면에서 원형이 되어 수정 Cam-clay 모델과 같아진다($K=1 \rightarrow t=q$). K 값에 따른 Π-평면의 항복면 형상변화를 그림 5.97 (b)에 보였다. 항복면이 외부로(밖으로) 볼록한 형상 (convexity)을 유지하기 위한 K의 범위는 $0.778 \leq K \leq 1.0$이다. 이 경우 연속함수이므로 연계소성 유동 규칙을 채택하여도 특이점이 발생하지 않는다. 항복면의 크기는 α 값을 이용하여 제어할 수 있다.

이 조합 모델은 항복면의 속성을 수학적으로 개선한 것으로 항복면의 크기와 형상을 임의로 제어할 수 있다. 습윤측 Cap 항복면의 형상은 β 파라미터로, 건조측 항복면(파괴면)의 3차원 형상은 K 파라미터를 이용하여 제어한다.

5.6.3 Cap 모델

한계상태 이론에 기초한 Cam-clay 모델은 삼축시험 및 압밀시험결과를 토대로 $q=\sigma_1' - \sigma_3'$, $p' = (\sigma_1' + 2\sigma_3')/3$, 그리고 간극비 e를 변수로 유도되었다. Cap 모델은 한계상태 이론체계와 유사하지만 3차원 응력공간에서 유도된 모델로서 기존의 등방 완전소성 모델에 Cap 항복면을 추가한 조합항복면 모델이다. 'Cap' 명칭은 CSL오른쪽 항복면이 모자(cap)를 닮은 데서 유래되었다.

Cap형 항복면의 개념적 제안은 Cam-clay가 최초는 아니다. Drucker(1957)는 지반의 탄소성거동 모델링을 위해 금속의 중공항복 모델 대신 von Mises나 Drucker-Prager의 콘이 원추형 단부(convex end), 그리고 구형(spherical) Cap을 갖는 연속적 항복면을 제안한 바 있다. 이후 Cambridge Soil Mechanics Group 및 Lade 등이 Cap 이론을 채용하였으며, Rosco 등(1963)이 이를 등방경화소성의 Cam-clay 모델로 구현하였다. 이후 DiMaggio와 Sandler (1971)는 완전소성과 변형률경화거동의 타원형 Cap을 채용하는 일반화된 Cap 모델을 제안하였다. Lade와 Duncan(1975)은 원추형 (conical) Cap을 채용하는 단일 경화 모델을 제안하였고, Lade(1977)는 여기에 구형(spherical) Cap을 추가한 이중경화 모델을 제안하였다.

Cap 모델은 Cam-clay 조합 모델과 달리, Cap 상부의 파괴면(건조측)을 고정하지 않는다. **Cam-clay 조합 모델은 습윤측은 이동 Cap이 항복을 정의하고, 고정 항복면(건조측 파괴면)은 한계상태를 정의하지만, Cap 모델은 고정 항복면이 없이, 두 항복면 모두 이동이 가능하며 항복거동에 관여한다**는 차이가 있다.

Cap 모델의 항복면 이동한계는 그림 5.98과 같이 Drucker-Prager 파괴규준의 왼쪽부분과 이후의 von Mises 파괴규준을 포락선으로 취하여 연속된 곡선 형태를 취한다. 이는 고준위 응력에서 재료가 마치 액체처럼 거동하는 비점성 거동을 모사하는 데 유용하다. **Cap 모델은 Drucker-Prager 모델과 한계상태 모델의 Cap 항복면을 조합한 모델로서 응력이력, 응력경로, 다일러턴시, 중간주응력의 영향을 고려할 수 있다.**

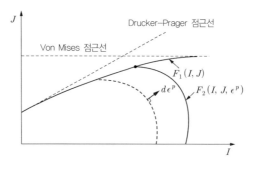

그림 5.98 Cap 모델

이 조합 모델의 경우 그림 5.98에 보인 바와 같이 특이점이 나타나며, 이의 처리를 위해 교점부근에 전이구간을 설치하여 추가 항복면을 도입할 수도 있다. 이 경우 3항복면 조합 모델이 되며, Drucker-Prager 전단 파괴면과 Cap 구간을 연속적으로 연결하는 전이구간에 다음의 항복함수를 도입할 수 있다.

$$F_t = \sqrt{(p' - k_a')^2 + [t - (1 - \alpha/\cos\phi')(c' + k_a'\tan\phi')]^2} \tag{5.120}$$

k_a는 체적변형률의 함수로서 경화파라미터이다. 그림 5.99에 이 3구간 조합 항복면을 보였다.

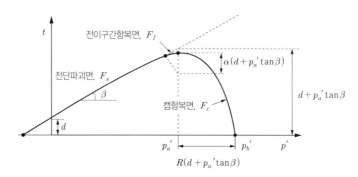

그림 5.99 수정 Cap 모델 항복면의 $p' - t$ 평면에 투영

인장강도 모델의 조합(3항복면 조합 모델)

MC 모델은 기본적으로 전단파괴를 가정하고 있으므로 전단면에 작용하는 수직응력이 압축일 때는 항복조건식이 갖는 물리적 의미가 명확하지만 인장파괴일 경우에는 그렇지 못하다. MC 파괴규준 $(\sigma_1' - \sigma_3') = (\sigma_1' + \sigma_3')\sin\phi' + 2c'\cos\phi'$ $(\sigma_1' \geq \sigma_2' \geq \sigma_3')$에서 예측되는 인장강도 값은 $2c'\cos\phi'/(1 + \sin\phi')$이며, 이 값은 실험결과에 비해 너무 크다. 이 문제를 해결하기 위해 인장응력이 재료의 실제

인장강도 σ_t' 를 넘지 않도록 인장강도한계(tension cut-off)를 항복함수로 설정할 필요가 있다. 인장강도 모델은 그림 5.100과 같이 MC 모델 또는 Cam-clay 건조측 항복면과 조합할 수 있다. 2-항복면 조합 모델에 인장강도 모델을 조합하면 3-항복면 조합 모델이 되며, 이는 4.6절의 상태경계면과 유사하다.

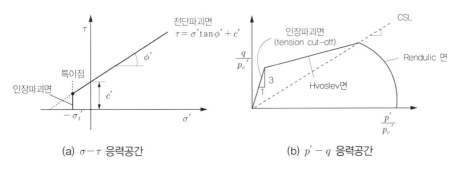

(a) $\sigma - \tau$ 응력공간   (b) $p' - q$ 응력공간

그림 5.100 인장강도 항복면의 조합

이 경우 전단항복 조건으로는 Cam-clay 모델, 파괴항복면으로 Hvoslev 규준과 인장강도규준을 적용할 수 있다. 인장파괴는 인장강도가 최소 주응력보다 작을 때 발생하고, 인장항복조건은 다음과 같이 설정할 수 있으며, 이 식이 인장항복면의 식이다(5.4.2절).

$$F_t(\sigma') = T_o - \sigma_3' = 0 \tag{5.121}$$

σ_3' 가 인장강도에 도달하기 전까지는 F_t 가 음의 값을 갖는다. 인장항복의 경우에는 연계 소성유동규칙, $F_t(\sigma') = Q_t(\sigma')$ 을 적용할 수 있다. 이 모델에서도 조합 모델의 특징인 특이점 문제가 발생하므로 이의 수학적 처리가 필요하다.

5.6.4 Lade의 이중 경화 모델

Lade는 모래에 대한 응력-변형률 시험결과를 토대로 Cap형 비선형 탄소성 모델로서 단일경화 모델(single hardening model)과 이중경화 모델(double hardening model)을 제안하였다. 이 모델은 Lade-Duncan 파괴규준(5.4.1 절 참조)을 사용하며, 비연계 소성유동규칙을 채택한다. 탄성영역에서는 구간 Hooke 법칙(stepped-linear)을 적용하는 방법으로 **응력의존성 비선형 탄성거동을 고려**한다.

그림 5.101은 Lade의 단일경화 모델의 항복함수와 소성포텐셜함수를 보인 것이다. 이 모델은 소성일에 기초한 등방경화조건을 채택한다. **11개의 입력 파라미터**(탄성 3, 파괴규준 2, 소성포텐셜함수 2, 항복면 2, 경화 파라미터 2)가 필요하며, 이는 적어도 3개 시료의 삼축 CD시험, 그리고 1개의 등방압축시험을 수행하여야 결정 가능하다.

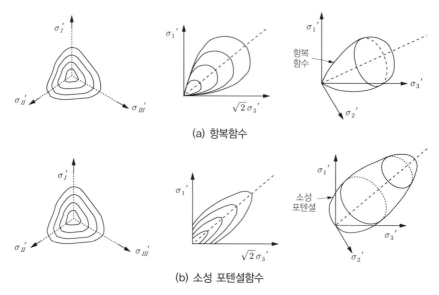

(a) 항복함수

(b) 소성 포텐셜함수

그림 5.101 Lade 단일경화 모델

Lade는 한 개의 항복면을 갖는 모델을 발전시켜 두 개의 항복면이 모두 경화거동이 가능한 이중경화 (double hardening) 모델을 제안하였다. 이 모델은 그림 5.102와 같이 원추형(conical) 항복면과 캡형 (cap) 항복면, 2개로 구성된다. 이중경화(double hardening)라 일컫는 이유는 두 항복면이 동시에 경화거동을 할 수 있도록 고안되었기 때문이다. 이들 항복면 내부영역이 탄성거동의 범위이다.

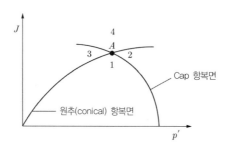

그림 5.102 Lade의 이중경화 모델의 거동 메커니즘

이중(double)경화거동은 두 항복면의 교점에 위치하는 점 A의 응력경로를 통해 살펴볼 수 있다.

- 점 A의 응력경로가 영역(항복면 내부) 1로 향하는 경우 (비)선형탄성거동을 한다.
- 응력경로가 영역 2로 향하는 경우 캡 항복면상에서 탄소성거동이 일어난다. 이 경우 원추 항복면은 고정된 채로 있고 캡 항복면은 활성화되어 일경화 거동을 한다.
- 응력경로가 영역 3으로 향하는 경우 원추 항복면은 활성화되어 확대 또는 축소되나 캡 항복면은 고정상태에 있다.

- 응력경로가 영역 4로 향하는 경우 두 항복면이 동시에 확대되는 탄소성거동을 한다.

원추 항복면과 소성포텐셜 함수

소성 팽창변형률 $\{\Delta\epsilon^p\}$은 원추항복면에 지배된다. (상한계거동-팽창거동)파괴규준과 마찬가지로 $J-p'$ 공간에서 축차응력면에서 부드럽게 모서리각이 이어지는 3각형 단면을 갖는다. 함수식은 파괴면 식(5.4.1 Lade-Duccan 모델)과 유사하다.

$$F_1(\sigma', k_1) = 27\left(\frac{p'^3}{I_3} - 1\right)\left(\frac{3p'}{p_a}\right)^m - H_1 = 0 \tag{5.122}$$

여기서 $I_3 = \sigma_1'\sigma_2'\sigma_3'$이며, p_a는 대기압, H_1은 일 경화 파라미터(5.3.3절 참조)로서 항복면의 크기를 정의한다. 소성포텐셜은 다음과 같은 **비연계소성 유동규칙을 채택**한다.

$$Q_1(\sigma', m_1) = 27p' - \left[27 + \eta_2\left(\frac{p_a}{I_3}\right)^{m_1}\right]I_3 = 0 \tag{5.123}$$

여기서 η_2, m_1은 무차원 파라미터이다. 이 관계를 삼축응력상태에 대하여 삼축시험 응력공간에 도시하면 그림 5.103과 같이 나타난다.

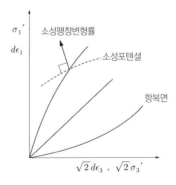

그림 5.103 Lade 이중경화 모델의 원추항복면과 소성포텐셜

캡 항복면과 소성포텐셜함수

캡 항복면은 구(sphere) 형상이며, 중심은 주응력 공간의 원점에 위치한다. 이 항복면은 다음의 식으로 주어진다.

$$F_2(\sigma', k_2) = 9p'^2 + 2I_2 - H_2 = 0 \tag{5.124}$$

여기서 $I_2 = -(\sigma_1'\sigma_2' + \sigma_2'\sigma_3' + \sigma_3'\sigma_1') = J^2 - 3p'^2$이고, H_2는 일경화 파라미터이다. **캡 항복면의 소성 거동은 연계소성 유동규칙을 채택**한다. 이 때 소성변형률은 하한계상태거동으로 체적감소의 수축변형률이며, Lade는 이를 소성수축변형률(plastic collapsible strain)이라 정의 하였다. 반면, 왼쪽(상한계상태) 소성포텐셜에 의한 팽창변형률은 팽창소성변형률(plastic expansive strain)이라 정의 하였다.

특이점 문제

두 항복(소성포텐셜)점에서 특이점 문제는 그림 5.104와 같이 **각각의 항복(소성포텐셜)면에 직각인 소성변형률 벡터의 벡터 합력 성분을 취함으로써 해결한다.** 응력경로가 두 소성포텐셜의 교점 상에 위치하는 경우 두 항복(소성포텐셜)면은 동시에 움직이는 거동을 한다. 그림 5.104는 삼축응력공간에 대하여 $A{\rightarrow}B$로 경화 활성화된 두 항복(소성포텐셜)면의 개념과 두 성분의 벡터합으로 표시된 총 소성변형률 증분을 보인 것이다. 즉, $\{\Delta\epsilon^p\} = \{\Delta\epsilon^{p1}\} + \{\Delta\epsilon^{p2}\}$이다. 이때 **원추 항복면 측의 소성포텐셜(dry side)에 직각으로 발생하는 변형률은 다일레이션에 의한 소성팽창변형률(plastic expansive strain), Cap 소성포텐셜(wet side)에 직각으로 발생하는 변형률은 압축성 거동에 의한 소성수축(compressive)에 따른 소성수축변형률(plastic collapsible strain)이라 한다.**

이 모델은 비선형탄성의 등방 일 경화/연화(work hardening /softening) 소성 모델로서 탄성거동과 파괴규준은 앞의 단일경화 모델과 동일하다. 이 모델은 3차원 응력상태에도 적용 가능하며 입력 파라미터는 표준실내시험들로부터 결정할 수 있다. **채움재(fill material)와 같은 입상토(granular soil) 거동을 모델링하는 데 적합**하다.

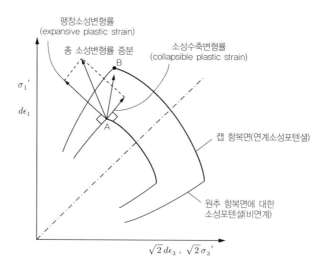

그림 5.104 항복면의 교점에서 소성변형률 메커니즘(특이점 문제)

5.7 다중항복면 운동경화 모델

항복면은 탄성거동영역과 탄소성거동영역을 구분 짓는다. 따라서 항복면 내부의 응력경로는 언제나 회복 가능한 탄성 변형률만 야기하며, 일단 항복점에 도달하면 항상 소성상태에 있게 된다. 그러나 항복 상태에서 제하(unloading)-재재하(reloading)의 반복하중 과정에서는 **이전의 최대응력 범위 내에서는 다시 탄성거동을 나타낸다.**

이제까지 다루어온 항복 및 등방경화이론으로는 반복하중하에서 나타나는 이와 같은 최근 응력이력 (recent stress history) 거동을 고려하지 못한다. 즉, **반복하중 하에서는 탄성거동과 탄소성거동이 반복적** 으로 일어나므로 단일 항복면 개념으로는 이러한 거동을 고려할 수 없다. **반복거동을 모델링하기 위해 다중 항복면 모델(항복면 내 항복면 모델)이 제안**되었다. 이는 응력상태의 최외곽 한계면(limit surface), 즉 바운딩면 (bounding surface)을 설정하고, 그 안에서 탄성거동과 소성거동이 모두 가능하도록 내부 항복면(항복면 내 항복면)을 두는 이동 항복면 개념을 이용하여 반복하중에 따른 지반의 탄소성거동을 고려하는 방식이다. **다중 항복면 모델은 항복면의 중심이동과 확장이 가능한 운동경화 모델**이다.

> **NB :** 바운딩면(bounding surface)은 물리적으로 응력한계면, 즉 파괴면에 해당한다. 반복하중을 고려하지 못하는 단순경화 모델에서는 일단 파괴상태 응력에 도달하면 계속 파괴상태에 있게 된다. 그러나 운동 경화모델에서는 파괴상태에 도달하더라도 제하를 통해 파괴면 안쪽으로 향하는 탄성거동을 모사할 수 있다. 파괴면 내부의 새로운 응력점에서 다시 재하가 일어나면 응력상태는 또다시 파괴면에 접할 수 있다. 즉, 반복하중을 모사하는 경우 파괴면이 마치 응력을 바운드시키는 상태경계면으로서 기능하므로 이를 단순한 파괴면과 구분하여 바운딩면이라 한다. 바운딩면은 파괴상태를 정의하는 동시에 응력이 바운드되는 경계면이며, 항복면처럼 이동, 변화하게 할 수 있다

5.7.1 다중항복면 및 바운딩면 이론

지반재료가 반복하중(repeated loads)을 받으면 어떤 응력한계 내에서 항복과 탄성회복이 반복되는 다중의 항복(multiple-yield)거동을 하게 된다. 이때 **응력의 한계상태면을 바운딩면(bounding surface) 이라 한다.** Rendulic(1936)이 최초로 발견하였다.

다중항복의 증거와 운동경화의 모델링

조합항복면은 항복면의 일부구간을 다른 항복함수로 조합하는 복수의 항복면으로 구성되는 데 비해, **다중항복면은 바운딩면이라고 하는 응력한계면과 그 내부에서 형성되는 소항복면으로 구성된다. 다중 항복면 모델은 복합, 또는 이방성 운동경화 모델에 해당**한다.

그림 5.105 (a)는 Jardine(1991)이 실제 관찰한 단조하중하의 항복면을 보인 것으로 항복거동이 연속 적으로 일어나더라도 항복상태의 단계가 있으며, 항복면은 무한히 확장되지 않고, 응력의 한계상태인 바운딩면(bounding surface)이 있음을 확인하였다. 바운딩면이 최외곽 항복면이므로 바운딩면 외곽의

응력상태는 존재할 수 없다.

그림 5.105 (b)는 지반시료를 압밀시켜, 제하하는 동안 여러 OCR 값의 시료에 대하여 응력-변형률 시험을 실시하고, 그 결과를 등변형률 곡선으로 정리한 것이다. 이 결과로부터 각 시료는 초기응력 상태를 출발점으로 탄성-탄소성거동을 하며, 시료의 초기응력상태에 따라 항복영역도 달라짐을 알 수 있다. 응력상태에 따른 항복면은 최외곽 응력 한계면, 즉 바운딩면 내에서 일어남을 보이는데, 이는 '다중 항복'의 증거라 할 수 있다. 다중항복 모델은 이와 같이 응력상태에 따른 항복면의 이동과 크기변화를 고려하는 운동경화 구성식으로서 재하-재재하와 같은 반복응력에 따른 탄소성거동을 모사할 수 있다.

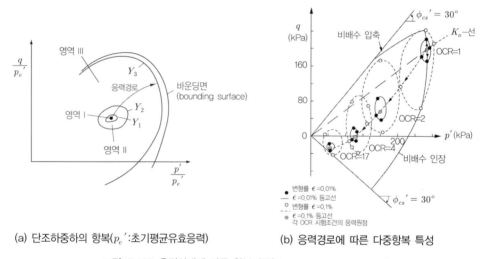

(a) 단조하중의 항복($p_e{}'$:초기평균유효응력) (b) 응력경로에 따른 다중항복 특성

그림 5.105 응력상태에 따른 항복거동(after Jardine et al.,1992)

그림 5.105 (b)를 좀 더 고찰하면 응력상태의 급격한 변화(반전 또는 역전), 즉 **제하-재재하 시 응력의 터닝 포인트가 탄성거동이 일어나기 시작하는 새로운 응력시점**이 됨을 알 수 있다.

반복하중의 경우 탄성거동이 시작되는 응력기점이 계속 변화하므로 항복면의 원점이 고정되어 있지 않고, 응력한계 내에서 이동하게 된다. 따라서 반복하중의 영향(응력경로의 급격한 변화)을 고려하기 위해서는 **다중항복면으로 구성되는 운동경화(kinematic hardening) 모델이 필요**하다.

바운딩면 내에서 항복면을 이동시키는 방법, 즉 운동경화를 고려하는 방법으로 크게 두 가지 접근법이 시도되었다. 첫째는 바운딩면 내 다수의 연속된 항복면을 두어 항복상태에 따른 변화를 고려하는 방법이다. 여기에는 바운딩면 내에 일련의 다중 항복면을 설정하는 법(e.g. nested yield surfaces model)과 최초 항복면과 바운딩면을 이용하여 매핑기법으로 중간 항복면을 (e.g. bounding surface model) 결정하는 방법이 있다. 둘째는 바운딩면 내에 작은(소) 항복면을 두어, 이 항복면을 바운딩면 내에서 마치 공기 방울(bubble)처럼 이동시키는 방법이다.

바운딩면(BS)은 파괴규준과 유사한 개념의 최외곽 항복면, 즉 상태경계면이며 단일 항복면 개념으로 다루기 어려운 반복하중의 영향을 고려하기 위해 도입되었다. **항복면은 탄성거동과 소성거동을 구분하는 개념이지만 바운딩면은 항복면과 거의 같은 방식으로 거동을 정의하되 존재 가능한 응력공간의 한계 상태를 규정한다.** 다중항복면 모델은 바운딩면 내부에서 제하(unloading) 시 탄성, 재하(loading) 시 탄소성거동이 발생하도록 하는 개념이다.

다중항복면 모델. Mroz(1967)는 최외곽 경계면(파괴면) 내부에 여러 개의 작은 항복면을 갖는 새집형 다중항복면 모델(nested yield surfaces model)을 제안하였고, Dafalias(1982)는 매핑기법을 채용한 바운딩면 모델(bounding surface model)을 제안하였다. Mroz의 새집형 다중항복면 모델과 Dafalias의 바운딩면 모델은 일정한 모양으로 항복면의 크기가 변하며 중심 이동이 일어나는 복합운동경화 모델이다. 이밖에 Al-Tabbaa와 Wood(1989)의 버블(bubble) 소항복면 모델, 그리고 Whittle(1987)의 MIT-E3 모델 등은 항복면의 모양과 크기가 변하며, 중심 이동도 가능한 운동경화 거동을 고려할 수 있다. 그림 5.106은 다중 및 바운딩면 모델의 개념을 예시한 것이다.

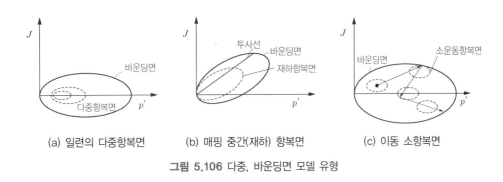

(a) 일련의 다중항복면   (b) 매핑 중간(재하) 항복면   (c) 이동 소항복면

그림 5.106 다중, 바운딩면 모델 유형

NB : MIT-E3 모델은 이방성 운동경화 모델로서 과압밀토의 거동을 설명하기 위해, Whittle(1987)에 의해 개발되었다. 등방성 모델의 경우 일반적으로 거동변수를 응력, 변형률의 불변량으로 단순화한다. 그러나 응력이방성 조건의 지반거동은 체적변형과 전단변형의 결합영향으로 인해 더는 불변량을 사용하여 나타낼 수 없다. 6개의 응력성분 모두를 사용하거나, 아니면 이의 조합 파라미터를 도입해야 한다. 바운딩면과 매핑에 의한 상사적인 재하 항복면을 구성하며 종래의 탄소성 모델이 고려하지 못했던 항복면 내부 반복하중에 대한 비가역소성거동을 고려할 수 있다. MIT-E3 모델은 15개의 입력 파라미터를 필요로 한다.

5.7.2 Mroz의 새집형 다중항복면 모델

Mroz(1981)등은 원형 항복면이 등방 확장되는 경화거동을 모사하기 위한 다중의 새집형 항복면(nested yield surface) 모델을 제안하였다. 그림 5.107 (a)와 같은 응력-변형률 거동을 표현하기 위하여 경화과정을 그림 5.107 (b)와 같이 m 개 연속항복면을 가정하고, 이 항복면 군의 식을 다음과 같이 나타내었다(여기서는 표현의 단순성을 위해 항복면을 F대신 f를 사용하였다).

$$f_m(\sigma') = f(\sigma_{ij}' - \alpha_{ij}^m) - (\sigma_o^{m'})^n \tag{5.125}$$

여기서 α_{ij}^m은 원점을 기준으로 한 위치 벡터(positioning vector), f_m은 m 번째 항복면이다. f_o 는 최초 항복면, f_n은 바운딩면이다. 이 두 면을 이용하여 중간 항복면의 표현을 정의한다. 항복면의 이동규칙은 그림 5.107(b)와 같이 상위 항복면에 접하거나 이동할 수 있으나 교차하거나 넘어갈 수 없다. 항복면의 모양이 그대로 유지되는 등방성 복합 운동경화 모델에 해당한다.

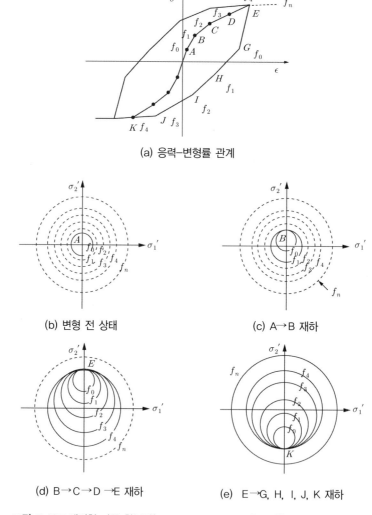

(a) 응력–변형률 관계

(b) 변형 전 상태

(c) A→B 재하

(d) B→C→D →E 재하

(e) E→G, H, I, J, K 재하

그림 5.107 새집형 다중 항복면(nested yield surface) 모델(after Mroz, 1967)

앞에서 살펴본 지반구성 모델은 지반거동의 고려수준과 역사적 발달순서에 근거하여 구분하기도 한다. 지반 모델의 세대별 구분과 이에 대한 대표적인 모델의 예는 다음과 같다.

- **1세대 구성 모델(~1970s)**
  1970년대까지의 주로 사용해온 지반 모델로서 탄성거동의 경우 선형 및 비선형 탄성 모델인 Hooke 법칙, 직교이방성, 비선형탄성, 쌍곡선 모델, $K-G$ 모델이 여기에 해당한다. 소성 모델로서는 열린 모양의 5~6각형 콘 또는 원통형 항복면으로 나타나는 완전소성 모델인, Mohr–Coulomb, Tresca, von Mises, Drucker–Prager 모델 등이 있다. 이 모델들은 응력-변형률거동 재현에만 집중하고, 소성항복이 파괴조건과 일치하므로 경로의존성, 경화/연화거동, 체적변화 등을 나타낼 수 없는 한계가 있다.

- **2세대 구성 모델**
  등방압축상태에서도 소성변형이 야기되는 흙의 거동을 모사하기 위하여 체적소성변형률(ϵ_v^p)을 이용한 스칼라량을 활용하여 Cap 항복면의 경화거동을 고려하며, 단조하중에 대한 항복, 소성, 전단, 수축 및 팽창거동을 표현할 수 있다. 1세대 구성 모델에 Cap 항복면을 도입한 Drucker 등의 Con–Cap 모델과 한계상태 모델(Cam Clay model)이 이에 해당한다. 대체로 등방경화법칙과 연계소성 유동규칙을 채택하며, 과압밀 거동, 이방성 거동을 고려하기 위한 여러 유사 모델이 제안되었다. 하지만 여전히 반복재하 또는 응력경로의 전환에 따른 거동을 고려할 수 없다.

- **3세대 구성 모델**
  이중경화(Con 항복면–전단소성변형률(ϵ_d^p)로 제어, Cap 항복면–체적소성변형률(ϵ_v^p)로 제어)조건을 채용하거나 파괴면(경계면)내 이동 가능한 작은 항복면을 두어 반복하중이나 급격한 응력경로의 변화를 고려함으로써 반복하중이나 주응력 회전 등에 따른 거동의 모사가 가능하다. 이들 모델은 ϵ_v^p와 ϵ_d^p의 결합거동을 스칼라량이 아닌 텐서형 내적 상태변수로 항복면의 이동을 고려하는 운동경화 모델이다. Bounding Surface 모델, MIT–E3 모델, Bubble 모델 등이 여기에 해당한다.

- **대안적 구성 모델**
  기존의 소성론에 의거하지 않고, 연속체역학 및 열역학에 근거한 모델로서 물리적 의미는 부족하지만 수학적 유연성이 이들 모델의 강점이다. Endochronic model, Hypo– plastic Model, Multi–laminated Model, 그리고 Desai의 Disturbed State Concept Model 등이 이에 해당한다.

5.7.3 Dafalias와 Popov의 바운딩면 모델(bounding surface model)

Dafalias와 Popov(1975, 1982)는 개념적으로는 Mroz의 새집 모델과 유사하지만 좀 더 간편한 형태의 복합운동경화 모델을 제시하였다. 일련의 항복면 군(f_o, f_1, ⋯, f_n)을 사용하는 대신 재하 항복면 f_o와 바운딩면(한계면, limiting surface) f_n만을 정의하고, 중간의 탄소성 거동과정은 f_o-f_n 관계에서 추론하는 기법을 도입하였다. 이 모델을 바운딩면(bounding surface) 모델이라 하며, 결과적으로 새집형 모델을 상당한 수준으로 단순화하고 개선한 것이다.

바운딩면은 항복면과 유사한 방법으로, $f_n(\sigma', k_1) = 0$ 정의한다. 바운딩면에서 소성변형거동을 정의하기 위해 소성포텐셜 및 변형률 경화/연화규칙을 도입한다. 응력 상태가 바운딩면에 위치하는(그림 5.108의 σ_b') 지반 요소는 종래 모델의 항복면과 같은 방법으로 거동한다.

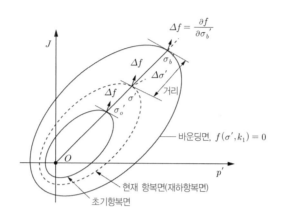

그림 5.108 바운딩면의 개념적 표현

흙 요소의 응력상태가 최초항복면 내부에 위치한다면($\sigma' < \sigma_o'$ 이라면), 모든 경우에 대하여 탄성거동을 나타낼 것이다. 항복면 위의 σ_o' 점에서 응력경로가 내부로 향하면(제하, unloading) 탄성거동을 하며, 외부로 향하면(재하, loading) 탄소성거동을 한다.

일반적으로 이들 물리량은 매핑(mapping rule)기법을 통해 바운딩면의 값과 연관시킬 수 있다. **바운딩면과 현재 응력상태와의 거리가 매핑의 기준**이 된다. 그림 5.108에서 현재 응력상태가 σ_o' 인 시료에 재하를 하는 경우를 생각해보자. σ_o' 가 항복상태에 있다면 재하가 이루어질 경우 요소는 소성거동을 할 것이다. 따라서 점 σ_o' 는 소성거동의 시점으로서 가장 최근의 '최초 항복면'상에 위치하는 것으로 정의된다. 이 최초항복면은 최외곽 바운딩면과 유사한 형태로서 바운딩면이 현재 응력상태인 σ_o' 를 지나도록 축소한 것이다. 이 면은 종래의 항복면과 같이 기능한다.

최초항복면은 바운딩면과 상사적(homeothetic)이므로 점 σ_o' 에서의 기울기는 σ_o' 를 외곽 바운딩면에 투영한 투영점 σ_b' 에서의 기울기와 같다. 만일 투영점 σ_b' 이 원점과 바운딩면의 σ_o' 를 지나는 직선과의 교점 상에 위치한다면, 방사선 규칙(radial rule)을 적용할 수 있다. 즉, 원점과 해당 응력점을 통과하는 방사선을 그어 바운딩면 상의 투영점을 얻는다. 소성포텐셜의 미분치 $\partial Q/\partial \sigma'$ 및 변형률경화계수 A도 최초항복점 σ_o' 에 대하여 정의되며, 이로써 σ_o' 에서 재하로 야기되는 탄소성거동을 산정하는 데 필요한 정보가 모두 제공될 수 있다.

5.7.4 소(小)운동 항복면 바운딩면 모델(bubble 모델)

체적변형과 전단변형이 결합되는 이방성 영향을 고려하기 위하여 바운딩면 내에서만 이동하는 작은 항복면을 도입한 모델이다. 이 소 운동항복면 내부의 거동은 탄성이며 외부는 탄소성거동 영역이다. 항복면은 바운딩면 내부에서 이동하므로 이를 바운딩면과 구분하여 '**소운동항복면(small kinematic yield surface, bubble)**'이라 정의한다. Al-Tabbaa와 Wood(1989)는 수정 Cam-clay 모델의 항복면을 바운딩면으로 하고 한 개의 이동하는 소운동항복면을 갖는 모델을 제안하였다.

운동항복면 내부의 거동은 탄성이며 응력상태가 이 항복면의 외부로 이동하면 소성거동이 시작되고 이때 소성거동은 그림 5.109의 소 운동항복면의 소성포텐셜, 소성경화/연화규칙에 따라 진행된다. 운동항복면은 바운딩면의 내부에서 응력경로를 따라 이동한다. 만일 응력상태가 바운딩면에 도달하였다면 운동항복면은 회전하여 바운딩면 내에 위치하게 된다.

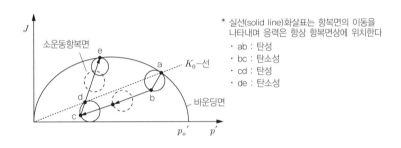

그림 5.109 바운딩면과 내부 소운동항복면 이동 예

이 모델로 제하-재하 거동과정이 어떻게 모사되는 지 구체적으로 알아보자. 그림 5.109에 보인 바와 같이 K_o-압밀된 시료로서 응력상태가 a인 시료를 생각해보자. 시료가 K_o-압밀되었으므로 거동의 최초 출발점(a)은 바운딩면에 위치한 것으로 생각할 수 있다. 응력경로 a→b→c를 따라 제하(unloading)하는 경우를 생각해보자. 최초 제하 시 응력경로는 점 a에서 출발하여 운동항복면 내부로 이동할 것이고, 이때 거동은 탄성이다. 이 경우 운동항복면이나 바운딩면은 이동이 없다.

제하가 계속되면 응력경로는 탄성거동으로 운동항복면을 횡단하여 운동항복면의 다른 쪽 끝에 해당하는 점 b에 도달할 것이다. 이후 계속 제하하면 탄소성변위가 일어나며 소항복면과 함께 c까지 이동한다. 점 c에서 시료에 재재하(reloading)가 일어나면 초기 운동항복면의 내부를 통과하는 응력경로 c→d 구간에서는 다시 탄성변위가 일어난다. 탄성거동 중에 운동항복면과 바운딩면은 고정된 상태로 있다. 최초 운동항복면을 지나는 점 d에 도달하면 탄소성거동이 시작되고, 이는 응력상태가 바운딩면 e에 도달할 때까지 계속된다.

이 모델을 정의하기 위해 **필요한 요소는 운동항복면과 바운딩면 함수, 운동항복면과 바운딩면 각각**

의 소성포텐셜, 운동항복면의 이동과 방향(회전)을 제어하기 위한 규칙 등이다. 응력상태가 바운딩면에 접근함에 따라 운동항복면이 항상 바운딩면 내부에 위치하고 궁극적으로 바운딩면과 공통접선을 갖도록 해야 한다. 운동항복면이 바운딩면에 접근할 때 항복면과 바운딩면의 경화계수는 일치해야 한다.

Stallebrass와 Taylor(1997)는 두 개의 운동항복면을 도입한 모델을 제안하였다. 추가된 항복면은 이력항복면(history surface)으로서 미소변형률의 비선형탄성거동을 포함하는 최근 응력이력(recent stress history)의 영향을 고려할 수 있도록 하였다.

NB : 응력이력(stress history)이란 통상 과거 지질작용시대부터 자연현상에 의해 진행되어온 거시적이고, 장기적인 지반응력의 역사를 지칭한다. 반면에, 반복하중이나 기계진동과 같은 동적하중은 지금 새로 가해지거나 가해졌다가 없어지는 응력이력이므로 이를 '최근응력이력(recent stress history)'이라 한다.

5.8 시간의존성(점탄성)거동의 모델링

시간의존적이지 않은 탄성 또는 탄소성이론은 원인(하중)과 결과(변형)가 동시에 일어난다고 가정한다. 하지만 실제 지반거동은 지반재료의 성상과 환경에 따라 차이는 있지만 얼마간의 시간의존성 거동을 나타내며, 때론 크립거동과 같이 상당한 크기의 응력에 무관한 시간의존성 거동을 보이기도 한다.

시간의존적 거동이 일어나는 경우 변형률은 시간의 함수, $\epsilon_{vs} = f(t)$로 표시할 수 있으며, 이때 변형률 ϵ_{vs}는 시간의존적이며, 이를 **점성변형률(viscous strain)**이라 한다. 점성변형률이 수반하는 응력을 점성응력(viscous stress)이라 하며, 일반적으로 변형률속도($\dot{\epsilon}_{vs}$)를 이용하여 다음과 같이 정의한다.

$$\sigma_{vs}{}' = \eta \dot{\epsilon}_{vs} = \eta \frac{d\epsilon_{vs}}{dt} \tag{5.126}$$

여기서 η는 점성상수(viscous constant)이다. 점성거동은 유동 모델(rheological model)을 이용하여 수학적으로 표현할 수 있다(5.1절). 유동 모델에서 점성거동은 그림 5.110과 같이 감쇠기(dashpot-Newtonian 재료) 심벌로 나타내며, 탄성, 소성 등 다른 물성과 조합하여 다룰 수 있다.

$\sigma_{vs}{}'$: 점성 응력
ϵ_{vs} : 점성 변형률

그림 5.110 시간의존적(점성)거동표현을 위한 감쇠기(dashpot)

일반적으로 점성거동은 탄성거동과 복합적으로 일어난다. 탄성거동과 점성거동이 순차(직렬) 혹은 동시 (병렬)에 일어날 수 있는 데, 이러한 거동은 스프링 요소와 감쇠기 요소를 각각 직렬(a series) 및 병렬 (parrel)로 연결하여 모사할 수 있다. 직렬조합인 경우 각 요소의 응력이 동일하며, 병렬조합인 경우 각 요소의 변형률이 동일하다. 점성거동 모사에는 그림 5.111의 탄점성 모델(elasto-viscous model, Maxwell model)과 점탄성 모델(visco-elastic model, Kelvin model)을 주로 사용한다.

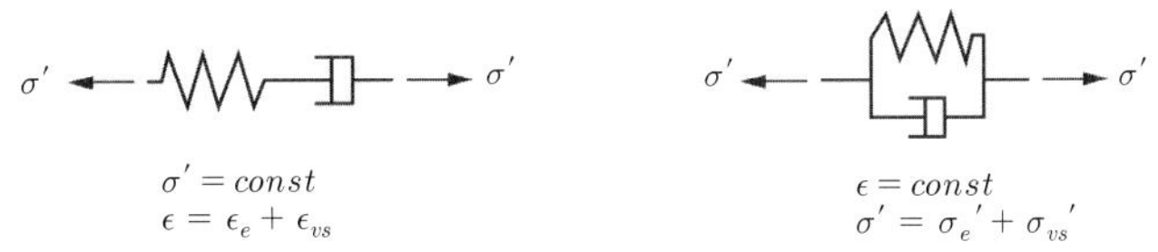

$$\sigma' = const$$
$$\epsilon = \epsilon_e + \epsilon_{vs}$$

$$\epsilon = const$$
$$\sigma' = \sigma_e' + \sigma_{vs}'$$

(a) Maxwell 모델(탄 · 점성)   (b) Kelvin 모델(점 · 탄성)

그림 5. 111 시간의존성 거동에 대한 유동 모델(rheological models)

5.8.1 탄 · 점성 모델(Maxwell model)

Maxwell 재료는 탄성거동과 점성거동이 순차적으로 일어나는 재료로서 그림 5.111 (a)와 같이 **두 요소의 직렬연결이므로 각 요소에서 응력은 같다.** 모델에 발생하는 총 변형률(ϵ)은 탄성변형률(ϵ_e)과 점성 변형률(ϵ_{vs})의 합이다. 즉, $\epsilon = \epsilon_e + \epsilon_{vs}$ 이다. 이 식을 시간으로 미분하면 다음과 같다.

$$\frac{d\epsilon}{dt} = \frac{d\epsilon_e}{dt} + \frac{d\epsilon_{vs}}{dt} \tag{5.127}$$

여기서 $\epsilon_e = \frac{1}{E}\sigma'$ 이므로, $\frac{d\epsilon}{dt} = \frac{1}{E}\frac{d\epsilon_e}{dt} + \frac{1}{\eta}\sigma_{vs}'$ 이다. 이 거동이 Creep거동이라면, $t = 0 \sim t_1$에서 응력이 일정하다($\sigma' = \sigma_{vs}'$). 따라서 위 식의 적분결과는 다음과 같다.

$$\epsilon = \frac{\sigma'}{E} + \frac{\sigma'}{\eta}t + C$$

$t = 0$에서 재료는 탄성상태이므로 $\epsilon_o = \sigma_o'/E$이고, $C = 0$이다. 따라서 일정 응력 하에서 Maxwell 재료의 거동은 다음과 같이 표시할 수 있다.

$$\epsilon = \frac{\sigma_o'}{E} + \frac{\sigma_o'}{\eta}t = \left(\frac{1}{E} + \frac{1}{\eta}t\right)\sigma_o' \tag{5.128}$$

이 식은 일정 응력하에서 진행되는 선형변형률로서 선형크립(linear creep)이라 하며, 그림 5.112 (a) 와 같이 나타난다.

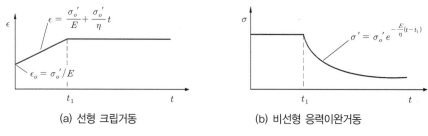

(a) 선형 크립거동   (b) 비선형 응력이완거동

그림 5.112 Maxwell 모델의 선형크립과 비선형응력이완

$t = t_1$ 이후, 변형률이 일정하게 유지되는 조건이라면 $d\epsilon/dt = 0$ 이므로 식 (5.127)의 적분 해는 다음과 같다.

$$\sigma' = \sigma_o' e^{-\frac{E}{\eta}(t-t_1)} \tag{5.129}$$

이 식은 일정 변형률 하에서 진행되는 응력의 감소로서, 그림 5.112 (b)와 같이 나타나며, 이를 비선형 응력이완(nonlinear relaxation)이라 한다.

5.8.2 점·탄성 모델(Kelvin model)

Kelvin 재료는 탄성거동과 점성거동이 동시에 일어나는 재료로서 그림 5.111 (b)와 같이 단위 요소의 병렬연결이므로 각 요소에서 변형률은 같다. 이 때 총 응력(σ')은 탄성(σ_e')과 점성응력(σ_{vs}')의 합이다.

$$\sigma' = \sigma_e' + \sigma_{vs}' = E\epsilon + \eta \frac{d\epsilon}{dt} \tag{5.130}$$

이 거동이 $t = 0 \sim t_1$ 에서 일정 응력 σ_o' 가 작용하여 발생하는 Creep 거동이라면,

$$\sigma_o' = E\epsilon + \eta \frac{d\epsilon}{dt}$$

$$\frac{1}{\eta} \int dt = \int \frac{d\epsilon}{\sigma_o' - E\epsilon} + C$$

$t = 0$ 에서 재료는 탄성상태에 있으므로 $\epsilon_o = \sigma_o'/E$ 이고, $C = 0$ 이다.

$$\epsilon = \frac{\sigma_o'}{E}\left(1 - e^{-\frac{E}{\eta}t}\right) \tag{5.131}$$

위 식은 일정 응력 하에 진행되는 변형률로서 비선형 크립이며, $t = t_1$ 부터 일정 변형률이 유지된다면,

그림 5.113 (a)와 같이 나타난다. 일정 변형률 조건에서는 그림 5.113 (b)와 같이 응력이완이 일어난다.

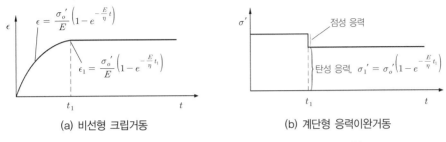

(a) 비선형 크립거동

(b) 계단형 응력이완거동

그림 5.113 Kelvin 재료의 비선형 크립과 계단형 응력이완

5.9 지반 – 구조물 상호작용의 모델링

지반과 구조물이 조합된 문제는 재료강성의 차이와 인터페이스의 거동이 실제에 가깝게 고려되어야한다. 4장에서 고찰한 인터페이스 거동을 모델링하는 방법으로는 크게, 지반-구조물의 일체 모델, 그리고 지반을 한 개 또는 연속된 스프링으로 모델링하는 방법이 있다(주로 수치해석법을 이용). 지반 스프링모델은 구조역학 관점에서 지반거동을 매우 단순화한 모델이다. 실무에서는 편의성 때문에 여전히 많이 사용하나, 지반거동을 스프링으로 대표할 수 있는 경우를 가려서 적용할 필요가 있다. 그림 5.114는 지반-구조물 상호작용 모델링 방법을 정리한 것이다.

그림 5.114 지반-구조물 상호작용 모델

5.9.1 지반–구조물 일체(결합) 모델링

지반-구조물 일체 모델은 지반을 매질로 고려하되 구조물 접합부의 거동을 결합, 또는 인터페이스 모델을 도입하여 상대거동을 고려하는 방법이다. 통상적으로 그림 5.115 (a)의 완전결합(fully bonded) 모

델은 이론해석, 그림 5.115 (b) 절점결합 모델은 수치해석에 적용된다. 인터페이스에서 상대변위(slip)를 허용하고자 할 경우 그림 5.115 (c)접촉부 거동을 모사할 수 있는 경계(interface)요소의 도입이 필요하다.

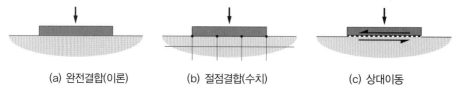

(a) 완전결합(이론)   (b) 절점결합(수치)   (c) 상대이동

그림 5.115 지반-구조물 경계면 거동의 고려방법

그림 5.116은 구조물-지반 동적상호작용의 모델링 예를 보인 것이다. 특히, 접합부의 거동이 점탄성 거동을 보인다면 탄성거동(스프링)과 점성거동(대쉬팥)을 조합한 Kelvin-Vigot 모델(그림 5.116 a)을 사용할 수 있다. 5. 116 (b)는 모델링 예를 보인 것이다. 이러한 모델은 지진에 의해 수평전단을 받는 경계면 거동 모델링에 유용하다.

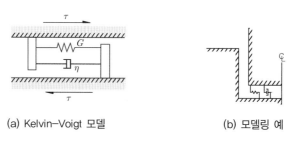

(a) Kelvin-Voigt 모델   (b) 모델링 예

그림 5.116 구조물-지반 동적 상호작용의 모델링 예

5.9.2 지반반력계수 모델

정적지반문제의 경우 전통적으로 구조물에 접하는 지반 전체를 스프링으로 단순화하는 모델링 기법을 많이 사용해왔다. 이 방법은 지반과 구조물이 완전히 결합되어 거동한다고 가정하여 지반거동을 탄성 스프링으로 대체하는 것이다. 그림 5.117에 스프링 모델을 예시하였다. 이 모델은 스프링 계수, 즉 적절한 대표 지반반력계수를 결정하는 것이 관건이다.

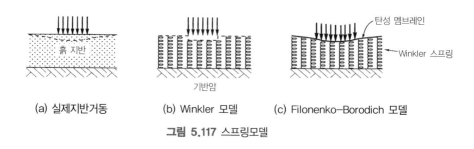

(a) 실제지반거동   (b) Winkler 모델   (c) Filonenko-Borodich 모델

그림 5.117 스프링모델

지반 스프링모델의 최초 시도는 그림 5.117 (b)에 보인 Devis Winkler의 1-파라미터 스프링모델이다. 이 모델은 지반을 절점(nodes) 스프링으로 모델링하므로 변위가 연속적으로 일어나는 실제 지반거동 표현에 한계가 있다. 이를 개선하기 위해 Filonenko-Borodich는 스프링 강성과 멤브레인의 인장강도를 조합한 2-파라미터 모델을 그림 5.117 (c)와 같이 제시하였다.

그림 5.118은 기초, 벽체구조물, 그리고 터널라이닝의 지반-구조물 상호작용 해석을 위한 스프링모델을 예시한 것이다. 이 모델링은 비선형 탄소성거동의 사실적 표현에 한계가 있다.

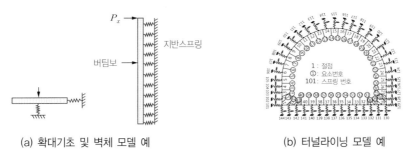

(a) 확대기초 및 벽체 모델 예   (b) 터널라이닝 모델 예

그림 5.118 지반반력계수 모델링의 예

지반반력계수

지반반력계수(coefficient of subgrade reaction, subgrade modulus)는 지반의 스프링 계수를 말한다. 지반반력계수(k_s)는 지반의 변위-강성관계를 설명하는 수학적 표현으로서 단위 변형(w)에 대한 압력의 크기로 정의한다(그림 5.119).

$$k_s = \frac{q}{w} \tag{5.132}$$

여기서 **지압(q)의 단위는 kN/m², 변형(w)은 m므로, 지반반력계수 k_s의 단위는 kN/m³ 또는 kPa/m이다.** 지반반력계수를 지반 스프링 (soil spring)상수라고도 한다.

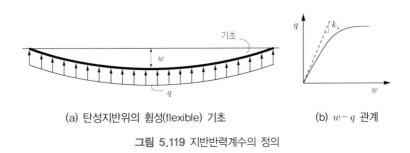

(a) 탄성지반위의 휨성(flexible) 기초   (b) $w-q$ 관계

그림 5.119 지반반력계수의 정의

지반반력계수를 이론적으로 정의해보자. 지반을 등방선형탄성으로 가정하고, 단위폭당 하중($q = Q/B$)이 야기하는 지중의 수직 및 수평응력이 각각 $\Delta\sigma_z'$, $\Delta\sigma_h'$라면 수직변형률, ϵ_z는 $\epsilon_z = \dfrac{1}{E}(\Delta\sigma_z' - 2\nu\Delta\sigma_h')$이다. 기초의 총 침하는 w는 $w = \displaystyle\int_0^{z=\infty} \epsilon_z dz$ 로 산정할 수 있다.

탄성지반을 가정하고 기초에 연하여 침하가 같다면, 지반반력계수는 탄성론에 의거 다음과 같이 유도된다. 여기서 R은 원형기초의 반경, B는 사각형 기초의 최소 변의 길이이다(k의 단위는 kPa/m이다).

- 원형기초: $k_z = \dfrac{E}{2(1-\nu^2)R}$ (강성원형기초: $k_z = \dfrac{2E}{\pi(1-\nu^2)R}$)
- 사각형기초: $k_z = \dfrac{E}{1.12(1-\nu^2)B}$

Gazetas(1991)는 둘레가 $2L+2B$인 사각형으로 테두리가 정의되는, 임의 형상의 단면 A_b인 기초의 기하학적 중심에 작용하는 정적 지반반력계수를 다음과 같이 제시하였다(K의 단위는 kN/m이다).

- 수직(z) 지반반력계수, $K_{stz} = \dfrac{2\,GL}{(1-\nu)}\left\{0.73 + 1.54\left(\dfrac{A_b}{4L^2}\right)^{0.75}\right\}$
- 수평(y) 지반반력계수, $K_{sty} = \dfrac{2GL}{(2-\nu)}\left\{(2+2.5\left(\dfrac{A_b}{4L^2}\right)^{0.85}\right\}$
- 회전(rocking) 지반반력계수, $K_{str} = \dfrac{G}{(1-\nu)}I_{bx}^{0.75}\left(\dfrac{L}{B}\right)^{0.25}\left\{2.4 + \left(\dfrac{B}{2L}\right)\right\}$
- 비틂(tortional) 지반반력계수, $K_{stt} = 3.5GI_{bz}^{0.75}\left(\dfrac{B}{L}\right)^{0.4}\left\{2.4 + \left(\dfrac{I_{bz}}{B^4}\right)^{0.2}\right\}$

여기서 I_{bx}, I_{bz}는 단면 A_b에 대하여 각각 x 축 및 z 축에 대한 단면 이차 모멘트이다. 위 식을 살펴보면 **정적 지반반력계수는 기초의 크기에 따라 달라지는 값이므로 지반의 물성이라 할 수 없다.** 또 실제지반은 탄성이 아니므로, 재료의 비선형거동 때문에($w - q$ 관계와 마찬가지로) 지반반력계수도 변형의 크기에 따라 변화할 것이다. k는 부지의 지층구성, 건물 크기, 모양, 근입 심도, 그리고 기초 내의 위치 등에 따라서도 변화한다. 강성이 충분히 크고, 기초의 전 길이에 연하여 거동이 선형적이라고 가정할 수 있을 때만 k 값이 일정하다고 할 수 있다.

동적 지반반력계수(임피던스 함수)

관성(inertia)의 주파수 의존성 때문에 동적 지반거동은 주파수 의존적이며, 지반반력계수나 감쇠계수도 주파수의 영향을 받게 된다. 그림 5.120에 보인 진동기초하부의 지반거동은 주파수에 따라 달라지므로 동적거동을 모사하기 위한 스프링이나 감쇠기(dashpot)는 주파수 함수로 표시되어야 한다. **주파수 함수로 표시한 동적 지반반력계수를 임피던스 함수(impedance function)라 한다.**

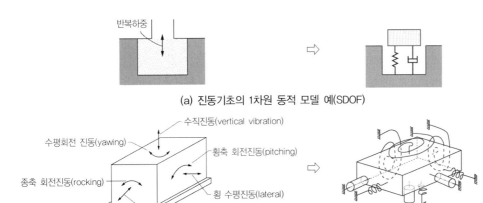

(a) 진동기초의 1차원 동적 모델 예(SDOF)

(b) 진동기초의 3차원 동적 모델 예(6DOF)

그림 5.120 지반반력계수에 의한 진동기초의 모델링

예로, 지반반력계수와 감쇠계수를 이용하여 지반을 그림 5.120과 같이 스프링과 감쇠기(dashpot)로 모델링하는 경우 **동하중상태의 거동은 진동주파수에 따라 달라지는 특성을 나타낸다.** Gazetas(1991)는 둘레가 $2L+2B$인 사각형 안에 놓이는 면적이 A_b인 단면에 대한 동적 지반반력계수를 정적 지반반력계수(K_{st})를 이용하여 다음과 같이 나타내었다. 정적, 동적 강성의 차이는 관성의 주파수의존성에 기인한다.

$$K_z(\omega) = K_{st}k_z(\omega) \tag{5.133}$$

여기서 $k_z(\omega)$는 z-방향 임피던스 함수이다. $\nu \ll 0.4$인 경우에 대하여 기초면적에 따른 지반반력계수 임피던스 함수를 그림 5.121 (a)에 나타냈다.

지반의 감쇠(댐핑)는 기하감쇠(c_{rad})와 재료감쇠(β)로 구분된다. 이 둘의 합을 **구조감쇠(structural damping)**라하며, 다음과 같이 표현할 수 있다.

$$c_{total} = c_{rad} + \frac{2K(\omega)}{\omega}\beta \tag{5.134}$$

여기서 K는 지반반력계수이다. 기하감쇠 c_{rad}의 z 방향은 다음과 같다.

$$c_{radz} = \left(\rho\frac{3.4}{\pi(1-\nu)}A_b\right)\overline{c_z}(\omega) \tag{5.135}$$

여기서 ρ는 지반재료의 밀도, $\overline{c_z}(\omega)$는 감쇠의 임피던스함수로서 이 값을 그림 5.121 (b)에 보였다.

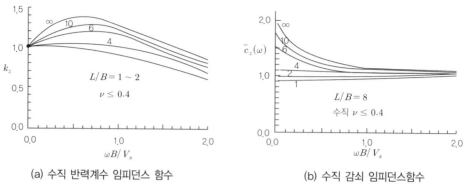

(a) 수직 반력계수 임피던스 함수　　　　(b) 수직 감쇠 임피던스함수

그림 5.121 임피던스 함수의 예(V_s ; 지반의 전단파 속도)

5.10 투수계수 모델

흐름거동의 원인과 결과는 수두 차(dh)(또는 수압 차, du_w)와 유량(Q)(또는 유속, v)이다(즉, $Q = Av = Aki = Ak(dh/dl) = Ak\gamma_w(du_w/dl)$. 여기서 A는 유출단면적, k는 투수계수, i는 동수경사, γ_w는 물의 단위중량, dl은 흐름거리이다). **흐름문제는 유량 또는 수압을 구하는 문제이며 흐름거동의 원인과 결과를 연결해주는 물성은 투수성(투수계수)이다.**

투수성은 공간적으로 변화하며, 이방성 및 비선형 특성을 나타낸다. 자연지반의 흐름거동을 해석하는 경우 투수성은 일정한 상수 값으로 가정할 수 있을 것이다. 하지만 자연지반의 비균질, 이방성 특성에 따른 방향이나 공간적 변화를 고려해야 한다. 한편 건설공사 주변지반은 응력변화로 인한 체적변화가 야기되고 이에따라 간극비가 변화한다. 이 때 투수계수도 간극비에 상응하여 변화할 것이다. 즉, **지반변형의 비선형거동에 상응하여 투수계수도 비선형거동을 보일 것**임을 짐작할 수 있다.

이러한 상황을 종합해보면 지반의 투수계수는 이방성을 포함하는 공간적 변화와 지반변형으로 인한 비선형성을 나타내는 파라미터로서 상수(constant) 개념보다는 수리(투수)구성 모델의 개념으로 접근하는 것이 타당해보인다. 투수성의 수학적 표현을 투수계수 모델이라 하며, 현재 사용되고 있는 투수계수 모델은 그림 5.122와 같이 유형을 구분해 볼 수 있다.

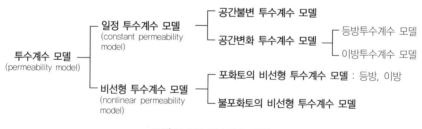

그림 5.122 투수계수 모델

투수성의 변화폭이 크고(약 10^6 범위), 공학적 오류의 가능성이 상당한 데도 현재 주로 사용되고 있는 투수계수 모델은 비교적 단순하다. 따라서 이 분야의 모델링을 개선하는 것은 수리거동의 예측능력을 향상시킨다는 의미가 있다.

5.10.1 공간변화 일정 투수계수 모델

자연지반에서 한 점에서의 투수계수는 변하지 않고 일정하게 유지되나, 공간적으로는 변화한다. 이는 '공간변화 일정투수계수' 모델로 고려할 수 있으며, 변형을 수반하지 않는 자연지반의 침투해석에 타당하다. 투수계수의 등방성 여부에 따라 등방선형 및 이방선형 모델로 구분할 수 있다.

등방성 선형 공간변화 투수계수 모델. 등방성 투수계수 모델은 자연지반의 투수성을 가장 단순하게 이상화한 투수계수 모델이며, 다음과 같이 표현된다.

$$k_x = k_y = k_z = k$$

투수계수가 공간적으로 같은 비율로 변화하는 경우 변화율(gradient)을 고려하는 함수를 이용하여 정의할 수 있다. 공간적으로 선형 변화하는 등방선형 투수계수 모델은 다음과 같다.

$$k = k_0 + G_1 \Delta x + G_1 \Delta y + G_1 \Delta z \qquad (5.136)$$

여기서 G_1은 변화율(gradient)이다. 각 방향으로 변화율이 일정하지 않으면 이방성 모델이 된다.

이방성 선형 공간변화 투수계수 모델. 완전 이방성의 경우 투수계수는 $k_x \neq k_y \neq k_z$이 된다. 이방성문제는 그 정도에 따라 직교 이방성과 3방향 이방성을 생각할 수 있는데, 직교 이방성은 그림 5.123과 같이 퇴적층에서 주로 나타난다. 퇴적층에서는 일반적으로 퇴적 직각(수평)방향의 투수성이 퇴적(수직)방향의 투수성보다 크다. 즉, $k_h > k_v$이다.

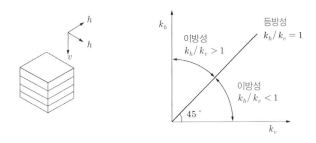

그림 5.123 이방성(퇴적층) 투수계수

공간적으로 선형 변화하는 이방성 조건의 3차원 투수계수 모델은 $k_x \neq k_y \neq k_z$ 조건에 대하여 다음과 같이 표현할 수 있다.

$$k_x = k_{xo} + G_{x1}\Delta x + G_{y1}\Delta y + G_{z1}\Delta z$$
$$k_y = k_{yo} + G_{x2}\Delta x + G_{y2}\Delta y + G_{z2}\Delta z \qquad (5.137)$$
$$k_z = k_{zo} + G_{x3}\Delta x + G_{y3}\Delta y + G_{z3}\Delta z$$

여기서 k_{xo}는 기준점의 투수계수이며, G는 각 방향에 따른 투수계수 변화율이다.

5.10.2 비선형 투수계수 모델

부정확한 투수계수는 설계해석(design analysis)의 정확도를 저하시켜 수리시설의 과다 혹은 과소설계로 비용의 낭비나 사고의 원인이 될 수 있다. Vaughan(1989)은 댐에서 실측한 수압이 해석결과와 큰 편차를 보이는 이유 중의 하나가 건설에 따른 투수계수의 변화(비선형성)를 적절히 고려하지 못한 데서 비롯된 것임을 지적한 바 있다.

일반적으로 고정된 매질에서의 흐름거동은 투수계수를 일정한 값으로 가정하여 정상상태(steady state)를 기준으로 흐름을 정의한다. 그러나 지반의 깊은 굴착, 지하공간 건설 등 모든 건설공사는 지반 변형과 함께 수리경계조건을 변화시킨다. 이 경우 **변형거동과 흐름거동이 동시에 일어나는 결합거동이 발생**한다. 이때 변형은 지반의 비선형강성에 상응하도록 체적변형을 초래하므로 변형이 일어나는 동안 투수계수의 크기도 비선형적으로 변화하게 될 것이다. 따라서 이러한 지반거동을 정확하게 예측하기 위해서는 응력변형거동의 비선형성에 상응하는 투수성의 비선형성도 고려하여야 한다. 그림 5.124에 지반 변형거동의 비선형성과 투수성의 비선형특성을 조합한 것이다.

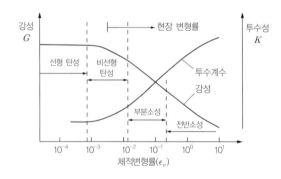

그림 5.124 비선형 강성과 투수성의 적합성 예시

건설공사장 주변의 체적변화가 큰 지반문제는 변형과 흐름의 결합거동의 문제이며, 이러한 지반문제는 시간 의존성 거동으로서, 이를 정확하게 예측하기 위해서는 변형의 비선형 모델에 상응하는 비선형 투수계수 모델이 필요하다.

예제 완전배수조건에서 터널 내 유입량은 $Q_o = \dfrac{2\pi k_{so} h_o}{\ln(2h/r_o)}$ 로 표현된다(Goodman, 1965). 여기서, h_o: 터널의 중심으로부터 지하수위까지의 수두 차(단위:m), k_{so}: 지반의 투수계수($m/\sec$), h: 지하수 침투거리(m), r_o: 터널 굴착반경(m)이다. 굴착으로 인한 지반체적변화가 유입량에 어떤 변화를 미칠 것인지 생각해보자.

풀이 터널굴착은 굴착면 주변지반의 이완을 초래하며 이로 인해 간극비가 증가하고 굴착면 주변의 투수계수도 증가할 것이다. 터널 굴착면 주변의 응력이완의 범위와 형상은 응력상태와 지반강성에 따라 다를 것이다. 만일 원형터널이 균질, 등방성 지반에서 직경에 비해 충분히 깊은 심도에 위치한다면 굴착으로 인한 이완범위는 터널주면을 따라 일정하다고 가정할 수 있을 것이다. 그림 5.125와 같이 이완영역의 임의위치 r'에서 투수계수가 k' ($k' > k_{so}$)이면 반경 r'인 터널내 유입량은 $Q_{r'} = 2\pi k' h_o / \ln(2h/r')$이다.

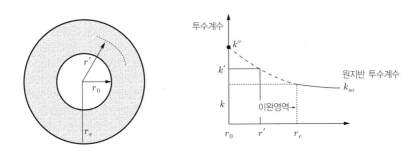

그림 5.125 이완영역으로 인한 터널 내 유입량 변화

지반의 탄소성경계가 r_e이라 하고 이 위치의 투수계수를 원지반 투수계수라 가정하면 반경 r_e의 범위를 통과하는 유입량이 터널로 유입될 것이므로 유입량은 근사적으로 $r = r_e$인 터널에 대하여 계산되어야 하므로

$$Q_{re} = \frac{2\pi k_{so} h_o}{\ln(2h/r_e)}$$

따라서 터널굴착 주변의 이완에 따른 투수성변화로 인해 증가되는 터널내 유입량은 대략 다음과 같이 평가할 수 있다.

$$\Delta Q = Q_{re} - Q_o = 2\pi k_{so} h_o \left(\frac{\ln(r_e/r_o)}{\ln(2h/r_e)\ln(2h/r_o)} \right)$$

투수계수의 비선형성

일반적으로 교란되지 않은 자연지반의 투수성은 흐름이 있어도 일정한 상태로 유지되므로 공간적 변화와 방향성만 고려하여 정의할 수 있다. 자연지반의 투수계수는 간극비가 작을수록 작게 나타나며, 투수계수와 간극비의 관계는 다음과 같다(Lambe & Whitman, 1968).

$$\log k = a + b e_o \tag{5.138}$$

여기서 a와 b는 상수이며, e_o는 지반의 원위치 초기 간극비이다. 따라서 지반의 변형이 없고 흐름만 있는 수리거동문제의 경우에는 투수계수, k 를 상태 파라미터인 간극비, e_o 의 함수로서 일정한 값으로 가정할 수 있다. 즉, $k = f(e_o) = const.$

하지만, 굴착, 성토 등으로 인해 지반이 변형상태에 놓이게 되면, 지반은 체적변화와 함께 비선형 강성 특성을 나타내게 된다. 이 과정에서 투수계수도 강성에 상응하여 비선형 특성을 나타낼 것이다(그림 5.124). 변형 중인 지반의 투수성, 특히 점토지반에 대한 비선형 투수성은 주로 압밀시험결과를 토대로 여러 연구자들에 의해 연구되었다. 많은 시험결과에 따르면 간극비의 변화에 따른 로그투수계수의 변화는 다음과 같이 선형관계를 나타낸다.

$$\Delta e = A \Delta \log k \tag{5.139}$$

여기서 A는 상관계수이다. 이 표현은 기본적으로 식 (5.138)의 Lambe & Whitman (1968)식과 동일한 것으로 자연상태의 체적-투수계수관계가 변형 중 흙에 대해서도 성립함을 의미한다. 즉, 지반재료에 대하여 $\log k = a + b e$ 조건이 거동 중인 지반에 대하여도 성립한다고 할 수 있다.

간극비 변화는 로그평균유효응력값($\log \sigma'$)에 선형비례하며, 유효응력은 간극수압에 의존하므로 지반 거동은 비선형문제라 할 수 있다. 지반의 변형과 흐름거동이 결합되는 경우 강성이 비선형이므로 투수성도 이에 상응하여 비선형성을 나타낼 것이다.

Vaughan의 비선형 투수계수 모델

Vaughan(1989)은 압밀시험의 압축지수, C_c 가 일정하다고 가정하여 k 와 σ' 과의 관계를 유도하였다. $e - \sigma'$ 의 관계식은

$$e = e_o - C_c \log \sigma' \tag{5.140}$$

$\log k = a + b e$ 에 식 (5.140)을 대입하면, $\log k = a + b(e_o - C_c \log \sigma')$ $\tag{5.141}$

$\log k_o = a + b e_o$ 이므로, 이를 식 (5.141)에 대입하고, $B = b\, C_c$ 라 놓으면

$$k = k_o\,\sigma'^{-B} \tag{5.142}$$

여기서 k_o는 $\sigma' = 1$일 때의 투수계수이며, B는 물성으로서 상수이다. 하지만 응력, σ'는 압밀시험에 기초하였으므로 명시적으로 평균응력(mean effective stress)이 아니다. 이 관계는 한계상태 파라미터를 이용하며 보다 명확히 정의될 수 있다.

한계상태에 의한 비선형 투수계수 모델

Biot(1941), Small & Booker(1976) 에 따르면 지반거동의 연속방정식은 다음과 같이 표현된다.

$$-k\frac{\partial h^2}{\partial^2 x_i} + \frac{\partial \varepsilon_v}{\partial t} = 0 \tag{5.143}$$

여기서 h는 전수두(total hydraulic head), ϵ_v는 체적변형률, t는 시간, x_i는 i방향의 좌표계이다. k와 ϵ_v, 그리고 p'간 적합성이 확보되어야 한다. 그림 5.126을 참고하면 $k = f(\triangle e) = f(\varepsilon_v)$이고, $\triangle p' = B\triangle\varepsilon_v$($B$는 체적탄성계수)이므로, 다음의 관계가 성립한다.

$$k = f(p') \tag{5.144}$$

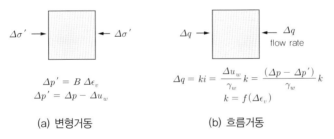

(a) 변형거동　　　　　(b) 흐름거동

그림 5.126 변형거동과 흐름거동의 적합성 조건

$v = 1 + e$이므로 $\triangle e = \triangle v$이다(그림 5.127 a). 따라서 식 (5.139)는 $\triangle v = A\triangle\log k$가 되므로 그림 5.127 (b)와 같이 $\ln p'$와 $\ln k$는 선형관계를 보일 것이다. 그림 5.127 (a)에 보인 한계상태 파라미터를 이용하면 $e = N - 1 - 2.3\lambda\log p'$와 같이 표현된다.

간극비 변화가 로그 투수계수의 변화와 선형관계라는 사실은 앞서 확인한 바 있다. 간극비는 그림 5.127 (b)로부터 $2.3\log k = a + b(N-1) - 2.3b\lambda\log p'$로 변환된다. $p' = 1$일 때의 투수계수를 k_o라 하면, 위 식은 $\log k = \log k_o - \alpha\log p'$로 쓸 수 있다. 이 식을 다시 쓰면 다음과 같다.

$$k = k_o p'^{-\alpha} \tag{5.145}$$

여기서, $\alpha\,(=b\lambda)$는 물성이며, $\log k - \log p'$ 관계의 기울기로 정의된다. 이 모델은 k_o와 α 두 파라미터로 정의되며 모두 일차원 압밀시험으로 결정될 수 있다.

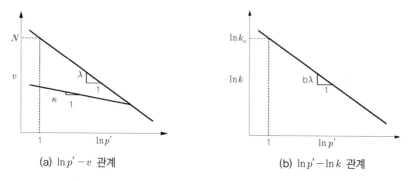

(a) $\ln p' - v$ 관계

(b) $\ln p' - \ln k$ 관계

그림 5.127 한계상태 파라미터를 이용한 비선형투수계수 정의

이 식은 근본적으로 압축지수 $c_c = constant$ 인 Vaughan의 식과 동일한 형태이나, 한계상태 파라미터를 사용하여 유도한 으로서, Cam Clay 모델이나 한계상태이론에 근거한 구성방정식에 상응한 투수계수 모델로 발전시킬 수 있다. 그림 5.128은 4장 그림 4.154를 제안모델의 적합성 판단을 위해 대수식으로 다시 그린 것이다. 비선형투수계수 모델인 식 (5.145)와 잘 일치함을 보인다.

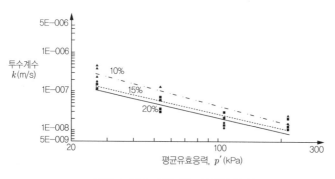

그림 5.128 다짐토의 비선형 투수성

강성-투수성 적합 비선형투수계수 모델

변위-흐름 연계거동의 결합조건을 확보하기 우해서는 식 (5.145)의 비선형투수계수 모델이 비선형 강성 모델과 적합성을 이루어야 한다. 즉, 체적변형률 진전에 따라 강성과 투수성이 유일관계로 적합성을 유지하면서 변화하여야 한다. 이 개념을 이완지반을 가정하여 그림 5.129에 나타내었다.

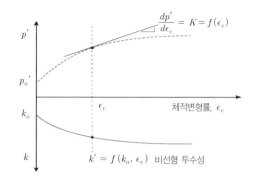

그림 5.129 강성-투수성 적합 비선형투수계수 모델 예

현장의 측정 투수계수가 k_i 이고 이에 상응하는 초기 유효응력이 $p_i{'}$ 라면 비선형 투수계수 모델로부터 다음이 성립할 것이다.

$$k_i = k_o p_i{'}^{-\alpha} \text{이므로,} \quad k_o = k_i p_i{'}^{\alpha} \tag{5.146}$$

따라서 비선형 모델은 지반의 초기조건$(p_i{'}, k_i)$을 안다면, 다음과 같이 나타낼 수 있다.

$$k = k_o p'^{-\alpha} = k_i \left(\frac{p'}{p_i{'}} \right)^{-\alpha} \tag{5.147}$$

지반조사를 통해 초기 원지반의 상태$(p_i{'}, k_i)$를 이미 파악하였다면, 시료시험으로 오직 α 값만 파악하면 된다. α는 일차원 압밀시험의 $\log p'$와 $\log k$의 관계의 기울기이다. 여기서 p'는 근사적으로, $\sigma_h{'} = K_o \sigma_v{'}$ 또는 $\sigma_h{'} = \nu/(1-\nu)\sigma_v{'}$를 이용하여(정규압밀지반), $p_i{'} = (\sigma_v{'} + 2\sigma_h{'})/3$로 산정할 수 있다.

NB : 과압밀 점토와 같이 팽창거동을 하는 점토의 경우 비배수전단 시 파괴에 가까워지면 체적변화가 거의 없어 p'에 관계없이 투수계수는 일정해질 것이다. 따라서 식 (5.147)의 비선형 모델은 간극비의 변화로 배수가 일어나는 경우에만 타당할 것이다.

이방성 비선형투수계수

이방성 투수성은 통상 수직 및 수평 투수계수를 이용하여 다음과 같이 정의한다.

$$\frac{k_h}{k_v} = \beta \tag{5.148}$$

직교이방성 지반에 대하여 식 (5.145)의 비선형 모델 식을 이용하면 이방성 투수모델은 다음과 같다.

$$\frac{k_h}{k_v} = \left(\frac{k_{oh}}{k_{ov}}\right) p'^{(\alpha_v - \alpha_h)} = \eta_o p'^{-\chi} \tag{5.149}$$

여기서 $\eta_o = k_{oh}/k_{ov}$ 이며, 이방성파라미터 $\chi = \alpha_h - \alpha_v$, 이다. η_o 은 원지반에 대한 지반조사결과로부터 결정할 수 있다. 여기서 주목할 것은 $\alpha_v \neq \alpha_h$ 일 때, β 는 더 이상 상수가 아니며 p' 와 χ 의 함수라는 사실이다. 원지반투수계수와 초기응력을 이용하면 이방성 투수계수모델은 다음과 같이 표현된다.

$$\beta = \frac{k_h}{k_v} = \left(\frac{k_{ih}}{k_{iv}}\right)\left(\frac{p'}{p_i'}\right)^{-\alpha_h}\left(\frac{p'}{p_i'}\right)^{\alpha_v} = \left\{\left(\frac{k_{ih}}{k_{iv}}\right)\frac{p_i'^{\alpha_h}}{p_i'^{\alpha_v}}\right\} p'^{(\alpha_h - \alpha_v)} = \eta_i \left(\frac{p'}{p_i'}\right)^{-\chi} \tag{5.150}$$

여기서 η_i 는 원지반투수성으로 구할 수 있으며, χ 는 이방성 투수파라미터로서 다짐토의 경우 통상 '0'보다 크다.

혼합 다짐토의 비선형투수계수 모델

비선형 모델을 정의하는 데 필요한 파라미터는 원지반의 초기투수계수가 조사된 경우, 다음 식에서 k_i 와 p_i' 를 알므로 α 만 구하면 된다.

$$k = k_i \left(\frac{p'}{p_i'}\right)^{-\alpha}, \quad \beta = \frac{k_h}{k_v} = \eta_i \left(\frac{p'}{p_i'}\right)^{-\chi}$$

직교이방성재료의 경우 α_v 와 α_h 를 구하여야 한다. Shin et al.(2013)은 혼합토에 대한 Rowe Cell 압밀시험을 통해 $k = k_o p'^{-\alpha}$ 수직, 수평에 대하여 α 를 구하였다. 이때 α 는 평균유효응력, p' 을 산정하지 않고 $\log \sigma_v'$ 와 $\log k$ 의 관계로부터 직접구할 수 있다. 각각 $\alpha_v = 2.172 - 0.756 \log M(\%)$ 및 $\alpha_h = 2.669 - 1.135 \log M(\%)$ 로 나타났다(그림 5.127). 여기서 M 은 점토(Kaolinite)의 중량 백분률이다. 이방성 파라미터는 $\chi = \alpha_h - \alpha_v = 0.479 - 0.179 \log M(\%)$ 로 나타났다. 다짐토에서 투수계수의 이방성은 점토함량(M)과 평균유효응력(p')의 함수이다.

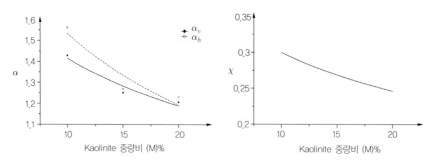

그림 5.130 다짐 혼합토의 비선형투수성 파라미터

5.10.3 불포화토의 투수계수 모델

4장 4.9.2절에서 불포화토 투수계수는 다음과 같이 함수로 정의됨을 살펴보았다.

$$k_u = k_s S_r^{\beta}$$

여기서 $\beta = 3 \sim 4$이며, 포화도 S_r는 함수특성곡선으로부터 얻을 수 있다. 포화도와 흡입력(u_w, 부압) 관계인 함수특성곡선은 3.6절에서 살펴본 바 있다. 함수특성곡선은 그림 5.131과 같이 건조 또는 포화과 정이 동일한 것으로 가정하여 다음과 같은 연속함수로 나타낼 수 있다. α는 근사화 계수이다.

$$S_r = \left[\frac{1}{1 + [(u_w - u_{wdes})\alpha]^n} \right]^m (1 - S_{ro}) + S_{ro} \tag{5.151}$$

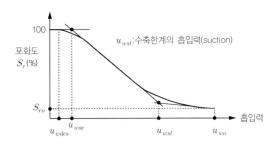

그림 5.131 불포화토에 대한 비선형 연속함수 함수특성곡선 모델(non-hysteretic model)

좀 더 단순한 방법으로 그림 5.132와 같이 간극수압-$\log k$ 관계를 선형으로 근사화하면, 불포화 투수 계수 모델은 다음과 같이 선형으로 정의할 수 있다.

$$\log k = \log k_{sat} - \frac{(u_w - u_{w1})}{(u_{w2} - u_{w_1})} \log \frac{k_{sat}}{k_{\min}} \tag{5.152}$$

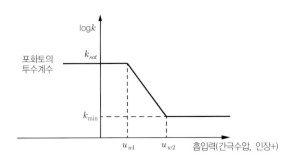

그림 5.132 불포화 과정 투수계수 모델

Chapter 06

지반거동의 지배방정식

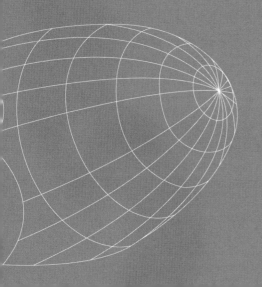

지반거동의 지배방정식

Isaac Newton (1642-1727)은 **'자연은 일정한 법칙에 따라 운동하는 복잡하고 거대한 기계'**라는 역학적 자연관을 피력하였다. 자연계의 현상을 수학적으로 표현하고자 하는 많은 시도를 통해 여러 자연현상이 미분 또는 편미분 방정식의 형태로 설명될 수 있다. 자연법칙을 수학적 언어로 표현한 것을 그 현상의 지배방정식이라 한다.

이 장에서는 지반 시스템의 거동을 수학적으로 표현하는 지반거동의 지배방정식을 살펴본다. 거동의 지배방정식은 이제까지 낱개로 존재하는 요소 단위의 지식들을 시스템적으로 조합한 것이다. 5장에서 살펴본 구성모델은 지배방정식(혹은 이를 토대로 전개되는 수치해석)을 통해 실제거동을 표현하거나 예측도구로 구현될 수 있다.

지반거동은 요소(element)단위와 시스템(system)단위로, 정적(static)거동과 동적(dynamic)거동, 변형(deformation)거동과 흐름(flow)거동, 그리고 이들 조합거동까지 다양한 측면을 포함하고 있다. 이 장의 학습을 통해 지반거동을 수학적으로 표현하는 틀(framework)을 이해하고, 나아가 다양한 지반거동을 수학적으로 모사하는 능력을 함양하고자 한다. 지배방정식의 해와 구성모델과의 시스템적인 조합은 제2권 2장 '이론해석'과 제2권 3장 '수치해석'에서 구체적으로 다루게 될 것이다. 이 장에서 다룰 지반거동의 지배방정식은 다음과 같다.

- 유효응력의 원리와 확장
- 변형거동의 지배방정식 : 평형방정식, 적합방정식, 구성방정식
- 흐름거동의 지배방정식 : 운동방정식(Darcy 법칙), 연속방정식, 흐름에너지 보존법칙
- 변형-흐름거동의 결합(coupled) 지배방정식 : Biot의 결합방정식
- 동적 지반거동의 지배방정식 : 파동방정식, 동적 시스템 평형방정식
- '변형-흐름-정적-동적거동'의 통합(unified) 지배방정식

6.1 지반거동의 지배방정식 개요

힘의 원인과 결과의 관계를 규명하는 학문인 '**역학(mechanics)**'은 Newton 역학으로 대표되는 고전역학과 원자 내 미시구조의 역학관계를 다루는 양자역학으로 구분된다. 이 중 Newton 역학은 힘의 평형, 운동량, 질량, 에너지 및 열(온도)과 같은 물리량의 보존법칙으로 대표된다. **지반역학은 지반에 작용하는 힘과 변형, 그리고 흐름문제를 다루는 학문으로서 Newton 역학에 기초를 두고 있다**고 할 수 있다.

표 6.1은 2차 편미분 형태로 표현되는 자연현상의 지배방정식을 요약한 것이다. 라플라스(Laplace)방정식(침투), 확산방정식(압밀), 파동방정식(지반진동)이 지반거동문제와 관련된다. 거동의 지배방정식은 Newton 역학에 기초한 자연형상의 수학적 표현이라 할 수 있다.

표 6.1 자연 현상의 지배방정식

지배방정식의 유형	적용 장(fields)	거동변수, (SI unit)
라플라스 방정식(E)[*] (Laplace eq.) $\nabla^2 \psi = 0$	· **침투(seepage)** · 열전도 · 정전기 · 비회전 수리동력학	· 수두, h(m) · 온도(°C) · 전기포텐셜(V) · 흐름함수(sec^{-1})
포아슨 방정식(E)[*] (Poisson eq.) $\nabla^2 \psi = A$	· 균일수로의 점성흐름(viscous flow) · 구형(사각형) 바(bar)의 비틂거동 · 균일하중하 막(membrane) 거동	· 속도(m/sec) · 응력함수(N/m^2) · 막의 수직변위(m)

확산방정식(P)[**]
(Diffusion eq.)
$\nabla^2 \psi = A + B\left(\dfrac{\partial \psi}{\partial t}\right)$
	· **압밀(consolidation)**
	  (라플라스 및 포아슨 방정식의
	  시간의존성(transient) 거동
	  (A=0 : 흐름생성이 없음)
		· 속도(m/sec)
		· 응력함수(N/m^2)
		· 막의 수직변위(m)

파동방정식(H)[***] Damped wave eq. $\nabla^2 \psi = A + B\left(\dfrac{\partial \psi}{\partial t}\right) + C\left(\dfrac{\partial^2 \psi}{\partial t^2}\right)$	· **탄성파 전파(wave equation)** · **파일거동(항타에너지)** ($A \neq 0, \ B=0$) · 현(string)의 진동 · 전선(cable)의 전기 전도	· 체적변형률 · 변위(m) · 변형(m) · 전압(v)과 전류(a)

주) [*]: E=타원함수(Elliptic), [**]: P=포물선함수(Parabolic), [***]: H=쌍곡선함수(Hyperbolic)

6.1.1 지반역학과 지배방정식

연속된 매질에서 물리량의 평형(equilibrium) 및 보존을 다루는 학문을 연속체 역학이라 하며, 지반역학은 연속체역학 범주의 응용학문이라 할 수 있다. 지반거동 지배방정식의 대부분을 연속체 역학의 원리인 힘의 평형, 변형의 적합성, 그리고 에너지 보존법칙에 기초하여 유도할 수 있다. 지반공학은 입자와 간극, 그리고 간극수로 구성되므로 액체를 대상으로 하는 유체역학(fluid mechanics), 금속을 주 대상으로 한 고체역학(solid mechanics)과 구분하여 **입자체 역학**(particulate mechanics)이라고도 한다.

역학은 수학의 역사와 함께 발전하여 왔다. 구조공학이나 수리학은 19세기 중엽에 이론적 체계가 거의 완성되어 실제문제에 성공적으로 적용되기 시작하였다. 지반공학이 이와 대등한 수준에 이른 것은 이로부터 약 1세기 후의 일이다. 18세기에 들어 모래 지반의 강도는 Coulomb(1776)의 파괴이론에 의해 설명할 수 있었으나 이 이론으로 점토지반의 강도특성은 설명할 수 없었다. 20세기 초에 이르러 점토의 전단저항각이 '0'에 근접함을 이해하게 되었으나, 점토의 절토사면에서 발견되는 진행성 파괴(delayed failure)나 시간 의존성 거동은 그때까지도 잘 설명하지 못하였다. 한편, 다공성 매질 속의 지하수 흐름원리는 1856년 Darcy에 의해 규명되었다. 1923년에 들어서 Terzaghi가 포화토의 변형은 흙 입자를 통해 전파되는 유효응력에 의해 지배된다는 사실을 발표하면서 간극수압이 지반거동에 미치는 영향과 압밀현상이 비로소 규명되었다.

지반거동은 지하수의 존재로 인해 역학적(mechanical), 수리적(hydraulic) 거동을 모두 포함한다. 또한 정적(static) 및 동적(dynamic) 하중을 지지해야 하는 환경에 있다. 그림 6.1에 보인 바와 같이 건설공사, 지진, 흐름(수두 차) 등은 지반의 대표적 거동요인이다. 지반거동의 지배방정식은 지반의 변위 및 흐름 거동현상을 수학적으로 표현한 것이다.

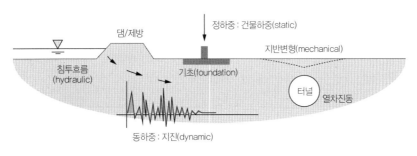

그림 6.1 지반의 거동요인

실제지반은 **비균질**(non-homogeneity), **이방성**(an-isotropy), **비선형성**(non-linearity), **점·소성**(viscosity and plasticity) 등의 성질을 나타내므로 지배방정식은 많은 가정과 이상화 및 단순화를 통해 유도된다. 지반은 연속된 반무한체이지만 이를 수학적으로 다루기 위해서는 어떤 형태로든 영역을 한정할 수밖에 없다. 따라서 지배방정식은 한정된 영역에서 거동현상을 설명할 수 있고, 그 영역의 경계부에서 지정된 경계조건을 만족해야 한다.

지반 요소와 지반 시스템

지배방정식은 연속영역 내 미소요소의 거동을 고려하여 유도하고, 이를 시스템으로 확장함으로써 얻을 수 있다. 따라서 요소(element)와 시스템(system), 그리고 이의 상호관계에 대한 이해가 필요하다. 다루고자하는 대상문제의 원인과 결과가 미치는 영향 범위의 영역을 '계(system)'라 한다. '요소(element)'

는 계를 구성하는 미소부분(infinitesimal elements)이며 계는 요소의 연속체이다. 지반문제에서 '계'는 연속체로 다루어지므로 **지반문제에서 요소의 크기는 지반거동이 개별입자의 거동으로 드러나지 않는 수준의 규모**임을 전제로 한다. 그림 6.2는 계와 요소의 관계를 보인 것이다. 계와 요소를 독립된 자유물체(free body)로 다루는 경우, 그 지배방정식은 요소와 계 어디에서나 성립한다.

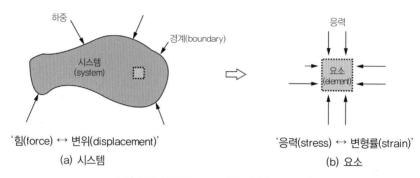

(a) 시스템   (b) 요소

그림 6.2 시스템(systems)과 요소(elements)

지배방정식은 일반적으로 연속체에 대한 미분방정식의 형태로 표현되나 불규칙한 경계조건, 하중과 물성의 불균일 등의 문제를 다루기 위해 **거동의 지배요소를 집중(lumped) 또는 이산화(discrete)로 모델링**하여 다루기도 한다. 그림 6.3은 연속계와 이산계의 모델링 개념을 보인 것이다. 이산계의 지배방정식은 근사적인 모델링 기법으로서 거동변수가 유한개의 절점에서 정의되므로 행렬식으로 표현할 수 있다.

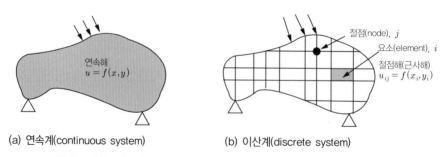

(a) 연속계(continuous system)   (b) 이산계(discrete system)

그림 6.3 연속 시스템(continuous system)과 이산 시스템(discrete system)

지배방정식을 아는 어떤 문제에 대하여 재료의 물리적 성질(material parameters)과 경계조건(boundary conditions)이 주어지면 해를 구할 수 있다. 이때 해는 이론해로서 연속적으로 정의되는 **완전해(closed form solution)**이다. 이론해는 대상문제의 단순화와 이상화를 가정하여 얻어진 것이므로 이론해법을 복잡한 실제문제에 적용하기 어려운 경우가 많다.

6.1.2 지반거동의 지배방정식 개괄

지반공학에서 다루는 주요 거동은 변형, 흐름, 그리고 이의 복합거동이다. 따라서 지배방정식도 거동별로, 그리고 조합거동으로도 살펴볼 수 있다. 지반거동을 설명하는 주요 방정식은 다음과 같다.

- 변형거동의 지배방정식
  - 유효응력의 원리(principle of effective stress)
  - 응력(힘)의 평형방정식(equilibrium equation): 정적 평형방정식, 동적 평형방정식
  - 변위(변형률) 적합방정식(compatibility equation)
  - 구성방정식(constitutive equation)
  - 변형 에너지 보존법칙
- 흐름거동의 지배방정식
  - Darcy의 법칙(운동방정식)
  - Bernoulli's 법칙(흐름 에너지 보존법칙)
  - 흐름의 연속방정식(질량보존의 법칙)
- 변형–흐름거동의 결합지배방정식 및 통합 방정식

그림 6.4는 지반공학에서 주로 다루는 지배방정식의 체계를 보인 것이다.

그림 6.4 지반거동의 지배방정식 체계

6.2 유효응력의 원리

그림 6.4에 보인대로 지반거동의 지배방정식 체계는 미소요소에서 시스템으로 개별거동에서 조합 및 결합거동을 다루는 방식으로 전개할 수 있다. 이 장에서는 미소요소의 기본방정식(fundamental equation)을 먼저 다루고, 이를 기반으로 시스템 방정식을 살펴본다.

지반거동에 대한 지배방정식의 근간은 유효응력의 원리이다. 이에 의해 **흐름거동과 변형거동의 결합도 가능해진다.** 이 장에서 다루는 통합장(unified field)은 변형, 흐름, 그리고 정적 및 동적 상태를 포괄하는 장(fields)을 말한다. 따라서 변형, 흐름지배방정식은 통합장 방정식의 특수한 경우에 해당한다.

지반은 입자, 간극, 간극유체(공기와 지하수, 이하 간극수라 한다)로 구성된다. 간극수의 이동이 억제된 경우, **하중을 받게 되면 각 구성성분은 압축성에 반비례하여 응력을 분담**하게 될 것이다. 이 중 지반입자가 분담하여 전달하는 응력을 유효응력(有效應力, effective stress)이라 정의한다. **유효응력은 지반입자를 통해 전달되는 응력이므로 지반의 변형거동은 유효응력에 의해서만 발생한다.** 5장에서 다룬 **구성방정식에 나타나는 응력은 매질에 변형을 야기하는 응력이므로 유효응력이다.** 유효응력 개념은 20세기초 Terzaghi(1923)에 의해 도입되었다. 이후 지반역학이 독립적 이론의 틀을 갖추고 전개되기 시작하였으므로 유효응력의 발견은 지반역학에서 매우 중요한 의미를 갖는다.

6.2.1 유효응력의 정의

Terzaghi(1923)는 실험적 고찰을 통해 다공성 매질의 응력-변형률거동은 입자간 전달응력(inter-granular stress)에 의해 지배됨을 인지하여, 전체응력(σ)에서 수압(u_w)을 뺀 응력이 입자구조를 통해 전달되는 유효응력(σ')이라는 '유효응력의 원리(principle of effective stress)'를 발표하였다.

$$\sigma' = \sigma - u_w \tag{6.1}$$

여기서 σ'는 유효응력, σ는 전응력(total stress), u_w는 간극수압이다. 위 식을 증분하중의 개념으로 전개하면 재하로 인한 전응력의 변화는 유효응력과 간극수압 증분의 합과 같음을 의미한다.

$$\Delta\sigma = \Delta\sigma' + \Delta u_w \tag{6.2}$$

3차원 응력공간에서 유효응력은 다음과 같은 형태로 표현할 수 있다.

벡터표기, $\{\sigma'\} = \{\sigma\} - \{u_w\}$ \qquad (6.3)

텐서표기, $\sigma_{ij}' = \sigma_{ij} - \delta_{ij} u_w \quad (i = j = 1, 2, 3)$ \qquad (6.4)

$$\text{행렬표기,} \quad \begin{bmatrix} \sigma_{xx}' & \tau_{xy} & \tau_{xz} \\ \tau_{yx} & \sigma_{yy}' & \tau_{yz} \\ \tau_{zx} & \tau_{zy} & \sigma_{zz}' \end{bmatrix} = \begin{bmatrix} \sigma_{xx} & \tau_{xy} & \tau_{xz} \\ \tau_{yx} & \sigma_{yy} & \tau_{yz} \\ \tau_{zx} & \tau_{zy} & \sigma_{zz} \end{bmatrix} - \begin{bmatrix} u_w & 0 & 0 \\ 0 & u_w & 0 \\ 0 & 0 & u_w \end{bmatrix} = \begin{bmatrix} \sigma_{xx} - u_w & \tau_{xy} & \tau_{xz} \\ \tau_{yx} & \sigma_{yy} - u_w & \tau_{yz} \\ \tau_{zx} & \tau_{zy} & \sigma_{zz} - u_w \end{bmatrix} \tag{6.5}$$

간극수의 전단강성은 무시할 정도로 작으므로 전단응력은 간극수의 영향을 받지 않는다. 이 사실은 **총 전단응력은 유효전단응력과 같음**을 의미한다. 즉, $\tau' = \tau$이다.

유효응력원리를 통해 압밀과 같은 지반 내 부정류 흐름거동을 설명할 수 있게 되었고, 비배수 전단강도에 대한 이해도 가능해졌다. **Terzaghi의 유효응력원리는 실험적 경험식**에 해당하며 대부분의 지반공학분야에서 광범위하게 받아들여지고 있다.

6.2.2 입자체 역학계와 유효응력(σ')의 물리적 의미

지반요소에는 외력이 유발하는 응력(induced stress)과 입자 간 전기화학적 작용으로 인한 응력이 작용한다. 유발 응력은 매질을 구성하는 흙 입자, 간극수, 간극 각각의 압축특성에 상응하여 발생한다. 전기화학적 응력은 입자 표면전하 등으로 인한 척력, 정전기력 또는 van der Waals력 등에 의해 야기된다.

그림 6.5 (a)는 흙 입자를 통한 응력전파 메커니즘을 파악하기 위한 토체 내 요소를 보인 것이다. 입자의 접촉점을 통과하는 곡선 $O-O$를 수평면에 수직투영한 직선 $O-O$에 작용하는 응력상태를 그림 6.5 (b)에 단순화하여 나타내었다.

수직투영면 $O-O$에서 힘의 평형조건을 이용하면 외부 하중에 의한 전응력, σ는 다음의 평형조건을 만족한다.

$$\sigma \cdot a = \sigma_c \cdot a_c + u_w \cdot a_w + \sigma_a \cdot a_a + R_c \cdot a_c - A_c \cdot a_c - A_a \cdot a \tag{6.6}$$

여기서 a_c는 입자의 접촉면적, a_w는 간극수를 통과하는 면적, a_a 공기에 접하는 면적, a는 총 면적($a = a_c + a_w + a_a$)이다. R_c는 입자표면에 작용하는 척력(수화작용으로 인한 척력 등), A_c는 입자표면에 작용하는 인력(표면에서의 화학적 결합력), A_a는 전체면적에서 작용하는 인력(van der Waals력 또는 정전기인력)이다. 위 식을 σ에 대하여 정리하면 다음과 같다.

$$\sigma = \sigma_c \frac{a_c}{a} + u_w \frac{a_w}{a} + \sigma_a \frac{a_a}{a} + (R_c - A_c) \frac{a_c}{a} - A_a \tag{6.7}$$

먼저 흙이 완전 포화되었다고 가정하면, $a_a = 0$이므로 전응력, σ는 다음과 같다.

$$\sigma = \sigma_c \frac{a_c}{a} + u_w \frac{a_w}{a} + R' - A \tag{6.8}$$

여기서 $R' = R_c \cdot (a_c/a)$이고, $A = A_c \cdot (a_c/a) + A_a$이다.

Terzaghi의 유효응력, σ'는 $\sigma' = \sigma - u_w$이므로 식 (6.7)을 이용하면 유효응력은 다음과 같이 표현된다.

$$\sigma' = \sigma - u_w = \frac{a_c}{a}\sigma_c + \left(\frac{a_w}{a} - 1\right)u_w + R' - A \tag{6.9}$$

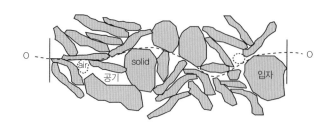

(a) 입자의 접촉점을 통과하는 곡선 $O-O$

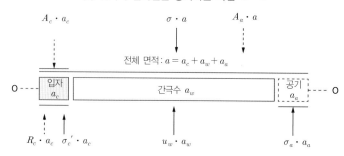

R_c : 입자표면 척력, A_c : 입자표면 인력, A_a : 전체면적 인력

σ : 전(全)단면 평균응력, σ_c : 입자접촉면 응력, u_w : 간극수압, σ_a : 공기압

(b) 곡선 $O-O$의 수직투영면 성분별 단면적과 응력성분

그림 6.5 지반재료의 응력전달 메커니즘

고소성 점토의 유효응력

고(高)소성점토(highly plastic clay)인 경우(e.g. montmorillonite) 접촉면적 a_c는 무시할 만큼 작다. 즉, $a_c \approx 0$, $a = a_w$이다. 따라서 식 (6.9)의 유효응력은 다음과 같이 전기력으로만 정의된다.

$$\sigma' = R' - A \tag{6.10}$$

이는 고소성 점토의 유효응력은 하중과는 무관함을 의미한다(재하 시간이 충분히 짧은 경우). 즉, 재하 시 $\Delta\sigma' = 0$이다. 따라서 이 경우 유효응력식, $\Delta\sigma' = \Delta\sigma - \Delta u_w$는 $\Delta\sigma = \Delta u_w$이 된다. 이는 **외력에 의한 응력증가가 모두 간극 수압의 증가로 나타남을 의미한다**(하지만 시간경과와 함께 간극수압이 감소하며 유효응력이 증가한다 - 압밀현상).

저소성토 또는 사질토의 유효응력

저(低)소성토 또는 사질토(low plastic clay and cohesionless soil)와 같은 입상토는 입자 간 전기력이 매우 작으므로 $R' \approx A$이라 할 수 있다. 따라서 이 경우 식 (6.9)으로부터 유효응력은 다음과 같다.

$$\sigma' = \sigma_c \frac{a_c}{a} + u_w \frac{(a_w - 1)}{a} = \sigma_c \frac{a_c}{a} - u_w \frac{a_c}{a} = (\sigma_c - u_w)\frac{a_c}{a} \tag{6.11}$$

사질토에서 유효응력은 편차 접촉력(순 입자 작용응력), $(\sigma_c - u_w)a_c$을 전체단면적, a로 나눈 평균개념의 응력이라 할 수 있다.

Bishop(1959)은 이 식의 의미와 입자 간 접촉거동 메커니즘을 그림 6.6과 같이 전개하여 입자에 작용하는 응력은 간극수압(정수압) 성분 u_w과 편차응력성분$(\sigma_c - u_w)$의 합으로 구성됨을 보였다. 즉, **접촉점응력에서 등방압력인 수압을 뺀 편차응력$(\sigma_c - u_w)$이 유효응력과 관계된다. 간극수압이 등방압(isotropic stress)으로서 흙 입자의 변형에 미치는 영향은 무시할만하므로 입자체의 변형은 편차응력$(\sigma_c - u_w)$에 지배됨을 의미한다.**

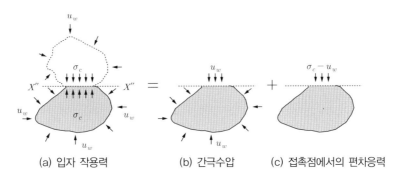

(a) 입자 작용력   (b) 간극수압   (c) 접촉점에서의 편차응력

그림 6.6 접촉점에서의 응력(충분히 작은 입자)

6.2.3 유효응력의 산정

전응력, σ와 간극수압, u_w를 알면 유효응력을 산정할 수 있다. 간극수가 없는 지반의 경우 간극수압이 '0'이므로 유효응력은 전응력과 같다. 포화지반의 경우 간극수압은 입자 사이의 간극수에 존재하며 일반적으로 다음과 같이 나타낼 수 있다.

$$u_w = h_o \gamma_w + h_i \gamma_w + h_s \gamma_w \tag{6.12}$$

여기서 h_o =정수압 수두(static pressure head), h_i =동수경사 수두 또는 측정수두(수두 차), h_s =삼투압수두(osmotic head)이다. 점토입자의 전기적 영향이 없는 순수한 물의 경우 삼투압을 무시할 수 있으므로, $h_s \approx 0$이다.

흐름이 없는 경우. $h_i = 0$이므로 수압은 정수압 $u_w = h_o \gamma_w$이므로, 유효응력은 $\sigma' = \sigma - h_o \gamma_w$.

흐름이 있는 경우. 흐름은 지반 내 침투력(seepage force)을 야기하며, 침투력은 수두 차, h_i에 의해 발생한다. 중력흐름과 동일한 방향의 수두 차를 $+h_i$라 하고, 반대방향을 $-h_i$라 하면 수압은 $u_w = h_o \gamma_w \pm h_i \gamma_w$ (+: 상향흐름, -: 하향흐름)이며, 유효응력은 $\sigma' = \sigma - h_o \gamma_w \mp h_i \gamma_w$이다.

아르키메데스 원리와 Terzaghi 유효응력 원리

높이 h, 단면적 A, 체적 $V(= Ah)$, 간극률 n, 입자(grain)의 단위중량 γ_p, 총 입자중량이 $(1-n)\gamma_p V$인 지반시료를 생각해보자.

① 아르키메데스(Archimedes) 원리

이 시료는 수중에서 그 부피만큼의 물 무게에 해당하는 부력을 받는다. 물의 단위중량(10kN/m³)이 γ_w라 하면,

· 부력 $= (1-n)\gamma_w V$

· 물속에서 순 중량, $W = (1-n)\gamma_p V - (1-n)\gamma_w V$

· 시료가 지반 중의 한 요소라면, 그 무게는 입자에 의해 지지되어야 한다. 입자의 지지응력은

$$\sigma' = W/A = (1-n)\gamma_p h - (1-n)\gamma_w h = (1-n)(\gamma_p - \gamma_w)h \tag{6.13}$$

이 응력은 입자의 바닥 접촉응력이므로 유효응력이라 할 수 있다.

② Terzaghi 유효응력

같은 위치의 지반시료에 대하여 Terzaghi 유효응력개념을 적용해보자.

· 응력 $\sigma = \gamma_s h$, 간극수압 $u_w = \gamma_w h$ (여기서 γ_s는 흙의 단위중량)

· 유효응력 $\sigma' = \sigma - u_w = \gamma_s h - \gamma_w h = (\gamma_s - \gamma_w)h$

· 포화토의 단위중량 $\gamma_s = n\gamma_w + (1-n)\gamma_p$이므로 다음과 같다.

$$\sigma' = (\gamma_s - \gamma_w)h = (1-n)\gamma_p h - (1-n)\gamma_w h = (1-n)(\gamma_p - \gamma_w)h \tag{6.14}$$

위 식 (6.13) 및 (6.14)에서 Terzaghi의 유효응력 원리는 Archimedes의 원리와 동일함을 알 수 있다. 하지만 두 원리가 자동적으로 같아지는 것은 아니다. 아르키메데스 부력은 입자의 저면에 작용하나 Terzaghi 유효응력은 입자 간 작용응력이기 때문이다.

흐름과 유효응력

흐름이 지반응력체계 미치는 영향을 살펴보자. 이를 위해 그림 6.7과 같이 상·하 수두 차가 다른 3가지 지반시료조건을 생각해보자. Case A는 상하 수두가 동일한 경우(no seepage), Case B는 하향흐름(downward seepage), Case C는 상향흐름(upward seepage)인 경우이다.

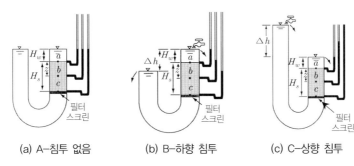

(a) A–침투 없음　　　(b) B–하향 침투　　　(c) C–상향 침투

그림 6.7 지반 내 침투흐름의 유형

위 3조건에 대하여 시료상부 a, 심도 z의 한 점 b, 시료하부 점 c에 대한 응력을 살펴보자.

A. 전응력: σ

점 a에서, $\sigma_a = H_w \gamma_w$

점 b에서 $\sigma_b = H_w \gamma_w + z\gamma_{sat}$

점 c에서 $\sigma_c = H_w \gamma_w + H_s \gamma_{sat}$

B. 간극수압: u_w

위치	case A(흐름 정지)	case B(하향 흐름)	case C(상향 흐름)
a	$u_a = H_w \gamma_w$	$u_a = H_w \gamma_w$	$u_a = H_w \gamma_w$
b	$u_b = (H_w + z)\gamma_w$	$u_b = (H_w + z - iz)\gamma_w$	$u_b = (H_w + z + iz)\gamma_w$
c	$u_c = (H_w + H_s)\gamma_w$	$u_c = (H_w + H_s - \Delta h)\gamma_w$	$u_c = (H_w + H_s + \Delta h)\gamma_w$

* b 점의 수두: 하향 흐름: $h_b = H_w + z - iz$,

　　　　　　　　상향 흐름: $h_b = H_w + z + iz$, $i = \Delta h/z$

C. 유효응력: $\sigma' = \sigma - u_w$

위치	case A(흐름 정지)	case B(하향 흐름)	case C(상향 흐름)
a	$\sigma_a' = 0$	$\sigma_a' = 0$	$\sigma_a' = 0$
b	$\sigma_b' = z(\gamma_{sat} - \gamma_w) = z\gamma'$	$\sigma_b' = z\gamma' + iz\gamma_w$	$\sigma_b' = z\gamma' - iz\gamma_w$
c	$\sigma_c' = H_s(\gamma_{sat} - \gamma_w) = H_s\gamma'$	$\sigma_c' = H_s\gamma' + \Delta h\gamma_w$	$\sigma_c' = H_s\gamma' - \Delta h\gamma_w$

6.2.4 불포화토의 유효응력

지하수위 바로 위에서는 간극에 공기와 수분이 갇혀 불포화 상태에 있게 된다. 불포화토의 공기는 2가지 형태로 존재할 수 있다. 첫 번째는 간극에 독립된 공기방울(occluded)로서 존재하는 경우이다(그림 6.8 a). 포화도가 높은 경우(90% 이상) 이런 상태가 된다. 이런 상태는 채움 다짐토 또는 건조토가 물속에 잠긴 직후 발생한다. 이 경우 어떤 단면을 잘랐을 때 공기가 차지하는 면적은 매우 작으며 공기압과 수압의 차이도 매우 작다. 따라서 **간극 공기압의 영향이 거의 없어, 포화토와 마찬가지로 Terzaghi의 유효응력식이 성립한다.**

(a) 공기방울로 존재(occluded air) 유효응력원리 성립

(b) 공기 통로로 존재(air channel) 유효응력원리 불성립

그림 6.8 불포화토의 간극공기의 분포특성

두 번째는 그림 6.8 (b)와 같이 공기로 이루어진 간극이 지반 내에 연속된 통로(channel)처럼 분포하는 경우이다. 공기가 차지하는 면적이 상당하며 공기압과 간극수압의 차이도 커지므로 공기압이 유효응력에 미치는 영향도 무시할 수 없다. **이 경우 Terzaghi의 유효응력식은 성립하지 않는다.** 이러한 불포화토에 대하여 Bishop(1959)은 유효응력을 다음과 같이 제안하였다.

$$\sigma' = \sigma - u^* \tag{6.15}$$

u^*는 등가 간극수압으로서, s_a, s_w를 각각 공기와 물의 면적개념의 간극점유율이라할 때 $u^* = u_a s_a + u_w s_w$로 정의하였다. 입자접촉면적(a_c)는 충분히 작으므로 무시한다($a_c \approx 0$). $s_a + s_w \approx 1$라 놓을 수 있으므로 $u^* = u_a + s_w(u_w - u_a)$ 이다. s_w를 포화도 함수의 파라미터 χ로 대체하면 불포화토에 대한 유효응력식은 다음과 같다.

$$\sigma' = \sigma - u^* = \sigma - u_a + \chi(u_a - u_w) \tag{6.16}$$

여기서 u_a는 간극공기압, χ는 포화도 파라미터($\chi = 1$이면 포화토, $\chi = 0$이면 건조토)이다. 일반적으로 공기의 점성은 물보다 훨씬 작다. 입상토와 같이 공기가 연속적으로 분포 가능한 흙의 경우 공기 투과성은 아주 크다. 이런 흙이 대기와 접하는 자유면에서 u_a는 대기압($=0$)과 같으며 u_w는 대기압보다 작아 부($\mathbf{\hat{g}}$, negative)의 값을 갖는데, 이를 **흡입력(suction)**이라 한다. **흡입력은 불포화토가 물을 흡입하는 힘** 이며 함수비에 따라 변화한다. 불포화 영역이 포화되면 흡입력은 소멸된다. **흡입력에 의해 어느 정도 물을 보유하게 되면 입자 간에 표면장력이 발생하여 결합력을 야기하게 되고 이 결합력은 겉보기 점착력으로 나타난다.** 이때의 유효응력식은 다음과 같이 표현할 수 있다.

$$\sigma' = \sigma - \chi \, u_w \tag{6.17}$$

6.2.5 유효응력원리의 확장

Terzaghi의 유효응력원리는 토질역학의 성립기에 중요한 쟁점사안이었다. 유효응력의 원리를 도입할 당시 논란이 많았던 이유는 유효응력식에 대한 이론적 근거가 충분히 설명되지 못하였기 때문이다. Skempton은 Terzaghi의 유효응력식이 압밀이나 강도를 지배하는 진정한 원리는 아니나, **많은 실제 문제에 대하여 그 유용성이 성공적으로 입증된 경험식**임을 강조하였다. 이론적인 논거가 부족함에도 불구하고 현장 및 실험결과와 잘 일치하기 때문에 Terzaghi 식은 토질역학의 골간을 구성하는 원리로 받아들여졌다.

일반적으로 Terzaghi 유효응력식은 포화 지반에는 잘 맞지만 **콘크리트, 암반 등의 재료에서는 상당한 오차를 야기**한다. 특히, 대심도의 터널공사, 석유저장시설, 핵폐기물 저장시설 주변, 파일의 단부 등과 같이 응력의 준위가 높은 경우에 실측치와 큰 차이가 발생하는 것으로 알려져 있다. 하지만 **응력이 더 증가하여 입자가 파괴되는 응력상태에서는 유효응력의 원리가 성립**하는 것으로 확인되었다.

다공성 매질에서 간극수압이 강도에 아무런 영향을 미치지 않는다는 사실을 최초로 인지한 사람은 Fillunger(1913)였다. Terzaghi는 이보다 10년 뒤인 1923년에 변형성(deformable) 포화 다공성 매질에 대한 거동을 조사하였다. Terzaghi 식이 실험을 통해 입증되고, 유효응력원리가 $\sigma' = \sigma - u_w$로 표현된 것은 1936년의 일이다. 유효응력의 원리는 비단 토질역학뿐만 아니라 세라믹, 분말금속 등 입자매체(다공성매질)를 통한 흐름이 있는 제품의 개발 및 제조에도 유용하다.

유효응력 개념을 다양한 지반문제에 적용 가능하도록 일반화하려는 시도에 의거, 직관과 경험, 입자 간 접촉응력 이론, 압축성 이론 등에 근거한 여러 형태의 유효응력식이 제안되었다. 지반재료에 가해지는 하중을 흙 입자와 간극수가 분담하여 지지한다고 할 때 이를 일반화한 유효응력식의 표현은 다음과 같다.

$$\sigma' = \sigma - \eta u_w \tag{6.18}$$

여기서 η는 간극수압이 차지하는 비율을 나타내는 계수이다. Terzaghi의 유효응력식은 $\eta = 1$인 경우에 해당한다. η에 대한 여러 연구결과를 표 6.2에 요약하였다.

표 6.2 유효응력의 파라미터

η값	제안자
$\eta=1$	Terzaghi(1923, 1936), Skempton(1961) etc
$\eta=n$(간극률)	Fillunger(1930) etc
$\eta=1-C_g/C_s$ [주1)]	Skempton(1960), Nur & Byerlee(1971), Bishop(1959) etc

주) C_g : 흙 입자의 압축성, C_s : 흙 구조체의 압축성

이 중 $\eta=n$(간극률)으로 보는 경우는 간극이 없는 순수고체의 경우로서, $n \approx 0$임을 고려하여 직관으로 정한 값이다. Skempton(1961) 등은 지반 구성재료의 구조체 압축성에 근거하여, Nur & Byerlee(1971)는 고체역학개념에 기초하여 η을 다음과 같이 제안하였다.

$$\eta = 1 - \frac{C_g}{C_s} \tag{6.19}$$

여기서 C_g는 흙 입자(soil grain)의 압축성이며, C_s는 흙 구조체(soil skeleton)의 압축성으로 그림 6.9와 같이 정의된다. 일반적으로 흙 구조체의 압축성은 흙 입자보다 크므로 $0 \le C_g/C_s \le 1$이다.

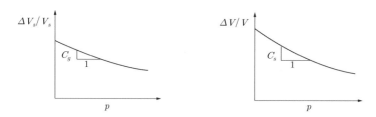

그림 6.9 압축성의 정의(V =총체적, V_s =입자체적, ΔV, ΔVs =체적변화량)

흙 지반 재료는 $C_g/C_s \approx 0$이지만 암 지반 재료는 C_g/C_s =0.1~0.5 (η=0.5~0.9) 범위로 분포한다. 콘크리트의 경우 C_g/C_s는 약 $0.12(\eta=0.88)$의 값을 나타낸다. 이러한 경우 Terzaghi 식($\eta=1$)을 사용하면 암반의 유효응력을 과소평가하게 된다. $\eta = 1 - C_g/C_s$로 산정한 유효응력은 암반에서 측정한 유효응력과 좋은 일치를 보인다. 결과적으로 **다음 유효응력식이 모든 경우의 재료에 대하여 아주 잘 맞는다**는 사실이 실험적으로 입증되었다.

$$\sigma' = \sigma - \left(1 - \frac{C_g}{C_s}\right)u_w \tag{6.20}$$

유효응력에 대한 또 다른 쟁점은 유효응력관계가 모든 응력(또는 변형률) 수준, 특히 파괴 시에도 성립

하는가에 대한 문제이다. 실험결과에 따르면 **대부분의 흙, 그리고 콘크리트와 암반의 경우는 파괴 시 η가 1에 접근하는 것으로 확인되었다.** 즉, 재료의 파괴상태에서는 Terzaghi의 유효응력원리가 잘 맞는다고 할 수 있다. 이 현상은 콘크리트와 암반의 파괴 시 전단거동을 구체적으로 고찰함으로써 이해할 수 있다. 파괴 시 재료는 전단과 함께 미세균열이 발달하게 된다. 최대 응력점에 도달하면서 입자의 파쇄가 충분히 진행되고 입자구조의 압축성이 크게 증가한다. 즉, **파괴에 가까워지면 흙과 유사한 구조가 되어 η가 1에 접근한다.** 이 사실은 재료의 압축성이 변화하여 $\eta = 1$이 되는 것이므로, $\eta = 1 - C_g/C_s$ 식은 파괴전 응력-변형률거동뿐 아니라 파괴상태, 그리고 구속응력이 아주 큰 경우(파쇄를 야기하는 상황)에도 성립한다고 할 수 있다.

예제 단면적 A인 흙, 암석, 콘크리트로 만들어진 그림 6.10과 같은 시료가 있다. 흙의 $C_g/C_s = 0(\eta_s = 1.0)$, 암석의 $C_g/C_s = 0.25(\eta_r = 0.7)$, 콘크리트의 $C_g/C_s = 0.12(\eta_c = 0.98)$일 때, 자중에 의한 정지유효수직응력을 구하고, 각각의 지반에 터널을 굴착했을 때 터널 천단부 굴착면 작용하중에 대하여 논해 보자.

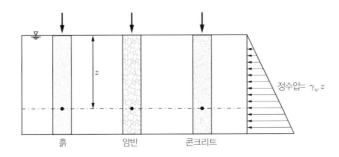

그림 6.10 재료에 따른 유효응력 특성

풀이 흙, 암석, 콘크리트의 단위중량을 각각, $\gamma_s = 1.7\gamma_o$, $\gamma_r = 2.7\gamma_o$, $\gamma_c = 2.3\gamma_o$이라 하고, 물의 단위중량을 $\gamma_w = \gamma_o$이라 하면, 깊이 z에서 전응력은 각각, $\sigma_s = 1.7\gamma_o z$, $\sigma_r = 2.7\gamma_o z$, $\sigma_c = 2.3\gamma_o z$이고, 수압은 $u_w = \gamma_o z$이다. 깊이 z에서 수직유효응력은

- 흙 지반, $\sigma_s{}' = \sigma_s - \eta_s u_w = 1.7\gamma_o z - 1.0 \times \gamma_o z = 0.7\gamma_o z$
- 암 지반, $\sigma_r{}' = \sigma_r - \eta_r u_w = 2.7\gamma_o z - 0.7 \times \gamma_o z = 2.0\gamma_o z$
- 콘크리트, $\sigma_c{}' = \sigma_c - \eta_c u_w = 2.2\gamma_o z - 0.98 \times \gamma_o z = 1.22\gamma_o z$

터널을 굴착하면 정지지중응력의 평형이 상실되면서 굴착면을 따라 하중으로 작용하게 된다. 따라서 위의 유효응력을 가정하면 터널 천단부 굴착면에 유발되는 하중의 크기는 암 지반 > 콘크리트 > 흙 지반이다. 하지만 이때 각 재료의 강성(E)이 서로 다르므로(예, 암 지반 > 콘크리트 > 흙 지반) 터널천단의 유발변형은 $\Delta\epsilon = E\Delta\sigma'$에 의해 결정된다($\Delta\sigma'$: 굴착에 따른 유발응력).

ERDBAUMECHANIK？

"Fillunger의 '토질역학이라고?(soil mechanics?)'의 브로셔(brochure) 표지"
역사적 논쟁을 통해 학문의 의미와 이에 임하는 자세를 생각해보자

오늘날 다공성 매질거동 이론은 크게 두 갈래로 인식되고 있다. 첫 번째는 Karl Terzaghi의 유효응력 이론을 확장한 M. Biot의 변위–수압의 결합이론이고, 두 번째는 P. Fillunger가 제시한 다공성 매질이론이다. 다공성 매질이론은 최근 들어 포화 또는 속이 빈 매질을 다루는 데 유용한 이론임이 밝혀졌다. 이들 이론의 태동기인 1930년대 중반 오스트리아 Vienna의 Tecnische Hochschule 대학의 교수였던 Terzaghi와 Fillunger는 다공성 매질이론과 관련하여 비극적인 논쟁을 벌였다. 이 사건은 당시의 불안하고 격변중인 시대의 축소판(microcosm)과도 같았다.

Fillunger는 1913년에 투과성 매질(porous media)의 마찰과 모관현상을 조사하면서 유효응력의 영향을 발견하였다. 1936년 Fillunger는 액체로 포화된 변형성(deformable) 다공매질의 거동이론을 발표하였다. 그러나 Fillunger의 이 엄청난 업적은 이후 완전히 잊히고 무시되었다. 그 이유는 1930년대 Fillunger와 Terzaghi가 서로 다른 과학적 견해로 인한 깊은 적대감으로 큰 논쟁을 시작하였고, 급기야 Fillunger가 자살하는 비극적 결말을 맺은 때문이다.

과학적 논쟁의 시작은 이렇다. 처음 두 사람은 수압으로 인한 콘크리트댐의 상향력(uplift force), 그리고 압밀이론과 관련해 논쟁을 벌었다. 댐의 상향력에 대한 Fillunger이론의 결함을 Terzaghi가 지적하였고, Fillunger는 이를 수긍치 않았다. Terzaghi는 1923년 포화점토의 투수계수를 산정하는 시험으로 변형성 포화 다공매질의 압밀거동을 조사하였다. Terzaghi가 이 결과를 Rendulic와 함께 발표하려 하였으나 Fillunger는 이론에 오류가 있다며 발표를 막았고, Terzaghi의 공동발표 제안도 받아들이지 않았다. 이에 따라 1936년 Terzaghi는 독자적으로 그의 다른 동료인 Fröhlich와 압밀이론을 발표하였는데, 이로부터 Fillunger와 Terzaghi의 본격적인 독설의 논쟁이 시작되었다.

Fillunger는 본인의 다공성 이론에 기초한 47쪽에 달하는 자료(ERDBAUMECHANIK?)에서, 관성력을 고려하지 않은 Terzaghi의 압밀이론의 이론적 결함과 Terzaghi의 인간성에 대한 격렬한 비난을 퍼부었다. Fillunger는 자료의 거의 모든 페이지에 걸쳐 토질역학, 압밀론, Terzaghi의 인간적, 직업적 관점에 대한 인신공격을 가하였다. 이에 Terzaghi와 Fröhlich는 1937년 Fillunger의 주장에 대한 반박자료를 발표하였고, Filliunger의 비난행위를 대학 총장에게 보고하였다. 대학본부는 1937년 1월 9명의 조사위원회를 구성하여 사건의 기술적 조사에 나섰다. 조사위원회는 마침내 Terzaghi와 Filliunger의 이론 모두가 문제가 없음을 확인하였다. 이 사실이 알려지자 Fillunger와 그의 아내는 욕실에서 가스를 틀어놓고 자살하고 말았다. 조사가 시작되자 Fillunger는 총장에게 사과의 편지를 썼지만 부쳐지지 못했다. 편지는 그가 죽은 후 발견되었다. 그의 사후 조사위원회는 '압밀과정의 관성력은 무시할 정도로 작으므로 이를 무시할 경우, Terzaghi 이론이나 Fillunger 이론이 같은 결론을 준다'는 사실을 발표하였다.

이 비극적 논쟁으로 Fillunger는 신용을 잃고 급기야 자살에 이르렀지만, Terzaghi는 명성을 공고히 하게 되었다. 하지만, Fillunger의 이론은 오늘날 다공성 매질역학으로 알려진 학문분야를 30년이나 앞서 도입한 것으로 재발견되고 있다. 이 사건 이후 Terzaghi의 옹호자들은 Fillunger의 이름을 역사에서 지우려 했고, Terzaghi를 폄훼하고자 하는 사람들은 그가 Fillunger를 자살하게 했다는 데, 의미를 부여하고자 했다. 분명한 것은 Terzaghi가 비이성적으로 공격을 받았지만 명예롭게 처신하였다는 사실이고, Fillunger가 다공성 매질역학의 개척자라는 사실이다.

역사에 가정이 있을 수 없지만, 만일 Terzaghi와 Fillunger가 협력해서 일했다면…. (Ref : R. de Boer(1996), Applied Mechanics Rev. Vol. 49, No. 4)

6.2.6 유효응력의 적용한계

유효응력의 원리는 시간 의존적 거동인 압밀현상을 이론적으로 규명할 수 있게 하였다. 그 이전까지는 시간의존성 문제를 '응력-변형률-시간 관계'의 유동 모델(rheological model) 이론을 통해 다루려는 시도가 많았다. 포화 흙의 시간 의존성거동은 주로 간극수의 배출에 의해 발생하며, 이는 유효응력원리로 설명이 가능하다. 하지만, 일정한 유효응력 하에서 체적변화가 진행되는 **크립(creep) 및 2차 압밀과 같은 시간 의존성 거동은(유효응력의 변화만이 변형을 야기한다는) 유효응력원리의 예외적인 경우**에 해당한다.

유효응력원리를 불포화토에 적용하는 데는 한계가 있다. 그 이유는 흙의 포화도가 변화함에 따라 흙의 구조도 크게 변하여 거동의 연속성이 성립하지 않기 때문이다. 일례로 부분포화 모래지반은 모관현상에 의한 겉보기 점착력으로 입자배열이 안정화되고 전단강도가 증진된 상태에 있다. 따라서 아주 느슨한 상태로도 어느 정도 높이의 성토도 가능하다. 하지만 물이 스며들어 포화되면 모관효과는 사라지고 붕괴가 일어난다. 불포화토의 이러한 거동은 강우 시 발생하는 많은 사면붕괴와 직접적인 관계가 있다. 이와 같이 **불포화토의 경우 함수비 등이 기상에 따라 변화할 수 있기 때문에 유효응력 파라미터를 일정한 값으로 규정하기 어렵다.**

또 다른 예로 점토가 결합재 역할을 하는 불포화 입상토가 포화되는 경우를 들 수 있다. 건조한 상태에서 이 흙은 부의(−) 간극수압(suction)을 나타낸다. 전응력이 일정한 상태에서 흙에 물이 스며들게 되면 u_w는 증가하고, 유효응력은 그만큼 감소한다. 이때 흙 입자를 결합해 주는 점토 결합재(clay bridge)의 전단강도가 감소할 수 있다. 그 결과 점토 결합재는 전단변형을 일으키고 체적도 어느 정도 팽창하지만, 전체지반은 체적 감소가 일어나 붕괴에 이르게 된다. 유효응력원리만 생각하면 이 경우 흙은 유효응력이 감소한 만큼 체적이 팽창해야 한다. 미시적으로는 유효응력의 원리가 적용되고 있지만 거시적으로는 그렇지 않음을 보여주는 예이다.

6.3 지반 변형거동의 지배방정식

지반은 공기, 물, 고체로 이루어진 다상의(multi-phase) 입자체(particulate media)이지만 전통적으로 연속체역학(continuum mechanics, Spencer, 1983) 개념으로 다루어왔다. 하지만 지반이 입자체로 구성되는 특징 때문에 토질역학에 적용되는 연속체 개념은 **허용체적 (permissible volume) 이상의 물리적 범위에서 성립한다. 지반재료가 제체(mass) 거동이 아닌 개별입자의 거동에 의해 지배되는 경우 연속체 개념을 적용하기 어렵기 때문이다. 이는 미소구간 연속성을 전제로 하는 연속체역학과 다소 상충되는 감이 있다.** 일반적으로 지반에 접하는 구조물이 지반입자에 비해 충분히 크므로 흙 지반의 경우에는 연속체역학의 적용에 무리가 없지만, 절리 등 불연속면에 거동이 집중되는 암 지반의 경우 연속체 가정이 성립하지 않을 수 있다.

6.3.1 지반 연속체 개념의 기본가정

연속체란 대상 매질 내 공간의 모든 점을 물질이 점유하고 있는 물체를 말한다. 그러나 모든 물질을 분해하면 광물분자, 더 나아가 원자로 나누어지므로 미시적(micro scale) 관점에서 보면 간극이 존재한다. 따라서 엄격한 의미의 연속체란 존재하지 않는다. 그럼에도 불구하고 연속체역학이 성립하는 이유는 우리가 다루는 역학의 범주 내에서 매질의 연속성을 인정할 수 있기 때문이다.

연속체의 경우 어떤 **물리량의 변화는 고차 항을 무시한 Tayler 급수 전개를 이용**하여 그림 6.11과 같이 표시할 수 있다. 즉, 미소구간 dx에서 어떤 물리량의 변화량은 고차 미분항(2차 이상의)을 무시하면, 단위 길이당 변화율, dQ/dx에 구간 길이 dx를 곱한 값으로 나타낼 수 있다. 연속체에 대한 대부분의 지배방정식은 이러한 연속성을 가정하여 유도된다.

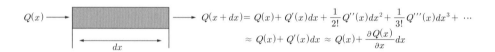

그림 6.11 연속체에서 물리량의 변화(Tayler 전개)

허용체적(permissible volume)

엄격한 의미의 '**연속체**'는 존재하지 않으므로, 지반재료를 연속체로 이상화하기 위해서는 어떤 한계체적개념의 도입이 필요하다. 흔히 연속체를 정의하는 유용한 한계개념으로서 밀도(ρ)를 사용한다. 연속체에서 밀도, ρ는 다음과 같이 무한 미소체적(V)에 대한 질량(M)으로 정의할 수 있다.

$$\rho = \lim_{\Delta V \to 0} \frac{\Delta M}{\Delta V} \tag{6.21}$$

완전 연속체에 대하여 ΔV가 '0'에 근접하도록 무한히 작은 체적을 취해 나가면 어떤 공간좌표 x에서의 밀도 값은 다음과 같이 표시할 수 있다.

$$\rho = \rho(x) \tag{6.22}$$

위 식은 완전한 연속체의 경우 임의의 점 x에 대하여 항상 '0'이 아닌 ρ가 존재함을 의미한다. 만일 매체 중 일부가 물질로 채워지지 않은 부분이 있다면 그 부분에 대한 밀도는 '0'이 되고 연속체 개념은 성립하지 않는다. 연속체가 아닌 경우 '0'이 아닌 밀도 값을 갖도록, 체적을 어느 제한된 크기까지만 줄여 간다면 어떤 일정한 ρ 값을 얻을 수 있을 것이다. 실제로 모든 역학에서 사용하는 연속체의 개념은 정도의 차이만 있을 뿐 이와 같이 **제한된 체적개념을 전제로 하여 다룬다.**

그렇다면 지반에서 한계체적 개념 및 연속체의 정의는 무엇인가? 아주 다행히도 우리가 다루는 범위의 지반은 수없이 많은 흙 입자를 포함하는 충분히 큰 체적이므로 연속체로 이상화가 가능하다. 일례로 기초 구조물(foundation)의 치수는 수 미터 이상인 반면 흙 입자의 크기는 2μm(점토)~50mm(자갈)에 불과하다. 이 경우 흙은 개별입자가 아닌 기초를 받쳐주는 연속된 매질로써 이상화가 가능하다. 따라서 지반을 연속체로 이상화하는 경우 ($\Delta V \rightarrow 0$)인 미소체적 대신에, ($\Delta V \rightarrow \Delta V_o$)인 유한체적($\Delta V_o$) 개념을 도입한다. 여기서 유한체적, ΔV_o는 **무수한 흙 입자를 포함하는 충분히 큰 체적이며, 관련된 구조물이나 토체에 비해서는 현저히 작다. 이 한계체적을 허용체적(permissible volume)이라 정의하며, 흙을 연속체로 볼 수 있는 최소 한계**하 할 수 있다.

허용체적은 흙의 종류 및 시험, 모형 및 해석 모델, 구조물 치수 등 토질역학의 적용분야 및 지반문제의 종류에 따라 달라질 수 있다. 일례로 그림 6.12와 같이 시료 크기가 $\phi =75$mm, $h =150$mm인 표준 삼축시험의 경우 점토 또는 실트질 시료의 시험에는 적정하나, 입자크기가 50mm에 달하는 자갈 등을 포함하는 조립토 시료의 시험에는 부적절하다. 따라서 이 경우는 **입자의 개개의 특성이 시료거동을 지배하지 않도록 시료가 충분히 커야 하며, 그러기 위해서는 입자가 클수록 시료규모도 커져야 한다.**

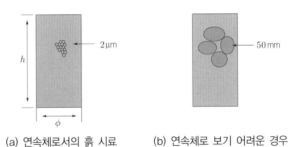

(a) 연속체로서의 흙 시료   (b) 연속체로 보기 어려운 경우

그림 6.12 허용체적(permissible volume) 개념($\phi =75$mm, $h =150$mm의 경우)

지반문제의 연속체역학은 허용체적의 개념을 내포하고 있음을 주지할 필요가 있다. 하지만 **흙 입자와 구조물의 크기의 상대성 때문에 허용체적을 정량적으로 제시하기는 어렵다.** 실제 문제에서는 사안에 따라 흙 입자의 크기가 거동에 특정 영향을 미치는가를 평가해볼 수 있을 것이다. 이 경우 시료의 크기 또는 입자의 크기를 변화시키는 연속된 여러 개의 시험을 수행함으로써 특정입자의 거동이 시료거동을 지배하는 한계체적의 범위를 조사할 수 있다.

예제 지반문제의 경우 입자크기(혹은 절리간격)에 대한 구조물의 상대적 크기가 연속체역학 혹은 불연속체역학의 적용성과 관계된다. 이러한 관점에서 시료체적과 지반물성의 관계를 논해보자.

풀이 지반시료의 크기를 매우 작게 취하였을 때 취해진 부분이 입자(암석)이면 큰 물성, 간극이면 매우 작거나 '0'인 물성 값을 보일 것이다. 하지만, 그림 6.13과 같이 시료를 점점 더 크게 취할

수록 입자영향과 간극(불연속면)영향의 암반의 평균에 접근하는 물성이 얻어질 것이다. 평균값에 도달한 때의 체적을 지반(mass)을 대표하는 시험을 위한 최소체적, 즉 시료의 허용체적이라할 수 있다. 일반적으로 동일재료의 시료체적을 다양한 규모로 제작하여 시험함으로써 시료크기의 영향이 미미해지는 경계, 즉 시료의 한계체적을 파악할 수 있다.

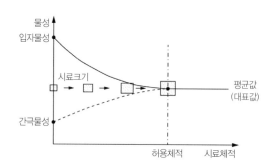

그림 6.13 시료의 크기와 허용체적

6.3.2 응력과 평형방정식

물체에 작용하는 힘은 일반적으로 표면력(또는 접촉력, contact force 또는 surface traction)과 체적력(body force)으로 분류할 수 있다. 표면력은 경계에 작용하는 힘이다. 체적력은 물체의 표면이 아닌 체적에 분포된 힘이다. 중력(gravity force)과 자력(magnetic force) 등이 대표적 예이다. 체적력은 대부분 정량적으로 완전하게 정의되며, 따라서 아는 값인 경우가 대부분이다.

물체가 안정된 상태로 정지해 있기 위해서는 회전을 포함하여, 어느 방향으로든 모든 작용력이 평형상태에 있어야 한다. 이 상태를 규정하는 식을 평형방정식이라 한다. 평형조건은 시스템과 요소 모두에대하여 적용할 수 있다(그림 6.14).

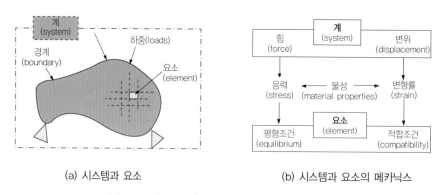

(a) 시스템과 요소   (b) 시스템과 요소의 메카닉스

그림 6.14 계(system)와 요소(element)의 평형과 적합성

NB : 흐름거동이 지반에 야기하는 침투력의 성격은 좀 특수하다. 침투력은 흐름방향으로 작용(유선의 접선방향)하며, 체적에 비례한다. 하지만, 개별 입자측면에서 보면 침투력은 입자표면에 작용하는 전단견인력(shear drag force)이다. 따라서 침투력은 매질관점에서 보면 체적력 성격이나, 입자관점에서 보면 표면력에 해당한다.

시스템 평형방정식

계(system)의 평형조건은 물체의 상태에 따라 정적, 또는 동적 조건으로 설정할 수 있다. 당초 정지상태에 있는 물체가 외력을 받아도 정적상태를 유지하는 경우 정역학적 평형상태에 있다고 한다. 이러한 상태가 유지되기 위해서는 물체에 작용하는 힘과 모멘트의 대수합이 영이 되어야 한다. 이 조건을 시스템 평형방정식이라 하며, 직교좌표계에서 다음과 같이 표현된다.

- 힘의 평형방정식, $\sum F_i = 0$
- 모멘트 평형방정식, $\sum M_i = 0,\ i = x,\ y,\ z$

요소의 평형방정식(전응력 관점)

연속체의 일부인 3차원 미소 요소(dx, dy, dz)를 생각해보자. 요소에 작용하는 응력(전응력)의 변화는 Tayler 전개를 이용하면 $x - z$ 평면에 대하여 그림 6.15와 같이 표시할 수 있다. 이 요소가 자유물체로서 정적 평형상태에 있다면 $\sum F_i = 0$의 평형조건을 만족해야 한다(이 경우 3축의 힘의 평형조건을 만족하면 모멘트 평형조건 없이 안정이 유지되어, 강체운동이 일어나지 않는다).

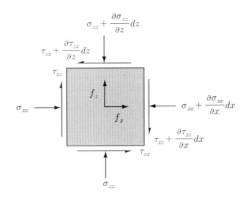

그림 6.15 요소에 작용하는 힘

이 요소에 단위 체적력(body force, 통상 중력이 이에 해당) f_x, f_y, f_z이 각각 x, y, z 방향으로 작용한다고 가정하자. 우선 $x -$방향의 평형조건을 고려해보면, $x -$방향의 체적력은 $f_x \cdot dx \cdot dy \cdot dz$이므로

$$\left(\sigma_{xx} + \frac{\partial \sigma_{xx}}{\partial x} dx\right) dydz - (\sigma_{xx}) dydz - \left(\tau_{xy} + \frac{\partial \tau_{xy}}{\partial y} dy\right) dxdz + (\tau_{xy}) dxdz +$$

$$\left(\tau_{xz} + \frac{\partial \tau_{xz}}{\partial z} dz\right) dxdy - (\tau_{xz}) dxdy + f_x dxdydz = 0$$

이 식을 정리하면 x – 방향의 평형조건은 다음과 같다.

$$\frac{\partial \sigma_{xx}}{\partial x} + \frac{\partial \tau_{xy}}{\partial y} + \frac{\partial \tau_{xz}}{\partial z} + f_x = 0 \tag{6.23}$$

마찬가지 방법으로 y – 및 z – 방향에 대하여 평형조건을 고려하면 다음의 추가 조건식이 얻어진다.

$$\frac{\partial \tau_{yx}}{\partial x} + \frac{\partial \sigma_{yy}}{\partial y} + \frac{\partial \tau_{yz}}{\partial z} + f_y = 0 \tag{6.24}$$

$$\frac{\partial \tau_{zx}}{\partial x} + \frac{\partial \tau_{zy}}{\partial y} + \frac{\partial \sigma_{zz}}{\partial z} + f_z = 0 \tag{6.25}$$

식 (6.23), (6.24), (6.25)이 연속체의 평형방정식(equilibrium equation)이며, **연속체에서 응력이 변화하는 규칙을 정의**한다.

지반에 작용하는 대표적 체적력은 중력이며 작용방향은 지구중심이다. 중력방향(연직방향)을 z – 방향으로 가정하고, γ가 흙의 단위중량($= \rho g$)인 경우 평형조건식은 다음과 같다(여기 나타낸 응력은 모두 전응력이다).

$$\frac{\partial \sigma_{xx}}{\partial x} + \frac{\partial \tau_{xy}}{\partial y} + \frac{\partial \tau_{xz}}{\partial z} = 0$$

$$\frac{\partial \tau_{yx}}{\partial x} + \frac{\partial \sigma_{yy}}{\partial y} + \frac{\partial \tau_{yz}}{\partial z} = 0 \tag{6.26}$$

$$\frac{\partial \tau_{zx}}{\partial x} + \frac{\partial \tau_{zy}}{\partial y} + \frac{\partial \sigma_{zz}}{\partial z} + \gamma = 0$$

6.3.3 변형률과 적합방정식

3차원 공간의 변위벡터, $u = (u_x, \ u_y, \ u_z)$를 생각해보자. 연속체 역학의 기본 가정에 의하면 u는 연속함수이므로 미분치가 존재할 것이다. **변위의 미분치**는 거리에 대한 변위의 변화량이므로 **물리적으로 변형률에 해당한다.** 3차원 직교좌표계에서 변위벡터 u에 대한 미분은

$$\nabla u_x = \frac{\partial u_x}{\partial x} dx + \frac{\partial u_x}{\partial y} dy + \frac{\partial u_x}{\partial z} dz$$

$$\nabla u_y = \frac{\partial u_y}{\partial x} dx + \frac{\partial u_y}{\partial y} dy + \frac{\partial u_y}{\partial z} dz \qquad (6.27)$$

$$\nabla u_z = \frac{\partial u_z}{\partial x} dx + \frac{\partial u_z}{\partial y} dy + \frac{\partial u_z}{\partial z} dz$$

이를 행렬식으로 나타내면

$$\nabla u = \begin{bmatrix} \nabla u_x \\ \nabla u_y \\ \nabla u_z \end{bmatrix} = \begin{bmatrix} \dfrac{\partial u_x}{\partial x} & \dfrac{\partial u_x}{\partial y} & \dfrac{\partial u_x}{\partial z} \\ \dfrac{\partial u_y}{\partial x} & \dfrac{\partial u_y}{\partial y} & \dfrac{\partial u_y}{\partial z} \\ \dfrac{\partial u_z}{\partial x} & \dfrac{\partial u_z}{\partial y} & \dfrac{\partial u_z}{\partial z} \end{bmatrix} \cdot \begin{bmatrix} dx \\ dy \\ dz \end{bmatrix} \qquad (6.28)$$

위의 ∇u를 변위경사행렬(displacement gradient matrix)이라 한다. 물체의 3차원 거동은 강체운동과 변형률 거동을 모두 포함한다. 변위경사행렬의 수학적 설정(manipulation)을 통해 거동을 다음과 같이 구분할 수 있다.

$$\nabla u = \epsilon + \Omega = \frac{1}{2}[\nabla u + (\nabla u)^T] + \frac{1}{2}[\nabla u - (\nabla u)^T] \qquad (6.29)$$

여기서 위첨자 T는 행렬의 변환(transpose)을 의미한다. $\epsilon = [\nabla u + (\nabla u)^T]/2$는 대칭(symmetric)행렬 (즉, $\epsilon_{xy} = \epsilon_{yx}$)로서 응력을 수반하는 변형률과 관계되므로 변형률 행렬이라 한다. $\Omega = [\nabla u - (\nabla u)^T]/2$ 는 경사대칭(skew symmetric)행렬(즉, $\Omega_{xy} = -\Omega_{yx}$)이며, 물리적으로 강체의(물체의 변형을 수반하지 않는) 각 회전을 의미하므로 이를 회전(rotation) 행렬이라 한다. **토질역학은 정지된 지반을 다루는 경우 가 대부분이므로 각 회전은 무시할 수 있다.**

변형이 일어나기 전 본래 크기에 대한 변형 후 크기의 비를 변형률이라 하므로, 변형률의 6성분은 다음과 같이 정의된다.

법선(직접) 변형률,

$$\epsilon_{xx} = \frac{\partial u_x}{\partial x}, \ \ \epsilon_{yy} = \frac{\partial u_y}{\partial y}, \ \ \epsilon_{zz} = \frac{\partial u_z}{\partial z} \qquad (6.30)$$

전단변형률,

$$\epsilon_{xy} = \epsilon_{yx} = \frac{1}{2}\left(\frac{\partial u_x}{\partial y} + \frac{\partial u_y}{\partial x}\right), \ \ \epsilon_{xz} = \epsilon_{zx} = \frac{1}{2}\left(\frac{\partial u_x}{\partial z} + \frac{\partial u_z}{\partial x}\right), \ \ \epsilon_{yz} = \epsilon_{zy} = \frac{1}{2}\left(\frac{\partial u_y}{\partial z} + \frac{\partial u_z}{\partial y}\right) \qquad (6.31)$$

ϵ_{xx}, ϵ_{yy}, ϵ_{zz} 는 직접(direct), 법선(normal) 또는 축변형률(axial strain)이라 하며, ϵ_{xy}, ϵ_{xz}, ϵ_{yz} 는 전단 변형률(shear strain)이라 한다. 변형률 행렬은 다음과 같다.

$$\{\epsilon\} = \frac{1}{2}[\nabla u + (\nabla u)^T] = \begin{bmatrix} \epsilon_{xx} & \epsilon_{xy} & \epsilon_{xz} \\ \epsilon_{yx} & \epsilon_{yy} & \epsilon_{yz} \\ \epsilon_{zx} & \epsilon_{zy} & \epsilon_{zz} \end{bmatrix} \tag{6.32}$$

적합방정식(compatibility equation)

연속체 역학은 물체의 변형이 찢어지거나, 중첩되지 않고 연속적으로 일어남을 전제로 하는데, 이를 만족하는 상태를 적합조건이라 한다. 적합조건을 표현하는 데는 2가지 방법이 있다.

첫 번째 방법은 변위의 미분치, 즉 변형률을 정의함으로써 적합조건을 표현하는 방법이다. 변위 u_x, u_y, u_z가 각각 x, y, z 방향에 연속함수로 주어진다면 위의 식 (6.30), 식 (6.31)의 변형률의 정의는 변위함수의 연속성, 즉 적합조건을 만족한다. 이 조건은 6개의 변형률이 3개 변위의 함수이므로 서로 독립이라 할 수 없다. 이 경우 변위의 적합성이 성립하기 위해 위의 모든 변형률이 미분 가능해야 한다. 즉, 적어도 2차 미분 값이 존재하는 변위의 연속성이 성립하여야 적합조건이 만족된다. 그러나 만일 변위함수 u_x, u_y, u_z가 주어지는 경우, 변형률은 위 식들에서 모두 정의되므로 식 (6.30)과 식 (6.31)은 자명하게 적합조건을 만족한다.

두 번째 방법은 Saint-Venant(1860)이 제시하였다. 변형률이 주어지고 변위를 구하는 문제일 경우, 변위의 미지수는 3개이나 식은 6개가 되어 부정정(indeterminate) 문제가 되고, 적합성을 보장할 수 없다. 이 경우 적합성을 확보하기 위한 Saint-Venant의 변형률 적합조건은 다음과 같다.

$$\frac{\partial^2 \epsilon_{xx}}{\partial y^2} + \frac{\partial^2 \epsilon_{yy}}{\partial x^2} = 2\frac{\partial^2 \epsilon_{xy}}{\partial x \partial y}$$

$$\frac{\partial^2 \epsilon_{yy}}{\partial z^2} + \frac{\partial^2 \epsilon_{zz}}{\partial y^2} = 2\frac{\partial^2 \epsilon_{yz}}{\partial y \partial z}$$

$$\frac{\partial^2 \epsilon_{zz}}{\partial x^2} + \frac{\partial^2 \epsilon_{xx}}{\partial z^2} = 2\frac{\partial^2 \epsilon_{zx}}{\partial x \partial z} \tag{6.33}$$

$$\frac{\partial^2 \epsilon_{xx}}{\partial y \partial z} = -\frac{\partial^2 \epsilon_{yz}}{\partial x^2} + \frac{\partial^2 \epsilon_{zx}}{\partial x \partial y} + \frac{\partial^2 \epsilon_{xy}}{\partial x \partial z}$$

$$\frac{\partial^2 \epsilon_{yy}}{\partial z \partial x} = -\frac{\partial^2 \epsilon_{zx}}{\partial y^2} + \frac{\partial^2 \epsilon_{xy}}{\partial y \partial z} + \frac{\partial^2 \epsilon_{yz}}{\partial y \partial x}$$

$$\frac{\partial^2 \epsilon_{zz}}{\partial x \partial y} = -\frac{\partial^2 \epsilon_{xy}}{\partial z^2} + \frac{\partial^2 \epsilon_{yz}}{\partial z \partial x} + \frac{\partial^2 \epsilon_{zx}}{\partial z \partial y}$$

위 6개의 적합조건을 이용하면 탄성지반의 응력분포를 구하는 경계치 문제 등의 연속해를 구할 수 있다. 하지만 **실제 문제에서는 대부분 변위가 먼저 정해지고 이에 의해 변형률을 구하게 되므로, 이 식을 이용할 기회는 많지 않다.** 즉, 첫 번째 방법에 의해 적합조건이 만족된다.

여기서 다루는 지배방정식인 평형방정식, 적합방정식, 구성방정식을 이용하면 지반응력문제와 같은 경계치 문제의 이론적 연속해를 구할 수 있다.

예제 연속체역학을 이용하여 외부하중에 의하여 탄성지반 내 유발되는 응력을 구하는 방법을 알아보고, 그림 6.16에 보인 선(線)하중에 대한 지중응력 분포를 구해보자(지반 자중 무시).

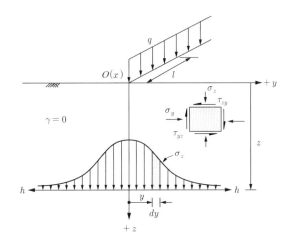

그림 6.16 선(線)하중에 의한 지중응력

풀이 미분방정식으로 주어지는 연속방정식을 그대로 풀기는 용이하지 않다. 이 경우 Airy가 제안한 시행착오법(trial & error method)인 응력함수(stress function)를 도입하여 풀 수 있다.

Airy의 응력함수(stress function)법: Airy는 연속체역학의 평형방정식과 적합방정식을 만족하는 임의의 함수 Φ를 찾을 수 있다면, 응력은 다음과 같이 주어질 수 있음을 발견하였다.

$$\sigma_y = \frac{\partial^2 \Phi}{\partial z^2}, \quad \sigma_z = \frac{\partial^2 \Phi}{\partial y^2}, \quad \tau_{yz} = -\frac{\partial^2 \Phi}{\partial y \partial z}$$

이때 Φ를 Airy's stress function이라 하며, 이 함수는 4차 미분까지 가능하여야 한다. 여러 유형의 Airy's 응력함수가 제안되었으며, 그 몇 가지 예는 다음과 같다.

$\Phi = Ar^2\theta$ (극좌표의 경우)

$\Phi = Ay \arctan\left(\dfrac{y}{z}\right)$

$\Phi = e^{\lambda z} \cos \mu y$

여기서 A, λ, μ는 상수이다. Airy의 응력함수법은 평형방정식과 적합방정식을 만족하는 적절한 응력함수를 채택하는 것이 핵심이다.

선하중 하의 지반응력분포

① Airy's stress function의 가정 : $\Phi = Ay\arctan(y/z)$를 해로 가정하면, 응력은 다음과 같다.

$$\sigma_y = \frac{\partial^2 \Phi}{\partial z^2} = \frac{\partial}{\partial z}\left(\frac{\partial \Phi}{\partial z}\right) = \frac{\partial}{\partial z}[-Ay^2(z^2+y^2)^{-1}] = 2Ay^2z(z^2+y^2)^{-2}$$

$$\sigma_z = \frac{\partial^2 \Phi}{\partial y^2} = 2Az^3(z^2+y^2)^{-2}$$

$$\tau_{yz} = -\frac{\partial^2 \Phi}{\partial y \partial z} = 2Ayz^2(z^2+y^2)^{-2}$$

② 상수 A의 결정 : $2\displaystyle\int_0^\infty \sigma_z \cdot 1 \cdot dy = q$이므로, $A = q/\pi$이다.

③ 평형조건의 만족 여부 확인 : 가정한 식 $\dfrac{\partial \sigma_y}{\partial y} + \dfrac{\partial \tau_{zy}}{\partial z} = \dfrac{\partial^3 \Phi}{\partial z^2 \partial y} - \dfrac{\partial^3 \Phi}{\partial y \partial z^2} = 0$을 만족한다.

적합조건의 만족 여부 확인(변형률관점의 적합식을 Hooke 법칙을 도입하여 응력관점의 적합식으로 변형한 식을 적용), $\nabla^2(\sigma_y + \sigma_z) = 0$이므로, 가정한 Φ를 대입해보면 다음을 만족한다.

$$\left(\frac{\partial^2}{\partial y^2} + \frac{\partial^2}{\partial z^2}\right)\left(\frac{\partial^2 \Phi}{\partial y^2} + \frac{\partial^2 \Phi}{\partial z^2}\right) = 0$$

④ 산정한 응력식이 평형 및 적합조건을 모두 만족하므로 가정함수는 해이다.

$$\sigma_y = 2\frac{q}{\pi}y^2z(z^2+y^2)^{-2}, \quad \sigma_z = 2\frac{q}{\pi}Ay^3z(z^2+y^2)^{-2}, \quad \tau_{yz} = 2\frac{q}{\pi}Ayz^2(z^2+y^2)^{-2}$$

여기서 Airy's stress function으로 산정한 응력해는 시행착오적 근사해이며 물성을 포함하지 않는다.

극좌표계에서의 평형 및 적합방정식

지반공학에서 축대칭 문제도 흔히 나타나는데, 이 경우 직교좌표계보다는 극좌표계(polar coordinate)를 이용하는 것이 편리하다. 극좌표계의 요소에 작용하는 응력은 그림 6.17과 같다.

평형방정식. 반경방향(r)에 대한 요소의 힘의 평형조건을 고려하면 다음의 평형조건식이 얻어진다.

$$\frac{\partial \sigma_r}{\partial r} + \frac{1}{r}\frac{\partial \tau_{r\theta}}{\partial \theta} + \frac{\sigma_r - \sigma_\theta}{r} + f_r = 0 \tag{6.34}$$

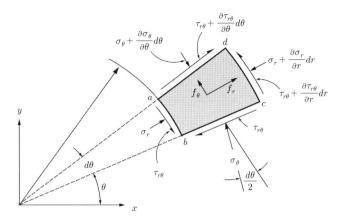

그림 6.17 극좌표계 요소의 응력상태

접선방향(θ)에 대한 요소의 힘의 평형조건을 고려하면 다음의 평형조건식이 얻어진다.

$$\frac{1}{r}\frac{\partial\sigma_\theta}{\partial\theta} + \frac{\partial\tau_{r\theta}}{\partial r} + \frac{2\tau_{r\theta}}{r} + f_\theta = 0 \tag{6.35}$$

적합방정식. 극좌표계의 변형률은 다음과 같이 정의된다.

$$\epsilon_r = \frac{\partial u}{\partial r}$$

$$\epsilon_\theta = \frac{1}{r}\frac{\partial v}{\partial\theta} + \frac{u}{r} \tag{6.36}$$

$$\gamma_{r\theta} = \frac{\partial v}{\partial r} + \frac{1}{r}\frac{\partial u}{\partial\theta} - \frac{v}{r}$$

여기서 u는 반경방향(r) 변위이고 v는 접선방향(θ) 변위이다. 적합방정식은 다음과 같다.

$$\frac{\partial^2\epsilon_\theta}{\partial r^2} + \frac{1}{r^2}\frac{\partial^2\epsilon_r}{\partial\theta^2} + \frac{2}{r}\frac{\partial\epsilon_\theta}{\partial\epsilon_r} - \frac{1}{r}\frac{\partial\epsilon_r}{\partial r} = \frac{1}{r}\frac{\partial^2\gamma_{r\theta}}{\partial r\partial\theta} + \frac{1}{r^2}\frac{\partial\gamma_{r\theta}}{\partial\theta} \tag{6.37}$$

4장에서 다룬 구성식을 이용하면 변형률식을 응력식으로 변환할 수 있다. 다음의 Hooke's law를 구성방정식으로 취하면

$$\epsilon_r = \frac{1}{E}(\sigma_r - \nu\sigma_\theta),\ \epsilon_\theta = \frac{1}{E}(\sigma_\theta - \nu\sigma_r),\ \gamma_{r\theta} = \frac{1}{G}\tau_{r\theta} \tag{6.38}$$

적합방정식은 다음과 같이 응력의 항으로 변환된다.

$$\nabla^2(\sigma_r + \sigma_\theta) = \frac{d^2(\sigma_r + \sigma_\theta)}{dr^2} + \frac{1}{r}\frac{d(\sigma_r + \sigma_\theta)}{dr} \qquad (6.39)$$

예제 지반시료가 그림 6.18과 같이 양단에 σ_o의 일축응력을 받는 경우, 이 시료의 중심에 극좌표를 설정하여 σ_r, σ_θ, $\tau_{r\theta}$를 응력함수(stress function)를 이용하여 구해보자.

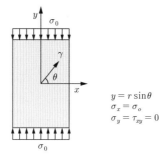

$$y = r\sin\theta$$
$$\sigma_x = \sigma_o$$
$$\sigma_y = \tau_{xy} = 0$$

그림 6.18 일축응력상태 시료의 극좌표계 응력

풀이 직각좌표계의 Airy's Stress Function 조건을 원통좌표계로 표현하면 다음과 같다.

$$\sigma_r = \frac{1}{r}\frac{\partial\Phi}{\partial r} + \frac{1}{r^2}\frac{\partial^2\Phi}{\partial\theta^2}, \qquad \sigma_\theta = \frac{\partial^2\Phi}{\partial r^2}$$

$$\tau_{r\theta} = \frac{1}{r^2}\frac{\partial\Phi}{\partial\theta} - \frac{1}{r}\frac{\partial^2\Phi}{\partial r\partial\theta} = \frac{\partial}{\partial r}\left(\frac{1}{r}\frac{\partial\Phi}{\partial\theta}\right)$$

① 응력함수를 $\Phi = \sigma_o\dfrac{y^2}{2} = \sigma_0\dfrac{r^2\sin^2\theta}{2} = \dfrac{1}{4}\sigma_o r^2(1-\cos2\theta)$로 가정하면,

$$\sigma_r = \frac{1}{r}\frac{\partial\Phi}{\partial r} + \frac{1}{r^2}\frac{\partial^2\Phi}{\partial\theta^2} = \frac{\sigma_o}{2}(1+\cos2\theta)$$

$$\sigma_\theta = \frac{\partial^2\Phi}{\partial r^2} = \frac{\sigma_o}{2}(1-\cos2\theta)$$

$$\tau_{r\theta} = \frac{1}{r^2}\frac{\partial\Phi}{\partial\theta} - \frac{1}{r}\frac{\partial^2\Phi}{\partial r\partial\theta} = \frac{\partial}{\partial r}\left(\frac{1}{r}\frac{\partial\Phi}{\partial\theta}\right) = -\frac{\sigma_o}{2}$$

② 위 식은 다음의 평형조건과 적합조건을 만족한다.

$$\nabla^2\Phi = \left(\frac{\partial^2}{\partial r^2} + \frac{1}{r}\frac{\partial}{\partial r} + \frac{1}{r^2}\frac{\partial^2}{\partial\theta^2}\right)(\Phi) = 0 \quad \nabla^2(\sigma_r + \sigma_\theta) = \frac{d^2(\sigma_r + \sigma_\theta)}{dr^2} + \frac{1}{r}\frac{d(\sigma_r + \sigma_\theta)}{dr} + \frac{1}{r^2}\frac{d^2(\sigma_r + \sigma_\theta)}{d\theta} = 0$$

③ 따라서 원통좌표계 응력 σ_r, σ_θ, $\tau_{r\theta}$은 다음과 같다.

$$\sigma_r = \frac{\sigma_o}{2}(1+\cos2\theta), \qquad \sigma_\theta = \frac{\sigma_o}{2}(1-\cos2\theta), \qquad \tau_{r\theta} = -\frac{\sigma_o}{2}$$

6.3.4 구성방정식(지반 모델, 응력–변형률 관계)

앞에서 살펴본 연속체역학의 기본 지배방정식인 Newtonian 역학은 재료 내부의 성상(즉, 구성)에 관계없이 성립한다. 연속체역학의 경계치 문제는 주어진 경계조건을 만족하는 적합방정식과 평형방정식을 이용해 풀 수 있다. 3차원 요소에 대하여 평형 및 적합방정식의 미지수와 방정식은 다음과 같다.

- 미지수 : 응력 6+변형률 6+변위 3=총 15개의 미지수
- 방정식 : 평형방정식 3+적합방정식 6=총 9개의 방정식

미지수는 15개인 데 비해 방정식은 9개이므로 해를 얻기 위해 6개의 추가적인 방정식이 필요하다. 평형방정식과 적합방정식만으로는 연속체 역학의 경계치 문제에 대한 유일해(unique solution)를 얻을 수 없으므로 연속체이론을 완전하게 구성해주는 추가적인 방정식의 도입이 필요하다.

새로운 미지수의 도입이 없이 6개의 추가적인 방정식을 마련하기 위해 재료의 물리적 성질을 매개로 한 응력과 변형률관계 방정식의 도입을 생각할 수 있다. 즉, $\{\sigma\}\leftrightarrow\{\epsilon\}$ 또는 $\{\Delta\sigma\}\leftrightarrow\{\Delta\epsilon\}$ 관계식을 고려할 수 있다. 이들 식은 **재료거동에 대한 원인과 결과의 관계를 구성하므로 구성관계**(constitutive relationship, constitutive law, constitutive equation, constitutive model)라고도 한다.

구성방정식은 5장에서 이미 고찰한 바와 같이 지반거동특성에 따라 다양한 형태로 나타난다. 구성방정식에 요구되는 지반재료의 물성은 실험을 통해서 결정될 수 있다. 물질의 구성특성이 흙 시료와 콘크리트 시료의 거동 차이를 야기한다. 일예로 물과 얼음을 비교해보면 이들의 화학적, 원자적 구조는 같지만 각 재료의 내부 구조는 다르다. 재료구조의 차이 때문에 같은 원인(e.g. 하중)이라도 결과(e.g. 변위)가 달라진다.

6.3.5 변형률 에너지 지배방정식

에너지 지배방정식은 시스템 방정식 유도에 유용하다. 외부 작용력에 의한 일은 변형률 에너지(strain energy) 형태로 물체 내에 저장된다. 재료가 이상적인 탄성거동을 한다면 물체 내 축적된 에너지는 하중 제거 시 모두 소멸될 것이다.

변형률 에너지는 직접변형률 에너지와 전단변형률 에너지의 합으로 나타낼 수 있으며 등방탄성재료인 경우 서로 독립적이라 가정할 수 있다(독립적이면 중첩(superposition)이 가능하다).

직접변형에 의한 변형률 에너지

그림 6.19 (a)와 같이 일축인장상태에 있는 사각형 요소에 **아주 느린 속도로 재하**(관성영향 무시)하였을 때, 힘 $\sigma_{xx}'dydz$이 한 외부일 dW는 내부에 저장된 변형률 에너지 dU와 같을 것이다. 요소의 변형이 u라면, $du = (\partial u/\partial x)dx$이므로 순수하게 행해진 일은 다음과 같다.

$$dW = dU = \int_0^{\epsilon_{xx}} \sigma_{xx}' d\left(\frac{\partial u}{\partial x}dx\right)dydz = \int_0^{\epsilon_{xx}} \sigma_{xx}' d\epsilon_{xx}(dxdydz) \tag{6.40}$$

dW는 힘 $\sigma_{xx}'dydz$가 한 일, dU는 이에 상응하는 변형률 에너지이다. $dxdydz$는 체적이므로 선형탄성 재료에 대하여 $x-$축 방향의 단위 체적 당 에너지(strain energy density) $U_{o\sigma}$는 그림 6.19 (b)에서 다음과 같이 나타난다.

$$U_{o\sigma} = \int_0^{\epsilon_{xx}} \sigma_{xx}' d\epsilon_{xx} = \int_0^{\epsilon_x} E\epsilon_{xx} d\epsilon_{xx} = \frac{1}{2}\sigma_{xx}'\epsilon_{xx} = \frac{1}{2}E\epsilon_{xx}^2 \tag{6.41}$$

마찬가지 방법으로, 3차원 요소에 축적되는 총 변형률 에너지도 다음과 같다.

$$U_{o\sigma} = \frac{1}{2}(\sigma_{xx}'\epsilon_{xx} + \sigma_{yy}'\epsilon_{yy} + \sigma_{zz}'\epsilon_{zz}) = \frac{1}{2}E(\epsilon_{xx}^2 + \epsilon_{yy}^2 + \epsilon_{zz}^2) \tag{6.42}$$

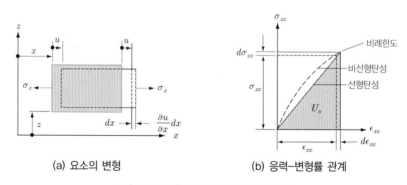

(a) 요소의 변형   (b) 응력-변형률 관계

그림 6.19 일축인장요소의 변형률 에너지

전단변형에 의한 변형률 에너지

전단응력 τ_{xz}에 지배되는 두께 dz인 요소에서 행해진 일을 생각해보자. 그림 6.20에서 전단력 $\tau_{xz}dxdy$는 변위 $\gamma_{xz}dz$를 야기한다.

dW와 dU 그리고 단위체적당 전단에너지는 다음과 같이 산정할 수 있다.

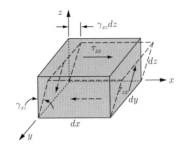

그림 6.20 전단변형요소의 변형률 에너지

$$dW = dU = \int_0^{\gamma_{xz}} \tau_{xz} d\gamma_{xz} (dxdydz)$$

$$U_{o\tau} = \frac{1}{2}\tau_{xz}\gamma_{xz} = \frac{1}{2G}\tau_{xz}^2 = \frac{1}{2}G\gamma_{zx}^2 \tag{6.43}$$

τ_{yx} 및 τ_{zy}로 인한 일도 마찬가지 방법으로 얻을 수 있으므로, 3차원 요소에 대한 총 전단변형률 에너지는 다음과 같다.

$$U_{o\tau} = \frac{1}{2}(\tau_{xy}\gamma_{xy} + \tau_{yz}\gamma_{yz} + \tau_{zx}\gamma_{zx}) = \frac{1}{2}G(\gamma_{xy}^2 + \gamma_{yz}^2 + \gamma_{zx}^2) \tag{6.44}$$

예제 그림 6.21에 보인 반경 $r = r_o$, 길이 L인 원통형 암석시료의 양단에 비틂 모멘트, M을 그림과 같이 가했을 때 시료에 축적되는 변형률 에너지를 구해보자.

그림 6.21 비틂 하중 하의 암석시료

풀이 순수 전단상태이므로 변형률 에너지 밀도는 $U_{o\tau} = \frac{1}{2}\tau\gamma = \frac{\tau^2}{2G}$

극 관성 모멘트 $J = \int_A r^2 dA = \frac{1}{2}\pi a^4$

비틂 모멘트에 의한 전단응력, $\tau = \frac{Mr}{J}$

$$U_\tau = \int U_{o\tau} dv = \int \frac{\tau^2}{2G} dv = \int_0^L \frac{M^2}{2GJ^2}\left(\iint r^2 dz dy\right) dx$$

오른쪽 적분 항은 극관성 모멘트에 해당하므로

$$U_\tau = \int_0^L \frac{M^2}{2GJ}dx = \frac{M^2 L}{2GJ}$$

총 에너지 방정식

에너지 손실이 없는 선형탄성거동을 가정하면, 임의 응력상태에 대한 단위체적당 에너지(에너지 밀도)는 직접변형률 에너지와 전단변형률 에너지의 합이므로 다음과 같다.

$$U_o = U_{o\sigma} + U_{o\tau} = \frac{1}{2}(\sigma_{xx}{}'\epsilon_{xx} + \sigma_{yy}{}'\epsilon_{yy} + \sigma_{zz}{}'\epsilon_{zz} + \tau_{xy}\gamma_{xy} + \tau_{yz}\gamma_{yz} + \tau_{zx}\gamma_{zx}) \tag{6.45}$$

Hooke의 법칙을 이용하여 응력의 함수로 표현하면 다음과 같다.

$$U_o = \frac{1}{2E}(\sigma_{xx}^2{}' + \sigma_{yy}^2{}' + \sigma_{zz}^2{}') - \frac{\nu}{E}(\sigma_{xx}{}'\sigma_{yy}{}' + \sigma_{yy}{}'\sigma_{zz}{}' + \sigma_{zz}{}'\sigma_{xx}{}') + \frac{1}{2G}(\tau_{xy}^2 + \tau_{yz}^2 + \tau_{zx}^2) \tag{6.46}$$

전체 매질 내에 저장된 에너지는 변형률 에너지 밀도를 전 체적에 대하여 적분하여 얻을 수 있다.

$$U = \int_V U_o dV = \iiint U_o dx dy dz \tag{6.47}$$

실제 변형률 에너지는 하중 또는 변형률과 비선형관계(흔히 이차함수, quadratic function)로 나타나는 경우가 많다. 이 경우에는 변형률 에너지를 다룰 때 요소 에너지를 직접, 전단으로 개별 산정하여 더하는 중첩법(principle of superposition)이 성립하지 않는다.

에너지는 체적 및 편차응력 개념을 이용해서도 나타낼 수 있다. 응력성분을 평균응력(volumetric strain과 관련)과 편차응력(deviatoric stress), 또는 팔면체응력(octahedral stress)으로 구분하면, 단위체적당 변형률 에너지는 다음과 같이 표현된다.

체적변형률에 의한 에너지, $\quad U_{ov} = \frac{1}{2}\sigma_m{}'\epsilon_m = \frac{1}{18K}(\sigma_{xx}{}' + \sigma_{yy}{}' + \sigma_{zz}{}')^2 = \frac{1}{6K}p'^2$ \qquad (6.48)

편차변형률에 의한 에너지, $\quad U_{od} = \frac{3}{4G}\tau_{oct}^2$ \qquad (6.49)

총에너지는, $\quad U_o = U_{ov} + U_{od} = \frac{1}{6K}p'^2 + \frac{3}{4G}\tau_{oct}^2$ \qquad (6.50)

이제까지 다른 연속체의 내부 요소에 축적되는 변형률 에너지를 살펴보았다. 이를 기초로 시스템 에너지 평형조건을 생각하면, 외부에서 가해진 힘에 의해 이루어진 일은 내부 변형률 에너지와 같을 것이다. 이를 **가상일의 원리(principle of virtual work)**라 하며, 다음과 같다.

$$\int_{\Omega} tr(\delta\epsilon^T \sigma')d\Omega + \int_{\Omega} \delta u^T f_b d\Omega - \int_{\Gamma} \delta u^T t d\Gamma = 0 \qquad (4.51)$$

여기서 Ω, Γ는 각각 체적과 표면적, f_b는 체적력(body force), t는 표면력(traction), 그리고 δu는 가상변위(virtual displacement)이다.

6.4 지반 내 흐름거동의 지배방정식

지반 내 흐름은 수두 차에 의해 간극을 통해 일어난다. 간극은 지반 내 흐름의 투수성(permeability, hydraulic conductivity)을 지배하는 가장 중요한 요소이다. 지하수 거동의 지배방정식은 유속과 유량을 변수로 한다. 지하수의 실제 유속은 입자 사이의 간극을 흐르는 침투속도이다. **침투속도는 결정하기 어려우므로 지하수 거동을 정의하는 데는 침투유량을 평균단면적으로 나눈 유출속도를 주로 사용한다.**

6.4.1 침투속도와 유출속도

지반 내 지하수의 흐름은 유체역학이나 수리학의 일반원리가 거의 그대로 적용된다. 다만 지하수의 흐름이 흙 지반의 간극, 또는 암 지반의 절리를 통해서 일어나므로 간극이나 절리의 성상이 흐름의 특성을 지배하게 된다. 일반적으로 간극이나 절리는 매우 작으므로 지반 내 유속도 아주 작다.

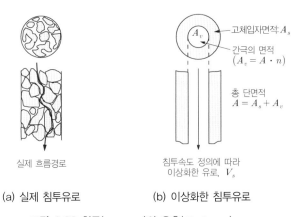

(a) 실제 침투유로   (b) 이상화한 침투유로

그림 6.22 침투(seepage)와 유출(discharge)

지반 내 실제 물입자의 이동경로는 간극의 형상을 따라 이어지는 불규칙한 곡선이다(그림 6.22 a). 간극을 흐르는 물입자의 실제속도를 침투속도(seepage velocity)라 한다. **침투속도는 간극형상이 일정치 않으므로 유선(stream lines)을 따라 변화**할 것이다.

유량 Q를 간극 단면적 A_v으로 나눈 값을 **평균 침투속도(average seepage velocity)** v_s라 정의한다.

$$평균침투속도, v_s = \frac{Q}{A_v} \tag{6.52}$$

침투속도는 유선의 위치마다 변화하고 측정도 용이하지 않다. 따라서 그림 6.22 (b)와 같이 토체(soild part)까지 포함한 전단면적, $A = A_v + A_s$으로 유량을 나눈 값인 **유출속도(discharge velocity)** 개념을 도입한다(A_s는 지반고체입자의 단면적).

$$유출속도, v = \frac{Q}{A} \tag{6.53}$$

유출속도는 흐름이 시료전체 단면에 대하여 발생하는 것으로 가정한 것이다. 그러나 실제 흐름속도는 간극모양을 따라 일어나는 침투속도(v_s)이며, 이는 겉보기 속도인 유출속도(v)보다 훨씬 크다. 연속조건, $Q = Av = A_v V_s$와 간극률, $n = A_v/A$을 이용하여 다음과 같이 이 두 속도 간 관계식을 구할 수 있다.

$$v_s = v\frac{A}{A_v} = \frac{1}{n}v \tag{6.54}$$

$n < 1.0$이므로 **유출속도(v)는 침투속도(v_s)보다 훨씬 작다.** 일반적으로 **흐름 에너지를 다루는 에너지 방정식을 제외한 수리거동의 지배방정식은 유출속도 v를 변수로 한다.**

6.4.2 흐름의 운동방정식(Darcy의 법칙-유출속도 기준)

Henri Darcy(1856)는 그림 6.23 (a)의 실험장치를 이용하여 흙 속의 흐름에 대한 일련의 실험을 실시하였다. 흙 시료의 길이 l, 단면적이 A인 시료에 수두 h를 변화시켜가며 Q의 변화를 측정하여 분석한 결과, 그림 6.23 (b)와 같이 유량(유속)이 수두경사에 비례함을 발견하였다. 여기서 q는 단위면적당 유량, h는 수두 차, l은 흐름길이, i는 수두경사(h/l)이다.

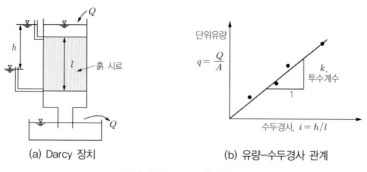

| (a) Darcy 장치 | (b) 유량-수두경사 관계 |

그림 6.23 Darcy의 실험

이 관계를 수식으로 표현하면 다음과 같다.

$$\frac{Q}{A} \propto \frac{h}{l}$$

$v = Q/A$이고, $i = h/l$이므로, 비례상수인 투수계수, k를 도입하면, 유속과 유량은 다음과 같다.

$$v = ki \tag{6.55}$$

$$Q = vA = kiA \tag{6.56}$$

여기서 v는 유출속도(겉보기 속도, apparent velocity)로서 시료단면 전체에 대한 평균속도이다. Darcy 법칙은 '**단위 면적당 유출유량은 단위 흐름 거리 당 수두손실에 비례한다**'는 것이며, 이를 **흐름의 운동방정식**이라 한다. 비례상수 k를 투수계수라 하며, 재료 물성이다.

Darcy 법칙을 3차원 흐름의 운동방정식으로 나타내면 다음과 같다.

$$v = \{v_x, v_y, v_z\}$$

$$v_x = k_x \frac{\partial h}{\partial x} \;,\; v_y = k_y \frac{\partial h}{\partial y} \;,\; v_z = k_z \frac{\partial h}{\partial z} \tag{6.57}$$

Darcy 법칙의 적용성

흐름속도 v가 동수경사 i에 비례하는 흐름을 층류라 하며 그림 6.2에 보인 바와 같이 특정 동수경사(i_c)보다 작은 흐름영역에서 발생한다. 이 때의 경계동수경사를 한계동수경사라 한다.

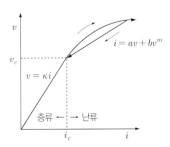

그림 6.24 유속과 동수경사

그림 6.24에서 보듯이 Darcy 법칙은 선형층류(linear laminar flow)에서만 성립한다. 층류 여부의 판단은 일반적으로 레이놀즈 수(Reynolds' number), R_e를 이용한다.

$$R_e = \frac{vD\rho}{\mu} \qquad (6.58)$$

여기서 v는 유출속도(겉보기 속도), D는 입자 또는 간극의 지름, ρ는 유체의 밀도, μ는 (동)점성 계수이다. 레이놀즈 수에 따른 층류 및 흐름조건은 다음과 같다.

- $1 \leq R_e \leq 10$: 선형 층류(linear laminar flow)
- $1 \geq R_e,\ 10 \leq R_e \leq 100$: 비선형 층류(non-linear laminar flow)
- $R_e > 100$: 난류(turbulent flow)

실트~중질모래, 그리고 정상침투 상태의 점토 내 흐름은 층류에 해당한다. 하지만, **모래자갈층이나 간극이 큰 파쇄대에서는 난류가 발생할 수 있다.** 비선형 층류 또는 난류의 경우에 v와 i의 관계는 지수함수로 나타난다.

$$v = ki^n \quad \text{또는} \quad i = av + bv^m \qquad (6.59)$$

Forchheimer(1901)는 비선형층류 또는 난류에 대하여 $m = 2$로 발표하였다. **비선형층류는 점토와 같이 간극이 아주 작거나, 파쇄암과 같이 간극이 아주 큰 지반에서 발생한다.** $R_e > 100$인 경우 Darcy 법칙은 성립하지 않는다. 고속 유체 또는 아주 느리거나 아주 빠른 가스의 흐름이 이에 해당한다.

6.4.3 평균유속과 투수성 방정식

지하수 흐름은 간극을 통해 일어나므로 투수 메커니즘은 간극의 흐름을 고찰함으로써 파악할 수 있다. 지반의 간극은 불규칙하므로 통상 매끈한 경계면 흐름을 가정하여 투수성을 고찰한다.

입자의 점성저항(Stoke의 법칙)

입자를 침전시키면 입자가 유체를 통과하면서 저항이 유발되는데, 이는 **입자와 유체 간 견인력(drag force)이 작용하기 때문**이다. Stoke(1851)는 유체 속에서 반경 r인 구(球)입자가 v의 속도로 침강할 때, 구입자가 받는 저항력 R을 다음과 같이 제시하였다.

$$R = 6\pi \cdot r \cdot \mu \cdot v \qquad (6.60)$$

μ는 점성계수이다. **유체의 흐름 저항력은 입자의 크기와 점성, 그리고 유속에 비례하여 증가**하는데, 이를 Stoke 법칙이라 한다. 실제 지반에서는 지하수가 간극을 흐르는 것이나, 이때 유체의 저항은 유체 속을 침강하는 입자의 저항개념을 이용하여 파악할 수 있다. 따라서 지반을 통한 흐름이 **지반입자에 야**

기하는 침투력(seepage force)의 실체는 간극수의 흐름 전단 견인력(shear drag force)이라 할 수 있다.

경계면의 점성저항

그림 6.25와 같은 층류내 흐름요소를 생각해보자. 유체가 경계면에 접하는 곳, 즉 경계면에서 유체속도는 $v = 0$이라 가정할 수 있다. 이때 벽체에는 점성 전단응력, τ가 발생한다.

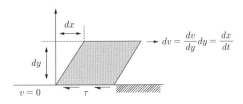

그림 6.25 점성유체의 거동

전단력의 발생으로 흐름요소는 변형을 일으키는데, 이때 흐름 전단변형률의 변화율(fluid shear strain rate)은 다음과 같다.

$$\text{흐름 전단변형률의 변화율} = -\frac{(dx/dy)}{dt} = -\frac{dx}{dt}\frac{1}{dy} = -\frac{dv}{dy}$$

유체의 흐름전단 변형률의 변화율에 대한 점성전단응력을 점성계수, μ라 하면 다음이 성립한다.

$$\tau = -\mu\left(\frac{dv}{dy}\right) \tag{6.61}$$

식 (6.61)은 **흐름 전단저항력이 점성계수와 흐름속도의 거리변화율에 비례함을 의미한다,** 이 식을 **점성흐름에 대한 Newton 법칙**이라 한다.

평판 속의 점성흐름

지반 내 유로(예, 절리)를 가정하여 그림 6.26과 같이 점성유체가 이상화된 간극을 흐르는 경우를 생각해보자.

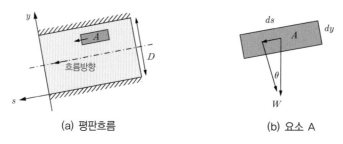

(a) 평판흐름   (b) 요소 A

그림 6.26 평판 사이를 흐르는 점성유체

중력방향을 z이라 하면, y-방향으로는 흐름 성분이 없으므로 다음과 같다($h = u_w/\gamma + z$).

$$\frac{dh}{ds} = \frac{1}{\gamma}\frac{du_w}{ds} + \frac{dz}{ds} \tag{6.62}$$

흐름요소 A의 중량 W는 요소의 단위두께가 '1'인 경우, $\quad W = dy \cdot ds \cdot 1 \cdot \rho \cdot g$

흐름방향(s)으로 중력 분력은, $W\sin\theta = dy \cdot ds \cdot 1 \cdot \rho \cdot g \cdot \dfrac{dz}{ds} = \gamma \cdot dy \cdot dz$

흐름방향(s)의 힘의 평형조건

'흐름전단저항력 = 유체압력 + 중력분력'이므로, $ds \cdot 1 \cdot \dfrac{d\tau}{dy}dy = dy \cdot 1 \cdot \dfrac{du_w}{ds} \cdot ds + \gamma \cdot dy \cdot dz$

$$\frac{d\tau}{dy} = \frac{du_w}{ds} + \gamma\frac{dz}{ds} \tag{6.63}$$

식 (6.62) 및 식 (6.63)에서,

$$\frac{d\tau}{dy} = \frac{du_w}{ds} + \gamma\frac{dz}{ds} = \gamma\frac{dh}{ds} \tag{6.64}$$

또 Newton 법칙 $\tau = -\mu(dv/dy)$이므로,

$$\frac{d\tau}{dy} = -\mu\frac{d^2v}{dy^2} = \gamma\frac{dh}{ds}$$

위 미분방정식을 풀면(두 번 적분하면), $v = \dfrac{\gamma}{\mu}\dfrac{dh}{ds}\left(\dfrac{y^2}{2} + Ay + B\right)$

경계조건 $y = \pm \dfrac{D}{2}$, $v = 0$이므로, $A = 0$, $B = -\dfrac{D}{2}$ 이다. 따라서, $v = \dfrac{\gamma}{2\mu}\left(\dfrac{D^2}{4} - y^2\right) \cdot \dfrac{dh}{ds}$ 이고,

평균유속은 다음과 같다.

$$v_{ave} = \frac{\int_0^{\frac{D}{2}} v\,dy}{(D/2)} = \frac{D^2}{12}\frac{\gamma}{\mu}\frac{dh}{ds} \tag{6.65}$$

흐름 주변장에 대한 통수면적의 비를 평균동수반경, R_H로 정의하면 위 식은 다음과 같이 쓸 수 있다.

$$v_{ave} = \left(c_s R_H^2 \frac{\gamma}{\mu}\right)\frac{dh}{ds} \tag{6.66}$$

여기서 c_s는 형상계수이다. dh/ds가 동수경사이므로 이론 Darcy 법칙과 비교해보면, 식 (6.66)의 괄호 항은 투수계수의 의미를 갖는다. 원형단면의 경우 $R_H = D/4$, $C_s = 4/3$이므로 $K = \gamma D^2 / (12\mu)$이다.

지반간극 속의 점성흐름

간극률이 n, 통수 단면적이 A, 간극이 흙 입자와 접해 있는 주변장이 L인 경우 간극의 동수반경은 '간극 면적/간극 주변장'이므로 $R_H = nA/L$이다. 미소구간 ds의 흙 체적에 대하여, n(간극률) 값은 통계적 개념이므로 어디서나 같다고 가정하면,

$$e = \frac{V_v}{V_s} \text{ 이므로, } R_H = \frac{nA}{L} = \frac{nA}{L}\frac{ds}{ds} = \frac{\text{간극체적}}{\text{입자표면적}} = \frac{e\,V_s}{A_s}$$

특정 흙 시료에 대하여 $V_s/A_s = const$로 가정할 수 있다. 예를 들어 구(球)입자로 가정한 흙 입자의 직경이 D_s라면 다음과 같다.

$$\frac{V_s}{A_s} = \frac{\frac{1}{6}\pi D_s^3}{\pi D_s^2} = \frac{D_s}{6}$$

따라서,

$$R_H = \frac{e\,D_s}{6} \tag{6.67}$$

식 (6.67)을 식 (6.66)에 대입하면, **평균 침투유속(seepage velocity)**, v_s는 다음의 형태로 나타난다.

$$v_s = c_s \left(\frac{eD_s}{6} \right)^2 \frac{\gamma}{\mu} \frac{dh}{ds} \tag{6.68}$$

실제로 지반의 침투속도는 측정하기 어려우므로 지반흐름거동에는 유출속도($v = Q/A$)를 사용한다.
유출속도와 침투속도의 관계는 $v = nv_s$ 이고, $e = n/(1-n)$ 이므로,

$$v = nv_s = nc_s \left(\frac{\dfrac{n}{1-n}D_s}{6} \right)^2 \frac{\gamma}{\mu} \frac{dh}{ds} = \left(\frac{c_s}{36} D_s^2 \frac{\gamma}{\mu} \frac{n^3}{(1-n)^2} \right) \frac{dh}{ds} \tag{6.69}$$

여기서, $dh/ds = i$ 이며, Darcy 법칙에 따라 $v = ki$ 이므로 k는,

$$k = -\frac{c_s}{36} D_s^2 \frac{\gamma}{\mu} \frac{n^3}{(1-n)^2} \tag{6.70}$$

식 (6.70)을 **투수계수방정식**이라 하며, c_s, D_s, γ, μ, n이 투수계수 값에 영향을 미치는 인자임을 알 수 있다.

6.4.4 흐름 에너지 보존법칙(베르누이 정리)

베르누이 정리는 비압축성(incompressible) 및 비점성(non-viscous) 흐름유체의 에너지 보존법칙이 다. 지반흐름에서는 피압대수층의 흐름, 수도터널 내 흐름 등 압력흐름의 설명에 유용하다.

그림 6.27과 같은 관로 흐름에 대하여 질량보존에 따른 연속성을 고려하면, 시간 dt 동안 통과한 유체 의 부피는 어느 위치에서나 같다. 즉, $a_1 v_1 dt = a_2 v_2 dt$, $a_1 v_1 = a_2 v_2 = q$ 이다. 여기서 **속도는 침투속도**이다.

그림 6.27의 단면 1, 2에 대하여 행해진 일은 다음과 같이 산정된다.

① 단면 1에서 수압 때문에 dt 시간 동안 행해진 일: $p_1 a_1 v_1 dt = p_1 q dt$
② 단면 2에서 수압 때문에 dt 시간 동안 행해진 일: $p_2 a_2 v_2 dt = p_2 q dt$
③ 단면 1에서의 위치 에너지: $(\rho a_1 v_1 dt) g(z_1) = \gamma q dt (z_1)$
④ 단면 2에서의 위치 에너지: $(\rho a_1 v_1 dt) g(z_2) = \gamma q dt (z_2)$
⑤ 단면 1에서의 운동 에너지: $(\rho a_1 v_1 dt)(v_1^2)/2 = \gamma dt (v_1^2)/(2g)$
⑥ 단면 2에서의 운동 에너지: $(\rho a_1 v_1 dt)(v_2^2)/2 = \gamma dt (v_2^2)/(2g)$

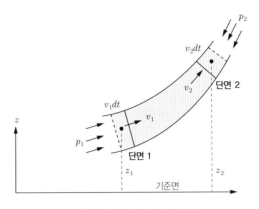

그림 6.27 연속체 흐름 단면

에너지 보존법칙에 의거 '단면 1에서의 에너지 = 단면 2에서의 에너지'이다. 이 조건을 적용하면,

$$z + \frac{u_w}{\gamma_w} + \frac{v^2}{2g} \equiv const \tag{6.71}$$

여기서 z는 위치수두(elevation head)로서 h_e로 표기하며, u_w/γ_w는 압력수두(pressure head)로서 h_p로 표기한다. $v^2/2g$는 속도수두로서 h_v로 나타낸다. 베르누이 정리를 일반화하면, '총 수두(h) = 위치수두(h_e) + 압력수두(h_p) + 속도수두(h_v)'로서 **수두(water head)로 표시한 총 에너지는 어느 위치에서나 일정하게 보존된다**'는 것이다.

$$h_{total} = z + \frac{u_w}{\gamma_w} + \frac{v^2}{2g} \tag{6.72}$$

지반 내 흐름에 적용

v는 실제 물입자의 이동속도이므로 지반에서는 침투속도(seepage velocity)에 해당한다($v = v_s$). 그림 6.28의 위치 A에서 B로 흐르는 동안 **입자에 작용하는 견인력(drag force), 즉 점성저항(shear drag force) 때문에 수두손실이 발생한다.** 따라서 식 (6.72)는 지반 내 점성유체에 대하여 다음과 같이 변형된다.

$$z_A + \frac{u_{wA}}{\gamma} + \frac{v_{sA}^2}{2g} = z_B + \frac{u_{wB}}{\gamma} + \frac{v_{sB}^2}{2g} + \Delta h \tag{6.73}$$

일반적으로 지반에서 속도수두는 무시할 만큼 작은 경우가 대부분이므로 총 수두는 위치수두와 압력수두를 합한 값이 된다.

$$h \approx \frac{u_w}{\gamma_w} + z \tag{6.74}$$

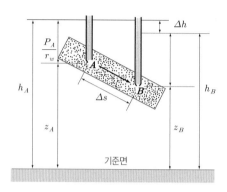

그림 6.28 지반 내 흐름

지반에서 위치수두와 압력수두의 크기는 기준면에 따라 값이 달라진다. 어떤 위치에서 피에조미터로 관측된 수두는 위치수두와 압력수두를 합한 값이며 이를 관측수두(piezometric or measured head)라 한다.

예제 지반 내 흐름에서 속도수두를 무시하는 근거를 수치적으로 예를 들어 고찰해보자. 그리고 무시할 수 없는 경우가 있는 지 살펴보자.

풀이 실제 지반 내의 흐름은 유속이 최대 1cm/sec 수준이므로 속도수두는

$$\frac{v_s^2}{2g} = \frac{0.01^2}{2 \times 9.81} = 5.1 \times 10^{-6}\,\mathrm{m}$$

이 값은 충분히 작으므로 무시할 만하다. 유속이 0.3m/sec 흙인 경우에도, 속도수두는

$$(h_v) = v_s^2 / 2g = 0.0046\,\mathrm{m}$$

이 값 또한 매우 작으므로 무시 가능하다.

하지만 깨끗한 모래자갈층 및 암반파쇄대를 통한 흐름에서는 난류가 발생하고 속도수두가 증가한다.

암반절리 내 흐름

절리의 형상과 분포가 분명하게 파악된 경우 암반절리 내 흐름은 에너지 보존법칙(베르누이 정리)을 기본이론으로 하는 관망해석 기법을 적용할 수 있다(그림 6.29). 관망해석의 기본원리는 다음과 같다.

- 관망 모델에서 절점에 유입되는 유량은 전부 유출된다.
- 각 폐합관로에 대하여 시계방향 또는 반시계방향으로 산정한 손실수두의 총합은 '0'이다.
- Darcy 법칙이 성립한다.

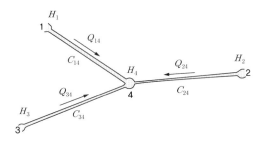

H_i : 절점 i의 수두
Q_{ij} : i에서 j로 흐르는 유량
C_{ij} : 관로 ij의 투수성

그림 6.29 암 지반의 절리 내 흐름의 모델링

예제 지하수가 그림 6.30과 같은 암반절리 내 ①, ② 두 점을 흐른다. 두 점의 압력, 수두 관계를 정의해보자.

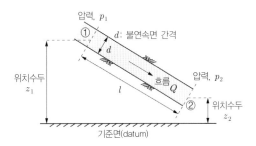

그림 6.30 암 지반의 절리 내 흐름 예(Q : 단위시간당 2차원 흐름유량)

풀이 압력수두 $= p/\gamma_w$, 위치수두 $= z$, 속도수두 $= v^2/2g$이므로

$$절점 \; 1에서 \; H_1 = \frac{p_1}{\gamma_w} + z_1, \;\; 절점 \; 2에서 \; H_2 = \frac{p_2}{\gamma_w} + z_2$$

6.4.5 흐름의 연속방정식(유출속도 기준)

흐름의 질량보존 법칙을 흐름의 연속방정식이라 한다. 지반은 완전히 포화되어 있고, 투수계수, k는 일정하며, Darcy 법칙이 성립하는 것으로 가정하여 흐름의 연속방정식을 유도할 수 있다.

그림 6.31과 같이 흐름 중의 흙 요소 $dxdydz$에 대하여 시간 t에서 흐름의 연속조건을 생각해보자. 우선 유입량이 없는 경우($Q = 0$)를 살펴보자. 여기서 **속도 v는 유출속도**이다.

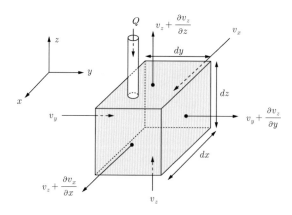

그림 6.31 요소에서의 흐름변화

요소 경계면에서 유출입 변화. 요소 내 유량변화는, $\Delta q = q_{out} - q_{in}$ 이다. 그림 6.31에서 유입 및 유출량을 산정하면,

- 유입량: $q_{in} = q_x + q_y + q_z = v_x dy dz + v_y dx dz + v_z dx dy$

- 유출량: $q_{out} = \left(v_x + \dfrac{\partial v_x}{\partial x} dx \right) dy dz + \left(v_y + \dfrac{\partial v_y}{\partial y} dy \right) dx dz + \left(v_z + \dfrac{\partial v_z}{\partial z} dz \right) dx dy$

요소 내 유량변화는, $\Delta q = q_{out} - q_{in} = \left(\dfrac{\partial v_x}{\partial x^2} + \dfrac{\partial v_y}{\partial y^2} + \dfrac{\partial v_z}{\partial z^2} \right) dx dy dz$

Darcy의 법칙이 성립한다고 가정하였으므로, $v_x = k_x i = k_x \dfrac{\partial h}{\partial x}$, $v_y = k_y i = k_y \dfrac{\partial h}{\partial y}$, $v_z = k_z i = k_z \dfrac{\partial h}{\partial z}$

위 식을 유량 변화 식에 대입하면 다음과 같다.

$$\Delta q = \left(k_x \frac{\partial^2 h}{\partial x^2} + k_y \frac{\partial^2 h}{\partial y^2} + k_z \frac{\partial^2 h}{\partial z^2} \right) dx dy dz \tag{6.75}$$

시간 t에서의 요소의 체적변화. 원래 체적이 $dx dy dz$ 이므로, 현재 체적은 $V = \epsilon_v dx dy dz$ 로 나타낼 수 있고, 시간당 체적변화는 다음과 같다.

$$\Delta V = \frac{\partial \epsilon_v}{\partial t} dx dy dz \tag{6.76}$$

식 (6.75)의 유량변화와 식 (6.76)의 체적변화는 같으므로, $\Delta q = \Delta V$ 이다.

$$k_x \frac{\partial^2 h}{\partial x^2} + k_y \frac{\partial^2 h}{\partial y^2} + k_z \frac{\partial^2 h}{\partial z^2} = \frac{\partial \epsilon_v}{\partial t} \qquad (6.77)$$

Darcy 법칙을 이용하면,

$$\frac{\partial v_x}{\partial x} + \frac{\partial v_y}{\partial y} + \frac{\partial v_z}{\partial z} = \frac{\partial \epsilon_v}{\partial t} \qquad (6.78)$$

식 (6.78)이 **흐름의 연속방정식**이며, **흐름에서 질량의 보존을 의미**한다.

지반 흐름문제에 적용

지반시료의 체적은 $V = V_w + V_s + V_a$ 이고, $V_w = \frac{S \cdot e}{1+e} dxdydz$, $V_s = const$, $V_a \approx 0$(포화 시)이므로 다음이 성립한다.

$$\frac{\partial \epsilon_v}{\partial t} = \frac{\partial V_w}{\partial t} \qquad (6.79)$$

식 (6.79)를 식 (6.78)의 흐름연속방정식에 대입하면,

$$k_x \frac{\partial^2 h}{\partial x^2} + k_y \frac{\partial^2 h}{\partial y^2} + k_z \frac{\partial^2 h}{\partial z^2} = \frac{\partial \epsilon_v}{\partial t} = \frac{\partial V_w}{\partial t} = \frac{\partial}{\partial t} \left(\frac{S \cdot e}{1+e} dxdydz \right) \qquad (6.80)$$

여기서 단위체적($dx \cdot dy \cdot dz = 1$)을 고려하면,

$$k_x \frac{\partial^2 h}{\partial x^2} + k_y \frac{\partial^2 h}{\partial y^2} + k_z \frac{\partial^2 h}{\partial z^2} = \frac{\partial \epsilon_v}{\partial t} = \frac{\partial V_w}{\partial t} = \frac{1}{1+e} \left(e \frac{\partial S}{\partial t} + S \frac{\partial e}{\partial t} \right) \qquad (6.81)$$

위 식은 물리적으로 다음 4가지 경우로 생각해볼 수 있다.

① **'$e = S =$일정'인 경우** : 정상류 흐름

$$k_x \frac{\partial^2 h}{\partial x^2} + k_y \frac{\partial^2 h}{\partial y^2} + k_z \frac{\partial^2 h}{\partial z^2} = 0 \qquad (6.82)$$

특히 $k_x = k_y = k_z$(등방투수성 조건)이면 다음의 Laplace 방정식이 된다.

$$\frac{\partial^2 h}{\partial x^2} + \frac{\partial^2 h}{\partial y^2} + \frac{\partial^2 h}{\partial z^2} = 0 \tag{6.83}$$

Laplace 방정식의 의미는 각 방향의 수두경사 변화량의 합이 '0'임을 의미한다.

② 'e는 변화, S=일정(e.g 100%)'인 경우 : 압밀 또는 팽창 − 부정류 흐름

$$k_x \frac{\partial^2 h}{\partial x^2} + k_y \frac{\partial^2 h}{\partial y^2} + k_z \frac{\partial^2 h}{\partial z^2} = \frac{1}{1+e}\left(\frac{\partial e}{\partial t}\right) \tag{6.84}$$

e가 감소하는 경우 지반은 압밀, e가 증가하는 경우 팽창거동을 한다.

③ 'e=일정, S는 변화'인 경우 : 체적의 변화가 간극유체의 변화로 발생하는 경우 − 부정류 흐름

$$k_x \frac{\partial^2 h}{\partial x^2} + k_y \frac{\partial^2 h}{\partial y^2} + k_z \frac{\partial^2 h}{\partial z^2} = \frac{1}{1+e}\left(e\frac{\partial S}{\partial t}\right) \tag{6.85}$$

S의 변화는 일시적인 불포화 영역 발생을 포함한다. S가 감소하는 경우는 일정체적상태의 배수를 의미하며, S가 증가는 흡수현상을 의미한다.

④ 'e=변화, S=변화'인 경우 : 부정류 흐름

$$k_x \frac{\partial^2 h}{\partial x^2} + k_y \frac{\partial^2 h}{\partial y^2} + k_z \frac{\partial^2 h}{\partial z^2} = \frac{1}{1+e}\left(e\frac{\partial S}{\partial t} + S\frac{\partial e}{\partial t}\right) \tag{6.86}$$

위의 4 조건 중 ①은 **정상류 흐름**(steady state flow)이고 ②, ③, ④는 **부정류 흐름**(transient flow)이다. ①과 ②는 각각 대표적 지반 문제로서 지반공학에서 많이 다루어지나 ③과 ④는 일시적 또는 국부적으로만 지반에서 발생 가능한 현상이다.

흐름 연속방정식의 특수해−압밀이론(consolidation theory)

흐름 방정식 중 'e=변화, S=일정'인 경우인 ②를 구체적으로 살펴보자. 이때 지반은 포화되어 체적변화가 전적으로 간극수의 배출에 의해 발생하는 것으로 가정한다. 요소의 연속방정식은 다음과 같다.

$$k_x \frac{\partial^2 h}{\partial x^2} + k_y \frac{\partial^2 h}{\partial y^2} + k_z \frac{\partial^2 h}{\partial z^2} = \frac{1}{1+e}\left(\frac{\partial e}{\partial t}\right) \tag{6.87}$$

응력(σ_v')과 간극비(e)의 관계곡선의 기울기가 a_v라 하면,

$$\frac{\partial e}{\partial \sigma_v'} = -a_v \text{ 또는 } \partial e = -a_v \partial \sigma_v'$$

또 수두 h를 간극수압으로 표현하면,

$$h = h_e + \frac{u_w}{\gamma_w} = h_e + \frac{1}{\gamma_w}(u_{ws} + u_{we})$$

여기서 h_e는 위치수두, u_{ws}는 정수압, u_{we}는 과잉간극수압이다. 위치수두 '$h_e = const$' 및 '$u_{ws} = const$'이므로,

$$d^2 h = \frac{1}{\gamma_w} \cdot d^2 u_{we}$$

따라서 3차원 압밀방정식은 다음과 같다.

$$\frac{k(1+e)}{\gamma_w a_v}\left(\frac{\partial^2 u_{we}}{\partial x^2} + \frac{\partial^2 u_{we}}{\partial y^2} + \frac{\partial^2 u_{we}}{\partial z^2}\right) = -\frac{\partial \sigma_v'}{\partial t} \tag{6.88}$$

$\partial \sigma_v' = -\partial u_{we}$이고, $c_v = \dfrac{k(1+e)}{\gamma_w a_v}$라 놓으면, 다음의 Terzaghi의 압밀방정식이 얻어진다.

$$c_v \frac{\partial^2 u_{we}}{\partial z^2} = \frac{\partial u_{we}}{\partial t} \tag{6.89}$$

압밀방정식의 발견은 현대 토질역학의 기원으로 이해되는 랜드마크적 의의가 있다. 압밀방정식의 해는 초기 및 경계조건이 주어지면 Fourier Series를 이용하여 이론해를 구할 수 있다.

초기 조건이 $t = 0$, $u_{we} = u_{wo} = \Delta\sigma_z$이고, 지반상부 경계조건이 $z = 0$, $u_{we} = 0$이며, 지반하부 경계조건이 $z = 2H_{dr}$, $u_{we} = 0$ (H_{dr}은 배수거리)인 경우 이론해는 다음과 같이 나타난다.

$$u_{we}(z,\ t) = \sum_{m=0}^{\infty} \frac{2u_{wo}}{M} \frac{\sin Mz}{H_{dr}} exp(-M^2 T_v) \tag{6.90}$$

여기서 $M = (\pi/2)(2m+1)$이고, m은 양의 정수, $T_v = (C_v t)/H_{dr}^2$이다.

6.5 지반의 변형-흐름거동의 결합지배방정식(Biot의 결합방정식)

앞에서 지반의 역학적 거동과 수리적 거동을 독립적으로 살펴보았다. 하지만 **실제로 많은 경우의 지반문제는 역학적(mechanical) 변형거동과 수리적(hydraulic) 거동이 상호 영향관계에 있다.** 여기서 역학적 거동은 변위를 거동변수로 하는 변형문제, 수리적 거동은 수압 또는 유량을 거동변수로 하는 흐름문제라 할 수 있다. 일례로 지반의 굴착이 지하수 유동을 야기한다거나 지하수위 저하가 대규모 지반침하를 야기하는 경우, **지반-지하수의 구조-수리 상호작용**(mechanical and hydraulic interaction, 또는 structural and hydraulic interaction)이 일어난다. 비압축성 유체로 포화된 탄성지반의 압밀 과정은 역학적 거동과 수리적 거동의 결합(coupling)이 일어나는 대표적인 예로서 지반변위와 간극수압 두 변수가 상호 인과관계에 있다. 변형거동과 흐름거동의 결합방정식은 Biot(1941)가 최초로 제시하였다.

6.5.1 기본 방정식

지반에 가해지는 하중속도가 물의 이탈속도보다 빠른 경우 지반에는 정수압을 초과하는 과잉간극수압이 발생한다. 과잉간극수압은 시간경과와 함께 새로운 평형상태에 도달하게 되는데, 이 과정에서 체적변화(수리경계조건에 따라 압밀(consolidation) 또는 팽창(swelling)이 유발되며 체적변화는 전응력의 변화를 야기한다. 이러한 거동의 지배방정식은 **흐름거동과 변형거동이 결합된 형태**로 나타날 것이다. Biot(1941)는 의사정적(quasi-static) 조건에서 비압축 간극수로 포화된 지반에 대하여 체적변화와 간극수압 간 결합거동이론을 발표하였다. Biot의 식은 기존 연속체역학의 기본방정식을 조합함으로써 제안된 것이다.

3차원 응력공간에서 지반재료의 변형과 흐름을 지배하는 기본방정식은 복잡한 형태로 나타나므로 이를 보다 단순한 형태로 고찰하기 위해 텐서 표기법을 이용하기로 한다. 간극수압은 스칼라량이므로 그림 6.32와 같이 방향성을 고려하지 않고 다룰 수 있다.

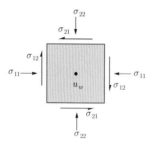

그림 6.32 요소의 응력상태(σ_{ij}, $i = 1,2,3; j = 1,2,3$)

유효응력의 원리와 구성방정식

유효응력의 원리, $\sigma' = \sigma - u_w$를 일반화된 텐서형태로 다시 쓰면(6.2절) 다음과 같다.

$$\sigma_{ij}{}' = \sigma_{ij} - u_w \delta_{ij} \tag{6.91}$$

여기서 $i, j = 1, 2, 3$. 마찬가지 방법으로 구성방정식, $\sigma' = D\epsilon$을 텐서형태로 다시 쓰면, 다음과 같다.

$$\sigma_{ij}{}' = D_{ijkl} \epsilon_{kl} \tag{6.92}$$

여기서 $\sigma_{ij}{}'$는 유효응력 텐서, u_w는 간극수압, δ_{ij}는 Kronecker delta($i = j \rightarrow \delta = 1 \; ; \; i \neq j \rightarrow \delta = 0$), D_{ijkl}는 응력과 변형률에 관련된 구성(constitutive) 텐서, ϵ_{kl}는 변형률 텐서로서 $\dfrac{1}{2}\left(\dfrac{\partial u_k}{\partial x_l} + \dfrac{\partial u_l}{\partial x_k}\right)$이며, u는 변위이다. 위 두 식에서,

$$\sigma_{ij} - u_w \delta_{ij} = D_{ijkl} \epsilon_{kl} \tag{6.93}$$

힘의 평형방정식

요소의 평형방정식(6.3절 참조)을 텐서를 이용하여 다시 쓰면,

$$\frac{\partial \sigma_{ij}}{\partial x_i} + f_i = 0 \tag{6.94}$$

여기서 σ_{ij}는 전응력 텐서, f_i는 체적력 텐서이다. $i = 1, 2, 3$이며, $x_1 = x, x_2 = y, x_3 = z$이다.

흐름의 연속방정식(비압축성 유체)

흐름의 연속방정식(6.4절 참조)도 텐서를 이용하여 다시 쓰면,

$$\frac{\partial v_i}{\partial x_i} = \frac{\partial \epsilon_v}{\partial t} \tag{6.95}$$

여기서 v_i는 유속 벡터, ϵ_v는 체적 변형률, t는 시간이다.

흐름의 운동방정식

흐름거동에 대한 Darcy의 법칙(6.4절)을 텐서를 이용하여 나타내면($i = 1, 2, 3$),

$$v_i = -k_i \frac{\partial h}{\partial x_i} \tag{6.96}$$

여기서 $h = \dfrac{u_w}{\gamma_w} + x_i i_g$ 이며, i_g는 중력에 평행하지만 방향이 반대인 단위벡터(unit vector)이다. $x_i i_g$는 위치수두, h는 전두수를 나타낸다.

6.5.2 Biot의 결합방정식

Biot의 방정식은 위의 4개 기본 방정식이 서로 결합된 식이다. 위 방정식들은 다음 두 개의 시스템 방정식으로 결합된다.

결합 평형방정식(coupled equilibrium equation)

식 (6.94) 평형방정식과 식 (6.93) 유효응력의 원리를 조합하면, x-방향에 대하여 다음이 성립한다.

$$\frac{\partial \sigma_{xx}{}'}{\partial x} + \frac{\partial u_w}{\partial x} + \frac{\partial \tau_{xy}}{\partial y} + \frac{\partial \tau_{xz}}{\partial z} + f_x = 0 \ \ \text{또는,}$$

$$D^0 \frac{\partial \epsilon_{xx}}{\partial x} + \frac{\partial u_w}{\partial x} + D^1 \frac{\partial \gamma_{xy}}{\partial y} + D^2 \frac{\partial \gamma_{xz}}{\partial z} + f_x = 0 \tag{6.97}$$

D^0, D^1, D^2는 각각 $\epsilon_{xx}, \gamma_{xy}, \gamma_{xz}$에 대응하는 구성식이다. y, z-방향에 대하여 마찬가지 방법으로 전개할 수 있다. 위 식들을 텐서 표현을 사용하여 3차원 응력공간으로 일반화하면 다음과 같이 변형률과 간극수압이 결합된 형태의 방정식이 된다.

$$D_{ijkl} \frac{\partial \epsilon_{ij}}{\partial x_i} + \frac{\partial u_w}{\partial x_i} - f_i = 0 \tag{6.98}$$

결합 연속방정식(coupled continuity equation)

식 (6.95) 흐름의 연속방정식과 식 (6.96) 운동방정식을 조합하면 x-방향에 대하여 다음과 같이 정리할 수 있다.

$$\frac{\partial \epsilon_v}{\partial t} \gamma_w - k_x \frac{\partial^2 u_w}{\partial x^2} - k_y \frac{\partial^2 u_w}{\partial y^2} - k_z \frac{\partial^2 u_w}{\partial z^2} = 0 \tag{6.99}$$

마찬가지 방법으로 y, z-방향에 대하여도 전개하여, 텐서표현기법을 사용하여 일반화하면,

$$k_i \frac{\partial^2 h}{\partial x_i^2} - \frac{\partial \epsilon_v}{\partial t} = 0 \tag{6.100}$$

또는 간극수압을 이용하여,

$$\frac{k_i}{\gamma_w} \frac{\partial^2 u_w}{\partial x_i^2} - \frac{\partial \epsilon_v}{\partial t} = 0 \tag{6.101}$$

식 (6.98)과 식 (6.101)이 흐름과 변형이 결합된 장(field)의 지배방정식이다. 위 두 식을 자세히 고찰하면 평형방정식의 미지수가 간극수압과 변형률이며, 연속방정식도 변형률과 간극수압이다. 이 사실은 **변형률과 간극수압이 상호 영향관계에 있으며, 두 식이 서로 결합관계(coupled)에 있음**을 의미한다. 위 식을 이용하면 압밀거동을 설명할 수 있다. 사질토와 같은 비압밀(non-consolidating) 지반의 경우 변형률이 미소할 것이므로 이러한 결합관계는 재하 직후 아주 짧은 시간에 발생하고 이내 사라질 것이다.

경계조건

Biot의 식은 변형률과 간극수압의 결합방정식이므로 이 식을 풀기 위해서는 변형 및 흐름 두 영역에 대한 경계조건이 모두 필요하다. 결합 지반문제의 경계조건으로는 변위와 힘, 그리고 간극수압과 유속(유량)이다. 그림 6.33에 경계조건의 예를 보였다.

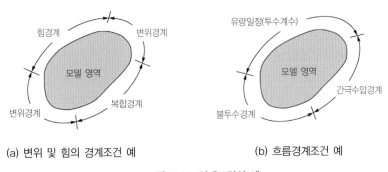

(a) 변위 및 힘의 경계조건 예　　　　　(b) 흐름경계조건 예

그림 6.33 경계조건의 예

Biot의 결합방정식의 해

Biot 방정식을 이론적으로 풀기는 용이하지 않다. 이상화가 가능한 단순조건에 대해서만 이론해를 얻을 수 있다. 따라서 Biot 방정식은 주로 수치해석법을 통해 풀게 된다. Biot 방정식의 해는 제2권 3장 '수치해석'에서 다룬다.

6.6 지반 동적거동의 지배방정식

지반의 동적거동은 두 가지 방법으로 고찰할 수 있다. 첫 번째는 **동적 에너지의 전파매질로서의 지반 거동문제로 다루는 방법**이며, 두 번째는 지반을 포함하는 **시스템의 동하중에 의한 거동문제로 다루는 방법**이다. 첫 번째 방법의 지반거동은 반무한 탄성체 지반을 진동(동적) 에너지가 이동하는 파동방정식(wave propagation problem)으로 나타낼 수 있으며, 두 번째 방법의 지반거동은 경계가 한정된 시스템의 동적 평형방정식(dynamic soil-structure interaction problem)으로 표현할 수 있다. 즉, 같은 동적영향을 파동방정식 또는 동적평형방정식으로 고려할 수 있는 데, 전자는 주로 이론적 방법, 후자는 주로 수치해석적 방법으로 다룬다. 지반의 파동전파 및 동적거동의 문제를 그림 6.34에 예시하였다.

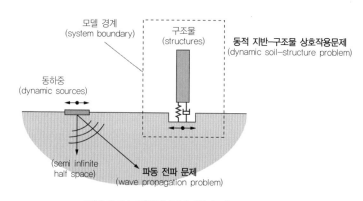

그림 6.34 지반의 동적거동 문제

파동방정식은 동적 에너지가 파동 에너지의 형태로 지반을 전파하는 연속계(continuous system)에서의 지배방정식이며, 동적평형방정식은 한정된 경계의 시스템에서의 지배방정식이다. 시스템의 경계를 한정하는 경우, 경계에서 에너지 전파(기하감쇠)의 연속성이 고려되어야 한다.

파동 지배방정식을 이용한 파 전파원리는 미소변형에서 지반강성 등 물성 측정에 활용할 수 있다. 시스템 동적평형방정식은 대변형 동적문제에 대한 수치해석적 지배방정식을 제공한다.

진동 시스템은 **강체계(rigid system)와 연성계(compliant system)**로도 구분할 수 있다. 강체계는 동적하중 하에서 시스템 내에서 전혀 변형이 없으며 시스템 내 모든 점 간 상대위치가 일정하게 유지된다고 가정하는 경우이다. 반면에 연성계는 시스템 내부의 각 절점이 상대거동을 하는 경우이다. **지반이나 구조물은 강체가 아니므로 모두 연성계라 할 수 있다.** 연성계는 질량 분포의 모델링에 따라 다시 **연속계(continuous system)와 이산계(discrete system)**로 구분할 수 있다(그림 6.35).

지반거동을 파동방정식과 같이 이론적으로 다루는 경우, 연속계의 반무한체(semi infinite half space)로 이상화하여 다루게 된다.

이산계는 거동특성을 절점질량, 그리고 스프링과 감쇠기(dash pot)로 나타낸 **집중계(lumped system)** 모델과 지반을 연속요소로 나타낸 **분산계(distributed system)** 모델링이 있다. 그림 6.35 (b)에 집중 모델과 분산 모델을 예시하였다.

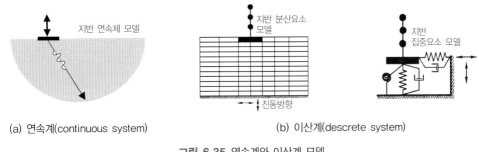

(a) 연속계(continuous system)　　　　　(b) 이산계(descrete system)

그림 6.35 연속계와 이산계 모델

그림 6.36는 지반 동적지배방정식의 유형과 고려조건을 예시한 것이다.

그림 6.36 동적지배방정식의 유형과 모델링

6.6.1 파동전파 방정식

동하중에 의한 파동에너지의 일부는 지반에 변형을 야기하며 소모되고(재료감쇠), 나머지는 파동의 형태로 지반매질을 전파하여 돌아오지 않음으로써 소멸된다. 일반적으로 지반에서는 파동에너지로 인한 재료자체의 변형거동으로 인한 에너지 소산과 반무한체(half space) 매질로서 전파하여 돌아오지 않는 에너지 소산이 일어난다. **전파하며 소산되는 에너지를 방사감쇠(기하감쇠)라 하며, 이는 진동주파수의 함수로서 재료감쇠보다 훨씬 크다.**

정하중문제는 가상의 경계를 도입하여도 결과에 큰 영향을 미치지 않는다. 그러나 동적문제의 경우 파동 에너지가 전파하면서 돌아오지 않는 방사(기하)감쇠가 일어나므로 경계의 설정은 결과에 영향을 미친다. 따라서 지반문제의 경계를 한정하는 경우(그림 6.35 (b)의 분산요소) 경계에서 실제와 같은 진동파의 방사(radiation)현상이 가능하도록 **전달경계(transmitting boundary)**의 도입이 필요하다.

예제 파동은 진동수, 주기, 진폭으로 정의할 수 있으며, 각각 변위, 속도, 가속도를 변수로 할 수 있다. 진동 (파)의 요소를 정의해보자.

풀이 그림 6.37과 같은 속도 ω인 정현파를 중심으로 진동요소를 정의해보면 다음과 같다.

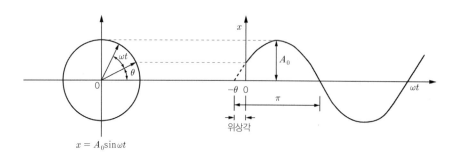

$$x = A_0 \sin \omega t$$

그림 6.37 동적거동의 정의 파라미터

- 주기(period)는 반복되는 진동이 단위반복에 소요되는 시간(T)으로 정의한다.
- 주파수(f)는 진동수(frequency)라고도 하며, 단위시간(1초)당 반복횟수로서 단위는 Hz이다. 주 파수는 주기 T의 역수로서 그 정의는 다음과 같다.

$$f = \frac{1}{T} = \frac{\omega}{2\pi}$$

- 고유주파수(진동수)는 물체가 갖는 진동특성으로서 다음과 같이 정의된다.

$$f_n = \frac{1}{2\pi}\sqrt{\frac{k}{m}}$$

- 진폭은 변위의 최댓값으로서 A_o이며, 눈으로 보는 관측진동의 크기는 $2A_o$이다.
- 진동속도(velocity)는 단위시간당 변위량을 나타내며, 진동속도의 최댓값은 다음과 같다.

$$v_{\max} = A_o \omega \,(\text{m/s})$$

- 진동가속도(acceleration)는 단위시간당 속도변화량으로 최대진동가속도는

$$a_{\max} = A_o \omega^2 \,(\text{m/s}^2)$$

  인체가 느끼는 소음(noise)진동을 정의하기 위하여 다음의 '진동가속도의 실효값'을 사용한다.

$$a_S = \frac{1}{\sqrt{2}} A_0 \omega^2 \,(\text{m/s}^2)$$

  진동가속도의 단위는 1gal=1cm/s^2, 1g=9.8m/s^2=980cm/s^2≒1,000gal이다.

- **진동가속도레벨**(vibration acceleration level, VAL(dB,데시벨)). 소음공해진동에 사용되는 단 위로 진동가속도 크기를 의미하며 식으로 정의하면 다음과 같다.

$$VAL(dB) = 20 \log\left(\frac{A_S}{A_r}\right)$$

  여기서, VAL : 진동가속도레벨(dB), A_s : 측정대상진동의 가속도 실효치(m/s^2), A_r : 기준진동의 가속도 실효치($=10^{-5}$m/s^2)

- **진동의 물리적 의의**: 일반적으로 진동은 영점에서 양의 방향이나 음의 방향으로 오르내리는 순간적인 진동(가)속도로 나타낸다. 입자 진동속도최대치(PPV, Peak Particle Velocity)는 순간적인 진동신호의 최대치를 의미한다. PPV는 건물에 미치는 응력과 관련되어 있으므로 발파진동을 모니터할 때 기준으로 삼는 경우가 많다. 하지만, 인체의 경우 진동신호에 반응할 때까지는 시간이 좀 걸리므로 진동속도최대치(PPV)를 인간의 반응과 관련한 변수로 활용하기엔 적합하지 않다. 인간의 신체는 PPV보다는 평균 진동폭에 반응하므로 완만한 진동폭으로 나타나는 제곱평균진동폭(RMS, Root Mean Square)을 인체의 진동감지 변수로 다루는 것이 보다 적절하다. RMS는 진동폭의 제곱 평균값의 제곱근으로서 보통 1/2주기에 걸쳐서 계산한다.

파의 종류와 전파특성

진동 에너지는 매질의 상태와 경계조건에 따라 여러 형태의 파로 전파된다. 대표적인 파동의 전파 특성과 입자운동 형태를 그림 6.38에 보였다.

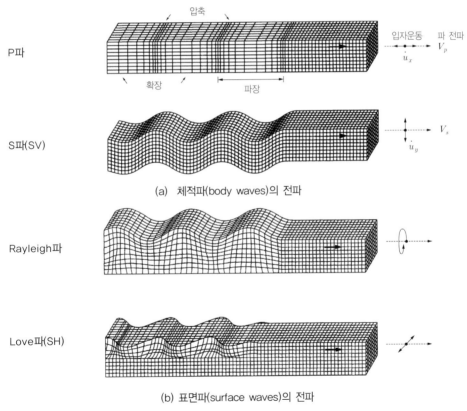

그림 6.38 파의 종류와 전파특성(SV:수직진동전단파, SH:수평진동 전단파)

일반적으로 파동은 매질 내부를 전파하는 체적파(body waves)와 표면파(surface waves)로 구분된다. 체적파는 다시 P파(primary wave, 종파, 압축파)와 S파(secondary wave, 횡파, 전단파)로 구분된다. 전단파는 입자의 운동방향에 따라 수직진동전단파(SV)와 수평진동전단파(SH)로 구분하기도 한다.

표면파는 지표와 지층의 경계조건에 의해 생성되는 파이며 Rayleigh파(R파)와 Love파(L파)가 있다. 실제 지표면에서는 여러 형태의 표면파가 존재할 수 있다. 이 중 공학적으로 중요하게 다루어지는 파가 R파와 L파이다.

R파는 체적파가 매의 경계면, 즉 지표에 도달할 때 생성된다. **R파는 매질 입자에 후퇴하는(뒤로 물러나는) 타원형거동(retrograde ellipse)을 야기**한다. 반면에 L파는 어떤 지층의 전단파 속도가 아래층의 전단파 속도보다 작은 층상지반(대개의 경우, 지표)에서 발생하며, 수평진동전단파(SH파)의 일종이다.

파동의 생성과 전파 메커니즘은 진동의 원인에 따라서도 차이가 있다. **기계진동은 지표에서 발생하므로 체적파와 표면파를 거의 동시에 발생시킨다**. 하지만 지하 깊은 곳에서 발생하는 **지진파는 지하 깊은 곳에서 생성되어 지반매질을 P파와 S파의 체적파 형태로 전파하며, 경계면인 지표에 도달하며 표면파를 생성**시킨다. 기계진동의 경우 파동 에너지의 상당부분이 표면파를 통해 전파된다. 그림 6.39는 진동기초와 지진파에 의한 파동 전파원리를 보인 것이다.

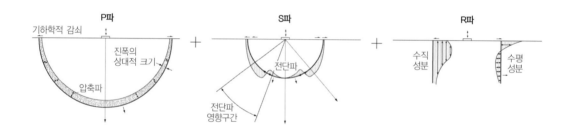

(a) 원형 진동기초의 진동에너지의 전파(after Wood, 1968)

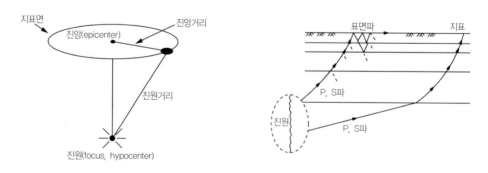

(b) 지진파의 전파

그림 6.39 지반매질을 통한 진동의 전파

파동 에너지는 지중으로 전파하며 소멸(attenuation)하는데, 이를 **방사감쇠(radiation damping)** 또는 **기하학적 감쇠**(geometrical damping)라 한다. 지반의 경우 매질의 무한성 때문에 기하학적 감쇠를 중요하게 다루어야 하는데, 특히 **암반과 같이 탄성거동을 하는 경우 소성변형으로 인한 재료감쇠는 무시할 만하며, 이 경우 기하학적 감쇠가 파동 에너지 소산의 주원인**이다. P파는 진동원에서 거리제곱에 반비례하여 감쇠가 일어난다. S파는 지표에서는 전파거리의 제곱에 반비례하여, 지중에서는 전파거리에 반비례하여 진폭이 감소한다. 표면파인 R파는 전파거리의 제곱근에 반비례하여 진폭이 감쇠하는 특성을 나타낸다.

1차원 파동방정식

파동방정식의 유도를 위해 지반을 선형탄성(linear elastic), 등방(isotropic), 그리고 균질(homogeneous)인 연속체로 가정한다.

P파(압축파, 종파). 파동전파의 가장 단순한 경우인 봉(rod)에 대한 압축파의 일차원 파동방정식부터 고찰해보자. 단면적 A 밀도 ρ인 강봉(steel rod)이 그림 6.40과 같이 동하중을 받았을 때, u_x의 변형이 일어났다면, 질량이 dM인 요소 dx는 $dM\ddot{u}_x$의 관성력을 받게 될 것이다. 이 때 요소 dx에 대한 힘의 평형조건은 다음과 같다($\ddot{u}_x = \partial u_x^2/\partial t^2$).

$$\sigma_x A - \left(\sigma_x + \frac{\partial \sigma_x}{\partial x}dx\right)A - dM\ddot{u}_x = 0$$

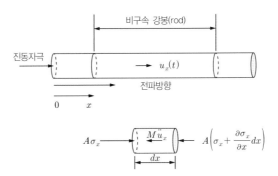

그림 6.40 1차원 요소에서 압축응력파의 전파

여기서 $dM = \rho A dx$이고, $\sigma_x = E\epsilon_x = -E\dfrac{\partial u_x}{\partial x}$이므로, 위 식을 정리하면 다음의 파동방정식을 얻는다.

$$\frac{\partial^2 u_x}{\partial t^2} = \frac{E}{\rho}\frac{\partial^2 u_x}{\partial x^2} \tag{6.102}$$

앞의 식에서 **물성 항, E/ρ의 의미**를 살펴보자. 식 (6.102)를 E/ρ 관점에서 정리하면,

$$\frac{E}{\rho} = \frac{\partial^2 u_x}{\partial t^2} \frac{\partial x^2}{\partial^2 u_x} = \frac{\partial x^2}{\partial t^2} = \left(\frac{dx}{dt}\right)^2 \tag{6.103}$$

$\dfrac{dx}{dt}$ 는 P파의 전파속도이므로, $V_p = \dfrac{dx}{dt}$ 이다. 따라서,

$$V_p = \frac{dx}{dt} = \sqrt{\frac{E}{\rho}} \tag{6.104}$$

여기서 V_p는 봉(rod)에서 종파 전파속도(longitudinal wave propagation velocity in rod)라 한다. 전파거리, $x = V_p t$이다. 따라서 1차원 압축파의 파동방정식은 다음과 같이 나타낼 수 있다.

$$\frac{\partial^2 u_x}{\partial t^2} = V_p^2 \frac{\partial^2 u_x}{\partial x^2} \tag{6.105}$$

만일 봉의 주변경계가 구속된 경우라면, $V_p = \sqrt{M/\rho}$. 여기서 M은 구속탄성계수이다(4.3.2 참조).

P파의 파동방정식의 해. P파의 파동방정식의 일반해는 다음의 형태로 나타난다.

$$u_x(x,t) = f_1(x - V_p t) + f_2(x + V_p t) \tag{6.106}$$

f_1, f_2는 초기 진동하중조건에 의해 결정되는 함수로서 서로 독립적인 해이다. 첫 번째 항은 양의 방향(전진파, forward progressive wave)으로 전파하는 파동으로서 압축을 나타내며, 두 번째 항은 음의 방향(후진파, backward progressive wave)으로 전파하는 파동으로서 인장을 나타낸다(그림 6.38참조).

봉에서의 파전파속도 V_p와 봉을 구성하는 매질의 입자속도, $\dot{u}$는 서로 다르다. 시간 t의 x-방향의 변형 $u_x = \epsilon_x x = (\sigma_x/E)x$ 이므로

$$\dot{u}_x = \frac{\partial u_x}{\partial t} = \frac{\partial x}{\partial t}\left(\frac{\sigma_x}{E}\right) = V_p \frac{\sigma_x}{E} = \frac{\sigma_x}{\rho V_p} \tag{6.107}$$

V_p와 $\dot{u}$를 비교하면 압축파인 경우 모두 같은 방향을 나타내며, 인장파의 경우 반대방향으로 나타난다. 유의할 것은 **파전파 속도는 재료의 물리적 성질인 강성에 의해서 결정되는 데 반해 입자속도는 응력의 크기에 비례하고 파전파속도에 반비례한다**는 사실이다.

파전파속도 vs 매질의 입자속도

　파전파속도가 빠르면 입자속도가 빠를 것으로 생각할 수 있는데, 실제현상은 이와 반대이다. 지반매질이 치밀하면 매질을 통한 파의 이동은 빠르지만 매질을 구성하고 있는 입자는 상대적으로 서로 단단히 엇물려 변형에 대한 저항이 더 커지기 때문이다. 이 현상을 그림 6.41과 같은 강봉(rod)을 전파하는 P파의 전파특성으로부터 고찰할 수 있다. 파는 한 방향으로 전파하지만 입자는 전파방향과 같거나 반대방향으로 진동한다. 이때 파전파속도와 입자이동속도를 비교해보자.

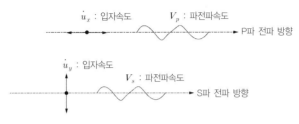

그림 6.41 파전파속도와 입자속도

· P파의 전파속도 : $V_p = \dfrac{dx}{dt} = \sqrt{\dfrac{E}{\rho}}$

　$\sigma_x = \epsilon_x E = \dfrac{\partial u_x}{\partial x} E$ 이므로

· 지반입자속도 : $\dot{u}_x = \dfrac{\partial u_x}{\partial t} = \dfrac{V_p \sigma_x}{E} = \dfrac{\sigma_x}{\rho V_p}$

　그림 6.42와 같이 파 전파속도는 강성의 제곱근 ($\sqrt{E}$)에 비례하며, 매질의 입자속도는 파 전파속도에 반비례한다.

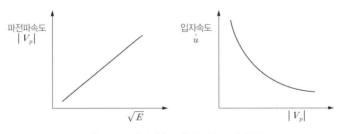

그림 6.42 파전파속도와 입자속도의 특성

예제 그림 6.43과 같이 지하 암반에서 상층부 지층을 전파하는 지진파로 인한 지반의 변위 증폭 현상을 설명해보자.

풀이 암반 → 지반으로 전파할 때 강성저하로($E_{지반} \ll E_{암반}$) 지진파의 전파속도는 급격히 감소한다. 이때 입자속도는 전파속도와 반비례하므로 그림 6.43과 같이 증폭이 일어난다(구체적 설명은 Box 전파속도와 입자속도 참조).

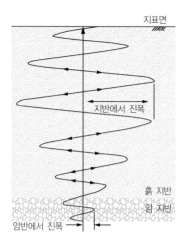

그림 6.43 지진파의 증폭특성

예제 그림 6.44와 같은 흙 지반 및 암 지반 1차원 시료에 대하여 심도 z인 저면에서 지진파가 전파를 한다고 가정할 때, 두 지반의 지표도달 시간(속도), 입자속도 및 입자변형률의 크기를 비교해보자.

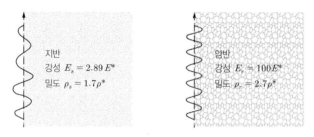

그림 6.44 매질에 따른 지진파 전파

풀이 파동전파속도, 입자속도, 지반변형률을 비교하면 다음과 같다.

① 1차원 파동전파속도는 $V_p = \sqrt{E/\rho}$

흙 지반의 전파속도, $V_{ps} = \sqrt{E_s/1.7\rho^*} = \sqrt{1.7E^*/\rho^*}$

암 지반의 전파속도, $V_{pr} = \sqrt{100E^*/2.7\rho^*} = \sqrt{37E^*/\rho^*}$

전파속도 비, $V_{ps}/V_{pr} = \sqrt{1.7}/\sqrt{37} \approx 1/4.7$

암반을 전파한 지진파가 지반보다 4.7배 먼저 도착한다.

② 입자속도

$$\dot{u}_s/\dot{u}_r = \left(\frac{\sigma_x}{\rho_s V_{ps}}\right)\Big/\left(\frac{\sigma_r}{\rho_r V_{pr}}\right) = \frac{V_{pr}}{V_{ps}}\frac{\rho_r}{\rho_s}/1 \approx 7.46/1$$

입자속도는 전파속도와 반대로 흙 지반의 입자속도가 암 지반보다 약 7.5배 빠르다.

③ 지반변형률

$$\epsilon_s/\epsilon_r = \left(\frac{\rho_s \dot{u}_s V_{ps}}{E_s}\right)\bigg/\left(\frac{\rho_r \dot{u}_r V_{rs}}{E_r}\right) = \frac{\rho_s}{\rho_r}\frac{\dot{u}_s}{\dot{u}_r}\frac{V_{ps}}{V_{pr}}\frac{E_r}{E_s} = \frac{1.7}{2.7}\frac{4.7}{1}\frac{1}{4.7}\frac{100}{2.89} = 21.8/1$$

평균 변형률은 흙 지반이 암 지반보다 약 22배 크다.

NB : 지진파는 지층구성상 일반적으로 암 지반을 거쳐 흙 지반으로 전파한다. 지진파가 흙 지반에 도달하면 강성이 감소하므로 지진파의 진폭이 거의 두 배까지 증가한다. 따라서 연약지반 위의 건물은 같은 지진파에 대하여 암 지반 위의 건물보다 훨씬 더 큰 지진피해를 받을 수 있다. 암 지반의 탁월고유주기(dominant natural period)는 약 0.3sec 정도이나, 흙 지반은 1~4sec이다. 또한 흙 지반의 탁월고유주기는 심도가 깊어질수록, 진앙(epicenter)거리가 증가할수록 증가한다. 일반적으로 빌딩의 고유주기는 층수가 N일 경우, N/10초(seconds)로 나타난다.
지진피해는 지반의 탁월고유주기와 건물의 고유주기가 같아지는, 즉 공명(resonance) 때 가장 크게 발생한다. 흙 지반은 심도가 깊을수록 탁월고유주기가 길어지며, 빌딩은 고층일수록 주기가 늘어나므로 깊은 심도의 흙 지반에 건설된(기초가 암반에 위치하지 않은) 고층빌딩은 지진 시 심각한 재앙을 초래할 수 있다. 이러한 피해의 예가 1985년 멕시코지진에서 확인되었다.
지진에 대비한 내진설계는 건설비를 대략 5~10% 증가시킨다. 하지만 이 비용은 내진설계를 하지 않은 경우의 인명과 재산의 손실 그리고 복구비에 비하면 훨씬 경제적이라는 것이 내진설계의 이유이다.

비틂전단파. 비틂전단파에 대한 파동방정식은 그림 6.45와 같이 강봉(steel rod)에 생성된 비틂응력을 고찰함으로써 유도할 수 있다.

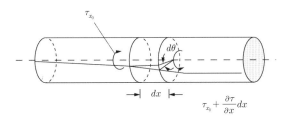

그림 6.45 1차원 봉(rod)요소에서 비틂 전단파의 전파

비틂에 대한 평형조건을 이용하면, 이때의 파동방정식은 다음과 같이 유도된다.

$$\frac{\partial^2\theta}{\partial t^2} = \frac{G}{\rho}\frac{\partial^2\theta}{\partial x^2} = V_s^2\frac{\partial^2\theta}{\partial^2 x} \tag{6.108}$$

여기서 $V_s = \sqrt{G/\rho}$ 는 비틂전단파의 전파속도이다.

식 (6.104)와 식 (6.108)로부터 **파 전파속도는 그 파가 야기하는 변위 모드에 관련되는 강성에 지배된다**는 사실을 알 수 있다. 즉, 압축파의 전파속도는 압축강성, 전단파는 전단강성에 지배된다. 이 파동 전파

원리에 기초하여 탄성파탐사, 공진주 시험(resonant column method) 등 지반탄성계수시험이 고안되었다. 파동의 전파 원리를 지반시험에 적용하는 경우, 지반변형을 거의 야기하지 않으므로 미소변형률조건에 대한 지반 강성을 얻을 수 있다.

3차원 파동방정식

무한 탄성체에서의 3차원 파동방정식을 유도하기 위해 그림 6.46 (a)와 같은 지중의 미소요소를 생각해보자.

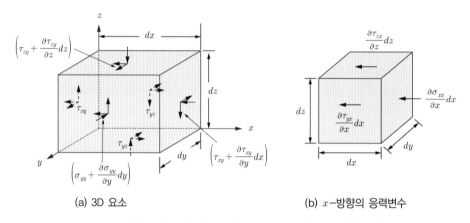

(a) 3D 요소   (b) x-방향의 응력변수

그림 6.46 파동전파 중 탄성체 요소에 작용하는 응력

변위장이 u이고 동하중에 의해 유발된 x-방향의 체적력이 X라면, Newton의 제2법칙에 따라 X는 다음과 같이 정의한다.

$$X = \rho(dx \cdot dy \cdot dz)\frac{\partial^2 u}{\partial t^2}$$

그림 6.46 (b)로부터 x-방향의 평형방정식은

$$\left(\frac{\partial \sigma_{xx}}{\partial x} + \frac{\partial \tau_{xy}}{\partial y} + \frac{\partial \tau_{xz}}{\partial z}\right)dxdydz = \rho(dxdydz)\frac{\partial^2 u}{\partial t^2}$$

$$\rho\frac{\partial^2 u_x}{\partial t^2} = \frac{\partial \sigma_{xx}}{\partial x} + \frac{\partial \tau_{xy}}{\partial y} + \frac{\partial \tau_{xz}}{\partial z} \tag{6.109}$$

위 식은 적합방정식과 구성방정식을 이용하여 변형률(또는 변위)로 나타낼 수 있다. x-방향의 적합

방정식은 변형률의 정의에 따라,

$$\epsilon_x = \frac{\partial u_x}{\partial x} , \ \gamma_{xy} = \frac{\partial u_x}{\partial y} + \frac{\partial u_y}{\partial x} \tag{6.110}$$

x-방향의 구성방정식은,

$$\sigma_{xx} = \lambda \epsilon_v + 2G(\epsilon_{yy} + \epsilon_{zz}) \tag{6.111}$$

$$\gamma_{xy} = \tau_{xy} / G$$

여기서 $\epsilon_v = \epsilon_{xx} + \epsilon_{yy} + \epsilon_{zz} = \nabla u$ 로서 체적변형률이며, $\nabla = \left(\frac{\partial}{\partial x} + \frac{\partial}{\partial y} + \frac{\partial}{\partial z} \right)$, G는 전단탄성계수, λ 는 Lame 상수로, $\lambda = \nu E / [(1+\nu)(1-2\nu)]$ 이다. 식 (6.109), 식 (6.110) 및 식 (6.111)을 이용하여 지배방정식을 변형률 항으로 정리하면 x-방향의 파동방정식은 다음과 같다.

$$\rho \frac{\partial^2 u_x}{\partial t^2} = \lambda \frac{\partial \epsilon_v}{\partial x} + G \left(2 \frac{\partial \epsilon_{yy}}{\partial x} + 2 \frac{\partial \epsilon_{zz}}{\partial y} - \frac{\partial \gamma_{zx}}{\partial z} - \frac{\partial \gamma_{yx}}{\partial y} \right) = (\lambda + G) \frac{\partial \epsilon_v}{\partial x} + G \nabla^2 u_x \tag{6.112}$$

여기서 $\nabla^2 = \frac{\partial^2}{\partial x^2} + \frac{\partial^2}{\partial y^2} + \frac{\partial^2}{\partial z^2}$ 이다. 마찬가지 방법으로 y, z 축 방향에 대하여 정리하면 다음의 잔여 3차원 파동방정식이 얻어진다.

$$\rho \frac{\partial^2 u_y}{\partial t^2} = (\lambda + G) \frac{\partial \epsilon_v}{\partial y} + G \nabla^2 u_y$$

$$\rho \frac{\partial^2 u_z}{\partial t^2} = (\lambda + G) \frac{\partial \epsilon_v}{\partial z} + G \nabla^2 u_z$$

3차원 파동방정식의 해. 무한 탄성체내의 파동방정식은 일반적으로 두 개의 해를 갖는다. 하나는 회전이 없는 **체적팽창파**이고, 다른 하나는 체적변화와 무관한 **순수 회전(비틂전단)파**이다.

① **팽창파(expansion wave)**

위 파동방정식을 각각 x, y, z 에 대해 미분하여 더하고, 체적변형률 ϵ_v, 팽창파의 속도 V_p 를 이용하여

$$\rho \frac{\partial^2 \epsilon_v}{\partial t^2} = (\lambda + 2G)(\nabla^2 \epsilon_v) \tag{6.113}$$

$$\frac{\partial^2 \epsilon_v}{\partial t^2} = \frac{(\lambda + 2G)}{\rho} \nabla^2 \epsilon_v = V_p^2 \nabla^2 \epsilon_v$$

여기서 $\lambda = \nu E/[(1+\nu)(1-2\nu)]$ 및 $E = 2G(1+\nu)$ 를 이용하면

$V_p = \sqrt{\dfrac{(\lambda+2G)}{\rho}} = \sqrt{\dfrac{G(2-2\nu)}{\rho(1-2\nu)}}$ 이다. **3차원 매질조건에서 팽창파 속도는 체적탄성계수(bulk modulus)**, K를 이용하면 다음과 같이 쓸 수 있다.

$$V_p = \sqrt{\left\{ \left(K + \frac{4}{3}G \right) /\rho \right\}} \tag{6.114}$$

팽창파는 V_p의 속도로 전파한다. 만일 매질이 물이라면 $G \approx 0$이므로, $V_p = \sqrt{K/\rho}$ 이다.

② 비틀파(torsional wave)

식 (6.112) 의 y, z축 방향의 파동방정식을 서로 다른 변수들로 미분하여 빼면 다음 식을 얻는다.

$$\rho \frac{\partial^2}{\partial t^2}\left(\frac{\partial u_z}{\partial y} - \frac{\partial u_y}{\partial z} \right) = G\nabla^2\left(\frac{\partial u_z}{\partial y} - \frac{\partial u_y}{\partial z} \right)$$

$\dfrac{\partial u_z}{\partial y} - \dfrac{\partial u_y}{\partial z} = \Omega_x$ 라 놓자. Ω_x 는 물리적으로 전단거동을 나타내는 변수이다.

$$\frac{\partial^2 \Omega_x}{\partial t^2} = \frac{G}{\rho}\nabla^2 \Omega_x = V_s^2 \nabla^2 \Omega_x \tag{6.115}$$

여기서 $V_s = \sqrt{G/\rho}$ 이다. 위 식은 3차원 무한공간에서 비틀전단파의 방정식이며, V_s로 전파한다. 동일한 방법으로 y, z 방향에 대해서도 전개하면 같은 형태의 식을 얻을 수 있다.

봉(rod)에 대한 1차원 파와 3차원 파동을 비교하면, **압축파의 입자속도는 두 경우가 같다. 그러나 파 전파속도는 다르다.** 봉의 경우 횡방향 변위가 허용되나 무한탄성체는 횡방향 변위가 구속되므로 훨씬 더 빠른 속도로 전파한다. **전단파의 전파속도는 봉이나 반무한탄성체에서 동일하다.**

$$V_p = \sqrt{\frac{G(2-2\nu)}{\rho(1-2\nu)}} \ , \quad \frac{V_p}{V_s} = \sqrt{\frac{2-2\nu}{1-2\nu}} \tag{6.116}$$

파동에너지의 감쇠

파동이 선형탄성재료를 전파할 때는 재료적인 에너지 손실이 일어나지 않으므로 무한히 전파할 것으로 생각할 수 있다. 하지만 이런 현상은 실제로는 일어날 수 없다. 실제파동은 전파하며 에너지 감쇠로 소멸되기 때문이다. **감쇠의 원인은 소성변형, 열, 마찰 등으로 에너지가 소모되는 재료적 특성과, 전파해서 돌아오지 않음으로써 소멸되는 기하학적 특성 때문이다.** 이를 각각 **재료감쇠, 기하감쇠**(또는 방사감쇠)

라고 한다.

재료감쇠(material damping). 실제 재료에서 파동 에너지는 마찰 또는 열(heat)로 전화되면서 소멸되는 경우가 대부분이다. 이러한 에너지의 소산은 수학적 편의상 **속도에 비례하는 점성감쇠**(viscous damping)로 고려한다. 감쇠가 있는 경우 파동방정식은 이의 영향을 고려하여야 한다. 그림 6.47은 재료 감쇠를 점성감쇠로 표현하는 Kelvin-Voigt model을 보인 것이다.

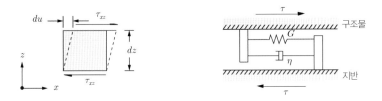

그림 6.47 Kelvin−Voigt model(스프링＋댐퍼)

Kelvin-Voigt 모델은 스프링과 감쇠기의 병렬조합으로서 다음식으로 표현된다.

$$\tau_{xz} = G\gamma + \eta\frac{\partial\gamma}{\partial t} \tag{6.117}$$

여기서 G는 전단탄성계수, η는 점성계수, γ는 전단변형률, t는 시간이다. x-방향에 대하여 힘의 평형 조건을 고찰하면 $\rho dx dz \ddot{u}_x = d\tau_{xz} dx$ 및 $\gamma = du/dz$ 이므로,

$$\rho\frac{\partial^2 u_x}{\partial t^2} = \frac{\partial\tau_{xz}}{\partial z} \tag{6.118}$$

위 두식을 이용하면 감쇠를 고려한 파동방정식은 다음과 같이 쓸 수 있다.

$$\rho\frac{\partial^2 u_x}{\partial t^2} = G\frac{\partial^2 u_x}{\partial z^2} + \eta\frac{\partial^3 u_x}{\partial z^2 \partial t} \tag{6.119}$$

기하감쇠(geometric damping 또는 방사감쇠 radiation damping). 진동기초는 파동 에너지를 발생시키며 파동에너지는 지중으로 전파하며 소멸된다. 진동파가 전파하며 진폭이 감소하는데, 이를 **쇠퇴 (attenuation)**이라 한다.

무한 매질에서 파전파에 따른 **기하감쇠의 물리적 현상**을 그림 6.48의 단면이 점점 커지는 예각 봉(rod)에서의 파 전파를 통해 모사할 수 있다. 봉축에 평행한 변위를 u라 놓으면 미소요소 dr 구간의 동적 평형조건에서 운동방정식은,

$\sigma_{(A_r)} - (\sigma + \frac{\partial \sigma}{\partial r} dr) A_{(r+dr)} + dV \rho \ddot{u} = 0$ 이며, 이를 정리하면 $(\sigma + \frac{\partial \sigma}{\partial r} dr)(r+dr)^2 - \sigma r^2 = \rho r^2 dr \frac{\partial^2 u}{\partial t^2}$

미소요소면적, $A_{(r)} = (\pi \alpha^2/4) r^2$; $A_{(r+dr)} = \pi \{\alpha(r+dr)/2\}^2 = (\pi \alpha^2/4)(r+dr)^2$

체적, $dV = A_{(r+dr)}(r+dr)/3 - A_{(r)} r/3 = (\pi/4)\alpha^2 r^2 dr$

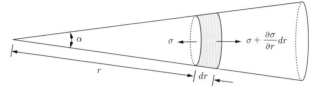

그림 6.48 예각 봉(rod)의 파 전파

위 식을 응력-변형률 및 변형률-변위관계를 이용하여 다시 쓰면,

$$\frac{\partial^2 (ur)}{\partial t^2} = \frac{E}{\rho} \frac{\partial^2 (ur)}{\partial r^2} \tag{6.120}$$

이 미분 방정식의 해는 다음의 형태로 나타난다.

$$u(r, \ t) = \frac{1}{r}[f(V_p t - r) + g(V_p t + r)] \tag{6.121}$$

대상 매질이 봉(rod)이므로 $V_p = \sqrt{E/\rho}$ 이다. 위 식의 해는 **r이 커질수록 u가 작아지는 거동**을 나타낸다. 이는 파가 점점 더 넓은 영역으로 전파하며 에너지가 줄어드는 (감쇠)현상을 설명해준다.

6.6.2 시스템의 동적 평형방정식

파동은 진동 에너지로서 파동전파식의 미분방정식을 풀어 지반거동을 파악할 수 있으나 실제지반은 연속적이지도 균질하지도 않으며, 경계조건도 복잡하여 이론해를 얻기가 용이하지 않다. 따라서 동적 영향은 대상문제를 **동하중을 받고 있는 일정 범위로 한정한 독립계의 이산 시스템(discrete system)으로 모델링하여 힘과 변위의 관계로 다루게 된다.**

거동이 단 하나의 자유도를 갖는 변수로 정의되는 이산계를 단자유도(SDOF ; single degree of freedom) 시스템이라 하며 동적거동의 특성을 살펴볼 수 있는 가장 간단한 이론적 모델이다. 실제 문제는 고려대상영역을 다(多) 절점의 이산계로 모델링하여 수치해석적 방법으로 해를 구하게 되는데, 이를 다자유도(MDOF; multi degree of freedom) 시스템 문제라 한다.

SDOF 시스템의 동적 지배방정식

그림 6.49 (a)는 질량 m으로 단순화된 물체가 무질량(zero mass)의 스프링과 감쇠기(dashpot)로 이상화된 SDOF계를 보인 것이다. 감쇠는 물체에 동하중이 작용했을 때 하중이 계속 지속되지 않고 시간과 함께 소멸되게 한다. 동하중 $Q(t)$가 작용할 때 물체는 관성력(inertia force) f_I, 감쇠력(damping force) f_D, 탄성 스프링력, f_S의 반작용을 나타낸다. 따라서 힘의 평형방정식은 다음과 같다.

$$f_I + f_D + f_S = Q(t) \tag{6.122}$$

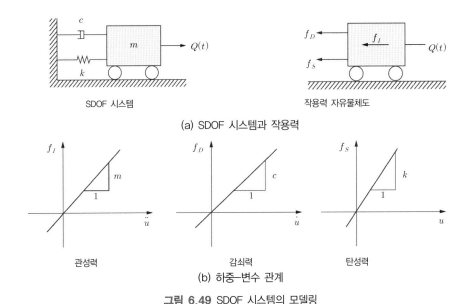

(a) SDOF 시스템과 작용력

(b) 하중–변수 관계

그림 6.49 SDOF 시스템의 모델링

물체가 $u(t)$의 변위를 일으켰다면 질량 m인 물체의 관성력은 Newton의 제2법칙에서(그림 6.49 b),

$$f_I(t) = \frac{d}{dt}\left(m\frac{du(t)}{dt}\right) = m\frac{d^2u(t)}{dt^2} = m\,\ddot{u}(t) \tag{6.123}$$

운동하는 물체는 운동속도에 비례하는 저항(점성저항, 점성감쇠)을 받는데, 이를 감쇠계수 c를 이용하여 나타내면

$$f_D(t) = c\frac{du(t)}{dt} = c\,\dot{u}(t) \tag{6.124}$$

스프링 탄성력은 재료강성 k를 이용하여,

$$f_S(t) = k\,u(t) \tag{6.125}$$

각 힘의 성분을 시스템 평형방정식으로 통합하면 다음과 같이 시간의 2차 미분방정식이 된다.

$$m\ddot{u}(t) + c\dot{u}(t) + ku(t) = Q(t) \tag{6.126}$$

만일 m, c, k가 상수이면, 위 식은 u에 대한 선형미분방정식이다. 이 경우 중첩법(method of superposition)을 적용할 수 있으며, 연속해(closed form solution)를 얻을 수 있다. m, c, k가 변형에 따라 변화하는 값이면 위 방정식은 비선형 방정식이 될 것이다.

위 운동방정식에서 $Q(t) = 0$인 경우 자유진동(free vibration), $Q(t) \neq 0$인 경우 강제진동(forced vibration)이라 한다. 또 **감쇠특성에 따라 $c = 0$이면 비감쇠진동, $c \neq 0$이면 감쇠진동**이다.

SDOF 시스템의 동적 지배방정식의 해

① 비감쇠자유진동(undamped free vibration)

$c = 0$이므로 지배방정식은 $m\ddot{u} + ku = 0$이며, 해는 다음과 같다.

$$u = C_1 \sin\sqrt{\frac{k}{m}}\,t + C_2\cos\sqrt{\frac{k}{m}}\,t \tag{6.127}$$

여기서 C_1, C_2는 초기조건에 의해 결정되는 상수이다. $\sqrt{k/m}$는 계의 비감쇠 고유 원(각)주파수(진동수)(undamped natural circular frequency)라 하며, ω_n로 표기한다. 고유주파수(natural frequency), f_n 및 고유진동주기(natural period of vibration), T_n는 다음과 같이 정의한다.

$$f_n = \frac{\omega_n}{2\pi} = \frac{1}{2\pi}\sqrt{\frac{k}{m}} \tag{6.128}$$

$$T_n = \frac{2\pi}{\omega_n} = 2\pi\sqrt{\frac{m}{k}} \tag{6.129}$$

② 감쇠 자유진동(damped free vibration)

$c \neq 0$이므로 이 경우의 미분방정식은 $m\ddot{u}(t) + c\dot{u}(t) + ku(t) = 0$이다. $u = \exp(\beta t)$로 가정하면,

$m\beta^2 + c\beta + k = 0$이고, $\beta = \dfrac{1}{2m}(-c \pm \sqrt{c^2 - 4km}\,)$이다. 이때 거동은 β조건에 따라 그림 5.50과 같이 3가지 경우(과감쇠, 한계감쇠, 저감쇠)로 살펴볼 수 있다.

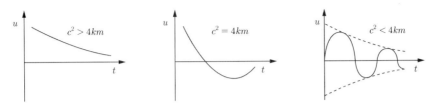

| (a) 과감쇠거동(overdamped) | (b) 한계감쇠거동(critically damped) | (c) 저감쇠진동(underdamped) |

그림 6.50 SDOF 시스템의 감쇠자유진동

식 (6.128)에서 $k = m\omega_n^2$ 이라 놓으면, $\omega_n = \sqrt{k/m}$

$$\ddot{u}(t) + 2\frac{c}{2\sqrt{km}}\omega_n\dot{u}(t) + \omega_n^2 u(t) = 0 \tag{6.130}$$

한계 감쇠계수(critical damping coefficient), $c_c = 2\sqrt{km}$ 라 놓으면, **감쇠비(damping ratio)**는,

$$D = \frac{c}{c_c} = \frac{c}{2\sqrt{km}} = \frac{c}{2m\omega_n} = \frac{c\omega_n}{2k} \tag{6.131}$$

식 (6.130)을 D를 이용하여 다시 쓰면,

$$\ddot{u}(t) + 2D\omega_n\dot{u}(t) + \omega_n^2 u(t) = 0 \tag{6.132}$$

$$u(t) = e^{-D\omega_n t}\left(C_1\sin\omega_n\sqrt{1-D^2}\,t + C_2\cos\omega_n\sqrt{1-D^2}\,t\right) \tag{6.133}$$

$$u(t) = e^{-D\omega_n t}\left(C_1\sin\omega_d t + C_2\cos\omega_d t\right) \tag{6.134}$$

여기서 $\omega_d = \omega_n\sqrt{(1-D^2)}$ 이다. 주파수 관점으로는 $f_d = f_n\sqrt{(1-D^2)}$.

③ 강제진동(forced vibration)

조화 강제진동(harmonic forced vibration) 문제로서 $Q(t) = Q_o\sin\bar{\omega}t$ 인 비감쇠 SDOF 문제를 고찰하자. 여기서 $\bar{\omega}$는 외부 동하중의 원(각)진동수이다. 지배방정식은,

$$m\ddot{u} + ku = Q_o\sin\bar{\omega}t \tag{6.135}$$

초기조건이 $u_o = \dot{u}_o = 0$ 인 경우 응답변위 u는,

$$u = \frac{Q_o}{k}\frac{1}{1-\beta^2}(\sin\bar{\omega}t - \beta\sin\omega_n t) \tag{6.136}$$

여기서 $\beta = \overline{\omega}/\omega_n$는 주파수비(turning ratio)이고, ω_o는 시스템 고유진동수이다. 위 식의 Q_o/k 값은 정하중 Q_o에 대한 정적변위이므로, $1/(1-\beta^2)$는 정적변위에 대하여 진동에 의해 증폭되는 변위의 크기를 의미한다. 따라서 이 값을 **증폭계수(MF: magnification factor)**라 한다.

$$MF = \frac{1}{1-\beta^2} \tag{6.137}$$

비감쇠진동의 경우 그림 6.51 (a)와 같이 $\beta \to 1$이면 MF는 무한대가 되는데, 이를 **공명현상(resonance)**이라 한다. 동적 외력의 진동주기가 비감쇠 SDOF 시스템의 고유진동주기에 접근할 때 공명상태가 되며, 이때 응답변위(response)는 무한대로 확대된다.

실제로 비감쇠계는 존재하지 않으므로 완전한 공명은 발생하기 어렵다. 그림 6.51 (b)는 감쇠계의 감쇠율에 따른 동적 거동특성을 보인 것이다. 감쇠 지배방정식을 풀면 감쇠진동의 응답진폭(A)은 다음과 같이 산정된다.

$$A = \frac{Q_o}{k} \frac{1}{\sqrt{(1-\beta^2)^2 + (2D\beta)^2}} \tag{6.138}$$

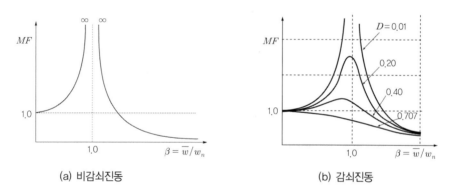

(a) 비감쇠진동   (b) 감쇠진동

그림 6.51 진동에 의한 변위 증폭 특성

NB : **공명주파수(resonant frequency)**
진동문제에 있어서 하중의 크기와 함께 중요한 영향요소는 주파수이다. 그 이유는 본문에서도 강조했듯이 물체의 고유진동수와 가해지는 하중의 가진 주파수가 같을 경우 변위의 진폭이 커지는 공명현상이 일어나기 때문이다. 따라서 진동모형시험을 할 경우에도 원형과 모형의 진동 상사성(similarity)을 만족시키는 것이 중요하다. 원형의 주파수에 축척계수를 곱한 주파수가 상사성을 만족하는 모형의 주파수이다. 일례로 원형의 주파수가 10Hz인 경우 1/100 축척의 모형에서 1000Hz가 되어야 주파수 상사조건이 만족된다.

Duhamel Integral

미분방정식으로 나타나는 동적시스템방정식은 직접 적분하여 연속해를 구할 수 있는 데, 이를 직접적분법이라 한다. 직접적분법의 가장 기초가 되는 Duhamel Integral을 살펴보자. 이 적분법은 연속적인 진동하중을 충격하중 (impulse load)의 연속으로 보아 해를 구하는 방법이다. 그림 6.52 (a)의 충격하중($\delta(t)$)으로 인한 해와 경계조건을 다음과 같이 생각하면,

$$m\ddot{u} + c\dot{u} + ku = \delta(t), \;\; x(0) = \dot{x}(0^-) = 0$$

위 식의 해는 $t \geq 0$ 인 경우 $u(t) = h(t) = \dfrac{1}{m\omega_D}e^{-\xi\omega t}\sin\omega_D t,\; t < 0$ 인 경우 $u(t) = 0$ 이다(공업수학). 그림 6.52 는 충격하중 $\delta(t)$에 의한 동적응답변위 $h(t)$를 보인 것이다.

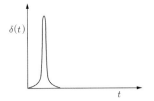
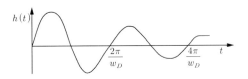

(a) 충격하중(Dirac Delta Function): $\delta(t)$,   (b) 충격하중 응답함수(impulse response function): $h(t)$

그림 6.52 충격하중에 대한 동적응답

위 충격하중의 해를 연속하중 $f(t)$의 해로 일반화하면, 방정식 $m\ddot{u} + c\dot{u} + ku = f(t)$에 대하여, 그림 6.53에서 시간 $t = \tau$에서 $d\tau$동안 충격하중 $f(\tau)\delta(t-\tau)d\tau$ 로 인한 응답은 $du(\tau) = f(\tau)h(t-\tau)d\tau = \{f(t)/m\omega_D\}e^{-\xi\omega t}\sin\omega_D t$ 이다. 따라서 동하중 $f(t)$는 충격하중이 $0 \sim t$ 구간에 걸쳐 연속적으로 작용하는 경우와 같으므로 응답은 다음과 같이 산정된다.

$$u(t) = \int_0^t f(\tau)h(t-\tau)d\tau$$

이와 같이 충격하중의 해를 이용하여 연속동하중에 대한 해를 구하는 적분법을 Duhamel Integral이라 한다. 이를 손으로 풀기에는 용이하지 않으나 수치 해석적으로는 다양한 방법이 있다.

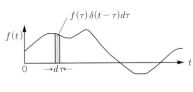
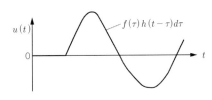

(a) 연속 동하중: $f(t)$ (b) 응답: $u(t)$

그림 6.53 Duhamel Integral

지반의 재료감쇠(D)

에너지 소산이 없는 경우 하중(Q)–변위(u)관계는 그림 6.54 (a)와 같이 직선으로 나타나며, 감쇠 $c' = 0$이다. 에너지 소산이 있는 경우에는 감쇠로 인하여 그림 6.54 (b)와 같이 타원형의 이력곡선(hysteresis loop)으로 나타난다.

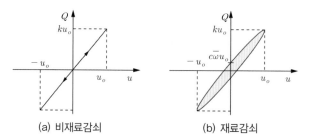

(a) 비재료감쇠　　　　　(b) 재료감쇠

그림 6.54 점성감쇠계의 하중(Q)–변위 Hysteresis Loop

한 진동주기($t_o \sim t_o + 2\pi/\overline{w}$)에 대하여 하중–변위관계의 에너지 소산량은 이력곡선(hysteresis loop)의 내부면적과 같으므로($\overline{\omega}$는 외부하중의 각 진동수),

$$\Delta W = \int_{t_0}^{t_o + 2\pi/\overline{\omega}} Q \frac{du}{dt} dt = (그림\,6.54\,(b)의 \; 타원면적) = \pi \cdot c\overline{\omega}u_o \cdot u_o$$

감쇠비(damping ratio)는 식 (6.131)로부터, $D = \dfrac{c}{c_c} = \dfrac{c}{2\sqrt{km}} = \dfrac{c}{2m\omega_n} = \dfrac{c\omega_n}{2k} = \dfrac{1}{4\pi}\dfrac{\Delta W}{W_s}$

최대변위에서 저장된 에너지, $W_s = \dfrac{1}{2}ku_o^2$ 이므로 $k = 2W_s/u_o^2$이고, 최대변위조건으로 $\overline{\omega} = \omega_n$ 조건을 취하면,

$c = \Delta W/(\pi\omega_n u_o^2)$ 이므로

$$D = \frac{c\omega_n}{2k} = \frac{1}{4\pi}\frac{\Delta W}{W_s} \tag{6.139}$$

MDOF 시스템의 동적 지배방정식

연속된 지반을 수치해석적으로 다루기 위해 동적 거동요소를 다자유도계의 다(多)절점 요소로 모델링하게 된다(그림 6.35 b). 이 경우 동적 평형방정식은 다음과 같이 행렬식으로 나타낼 수 있다.

$$[M]\ddot{u}(t) + [C]\dot{u}(t) + [K]u(t) = Q(t) \tag{6.140}$$

여기서　$[M]$: 질량행렬(mass matrix), $[C]$: 감쇠행렬(damping matrix), $[K]$: 강성행렬(stiffness matrix), $Q(t)$: 동적 하중(dynamic load), $u(t),\ \dot{u}(t),\ \ddot{u}(t)$ 는 각각 변위, 속도, 가속도이다. 위 지배방정식의 해는 수치해석으로 얻을 수 있다(제2권 3장 참조).

지반의 고유주파수

지반은 반무한체로서 질량을 산정하기 위한 경계를 정하기 어려우므로 고유진동수가 특정하게 정의되지 않는다. 다만, 특정 지반문제의 경우 특정 주파수에서 응답이 크게 나타나는 현상을 보이는데, 이때의 주파수를 '지배주파수(predominant frequency)', 또는 주기로 표현하여 '탁월주기(predominant period)'라 한다. 그림 6.55는 어떤 지반에 주기와 감쇠를 달리하는 동하중을 가하여 측정한 응답가속도의 크기를 보인 것이다. 응답이 특별히 크게 나타나는 탁월주기의 존재를 확인할 수 있는데, 이 경우 탁월주기는 $T_o \approx 0.3\,\mathrm{sec}$ 이다.

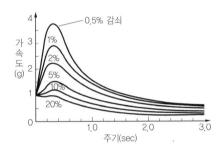

그림 6.55 탁월주기와 감쇠영향(암 지반, 탁월주기 0.3sec)

탁월주기는 대상 지반문제의 질량과 강성에 의해 지배된다. 지반매질을 반무한 탄성체로 가정할 때 고유진동수의 차이는 주로 지반강성특성에 의해 야기된다. 현장실험결과 기초지반의 강성 프로파일에 따른 지배진동주파수는 그림 6.56과 같이 얻어진다. 여기서 V_s 는 전단파속도이다.

일정 강성 : $f = \dfrac{0.25\,V_s}{H}$ 포물선 증가 강성 : $f = \dfrac{0.22\,V_s}{H}$ 선형 증가 강성 : $f = \dfrac{0.19\,V_s}{H}$

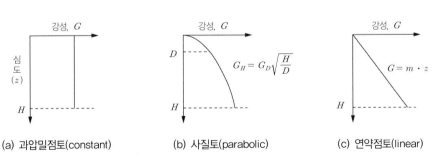

(a) 과압밀점토(constant)   (b) 사질토(parabolic)   (c) 연약점토(linear)

그림 6.56 지층에 따른 강성분포특성(H는 지지층 깊이) 예

6.7 지반거동의 통합 지배방정식

지금까지 지반거동의 지배방정식을 개별 거동요인에 따라 살펴보았다. 드문 경우가 되겠지만 이 모든 **구조-수리 상호작용과 정적, 동적거동을 동시에 고려하여야 하는 상황**은 없을까? 이 절에서는 앞에서 다룬 거동과 조건을 모두 포괄하는 상황에 대한 지배방정식인 통합 지배방정식(unified governing equation)을 고찰한다.

그림 6.57은 지반거동을 통합적으로 다루기 위한 지반요소와 작용응력을 보인 것이다. 포화 지반을 전제로 하며 유체의 변위는 지반변위에 대한 상대변위로 정의한다. 즉, **간극수는 지반 내 간극에서만 이동하므로 간극수의 순(純) 거동은 입자와 상대변위로 정의할 수 있다.**

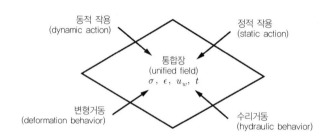

(a) 지반거동의 통합장 개념

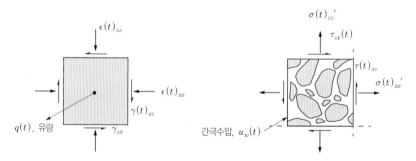

(b) 지반요소와 거동변수

그림 6.57 지반거동의 통합 개념과 거동변수

6.7.1 통합 지배방정식의 기본이론

지반 거동방정식에 필요한 3차원 상태변수를 다음과 같이 정의한다.

- 지반입자의 평균변위: $u^T = [u_x, \ u_y, \ u_z]$
- 간극수의 지반 입자체에 대한 평균상대변위: $w^T = [w_x, \ w_y, \ w_z]$

- 간극수압: u_w
- 전응력: $\sigma^T = [\sigma_{xx},\ \sigma_{yy},\ \sigma_{zz},\ \tau_{xy},\ \tau_{yz},\ \tau_{zx}]$
- 유효응력: $\sigma'^T = [\sigma_{xx}',\ \sigma_{yy}',\ \sigma_{zz}',\ \tau_{xy},\ \tau_{yz},\ \tau_{zx}]$
- 매질 중 유체가 차지하는 비율을 고려한 순수간극수 변위: w/n, n은 간극률
- 입자의 밀도: ρ
- 간극수의 밀도: ρ_f
- $m = [1,\ 1,\ 1,\ 0,\ 0,\ 0]$, $\{1,\ 1,\ 1,\ 0,\ 0,\ 0\}$
- $L^T = \left[\dfrac{\partial}{\partial x},\ \dfrac{\partial}{\partial y},\ \dfrac{\partial}{\partial z}\right]$
- $\nabla = \left\{\dfrac{\partial}{\partial x},\ \dfrac{\partial}{\partial y},\ \dfrac{\partial}{\partial z}\right\}$

각 변수는 별도의 행렬 '[ ]' 및 벡터 '{ }' 표기를 사용하지 않아도 3차원 직교좌표계의 행렬 및 벡터로 정의한다.

요소거동의 기본방정식

A. 변형률 적합방정식

변형률방정식은 앞에서 고찰하였다. 미분 연산자 $[L]$ 을 사용하여 다음과 같이 나타낼 수 있다.

$$d\epsilon = L\,du \tag{6.141}$$

변형률은 입자(soil grain) 변형에 의한 변형률 $\{d\bar{\epsilon}\}$, 입자구조(soil skeleton)의 변형에 의한 변형률 $\{d\epsilon^\sigma\}$, 그리고 크립(creep) 및 온도 등에 의한 변형률 $\{d\epsilon^o\}$ 의 합으로 나타낼 수 있다.

$$d\epsilon = d\bar{\epsilon} + d\epsilon^\sigma + d\epsilon^o \tag{6.142}$$

입자(soil grain) 변형에 의한 변형률 $\{d\bar{\epsilon}\}$은 주로 정수압에 의하여 발생한다고 가정할 수 있다. 그러나 일반적으로 **입자의 체적탄성계수 K_s**가 충분히 크므로, 정수압(등방압력)의 변화가 야기하는 변형률은 무시할 만큼 작다. 그러나 간극이 작은 암반재료의 경우 이를 무시해서는 안 된다.

등방압력인 정수압의 증가가 입자에 야기하는 변형률을 $d\bar{\epsilon} = [d\epsilon_{xx},\ d\epsilon_{yy}, d\epsilon_{zz},\ 0,\ 0,\ 0]^T$로 놓자. $d\bar{\epsilon} = d\bar{\epsilon_v}/3$이므로,

$$d\bar{\epsilon} = \frac{1}{3K_s}\,m\,du_w \tag{6.143}$$

$$d\bar{\epsilon} = \left\{ \frac{n}{K_f} + \frac{(1-n)}{K_s} \right\} du_w + \frac{1}{3K_s} d\bar{\epsilon}_o \tag{6.144}$$

여기서 K_f는 간극수(물)의 체적탄성계수이다.

B. 유효응력원리

$$\sigma = \sigma' + m\,u_w \text{ 또는 } d\sigma = d\sigma' + m\,du_w \tag{6.145}$$

C. 구성방정식

수압 u_w의 변화에 따른 간극수의 변형률은 무시 가능하므로 입자와 입자구조의 변형률만 고려한다. 구성방정식은 $d\sigma' = Dd\epsilon$ 이다. 여기서 $d\epsilon = d\epsilon^\sigma + d\bar{\epsilon}$ 이고 D는 구성행렬이다. $d\epsilon$ 식에 유효응력식과 $d\bar{\epsilon}$ 식을 조합하면,

$$d\sigma' = D\left(d\epsilon^\sigma - \frac{1}{3K_s} m\,du_w \right) \tag{6.146}$$

간극수압이 전체변형률에 미치는 영향이 무시할 만하다면, 대부분의 변형률은 유효응력에 의해 발생할 것이다.

시스템 방정식(system equations)

A. 힘의 평형방정식

그림 6.58에 대하여 x-방향에 대한 단위 체적당 힘의 평형조건을 고려하면, 지반입자구조에 대하여 다음이 성립한다.

$$\left\{ \frac{d\sigma'}{dx} \right\} + \rho g_x = \rho \left\{ \frac{d^2 u}{dt^2} \right\} + \rho_f \left\{ \frac{d^2 w}{dt^2} \right\} \tag{6.147}$$

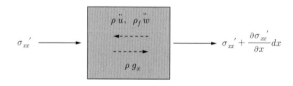

그림 6.58 지반요소(입자)의 동적작용력

위 식의 변수를 모든 좌표축(x, y, z)을 포함하는 벡터 형태로 일반화하면,

$$L^T \sigma' + \rho g = \rho \ddot{u} + \rho_f \ddot{w} \tag{6.148}$$

방정식 오른쪽의 두 항은 각각 입자와 간극수의 관성력이다. 간극수의 총 질량은 실제 $n\rho_f$이나, 그 영향이 크지 않을 것이므로 편의상 요소전체 체적 개념으로 가정하였다(즉, $n \approx 1.0$).

B. 유체 흐름의 평형방정식

다공성매질(porous medium)을 통한 의사정적 흐름(quasi-static flow)의 경우 유체점성으로 인한 유체의 저항은 유속에 비례하며(Stoke 법칙), 유속은 동수경사에 비례한다(Darcy 법칙). 동적영향을 고려하지 않을 경우 간극수의 상대변위가 w인 경우, dx구간에 대하여 다음이 성립한다(compression positive).

$$\frac{du_w}{dx} = k_x^{-1} \left\{ \frac{dw_x}{dt} \right\} \tag{6.149}$$

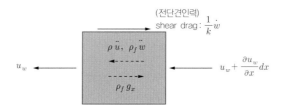

그림 6.59 지반유체의 동적평형

등방 투수성을 가정하여 $k_x = k$라 하자. 흐름이 동적상태에 있는 경우 관성력을 고려하여야 하므로 그림 6.59에서 x-방향에 대한 평형조건은 다음과 같다.

$$\frac{du_w}{dx} - \rho_f g = k^{-1} \left\{ \frac{dw_x}{dt} \right\} - \rho_f \left\{ \frac{d^2 u_x}{dt^2} \right\} - \rho_f \left\{ \frac{d^2 w_x}{dt^2} \right\} \tag{6.150}$$

마찬가지방법으로 다른 좌표축에 대하여도 이러한 전개가 가능하다. 위 식을 모든 축을 포함하도록 벡터표기법으로 일반화하면,

$$\nabla u_w - \rho_f g = k^{-1} \dot{w} - \rho \ddot{u} - \rho_f \ddot{w} \tag{6.151}$$

식 (6.151)을 $\dot{w}$에 대해 정리하면,

$$\dot{w} = -\nabla u_w + \rho_f g - \rho \ddot{u} - \rho_f \ddot{w} \tag{6.152}$$

C. 연속(질량보존) 방정식

미소요소의 단위 시간에 대한 질량보존 법칙은 '유속의 변화량은 간극의 감소율과 유체의 팽창률을 합한 것과 같다'이다. 이를 물리적 체적방정식으로 정리하면 '**유속의 변화량＝고체입자가 비압축인 경우 간극체적의 감소율＋정수압 증가로 인한 간극체적의 변화율＋평균유효응력 변화로 인한 간극체적의 변화율＋간극수의 팽창률**'이다. 이를 식으로 정리하면 다음과 같다.

$$\frac{1}{\partial x}\frac{dw}{dt} = -\left\{\frac{d\epsilon_x}{dt}\right\} + \frac{(1-n)}{K_s}\frac{du_w}{dt} + \frac{1}{3K_s}\left\{\frac{d\sigma_x'}{dt}\right\} + \frac{1}{K_f}\frac{du_w}{dt} \tag{6.153}$$

이를 벡터로 일반화하여 다시 정리하면,

$$-\nabla^T \dot{w} = -m\dot{\epsilon} + \frac{n}{K_f}\dot{u}_w + \frac{(1-n)}{K_s}\dot{u}_w + \frac{m}{3K_s}\dot{\sigma}' \tag{6.154}$$

위 식을 시간에 대하여 적분하면,

$$-\nabla^T w = -m\epsilon + \frac{n}{K_f}u_w + \frac{(1-n)}{K_s}u_w + \frac{m}{3K_s}\sigma' \tag{6.155}$$

흐름의 평형방정식, $\dot{w} = -\nabla u_w + \rho_f g - \rho_f \ddot{u} - \rho_f \ddot{w}$을 식 (6.155)에 대입하면 질량보존법칙은 다음과 같이 정리된다.

$$\nabla^T k \nabla u_w = -\nabla^T(k\rho_f g) + \nabla^T(\rho_f \ddot{u}) + \nabla^T(\rho_f \ddot{w}) - m\dot{\epsilon} + \frac{n\dot{u}_w}{K_f} + \frac{(1-n)\dot{u}_w}{K_s} + \frac{m}{3K_s}\dot{\sigma}' \tag{6.156}$$

통합 지배방정식 요약

앞에서 살펴본 3개의 기본방정식과 3개의 시스템 지배방정식, 총 6개의 방정식이 정적 및 동적거동을 모두 포함하는 변형-수리거동에 대한 지반의 통합 지배방정식이다. 지반공학에서는 K_s가 분모로 가는 경우 그 항은 값이 작아지므로 무시하는 경우가 많다. 그러나 암반역학의 경우 간극이 작으므로 이 항을 무시하기 어렵다. 통합 거동을 다루기 위한 기본 지배방정식을 요약하면 다음과 같다.

• 유효응력원리 : $\sigma = \sigma' + m u_w$

- 변형률 적합방정식: $d\epsilon = Ldu$
- 구성방정식: $d\sigma' = D\left(d\epsilon - \dfrac{1}{3K_s}m\,du_w\right)$

시스템 지배방정식은,

- 힘의 시스템 평형방정식: $L^T\sigma' + \rho g = \rho\ddot{u} + \rho_f\ddot{w}$
- 간극수의 시스템 평형방정식: $\nabla u_w - \rho_f g = k^{-1}\dot{w} - \rho_f\ddot{u} - \rho_f\ddot{w}$
- 시스템 질량보존법칙: $-\nabla^T w = -m\epsilon + \dfrac{n}{K_f}u_w + \dfrac{(1-n)}{K_s}u_w + \dfrac{m}{3K_s}\sigma'$

  또는 $\nabla^T k\nabla u_w = -\nabla^T(k\rho_f g) + \nabla^T(\rho_f\ddot{u}) + \nabla^T(\rho_f\ddot{w}) - m\dot{\epsilon} + \dfrac{n\dot{u}_w}{K_f} + \dfrac{(1-n)\dot{u}_w}{K_s} + \dfrac{m}{3K_s}\dot{\sigma}'$

6.7.2 통합 지배방정식의 특수해

A. 매우 느린 시간의존 거동(very slow phenomena, consolidation)

거동이 매우 느리게 일어나는 경우라면 가속도 항은 무시할 만큼 작아진다. 즉, $\ddot{w}\to 0$, $\ddot{u}\to 0$이다. 기본방정식과 시스템방정식은 다음형태로 단순화된다. 이 경우 통합 방정식은 압밀방정식과 일치한다.

① 기본방정식
- 유효응력원리: $\sigma = \sigma' + m u_w$
- 변형률적합방정식: $d\epsilon = Ldu$
- 구성방정식: $d\sigma' = D\left(d\epsilon - \dfrac{1}{3K_s}m\,du_w\right)$

② 시스템 지배방정식
- 시스템 힘의 평형방정식: $L^T\sigma' + \rho g = 0$
- 유체의 힘의 평형방정식 및 질량보존 방정식:

  $\nabla^T k\nabla u_w = -\nabla^T(k\rho_f g) + \nabla^T(\rho_f\ddot{u}) + \nabla^T(\rho_f\ddot{w}) - m\dot{\epsilon} + \dfrac{n\dot{u}_w}{K_f} + \dfrac{(1-n)\dot{u}_w}{K_s} + \dfrac{m}{3K_s}\dot{\sigma}'$

B. 중간속도의 시간의존적 거동(medium speed phenomena, the $u-u_w$ formulation)

지배방정식의 변수를 u와 u_w로 나타내는 것이 편리하다. $\ddot{w}/\ddot{u}\to 0$라 가정하면, 평형방정식에서 $\ddot{w}$ 항을 무시할 수 있다. 나머지 방정식에서 $\dot{w}$을 소거하면 지배방정식은 다음과 같이 정리할 수 있다.

① 기본방정식

- 유효응력원리: $\sigma = \sigma' + m u_w$

- 변형률적합방정식: $d\epsilon = L du$

- 구성방정식: $d\sigma' = D\left(d\epsilon - \dfrac{1}{3K_s} m\, du_w\right)$

② 시스템 지배방정식

- 시스템 힘의 평형방정식: $L^T \sigma' + \rho g = \rho \ddot{u}$

- 간극수의 힘의 평형방정식 및 질량보존 방정식:

$$\nabla^T w + m\epsilon - \frac{n}{K_f} u_w - \frac{(1-n)}{K_s} u_w - \frac{m}{3K_s} \sigma' = 0$$

C. 매우 빠른 시간 의존적 거동(very rapid phenomena, undrained behavior)

지반문제의 비배수조건이 여기에 해당한다. 비배수 조건은 재하속도가 빨라 물이 미처 빠져나가지 못하는 경우로서 물리적으로 k 값이 아주 작게 나타나는 경우로 이해할 수 있다. w가 무시할 만큼 작은 경우에 해당하며, $k \approx 0$, 그리고 $K_s \to \infty$ 이다. 비배수 조건에서는 K_s가 무한대에 가까워지므로 유효응력개념 보다 전응력 개념으로 나타내는 것이 좋다.

① 기본방정식

- 변형률적합방정식: $d\epsilon = L du$

- 구성방정식: $d\sigma = \overline{D} d\epsilon$, $\overline{D} = D + m \dfrac{K_s}{n} m^T$

- 간극수압: $du_w = \left\{ \dfrac{n}{K_f} + \dfrac{(1-n)}{K_f} \right\}^{-1} \left(-d\epsilon_o + \dfrac{1}{3K_s} d\sigma' \right)$

② 시스템 평형방정식: $L^T \sigma' + \rho g = \rho \ddot{u}$

D. 시간 독립적 거동(no time-dependent behavior, drained behavior).

시간 의존적 거동이 전혀 없는 경우, '$u_w = $ 일정'이며, 아는 값이 된다. $\dot{w} = 0$, $\ddot{w} = 0$, $\dot{u} = 0$, $\ddot{u} = 0$이 되고, 방정식간 연계성(연계성) 거의 없어진다.

① 기본방정식

- 변형률적합방정식: $d\epsilon = L du$
- 구성방정식: $d\sigma' = D d\epsilon$

② 시스템 평형방정식

- 힘의 평형방정식 : $\nabla^T \sigma' + \rho g = \nabla^T(\sigma - u_w) + \rho g = 0$
- 연속방정식 : $\nabla^T k \nabla u_w + \nabla^T(k \rho_f g) = 0$

위 식은 u에 무관하게 풀 수 있다.

6.7.3 통합 지배방정식의 활용 예

통합이론을 이용하여 복잡한 거동을 풀어내야 할 상황은 많지 않다. 다만, 통합이론으로부터 어떤 지반현상에 대하여 지배적인 거동을 파악하고, 그에 대한 물리적 의미를 보다 쉽게 이해할 수 있다. Zienkiewicz and Bettess(1982)는 통합이론을 이용하여 동적 주기하중을 받는 지반문제를 통하여 대상문제가 어느 영역에 속하는가를 분석하였다.

그림 6.60과 같이 지층 두께가 L인 지층에 주기하중 $\bar{q}e^{-i\omega t}$가 작용하는 동적 지반문제를 살펴보자.

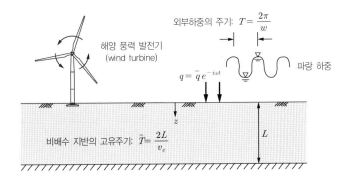

그림 6.60 비배수지반위 풍력터빈(또는 파랑하중) 하중작용 예

이 문제의 지표에서 자유면 배수경계 조건은 다음과 같다.

- $z = 0$에서, 간극수압 $u_w = 0$
- $z = L$에서, 간극수압 $u_w = 0$, $du_w/dz = 0$, 또는 간극수압과 수직변위 $u_w = 0$, $w = 0$

거동의 지배방정식을 알면 차원해석이 가능하다(이에 대한 구체적인 내용은 제2권 4장 모형시험에서 다룬다). 앞에서 유도한 통합 지배방정식을 기초로 차원해석을 실시하면 다음 2개의 무차원 파라미터를 얻을 수 있다.

$$\pi_1 = \frac{2}{\pi} k\rho \frac{T}{\hat{T}^2} = \frac{2}{\beta\pi} \frac{\bar{k}}{g} \frac{T}{\hat{T}^2} \tag{6.157}$$

$$\pi_2 = \pi^2 \left(\frac{T}{\hat{T}}\right)^2 \tag{6.158}$$

여기서 $T = 2\pi/\omega$(외부하중의 주기), $\hat{T} = \dfrac{2L}{v_c}$ (비배수 재료의 고유주기), $v_c^2 = \dfrac{(K + K_f/n)}{\rho} \approx \beta K_f / \rho_f n$ (압축파속도), $K = \dfrac{E(1-\mu)}{(1+\mu)(1-2\mu)}$, $\bar{k} = k\rho_f g$(운동투수계수)이다.

압밀방정식은 π_2와 무관하다. π_2가 아주 작아지면 동적영향이 무시할만하고, '매우 느린 현상'으로 가정할 수 있다. 낮은 π_1값에서 '느린 현상'은 투수계수는 의미가 없어지며 따라서 비배수 조건으로 다룰 수 있다(하지만 지표에서는 간극수압=0이므로 간극수압의 급격한 변화가 불가피하다). π_2가 아주 큰 경우(또는 고주파수의 경우) 압밀이론은 적용할 수 없다.

이러한 결과들을 종합하여 그림 6.61에 정리하였다. 좀 더 실용적인 이용을 위해 변수를 다음과 같이 단순화할 수 있다.

$$\pi_1 = \frac{2}{\beta\pi} \frac{\bar{k}}{g} \frac{T}{\hat{T}^2} \approx \frac{2\bar{k}}{g} \frac{T}{\hat{T}^2} \tag{6.159}$$

$$\pi_2 = \pi^2 \left(\frac{T}{\hat{T}}\right)^2 \approx 10 \left(\frac{T}{\hat{T}}\right)^2 , \quad v_c \approx 1000\text{m/s} \text{ 라 가정하자.} \tag{6.160}$$

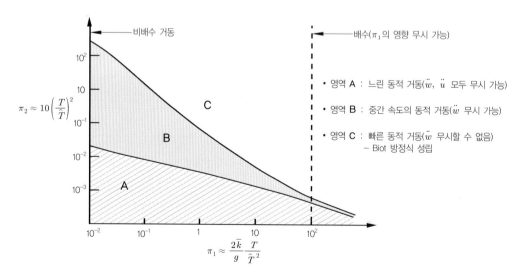

그림 6.61 적용 영역도(after Zienkiewicz and Bettess, 1982)

예제 통합 방정식 활용 예에 착안하여 다음의 지진 및 파랑하중에 대하여 지반거동조건을 고찰해보자.

풀이 ① $L=50\text{m}$인 댐이 주기가 $0.01\sim10\text{sec}$인 지진하중을 받는 경우($g=10\text{m/s}$), $\hat{T}=0.1\text{sec}$

$0.2k < \pi_1 < 200k$

$10^{-3} < \pi_2 < 10^3$

그림 6.61을 이용하면 $\bar{k}$가 10^{-4} 차수보다 작으면 완전비배수조건의 가정이 가능하다.

② 파랑주기 10sec, 관심 지층깊이 $L=10\text{m}$이면, $\hat{T}=10^{-2}\text{sec}$.

이 경우 해저면의 $\pi_2 < 10^{-5}$이다. 그림 6.61에 대입하면, 이 경우 동적영향은 무시할 수 있다.

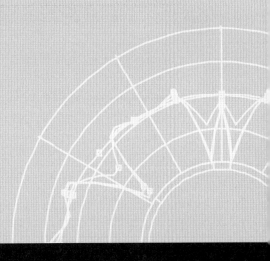

암석의 분류와 식별

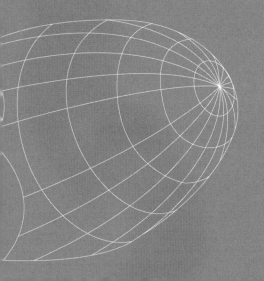

암석의 분류와 식별

암석과 암반의 정확한 분류는 전문가에게도 매우 어려운 일이다. 그 이유는 암석을 구성하는 조암광물이 매우 다양하고(자연계에서 발견되는 광물은 약 3000~4000종), 결정조합이 매우 불규칙하며, 임의적이어서 정량화가 용이하지 않으며, 지질작용에 의해 계속 변해가고 있기 때문이다.

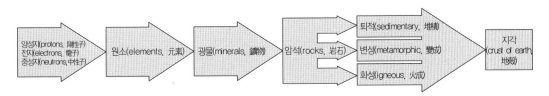

지각물질의 구성단위와 암석

암석과 암반의 분류는 흙 지반 분류처럼 정량적이지 않으며, 많은 학습과 경험 그리고 훈련을 통해서 습득될 수 있다. 암석식별의 첫 단계로서 화성암, 변성암 그리고 퇴적암과 같이 성인을 구분해보는 일일 것이다. 그 다음 성인에 따른 각 암석의 특성을 통해 정성적 암석 식별이 가능하다.

성인별 암석분류 (rock classification)

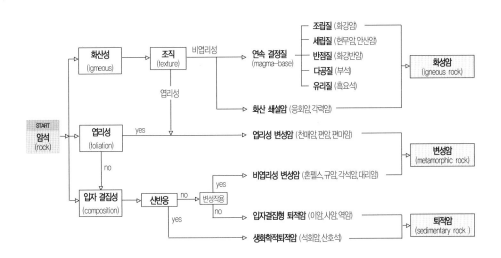

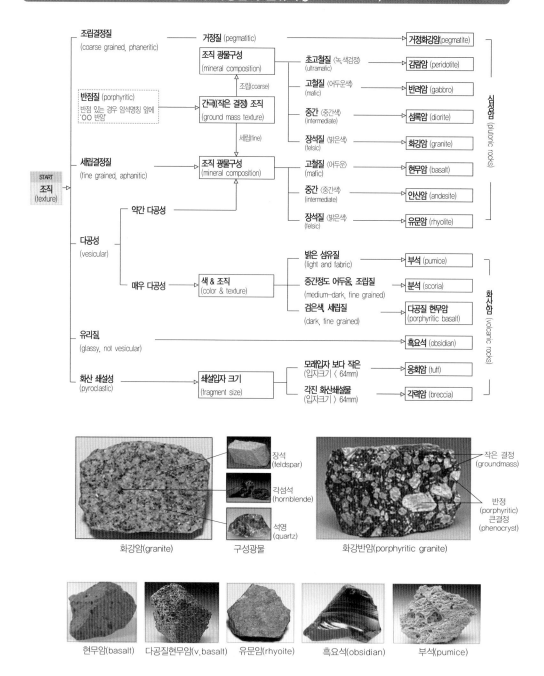

화강암(granite)　구성광물　화강반암(porphyritic granite)

현무암(basalt)　다공질현무암(v.basalt)　유문암(rhyoite)　흑요석(obsidian)　부석(pumice)

※ 화성암의 색상

철분(ferro)함량이 많을수록 검은색을 나타냄

- Felsic(담색)＝Feldspar＋Silica
- Mafic(Fe−Mg : 검은색)＝Ferrosic(Fe)＋Magnesium(Mg)

변성암과 변성암의 분류 (Metamorphic rocks)

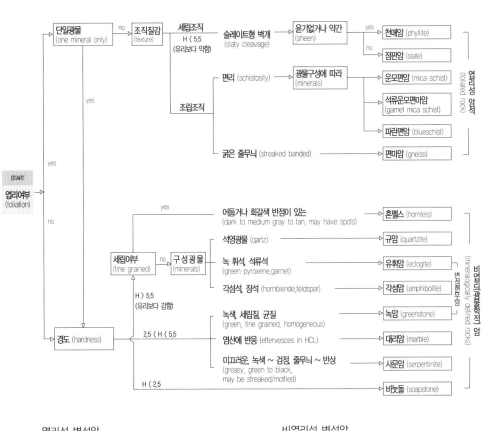

START

엽리여부 (foliation)

- yes → **단일광물** (one mineral only)
  - no → **조직질감** (texture)
    - **세립조직** H < 5.5 (유리보다 약함) → **슬레이트형 벽개** (slaty cleavage) → **윤기없거나 약간** (sheen)
      - yes → **천매암** (phyllite)
      - no → **점판암** (slate)
    - **조립조직**
      - **편리** (schistosity) → **광물구성에 따라** (minerals)
        - **운모편암** (mica schist)
        - **석류운모편마암** (garnet mica schist)
        - **파란편암** (blueschist)
      - **굵은 줄무늬** (streaked banded) → **편마암** (gneiss)

엽리성 암석 (foliated rock)

- yes → **경도** (hardness)
- no → **경도** (hardness)

세립여부 (fine grained)
  - no → **구성광물** (minerals)

H > 5.5 (유리보다 강함)
  - yes → **어둡거나 회갈색 반점이 있는** (dark to medium gray to tan, may have spots) → **혼펠스** (hornfels)
  - **석영광물** (qartz) → **규암** (quartzite)
  - **녹 휘석, 석류석** (green pyroxene, garnet) → **유휘암** (eclogite)
  - **각섬석, 장석** (hornblende, feldspar) → **각섬암** (amphibolite)

2.5 < H < 5.5
  - **녹색, 세립질, 균질** (green, fine grained, homogeneous) → **녹암** (greenstone)
  - **염산에 반응** (effervesces in HCL) → **대리암** (marble)
  - **미끄러운, 녹색 ~ 검정 줄무늬 ~ 반상** (greasy, green to black, may be streaked/mottled) → **사문암** (serpentinite)

H < 2.5 → **비눗돌** (soapstone)

비엽리성(광물학적) 암 (mineralogically defined rocks)

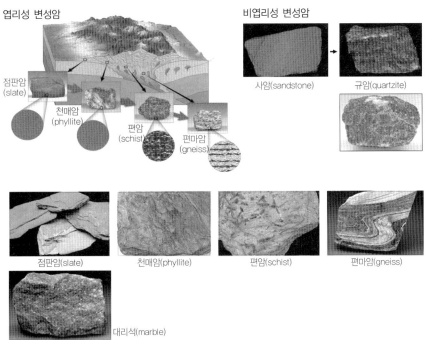

엽리성 변성암

점판암 (slate)
천매암 (phyllite)
편암 (schist)
편마암 (gneiss)

비엽리성 변성암

사암(sandstone) → 규암(quartzite)

점판암(slate)　　천매암(phyllite)　　편암(schist)　　편마암(gneiss)

대리석(marble)

퇴적암과 퇴적암의 분류 (Sedimentary rocks)

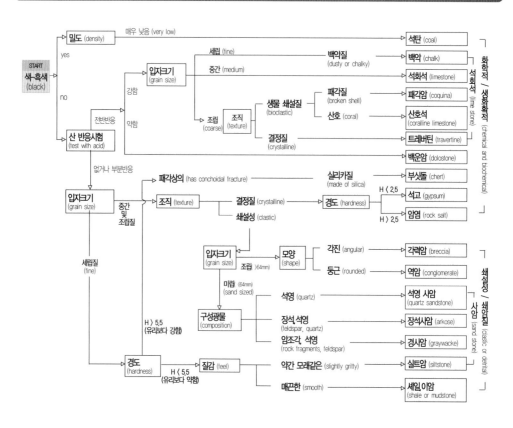

침전물(sediments)

자갈(gravel)　모래(sand)　실트(silt)　점토(clay)

퇴적암

역암(conglomerate)　사암(sandstone)　미사암(siltstone)　셰일(shale)

입자 ── 간극

다짐(compaction)

석화(lithification)

결합재(cement)

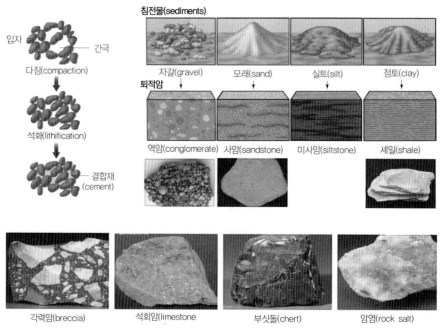

각력암(breccia)　석회암(limestone　부싯돌(chert)　암염(rock salt)

참고문헌

Al-Tabbaa, A. and Wood, D. M. (1989), "An experimentally based 'bubble' model for clay", Proceedings of the 3rd International Symposium on Numerical Models in Geomechanics (NUMOG III), Elsevier.

Annaki, M. and Lee, K. L. (1976), "Equivalent uniform cycle concept for soil dynamics", Proceedings of ASCE National Convention on Liquefaction Problems in Geotechnical Engineering.

Bardet, J. P. (1997), Experimental soil mechanics, Prentice-Hall.

Bieniawski, Z. T. (1980), "Rock Classifications: State of the Art and Prospects for Standardization", Research Record 783, Trans. Res. Board, Washington.

Biot, M. A. (1941), "General theory of three dimensional consolidation", Journal of Applied Physics, 12.

Bjerrum, L. (1972), "Embankments on soft ground", Proceedings of Specialty conference on performance of Earth and Earth-supported Structures-ASCE, Purdue, New York, 2.

Booker, J. R. and Small, J. C. (1975), "An investigation of the stability of numerical solutions of Biot's equations of consolidation", International Journal of Solids and Structures , 11.

Bishop, A. W. (1959), "The principle of effective stress", Teknish Ukeblad, Oslo 106(39).

Burland, J. B. (1987), "Kevin Nash Lecture: The teaching of soil mechanics-a personal view", Proceedings of 9th European conference on Soil Mechanics and Foundation Engineering, Dublin, 3.

Carter, J. P. (1982), "Predictions of the non-homogeneous behaviour of clay in the triaxial test", Geotechnique, 32(1).

Castro, G. and Poulos, S. J. (1976), "Factors affecting liquefaction and cyclic mobility", Proceedings of ASCE National Convention on Liquefaction Problems in Geotechnical Engineering.

Coduto, D. P. (1998), Geotechnical engineering, New Jersey, Prentice Hall.

Connolly, T. M. M. (1999), "The geological and geotechnical properties of a glacial lacustrine clayey silt", Ph.D. Thesis, Imperial College, University of London.

Cotecchia, F. (1996), "The effects of structure on the properties of an Italian pleistocene clay", Ph.D. Thesis, Imperial College, University of London.

Dafalias, Y. F. and Herrmann, L. R. (1982), "Bounding surface formulation of soil plasticity", Soil mechanics-transient and cyclic loads, 10.

DiMaggio, F. L. and Sandler, I. S. (1971), "Material model for granular soils", Journal of the engineering mechanics division-ASCE, 97(EM3).

Drucker, D. C., and Prager, W. (1952), "Soil mechanics and plastic analysis or limit design", Quart Appl. Math., 10(2).

Drucker, D.C., Gibson, R.E. and Henkel, D.J. (1957), "Soil mechanics and work hardening theories of plasticity", Transactions of the ASCE, 122

Duncan, J. M., and Chang, C. Y. (1970), "Nonlinear analysis of stress and strain in soils", Journal of the soil mechanics and foundations division-ASCE, 96(SM5).

Freeze, R. A. and Cherry, J.A. (1979), Groundwater, Prentice-Hall.

Gazetas, G. (1991), "Formulas and charts for impedances of surface and embedded foundations", Journal of geotechnical engineering–ASCE, 117(9).

Goodman, R. E. (1965), "Ground water inflows during tunnel driving", Engineering Geology, 2.

Goodman, R. E. (1989), Introduction to rock mechanics 2nd edition, John Wiley&Sons.

Graham, J. and Houlsby, G. T. (1983), "Anisotropic elasticity of a natural clay", Geotechnique, 33(2).

Graham, J., Noonan, M. L. and Lew, K. V. (1983), "Yield states and stress-strain relationships in a natural plastic clay", Canadian Geotechnical Journal, 20(3).

Griffith, A. A. (1924), "Theory of Rupture", Proceedings of the first international congress on applied mechanics, Delft.

Hansell, M., Reily M. and Perry S. (1999), The animal construction, Hunterian museum and art gallery.

Harrison, J. P. and Hudson, J. A. (2000), Engineering Rock Mechanics, Part 2: Illustrative worked examples, Pergamon.

Henknel, D. W. (1956), "The effect of overconsolidation on the behaviour of clays during shear", Géotechnique, 11(4).

Hesler, G. J., Cook, N. G. W. and Myer, L. (1996), "Estimation of intrinsic and effective elastic properties of cracked media from seismic testing", Proceedings of 2nd North American Rock Mechanics Symposium, Autertin, Hassani, and Metri (eds).

Hoek, E. and Brown, E. T. (1980), Underground excavations in rock, Institution of mining and metallurgy, London.

Hudson, J. A. (1989), "Rock mechanics principles in engineering practice", Construction Industry Research and Information Assn, Butterworths , London, 72.

Hudson, J. and Harrison J. A. (1997), Engineering Rock Mechanics, An introduction to the principles, Pergamon.

Hvorslev, M. J. (1969), "Physical Properties of Remolded Cohesive Soils", Transl. 69-5, U.S. Army Corps of Engineers Waterways Exp. Stn., Vicksburg, Miss.

Jardine, R., Pott, D. M., Fourie, A. B. and Burland, J. B. (1986), "Studies of the influence of non linear stress-strain characteristics in soil-structure interaction", Geotechnique, 36(3).

Jardine, R. J. and Smith, P. R. (1991), "Evaluation of design parameters for multi-stage construction", Geo-coast '91 International Conference, Yokohama, Port and Harbour Research Institute.

Jardine, R. J. (1992), "some observations on the kinematic nature of soil stiffness", Soils and Foundations, 32(2).

Joo, E. J. and Shin, J. H. (2014), "Relationship between water pressure and inflow rate in underwater tunnels and buried pipes", Geotechnique, 64(3).

Kohata, Y., Tatsuoka, F., Wang, L., Jiang, G. L., Hoque, E. and Kodaka, T. (1997), "Modelling of nonlinear deformation properties of stiff geomaterials", Geotechnique, 47(3).

Kondner, R. L. (1963), "Hyperbolic stress-strain response: cohesive soils", Journal of the soil mechanics and foundations division-ASCE, 89(SM1).

Koorevaar, P., Menelik, G. and Dirksen, C. (1983), Elements of soil Physics, Elsevier.

Kuwano, R. (1998), "The stiffness and yielding anisotropy of sand", Ph.D. Thesis, Imperial College, University of London.

Ladd, C. C., Foote, R., Ishihara, K., Schlosser, F., and Poulos, H. G. (1977), "Stress-Deformation and Strength Chracteristics", Proceedings of the 9th International Conference on soil Mechanics and Foundation Engineering, 2.

Ladd, C. C. (1980), "Discussion on laboratory shear device", Laboratory shear strength of soil, STP740, ASTM.

Ladd, C. C. and Degroot, D. J. (2003), "Recommended practice for soft ground site characterization: The Arthur Casagrande Lecture", Proceedings of the 12th Panamerican Conference on Soil Mechanics and Foundation Engineering, Massachusetts Institute of Technology, Cambridge, USA, 1.

Lade, P. V. (1977), "Elastic-plastic stress-strain theory for cohesionless soil with curved yield surfaces", International Journal of Solids and Structures, 13.

Lade, P. V. and Duncan, J. M. (1975), "Elasto-plastic stress-strain theory for cohesionless soil", Journal of the Geotechnical Engineering Division-ASCE, 101.

Lagioia, R., Puzrin, A. M. and Potts, D. M. (1996), "A new versatile expression for yield and plastic potential surfaces", Computers and Geotechnics, 19(3).

Lambe, T. W. and Whitman R. V. (1969), Soil mechanics, John Wiley & Sons, Inc.

Lee, K. L. and Seed, H. B. (1967), "Drained strength characteristics of sands", Journal of Soil Mechanics & Foundations Div, ASCE, 93(SM6).

Lee, K. L. and Focht, J. A. (1976), "Strength of clay subjected to cyclic loading", Marine Geotechnology, 1(3).

Lee, I. K. (1991), "Mechanical behaviour of compacted decomposed granite soil", Ph.D. Thesis, City University.

Lee, I. K. and Coop, M. R. (1995), "The intrinsic behaviour of a decomposed granite soil", Geotechnique, 45(1).

Lo, K. Y. and Hefny, A. M. (2001), "Basic Rock Mechanics and Testing", Geotechnical and Geoenvironmental Handbook, Springer.

Lupini, J. F. Skinner, A. E. and Vaughan, P. R. (1981), "The drained residual strength of cohesive soils", Geotechnique, 31(2).

Matsuoka, H. and Nakai, T. (1974), "Stress-deformation and strength characteristics of soil under three different principal stresses", Proceedings of Japan Society of Civil Engineers.

Mayne, P. W. and Kulhawy, F. H. (1982), "K_0-OCR Relationships in soil", Journal of the Geotechnical Engineering Division, ASCE, 108(6).

Mogi, K. (2007), Experimental Rock Mechanics, Taylor & Francis.

Montgomery, D. R. (2007), Dirt: The Erosion of Civilizations, Univ of California Pr.

Mouratidis, A. and Magnan, J. P. (1983), "Un modele elastoplastique anisotrope avec ecrouissage pour les argilles molles naturelles: Melanie", Rev Fr Geotech, 25.

Mroz, Z., Norris, V. A. and Zienkiewicz, O. C. (1978), "An anisotropic hardening model for soils and its application to cyclic loading", Int. Jnl. Num. Anal. Meth. Geomech., 2.

Naylor, D. J. (1975), "Nonlinear finite elements for soils", Ph.D. Thesis, University of Swansea.

Nur, A. and Byerlee, J. D. (1971), "An exact effective stress law for elastic deformation of rock with fluids",

Journal of geophysical Research, 76(26).

Owen, D. R. J. and Hinton, E. (1980), Finite elements in plasticity: Theory and practice, Peneridge Press, Swansea.

Parry, R. H. G. (1995), Mohr circles, stress paths and geotechnics, E & FN SPON.

Parry, R. H. G. (1960), "Triaxial compression and extension tests on remoulded saturated clay", Géotechnique, 10(1).

Pestana, J. M. (1994), "A unified constitutive model for clays and sands", Ph.D. Thesis, Massachusetts Institute of Technology, Cambridge, USA.

Poorooshasb, H. B., Holubec, I. and Sherbourne, A. N. (1966), "Yielding and flow of sand in triaxial compression: Part I", Canadian Geotechnical Journal, 3(4).

Poorooshasb, H. B., Holubec, I. and Sherbourne, A. N. (1967), "Yielding and flow of sand in triaxial compression: Part II and Part III", Canadian Geotechnical Journal, 4(4).

Porović, E. (1995), "Investigations of soil behaviour using a resonant column torsional shear hollow cylinder apparatus", Ph.D.

Potts, D. M. and Zdavković, L. (1999), Finite element analysis in geotechnical engineering: Theory, Thomas Telford, London.

Potts, D. M. and Zdavković, L. (2001), Finite element analysis in geotechnical engineering: Application, Thomas Telford, London.

Puzrin, A. M. and Burland, J. B. (1998), "Nonlinear model of small strain behaviour of soils", Geotechnique, 48(2).

Ranken, R. E., Ghaboussi, J. and Hendron, A. J. (1978), "Analysis of Ground-liner Interaction for Tunnels", Report No. UMTA-IL-06-0043-78-3, U. S. Department of Transportation, Washington, D. C.

Rendulic, L. (1936), "Pore-Index and Pore Water Pressure", Bauingenieur, 17(559).

Rendulic, L. (1936), "Relation between void ratio and effective principal stress for a remoulded silty clay", 1s tICSMFE, Harvard, 3.

Roscoe, K.H., Schofield, A.N. and Wroth, C.P. (1958), "On the yielding of soils", Geotechnique, 8.

Roscoe, K.H. and Schofield, A.N. (1963), "Mechanical behaviour of an idealised 'wet' clay", 2nd ECSMFE, Wiesbaden, 1.

Roscoe, K. H. and Burland, J. B. (1968), On the generalized stress-strain behaviour of 'wet' clay, Engineering plasticity, Cambridge Univ. Press.

Schofield, A. N. and Worth, C. P. (1968), Critical State Soil Mechanics, McGraw-Hill Book Company, London.

Seed, H. B. and Lee, K. L. (1967), "Undrained strength chracteristics of cohesion less soils", Journal of Soil Mechanics & Foundations Div., ASCE, 93(SM6).

Sharma, V., Singh, R. B. and Chaudhary, R. K. (1989), "Comparison of different techniques and interpretation of the deformation modulus of rock mass", Indian Geotechnical Conference, Visakhapatnam, 1.

Shin, J. H. (2000), Numerical analysis of tunnelling in decomposed granite, Ph.D. Thesis, Imperial College, University of London.

Shin, J. H., Lee, I. M. and Shin, Y. J. (2011). "Elasto-plastic seepage-induced stresses due to tunneling",

International Journal for Numerical and Analytical Methods in Geomechanics, 35.

Shin, J. H., Potts, D. M. and Zdravkovic, L. (2002), "Three-dimensional modelling of NATM tunnelling in decomposed granite soil", Geotechnique, 52.

Shin, H. S., Youn, D. J., Chae, S. E. and Shin, J. H. (2009), "Effective control of pore water pressures on tunnel linings using pin-hole drain method", Tunnelling and Underground Space Technology, 24.

Simpson, B. (1973), "Finite element computations in soil mechanics", Ph.D. Thesis, University of Cambridge.

Skempton, A. W. (1961), Effective stress in soils, concrete and rocks, Pore pressure and suction in soils, Butterworths, London.

Skempton, A. W. (1970), "The consolidation of clays by gravitational compaction", Quarterly J. Geological Soc. of London 125(3).

Skinner, A. E. (1975), "The effect of high pore water pressures on the mechanical behaviour of sediments", Ph.D. Thesis, Imperial College, University of London.

Smith, I. M. (1970), "Incremental numerical analysis of a simple deformation problem in soil mechanics", Geotechnique, 20.

Smith, P. R. (1992), "The behaviour of natural high compressibility clay with special reference to construction on soft ground", Ph.D. Thesis, Imperial College, University of London.

Skempton, A. W. (1985), "Residual strength of clays in landslides, folded strata and the laboratory", Geotechnique, 35(1).

Soga, K., Nakagawa, K. and Mitchel, J. K. (1995), "Measurement of stiffness degradation characteristics of clay using a torsional shear device", 1st International Conference on Earthquake Geotechnical Engineering, Tokyo, November 14-16.

Stallebrass, S. E. and Taylor, R. N. (1997), "The development and evaluation of a constitutive model for the prediction of ground movements in overconsolidated clay", Geotechnique, 47(2).

Stokes, G. (1891), Mathematical and Physical paper, 3, Cambridge University Press, Cambridge, U.K.

Tatsuoka, F. (1972), "Shear tests in a triaxial apparatus–a fundamental study of the deformation of sand(in Japanese)", Ph.D. Thesis, Tokyo University.

Tavenas, F. and Leroueil, S. (1977), "Effects of stresses and time on yielding of clays", Proceedings of the 9th international conference on soil mechanics and foundation engineering, Tokyo.

Taylor, D. W. (1948), Fundamentals of soil mechanics, John Wiley.

Vaughan, P. R. (1989), Nonlinearity in seepage problems - Theory and field observations, De Mello Volume, Edgard Blucher Ltd., Sao Paulo.

Wawersik, W. R. and Fairhurst, C. (1970), "A study of brittle rock fracture in laboratory compression experiments", International Journal of Rock Mechanics and Mining Sciences, 7.

Whittle, A. J. (1987), "A constitutive model for overconsolidated clays with application to the cyclic loading of friction piles", Ph.D. Thesis, Massachusetts Institute of Technology.

Woods, R. D. (1968), "Screening of surface waves in soils", Proceedings of J. Soil Mech. and Found. Div.-ASCE, 94(SM4).

Wood, D. M. (1984), "On stress parameters", Geotechnique, 34(2).

Wroth, C. P. (1975), "In-situ measurement of initial stresses and deformation characteristics", Proceedings of specialty conference on in-situ measurement of soil properties, ASCE, 2.

Zienkiewicz, O. C. and Naylor, D. J. (1973), "Finite element studies of soils and porous media" in finite elements in continuum mechanics, Oden and de Arantes(eds.), UAH press.

Zienkiewicz, O. C. and Humpheson, C. (1977), "Viscoplasticity: a generalized model for soil behavior", Numerical methods in geotechnical engineering, 61(70).

Zienkiewicz, O. C. and Bettess, P. (1982), "Soils and other saturated Media under transient, dynamic conditions; general formulation and the validity of various simplifying assumptions", Soils mechanics-Transient and cyclic loads.

찾아보기

著者 신종호

신종호(辛宗昊) 교수는 현재 건국대학교 토목공학과 지반공학교수로 재직 중이다. 1983년 고려대학교 토목공학과를 졸업하고 KAIST에서 터널굴착에 따른 지반거동연구로 석사학위, 영국 Imperial College에서 터널의 구조-수리상호거동에 대한 수치해석연구로 박사학위를 받았다.

1985년 대우(現 포스코)엔지니어링에 입사하여 지하철 터널, 사력댐, 깊은 굴착 등의 지반프로젝트에 참여하였다. 17회 기술고등고시를 통해 1988년 서울시 임용 후 한강관리, 고형폐기물처리, 2기 및 3기 지하철 등 도시인프라의 계획, 설계 및 공사관리업무를 담당하였다. 이후 서울시 지리정보담당관실에서 지하시설물 통합관리시스템과 지반정보시스템 구축에도 참여하였다. 2002년부터 2004년까지 서울시 청계천복원사업에 참여하여 복원계획과 설계업무를 담당하였으며, 2009년부터 2012년 초까지 청와대 국토해양비서관과 지역발전비서관을 역임하였다.

2004년 건국대 지반공학교수로 부임한 이래 주로 지반-구조물 상호작용과 해저터널연구를 수행하였으며, 지중구조물의 구조-수리 상호거동(coupled structural and hydraulic behavior) 등의 연구결과로 영국 Institute of Civil Engineers(ICE)로부터 John King Medal(2003), Reed and Malik Medal(2006), Overseas Prize(2012)를 수상하였다. 현재 국제저널인 'Geomechanics & Engineering'의 Editor-in-chief를 맡고 있으며, 한국터널지하공간학회와 한국공학한림원 회원으로 활동하고 있다. '시스템 속에서 저절로 안전이 확보되고, 최고의 전문가가 양성되는' 건설시스템을 구현하는 데도 지대한 관심을 가지고 있다.

지반역공학 I

초판인쇄 2015년 01월 05일
초판발행 2015년 01월 12일
2판 1쇄 2015년 08월 28일(일부 개정)

저　　자 신종호
펴　낸　이 김성배
펴　낸　곳 도서출판 씨아이알

책임편집 박영지
디　자　인 백정수, 윤미경
제작책임 이헌상

등록번호 제2-3285호
등　록　일 2001년 3월 19일
주　　소 (04626) 서울특별시 중구 필동로8길 43(예장동 1-151)
전화번호 02-2275-8603(대표)　**팩스번호** 02-2275-8604
홈페이지 www.circom.co.kr

ISBN 979-11-5610-096-6　94530
　　　　 979-11-5610-095-9　(세트)
정가 28,000원